煤炭科学研究总院建院60周年技术丛书

宁　宇/主编

第五卷

煤矿掘采运支装备

王步康 等/编著

科学出版社
北京

内 容 简 介

本书为“煤炭科学研究总院建院 60 周年技术丛书”第五卷《煤矿掘采运支装备》，全书共分六篇 21 章，主要介绍了煤炭科学研究总院在煤矿综合机械化掘进和开采、矿井主运输与提升、无轨辅助运输、综采工作面智能控制和数字矿山与信息化等方面的大量科研成果，具有较强的理论和应用指导价值。

本书可供从事井工矿山机电领域研究与应用的技术人员阅读，也可供高等院校相关专业师生、科研人员参考。

图书在版编目(CIP)数据

煤矿掘采运支装备 / 王步康等编著. —北京：科学出版社，2018
（煤炭科学研究总院建院60周年技术丛书·第五卷）

ISBN 978-7-03-058120-4

Ⅰ. ①煤…　Ⅱ. ①王…　Ⅲ. ①油气开采设备　Ⅳ. ①TE93

中国版本图书馆 CIP 数据核字（2018）第134306号

责任编辑：李　雪 / 责任校对：严　娜
责任印制：徐晓晨 / 封面设计：黄华斌

科 学 出 版 社 出版
北京东黄城根北街 16 号
邮政编码：100717
http://www.sciencep.com

北京中石油彩色印刷有限责任公司 印刷
科学出版社发行　各地新华书店经销
*
2018 年 1 月第　一　版　开本：787 × 1092　1/16
2019 年10月第二次印刷　印张：30 1/2
字数：715 000

定价：320.00元

《煤炭科学研究总院建院 60 周年技术丛书》
编　委　会

《煤矿掘采运支装备》
编　委　会

Foreword 丛书序

煤炭科学研究总院是我国煤炭行业唯一的综合性科学研究和技术开发机构，从事煤炭建设、生产和利用重大关键技术及相关应用基础理论研究。

煤炭科学研究总院于1954年9月筹建，1957年5月17日正式建院，先后隶属于燃料工业部、煤炭工业部、燃料化学工业部、中国统配煤矿总公司、国家煤炭工业局、中央大型企业工作委员会、国务院国有资产监督管理委员会和中国煤炭科工集团有限公司。建院60年来，在煤炭地质勘查、矿山测量、矿井建设、煤炭开采、采掘机械与自动化、煤矿信息化、煤矿安全、洁净煤技术、煤矿环境保护、煤炭经济研究等各个研究领域开展了大量研究工作，取得了丰硕的科技成果。在新中国煤炭行业发展的各个阶段都实时地向煤矿提供新技术、新装备，促进了煤炭行业的技术进步。煤炭科学研究总院还承担了非煤矿山、隧道工程、基础设施和城市地铁等地下工程的特殊施工技术服务和工程承包，将煤炭行业的工程技术服务于其他行业。

在60年的发展历程中，煤炭科学研究总院在煤炭地质勘查领域，主持了我国第一次煤田预测工作，牵头完成了第三次全国煤田预测成果汇总，基本厘清了我国煤炭资源的数量和时空分布规律，研究并提出了我国煤层气的资源储量，煤与煤层气综合勘查技术，为煤与煤层气资源开发提供了支撑；研究并制定了中国煤炭分类等一批重要的国家和行业技术标准，开发了基于煤岩学的炼焦配煤技术，查明了煤炭液化用煤资源分布，并提出液化用煤方案；在地球物理勘探技术方面，开发了井下直流电法、无线电坑道透视、地质雷达、槽波地震、瑞利波等多种物探技术与装备，超前探测距离达到200m；在钻探技术方面，研制了地面车载钻机、井下水平定向钻机、井下智能控制钻进装备等各类钻探装备，井下钻机水平定向钻孔深度达1881m，在有煤与瓦斯突出危险的区域实现无人自动化钻孔施工。

在矿井建设领域，煤炭科学研究总院开发了冻结、注浆和钻井为主的特殊凿井技术，为我国矿井施工技术奠定了基础；发展了冻结、注浆和凿井平行作业技术，形成了表土层钻井与基岩段注浆的平行作业工艺；研制了钻井直径13m的竖井钻机、钻井直径5m的反井钻机等钻进技术与装备；为我国煤矿井筒一次凿井深度达到1342m，最大井筒净直径10.5m，最大掘砌荒径14.6m，最大冻结深度950m，冻结表土层厚度754m，最大钻井深度660m，钻井成井最大直径8.3m，最大注浆深度为1078m，反井钻井直径5.5m、深度560m等高难度工程提供了技术支撑。

在煤炭开采领域，煤炭科学研究总院的研究成果支撑了我国煤矿从炮采、普通机械化开采、高档普采到综合机械化开采的数次跨越与发展；实现了从缓倾斜到急倾斜煤层采煤方法的变革，建设了我国第一个水力化采煤工作面；引领了采煤工作面支护从摩擦式金属支柱和铰接顶梁取代传统的木支柱开始到单体液压支柱逐步取代摩擦式金属支柱，发展为液压支架的四个不同发展阶段的支护技术与装备的变革；开发了厚及特厚煤层大采高综采和综放开采工艺，使采煤工作面年产量达 1000 万 t。针对我国各矿区煤层的特殊埋藏条件，煤炭科学研究总院研究了各类水体下、建（构）筑下、铁路下、承压水体上和主要井巷下压覆煤炭资源的开采方法和采动覆岩移动等基础科学问题和规律，形成了具有中国特色的“三下一上”特殊采煤技术体系。在巷道支护技术方面，煤炭科学研究总院从初期研究钢筋混凝土支架、型钢棚式支架取代支护，适应大变形的松软破碎围岩的 U 型钢支架的研制，到提出高预应力锚杆一次支护理论，开发了巷道围岩地质力学测试技术、高强度锚杆（索）支护技术、注浆加固支护技术、定向水力压裂技术、支护工程质量检测等技术与装备，引领了不同阶段巷道围岩控制技术的变革，支撑了从被动支护到主动支护再到多种技术协同控制支护技术的跨越与发展，在千米（1300m）深井巷道、大断面全煤巷道、强动压影响巷道和冲击地压巷道等支护困难的巷道工程中成功得到应用，解决了复杂困难条件下巷道的支护难题。

在综掘装备领域，煤炭科学研究总院的研究工作引领和支撑了悬臂式掘进机由小型到大型、从单一到多样化、由简单到智能化的数次发展跨越，已经具备了截割功率 30～450kW，机重为 5～154t 系列悬臂式掘进机的开发能力；根据煤矿生产实现安全高效的需求，研制成功国内首台可实现掘进、支护一体化带轨道式锚杆钻臂系统的大断面煤巷掘进机，在神东矿区创造了月进尺 3080m 的世界单巷进尺新纪录；为适应回收煤柱及不规则块段煤炭开采，成功研制国内首套以连续采煤机为龙头的短壁机械成套装备，该装备也可用于煤巷掘进施工。

在综采工作面装备领域，为适应各类不同条件煤矿的需要，煤炭科学研究总院开发了 0.8～1.3m 薄煤层综采装备、年产 1000 万 t 大采高综采成套装备、适应 20m 特厚煤层综采放顶煤工作面的成套装备；成功开发了满足厚度 0.8～8.0m、倾角 0°～55° 煤层一次采全高需要的采煤装备；采煤机总装机功率突破 3000kW，刮板输送机装机功率达到 2×1200kW，液压支架最大支护高度达 8m，带式输送机的最大功率达到 3780kW、单机长度 6200m、运量达到 3500t/h。与液压支架配套的电液控制系统、智能集成供液系统、综采自动化控制系统和乳化液泵站的创新发展也促进了综采工作面成套技术变革，煤炭科学研究总院将煤矿综采工作面成套装备与矿井生产综合自动化技术相结合，成功开发了我国首套综采工作面成套装备智能控制系统，实现了在采煤工作面顺槽监控中心和地面调度中心对综采工作面设备“一键”启停，构建了工作面“有人巡视、无人操作”的自动化采煤新模式。

在煤矿安全技术领域，煤炭科学研究总院针对我国煤矿五大自然灾害的特点，开发了有针对性的系列防治技术和装备，为提高煤矿安全生产保障能力提供了强有力的支撑；针对瓦斯灾害防治，研发了适应煤炭生产发展所需要的本煤层瓦斯抽采、邻近层卸压瓦斯抽采、综合抽采、采动区井上下联合抽采瓦斯等多种抽采工艺与装备；在研究煤与瓦斯突出发生机理的基础上，研发了多种保护层开采技术，发明了水力冲孔防突技术，突出预警系统、深孔煤层瓦斯含量测定技术；提出了两个“四位一体”综合防突技术体系，为国家制定《防治煤与瓦斯突出规定》奠定了技术基础。在研究煤自然发火机理的基础上，建立了煤自然发火倾向性色谱吸氧鉴定方法，开发了基于变压吸附和膜分离原理的制氮机组及氮气防灭火技术，研发了井下红外光谱束管监测系统；揭示了冲击地压“三因素”发生机理，开发成功微震 / 地音监测系统、应力在线监测系统和基于地震波 CT 探测的冲击地压危险性原位探测技术。研制了智能式顶板监测系统，实现了顶板灾害在线监测和实时报警。研发了煤层注水防尘技术、喷雾降尘技术、通风除尘技术及配套装备，以及针对防止煤尘爆炸的自动抑爆技术和被动式隔爆水棚、岩粉棚技术。随着采掘机械化程度的不断提高、产尘强度增大的实际情况，研发了采煤机含尘气流控制及喷雾降尘技术、采煤机尘源跟踪高压喷雾降尘技术，机掘工作面通风除尘系统，还研发了免维护感应式粉尘浓度传感器，实现了作业场所粉尘浓度的实时连续监测。煤炭科学研究总院的研究成果引领和支撑了安全监控技术的四个发展阶段，促进了安全监控系统的升级换代，使安全监控系统向功能多样化、集成化、智能化及监控预警一体化方向发展，研发成功红外光谱吸收式甲烷传感器、光谱吸收式光纤气体传感器、红外激光气体传感器、超声涡街风速传感器、风向传感器、一氧化碳传感器、氧气传感器等各类测定井下环境参数的传感器，使安全监控系统的监控功能更加完备；安全监控系统在通信协议、传输、数据库、抗电磁干扰能力、可靠性等各个环节实现了升级换代，研发出 KJ95N、KJ90N、KJ83N（A）、KJF2000N 等功能更完善的安全监控系统；针对安全生产监管的要求，研发了 KJ69J、KJ236（A）、KJ251、KJ405T 等人员定位管理系统，为煤矿提高安全保障能力提供了重要的技术支撑。

在煤炭清洁利用领域，煤炭科学研究总院对涵盖选煤全过程的分选工艺、技术装备及选煤厂自动化控制技术进行了全方位的研究，建成了我国第一个重介质选煤车间，研发了双供介无压给料三产品重介质旋流器、振荡浮选技术与装备、复合式干法分选机等高效煤炭洗选装备；开发了卧式振动离心机、香蕉筛、跳汰机、加压过滤机、机械搅拌式浮选机、分级破碎机、磁选机等煤炭洗选设备，使我国年处理能力 400 万 t 的选煤成套设备实现了国产化，基本满足了不同特性和不同用途的原煤洗选生产的需要。

在煤炭转化领域，煤炭科学研究总院研制了 ϕ1.6m 的水煤气两段炉，适合特殊煤种的移动床液态连续排渣气化炉；完成了云南先锋、黑龙江依兰、神东上湾不同煤种的三个煤炭直接液化工艺的可行性研究；成功开发了煤炭直接液化纳米级高分散铁基催化剂，已应用于神华 108 万 t/a 煤炭直接液化示范工程。开发了煤焦油加氢技术、煤油共炼技术和新一代煤炭直接液化技术及其催化剂；还开发了新型 40kg 试验焦炉、煤岩自动测试系统，焦炭反应性及反应后强度测定仪等装置，并在国内外、焦化行业得到推广应用。成功开发了 4～35t/h 的系列高效煤粉工业锅炉，平均热效率达 92% 以上，已经在 11 个省（市）共计建成 200 余套高效煤粉工业锅炉。开发了三代高浓度水煤浆技术，煤浆浓度达到 68%～71%，为煤炭清洁利用提供了重要的技术途径。

在矿区及煤化工过程水处理与利用领域，煤炭科学研究总院开发了矿井水净化处理、矿井水深度处理、矿井水井下处理、煤矿生活污水处理、煤化工废水脱酚处理、煤化工废水生物强化脱氮、高盐废水处理和水处理自动控制等技术和成套装备；实现了矿区废水处理与利用，变废水为资源，为矿区节能减排、发展循环经济提供技术支撑。

在矿山开采沉陷区土地复垦与生态修复领域，煤炭科学研究总院开发了采煤沉陷区复垦土壤剖面构建技术、农业景观与湿地生态构建技术、湿地水资源保护与维系技术、湿地生境与植被景观构建技术，初步形成完整的矿山生态修复技术体系。

在煤矿用产品质量和安全性检测检验领域，煤炭科学研究总院在开展科学研究的同时，高度重视实验能力的建设，建成了30000kN、高度7m的液压支架试验台，5000kW机械传动试验台，直径3.4m、长度8m的防爆试验槽，断面7.2m^2、长度700m（带斜巷）的地下大型瓦斯煤尘爆炸试验巷道，工作断面1m^{2}的低速风洞、摩擦火花大型试验装置，1.2m×0.8m×0.8m、瓦斯压力6MPa的煤与瓦斯突出模拟实验系统，10kV煤矿供电设备检测试验系统，10m法半电波暗室与5m法全电波暗室、矿用电气设备电磁兼容实验室等服务于煤炭各领域的实验研究。

为了充分发挥这些实验室的潜力，国家质量监督检验检疫总局批准在煤炭科学研究总院系统内建立了7个国家级产品质量监督检验中心和1个国家矿山安全计量站，承担对煤炭行业矿用产品质量进行检测检验和甲烷浓度、风速和粉尘浓度的量值传递工作。煤炭工业部也在此基础上建立了11个行业产品质量监督检验中心，承担行业对煤矿用产品质量进行监督检测检验。经国家安全生产监督管理总局批准，利用这些检测检验能力成立10个国家安全生产甲级检测检验中心，承担对煤矿用产品安全性能进行的监督检测检验。在煤炭科学研究总院系统内已形成了从井下地质勘探、采掘、安全到煤质、煤炭加工利用整个产业链中主要环节的矿用设备的质量和煤炭质量的测试技术体系，以及矿用设备安全性能测试技术系统，成为国家和行业检测检验的重要力量和依托。

经过60年的积累，煤炭科学研究总院已经形成了涵盖煤炭行业所有专业技术领域的科技创新体系，针对我国煤炭开发利用的科技难题和前沿技术，努力拼搏，奋勇攻关，引领了煤炭工业的屡次技术革命。截至2016年底，煤炭科学研究总院共取得科技成果6500余项；获得国家和省部级科技进步奖、发明奖1500余项，其中获国家级奖236项，占煤炭行业获奖的60%左右；获得各种专利2443项；承担了煤炭行业70%的国家科技计划项目。

光阴荏苒，岁月匆匆，2017年迎来了煤炭科学研究总院60周年华诞。为全面、系统地总结煤炭科学研究总院在科技研发、成果转化等方面取得的成绩，展示煤炭科学研究总院在促进行业科技创新、推动行业科技进步中的作用，2016年3月启动了"煤炭科学研究总院建院60周年技术丛书"（以下简称"技术丛书"）编制工作。煤炭科学研究总院所属17家二级单位、300多人共同参与，按照"定位明确、特色突出、重在实用"的编写原则，收集汇总了煤炭科学研究总院在各专业领域取得的新技术、新工艺、新装备，经历了多次专家论证和修改，历时一年多完成"技术丛书"的整理编著工作。

"技术丛书"共七卷，分别为《煤田地质勘探与矿井地质保障技术》《矿井建设技术》《煤矿开采技术》《煤矿安全技术》《煤矿掘采运支装备》《煤炭清洁利用与环境保护技术》

《矿用产品与煤炭质量测试技术与装备》。

第一卷《煤田地质勘探与矿井地质保障技术》由煤炭科学研究总院西安研究院张群研究员牵头，从地质勘查、地球物理勘探、钻探、煤层气勘探与资源评价等方面系统总结了煤炭科学研究总院在煤田地质勘探与矿井地质保障技术方面的科技成果。

第二卷《矿井建设技术》由煤炭科学研究总院建井分院刘志强研究员牵头，系统阐述了煤炭科学研究总院在煤矿建井过程中的冻结技术、注浆技术、钻井技术、立井掘进技术、巷道掘进与加固技术和建井安全等方面的科技成果。

第三卷《煤矿开采技术》由煤炭科学研究总院开采分院康红普院士牵头，从井工开采、巷道掘进与支护、特殊开采、露天开采等方面系统总结开采技术成果。

第四卷《煤矿安全技术》由煤炭科学研究总院重庆研究院文光才研究员牵头，系统总结了在煤矿生产中矿井通风、瓦斯灾害、火灾、水害、冲击地压、顶板灾害、粉尘等防治、应急救援、热害防治、监测监控技术等方面的科技成果。

第五卷《煤矿掘采运支装备》由煤炭科学研究总院太原研究院王步康研究员牵头，整理总结了煤炭科学研究总院在综合机械化掘进、矿井主运输与提升、短壁开采、无轨辅助运输、综采工作面智能控制、数字矿山与信息化等方面的科技成果。

第六卷《煤炭清洁利用与环境保护技术》由煤炭科学研究总院煤化工分院曲思建研究员牵头，系统总结了煤炭科学研究总院在煤炭洗选、煤炭清洁转化、煤炭清洁高效燃烧、现代煤质评价、煤基炭材料、煤矿区煤层气利用、煤化工废水处理、采煤沉陷区土地复垦生态修复等方面的技术成果。

第七卷《矿用产品与煤炭质量测试技术与装备》由中国煤炭科工集团科技发展部李学来研究员牵头，全面介绍了煤炭科学研究总院在矿用产品及煤炭质量分析测试技术与测试装备开发方面的最新技术成果。

“技术丛书”是煤炭科学研究总院历代科技工作者长期艰苦探索、潜心钻研、无私奉献的心血和智慧的结晶，力争科学、系统、实用地展示煤炭科学研究总院各个历史阶段所取得的技术成果。通过系统总结，鞭策我们更加务实、努力拼搏，在创新驱动发展中为煤炭行业做出更大贡献。相关单位的领导、院士、专家学者为此丛书的编写与审稿付出了大量的心血，在此，向他们表示崇高的敬意和衷心的感谢！

由于“技术丛书”涉及众多研究领域，限于编者水平，书中难免存在疏漏、偏颇之处，敬请有关专家和广大读者批评指正。

2017年5月18日

Preface 前言

煤炭科学研究总院（以下简称“煤科总院”）作为我国煤炭资源开采技术装备的主要科研机构，目前已研发出具有自主知识产权的综采、综掘、煤矿运输及系统集成技术装备，可为煤矿实行综合机械化开采提供不同厚度煤层一次采全高综采成套设备、短壁工作面综采装备、煤巷快速掘进与支护成套装备、矿井新型辅助运输装备及矿井信息网络自动化系统等。自1957年煤科总院建院以来，通过引进、消化吸收、国产化研发的科研方式，先后研制出我国第一台掘进机、第一台采煤机、第一架液压支架、第一台刮板输送机等煤机产品，填补了国内煤机装备空白，为我国煤炭综合机械化开采提供了技术及装备支持。尤其是在“八五”、“九五”、“十五”时期，通过科技攻关，从整体上带动了我国煤机装备水平的不断提高；“十一五”以来，攻克了一系列制约煤机装备发展的技术瓶颈，提高了煤机装备的科技水平。研制成功年产1000万吨大采高综采成套装备，0.8～1.3m薄煤层综合机械化高效开采技术与成套装备，20m特厚煤层综放开采成套技术及装备，年产1200万吨综采工作面成套输送装备。“十二五”期间，完成了“煤炭智能化掘采技术与装备”的研制，综掘成套装备逐步形成系列化、专业化及通用化，建立了采、掘、运、支成套装备及关键元部件的实验、试验及检测体系，制定、修订了多项行业技术标准，为促进我国煤炭开采成套装备的技术进步做出了贡献。

综掘工作面装备。我国从20世纪60年代开始，研制出多种型号的系列化悬臂式掘进机。掘进机的设计水平、可靠性得到大幅提高，设备功能日趋完善，已经具备了截割功率为30～450kW，机重为5～154t系列掘进机的研发能力，研制出EBZ160恒功率双速截割掘进机，截割功率450kW、截割岩石单向抗压强度80～120MPa的岩巷悬臂式掘进机，研制出小断面全岩巷掘进机。具备了离机遥控、截割断面监视和故障诊断等功能，攻克了掘进机截割转速交流变频调速控制及综掘机载超前探测等关键技术难关，解决了小断面高抽巷或低抽巷全岩巷掘进的难题。2010年，太原研究院研发的“掘、支、运三位一体煤巷高效掘进系统”成套装备，在神东矿区大柳塔煤矿实现了最高月进尺3088m，整套系统及核心技术填补了国际空白。

综采工作面装备。我国机械化采煤始于20世纪60年代，70年代中期开始推广综合机械化采煤。进入21世纪以来，我国综采技术装备不断创新发展，实现了由跟随国外发展到创新引领世界煤炭开采技术发展的新跨越，特别是在厚及特厚煤层大采高、超大采高综采、大采高放顶煤开采、薄煤层智能化开采、大倾角煤层综采技术装备研发方面取得一批国际领先水平的成果，建成了一批“一井一面”年产千万吨级的现代化高效矿井，综合机械化程度和水平得到全面提高。

采煤机在总装机功率、生产能力、工作可靠性、交流变频电牵引技术、工况检测与故障诊断、自动控制及整机可靠性方面有了进一步提升。采煤机装机功率从1000kW左右发展到目前的近3000kW，每小时生产能力达4500t；最大单摇臂截割功率从450kW发展到1150kW，最大单牵引功率从50kW发展到200kW。上海研究院相继推出了系列薄煤层采煤机、大倾角采煤机、短工作面采煤机、厚煤层大功率采煤机；研制出世界首套年产千万吨、适应20m特厚煤层大采高综放工作面的高可靠性采煤机，可满足一次采全高煤层厚度0.8～8.0m、煤层倾角0°～55°的综采工作面开采以及厚煤层放顶煤工作面开采的需要。开发出以DSP处理器为核心、基于CAN-Bus技术的新一代分布嵌入式控制系统。随着工作面装备电气控制技术、智能化水平、远程通信技术的不断发展和日臻完善，逐步由单机自动化朝工作面设备联动控制方向发展。

20世纪60年代，煤科总院开始进行液压支架及综采配套技术的研究，先后设计开发出适应不同地质条件的多系列液压支架和刮板输送机。研制出世界首套年产600万～1500万t大采高综采成套技术和装备、首套适应20m特厚煤层综放成套技术装备、首套0.8～1.3m薄煤层自动化综采成套技术装备和智能化无人工作面成套技术装备。从最小高度0.5m的薄煤层液压支架到最大采高8.2m的超大采高液压支架，实现了全部国产化并出口到世界主要产煤国家。研发了液压支架电液控制大流量快速移架系统、智能集成供液（泵站）系统、综采自动化控制系统和智能化无人开采系统。刮板输送机运量最大达4500t/h，设计长度最大达400m，功率最大达4500kW，在朝大运量、长运距、大功率、高可靠性和长寿命方向发展的同时，研发应用变频调速软启动、阀控充液型液力偶合器、链条张力自动控制等新技术，发展了智能化煤流系统成套设备。

矿井运输装备。20世纪80年代末以来，上海研究院先后开发了大倾角、长距离输送原煤的新型带式输送机系列产品，应用动态分析技术、中间驱动及智能化控制等技术，实现了大功率带式输送机的可控驱动；研究了伸缩输送机储、卷带技术，解决了输送带在储带仓易发生跑偏和张紧小车易发生掉轨等技术问题。目前顺槽带式输送机的最大功率为3550kW，单机长度为6500m，运量为4500t/h，带速为4.5m/s，带宽为1600mm；井下固定带速输送机最大功率为12600kW，单机长度为8700m，运量为7000t/h，带速为5.6m/s，带宽为2200mm，最大输送倾角为上运35°、下运-25°。此外，随着高产高效矿井的涌现，促进了矿井提升装备朝着大容量、大功率、高效率、高安全性、高可靠性、全数字化和综合自动化的方向发展。推广应用了PLC控制技术、全数字直流调速技术及全数字变频技术，提高了提升系统的可靠性和效率；电控系统实现了传动方式多样化、控制模式网络化、运行特征最优化及监测智能化。

在快速定量装车系统研究方面，煤科总院从20世纪80年代开始参与国外大型快速定量装车站的研究，开发完善了多种配煤工艺和控制软件，在称重计量和自动控制等领域已经形成了自己的核心技术和主导产品，在定量装车和自动配煤等领域积累了较丰富的经验。

20世纪80年代随着国内煤矿引进国外无轨辅助运输设备，我国开始了无轨运输装备的研究。太原研究院与神华集团合作研制无轨胶轮车，在引进吸收国外先进技术的基础上，1999年研制成功我国第一台TY6/20型铰接式井下防爆低污染中型客货胶轮车和第一台TY3061FB型井下防爆低污染轻型自卸胶轮车；2006年研制成功我国第一台WC40Y型框架式支架搬运车，改变了我国煤矿无轨辅助运输设备完全依赖进口的格局。研制成功了载客5～30人的运人车、载重12t的材料运输车、55t铲板式搬运车、运输吨位达80t的支架搬运车、45t铅酸蓄电池铲板式搬运车。目前，在防爆柴油机技术、车辆动力匹配技术、制动器技术、车辆智能保护技术、防爆电控柴油机技术、交流变频调速技术、车载式数据采集及监控技术等方面取得突破。形成了煤矿井下无轨辅助运输系统配套工艺技术。检测检验手段日臻完善，产品可靠性显著提高。建立并完善了无轨辅助运输技术与装备评价体系和技术标准体系。基本实现了无轨辅助运输装备的生产系列化、专业化、通用化，为进一步发展无轨辅助运输业奠定了扎实的基础。

短壁开采装备。我国从20世纪80年代末开始进行连续采煤机短壁机械化开采技术及配套设备的研发工作。经过20余年的努力，太原研究院相继研制出XZ系列履带行走式液压支架、LY系列连续运输系统、CMM系列锚杆钻车、GP系列履带式转载破碎机、SC系列梭车，CLX3型铲车和EBH/132型掘采一体机等短壁开采配套设备。2008年，国内首台EML340-26/45型连续采煤机的研制成功，标志着我国具备生产短壁开采成套装备的能力。随着短壁机械化开采工艺和设备的不断完善，短壁开采将与长壁综采相互补充，用来回收煤柱及不规则块段等煤炭资源，提高矿井资源回采率，促进了矿井的安全、绿色、高效生产。

矿井生产系统综合自动化技术。20世纪80年代以来，煤科总院瞄准国际前沿水平，致力于发展和推动煤矿自动化、信息化和数字化建设，在国内外首次实现了综采工作面自动化并开创了工作面内“有人巡视、无人操作”的采煤模式，研制了SAM型工作面一体化控制技术与装备等，推动了产业发展，为当前乃至今后的数字化矿山建设奠定了坚实的基础。矿井生产系统综合自动化技术可对矿井生产各个环节进行远程监测、监控，能够实现生产环节全过程的自动化。建立了数字化矿山自动控制中心与决策支持系统，综合利用煤矿信息资源，实现生产环节的流程重组及优化协调控制，实现报警、故障的快速定位，实现设备的远程故障自我诊断与维护、危险源识别、评价及灾害的预测预报，达到减人增效、提升安全水平的目的。

总之，当前我国煤机装备还存在着自主创新能力弱、对外依存度高、产业结构不合理、国际竞争力不强、基础理论研究相对薄弱及检测实验手段落后等问题，与国际先进水平相比还有很大的差距。“十三五”及今后较长时期是我国煤炭装备调整结构、转变发展方式的关键时期，应充分利用已建立的煤机装备研发和创新平台，依托国家级实验室及各种试验检测平台，以开展煤机装备的共性技术、基础技术、核心技术为重点开展研究，加紧对引进技术的消化吸收、国产化和再创新，加快形成具有自主知识产权的技术，提升煤炭领域装备研发水平。

本书是太原研究院、上海研究院、开采研究分院、智能控制技术研究分院、北京研究院、常州研究院、高新技术开发中心、南京研究所等相关研究院所员工的集体成果。全书共分六篇，包括巷道掘进装备、采煤装备、矿井运输装备、短壁采煤装备、综采工作面智能控制技术与装备、数字化矿山。

感谢所有参编单位及员工为煤矿掘采运支技术与装备的发展及本书的撰写做出的努力，感谢中国煤炭科工集团的支持和帮助，感谢申宝宏研究员给予的指导，感谢代艳玲、陆小泉在本书编写过程中的联络协调，还要对提供资料、给予指导帮助的同志，一并致谢。

由于编者的水平所限，书中如有疏漏和不当之处，恳请读者提出宝贵意见和建议。

2017 年 11 月 7 日

Contents 目 录

第三篇 矿井运输装备

第五篇 综采工作面智能控制技术与装备

第六篇 数字化矿山

第一篇　巷道掘进装备

国内外煤矿巷道掘进施工方法主要有钻爆法和综合机械化掘进法。综合机械化掘进主要有四种方式：第一种是以悬臂式掘进机为龙头的综掘作业线，这种掘进作业方式在国内外煤矿得到普遍采用；第二种是以连续采煤机和锚杆钻车配套的作业线，这种作业方式在我国神东、万利等矿区及鄂尔多斯地区得到了推广应用，主要应用在煤巷掘进，掘进时需要多巷掘进，交叉换位施工；第三种是采用掘锚机组的掘锚一体化掘进，这种作业方式仅在一些矿区得到了应用，主要掘进机械为掘锚机组或基于悬臂式掘进机的掘进支护一体机；第四种是采用全断面掘进机掘进，应用于井下全岩巷道全断面掘进。本篇主要介绍悬臂式掘进机、全断面掘进机、悬臂式掘进机后配套装备和煤巷、岩巷作业线的技术特征及适用条件。

悬臂式掘进机是集破岩、装载、转载、行走、降尘等功能于一体，以机械方式破落岩（煤）的掘进设备，有些还具有支护功能。悬臂式掘进机把煤岩截割下来后，破碎的煤岩物料经装载机构收集、经刮板输送机转运至机器尾部卸下，再由配套的桥式带式转载机、带式输送机或梭车等后配套运输设备运走。悬臂式掘进机的截割臂可以上下、左右自由摆动，能截割出任意形状的巷道断面，截割出的断面形状精确、平整，便于支护。行走机构采用履带行走方式，调动灵活，便于转弯、爬坡，对复杂地质条件适应性强。

悬臂式掘进机巷道掘进法与传统的钻爆法相比，具有如下特点：

（1）能够保证巷道围岩的稳定性。使用掘进机掘进，巷道围岩不受爆破的振动破坏，有利于巷道的支护管理。

（2）掘进速度快、效率高。其平均速度比钻爆法配合装岩机提高 1.5～2 倍，劳动效率提高 2～3 倍。

（3）可改善工人劳动条件，降低工人劳动强度。

（4）可降低掘进工作面粉尘和有害气体污染，改善作业环境。

（5）可减少作业人员，提高安全性。

悬臂式掘进机的发展经历了由小到大、从单一到系列化、从不完善到完善的过程，新型掘进机采用新型刀具和新的截割技术，截割能力进一步增强。总体采用紧凑化设计，降低了机器重心，提高了工作稳定性，增强了对各种复杂地质条件的适应性。截割断面监视和控制技术的开发和应用，可实现掘进机的自动掘进。随着工业技术水平的提高和悬臂式掘进机技术开发经验的积累，各种新技术和新成果也逐步应用于巷道掘进设备上。

我国悬臂式掘进机的发展大体经历了引进、消化吸收和自主研发三个阶段，第一阶段是 20 世纪 60 年代初期到 70 年代末，这一阶段主要是以引进国外掘进机为主，国内自主开发的产品主要以当时太原研究院研制的反帝Ⅰ型、反帝Ⅱ型和反帝Ⅲ型为代表，以切割煤的轻型机为主。

20 世纪 70 年代末到 90 年代初为消化吸收阶段。这一阶段我国与国外合作生产了几种悬臂式掘进机并逐步实现国产化生产制造。在国家“六五”、“七五”科技攻关项目的支持下，太原研究院研制了 EM1A-30 型、EL-90 型和 EBJ-110 型掘进机；上海研究院研制了 ELMB-55 型、ELMB-75 型掘进机，基本形成了悬臂式掘进机引进与国产并存的局面。

20 世纪 90 年代初至今为自主研发阶段。这一阶段悬臂式掘进机得到了空前的发展，重型、超重型掘进机大批出现，掘进机的设计水平、机器的可靠性大幅提高，功能日趋完善。掘进机设计和生产使用技术跨入了国际先进国家的行列，形成了多个系列的产品。代表机型主要有太原研究院研制的 EBZ120(EBJ-120TP)、EBZ160(EBJ-160)、EBZ220H、EBZ260W、EBH315、EBH450 等型掘进机，特别是 EBH450 型掘进机采用了截割工况识别和智能决策、截割转速交流变频调速控制、截割牵引调速控制等先进技术，达到了国际先进水平。

全断面掘进机集机械、电气、液压和自动控制于一体，是可以实现破岩、岩渣装运、洞壁支护等功能的一次开挖成洞的施工设备，具有快速、优质、安全、有利于环境保护、降低劳动强度及改善工作环境等特点，可广泛应用于煤矿、水电、铁路、公路、地铁和城市管网及军事设施等工程的施工。上海研究院研制的 MJJ3800×5800 型多刀盘矩形全断面掘进机具有快速、连续、一次断面成型以及采、掘、运、支一体化等特点，可一次形成 5.8m×3.8m 的矩形断面；针对小断面隧道或穿越铁路、道路、河流或建筑物等障碍物的管道，上海研究院研制了 Φ1500mm 遥控式泥水平衡岩石顶管掘进机，该机集开挖、支护、排渣、运输、测量导向等功能一体，施工时无需开挖地表，通过安设在沉井中的传力顶铁和导向轨道，用支承于基坑后座的液压千斤顶将掘进机机体顶入土体，其后逐一将接管压入土层中，同时挖除并运走接管正面的泥土。

巷道综合机械化掘进是一项系统工程。制约煤矿巷道快速掘进的主要因素并不是掘进机本身的掘进能力，而是支护和其他辅助工序。以单巷为主的开拓布置方式，掘进、支护不能平行作业，由于在一个掘进循环中，支护时间是掘进的 2～3 倍，严重制约了掘进进尺的提高。为了解决综掘工作面掘、支时间失调问题，太原研究院自 2010 年开始针对井下煤巷不同地质条件进行高效快速掘进技术与装备的研究，开发了以“掘、支、运三位一体煤巷高效掘进系统”为基础的掘进工作面作业线。整套系统包括掘锚机组、履带式转载破碎机、多臂锚杆钻车、锚杆转载破碎机组、可弯曲胶带转载机、迈步式自移机尾等设备。该系统把传统的掘进、运输、支护等分步实施的工序变成同步平行作业，多臂同时支护，连续破碎运输，长压短抽通风，智能远程操控，有效提高了掘进效率，改善了作业环境，推动了煤巷掘进技术的变革，为实现掘进工作面无人化奠定了基础。

针对半煤岩及岩石巷道快速掘进，太原研究院开发出配备两套锚杆支护装置的悬臂式掘进机（简称双锚掘进机）和一种集锚护、运输功能于一体的煤矿用锚杆转载机组，解决了人工支护强度高、速度慢的问题，实现了掘、锚平行作业，提高了进尺效率。

第1章 巷道掘进机

巷道掘进机根据破岩形式可分为全断面掘进机和悬臂式掘进机两种。悬臂式掘进机采用部分断面截割方式，通过上下左右连续移动截割头来完成全断面岩石破碎，工作对巷道适应性强。全断面掘进机可实现连续掘进，可同时完成破岩、出渣、支护等作业，并能一次成巷，掘进速度快、效率高。

1.1 悬臂式掘进机

悬臂式掘进机具有截割煤岩、装载、转载、运输、行走、喷雾降尘等功能。整机主要由截割机构、装载机构、输送机构、机架及回转台、行走机构、液压系统、电气系统、供水系统、降尘系统和机器的操作控制及保护系统等部分组成。其总体结构如图 1.1 所示。

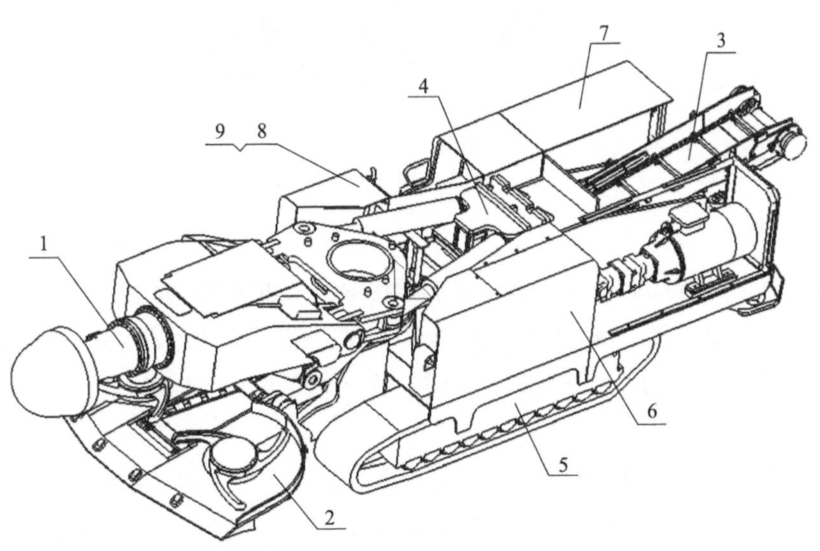

图 1.1　悬臂式掘进机的主要结构

1. 截割机构；2. 装载机构；3. 输送机构；4. 机架及回转台；5. 行走机构；
6. 液压系统；7. 电气系统；8. 供水系统；9. 操作台

本节分两部分介绍太原研究院研制的煤、半煤岩及岩石巷道掘进机。针对煤及半煤岩巷，重点介绍 EBJ-120TP、EBZ160TY、EBZ160T、EBZ220H 等悬臂式掘进机；针对岩石巷道，重点介绍 EBZ260W、EBZ300、EBH315、EBH450 等悬臂式掘进机。

1.1.1 煤及半煤岩巷掘进机

经济截割岩石单向抗压强度小于 60MPa，称为煤巷掘进机。经济截割岩石单向抗压强度大于或等于 60MPa 而小于 80MPa 的，称为半煤岩巷掘进机。太原研究院研制了一系列煤及半煤岩巷掘进机，不仅满足煤矿井下煤及半煤岩巷道的掘进，同时也应用于条件类似的其他矿山及工程隧道掘进。

1. EBJ-120TP 型悬臂式掘进机

为了满足国内同期中型掘进机的换代需求，立足选择国产元部件，降低整机制造成本，提高中型机型的破岩能力、工作稳定性、可靠性和作业速度，太原研究院开发了 EBJ-120TP 型悬臂式掘进机（图 1.2）。

图 1.2 EBJ-120TP 型悬臂式掘进机

1）适用条件

EBJ-120TP 型悬臂式掘进机主要适用于煤巷掘进，也适用于条件类似的其他矿山及工程巷道的掘进；该机可经济截割单向抗压强度不大于 60MPa 的煤岩；定位可掘最大宽度为 5m，最大高度为 3.75m 的任意断面形状巷道；适应巷道坡度为 ±16°。

2）技术特征

（1）小直径截割头设计。截割头是掘进机的关键元件，其性能的优劣直接影响机器的可靠性，该机截割功率 120kW，用计算机辅助设计进行截齿排列，优化了截割头各种参数，采用小直径截割头，提高了截齿的单刀力，增强了破岩能力。

（2）液压马达直接驱动星轮装载机构。传统的掘进机装载机构一般采用电机通过锥齿轮减速器驱动爬爪，结构复杂，且经常在水及煤泥中工作，减速器内易受污染，造成轴承、密封及齿轮等损坏，使用寿命短，井下维护困难。新设计的驱动装置为液压马达直接驱动星轮装载机构，结构简单、工作平稳、可靠性高，维护量大大减少。

（3）无支重轮履带行走机构。传统的掘进机履带机构一般设有 5～9 个支重轮，由于其经常在煤泥中工作，支重轮的密封、轴承极易损坏，可靠性低，使用寿命短。履带的张紧一般采用黄油缸张紧方式，履带工作时油缸不能泄压，造成油缸承受过高的压力，一般为 50～70MPa，可靠性差。新设计的履带行走机构取消了支重轮，采用了导向轮黄油缸张紧及支承块锁定装置，履带机构工作时，张紧油缸处于泄压状态，避免了黄油缸在行走时承受过高压力，提高了履带行走机构的可靠性。

（4）可编程控制器（PLC）主控制器。电控系统采用 PLC 与电子保护相结合的方式。其中主回路过流过载保护，应用 PLC 模拟量功能，通过 PLC 程序进行判断和保护，充分应用 PLC 的高可靠性来克服原来电子保护元器件故障，大大提高了保护系统的可靠性。

3）技术参数

主要技术参数如表 1.1 所示。

表 1.1　EBJ-120TP 型悬臂式掘进机主要技术参数

参数	数值	参数	数值
外形尺寸（$L\times W\times H$）/m	8.6×2.1×1.55	地隙 /mm	250
截割卧底深度 /mm	240	接地比压 /MPa	0.14
机重 /t	35	总功率 /kW	190
可经济截割硬度 /MPa	≤60	可掘巷道断面 /m^2	9～18
最大可掘高度 /m	3.75	最大可掘宽度 /m	5.0
适应巷道坡度 /（°）	±16	机器供电电压 /V	660/1140
截割电机功率 /kW	120	液压系统压力 /MPa	14/16

4）应用实例

EBJ-120TP 型悬臂式掘进机由于其极强的市场竞争力，短短几年已推广到全国 40 余个矿业集团百余个矿，单机累积销售 1300 余台，创造了世界单一机型销量第一的纪录。表 1.2 列出了 EBJ-120TP 型悬臂式掘进机部分用户使用情况。

表 1.2　EBJ-120TP 型悬臂式掘进机部分用户使用情况

用户名称	最高月进尺 /m	巷道断面 /m^2	巷道情况	支护情况
平煤集团六矿	816	4.1×3.1	半煤岩巷	锚杆支护
潞安常村矿	680	4.1×3.0	煤巷	锚杆支护
汾西双柳矿	600	4.2×3.0	半煤岩巷	锚杆支护
西山杜儿坪矿	600	3.5×2.8	半煤岩巷	锚杆支护
神府寸草塔矿	800	3.8×2.5	煤巷	锚杆滞后支护

2. EBZ160TY 型悬臂式掘进机

为解决我国煤矿大断面半煤岩巷道掘进难题，进一步提高综掘机械化程度，缓解采掘失调问题，太原研究院开发了 EBZ160TY 型悬臂式掘进机（图 1.3）。

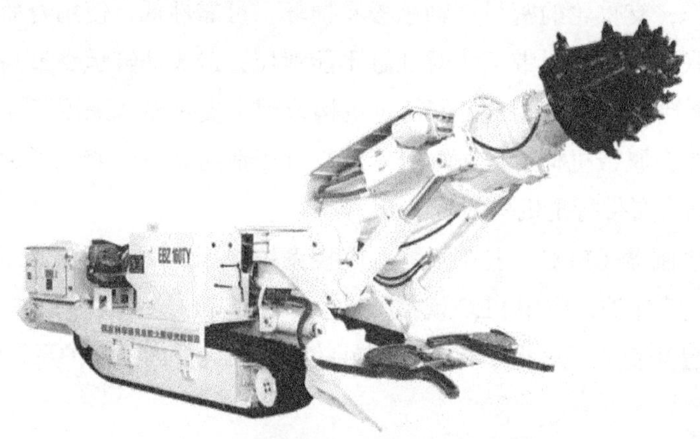

图 1.3　EBZ160TY 型悬臂式掘进机

1）适用条件

EBZ160TY 型悬臂式掘进机主要适用于煤及半煤岩巷道的掘进，也适用于条件类似的其他矿山及工程巷道的掘进。该机可经济截割单向抗压强度不大于 80MPa 的煤岩（断面岩石含量不超过 70%，岩石平均硬度 f 为 6，局部硬度 f 为 8）；定位可掘最大宽度 5.5m、最大高度 4.0m 的任意断面形状巷道；适应巷道坡度 ±16°。

2）技术特征

（1）重心低、稳定性好。EBZ160TY 型重型掘进机在满足强度、刚度要求的前提下，采用紧凑化设计，重心位置低；采用计算机辅助设计和分析方法进行截齿布置，最大程度减小冲击振动；结合井下实际条件，建立数学模型，以合理的质量体积比、最高截割功率和截割稳定性为优化目标，对整机进行优化设计，确保本机稳定性。

（2）恒功率双速截割机构。EBZ160TY 型悬臂式掘进机率先采用恒功率双速截割电机，彻底改变了以往掘进机为保持恒功率输出采用的机械变速方式。在截割半煤岩巷的同一断面上，截割煤时截割头转速高，截割效率高；截割岩石时截割头转速低，破岩能力强，使截割效率最大化。

（3）采用液压调速技术，实现履带行走机构无级调速。采用带负载敏感控制的恒功率变量泵和比例多路换向阀，通过控制换向阀手柄的操作幅度来改变先导阀的出口压力，从而控制负载传感阀的开口大小，因此通过负载传感阀的流量也随着变化，进而控制行走马达流量的变化，实现行走无级变速。

（4）使用带负载敏感控制的恒功率变量泵及比例多路换向阀液压系统。EBZ160TY 型悬臂式掘进机液压系统采用带负载敏感控制的恒功率变量泵和比例多路换向阀等新型元部件，在液压系统功率基本不变的前提下，通过提高系统压力，采用高压低速大扭矩马达，有效提高液压系统过载能力，更好地适应掘进机的复杂工况。

（5）工况检测及故障诊断技术。机电控系统采用 PLC 模拟量处理功能，以软、硬件相结合的方式，对电机的过流、过载、缺相等故障进行检测和保护，提高了电控系统保护功能的可靠性；同时，该机具有完善的故障诊断功能，不仅可以检测和判断故障的种类，还可以判断故障发生的原因和部位，给出解决办法。

3）技术参数

主要技术参数如表 1.3 所示。

表 1.3 EBZ160TY 型悬臂式掘进机主要技术参数

参数	数值	参数	数值
外形尺寸（$L\times W\times H$）/m	9.8×2.55×1.7	地隙 /mm	250
截割卧底深度 /mm	250	接地比压 /MPa	0.139
机重 /t	51.5	总功率 /kW	250
可经济截割硬度 /MPa	≤80	可掘巷道断面 /m^2	9～21
最大可掘高度 /m	4.0	最大可掘宽度 /m	5.5
适应巷道坡度 /（°）	±16	机器供电电压 /V	1140
截割电机功率 /kW	160	液压系统压力 /MPa	23

4）应用实例

EBZ160TY 型掘进机投入使用以来，获得了用户的广泛好评。目前已推广应用 400 余台，主要分布在山西、河南、内蒙古、淮南、山东、新疆等地，用于煤巷或半煤岩巷掘进。另外，在广西地区的磷矿、水利隧道的岩石巷道也进行了应用。

2005 年 11 月汾西矿业集团贺西煤矿引入 EBZ160 型掘进机，该矿掘进断面面积 10m^2，底板岩石为中砂岩，岩石硬度 f 为 8.7，岩石坚固，结构致密，所掘断面岩石占 47%，使用该机进行巷道掘进后，半煤岩巷道掘进速度大幅提高，当年 12 月创造单月进尺 450m 的好成绩。

3. EBZ160T 型悬臂式掘进机

为有效缩短煤矿井下掘进、钻探顺序作业时间，降低工人劳动强度，提高煤矿采掘效率和安全性，实现煤及半煤岩巷快速掘进，太原研究院开发了世界上首台集掘进、钻探于一体的 EBZ160T 型悬臂式掘进机（图 1.4）。

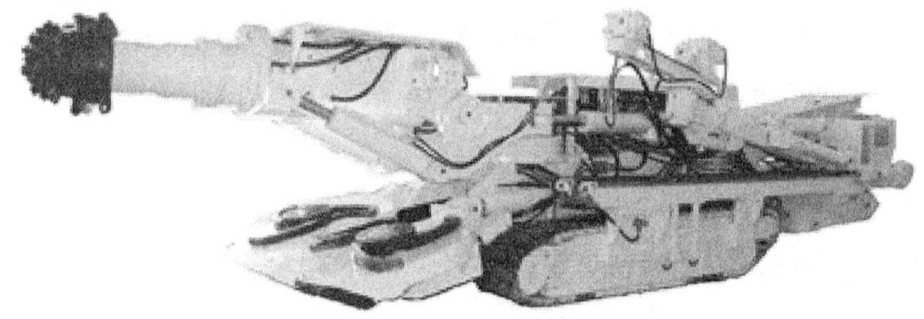

图 1.4 EBZ160T 型悬臂式掘进机

1）适用条件

EBZ160T 型悬臂式掘进机将钻机集成在掘进机机身一侧。该机可经济截割单向抗压强度不大于 80MPa 的煤岩（断面岩石含量不超过 70%，岩石平均硬度 f 为 6，局部硬度 f 为 8）；定位可掘最大宽度 5.5m、最大高度 4.0m 的任意断面形状巷道；适应巷道坡度 ±16°；配套钻机开孔直径 ϕ60mm、孔深 70m。

2）技术特征

图 1.5 所示为 EBZ160T 型悬臂式掘进机总体布置，与普通的掘进机相比，该机在机身一侧配备了一套钻机系统，包括钻机、基座、钻机摆动油缸等。

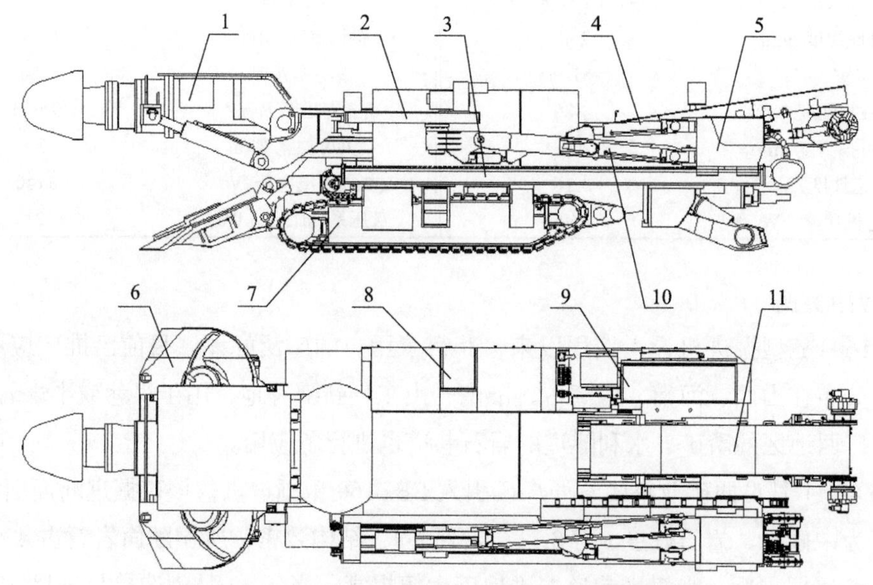

图 1.5　EBZ160T 型悬臂式掘进机总体布置

1. 截割机构；2. 钻机；3. 滑轨组件；4. 钻机升降油缸；5. 基座；6. 铲板；7. 行走；8. 泵站油箱；9. 电控箱；10. 钻机摆动油缸；11. 刮板输送机

（1）掘探一体机总体设计。将钻机与掘进机集成，建立整机动力学模型，优化整机的重心位置，并对掘探一体机进行截割稳定性理论分析，保证整机工作稳定性，确保掘进机在最大负载工况下不会发生截割效率严重下降、前倾、侧翻等情况。同时，研究钻机推进机构的稳定性，保证钻机可靠性和钻孔稳定性。

（2）滑轨式驱动装置。本机设计了以马达、减速器、链轮链条为传动机构的滑轨式驱动装置，可实现钻机平稳前移、后退长距离传动，结构简单，维护方便。

（3）掘探一体机液压系统集成参数匹配可靠性技术。掘进机主机与钻机液压系统参数合理匹配，实现钻机与掘进机主机液压系统集成，确保整机液压系统可靠性；实现掘进机各执行机构与钻机各执行机构动作的互锁功能，保证整机操作安全性。

（4）钻机性能参数匹配技术。掘探一体机的钻机采用全液压动力头式钻机，适应硬质合金钻进和冲击回转钻进；回转器采用通孔结构，钻杆长度不受钻机结构尺寸的限制；回转速度采用液压无级调节，提高钻机对不同钻进工艺的适应能力，转速与扭矩调整范围大，钻进工艺的适应能力强；卡盘、夹持器与油缸之间，回转器与夹持器之间可以实现联动操作，自动化程度高，操作简便；钻机配置复合式夹持器，与动力头配合，实现钻杆自动拆卸，减轻了工人劳动强度，提高了工作效率。

3）技术参数

主要技术参数如表 1.4 所示。

表 1.4 EBZ160T 型悬臂式掘进机主要技术参数

参数	数值	参数	数值
外形尺寸（$L\times W\times H$）/m	10.9×2.81×2.1	地隙 /mm	250
截割卧底深度 /mm	250	接地比压 /MPa	0.15
机重 /t	55	总功率 /kW	250
可经济截割硬度 /MPa	≤80	可掘巷道断面 /m^2	9～21
最大可掘高度 /m	4.0	最大可掘宽度 /m	5.5
适应巷道坡度 /（°）	±16	机器供电电压 /V	1140
截割电机功率 /kW	160	液压系统压力 /MPa	25/16
钻杆长度 /mm	1500	钻孔深度 /m	≥70
钻杆直径 ϕ/mm	42	钻头直径 ϕ/mm	60
额定转矩 /（N·m）	650/320	额定转速 /（r/min）	110/230

4）应用实例

2014 年 9 月，EBZ160T 型悬臂式掘进机在潞安漳村煤矿 2206 运输巷进行工业性试验。该巷为断面面积 17.5m^2 的矩形全煤巷，钻机平均钻孔深度 100m，用时 120min。10 月 10 日～11 月 10 日，掘进机共掘进 546m，排距 900mm，单班最高进尺 9m，日最高进尺 19.8m。井下试验表明，该机主要参数设计合理，钻孔性能高，整体稳定性好。

4. EBZ220H 型悬臂式掘进机

为了进一步提高我国掘进机硬岩截割能力以及煤炭行业综掘机械化水平，更好地适应较大断面煤巷、半煤岩巷和岩巷的掘进，太原研究院开发了 EBZ220H 型悬臂式掘进机（图 1.6）。

图 1.6 EBZ220H 型悬臂式掘进机

1）适用条件

EBZ220H 型悬臂式掘进机不仅适用于半煤岩巷及岩石巷道掘进，也适用于条件类似的其他矿山及工程巷道掘进，可经济截割单向抗压强度不大于 80MPa 的煤岩；定位可掘最大宽度 5.71m、最大高度 4.6m 的任意断面巷道；适应巷道坡度 ±16°。

2）技术特征

（1）高性能截齿和截割头。采用掘进机设计专用程序和计算机三维辅助设计软件，结合长期的截割头设计经验，对截割单向抗压强度不大于 90MPa 的中硬岩截割头进行专项研究，并进行了多次试验，改进了截割头及截齿的运动特性及力学特性，优化了截割头直径与转速匹配关系，降低了线速度，有效减少了磨损，提高了破岩能力。

采用新的焊接工艺，在截齿磨损程度较高的齿尖部位堆焊耐磨材料，大大改善了镐形截齿的耐用性，克服了截齿在磨损较高的齿尖变钝时产生负的后角和大的磨损平面挤压岩石产生大量岩粉的缺点，截齿截割比能耗稳定，使用中锐利程度一直保持不变，粉尘少、振动小。

（2）改向链轮前置的新型装载机构。设计了改向链轮前置的新型装载机构，有效解决了装载机构中间由于转盘无法触及到而形成的“装载死区”问题，提高了掘进机装载机构的自装效率。

（3）回转支撑采用集中润滑系统。本机回转支撑润滑点达到 18 个，接近整机润滑点一半的数量，采用传统的人工逐点润滑，不仅劳动强度大，而且质量无法保证，严重影响回转台的工作稳定性。本机设计了带手摇泵的集中润滑系统，润滑时通过手摇泵自动向各回转支撑点润滑，提高了润滑可靠性。

（4）采用反冲洗过滤装置和新型高效螺旋喷嘴。传统外喷雾系统喷嘴雾化效果差、耗水大，新设计的高效螺旋喷嘴优化了螺旋导水芯结构，对喷嘴出口圆柱段的长度、喷嘴孔径、喷嘴内径表面的粗糙度提出严格的要求，并且在供水系统中增加了反冲洗过滤装置，提高了喷雾降尘性能和可靠性。

3）技术参数

主要技术参数如表 1.5 所示。

表 1.5　EBZ220H 型悬臂式掘进机主要技术参数

参数	数值	参数	数值
外形尺寸（$L×W×H$）/m	10.30×2.70×1.86	地隙 /mm	250
截割卧底深度 /mm	200	接地比压 /MPa	0.16
机重 /t	62.5	总功率 /kW	352
可经济截割硬度 /MPa	≤80	可掘巷道断面 /m^2	10～26
最大可掘高度 /m	4.6	最大可掘宽度 /m	5.71
适应巷道坡度 /（°）	±16	机器供电电压 /V	1140
截割电机功率 /kW	220/160	液压系统压力 /MPa	25

4）应用实例

2013 年 12 月王家岭煤矿使用 EBZ220H 型掘进机进行胶带运输巷（煤巷）掘进，巷道为宽 5.3m、高 4.8m、断面面积为 25m^2 的矩形断面巷道，支护形式采用锚网支护。后配套使用桥式带式转载机 + 带式输送机形式。掘进机于 12 月 11 日开始井下作业，平均月进尺 480m，日均进尺 18m，最高日进尺 23m。

2014 年 8 月贵州林东煤业泰来煤矿 69104 运输巷使用 EBZ220H 进行底板瓦斯抽放巷掘进，整条巷道为宽 4.5m、高 2.8m、断面面积 12.62m^2 的不规则四边形岩石巷道，岩性以泥质粉砂岩、粉砂岩、标三灰岩为主，平均岩石单向抗压强度 f 在 6 左右，最大超过 7，采用锚网支护，后配套使用桥式带式转载机 + 矿车（载重 1t）形式。掘进机于 8 月 24 日开始井下作业，平均月进尺 110m，最高班进尺 3m，消耗截齿 0.18 个 /m^3。

1.1.2　岩石巷道掘进机

经济截割岩石单向抗压强度不小于 80MPa，称为岩石巷道掘进机。太原研究院研制了系列岩巷掘进机，主要机型有 EBZ260W、EBZ300、EBH315、EBH450 等。

1. EBZ260W 型小断面岩石巷道掘进机

在我国西南地区及一些高瓦斯矿井，瓦斯抽放巷道掘进普遍存在，所需巷道断面较小，岩石硬度较大，岩巷掘进比例较高。此类小断面全岩巷道开拓主要采用炮掘，机械化程度低，掘进速度慢，工人劳动强度大，安全性差。为了提高小断面岩巷掘进的机械化程度，提高生产效率，降低安全事故率，太原研究院开发了国内首台小断面岩石巷道掘进机——EBZ260W 型悬臂式掘进机（图 1.7）。

图 1.7　EBZ260W 型悬臂式掘进机

1）适用条件

EBZ260W 型小断面岩石巷道掘进机，设计机重 85t，截割功率 260kW，主要适用于截割断面面积 8～19m^2、硬度 f 不大于 8（局部 f 不大于 10）的全岩和半煤岩巷道掘进，尤其适用于瓦斯抽放巷中掘进。

2）技术特征

（1）新型嵌入式回转机构。采用“质量体积比”的设计理念，通过结构创新，开发出嵌入式重载回转机构，使重型岩巷掘进机的机身高度降至1.65m，适合小断面全岩巷掘进。

（2）薄型、小角度、高强度装载机构。采用可靠的分体结构和高速马达+减速器驱动方式，降低铲板厚度，有利于装料和清底，适合在低矮小断面岩巷掘进机上使用。

（3）高可靠性、低能耗液压系统。采用恒功率自动变量系统，应用LUDV独立流量分配功能，实现回路液压系统流量全程比例分配，系统流量根据实际需要合理分配，提高效率，降低能耗。

（4）状态实时监测、远程故障诊断。监控系统采用CAN总线控制，实现掘进机状态参数实时监测、采集、存储、分析与记录、远程控制和故障诊断。

（5）高效集中润滑系统。采用集中供脂润滑系统，实现掘进机各销轴润滑点依照递进式分配器程序设定逐点顺序润滑，每点定量供油，压力不分散。

3）技术参数

主要技术参数如表1.6所示。

表1.6　EBZ260W型悬臂式掘进机主要技术参数

参数	数值	参数	数值
外形尺寸（$L\times W\times H$）/m	12.10×2.70×1.65	地隙/mm	200
截割卧底深度/mm	310	接地比压/MPa	0.192
机重/t	85	总功率/kW	392
可经济截割硬度/MPa	≤80	可掘巷道断面/m^2	8～19
最大可掘高度/m	3.9	最大可掘宽度/m	5.2
适应巷道坡度/（°）	±16	机器供电电压/V	1140
截割电机功率/kW	260	液压系统压力/MPa	25

4）应用实例

2014年4月，EBZ260W掘进机在川煤集团广旺公司代池坝煤矿进行了井下工业性试验。试验巷道为全岩拱形，宽3.5m，高2.9m，断面面积9.1m^2。巷道断面岩性以石英砂岩为主，随机取样化验岩石平均硬度f为8.7，最大硬度f大于10。

2014年4月10日～8月19日，EBZ260W掘进机共掘进进尺605.7m，平均月进尺151.4m，最高月进尺为175m，最高日进尺8.8m。共消耗截齿774个，消耗截齿0.18个/m^3。与传统岩巷掘进机相比，在截割断面明显减小、整机尺寸大幅度降低的情况下，整机截割能力并未降低，达到了预期效果，是小断面全岩巷道机械化掘进时可供选择的机型。

2. EBZ300型悬臂式掘进机

随着大断面全岩开拓准备巷道的增多，太原研究院开发了一种适用于大断面岩巷及半煤岩巷掘进的重型掘进机——EBZ300 型悬臂式掘进机（图 1.8）。

图 1.8　EBZ300 型悬臂式掘进机

1）适用条件

EBZ300 型悬臂式掘进机适用于大断面煤、半煤岩巷以及岩石巷道的掘进，也可用于公路、铁路、水利工程隧道等条件类似巷道的掘进。该机可经济截割单向抗压强度不大于 90MPa 的煤岩，定位可掘最大宽度 6.0m、最大高度 4.85m 的任意断面形状巷道；适应巷道坡度 ±18°。

2）技术特征

（1）良好的截割稳定性。对岩巷掘进机运行工况进行适当、合理的假设和简化，建立掘进机截割岩壁的力学模型，优化了整机设计，采用最小的质量体积比、利用配重等方式，对整机结构进行优化，力求质量大小合理，重心位置低、动态稳定性好。

（2）低损耗、高可靠性液压系统。采用计算机辅助分析软件对液压系统及其元部件进行动态仿真分析，分析掘进机在工作过程中系统压力和流量的动态变化；系统长时间工作温度变化；元部件参数设置对压力和流量关系变化的影响；液压系统压力流量波动导致截割牵引速度的变化对截割能力的影响，根据分析结果对系统进行优化设计，形成一套低损耗、高可靠性液压系统。

（3）掘进机机载除尘系统。EBZ300 型掘进机采用的是由附壁风筒和高效湿式除尘器组成的长压短抽综合除尘系统，即长距离送风到掘进巷道，送风至工作面一定距离，附壁风筒将轴向压入风流改变为径向旋转分流，控制工作面粉尘向后扩散。同时，除尘器在掘进作业点进行短距离抽风，净化受污染空气。本机将湿式除尘系统作为一个部件，在掘进机上进行机载布置，实现除尘设备与掘进机的高度集成。当除尘设备启动时，截割产生的粉尘将通过内置在掘进机机架内部的吸风风道进入除尘器处理，净化巷道空气。

3）技术参数

主要技术参数如表 1.7 所示。

表 1.7　EBZ300 型悬臂式掘进机主要技术参数

参数	数值	参数	数值
外形尺寸（$L\times W\times H$）/m	12.8×3.6×2.9	地隙 /mm	250
截割卧底深度 /mm	260	接地比压 /MPa	0.18
机重 /t	85	总功率 /kW	481
可经济截割硬度 /MPa	≤90	可掘巷道断面 /m^2	12～29
最大可掘高度 /m	4.85	最大可掘宽度 /m	6.0
适应巷道坡度 /（°）	±18	机器供电电压 /V	1140
截割电机功率 /kW	300/220	液压系统压力 /MPa	25

4）应用实例

2012 年 7 月，EBZ300 型悬臂式掘进机在平煤十三矿低抽巷进行了工业性试验，巷道为宽 4.8m、高 3.6m、断面面积 14.5m^2 的拱形断面；岩石以灰岩和砂岩为主，整体性强，层理不明显，测试平均硬度 f 为 10.7；支护形式采用锚网支护，后配套采用连续掘进作业线。3 个月的井下工业性试验，掘进进尺 426m，折合标准断面进尺 772m，最高月进尺 156m，折合标准断面进尺 282.8m，最高日进尺 8.1m，折合标准断面进尺 14.7m。截齿消耗 1565 个，消耗截齿 0.15 个 /m^3，创造了岩石硬度 f 为 10 以上全岩石巷道掘进新纪录。

2013 年 9 月，平煤八矿使用 EBZ300 型掘进机进行回风巷的掘进，巷道总长 1312.6m，全岩石巷道，岩石硬度 f 为 6～9，掘进断面面积 15.18m^2，支护形式采用钢拱支护。从 9 月 8 安装试用至 11 月 30 日，掘进机累计进尺 1008m，11 月单月最高进尺达 401.6m，最高日进尺 15.2m，将平煤集团原岩石巷道单月进尺纪录提高了 100.1m。

3. EBH315 型悬臂式掘进机

为解决岩石单向抗压强度达到 100MPa 的大断面全岩巷综合机械化掘进技术问题，进一步提高掘进机的综合自动化程度，太原研究院开发了 EBH315 型悬臂式掘进机特重型岩巷掘进机（图 1.9）。

图 1.9　EBH315 型悬臂式掘进机

1）适用条件

EBH315 型悬臂式掘进机适用于大断面煤 / 岩石巷道的掘进，也可用于公路、铁路、水利工程隧道等条件类似巷道的掘进。该机可经济截割单向抗压强度不大于 100MPa（局部不大于 120MPa）的煤岩，定位可掘最大宽度 7.01m、最大高度 5.825m 的任意断面形状的巷道，适应巷道坡度横向 8°、纵向 16°。

2）技术特征

（1）采用左右对称横轴式截割方式，提高了整机工作稳定性。

（2）冲击重载工况下大功率、小体积截割减速器。在充分考虑了配齿、轮齿根切、齿宽、重合度、强度、传动比、径向尺寸等多个约束条件前提下，运用粒子算法对截割减速器进行优化设计，减小了减速器质量及体积；关键零部件采用优质合金钢，提高减速器抗弯强度和抗冲击能力；减速器输出端为左右对称布置，强度高、传动精度高、体积小。

（3）截割减速器强制冷却润滑系统。截割减速器体积小、减速比大、发热严重、润滑困难，自然散热功率仅为发热功率的 1/5 左右，且热量非均匀分布，主要的传动轴承和重载传动齿轮副比其他部位发热更加严重，同时减速器随着截割机构上下、左右摆动，在一些极限位置会出现缺油。通过在减速器内部布置合理的强制冷却润滑回路的流道，保证了减速器在任何位置内部的零部件均能得到润滑和冷却，攻克了局部温度过高或无润滑而导致的减速器损坏难题。

（4）新型伸缩机构。掘进机截割机构普遍采用的花键式伸缩机构，存在刚性差、可靠性低和承载能力不足等问题。新研制的伸缩机构以截割电机为伸缩体，与截割减速器连接，内藏于伸缩筒内，解决了伸缩所需电缆，液压管路内藏随动技术问题。新研制的伸缩机构结构简单，刚性强。

（5）抗冲击、大载荷新型回转机构。双齿条齿轮式回转机构采用较小的径向滚动轴承和大型平面支承相结合的方式，将回转齿轮和平面支承盘设计为一个整体结构。采用非金属材质平面支承，避免了回转支承随承载能力增大而不断加大的矛盾，降低整机截割振动。同时，双齿条齿轮式回转机构还可提供恒定的截割牵引力，使得截割的稳定性和破岩能力大幅提高。

（6）掘进自动控制技术。通过掘进机断面显示控制系统、掘进机的运行姿态控制系统和掘进机运行方向定向系统，实现了巷道断面轮廓和掘进机相对位置、方向的检测、控制，使掘进机按照设定断面进行施工，保证了截割精度和表面质量，避免对顶、底板的破坏。

3）技术参数

主要技术参数如表 1.8 所示。

表 1.8 EBH315 型悬臂式掘进机主要技术参数

参数	数值	参数	数值
外形尺寸（$L \times W \times H$）/m	12.95×3.10×2.50	地隙 /mm	300
截割卧底深度 /mm	380/190	接地比压 /MPa	0.22
机重 /t	135	总功率 /kW	533
可经济截割硬度 /MPa	≤100，局部≤120	可掘巷道断面 /m^2	12～38
最大可掘高度 /m	5.825/5.459	最大可掘宽度 /m	7.01/6.57
适应巷道坡度 /（°）	±16	机器供电电压 /V	1140
截割电机功率 /kW	315	液压系统压力 /MPa	25

4）应用实例

EBH315 型岩石巷道掘进机目前已应用 20 余台，并出口到加拿大、俄罗斯等国。

2014 年 1 月，EBH315 型掘进机在加拿大 BC 省墨玉河煤矿主斜井投入使用。主斜井倾角 16°，井筒长度 1688m。该巷道为全岩石巷道，岩石以细砂岩、粉砂岩为主，硬度 f 为 5～18，局部地段为中砂岩和粗砂岩，硬度 f 达到 18～20，巷道掘进断面面积为 22.2m^2。截至同年 6 月 20 日，共掘进 540m，掘进施工初期采用单班作业，平均每天掘进 2m，4 月 6 日开始 3 班轮流作业，每天掘进 6m 左右，月进尺 160m。其中，280～320m 巷道段岩性为粉砂岩、细砂岩，硬度 f 为 10～15。2015 年 12 月完成巷道掘进施工整机性能稳定，未出现因掘进机问题影响生产的情况。

4. EBH450 型悬臂式掘进机

为了解决大断面岩巷截割技术难题，太原研究院开发了 EBH450 型掘进机（图 1.10）。

图 1.10 EBH450 型悬臂式掘进机

1）适用条件

EBH450 型悬臂式掘进机属超特重型掘进机，主要适用于大断面煤、半煤岩巷以及岩石巷道的掘进，也可用于公路、铁路、水利工程隧道等条件类似巷道的掘进。可经济截割单向抗压强度不大于 100MPa（局部不大于 120MPa）的煤岩；定位可掘最大宽度 5.825m、最大高度 7.01m 的任意断面形状巷道，适应巷道坡度横向 8°、纵向 16°。

2）技术特点

（1）截割工况识别和智能决策。根据煤岩的不同性质，基于破岩机理的研究，利用镐形刀具实验台对截齿截割过程进行试验研究与数据分析，积累工况特征数据库。采用模糊控制理论，对掘进机截割过程中复杂的工况进行模糊辨识实现掘进机在实际截割过程中自动调整截割参数来适应工况变化的要求。通过学习和训练获得有用数据表达的知识，记忆已知的信息，掘进机根据动态载荷特征的变化和不断地学习，选择最优化匹配参数，实现高效智能截割。

（2）大断面岩石巷道截割稳定性高。分析截割滚筒动载荷，建立掘进机工作状态的力学模型，针对掘进机在截割过程中出现的剧烈振动、失稳等情况，采用基于机器视觉技术的掘进机自动定位定向技术，检测出掘进机机尾相对于巷道位置的横向扭动距离，开发稳定支撑机构，使机身沿横向左右平移，实现在不调动履带行走机构的前提下，达到整机横向姿态的调整并将机身姿态调整至正常状态，提高整机工作稳定性和作业安全性。

（3）岩石巷道掘进防卡链装运机构。采用电液控制技术，根据刮板链的悬垂度，对张紧油缸压力和行程等参数进行实时调整，实现链条自动张紧；通过马达驱动减速器的方式实现刮板输送机的动态调速，使转速和扭矩随负载变化而变化，卡链负载增大时，链速降低，转矩增大，提高过载能力，防止卡链，提高装运效率。

（4）设备状态监测。采用多通道、多参数传感器信号调理和采集技术，对掘进机的压力、流量、振动、牵引力、油缸位移、电压及电流参数等动态特征提取，集成了 2 个数据采集器完成 44 路传感器的信号，开发了采集器及监测主机，达到装置的体积最小化和防护最优化，实现数据采集的可靠性和准确性。

3）技术参数

主要技术参数如表 1.9 所示。

表 1.9　EBH450 型悬臂式掘进机主要技术参数

参数	数值	参数	数值
外形尺寸（$L\times W\times H$）/m	13.52×3.20×2.53	地隙 /mm	300
截割卧底深度 /mm	380/190	接地比压 /MPa	0.22
机重 /t	138	总功率 /kW	650
可经济截割硬度 /MPa	≤100，局部≤120	可掘巷道断面面积 /m^2	12～38
最大可掘高度 /m	5.825/5.459	最大可掘宽度 /m	7.01/6.57
适应巷道坡度 /（°）	±16	机器供电电压 /V	1140
截割电机功率 /kW	450	液压系统压力 /MPa	25

4）应用实例

2015 年 9 月，EBH450 智能化超重型岩石巷道掘进机在山西新元煤炭有限责任公司南区 31009 回风巷使用，所掘巷道为宽 5400mm、高 4000mm 的矩形全岩石巷道，岩石硬度 f 为 8～12，截齿消耗 0.12 个 /m^3，最高月进尺为 381m（标准断面面积 8m^2），对比矿方其他岩石巷道掘进进尺提高约 26%。

1.2 全断面掘进机

全断面掘进机是集破岩、岩渣装运、洞壁支护等功能于一体的一次开挖成洞的施工设备。全断面掘进机具有快速、优质、安全、有利于环境保护、降低劳动强度及改善工作环境等特点，可广泛用于煤矿、水电、铁路、公路、地铁和城市管网以及军事设施等方面的地下工程施工。

本节重点介绍上海研究院研制的一种带主、副刀盘、可一次完成矩形全断面成巷的快速掘进装备——MJJ3800×5800 型多刀盘矩形全断面掘进机和一种由复合式截割刀盘、传动箱、液压系统、电控系统、纠偏系统、出渣系统、主顶系统等组成的掘进机——ϕ1500mm 遥控式泥水平衡岩石顶管掘进机。

1.2.1 MJJ3800×5800 型多刀盘矩形全断面掘进机

MJJ3800×5800 型多刀盘矩形全断面掘进机（图 1.11）是一种全新的煤矿掘进设备，具有快速、连续、一次断面成型以及采、掘、运、支护一体化等特点，可一次性形成 5.8m×3.8m 的矩形断面。该机的工作状态为封闭式掘进，掘进与支护平行作业，作业安全性好。

图 1.11 MJJ3800×5800 型多刀盘矩形全断面掘进机

该掘进机由矩形截割刀盘以及传动系统、掘进方向控制系统、行走系统、支撑系统、电控系统、液压系统以及测量导向系统、通风、冷却和除尘等系统等组成。

截割系统布置 5 个刀盘，采用 1 大 4 小的布局，中间大刀凸出盘在前可以切削出一个 ϕ3.8m 的圆形截面，4 个小刀盘切削出，组合之后形成一个大矩形截面。

掘进机作业时，其推进依靠 4 个 1.9m×1.9m 的矩形截面由水平支撑油缸、撑靴装置、推进油缸、调向鞍架等组成的支撑系统支撑侧帮及顶底板以提供足够的支撑力，同时用连接在支架和截割部之间的油缸推进截割部来实现。

方向控制系统通过一套鞍架结构实现。鞍架架在支架平台上，大梁通过鞍架导向，鞍架再带动主梁运动，主梁调整前面机头纠偏的角度。掘进机作业时，当掘进方向偏离了预设方向或遇到断层需要转向时，可通过调节主梁和鞍架，调整掘进机的掘进方向，以达到控制机器推进方向的目的。

电控系统包括：①配电系统；②总线控制系统；③人机界面监控系统；④多机冗余系统；⑤数据采集系统。电气系统设计了除掘进机自身所需的动力控制、逻辑控制、监测监控、通信、照明等以外，还设计了掘进机与后配套系统内相关工艺设备的闭锁。

液压系统流量控制精准平稳、压力稳定、超调量小、振动周期短、效率高以及发热量小。对整机液压系统进行设计建模与仿真，验证了合理性与可靠性。

1. 适用条件

MJJ3800×5800 型多刀盘矩形全断面掘进机可以用于各种顶底板条件的煤岩硬度 f 小于 4 的矩形巷道的掘进，掘进断面 5.8m×3.8m，掘进与锚杆支护同步进行。

2. 技术特征

1）全断面矩形掘进

一次掘进 5.8m×3.8m 矩形断面，掘进与锚杆支护同步进行，掘进速度快。矩形全断面煤巷快速掘进机系统的研制，解决了现有煤矿掘进速度慢、掘进人员多、掘进不安全的问题。

2）矩形截割机构

截割部由一个大截割刀盘配四个矩形小截割刀盘组合而成，前后布置达到矩形截割的目的，其中小刀盘本身具有截割、修形、装载的功能，小刀盘采用行星传动，一个动力两个刀盘输出，前刀盘截割，后刀盘修形、装载，前后层次布置，交错截割，防止大块煤的出现，并提高截割效率。

3）掘锚平行作业

采用主梁配鞍架的结构实现掘进方向控制，纠偏性能好；同时，又能实现截割部与掘进支撑部分的柔性连接，减少振动。掘进机截割部与后平台之间采用步进的方式行进，每个步距 1.5m，推进过程中后平台不动。锚杆机组固定在后平台上，掘进截割的同时进行打锚杆作业，实现掘进与锚杆支护的平行作业。

4）整机作业安全性

后平台上顶梁、底座采用立柱油缸连接，左右撑靴连接固定在下底座上，通过顶梁、底座撑紧顶底板、左右撑靴撑紧侧帮来提供机器前进的反力。截割部壳体上有前后随动掩护梁，可有效控制空顶距，保证正常工作及应急情况下人员的安全；在截割部与后平台之间采用实时张紧的掩护网结构，随时保证截割部与后平台之间对人员设备的掩护作用。整机人员工作及通道处均有掩护结构，保证了作业人员的安全。

3. 技术参数

主要技术参数如表 1.10 所示。

表 1.10　MJJ3800×5800 型多刀盘矩形全断面掘进机主要技术参数

参数	数值	参数	数值
外形尺寸（$L\times W\times H$）/m	14.7×5.8×3.8	机重 /t	300
最大推进行程 /m	1.5	最大推进速度 /（m/min）	0.3
刀盘截割功率 /kW	1600	装机功率 /kW	1898
截割煤岩抗压强度 /MPa	≤40	生产能力 /（m^3/min）	11
刮板机输送量 /（t/h）	1200	适应巷道坡度 /（°）	≤5

1.2.2　ϕ 1500mm 遥控式泥水平衡岩石顶管掘进机

上海研究院研制的 ϕ1500mm 遥控式泥水平衡岩石顶管掘进机（图 1.12）是一种高度集成和协同工作的机电液一体化设备，集开挖、支护、排渣、运输、测量导向等功能于一体的多功能设备。掘进机由复合式截割刀盘、传动箱、减速器、机内液压系统、机内电控系统、纠偏系统、出渣系统、主顶系统等组成。

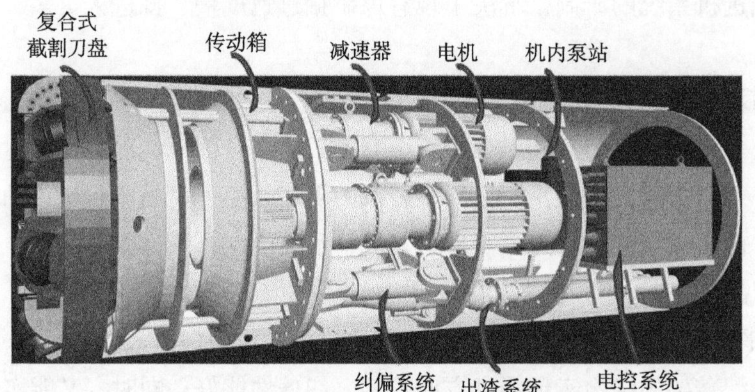

图 1.12　ϕ1500mm 遥控式泥水平衡岩石顶管掘进机

复合式截割刀盘依靠结构紧凑的高承载能力行星齿轮箱传动，刀盘为含滚刀刮刀的复合式结构、滚刀选用可更换的进口单刃双刃滚刀、边刮刀及单向切刀选用硬质合金刀头。

纠偏系统实时采集设备的位置姿态、实时控制设备的运行方向，使设备按照设计的轨迹顺利掘进。

出渣系统通过水循环将截割刀盘截割破碎后的渣土运走。

机内液压系统及电控系统为机器提供动力、参数采集、运行状态监测等。

主顶系统由多个多级等推力液压缸及顶铁、导轨、后靠背等组成，为整机提供推力。

1. 适用条件

ϕ1500mm 遥控式泥水平衡岩石顶管掘进机适用于穿越公路、铁路、河流、地面建筑物进行地下管道施工，也可应用于煤矿抽放瓦斯巷道掘进。

2. 技术特征

1）新型截割刀盘

截割刀盘驱动功率 5×75kW，转矩 795kN·m，转速 0～8.5r/min，传动效率高，发热量低，可靠性高，体积小，易于操作、安装、维修和管理。

刀盘采用混合型结构，刀盘上布置重型单刃和双刃盘型滚刀，以及镶嵌硬质合金刀头的单向主截割刀、边缘刮刀，具有较高的强度、刚度、耐磨性和使用寿命。

2）刀盘变频调速控制系统

刀盘驱动采用大功率变频调速控制，有效提高刀盘的启动性能，提高整机的可靠性；在复杂地质条件下实现刀盘恒转矩输出，而且可以调整刀盘转速。

3）高效破碎系统

顶管机具有二次破碎功能，可以将岩石、卵石、砾石等有效破碎成 20～30mm 的颗粒，以利于排渣泵及时排出。顶管机具有高压喷水系统，可及时将刀盘割下的黏土分离和破碎，顺利通过排渣泵排出，有效提高顶管机在黏土地质条件下的适应性能。

3. 技术参数

主要技术参数如表 1.11 所示。

表 1.11　ϕ1500mm 遥控式泥水平衡岩石顶管掘进机主要技术参数

参数	数值	参数	数值
内径 /mm	1200	外径 /mm	1500
总长 /mm	4500	刀盘驱动部电机功率 /kW	90
刀盘转矩 /（kN·m）	286	刀盘转速 /（r/min）	0～5
纠偏油缸数量 / 只	4	纠偏油缸推力 /kN	784
机内液压系统工作压力 /MPa	25	机内液压系统泵功率 /kW	2.5
主顶系统顶进速度 /（mm/min）	0～80	主顶系统额定顶力 /kN	1960×4
主顶系统额定压力 /MPa	31.5	主顶系统主泵功率 /kW	22

4. 应用实例

ϕ1500mm 遥控式泥水平衡岩石顶管掘进机成功应用于新加坡、泰国的市政非开挖施工，地质条件为混合地质条件，含有黏土和坚硬岩石，岩石的抗压强度高达 200MPa，我国的煤矿领域也有应用。

（本章主要执笔人：岳晓虎，白雪峰，张国栋，张鑫，周建龙）

第 2 章

掘进机后配套设备

完整的综合机械化掘进作业线，除配置主要掘进设备外，还应配备相应的后配套装备。本章重点介绍近几年国内综掘工作面配套新技术与装备的发展现状，包括掘锚机后配套连续运输装备、给料输送设备及巷道修复技术与装备。

2.1　掘锚机后配套连续运输装备

掘锚机是一种适用于煤巷快速掘进的联合机组。掘锚机可解决落、装、支三个主要工序的机械化作业，其后配套运输设备的功能、参数和可靠性对掘锚机掘进速度影响很大。为了解决掘锚机进行大断面单煤巷快速掘进时出现的设备牵引困难，大块物料需停机人工大锤破碎，煤流拥堵洒落及底板松软行车等生产难题，太原研究院开发了掘锚机后配套连续运输装备（图 2.1）。它具有物料破碎、缓冲、转载及自移的功能，实现了掘锚机掘进循环中的连续作业生产。

图 2.1　掘锚机后配套连续运输装备实物图

2.1.1　适用条件

掘锚机后配套连续运输装备适用于掘锚机（或连续采煤机）大断面单煤巷的快速掘进。该装备可破碎和输送硬度 f≤5 且容重小于 2t/m^3 的原煤和矸石。该机适用于底板遇水不易泥化的巷道，巷道宽度不小于 4.5m，高度不小于 3.2m，巷道最大坡度 ±8°。

2.1.2　技术特征

1. 配套形式优化

掘锚机后配套连续运输装备由行走式给料破碎机、带式转载机、刚性胶带机架的配套组成（图 2.2）。这一组合的优点是，掘锚机切落的物料可在破碎后连续不断地转运至后方带式输送机上，使掘锚机截割能力得以充分发挥。该配套方式成本低、效率高。

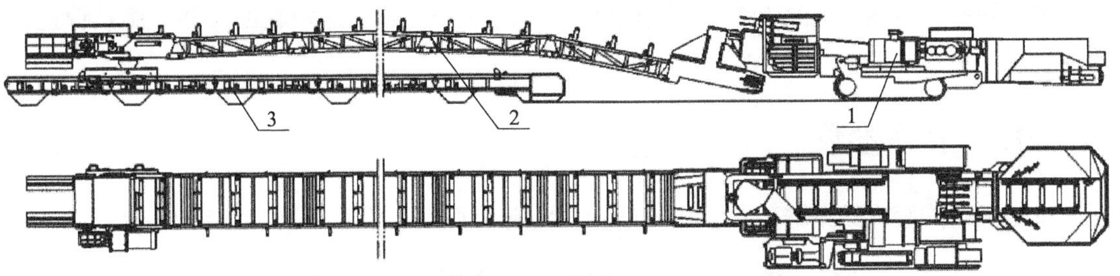

图 2.2　掘锚机后配套连续运输装备
1. 行走式给料破碎机；2. 带式转载机；3. 刚性胶带机架

2. 具有仓储功能、可同时破碎及牵引

行走式给料破碎机料斗容积可达 $5\mathrm{m}^3$，可以储存一定数量的煤，掘锚机的瞬间输送能力相对较大，煤流经行走式给料破碎机受料斗缓冲后可实现均匀输送，消除了转载过程中物料的拥堵抛撒；行走式给料破碎机牵引力大，每个掘进循环完成后可安全快速拉移后配套设备进入新的工位；行走式给料破碎机采用截齿盘式破碎机构，物料块度均匀，满足了胶带机对物料块度的要求。

3. 单元间多自由度连接，适应性强

带式转载机机尾部与行走式给料破碎机卸料部间采用万向铰接吊挂方式，机头部与行走小车间采用了多自由度连接形式，使机头部相对于行走小车可水平转动和纵向垂直摆动，既保证其与行走给料破碎机在任意方向的摆动，使整套设备既能适应巷道底板起伏的变化，又能满足掘进工艺的配套要求。

4. 液压系统能耗低，可靠性高

液压系统选用带有负载敏感反馈、压力补偿及恒功率控制的柱塞泵提供动力，可节省系统能耗、限制系统最大压力、保证系统不过载。选用液控比例换向阀控制马达行走，可进行无级调速，实现液压元件软启动，减小冲击，延长液压元部件的使用寿命。液压油经过三级过滤，极大地保证了液压系统油介质的清洁无污染。

5. 行走灵活，接地比压小

行走给料破碎机的行走系统采用无支重轮履带行走机构，液压马达驱动，可满足掘采作业的随动和长距离调动；采用履带行走，接地比压小，不易造成底板破碎。

6. 电控系统技术先进，保护齐全

电气系统采用可编程控制器（PLC）作为核心控制单元，并具有运行状态及故障原因液晶显示，控制技术先进，系统可靠，保护齐全，操作方便，故障率低。

7. 搭接行程长，辅助时间短

带式转载机与带式输送机的有效搭接行程可达 30m，有效缩短辅助时间，满足快速掘进的要求。

2.1.3 技术参数

掘锚机后配套连续运输装备的产品型号主要有两种，主要型号及技术参数见表 2.1。

表 2.1 掘锚机后配套连续运输装备的主要型号及技术参数

特征	JLY1000/340	JLY800/322
运输能力 /（t/h）	1000	800
装机功率 /kW	340	322
供电电压 /V	1140	1140
行走速度 /（m/min）	0～16	0～16
接地比压 /MPa	0.18	0.18
带式转载机带宽 /mm	1000	1000
带速 /（m/min）	3.15	2.5
整机长度 /m	44.7～69.7	37.3～57.3
破碎粒度 /mm	200，300	200，300
总重 /t	72.4	66.4
配套胶带机带宽 /mm	1000/1200	1000/1200

2.1.4 应用实例

2007 年在神东公司保德煤矿，JLY800/322 型掘锚机后配套连续运输装备与 ABM20 型掘锚机和 DSP1000 型可伸缩带式输送机配套使用，最高日进尺 52m，最高月进尺 1100m（巷道断面面积 17.5m^2）。

掘锚机后配套连续运输装备 2007 年研制成功，迄今为止，在神华集团神东煤炭公司、山西西山晋兴能源有限责任公司、神华亿利能源有限公司、伊泰集团、潞安集团及同煤集团等煤炭企业推广使用 40 多套。

2.2 给料输送设备

太原研究院研制的 GS350/75 型给料输送机（图 2.3）位于掘采一体机之后，并与掘采一体机实现无固定连接的转载运输。该设备将落煤经过被动破碎后连续不断地卸入连接在其后的带式转载机上，带式转载机再将原煤连续不断地运往带式输送机上。能够自身行走并牵引带式转载机，起着运输转载、破碎、承载导向、牵引的作用，是掘采一体机与带式转载机随机呈任一角度时能正常工作的设备。GS350/75 型给料输送机结构如图 2.4 所示。

图 2.3　GS350/75 型给料输送机

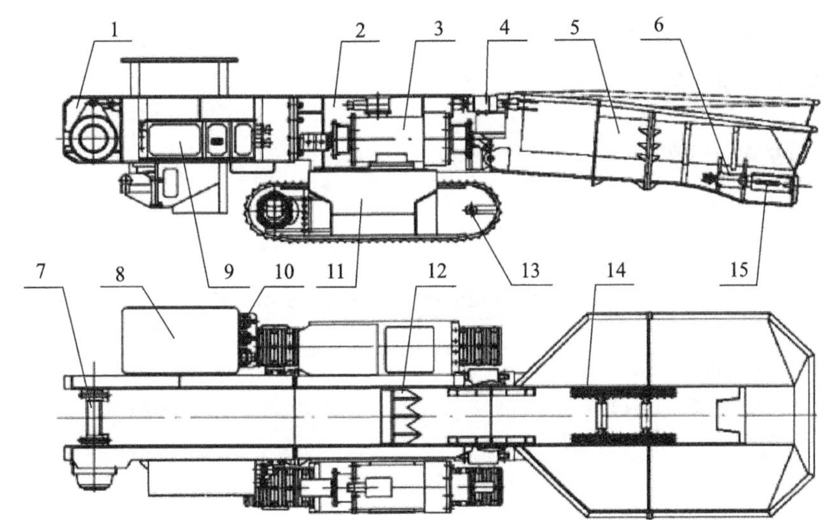

图 2.4　GS350/75 型给料输送机结构

1. 卸料架；2. 中间架；3. 电机；4. 调节油缸；5. 料斗；6. 输送链张紧油缸；7. 机头链轮组件；8. 驾驶室；9. 电控箱；10. 液压系统；11. 左、右行走部；12. 破碎组件；13. 润滑系统；14. 刮板链；15. 机尾链轮组件

2.2.1　适用条件

GS350/75 型给料输送机适用于中等稳定性顶板，底板应稳固、平整、无积水，且巷道宽度应大于 4.0m；局部坡度小于 16° 的煤层。

2.2.2　技术特征

1. 实现了掘进机后配套的带角度转运

掘采一体机在作业过程中与带式转载机有 30° ～45° 夹角，因带式转载机机身较长无法摆动机身紧跟掘采一体机工作，给料输送机能够摆动一定角度，起到承上启下的作用，实现物料连续运输。

2. 同时具有行走、转载和运输的功能

给料输送机将刮板输送技术与履带行走技术有机结合，同时具有行走、转载和运输的功能。

3. 结构紧凑，布置合理，工作性能稳定

采用套筒滚子链为运输牵引构件，不仅可以降低机身高度，而且由于套筒滚子链与链轮啮合齿数比圆环链与链轮啮合齿数多，啮合状况好，所以运转平稳，同时拆装方便；运输机构采用液压驱动，提高了可靠性，使设备结构更加紧凑；履带行走采用无支重轮形式，降低了整机高度，接地比压小。

4. 电控系统技术先进，保护齐全

电气系统采用了可编程控制器（PLC）作为核心控制单元，控制技术先进，系统可靠，保护齐全，操作方便，故障率低。

2.2.3 技术参数

主要技术参数如表 2.2 所示。

表 2.2 GS350/75 型给料输送机主要技术参数

参数	数值
输送能力 /（t/h）	350
输送链速 /（m/s）	0.82
行走速度 /（m/min）	0～8
爬坡角度 /（°）	±8
总装机功率 /kW	75
供电电压 /V	660/1140
料斗容积 /m^3	2.3
外形尺寸（$L×W×H$）/mm	7730×2300×1550
质量 /t	17

2.2.4 应用实例

2005 年首台 GS350/75 型给料输送机在潞安矿业（集团）公司五阳煤矿使用，共掘进硐室 231 个，共输送原煤 6.58 万 t，最高月产 2.3 万 t，平均月产 2.19 万 t，年产量可达 26 万 t。

2.3 巷道修复技术与装备

随着开采深度增加，部分巷道变形严重，影响通风、运输和人员行走，不利于矿井安全生产，严重影响矿井生产效率。各矿区主要采用手动风镐破碎扩巷、气动锚杆机支护、人工铁锹装载，矿车运输的修复方法，工作效率低，安全性差，而巷道维修工程量大，维修频繁。为取代人工风镐破碎－人工锚护－手工装运清理的巷道修复工艺，提高巷道修复的效率及安全性，研制了专门用于修复井下变形巷道的多功能巷道修复机（图 2.5），该机具有履带行走、破碎扩巷、挖掘装载、转载运输及锚护等功能，与带式转载机和带式输送机配套，实现巷道修复机械化作业。

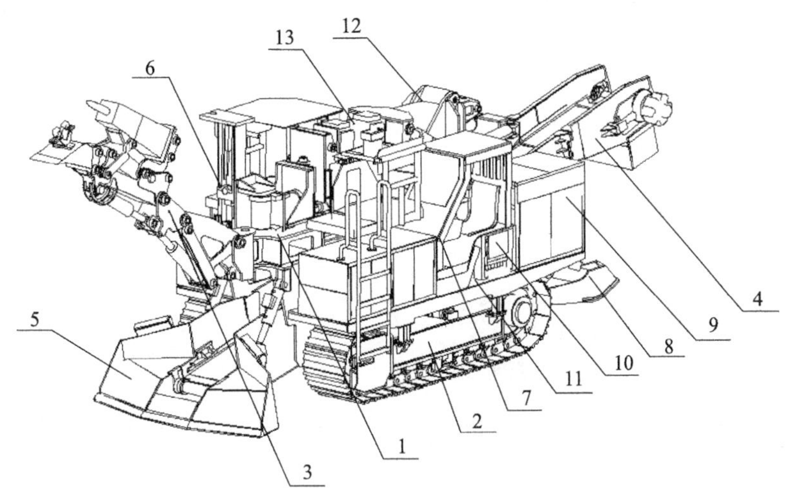

图 2.5　多功能巷道修复机

1. 机架组件；2. 行走部；3. 反铲破碎装置；4. 运输部；5. 铲板组件；6. 锚杆机总成；7. 驾驶室；8. 后支撑；9. 防护罩；10. 电控系统；11. 润滑系统；12. 液压系统；13. 水系统

2.3.1　适用条件

适用条件为巷道高度 3600～4800mm，宽度不小于 4000mm，最大坡度 10°，岩石抗压强度小于 90MPa。

2.3.2　技术特征

1. 工作装置采用破碎锤与挖斗集成设计的三节臂结构

巷道修复施工环境复杂，为适应不同工作条件，需要频繁更换工作装置，其中以液压破碎锤和挖斗更换使用最为频繁。为了满足巷道修复工艺及提高巷修效率要求，工作机构采用破碎锤与反铲挖斗集成的结构，工作装置采用三节臂结构，更加符合巷道修复施工特点，提高巷道修复时破碎挖掘范围。

2. 机载液压锚杆机效率高、安全性好

巷道修复工况下，一般空顶距要求很小。为了满足巷修锚杆支护工艺要求，在巷道扩巷达到设计尺寸且进尺到最大空顶距时，需对巷道进行及时锚护。伸缩式机载液压锚杆机能实现及时支护，并可完成拱形和矩形巷道的支护作业。

2.3.3 技术参数

主要技术参数如表 2.3 所示。

表 2.3 HXYL-120/90 多功能巷道修复机主要技术参数

参数	数值
适应巷道高度 /mm	3600～4800
适应巷道宽度 /mm	≤4200
适应巷道断面 /m^2	15～25
整机质量 /kg	约 36500
外形尺寸（L×W×H）/mm	9900×2560×2930
运输能力 /（m^3/h）	120
装机功率 /kW	90
破碎锤功率 /kW	28
系统工作压力 /MPa	25
钻孔直径 /mm	27～42
适应岩石单向抗压强度 /MPa	≤90
除尘方式	湿式

2.3.4 应用实例

2015 年 HXYL-120/90 型多功能巷道修复机在淮南矿业集团朱集东煤矿正式投入生产，其巷道设计净断面为高 3.8m，宽 5.2m，拱形巷道，采用锚护、铺网、架棚、喷浆的支护方式，棚距 700mm，巷道围岩为泥岩。巷道变形严重，巷道剩余断面面积约为原设计面积的 10%～15%。多功能巷道修复机替代了原来的人工巷修工艺，其与人工修巷工艺相比，修巷速度提高 2.5 倍，工作面人员减少 50%，大幅提高生产效率，减轻工人劳动强度，同时节约人工成本。

（本章主要执笔人：马昭，马丽，温建刚，张建广，王传武）

第 3 章
掘进工作面作业线

掘进工作面作业线是将测量定向、破岩、输送、支护、通风、除尘、供电系统等设备配套成龙，形成一条效率高、相互配合、连续均衡作业的、完整的巷道掘进系统。制约巷道掘进速度的主要因素有破岩速度、锚护速度和运输速度。随着掘进机、连采机、掘锚机组等大功率掘进设备的快速发展，巷道的破岩速度大幅提高，能否高效快速掘进，主要取决于锚护、运输的速度。

本章分两节介绍太原研究院研发的煤巷、半煤岩巷及岩巷掘进工作面作业线。煤巷掘进工作面作业线重点介绍“掘支运三位一体煤巷高效掘进系统”，包括掘锚机组、履带式转载破碎机、多臂锚杆钻车、锚杆转载破碎机组、可弯曲带式转载机、迈步式自移机尾等配套设备；半煤岩及岩巷掘进工作面作业线重点介绍双锚掘进机和一种集锚护、运输功能于一体的煤矿用锚杆转载机组。

3.1 煤巷掘进工作面作业线

煤巷快速掘进系统分为“掘锚机组高效快速掘进系统”及“掘锚 + 运锚式快速掘进系统”两种配套形式，能够适应不同的矿井条件需求。

3.1.1 掘锚机组高效快速掘进系统

该系统由掘锚机组、履带式转载破碎机、10 臂锚杆钻车、可弯曲带式转载机和迈步式自移机尾等构成，并集成通风除尘、供电、控制通信等设备，如图 3.1 所示。在适宜的巷道围岩条件下，掘锚机只负责掘进，支护任务由 10 臂锚杆钻车一次集中完成，可大幅提高作业效率。

1. 适用条件

（1）掘进区域属于中厚煤层，煤层结构相对简单，整体为平缓单斜构造。

（2）上覆基岩较厚，无断层，顶板完整无离层、破碎，顶底板总体属于半坚硬岩石。

（3）巷道断面为矩形，宽度不小于 5.4m，高度不小于 3.5m。

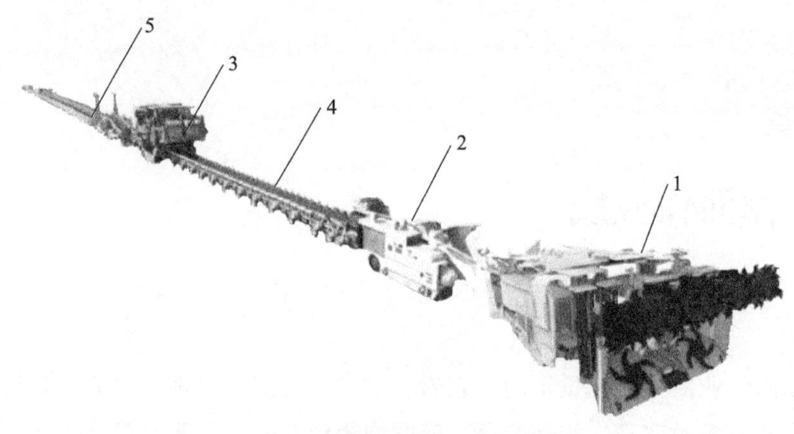

图 3.1 高效快速掘进系统

1. 掘锚机组；2. 履带式转载破碎机；3. 10 臂锚杆钻车；
4. 可弯曲带式转载机；5. 迈步式自移机尾

2. 技术参数

主要技术参数如表 3.1 所示。

表 3.1 高效快速掘进系统主要技术参数

参数	数值
适应巷道宽度 /m	5.4～6.0
适应巷道高度 /m	3.5～4.5
胶带搭接行程 /m	100（可调）
系统总长 /m	155
系统总重 /t	420
总装机功率 /kW	1416

3. 技术特点

（1）掘锚分离、平行作业，多排多臂同时锚护作业，实现掘锚匹配同步。

（2）采用可弯曲带式输送机技术，对巷道适应性强，满足系统开掘联巷、切眼的需求。

（3）带式转载机的上下重叠搭接行程可达 100m 以上，实现连续运输，增大辅运空间。

（4）自移机尾采用迈步式自移机构，实现胶带机、设备列车的快速推进，减少掘进辅助工时，降低工人劳动强度。

（5）信息无线传输、远程操控，作业安全性高，作业环境好。

（6）采用统一的控制平台，依托设备高度自动化及系统集中协调控制功能，实现掘、锚、运多个作业单元联动，减少操作人员。

4. 分项设备

1）JM340 型掘锚机组

掘锚机组是快速掘进巷道的龙头设备（图 3.2），集落煤、运煤、履带行走和锚杆支护于一体。采用全宽的可伸缩截割滚筒，保障成巷速度与工程质量。机载 6 台锚杆钻机，可同步完成掘进和支护作业。

图 3.2　JM340 型掘锚机组

a. 结构组成

掘锚机组主要由截割部、装载部、运输部、行走部、锚钻系统、电气系统、液压系统和集尘系统等几部分组成。

b. 技术参数

技术参数如表 3.2 所示。

表 3.2　JM340 型掘锚机组技术参数

参数	数值	参数	数值
外形尺寸（$L \times W \times H$）/m	11.6×4.9×2.6	机重 /t	约 98
截割 / 支护高度 /m	2.8～4.5/2.8～3.8	截割宽度 /m	5.0/5.4/6.0
总功率 /kW	742	截割掏槽行程 /m	10
截割功率 /kW	2×170	顶板锚杆机 / 台	4
生产能力 /（t/min）	25	侧帮锚杆机 / 台	2
可经济截割硬度 /MPa	≤40	供电电压 /V	1140

c. 技术特征

（1）截割、锚护同时作业。掘锚机截割时底盘静止，采用滑移式机架推进截割系统进行掏槽，有效增大截割推进力和减小履带对地面的碾压破坏。截割的同时临时支护装置支撑顶板，为锚护等作业提供了稳固、安全的工作平台，实现了截割、锚护平行作业。

（2）巷道断面一次成型，效率高。截割系统采用可伸缩的横轴截割滚筒和采掘高度自动识别系统，通过滚筒的伸缩和截割高度识别实现断面的一次成型，巷道断面成型精度高、误差小，大幅降低人工截割操作难度，提高巷道成型质量标准化。

（3）工况检测和故障诊断技术。开发了工况检测和故障诊断系统，具有监控电流、电压、电机功率、油温油位油压等的自动监测、存储、显示、报警及故障提示等功能。

（4）履带行走采用 1140V 交流变频调速技术。行走系统具有调速范围广、启动转矩大、过载能力强、功能保护全等优点。

2）ZPL1200/207 型履带式转载破碎机

ZPL1200/207 型履带式转载破碎机（图 3.3）具有缓冲、转载、破碎和牵引等功能；跟随掘锚机组前进并接受来自掘锚机的落煤，经缓冲破碎后转运到其后的可弯曲带式转载机上，同时拖动可弯曲带式转载机移动；可伸缩铲板式装载部可对底板浮煤进行清理；采用滚筒式破碎机构，破碎粒度可调。

图 3.3　ZPL1200/207 型履带式转载破碎机

a. 结构组成

履带式转载破碎机主要由装载部、破碎部、输送机、底盘、电气系统和液压系统等几部分组成。

b. 技术参数

主要技术参数如表 3.3 所示。

表 3.3　ZPL1200/207 型履带式转载破碎机主要技术参数

参数	数值
外形尺寸（$L\times W\times H$）/mm	8200×3800×2150
总功率 /kW	207
机重 /t	40
装载宽度 /mm	3800/4500
转载能力 /（t/h）	1200
行走速度 /（m/min）	0～10
接地比压 /MPa	0.14
破碎功率 /kW	75
破碎粒度 /mm	200～300
泵站功率 /kW	132

c. 技术特征

（1）集破碎、转载、牵引可弯曲胶带机移动等功能于一体。实现了物料破碎及连续转载将自掘锚机截割下来的煤炭进行初级破碎，并均匀地转运至自适应带式转载机上，以满足自适应带式转载机对煤的块度的要求。通过牵引装置牵引可弯曲带式转载机行走。采用齿式破碎，破碎能力大，采用双驱动输送系统，运输能力大。

（2）装载部具有伸缩功能。装载部可伸缩，在提高巷道适应性的同时最大限度地提高装载能力，铲板可前、后滑移装煤，减少破碎转载机和自适应带式转载机的工作循环次数，高效清理底板浮煤，有效减轻了工人的劳动强度，改善了巷道的工作环境。

3）CMM10-30 型 10 臂锚杆钻车

CMM10-30 型 10 臂锚杆钻车（图 3.4）机载 6 个顶板钻臂、4 个侧帮钻臂，10 台钻臂同时对顶板、侧帮进行锚杆支护，其履带式底盘跨骑在可弯曲带式转载机上移动，实现掘、锚、运平行作业。并且是整个系统的集控中心，掘锚机组和履带式转载破碎机的操作均位于 10 臂锚杆钻车之上。

图 3.4　CMM10-30 型 10 臂锚杆钻车

a. 结构组成

10 臂锚杆钻车主要由顶锚钻臂、侧帮钻臂、除尘器、履带底盘、电气系统、液压系统等组成。

b. 技术参数

主要技术参数如表 3.4 所示。

表 3.4　CMM10-30 型 10 臂锚杆钻车主要技术参数

参数	数值
外形尺寸（$L \times W \times H$）/mm	10500×3700×3200
装机功率 /kW	2×132

续表

参数	数值
机重 /t	64
钻孔适应岩石硬度 /MPa	≤70
行走速度 /（m/s）	0～10
接地比压 /MPa	0.16
钻臂数量 / 个	10（6 顶 4 侧）
钻机除尘	干式

c. 技术特征

（1）全断面一次支护，支护效率高、质量优。整机集成 6 套顶锚钻臂和 4 套侧锚钻臂，能够同时完成整个巷道中的锚杆支护。钻机的布置方式采用一人多机操作的布置方式，操作人员在互不干扰情况下实现有序操作，从而提高巷道支护效率和支护质量。整机中配备液压负载反馈系统，实现各个钻臂在任何情况下都可以独立完成锚护作业，同时钻臂还配备独立的液压操作系统。

（2）锚钻采用干式除尘技术，保证巷道良好的工作环境。采用干式机械除尘机构，在设备上搭载有多级串联的不同形式的除尘器，通过多级分离、落尘、过滤形式使钻孔所产生的粉尘落在固定的容器中，从而达到除尘目的。干式除尘系统减少对井下环境的污染和对底板的破坏，保证巷道良好的工作环境。

（3）跨骑式底盘结构。整机跨骑于可弯曲胶带机之上，可弯曲胶带机可以在锚杆机底盘下自由通过，锚杆机的锚护作业与掘进、运输工序互不影响，实现掘、锚、运平行作业。

4）DZY100/160/135 型可弯曲带式转载机

DZY100/160/135 型可弯曲带式转载机（图 3.5）能够实现移动过程中的弯曲运输，满足系统变向掘进联巷、切眼的功能需求；架体下方安装有行走胶轮及油气悬挂装置，对底板适应能力强；胶带采用变频调速多点驱动，最大运力达 1600t/h，并对启动、张紧过程进行自动控制。

图 3.5　DZY100/160/135 型可弯曲带式转载机

a. 结构组成

可弯曲带式转载机主要由装载部、卸料部、柔性段、胶带、动力站几部分组成。

b. 技术参数

主要技术参数如表 3.5 所示。

表 3.5　DZY100/160/135 型可弯曲带式转载机主要技术参数

参数	数值
最大运输能力 /（t/h）	1600
运输距离 /m	130（搭接 100m 时）
带速 /（m/s）	0～4
驱动滚筒功率 /kW	3×45
胶带宽度 /m	1
弯曲半径 /m	9

c. 技术特点

（1）可实现定点弯曲，跟随掘锚机的转弯，对底板适应能力强。相邻弯曲胶带架间采用关节轴承连接，每节弯曲胶带架之间可水平、垂直摆动一定幅度，使整机可以跟随掘锚机转弯，实现系统开掘联巷、硐室。弯曲胶带架体配置胶轮油气悬挂行走装置，行走支撑采用独立的油气悬挂，可适应巷道底板起伏等的复杂底板条件。

（2）多点驱动，自动张紧。采用变频电动滚筒多点驱动，具有自动张紧功能。该自动张紧装置采用电气控制，通过压力传感器监测自动张紧油缸压力，根据启动、运转和停机等胶带机不同工况，对胶带进行自动张紧。

5）DWZY1000/2000 型迈步式自移机尾

DWZY1000/2000 型迈步式自移机尾（图 3.6），采用马蒂尔式运动机构，能够实现可伸缩胶带机的快速延伸；自带刚性架，与可弯曲带式转载机长距离重叠搭接，并兼作设备列车；采用自铺轨道技术，降低了刚性架移动过程中的移动阻力，移动效率高；具有左右调偏功能，采用遥控操作，能够极大地减小延伸胶带过程中的设备调动，降低人员劳动强度。

图 3.6　DWZY1000/2000 型迈步式自移机尾

a. 结构组成

迈步式自移机尾主要由稳定支撑部、机尾部、转载机导向部、刚性架、轨道、电气系统、液压系统等部分组成。

b. 技术参数

主要技术参数如表 3.6 所示。

表 3.6 DWZY100/2000 型迈步式自移机尾主要技术参数

参数	数值
总长度 /m	120（搭接 100m 时）
机重 /t	70
泵站功率 /kW	45
移动步距 /m	2/1.5
适应胶带宽度 /mm	1000
刚性架节距 /mm	3000

c. 技术特征

（1）与可弯曲胶带机快速搭接。采用迈步式自移机构，移动效率高。与可弯曲带式转载机长距离重叠搭接，最大搭接行程可达 150m。

（2）刚性架可兼作设备列车。除尘系统、材料列车、移动变电站等设备均可跨骑在刚性架之上，随着刚性架同步前移，大大减小了劳动强度并节省了大量时间。

（3）具有左右调偏功能。防止迈步自移机尾在向前推进的过程中出现跑偏的情况，在迈步尾架上设计了两组调偏机构，需要进行调偏时，通过调偏举升油缸先将迈步端头抬起，然后在调偏推移油缸的作用下实现迈步自移机尾的左右摆动调偏。

5. 应用实例

2014 年 7 月掘锚机组高效快掘系统在神东大柳塔矿投入使用，截至 2016 年 4 月，已掘进巷道近 3 万 m，平均月进尺 2400m。其中小班最高进尺 85m，最高日进尺 158m，最高月进尺 3088m，刷新了世界快速掘进系统单月进尺记录，获得了用户的认可，在行业内产生巨大影响。

3.1.2 掘锚 + 运锚式高效掘进系统

该系统由掘锚机组、锚杆转载破碎机组、可弯曲带式转载机、迈步式自移机尾等构成，如图 3.7 所示。并集成通风除尘、供电、控制通信等设备。与掘锚机组高效快速掘进系统作业工艺不同的是，掘锚机组负责顶板、侧帮的一次支护，锚杆转载破碎机组负责二次补全支护，多排多臂分段同时支护，提高锚杆支护效率。后配套转载、运输设备与掘锚机组高效快速掘进系统中的可弯曲带式转载机、迈步式自移机尾等相同。

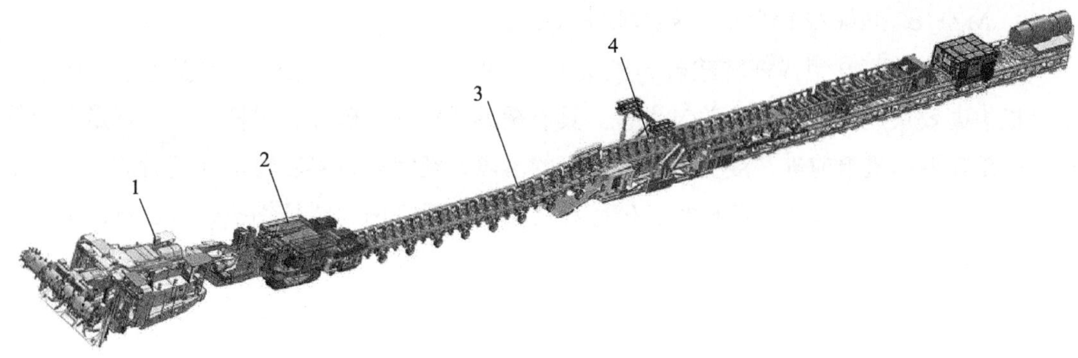

图 3.7　掘锚 + 运锚式高效掘进系统

1. 掘锚机（组）；2. 锚杆转载破碎机组；3. 可弯曲带式转载机；4. 迈步式自移机尾

1. 适应条件

（1）可用于顶板中等稳定及以下煤层巷道。

（2）近水平煤层，起伏变化小。

（3）煤层结构较简单，经济截割煤岩硬度 $f \leqslant 4$，局部 f 不超过 6。

（4）巷道断面为矩形，宽度不小于 5.0m，高度不小于 3.0m。

2. 技术参数

技术参数如表 3.7 所示。

表 3.7　掘锚 + 运锚式高效掘进系统总体参数

参数	数值
适应巷道宽度 /m	≥5.0
适应巷道高度 /m	≥3.0
胶带搭接行程 /m	50（可调）
系统总长 /m	105
总装机功率 /kW	1190

3. 技术特征

（1）以掘锚机组为龙头，成巷速度快、质量高。

（2）锚杆、锚索多排多臂同时支护作业，一次支护保安全，二次支护保成巷，实现掘锚匹配同步。

（3）采用转载、破碎、锚护一体的锚杆（锚索）转载破碎机组，实现连续运输、掘锚、运同步作业。

（4）采用统一的控制平台，依托设备高度自动化及系统集中协调控制功能，实现掘、锚、运多个作业单元联动，减少了操作人员。

4. MZHB2-1200/20 型锚杆转载破碎机组

MZHB2-1200/20 型锚杆转载破碎机组（图 3.8）是掘锚 + 运锚式高效掘进系统区别于掘锚机组高效快速掘进系统的关键设备。具有缓冲、转载、破碎、锚杆支护、行走牵引等功能；跟随掘锚机组前进并接受来自掘锚机的落煤，经缓冲破碎后转运到其后的可弯曲带式转载机上；采用滚筒式破碎机构，破碎粒度可调；机载两台锚杆钻机，可进行顶板、侧帮锚杆作业。

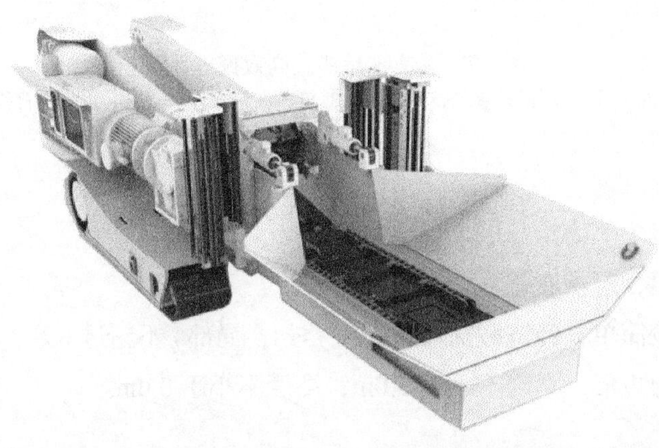

图 3.8　MZHB2-1200/20 型锚杆转载破碎机组

1）结构组成

锚杆转载破碎机组主要由装载部、破碎部、输送机、底盘、锚杆钻臂、电气系统和液压系统等几部分组成。

2）技术参数

主要技术参数如表 3.8 所示。

表 3.8　MZHB2-1200/20 型锚杆转载破碎机组主要技术参数

参数	数值	参数	数值
外形尺寸（$L\times W\times H$）/m	8.8×2.8×2.3	破碎粒度 /m	0.2/0.25/0.3
机重 /t	35	运输功率 /kW	50
总功率 /kW	200	运输能力 /（t/h）	1200
行走速度 /（m/min）	0～10	钻架行程 /m	1.8
接地比压 /MPa	0.14	破碎功率 /kW	75

3）技术特征

（1）集破碎、锚杆支护、转载、牵引等功能于一体。实现了对掘锚机转运物料的破碎并均匀地转运至自适应带式转载机上，同时可为可弯曲胶带机提供牵引动力。

（2）破碎能力强，破碎粒度可调，料斗容积大，保证煤流顺畅。通过调整螺栓孔的位置，实现破碎粒度可调，分别有 150mm、250mm 和 350mm 三个粒度等级，同时增大料斗的容积，确保煤流转运通畅。

（3）钻臂调整范围大，操作简便。对称布置左右锚杆钻机，通过伸缩套筒和钻架升降机构实现方位调整。锚杆钻臂采用电液控制技术，操作简便。

3.2　半煤岩及岩巷掘进工作面作业线

半煤岩及岩巷掘进工作面作业线主要由双锚掘进机、运锚机、带式转载机、除尘系统等构成，如图 3.9 所示。双锚掘进机完成巷道破岩、装载及部分顶锚杆或帮锚杆的支护；运锚机完成物料转运、滞后帮顶锚杆或锚索的支护，根据支护工艺选定钻臂数量；带式转载机、带式输送机完成物料运输；除尘系统用于巷道粉尘的治理。

图 3.9　半煤岩及岩巷掘进工作面作业线
1. 双锚掘进机；2. 运锚机；3. 带式转载机；4. 除尘系统

3.2.1　适用条件

（1）适用于各种地质条件下岩石巷道的快速掘进和支护。

（2）适用于矩形、拱形、梯形、异形等巷道断面，宽度不小于 4.5m，高度不小于 3m。

3.2.2　技术参数

主要技术参数如表 3.9 所示。

表 3.9　半煤岩及岩巷掘进工作面作业线主要技术参数

参数	数值
适应巷道宽度 /m	4.5～6.0
适应巷道高度 /m	3.2～5.0
胶带搭接行程 /m	20
系统总长 /m	30～50
截割功率 /kW	300，220
供电电压 /V	1140

3.2.3　技术特征

（1）掘、锚、运平行作业，提高进尺效率。

（2）集成除尘系统，创造健康的工作面环境。

（3）适应巷道断面范围广。

（4）系统配套完善，作业效率高。

3.2.4 设备分项

1. 双锚掘进机

双锚掘进机（图3.10）机身两侧各配备一套液压锚杆钻机，截割部上增加临时支护装置，完成巷道成型截割、物料转运和巷道临时支护、永久支护。双锚掘进机可以根据巷道的围岩情况和支护工艺要求，完成巷道全方位锚杆、锚索的支护。

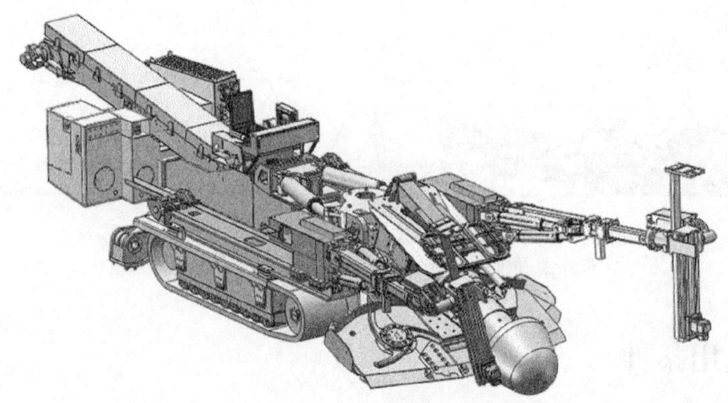

图3.10 双锚掘进机

1）结构组成

双锚掘进机主要由截割机构、装载机构、运输系统、行走机构、机架、液压系统、水系统、临时支护装置、锚杆钻机装置、电气系统等部分组成。

2）技术特征

（1）可实现掘进、锚护连续作业。采用掘锚施工新工艺，将两套锚杆钻机装置布置在掘进机机身两侧，实现掘进机和锚杆钻机的有效集成与快速连续作业；有效缩短煤矿井下掘、锚顺序作业时间，提高掘进进尺。

（2）可伸缩截割机构。截割部伸缩行程500mm，能够扩大掘进机定位截割范围，减少截割时设备的经常性调动。

（3）可伸缩扇形铲板。使用扇形伸缩型铲板，铲板宽度调整范围大，可有效清理片帮浮煤，达到物料一次性装载转运。

（4）锚杆钻机采用遥控控制。锚杆钻机和钻臂动作全部采用遥控控制，操作方便。

（5）临时支护装置。截割机构顶部增加临时支护装置，展开与收回操作简单，支护面积大，且收回时占用空间小，对整机影响小，提高锚护作业的安全性。

3）技术参数

主要技术参数如表 3.10 所示。

表 3.10 双锚掘进机主要技术参数

参数	数值	参数	数值
外形尺寸（$L\times W\times H$）/m	14.0×3.6×2.1	铲板宽度 /m	3.6～4.3
机重 /t	100	接地比压 /MPa	0.19
截割功率 /kW	300/220	适应巷道坡度 /（°）	±16
可掘最大高度 /m	5.0	供电电压 /V	1140
可掘最大宽度 /m	6.0	机载锚杆钻机 / 台	2
最小适应巷道高度 /m	3.2	钻机最大转矩 /（N・m）	450
最小适应巷道宽度 /m	4.5	钻箱转速 /（r/min）	0～1000
可经济截割硬度 /MPa	≤90	钻箱工作最大行程 /mm	2600

4）应用实例

2016 年 3 月 EBZ300Y 型双锚掘进机开始在平煤股份六矿进行工业性试验。施工断面为梯形，断面面积 19.8m^2，支护采用锚网索联合支护，在顶板岩性较差、顶板破碎，锚网锚索联合支护失效时，采用锚网索 + 套 36U 拱形支架支护。3 月进尺 240m，最高日进尺 12m，平均日进尺 7.7m。

两台机载锚杆钻机工作需要 2～3 人，整个支护循环（对眼、钻进、退杆、锚固）均采用遥控操作完成，实现了“机械化换人”的目的。原两台单体锚杆钻机工作需要 4～6 人，整个支护循环需要耗费大量人工。机载锚杆钻机在试验初期达到了减人、省力、提高效率的目标。

机载锚杆钻机在顶板较软的情况下仍发挥出较高的效率，打 1 根锚杆（2600mm）3min 左右，原单体锚杆钻机需要 6min 左右。机载锚杆钻机打 1 根锚索（6500mm）15min，原单体锚杆钻机需要 30min。机载锚杆钻机的效率比单体锚杆钻机提高 1 倍。整个支护循环效率可根据工人的熟练程度进一步提升。

2. MZHB2-630/24 型锚杆转载机组

锚杆转载机组（图 3.11）（运锚机）主要应用于掘进工作面后配套，实现工作面的快速支护与连续运输的平行作业，提高巷道掘进施工效率 50% 以上。目前已经形成两臂、四臂、五臂等系列化机型。

1）结构组成

锚杆转载机组主要由输送机、底盘、左右锚护装置、液压系统和电气系统等组成。

2）技术参数

主要技术参数如表 3.11 所示。

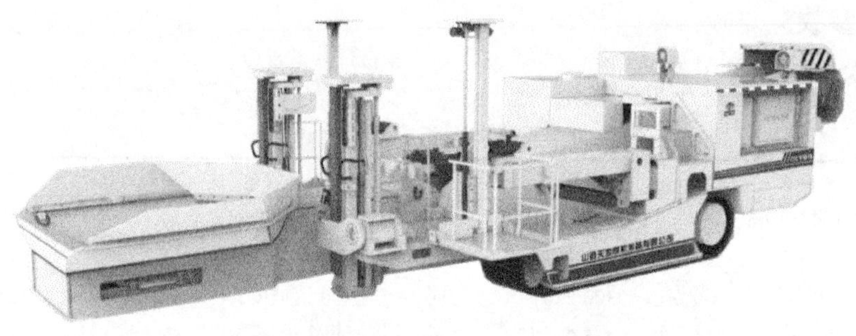

图 3.11 MZHB2-630/24 型锚杆转载机组

表 3.11 MZHB2-630/24 型锚杆转载机组主要技术参数

参数	数值
外形尺寸（$L \times W \times H$）/mm	11000×2700×2200
机重 /t	36
钻臂数量 / 个	2
行走速度 /（m/min）	0～9
功率 /kW	90
运输能力 /（t/h）	630
钻孔灭尘方式	湿式

注：钻臂数量可根据支护工艺要求进行调整。

3）技术特征

（1）集装运和钻锚功能于一体。该机组集成了装载运输和锚护功能，对掘进机转运物料进行装载运输。

（2）可适应大断面、多类型巷道。左右对称布置锚杆钻机，通过伸缩套筒和钻架升降机构来实现左右锚护钻架方位的调整，调整灵活，且调整范围大，可适应矩形、拱形和梯形等多种形式巷道且施工巷道断面大。

（3）电气系统采用 PLC 控制，保护功能齐全。电气系统以 PLC 作为主控模块，并具有完善的整机及回路保护功能。

4）应用实例

2013 年 10 月锚杆转载机组在潞安矿业（集团）有限责任公司漳村煤矿西下山回风巷使用，截至 2014 年 1 月，掘进进尺 1500m。采用 EBZ-160 型掘进机割煤、出煤，KLJ2×1040/28/40 自移棚架进行临时支护，使用 MQT-130 型风动钻机及 ZMS-60 型风动煤钻随迎头钻装部分支护锚杆，锚杆转载机组紧跟自移棚架，完成剩余所有锚杆，锚索支护。

（本章主要执笔人：王帅，王佃武，李发泉，贾少山，马强）

第二篇　综采工作面装备

煤炭开采是煤矿生产的核心任务，而采煤装备是实现煤炭安全、高效开采的根本。机械化采煤工作面装备主要由落煤设备、输送设备和工作面顶板支护设备组成，在长壁工作面完成落煤、装煤、运煤和支护等几个主要采煤作业工序。落煤设备根据配套的顶板支护设备不同，构成不同的机械化开采方式：落煤设备、工作面输送机与单体金属摩擦支柱配套组成普通机械化开采；与单体液压支柱配套组成高档普采；与液压支架配套组成综合机械化开采或综放开采。前两种开采方式，工作面支柱需由人工架设，劳动强度大、效率低、安全性差，而第三种方式可实现支护、移架、推溜过程的机械化。

我国机械化采煤始于20世纪50年代中期，70年代开始发展综合机械化采煤，80年代后发展厚煤层综合放顶煤机械化开采。我国的采煤装备经过了数十年的发展，经历了从引进消化到完全自主开发，特别是进入21世纪以来，随着我国国民经济的高速发展，煤炭工业也得到了快速发展，建成了一批“一井一面”年产千万吨级的现代化高效矿井，开采装备的技术水平得到了显著提高。随着工作面装备电气控制技术、智能技术、远程通信技术的不断发展和日益完善，逐步由单机自动化朝工作面设备联动智能控制方向发展，工作面开采也逐步朝少人化方向发展。

综采工作面设备集成配套设计是根据工作面煤层赋存条件、产量要求、开采技术参数等技术要求，进行工作面采煤机、液压支架、刮板输送机、转载机、破碎机等设备的总体配套设计，配套设备的尺寸、能力、使用寿命等直接影响综采（放）工作面的开采效率。综采工作面设备集成配套设计是煤矿安全高效生产的重要保障，也是引领综采（放）工作面单机装备研发的基础。开采分院在综采工作面设备集成配套方面积累了丰富的经验。

落煤设备是具有截煤、破煤及装煤等全部或部分功能的工作面机械的总称，按长壁工作面落煤设备的结构特点与工作方式可分为滚筒采煤机和刨煤机。20世纪60、70年代上海研究院研制出中小功率单、双滚筒液压有链牵引采煤机，开发的代表性机型有MD-150型双滚筒采煤机、DY100和DY150型单滚筒采煤机。80年代大力发展液压无链牵引滚筒采煤机，通过国家“六五”科技项目攻关，自主开发了MG300-W型液压无链电牵引采煤机，同时通过对齿轮、液压件等关键元部件的技术攻关，提高采煤机的可靠性。到90年代形成MG150、MG200、MG300、MG400系列液压牵引采煤机，以及适应短工作面开采的MGD150、MGD250系列短壁液压牵引采煤机，成为我国当时滚筒采煤机的主力机型。80年代末开始研究交流变频电牵引技术，1991年上海研究院与波兰KOMAG合作研制成功我国首台MG344-PWD型交流变频强力爬底板电牵引采煤机，90年代中期研制出多电机驱动的交流变频电牵引采煤机，此后采煤机全面迈入发展电牵引时代。进入21世纪以来，滚筒采煤机技术进入快速发展期，研制出覆盖采高0.8～7m、煤层倾角≤55°的MG系列电牵引采煤机，采煤机智能化和自动化控制技术取得了长足的进步，在电气控制方面开发了以DSP处理器为核心并基于CAN总线的新一代分布嵌入式控制系统，具有信号处理速度快、系统可扩展性强，具备数据远程通信能力，可实现采煤机远程操控、故障自诊断和记忆截割。

我国从20世纪60年代中期开始研制刨煤机，至90年代中期，上海分院先后研制了BT24/2×40型拖钩刨、BT26/2×75型拖钩刨、BH26/2×75型滑行刨、BH30/2×90型滑行刨、BT30/2×132型拖钩刨、BH34/2×200型滑行刨，填补了国产刨煤机的空白。由于我国地质条件的多变性和刨煤机适应范围的局限性等原因，刨煤机在国内使用数量极少，使用效果也不理想，至90年代后期，国内刨煤机技术基本处于停滞发展状态。

工作面液压支架依托底板、支护顶板，防护煤壁、隔绝采空区冒落矸石、维护工作面安全生产空间，其对围岩的适应性、可靠性直接决定着综采技术的成败。20世纪60年代末至70年代初，煤科总院开始进行液压支架的研究和试验工作。自80年代以来，开采分院经历了消化吸收国外引进支护装备及研制试验国产普通综采支护装备、研制高端综采支护装备替代进口、创新研发超大采高综采支护装备三个阶段，形成了适用于薄煤层、中厚煤层、厚煤层、复杂难采煤层的系列化综采支护装备，使我国综采支护装备跨入了高端行列，由原来“引进消化吸收，跟随国外发展”，跨越到“创新引领世界综采支护装备发展”。1985～2000年，根据我国煤矿煤层赋存条件复杂和煤矿发展不平衡的特点，研究开发了薄煤层、中厚煤层、4～5m大采高液压支架，铺网液压支架，放顶煤液压支架，大倾角液压支架和各种特殊液压支架，基本实现了液压支架的国产化，开发了中国独有的高效低位放顶煤液压支架。经过不断地试验研究，使综采放顶煤成为我国厚及特厚煤层安全高效开采的有效途径。

开采分院在国内最早开展薄煤层综采液压支架的研究。21世纪以来，先后开发研制了ZY2000/6.5/14、ZY2800/07/15D、ZY4400/06/15D、ZY5000/8.5/17D等多种型号的电液控制、大工作阻力和大伸缩比的薄煤层液压支架。2006年，开采分院开始研制7m以上超大采高液压支架，发明了超大采高液压支架新架型及三级护帮机构等新结构，实现了大采高综采技术的新突破，其后研制出支护高度7.2m、工作阻力18800kN和支护高度8.2m、工作阻力21000kN的大采高液压支架，形成了厚煤层开采液压支架系列。为满足煤矿特殊工况条件要求，开发了多种型号的端头及超前液压支架、回撤液压支架、大倾角煤层液压支架、极软厚煤层综放液压支架及充填开采液压支架等特殊形式液压支架。

长壁综合机械化采煤工作面输送设备主要包括工作面刮板输送机、顺槽桥式转载机和顺槽轮式破碎机。在放顶煤工作面中，刮板输送机又分为前部刮板输送机和后部刮板输送机。1964 年太原研究院研制了 SGZ-44 型可弯曲刮板输送机，1974 年研制成功第一台综采工作面输送机 SGZ-150 型边双链输送机，至 80 年代中期形成了槽宽 730mm 和 764mm 两个系列、多种形式的刮板输送机。20 世纪 90 年代中期，研制了配套日产 7000t/d 工作面的 SGZ880/800 型交叉侧卸式整体铸焊溜槽刮板输送机。“九五”期间研制出我国第一套具备可伸缩机尾调链装置的 SGZ960/750 前部、SGZ900/750 后部综放工作面输送机及配套的转载机和破碎机。进入 21 世纪以来，为满足“一矿一面、一个采区、一条生产线”的高效集约化生产的需要，刮板输送机、转载机和破碎机也在不断朝重型化方向发展，先后研制出槽宽 1000mm、1250mm、1400mm 的刮板输送机，最大输送能力达到 4500t/h。顺槽桥式转载机是顺槽运输设备中的关键设备之一，与工作面刮板输送机、破碎机、带式输送机相连，形成一条运煤通道，完成工作面开采中煤的转载、破碎和运输。2001 年，太原研究院为国家技术创新项目“年产 600 万 t 综放工作面设备配套与技术研究”研制了 SZZ1200/525 型自移式转载机和 PLM3500 型破碎机，首次采用迈步式自移系统。PLM3500 型破碎机首次采用电动机 + 液力偶合器 + 减速器 + 弹性联轴器 + 破碎轴的驱动形式，传动效率高，启动平稳，且过载保护性能好。2010 年研制了 PLM6000 型轮式破碎机，最大入口块度 2200mm×2000mm，破碎能力达到 6000t/h。

智能控制技术研究分院针对工作面供液系统存在系统匹配性差、供液不稳定、智能化水平低、关键元部件耐久性低、乳化液配比效果差、介质清洁度保障薄弱等问题，提出了适用于智能化开采工艺的自适应供液方法，建立了一套完整的智能集成供液体系，攻克了高压泵脉动控制、智能联动、电磁卸荷、浓度在线检测、运行可靠性等关键技术。

矿用油品分院开发出各种系列的矿用难燃液产品，引领了行业内该领域的科技进步和产业发展。各种系列矿用难燃液的开发，弥补了传统产品的不足，丰富了难燃液的种类，提升了煤矿井下用油的安全。

现代化的矿井生产对矿井照明在节能、照明质量、照明控制及系统综合保护方面提出了更高要求。南京所结合现场实际，研制了额定电压为 1140/660V 双电压、容量为 6kVA 的千伏级（1140V）煤矿照明信号电子综合保护装置。为了解决 3300V 供电系统综采工作面的照明问题，研制成功额定电压为 3300V、容量为 10（6）kVA 矿用隔爆型智能照明信号综合保护技术及其装置，优化综采工作面供电设备的布置，提高了照明供电系统的可靠性、安全性以及运行维护效率。

本篇重点介绍煤科总院相关单位在综合机械化开采工作面采煤装备方面具有代表性的科技成果，主要包括滚筒采煤机、支护设备、刮板输送设备、工作面供液系统和矿用难燃液，以及工作面照明设备等。

第4章 综采工作面设备集成配套

综采工作面设备集成配套设计就是根据工作面煤层赋存条件、产量要求、开采技术参数等要求，进行工作面采煤机、液压支架、刮板输送机、转载机、破碎机等设备的选型配套，与设备的尺寸、能力、使用寿命等直接影响综采（放）工作面的开采效率的因素有关。综采工作面设备集成配套设计是煤矿安全、高效、高回采率开采的重要保障，也是引领综采（放）工作面单机装备研发的基础。

本章介绍煤炭科学研究总院开采研究分院近30年来在综采工作面设备集成配套方面积累的经验，并针对典型薄煤层、中厚煤层、厚煤层、特厚煤层赋存条件，重点介绍综采工作面设备型号与参数的选择、设备布置方式及配套尺寸。

4.1 工作面设备选型配套原则、方法及步骤

设备总体配套包括生产能力配套与设备结构尺寸配套两方面内容。工作面设备配套的主要目标是要求各性能参数、结构参数、生产能力、空间位置关系、几何结构尺寸、相互连接部分的形式、强度和尺寸等方面内容满足协调匹配和优化配置原则，各设备能够发挥出高效、稳定可靠的作用。

4.1.1 工作面设备选型及系统集成配套原则

综采工作面设备的系统集成配套又称总体配套，是指综采工作面生产系统中各设备（包括采煤机、刮板输送机、液压支架、转载机、破碎机、可伸缩带式输送机、泵站等）之间的能力、尺寸、使用寿命等匹配及相互连接关系。综采发展过程证明，综采装备技术发展是采煤工艺和生产力进步的决定因素。工作面综采设备的选型和系统集成配套直接关系工作面综采设备性能的有效发挥和系统可靠性，合理的设备选型及配套能够最大限度地发挥各设备的生产能力，提高工作面开机率，从而实现高产高效生产。

基于我国40余年来对工作面设备选型配套的研究与实践，提出综采工作面设备选型与系统集成配套设计时应遵循的一般原则。

1. 安全性原则

综采设备是煤矿生产的核心设备，作业时可能受到强大的采动压力影响以及有害气体、液体的侵蚀。因此，为作业人员提供安全作业空间，保障生产人员的生命安全，是国家安全生产管理的基础性要求。

2. 生产能力匹配性原则

综采工作面设备系统配套能力是决定工作面产量和效益的重要因素，因此工作面设备能力的合理匹配是系统配套的重要原则之一。综采工作面生产系统应保证将采煤机截割下的煤或放出的顶煤及时运出，不出现卡阻，综采工作面设备生产能力应形成由里向外的“喇叭口”状，设备生产能力应由里向外逐级以1.1～1.2倍数逐渐增大。

3. 可靠性原则

综采生产不同于一般工业生产，综采设备尺寸庞大，受作业环境和矿井条件影响，拆除、搬运、更换工作十分困难。因此，设备高可靠性、高过负荷能力、长使用寿命和维护简单是选型首要技术要求，综采工作面成套设备系统配套可靠，开机率高是主要目标。

4. 技术先进性原则

随着煤炭安全高效绿色开采技术装备的不断创新和发展，综采设备的性能不断提高，综采工作面少人自动化、智能化和无人化等先进技术不断出现。在有条件的矿井，应坚持进行新技术的试用并稳步推广。综采工作面系统集成设备选型应把技术先进性作为重要原则，为煤矿技术进步留有充分的潜力。

5. 条件适应性原则

综采设备选型要因地制宜，充分分析论证矿井生产技术条件、煤层地质条件，以此作为设备选型依据，特别是液压支架支护系统适应性是工作面实现安全高效生产的决定因素，应进行充分的论证，合理选型和确定技术参数，一般应针对具体条件进行“量身定制”专门设计，不能一概强调通用。

6. 工作面端头超前支护协调设计原则

工作面端头与巷道超前支护段是工作面矛盾的集中点，既是工作面的安全出口，又是设备集中的区域，在采动超前压力作用下，端头超前段巷道往往支护难度大，用人工多、劳动强度大。系统集成配套设计中应对工作面端头和超前支护进行协调设计，解决好支护与设备空间的矛盾。

7. 投资、维修经济合理性原则

综采设备选型应进行基于投入产出比的经济性分析，初期设备投资成本过高，将增加生产成本，同时也将增加生产过程中的维检、大修成本。因此，设备选型初期选型定位应适度，以综合成本效益和安全效益最大化为选型原则。

8. 通用性和互换性原则

同一矿区相同条件的矿井采区，在充分保证设备适应性的基础上，应尽可能进行统一规划设计，增强设备及配件的通用性和互换性，减少设备备件的库存量，降低生产成本、提高工作效率，实现企业效益最大化。

4.1.2 工作面系统集成配套设计方法和步骤

综采工作面系统集成总体配套设计一般采用效能评价法、理论分析计算法、工程经验类比法、设计作图法、三维虚拟现实模拟法和健康评价法。

1. 效能评价法

效能评价法是通过对矿井综采工作面进行综合分析，确定最合理的开采方案并核定工作面的生产能力。由于矿井煤层赋存条件、生产条件、生产工艺的不同，生产效率会存在较大差异。效能评价就是通过对生产工艺的严格分析研究，对工作面生产能力进行综合评价，为设备选型方案形成初步定位。

效能评价是综采工作面系统集成配套设计的第一步工作，主要应完成以下工作内容。

1）采煤工艺确定

基于对煤层赋存条件和矿井条件的综合分析，对不同采煤方法进行方案对比，以效益和安全保障最大化为原则确定采煤方法，优化确定工艺参数，同时确定工作面自动化要求和技术定位，确定是否采用电液控制和自动化控制系统等。

2）生产能力确定

根据矿井核定能力和主运输系统能力等因素核定工作面生产能力，作为设备选型设计的依据和系统集成配套设计目标。

3）端头支护及超前支护工艺确定

端头支护是工作面管理的重点，端头管理直接影响到工作面生产效率，大部分矿井因端头维护困难、工作量大而严重制约了工作面设备效能的发挥。因此，端头支护方案及超前支护方案的确定是综采设备选型配套的重要因素和重点研究内容之一。

4）瓦斯涌出量及通风能力的确定

瓦斯涌出量与治理方案直接影响到工作面的生产能力，生产过程中最大通风量和瓦斯含量是影响工作面生产能力的重要因素，满足“以风定产”的通风安全要求。

5）工作面巷道断面的确定

不同地质条件的煤层对巷道的尺寸设计有着很大的限制，巷道施工设计要考虑掘进量、支护难度和巷道变形，同时，工作面巷道断面大小也直接关系到工作面设备选型，关系到生产能力定位。巷道断面影响以下几方面。

（1）工作面通风能力。

（2）设备运输尺寸。

（3）工作面设备选型配套尺寸。

（4）工作面生产能力。

通过效能评价，可初步确定工作面设备的选型方案、生产能力以及相关尺寸范围，为综采工作面系统集成配套设计奠定基础。

2. 理论分析计算法

综采设备选型的第二阶段工作是对设备自身能力和适应性分析计算，以确定设备的主要技术参数及关联尺寸。

1）理论分析计算应完成以下工作内容

（1）分析研究开采煤层上覆岩层的岩性结构、各岩层的物理性质、相互之间的作用关系，通过理论计算和数值模拟等手段，分析矿压来压强度，初次来压、周期来压步距，确定工作面支护强度和支架工作阻力等。

（2）研究开采煤层的结构、构造类型、力学性质、层理节理发育程度，计算出截割能耗指数，确定采煤机的截割功率、牵引功率和总装机功率等。

（3）分析研究煤层底板岩性结构，分析计算直接底的抗压强度，确定底板可承受最大比压。

（4）分析开采工艺对围岩的影响，研究计算动压强度、影响范围，预测片帮深度，为支架结构设计提供依据。

（5）分析伪顶、直接顶的岩性结构特征，提出顶板管理的基本要求。

（6）分析地质构造的特征及特点，研究地质构造对开采所造成的危害程度，并对设备的结构强度提出基本要求。

2）通过以上分析计算，确定设备选型配套的定量技术指标

（1）采煤机截深、截割功率、牵引功率、牵引速度等。

（2）液压支架架型、支护强度、工作阻力、结构高度、推移机构形式、侧护板形式、人行通道、最小空顶距、护帮板类型等。

（3）刮板输送机、转载机、破碎机的功率、主要技术参数、外形尺寸、机头搭接形式等。

（4）乳化液泵站、喷雾泵站等的配套参数。

（5）工作面成套设备供电负荷、供电设备技术参数。

3. 经验类比法

经验类比是工作面系统集成配套设计中设备选型配套的主要手段，是一种常用的实用性类比方法。它是通过对周边相似条件矿井的综采设备应用效果进行调研，总结分析使用

效果、存在的问题、与理论分析计算所选的设备进行对比，是一种以实践经验为基础的设备选型校核方法。对于新矿井的首套设备选型配套，不应以简单类比确定方案，而应综合几种方法进行综合研究，确定首采面选型方案，并应通过首采面使用过程的观测做出评估，从而逐步改进和推广。

4.1.3 工作面系统配套设计作图法

工作面系统配套设计是在系统各设备生产能力评估、技术参数确定之后，进行设备订购中的重要技术工作步骤。一般由系统集成总体配套设计单位牵头，各设备生产企业共同参与，对工作面设备布置和连接关系进行设计，借助 CAD 软件对预选定设备进行集中尺寸校核，这一过程也称作设备间尺寸配套。

设备尺寸配套直接关系到：①各设备本身的关键尺寸；②工作面设备间的协调配合；③工作面及巷道的设计与布置；④工作面的管路、电缆、照明、人行通道、端头与中部过渡布置；⑤采煤机在完成各个工艺过程中能否有效实现安全、可靠完成采煤工艺质量目标。如果说综采设备方案选择技术参数确定是关键环节，那么设备尺寸配套更是重要环节，设备尺寸配套的成功与否，直接影响到设备服务周期的应用效果；它是保证生产安全、提高生产效能、降低劳动强度、节能降耗的重要环节，是技术管理中不可或缺的重要一环。

设备尺寸配套主要应落实的内容包括以下几方面：

1. 确定采煤机与刮板机之间的配合尺寸

作图确定采煤机与刮板机各运行部位的间隔、过煤空间尺寸、滚筒与铲煤板之间的间隙；采煤机在刮板机弯曲段运行时的尺寸关系变化，确保满足安全生产的尺寸要求并不发生干涉；采煤机在机头、机尾作业时的相对尺寸关系、卧底量、极限运行范围。

2. 确定采煤机与液压支架的配合尺寸

作图确定采煤机机身、滚筒直径与液压支架间的关系，确保采煤机在刮板机上飘或下卧极限状态下不应与支架发生干涉。

3. 确定刮板输送机与液压支架的配合尺寸

作图确定刮板输送机与液压支架间的连接和尺寸关系，确定连接部耳子和连接头之间的尺寸，人行通道的尺寸，支架底座与刮板输送机间的配合间隙，机头和机尾部的人行通道尺寸与检修空间；管路、电缆布置位置优化及定位；区段巷道带式输送机、移变列车的布置优化。

4. 确定支护系统液压支架间相互配合尺寸

作图确定端头与端头、过渡与端头、过渡与中部支架在极端条件下工作时的相互配合、防护尺寸；端头支架、过渡支架顶梁结构及尺寸；侧护板形状、尺寸与搭接关系；防倒防滑等主要辅件的连接关系和运动极限。

5. 三维虚拟现实模拟法

采用三维设计软件对成套设备建模，进行三维虚拟现实的系统运动仿真，成套设备配套运行进行实物校核，也可在分布式网络环境下对综采工作面系统设备进行多学科多领域的协同设计、协同仿真与协同优化设计。通过有经验的管理人员与设计人员共同配合完成，详细确定设备细节结构、附件位置布置、方向、管线走向与长度。设备起吊、搬运、工作面回撤对结构的要求。为全套设备的大规模制造做最后的校核与优化。

4.2 薄煤层综采设备选型配套设计

本章主要通过对薄煤层开采方法进行分类，介绍薄煤层刨煤机、薄煤层滚筒采煤机的综采设备选型配套设计的示例。

4.2.1 薄煤层开采方法

目前，薄煤层主要采用刨煤机、滚筒采煤机和螺旋钻式开采，如图 4.1 所示。薄煤层开采方法的选择主要应考虑经济效益，即所选择的开采方法如何达到经济效益最大化。这主要从两个方面来体现：较高的开采效率与高煤炭回收率。就目前国内综采装备和薄煤层发展水平而言，要实现上述目标，以走向长壁式综合机械化开采最为可行，即开采方式选择走向长壁式，破煤方式选择机械化破煤。而破煤设备就是在滚筒采煤机和刨煤机之间进行选择。

1. 煤层厚度 1.0m 以上薄煤层

煤层厚度 1.0m 以上，平均煤层厚度在 1.2m 左右或更高的薄煤层，推荐选择滚筒采煤机进行开采。如前所述，对于这类厚度的薄煤层而言，滚筒采煤机装备技术相对成熟，可供选择的机型较多，滚筒采煤机具有适应性强、破岩能力高（滚筒采煤机都具备较强的割矸能力，当遇到断层等地质构造时，一般可直接切割矸石强行通过），加之滚筒上下高度可自由调节，因而煤质硬度和煤层厚度变化都不会对采煤机造成任何影响。

2. 煤层厚度 0.8m 以上薄煤层

煤层厚度 0.8m 以上，平均厚度 1.0m 左右的煤层有两种方式可以选择：一种是选择滚筒采煤机配电液控制和工作面自动化系统，实现工作面远程控制“有人值守，工作面内无人操作”的自动化开采；另一种是选择进口高可靠性刨煤机配国产液压支架与刮板输送机进行薄煤层自动化开采。前者对地质条件适应性较好，设备投资较少，但是受采煤机机身高度的制约、装机功率、过煤高度和装煤效果的矛盾突出；后者设备投资费用较高，对地质条件的要求高，对硬煤和复杂条件煤层适应性较差，只能在地质条件适宜的矿区使用。

（a）刨煤机采煤设备

（b）滚筒采煤机开采设备

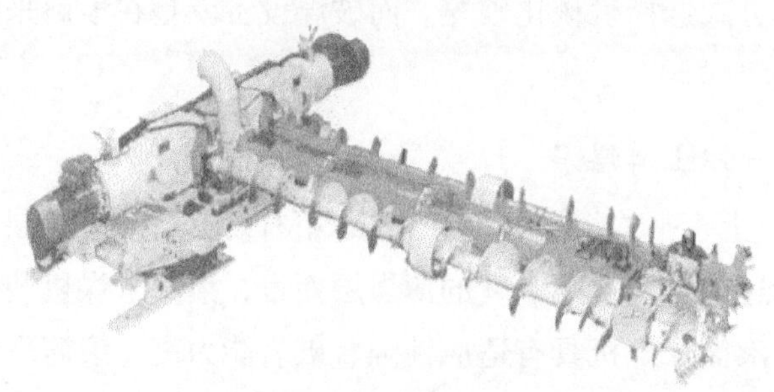

（c）螺旋钻式采煤设备

图 4.1　薄煤层主要开采设备

3. 煤层厚度 0.6m 以上薄煤层

煤层厚度 0.6m 以上，平均煤层 1.0m 左右，地质条件较好的，可以选用进口刨煤机进行自动化开采。

4. 煤层厚度小于 0.5m

对于这类厚度的薄煤层来说，效率较高的滚筒采煤机和刨煤机都已无法正常使用，经济效益不是十分明显。对于煤层储量有限的矿区，为了延长矿井使用寿命，可以采用螺旋钻式采煤机进行开采。

4.2.2 薄煤层综采设备选型配套设计

1. 薄煤层刨煤机综采设备选型配套设计

山西吕梁东义集团煤气化有限公司鑫岩煤矿工作面采高 0.8～1.2m，工作面长度 240m，运输顺槽尺寸（W×H）为 5.4m×3.0m，回风顺槽尺寸（W×H）为 4.8m×3.0m，设计采用刨煤机开采。通过对工作面设备选型设计，确定采用滑行式刨煤机及配套输送机、ZY4400/06/15D 型掩护式液压支架、ZYG4400/06/15D 型掩护式过渡支架、ZT6200/18/32D 型四柱支撑掩护式端头支架、SZZ800/315 型转载机、PCM200 型破碎机，工作面设备配套如图 4.2 所示。

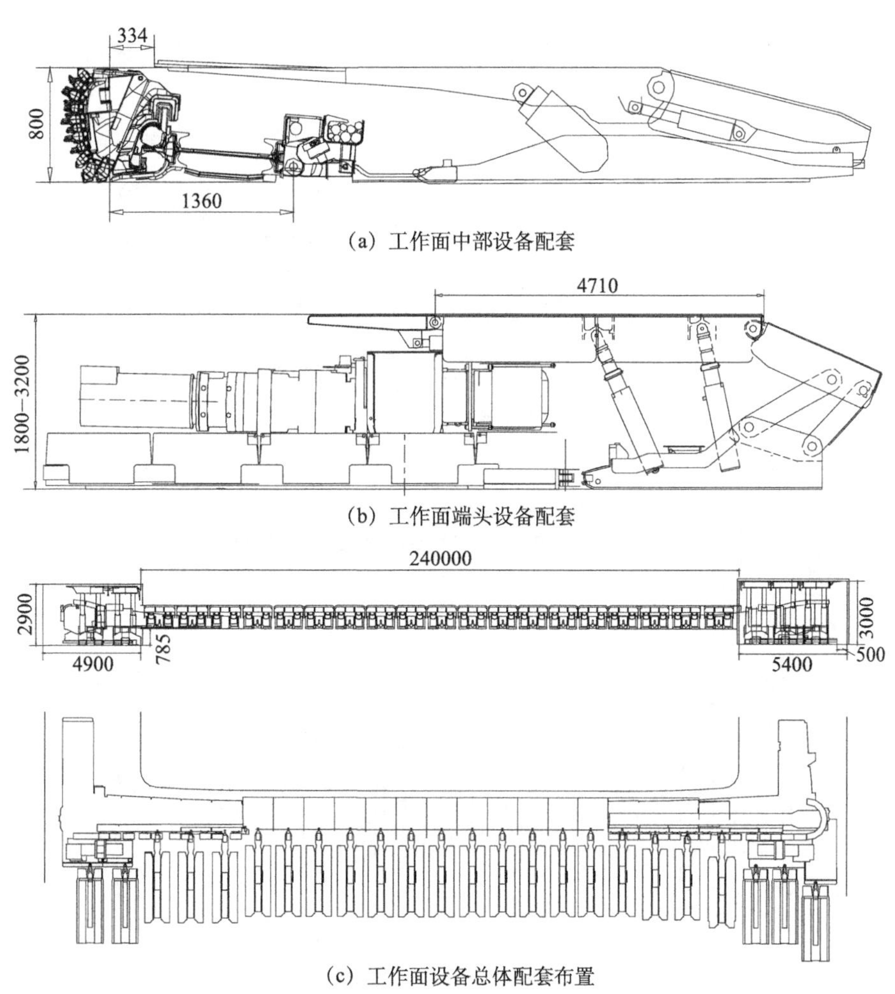

(a) 工作面中部设备配套

(b) 工作面端头设备配套

(c) 工作面设备总体配套布置

图 4.2　薄煤层刨煤机采煤法设备集成配套（单位：mm）

由于刨煤机机头尺寸较大，为了割透工作面两端头煤层，刨煤机开采对巷道断面尺寸要求较大，运输巷宽度达到 5.4m，回风巷宽度达到 4.5m。由于工作面刨煤机截割高度远小于巷道断面高度，因此巷道两端头需要进行特殊支护，如图 4.2（c）所示。

2. 薄煤层滚筒采煤机综采设备选型配套设计

兖矿集团文玉煤矿煤层厚度为1.3～1.5m，工作面配套设备能力3Mt，设计采用ZY9000/10/18D型液压支架、MG400/951-WD型薄煤层滚筒采煤机、SGZ800/2×525型刮板输送机、SZZ800/250型转载机，工作面长度260m，运输顺槽断面为4500mm×2400mm，回风顺槽为4500mm×2400mm，煤层倾角为1°，工作面设备配套如图4.3所示。

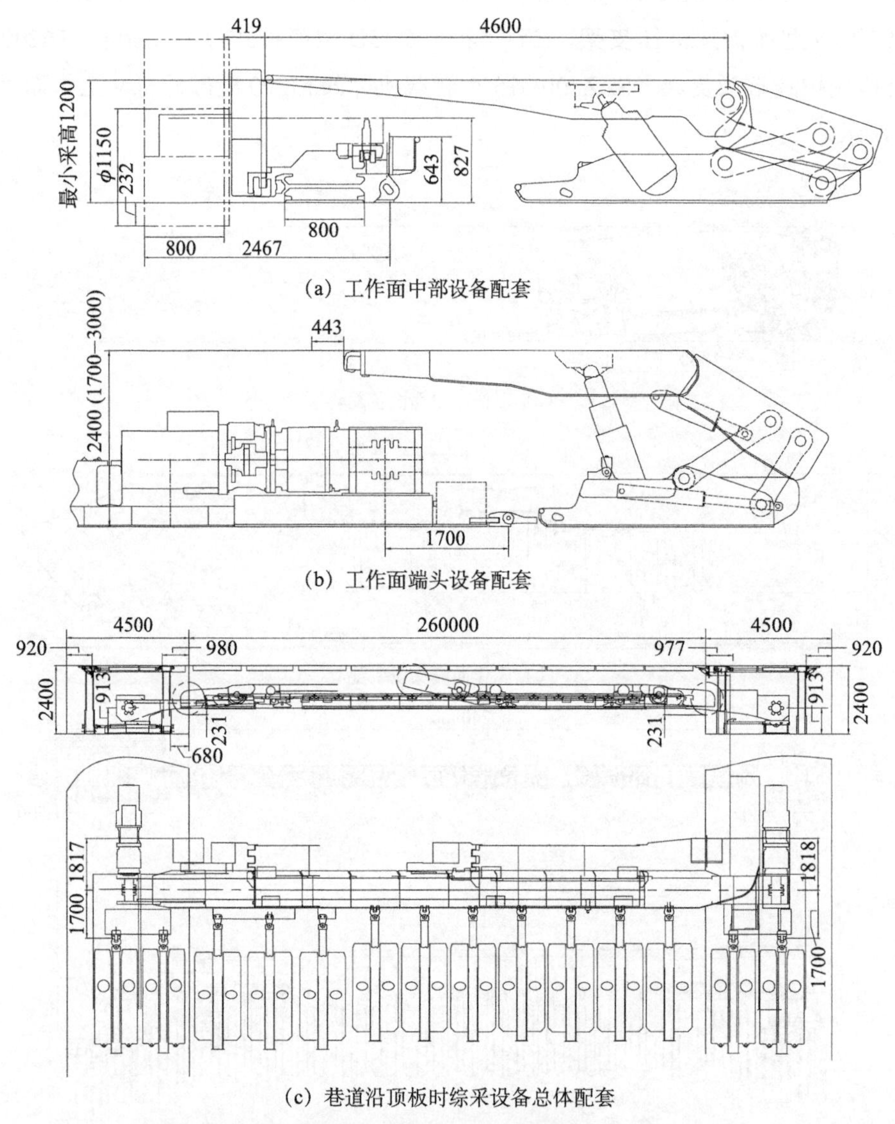

(a) 工作面中部设备配套

(b) 工作面端头设备配套

(c) 巷道沿顶板时综采设备总体配套

图4.3 薄煤层滚筒采煤机开采设备集成配套（单位：mm）

薄煤层滚筒采煤机开采方式比刨煤机开采巷道断面尺寸明显降低，运输巷道断面宽度仅为4.5m，巷道可沿煤层顶板或底板布置，文玉矿采用巷道沿顶板布置，工作面与巷道底板存在931mm的高差，刮板输送机机头、机尾侧需要增加支撑装置，采煤机一般在机头、机尾侧需要截割一定厚度的矸石，容易导致煤质变差。

4.3 中厚煤层综采设备选型配套设计

中厚煤层综采设备是我国普遍采用，比较成熟的综采设备。本节以黄陵一号煤矿中厚煤层自动化开采工作面为基础，介绍中厚煤层工作面综采设备的选型配套设计。

黄陵一号煤矿五盘区 2 号煤层厚度为 1.4～2.2m，工作面长度 235m。2013～2104 年在 1001 工作面成功实现自动化、智能化开采，设计采用 ZY6800/11.5/24D 型中部支架、ZYG6800/14/29D 型过渡支架、ZYT6800/14/32D 型端头支架、SGZ800/1050 型刮板输送机、SZZ800/250 型转载机、PCM200 锤式破碎机、MG2×200/925-AWD 采煤机，配套设备生产能力 4Mt，工作面设备配套如图 4.4 所示。

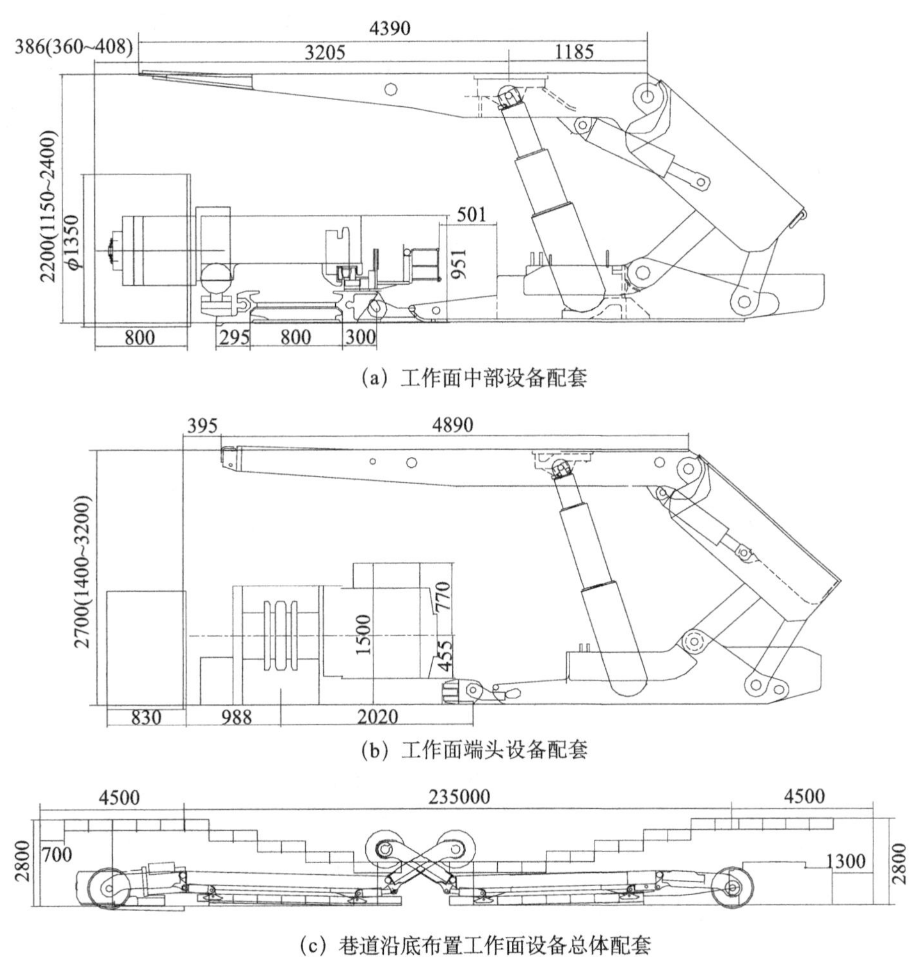

(a) 工作面中部设备配套

(b) 工作面端头设备配套

(c) 巷道沿底布置工作面设备总体配套

图 4.4 典型中厚煤层设备集成配套（单位：mm）

由于黄陵一号煤矿巷道断面高度为 2.8m，工作面最小采高仅为 2.0m，工作面采高远小于巷道高度，为了保证工作面快速推进，巷道沿煤层底板布置［图 4.4（c）］，在工作面两端头处采用小台阶逐级过渡至巷道高度，这种配套方式对工作面过渡段支护要求较高。同时，两端头处需要截割大量矸石，导致含矸量增大，煤质下降。

4.4 厚煤层大采高及超大采高综采设备选型配套设计

厚煤层是我国西部矿区的主采煤层，厚煤层大采高综采装备具有产量大、效率高、效益好的显著优点，本节以陕西黑龙沟煤矿、红柳林煤矿、金鸡滩煤矿大采高及超大采高综采实践为背景，介绍厚煤层大采高综采设备选型配套设计。

4.4.1 5.0m 大采高综采设备选型配套设计

陕西黑龙沟煤矿开采 2^{-2} 煤层，煤层厚度 4.11～5.14m，煤层埋深 130～160m，煤层倾角一般为 1°，为西部典型的埋深较浅的厚煤层。设计采用 ZY12000/25/52 型中部支架、ZYG12000/25/52（A/B）型过渡支架、ZYT12000/25/52 型端头支架、ZTY20000/23/40 型运输巷道超前液压支架、ZTCH20000/23/40 型回风巷道超前液压支架、MG750/1920-WD 型采煤机、SGZ1000/3×700 型刮板输送机、SZZ1200/400 型转载机、PLM3500 型破碎机，配套设备能力 500 万 t。工作面设备配套如图 4.5 所示。

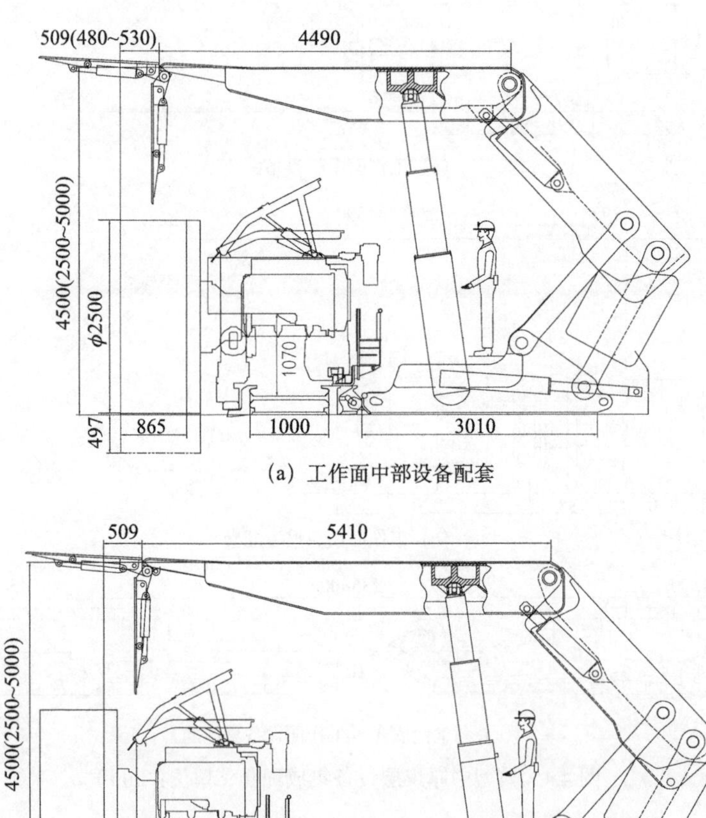

（a）工作面中部设备配套

（b）工作面过渡段设备配套

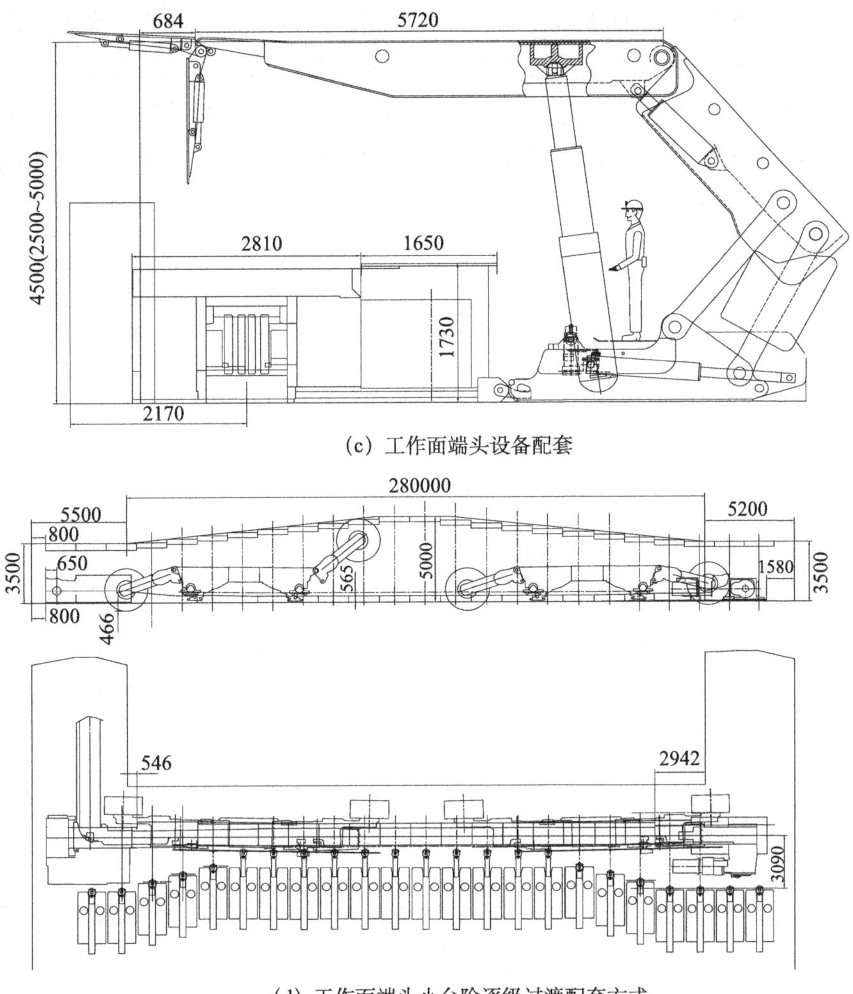

(c) 工作面端头设备配套

(d) 工作面端头小台阶逐级过渡配套方式

图 4.5 厚煤层大采高综采设备集成配套设计（单位：mm）

由于工作面最大采高达 5.0m，巷道高度仅为 3.5m，两者相差 1.5m，在工作面两端头处采用逐级过渡的配套方式，由工作面采高逐渐过渡至巷道高度，这种配套方式适用于采高与巷道高度相差不大且煤质较软的工作面，但存在巷道两端头处液压支架受力状态差，维护困难，且两端头处存在三角煤损失问题，如图 4.5（d）所示。

4.4.2 超大采高综采设备选型配套设计

陕煤集团红柳林煤矿 5^{-2} 煤层厚度 5.0～7.9m，煤层倾角小于 1°，地质构造简单，工作面长度 350m。设计采用 ZY18800/32.5/72D 型超大采高液压支架，SL1000 型采煤机、SGZ1400/3×1500 型刮板输送机、SZZ1600/700 型转载机、PCM700 型破碎机，采用大梯度过渡配套方式，配套设备生产能力达 1200 万 t。

由于工作面最大采高达到 7.0m，采煤机一般增加防护板及破碎滚筒，液压支架采用三级护帮装置。为了解决工作面逐级过渡带来的支架受力状态差、工作面端头三角煤损失等问题，设计研制了超大采高工作面端头大梯度过渡配套方式，以及适用于大梯度过渡的特殊端头液压支架，可有效降低工作面端头三角煤损失，红柳林煤矿单一工作面可多回采煤炭近 30 万 t，但这种配套方式对煤层硬度具有一定要求，如果煤质硬度较软，则大梯度过渡处极易发生冒落，液压支架支护困难。

兖矿集团金鸡滩煤矿开采 $2^{-2上}$煤层，西翼盘区煤层厚度 5.6～9.12m，平均 7.68m，煤层倾角小于 1°，平均埋深约为 240m，地质构造简单。设计采用 ZY21000/38/82D 型中部支架、ZYG21000/38/82D（A/B）型过渡支架、ZYT21000/28/53D 型端头支架、ZCZ12800/28/53D 型运输巷道超前支架、ZCZ38400/28/53D 型回风巷道超前支架、7LS8 型采煤机、SGZ1400/3×1600 型刮板输送机、SZZ1600/700 型转载机、PCM700 型破碎机，工作面配套设备生产能力达 1500 万 t，工作面设备配套如图 4.6 所示。

由于工作面割煤高度增大，采煤机的机面高度达到 3.9m（含顶护帮高度），工作面与巷道的最大高差达到 3.5m，采用大梯度一次整体过渡配套方式易导致液压支架大侧护板强度下降，支护困难，同时大梯度过渡液压支架在工作面采高较小时容易与采煤机发生干涉，因此，在 7.0m 超大采高大梯度过渡配套方式的基础上，设计了大梯度 + 小台阶短缓过渡配套方式，如图 4.6（d）所示。

4.5 特厚煤层大采高综放开采设备选型配套设计

特厚煤层大采高综放液压支架按架型分类可分为四柱支撑掩护式综放液压支架、两柱掩护式综放液压支架两种，本节以大同塔山煤矿、神树畔煤矿大采高综放开采实践为背景，介绍两种大采高综放设备选型配套设计。

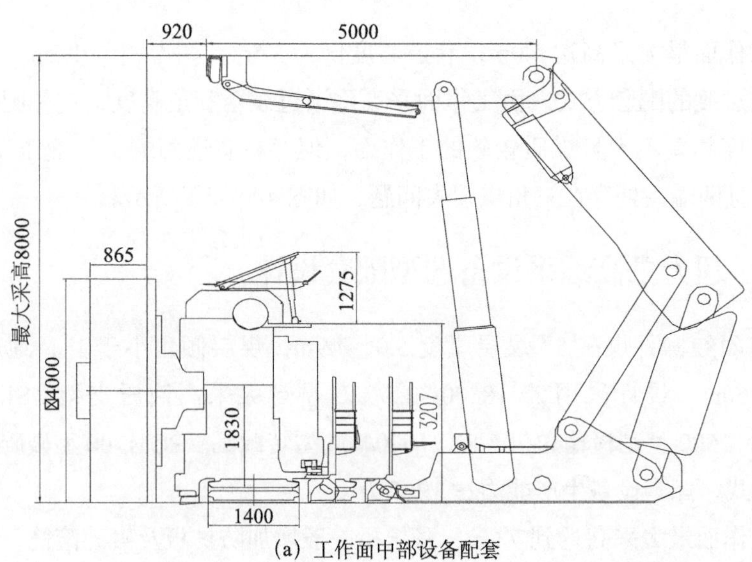

(a) 工作面中部设备配套

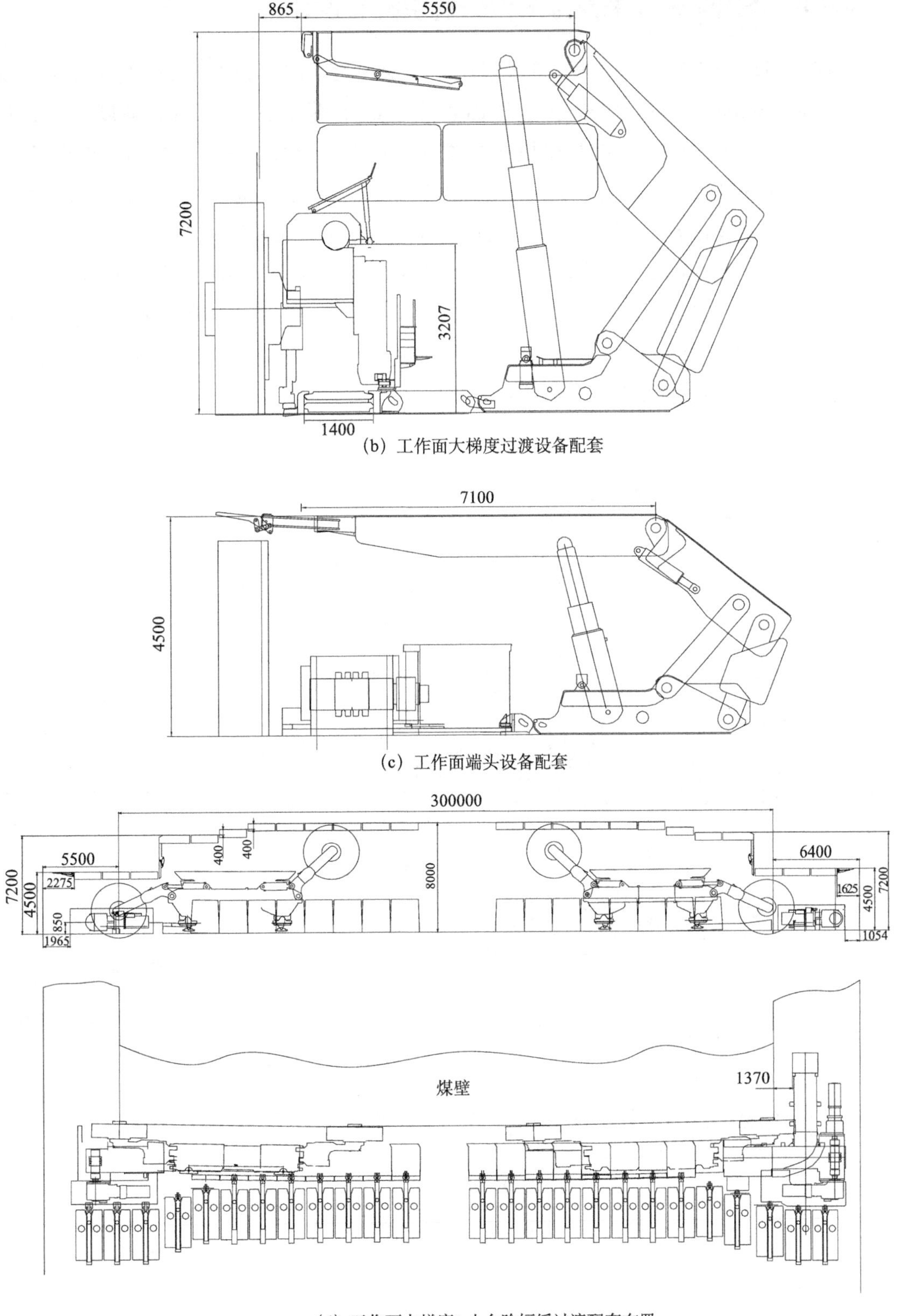

(b) 工作面大梯度过渡设备配套

(c) 工作面端头设备配套

(d) 工作面大梯度+小台阶短缓过渡配套布置

图 4.6 8.2m 超大采高综采设备选型配套（单位：mm）

4.5.1 塔山煤矿大采高综放设备选型配套设计

同煤集团塔山煤矿开采 3 号～5 号煤层，煤层厚度 1.63～29.21m，平均 15.72m，煤层埋深 300～500m，倾角 1°～3°，工作面长度 200m，最大采煤机割煤高度 5.0m，设计采用 ZF15000/28/52 型四柱支撑掩护式放顶煤支架、MG750/1915-GWD 型采煤机、SGZ1000/2×855 型前部刮板输送机、SGZ1200/2×1000 型后部刮板输送机、PF6/1542 型转载机、SK1118 型破碎机，工作面生产能力达 1000 万 t，工作面设备配套如图 4.7 所示。

塔山煤矿中部支架采用四柱正四连杆综采放顶煤液压支架，顶梁采用铰接前梁形式，过渡液压支架则采用四柱反四连杆支架，满足后部刮板输送机驱动部布置要求，端部采用端头液压支架，如图 4.7（b）所示，满足工作面快速推进要求，前、后部刮板输送机均采用端卸式，电机采用平行布置，如图 4.7（c）所示。

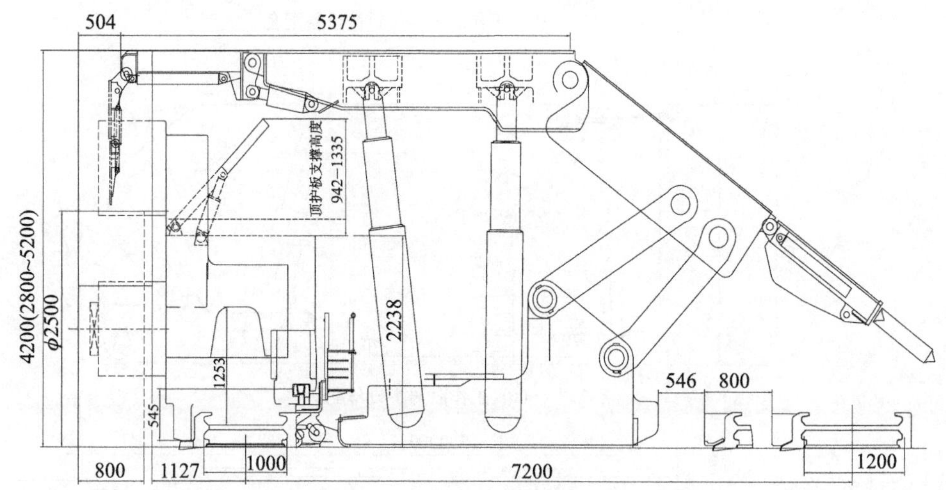

(a) 工作面中部设备配套

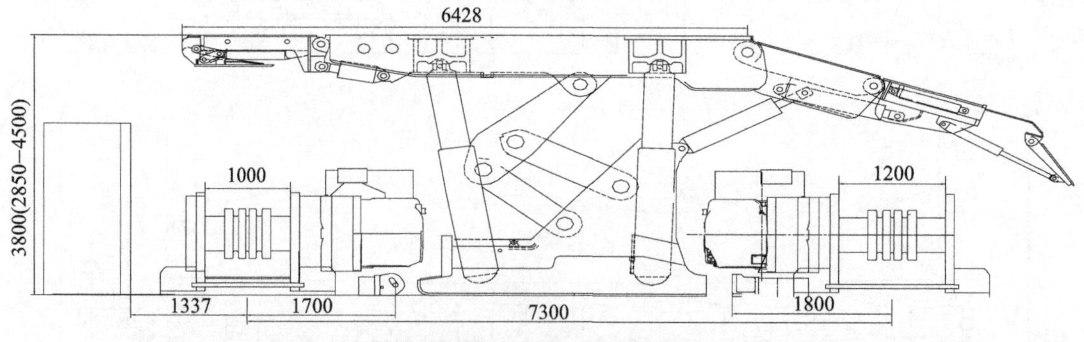

(b) 工作面机尾设备配套

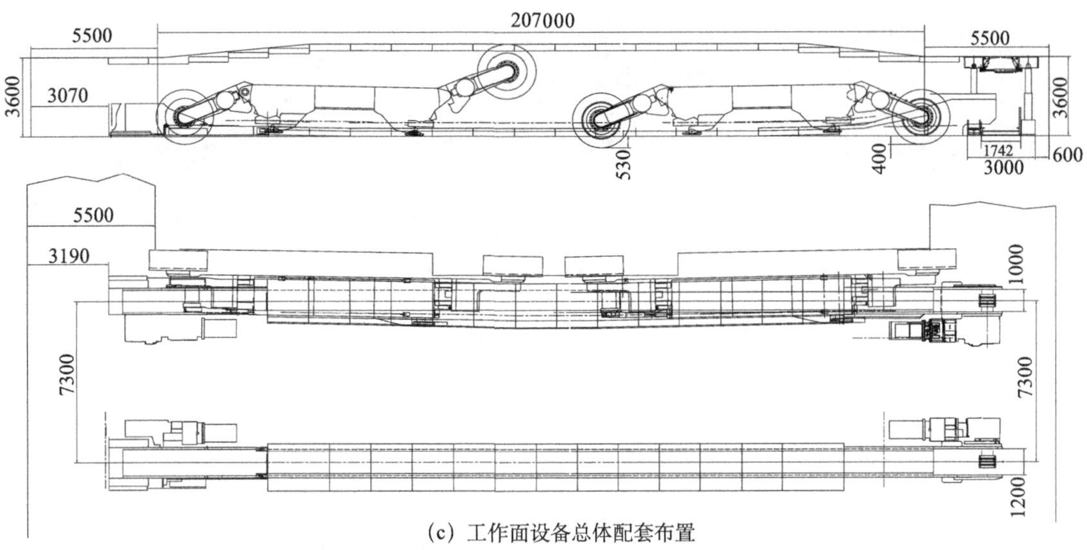

(c) 工作面设备总体配套布置

图 4.7　5.2m 四柱大采高综放工作面设备集成配套设计（单位：mm）

4.5.2　神树畔煤矿大采高综放设备选型配套设计

西安朗意科技发展有限公司神树畔煤矿开采 3 号煤层，煤层平均厚度 11.6m，煤层平均普氏硬度系数 f 为 2.8，煤层埋深 221m，属于典型的埋深较浅、坚硬、特厚煤层。为了提高煤炭资源回采率，设计采用 ZFY17000/27/50D 型两柱掩护式放顶煤液压支架、ZFG17600/29.5/50D 型支撑掩护式过渡液压、ZTZ21320/27/50 型端头支架、ZTC31980/27/50 型回风顺槽超前液压支架、ZTC10660/27/50 型运输顺槽超前液压支架，配套 MG750/1910-WD 型大采高采煤机、SGZ1000/2×855 型前部刮板输送机、SGZ1200/2×855 型后部刮板输送机、SZZ1350/700 型转载机、PLM3500 型破碎机。工作面设备配套如图 4.8 所示。

工作面中部采用两柱整体顶梁放顶煤液压支架，设计前、后双人行通道，过渡支架采用四柱反四连杆支架，前、后部刮板输送机均采用端卸式，电机采用平行布置，如图 4.8（c）所示。

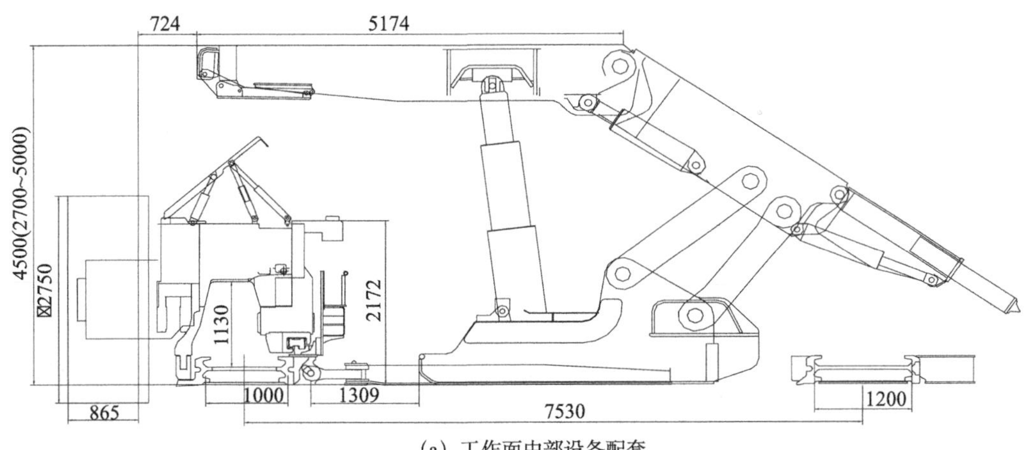

(a) 工作面中部设备配套

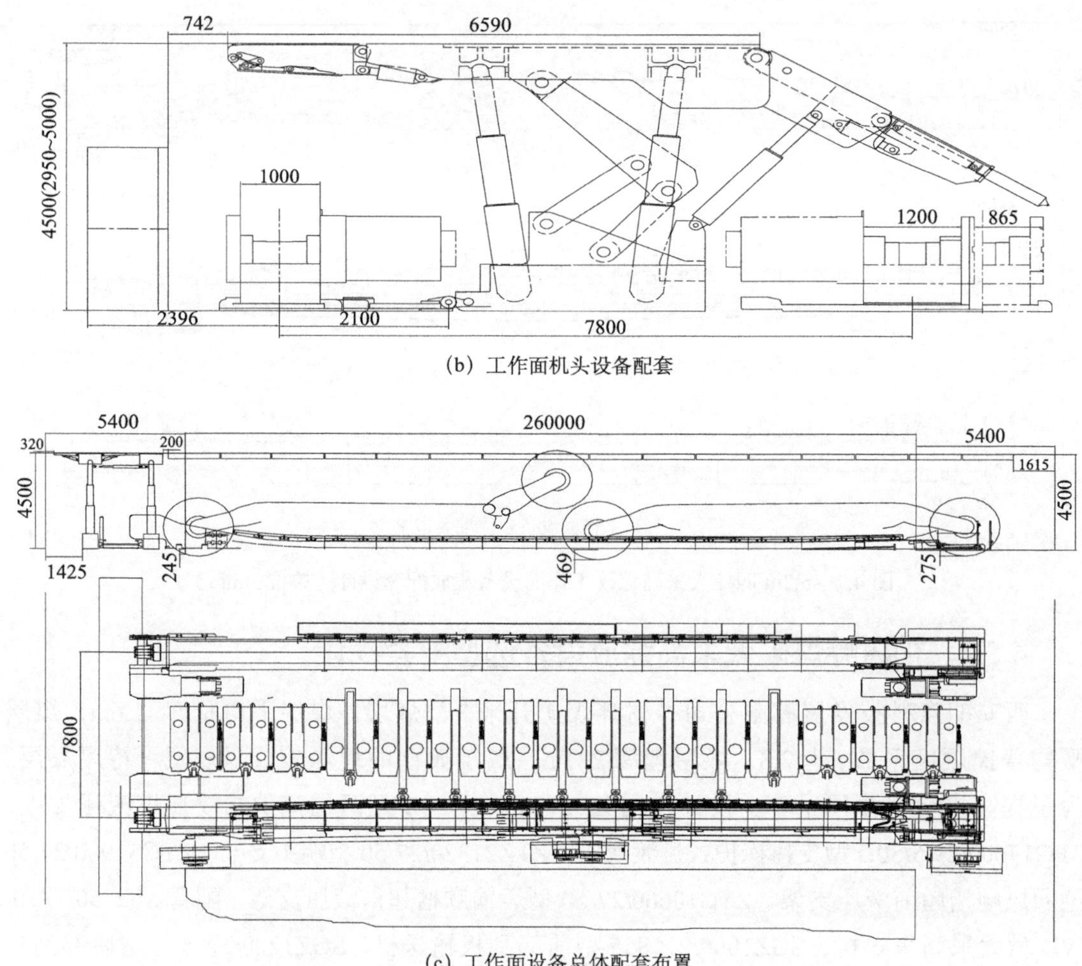

(b) 工作面机头设备配套

(c) 工作面设备总体配套布置

图 4.8 5.0m 大采高综放设备选型配套（单位：mm）

（本章主要执笔人：王国法，庞义辉）

第5章 滚筒采煤机

破煤与装煤是机械化采煤过程的关键工序。滚筒采煤机采用螺旋滚筒作为工作机构以旋转铣削方式破落煤体，并通过螺旋叶片将煤装入输送机，具有效率高、适应复杂地质条件能力强等优点，是目前我国长壁机械化采煤工作面的主要落煤设备，也是实现煤炭安全高效生产的重要设备保障。

现代滚筒采煤机普遍采用多电机横向布置驱动、交流变频调速无链电索引，按适应煤层厚度不同可分为厚煤层采煤机、中厚煤层采煤机、薄煤层采煤机；按适用开采的煤层倾角条件，可分为0°～15°的缓倾斜煤层采煤机、15°～35°的中倾斜煤层采煤机、35°～55°的大倾斜煤层采煤机；按适应特殊工作面开采需要分，如短壁采煤机等。为满足我国各类地质条件的煤矿生产需要，上海研究院研制出14个系列、70多种机型的电牵引滚筒采煤机，可适用于采高范围0.8～7m，煤层倾角0°～55°的综合机械化开采工作面。

本章介绍了煤科总院上海分院研制的厚、中厚、薄煤层系列电牵引滚筒采煤机以及适用于短工作面开采的短壁系列滚筒采煤机的主要特点、适用条件、技术特征、主要机型技术参数和应用实例。

5.1 厚煤层采煤机

厚煤层采煤机具有适应采高大、装机功率大、截割能力强的特点。厚煤层采煤机总体结构如图5.1所示，由左右滚筒、左右摇臂、机身、顶护板和大块煤破碎机等组成。一般采用分体式直摇臂，在机身上平面设置顶护板，以防止片帮煤滑向采空侧。在机身输送机机尾侧设有大块煤破碎机，以防止大块煤堵塞机身下方的过煤通道。机身部分一般分为三段，由中间电气控制箱、左右牵引行走部组成，牵引减速箱体内设有喷雾冷却系统、液压泵站，机身三段之间通过销与液压拉杆紧固。上海研究院是国内首家厚煤层大功率采煤机开发单位，自2005年后推出了截割功率650kW以上典型的厚煤层采煤机机型有1620、1815、2245和2400系列。

该系列机型采煤机的主要特点：①采用分体式摇臂，直摇臂主体可左右互换，内外双重冷却，冷却效果好；②采用模块化设计，配套性好、适应性范围广；③多电机横向布置，各机、电控组件采用抽屉式结构，可从采空侧抽出，便于安装维护；④采用大节距无链牵

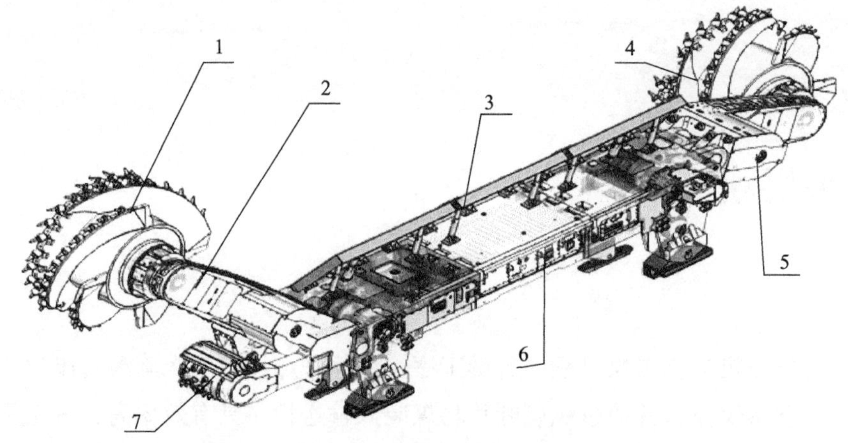

图 5.1　厚煤层采煤机

1. 左滚筒；2. 左摇臂；3. 顶护板；4. 右滚筒；5. 右摇臂；6. 机身；7. 破碎机

引机构，牵引力大；⑤配备机载破碎机，可防止大块煤堵塞机身的过煤通道；⑥采用先进的基于 DSP 处理器的网络分布式控制技术和信息传输技术。

5.1.1　适用条件

厚煤层采煤机适用于采高范围 3.0～7.0m 的厚煤层一次采全高综合机械化工作面或厚煤层综合放顶煤层开采工作面，工作面倾角≤15°，煤层沿走向方向俯仰角≤±10°，煤质硬度 $f\leqslant 5$，夹矸硬度 $f\leqslant 10$ 的工作面开采。

5.1.2　技术特征

1. 高强度摇臂壳体

摇臂是采煤机的重要工作部件，起传递截割动力和承受截割反力的作用。由于摇臂传递功率大，且其外形受空间限制，受力情况十分恶劣。在采煤机工作过程中，摇臂壳体不仅承受其本身与装在其上各零部件的重力，还要承受滚筒割煤过程中受到的各种冲击负载。摇臂壳体是传动系统元部件的支承和定位部件，如果摇臂壳体轴孔或起传动系定位作用部位在采煤机运行过程中受载变形，将造成传动系统的工作条件恶化，降低齿轮和轴承的使用寿命。因此，提高壳体力学性能是大功率厚煤层采煤机摇臂的关键技术之一。

采煤机普通摇臂铸造壳体性能仅相当于 ZG270-500 铸钢，抗拉和屈服强度分别为 500MPa 和 300MPa 量级，硬度 140～170HB，对高强度采煤和恶劣的工况条件越来越不适应。为使大功率采煤机摇臂壳体具有良好的综合力学性能，既有较高的抗拉强度、屈服强度和硬度，又具有较高的塑性和冲击韧性，开发了高强度摇臂壳体用 Cr-Ni-Mo 系低合金铸钢材料及热处理工艺。以 Cr、Ni 为基础的合金钢在具有较高强度的同时，还具有较高的塑性和韧性，Mo 可抑制回火脆性，减少过热倾向，提高回火稳定性，使钢在热处理之后能获得较高的强度和韧性，屈服强度达到 550MPa 以上，抗拉强度达到 700MPa 以上，表面硬度达到 200～240HB。

2. 摇臂冷却技术

摇臂传动系统在工作过程中会产生热量，一部分是齿轮传动效率和轴承效率转化的热量，另一部分是齿轮转动时搅拌油液产生的热量。随着采煤机摇臂功率的增大，摇臂发热量也随之增大，产生的热量必须及时散发出去，采煤机才能长时稳定地工作。摇臂的工作性能与其传动元件的发热强度有着密切的关系，某些关键零件的失效，是由于热负荷过大而损坏，如发热引起齿轮油黏度降低、过早变质，导致润滑条件变差，造成传动件润滑不良，产生磨损，缩短使用寿命；发热引起的高温导致密封件过早老化失效，造成漏油等，使摇臂的工作可靠性降低。随着采煤机生产效率的提高，传动系统的过热问题也越来越突出。因此，解决好摇臂的热平衡问题，对于提高传动装置工作的可靠性起着极为关键的作用。

通过对摇臂温度场分布的分析，获得温度场分布规律，优化冷却装置，开发出新型冷却装置，以满足大功率摇臂高强度长时间连续运行的需要。图 5.2 所示为摇臂内置管式冷却装置。

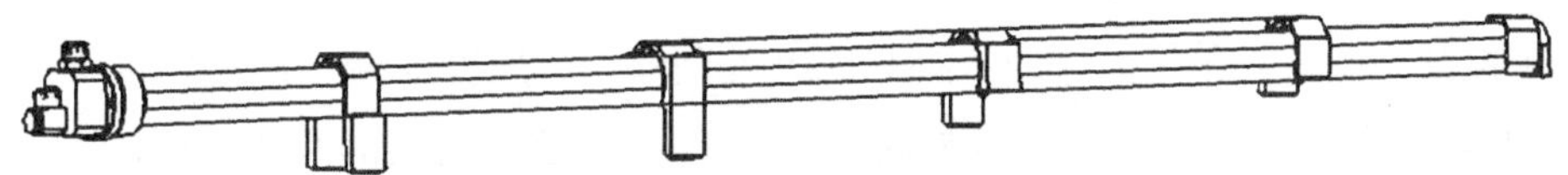

图 5.2 摇臂内置管式冷却装置

3. 大节距无链行走系统

无链行走系统是保证采煤机沿工作面连续工作的基础。现代采煤机普遍采用齿轮 - 销轨式无链牵引方式。随着装机功率、牵引力和牵引速度的增大，126mm 节距行走系统已无法满足配套重型采煤机高效生产的需要。通过啮合仿真、齿形和材料与工艺优化，研制了 147mm 节距、承载能力 1000kN 和 172mm、176mm 节距、承载能力 1500kN 的采煤机无链行走系统，可配套中部槽长度 1750mm 和 2050mm 的工作面刮板输送机。

4. TDECS 采煤机电气控制系统

TDECS 电气控制系统是新一代采煤机分布嵌入式控制系统。该电气控制系统基于先进的 DSP+ARM 处理器和 CAN 总线技术，并且吸收了过去 10 多年在采煤机 PLC 控制方面的优秀研究成果和成熟技术，形成了一个技术先进，具有高度扩展能力的采煤机电控系统。该套电控系统完全满足煤炭开采对采煤机先进可靠控制技术的需求。图 5.3 所示为系统框图。

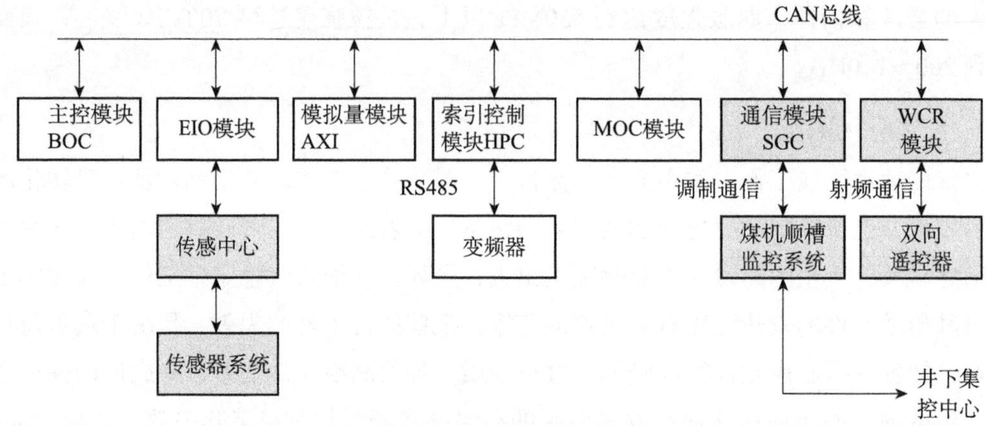

图 5.3　TDECS 电气控制系统框图

TDECS 采用模块化网络分布式结构，完全根据采煤机的结构和功能特点将控制系统划分为若干功能模块，各模块相对独立。模块之间以高可靠的现场总线相连，其中主要模块设计成以 DSP 控制器为核心的功能单元，利用 DSP 控制器的超级数字运算功能，将大量传感器的信息进行综合处理，从而实现高实时性的智能控制。其基本特点如下：

（1）采用网络分布式控制结构，以高可靠、高性能 CAN 控制总线技术为骨架，具有高度灵活的可扩展性，中等粒度模块化设计，易于维护。

（2）控制模块核心采用先进的 ARM+DSP 处理器，集成度极高。各 CPU 每秒可处理超过 7000 万条指令，运行速度快，与常规基于 PLC 或工控机构建的系统相比，各项保护与操作反应灵敏，处理能力强，可在不改动硬件的情况下，增加更多的控制与系统故障诊断功能。

（3）恒功率自动控制。动力监测与保护模块将两截割电机的当前负荷状态通过 CAN 主通道实时传送到主控制器，由主控制器根据当前系统状态，执行恒功率自动调节。当任一截割电机工作电流大于 1.1 倍额定电流时，主控制器输出指令自动降低牵引速度，直到截割电机退出超载区，当截割电机负荷都小于 0.9 倍额定电流时，系统将逐步恢复牵引速度直到最大给定速度。当任一截割电机负荷大于 1.3 倍额定电流时，通过计算机的反牵定时电路使采煤机以给定速度反牵引一段时间后，再继续向前牵引。如果反向牵引到设定时间时，截割电机负荷并没有下降到额定值内，则系统将停止牵引，进入故障锁定状态。

（4）自行开发的采煤机操作控制软件，高效稳定，智能化、自动化程度高，对关键操作提供多重故障识别和保护，安全性高。

（5）在系统设计中大量采用数字传感器技术，利用数字传感器技术提高采煤机控制系统性能。系统提供顺槽通信接口，采用标准 modbus 协议，可与工作面及矿井综合信息网相连，实现三机联动，图 5.4 所示为采煤机传感检测系统布置图。

（6）系统拓展性强，除先进的顺槽通信双向无线电遥控选购件外，系统还提供诸如远

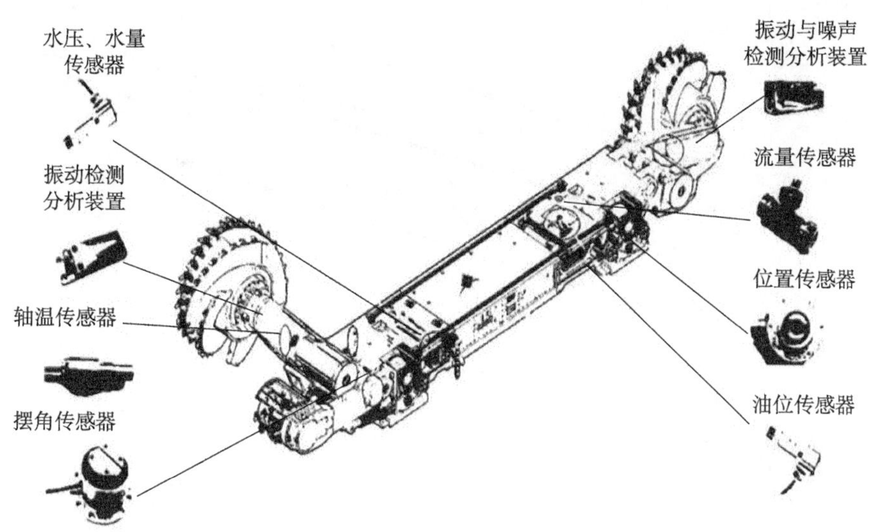

图 5.4　采煤机传感检测系统布置图

程操作控制、带端头工艺自动循环的记忆截割以及扩展工况监测系统等丰富的功能选购件，具备远程控制、记忆截割等功能。

（7）配备高级电流传感器故障在线诊断，外围传感器、系统通信及硬件故障自诊断技术，智能保护等技术；

（8）可选配带 OLED 中文实时监视功能的高级无线电遥控系统，通过该手持式双向无线电遥控系统，操作司机可随时方便地了解采煤机当前运转情况。

（9）可配备的采煤机到顺槽全双工控制通信系统选购件，采用高抗干扰 FSK 调制与 PLL 解调技术，在无需单独的通信线的条件下，使得采煤机到顺槽数据传输速度超过同类进口采煤机 3 倍，可靠性也大幅提升。

5. 高强度液压拉杆

采煤机机身除安装有牵引传动系统、电气控制系统、液压泵站、供水系统外，还连接摇臂，起支撑、承受机器重力、截割和牵引反力的作用。为便于安装运输，采煤机机身通常采用分体式结构，分为左牵引箱、中间电气控制箱和右牵引箱三个部分。机身各部分之间的连接可靠与否关系到采煤机的工作可靠性，针对机身各段之间易出现连接件松动、断裂等问题，除采用圆柱销定位外，为保证连接的可靠性，开发了 M64、M72 液压螺母、高强度拉杆，通过液压螺母将拉杆拉紧，以紧固机身，机身的紧固力可达到外负载的 5 倍以上，连接可靠。由于长拉杆产生较大的弹性变形量，也可有效防止松动。图 5.5 所示为机身液压拉杆连接图。

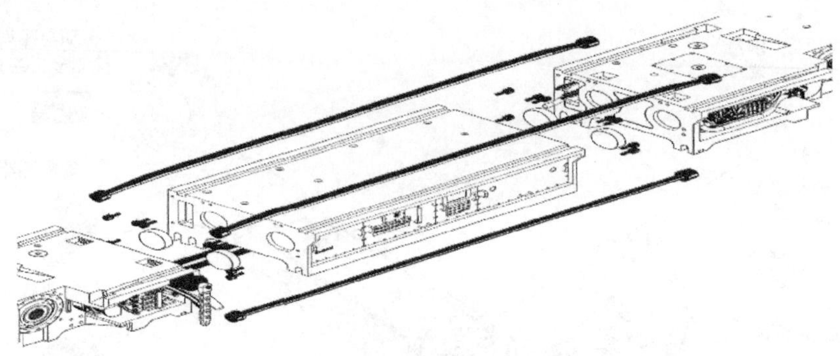

图 5.5　机身液压拉杆连接图

5.1.3　技术参数

1620、1815、2215 及 2400 系列厚煤层采煤机主要技术参数见表 5.1。

表 5.1　典型厚煤层系列采煤机主要技术参数

技术参数	机型			
	MG650/1620-WD MG650/1720-WD MG750/1860-WD MG750/1920-WD	MG750/1815-GWD MG750/1915-GWD	MG900/2215-GWD MG900/2245-GWD MG1000/2540-GWD	MG750/2100-WD MG900/2300-WD MG900/2400-WD MG1000/2650-WD
总装机功率 /kW	1620/1720/1860/1920	1815/1915	2215/2245/2540	2100/2300/2400/2650
采高范围 /m	2.8～5.4	3.0～6.1	3.5～7.0	2.5～5.5
适合倾角 /（°）	≤15（35）	≤15	≤15	≤15
机面高度 /mm	2057	2275	2322/2700	1820/2100
供电电压 /V	3300	3300	3300	3300
截割功率 /kW	650/750	750	900/1000	750/900/1000
牵引功率 /kW	2×90/110（380V）	2×90/110（380V）	2×110/125/150（380V）	2×150/200（690V）
破碎机功率 /kW	100，160	100，160	160，200	160，200
牵引力 /kN	932/466；947/474	936/468；1142/571	1142/571；1104/552；1243/622	1094/547，1250/625
牵引速度 /（m/min）	0～10.4/20.8；0～12.5/25	0～10/20	0～10/20，0～12.2/24.4，0～13/26	0～15/30，0～17.5/35
截深 /mm	800～1000	800～1000	800～1000	800～1000
配套滚筒直径 ϕ/mm	2500，2700	2500，2800，3000，3200	2800，3000，3200，3500	2240，2500，2700，2800
滚筒转速 /（r/min）	31.2，35.2	23.5，26.7	24.2，27.7	28，32，35
摇臂结构形式两摇臂回转	分体式直摇臂	分体式直摇臂	分体式直摇臂	分体式弯或直摇臂
中心距 /mm	8250	9210	9210	8330
牵引与调速方式	销轨式，交流变频	销轨式，交流变频	销轨式，交流变频	销轨式，交流变频
配套输送机	SGZ1000	SGZ1000；SGZ1200	SGZ1200；SGZ1400	SGZ1000；SGZ1200，SGZ1400
整机质量 /t	～100	～130	～150	～120

5.1.4 应用实例

上述 4 个系列的大功率采煤机分别在伊泰集团、大同煤业、神华集团、兖矿集团、淮南矿业、安徽恒源煤电、淮北矿业集团、内蒙古汇能集团、陕西神木汇森集团、鄂尔多斯东辰煤炭有限公司、鄂尔多斯昊华精煤有限公司等矿使用。

2008 年 MG750/1815-GWD 型交流电牵引采煤机配套 ZY8600/24/50D 中部支架、SGZ1000/3×700 型工作面输送机在神华集团金烽煤炭分公司昌汉沟煤矿使用，工作面平均开采高度 4.7m，长度 300m，煤层倾角 1°～3°，采用走向长壁后退式采煤法，取得最高日产 4.62 万 t、最高月产 108.05 万 t、连续 3 个月平均月产 96.23 万 t 的业绩。MG750/1815-GWD 型采煤机作为“年产 600 万 t 大采高综采成套技术与装备”项目的关键装备子项，圆满完成项目的各项考核指标。该项目荣获 2008 年度中国煤炭工业协会科学技术进步特等奖。

5.2 中厚煤层采煤机

中厚煤层电牵引采煤机一般是指适用于 1.6～3.5m 中厚煤层机械化开采的采煤机。中厚煤层是最适合机械化开采的煤层，相应的开采装备技术也最为成熟。中厚煤层与厚煤层采煤机总体结构类似，但一般不带破碎机，为改善装煤效果，多采用弯摇臂结构，如图 5.6 所示。我国中厚煤层分布广，但赋存条件差异大，对采煤机要求不同，因此开发了多个系列的中厚煤层采煤机。采用“一拖一”四象限交流变频调速控制技术，采煤机成功应用于煤层倾角高达 55° 的工作面。近年来，为满足高产高效生产的需要，中厚煤层采煤机朝大功率、重型化方向发展，部分机型采高与厚煤层采煤机有一定的重叠，截割功率达到 650kW 以上，总装机功率超过 1500kW。

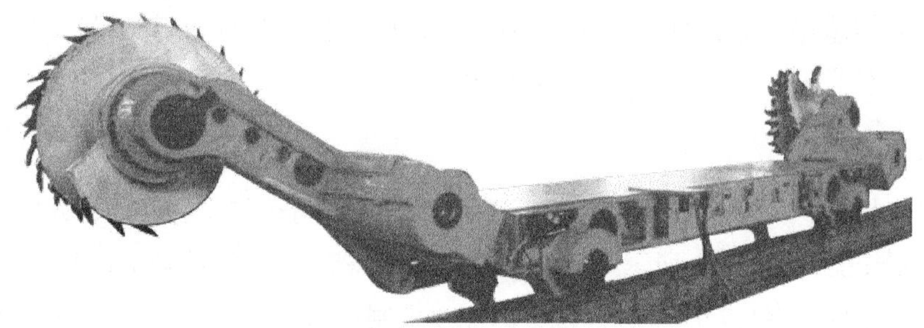

图 5.6 中厚煤层滚筒采煤机

5.2.1 适用条件

中厚煤层采煤机适用于煤层厚度 1.6～3.5m、煤层倾角≤55°、煤层沿走向方向俯仰角≤±15°、煤质硬度 $f \leqslant 4$，夹矸硬度 $f \leqslant 8$ 的工作面开采。

5.2.2 技术特征

1.“一拖一”四象限交流变频调速控制系统

为满足大倾角工作面开采需要，研制了“一拖一”四象限交流变频调速控制系统。“一拖一”即一台变频器控制一台牵引电机，双牵引采煤机采用两台变频器分别拖动两台牵引电机，如图 5.7 所示。相对于“一拖二”系统（即一台变频器同时控制二台牵引电机）而言，“一拖一”系统每台变频器对牵引电机参数可以独立检测或设置，起动转矩能达到 100% 的额定值，并可充分发挥变频器的各种保护功能，如转矩限制、过流保护、过载自动降速等，系统控制特性处于最佳状态，更适合用于大倾角采煤机。为实现两个牵引电机的负荷达到基本平衡，变频器采用主从控制，一台设为主机，另一台设为从机，从机跟随主机进行调整。通常在牵引力作用下采煤机可向两个方向行走，牵引力方向与运动方向一致，但在大倾角工作面采煤机向下运行时，当下滑力大于摩擦力时，采煤机可能自行下滑，这就要求调速系统提供与运动方向相反制动力，即要求采用交流变频调速系统具有四象限运行特性，当电机处于二、四象限运行，即发电工况时，实施再生能量回馈制动。

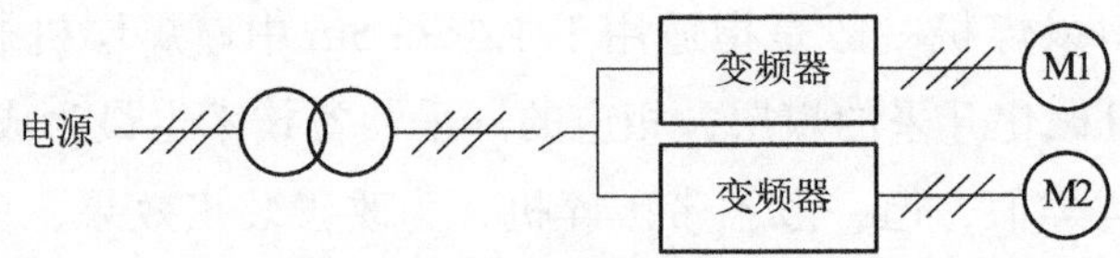

图 5.7 “一拖一”交流变频电牵引

控制系统通过对电压和频率的检测获得扭矩值，启动时当电机扭矩达到整定值后，制动电磁阀通电换向，压力油进入制动回路，当制动回路油压高于制动器松闸所需要的压力时，制动器松闸，此时变频器输出频率逐渐升高，采煤机加速牵引；反之停车时，当扭矩低于整定值或断电后，制动电磁阀失电复位，制动液压回路卸压，制动器抱闸。在制动回路上设有压力传感器，通过对油压的检测，获得制动器松闸或抱闸的信号，保证采煤机启停运行平稳，不出现松闸下滑或带载启动现象。

2. 制动器

在倾斜工作面，为防止采煤机停机下滑，必须设置制动装置。为此，开发了高转速专用湿式多盘制动器，如图 5.8 所示。考虑到制动器所需制动力矩和制动效果，将制动器装在牵引一轴上，通过花键与牵引一轴连接，因此要求制动器能够适应 1500r/min 的高转速长时运行。通过对制动器在高速运转工况下的产热机理与温度场的研究，优化摩擦片结构，并在内外摩擦片之间设置波形弹簧，保证松闸时，内外摩擦片完全脱开，避免摩擦片之间间隙过小、剪切油膜而产生高温。采煤机正常行走时，控制压力油经由通油孔进入液压制动器内部，活塞在油压作用下朝碟形弹簧方向运动，压紧碟形弹簧组。此时，内外摩擦片之间失去正压力而脱离接触，牵引一轴通过花键套带动内摩擦片呈自由空转状态；当停机时，制动器控制电磁阀断电复位，制动器内的油腔与油池连通，失去油压，此时活塞在碟形弹簧的作用下，朝摩擦片方向移动，压紧内外摩擦片，产生制动转矩，花键套被抱住，起到制动采煤机的作用。并采用冗余设计，即在采煤机上安装两个制动器，如果其中一个失效时，另一个可提供足够的制动力，确保停机安全。

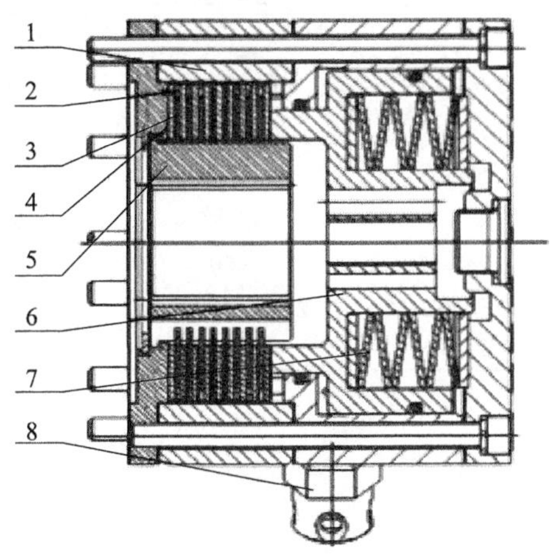

图 5.8　湿式多盘制动器结构

1. 壳体；2. 波形弹簧；3. 内摩擦片；4. 外摩擦片；5. 花键套；6. 活塞；7. 碟形弹簧；8. 进油口

5.2.3　技术参数

主要中厚煤层采煤机 4 个系列产品，装机功率范围 500～1660kW，根据煤层条件可配置二象限或四象限变频调速系统，适用于缓倾斜煤层或大倾斜煤层，主要技术参数见表 5.2。

表 5.2　部分中厚层电牵引滚筒采煤机主要技术参数

技术参数	机型			
	MG200/500-QWD MG250/600-QWD MG300/700-QWD	MG300/720-AWD MG400/920-AWD MG500/1120-AWD	MG400/920-QWD MG450/1020-QWD MG500/1130-QWD	MG550/1380-WD MG600/1540-WD MG650/1660-WD
总装机功率 /kW	498.5/598.5/698.5	725/925/1125	920/1020/1130	1380/1540/1660
截割功率 /kW	200/250/300	300/400/500	400/450/500	550/600/650
采高范围 /m	1.6～3.0　2.0～3.8	1.6～3.3	2.0～4.0	2.1～4.6
适合倾角 /（°）	≤55	≤55	≤55	≤45
截深 /mm	630，800	630，800	630，800	800，865
机面高度 /mm	1080　1445	1250	1550	1565
摇臂回转中心距 /mm	7000　7020	7330	7338	7900
供电电压 /V	1140	3300	3300	3300
摇臂结构形式	整体弯摇臂	整体弯摇臂	整体弯摇臂	弯摇臂或分体直摇臂
摇臂长度 /mm	1982　2250	2221　2626	2403	2625
滚筒直径 ϕ/m	1.6，1.8，2.0	1.4，1.6，1.8	1.8，2.0，2.24	2.0，2.24，2.5
滚筒转速 /（r/min）	32；37	32；37　41；48	28.5，32.6	25.8，29.3
牵引与调速方式	销轨式，交流变频	销轨式，交流变频	销轨式，交流变频	销轨式，交流变频

续表

技术参数	机型			
	MG200/500-QWD MG250/600-QWD MG300/700-QWD	MG300/720-AWD MG400/920-AWD MG500/1120-AWD	MG400/920-QWD MG450/1020-QWD MG500/1130-QWD	MG550/1380-WD MG600/1540-WD MG650/1660-WD
牵引功率 /kW	2×40	2×55	2×50/55	2×90/110
牵引速度 /（m/min）	6/10	8.7/14.5	7.35/12.26	10.4/20；10.9/21.8
牵引力 /kN	698/412	649/389	700/420	932/485；1029/617
泵站电动机功率 /kW，电压 /V	18.5，1140	2×7.5，380	20，3300	40，3300
喷雾方式	内、外喷雾	内、外喷雾	内、外喷雾	内、外喷雾
冷却方式	水冷	水冷	水冷	水冷
整机质量 /t	～45	～50	～53	～80
配套输送机	SGZ730，SGZ764，SGZ800	SGZ764，SGZ800，SGZ900	SGZ800，SGZ900	SGZ900，SGZ1000

5.2.4 应用实例

2015 年，MG400/920-WD 型交流电牵引采煤机配套 ZY7000/22/45 工作面支架、SGZ800/800 工作面输送机在新疆焦煤（集团）有限公司 2130 煤矿使用。该矿工作面煤层倾角 34°～55°，平均 39°，工作面长度 145m，煤质硬度 f<1.5，平均开采高度 3.3m，工作面采用走向长壁后退式采煤法，作业方式为每天一班，平均日产量 2000t，平均月产 6 万 t，年产 70 万 t。

5.3 薄煤层采煤机

薄煤层采煤机一般用于开采煤层厚度 1.3m 以下的工作面。薄煤层由于开采煤层厚度薄、采高低、通风断面小、工作空间狭小、设备人员移动困难，对工作设备外形尺寸、重量大小要求十分苛刻，且煤层厚度变化、断层等地质构造对薄煤层工作面生产、设备的可靠性影响很大。薄煤层生产要求设备小型化与高强度、大功率、高可靠性之间的矛盾难以协调，研制难度大，制约着薄煤层开采设备的发展。围绕解决增大功率、降低机面高度和增大过煤空间三者之间的矛盾，薄煤层采煤机总体结构发展经历了爬底板、摇臂煤壁侧悬电机布置、摇臂双电机驱动以及悬机身布置方式。上海研究院先后研制了 MG344-PWD 型强力爬底板采煤机、MG200/450-WD 型摇臂悬电机布置采煤机、MG2×100/456-WD 型摇臂双电机驱动采煤机、适应最低采高 0.8m 的 MG100/238-WD 型截割电机纵向布置的多电机驱动薄煤层采煤机、MG200/446-WD1 型悬机身布置薄煤层采煤机等代表性机型。

上海研究院研制的主要系列薄煤层采煤机装机功率 445.5～890kW，截割功率 2×100kW～2×200kW，适应采高范围 1.0～2.5m。图 5.9 所示为摇臂双电机驱动的薄煤层采煤机。

5.3.1 适用条件

薄煤层采煤机适用于煤层厚度1.0～2.5m、煤层倾角不大于45°、煤质硬度$f \leqslant 4$，局部夹矸硬度$f \leqslant 7$，断层落差一般不大于二分之一的煤层厚度，无大的底凸或顶褶等地质障碍。

图5.9 摇臂双电机驱动的薄煤层采煤机

5.3.2 技术特征

1. *薄煤层采煤机摇臂*

为了适应不同采高煤层的开采需要，结合薄煤层采煤机机型的总体设计，研制了适合3种薄煤层采煤机机型的摇臂。

1）双电机驱动的采煤机摇臂

常规单电机横向布置的采煤机摇臂，由于截割电机在刮板输送机溜槽上方，电机功率越大，其直径也越大，截割电机的尺寸直接影响机面高度与过煤空间，制约薄煤层采煤机截割功率的提高。为解决这个问题，研制了双电机驱动的采煤机摇臂，如图5.10所示。即每个摇臂采用两台电机联合驱动，这样在相同的结构尺寸下，截割功率得到成倍提高，达到薄煤层采煤机的矮机身、大功率的目的，提高薄煤层采煤机可靠性与对复杂地质条件的适应性。

2）"C"形结构摇臂

常规的摇臂由于截割电机布置在溜槽上方，机面高度受溜槽高度、过煤空间和电机外形尺寸限制，为适应1m以下煤层开采的需要，研制了"C"形结构摇臂，如图5.11所示。截割电机布置在摇臂煤壁侧，充分利用煤壁侧空间，解决了截割功率、过煤空间和机面高度的矛盾，截割电机壳体及其下部安装的铲煤板起挡煤作用，可改善装煤效果。对于小直径滚筒，为增大滚筒叶片高度，改善装煤效果，行星机构也可布置在前端。

3）截割电机纵向布置的薄煤层摇臂

为解决常规的摇臂由于截割电机横向布置在溜槽上方因电机外形尺寸影响过煤空间的问题，开发了中小功率薄煤层采煤机截割电机纵向布置的摇臂，如图5.12所示。截割电机布置在摇臂的煤壁侧，可充分利用工作面输送机铲煤板上方的空间，避免电机尺寸影响过煤空间，传动系统采用一级伞齿轮加一级行星减速。

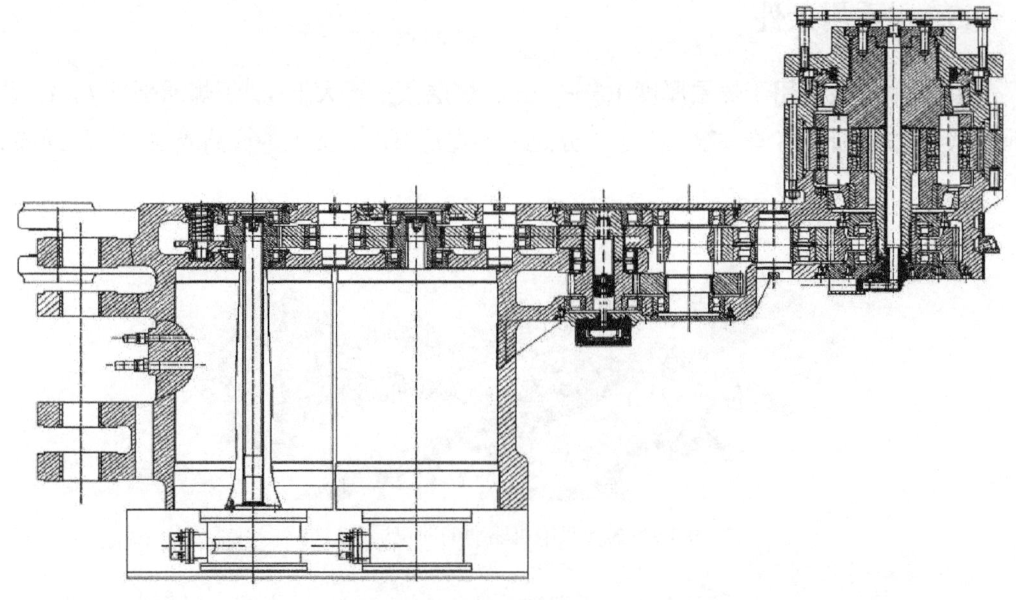

图 5.10　双电机驱动的薄煤层采煤机摇臂

图 5.11　“C”形结构摇臂

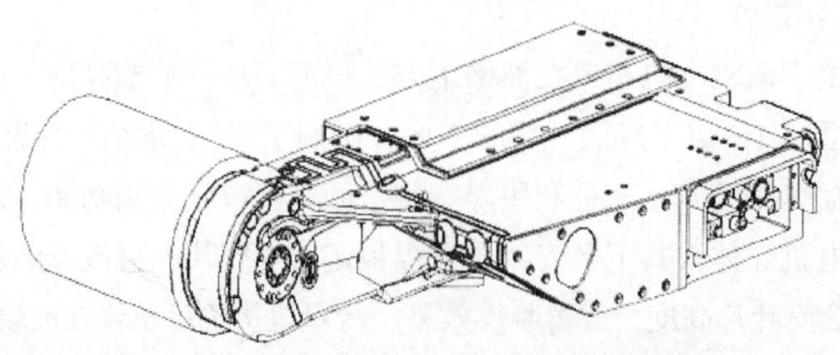

图 5.12　截割电机纵向布置的薄煤层摇臂

2. 适应反装销轨的采煤机无链行走机构

常规的销轨布置在输送机槽帮上方，受输送机槽帮高度和行走轮直径的限制，采煤机机面最小高度一般在 700mm 左右，为满足 1m 以下煤层开采的需要，要求机面高度在

600mm左右。为进一步降低机面高度，将销轨布置输送机槽帮侧面，采取反向安装方式，如图5.13所示，适应反装销轨的薄煤层采煤机无链行走机构。

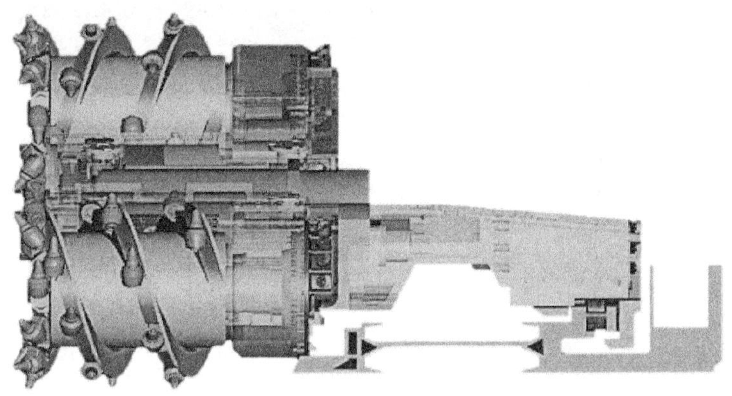

图5.13 销轨反装式无链行走机构

3. 电气系统抗振技术

薄煤层采煤机机身薄、质量轻，抗震性相对较弱，振动易导致电气接插件松脱、元器件线脚断裂等故障。通过仿真分析与试验，针对损坏部位和损坏形式，优化主要元件安装方式，改进和强化结构设计，设置钢丝绳减振器、橡胶减振器，并对各模块、电路板、传感器、线缆接插头等进行胶封和捆扎，有效降低冲击对电气元器件的影响，可满足振动5g、瞬时冲击25g的工况要求（图5.14）。

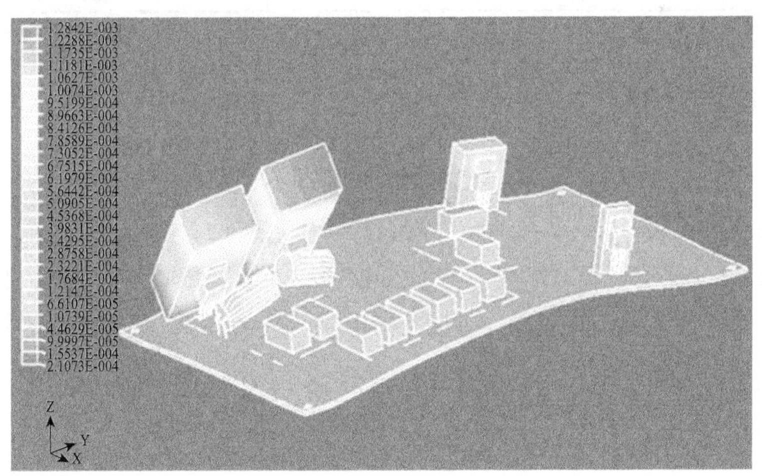

图5.14 电气元件振动分析

5.3.3 技术参数

主要技术参数如表5.3所示。

表 5.3　典型薄煤层采煤机主要技术参数

技术参数	机型				
	MG200/446-WD1	MG200/450-WD	MG200/456-WD	MG320/710-WD	MG400/890-WD1
采高范围 /m	1.0～1.5	1.1～1.7	1.15～2.4	1.25～2.5	1.3～2.5
适合倾角 /（°）	≤35	≤45	≤45	≤45	≤45
总装机功率 /kW	445.5	450	455.5	710	890
截割功率 /kW	200	200	2×100	2×160	2×200
牵引功率 /kW	2×20	2×25	2×25	2×30	2×40
牵引速度 /（m/min）	0～6.2/10.3	0～6/10	0～6/10	0～7.1/11.8	0～9/15
牵引力 /kN	350/210	440/264	440/264	470/280	491/295
截深 /mm	630，800	800	630，800	630，800	630，800
机面高度 /mm	650	850	850	870	870
两摇臂回转中心距离 /mm	4670	4470	4350	5170	5405
配套滚筒直径 ϕ/mm	950/1000/1150/1200	1100/1250/1400	1100/1250/1400	1250/1400/1600	1250/1400/1600
摇臂结构形式	“C”形摇臂	“C”形摇臂	弯摇臂	弯摇臂	弯摇臂
摇臂长度 /mm	1667	1641	1635	1942	2121
滚筒转速 /（r/min）	58，78.5	45		44.4	46.7
供电电压 /V	1140	1140	1140	1140（3300）	3300
牵引与调速方式	准机载交流变频调速、销轨式无链牵引	非机载交流变频调速、销轨式无链牵引	非机载或机载交流变频调速、销轨式无链牵引	机载交流变频调速、销轨式无链牵引	机载交流变频调速、销轨式无链牵引
喷雾方式	内外喷雾	内外喷雾	内外喷雾	内外喷雾	内外喷雾
水压 /MPa	6.3	6.3	6.3	6.3	6.3
水量 /（L/min）	200	200	200	200	200
整机质量 /t	20	22	23	30	35

5.3.4　应用实例

1998 年 1 月，MG200/450-WD 型采煤机配套 ZYB4400/8.5/18 支架、SGZ764/400 交叉侧卸式刮板输送机在大同煤矿集团有限责任公司晋华宫矿投入使用，工作面长度 165m，煤层厚度 1.2～1.5m，煤层倾角 0°～4°，煤质硬度 f≤3。截至 2004 年，先后开采了南山井 9 号煤层 304 盘区、河北 3 号煤层 303 盘区、河南 10 号、12 号煤层 301 盘区共计 4 个盘区，累计采出原煤 616 万 t。特别是在 2003 年，全年生产时间 298 天，采煤总产量 101.6 万 t，2003 年 8 月月产达到 12.06 万 t，最高日产 6766t，月推进 588.3m，创我国同类型薄煤层综采最好成绩。

2005 年，采煤机采用 MG2×100/456-WD 型，其余配套设备不变，在平均薄煤层厚度 1.3m 条件下，2005 年全年生产原煤 104.24 万 t、平均月产 9.95 万 t、最高月产 13.45 万 t、最高日产达 7166t，分别创造我国薄煤层综采工作面年产、月产、日产最高纪录。

“MG200/450-WD 型采煤机”获 2003 年度煤炭工业科学技术进步奖三等奖，“基于

MG2×100/456-WD型采煤机的薄煤层高产高效成套设备与开采工艺”获2006年度煤炭工业科学技术进步奖一等奖。

5.4 短壁电牵引采煤机

短壁滚筒采煤机是一种外形独特、用途广泛的特殊单滚筒采煤机，可用于急倾斜特厚煤层水平分层放顶煤开采、“三下”（建筑物、铁路、水体下）采煤、煤柱与边角煤回收、长壁面开机窝等，与普通滚筒式采煤机相比，具有以下特点：①机身长度短，一般在3m左右。②摇臂布置在机身中部，采用齿条油缸调高，摇臂可自上方或下方左右摆动270°以上。③滚筒完全可以进入顺槽内，而不用斜切进刀，可选择在输送机机头或机尾直接推溜进满刀割煤。

20世纪90年代初上海研究院在国内首次研制成功单电机纵向布置的MGD150-NAW、MGD250-NW型短壁液压无链牵引采煤机，于2000年后又开发了多电机横向布置的MG系列短壁电牵引采煤机，如图5.15所示。

图5.15　短壁电牵引采煤机

5.4.1 适用条件

短壁滚筒采煤机适用于采高范围1.8～3.8m、煤质硬度$f \leqslant 4$、煤层倾角≤25°，煤层走向倾角≤±10°，工作面长度一般为15～90m的综合机械化开采工作面。

5.4.2 技术特征

1. 短壁电牵引采煤机总体结构

为适应短工作面开采的需要，要求采煤机无需斜切在端头能直接进刀，为此短壁采煤机机身长度应控制在3m左右。采煤机设计为单牵引、整体机身结构，摇臂回转轴设置在机身中部，截割电机和牵引电机分别横向平行布置在摇臂回转轴两侧，牵引传动采用一级直齿加二级行星减速，截割传动采取在机身布置一级直齿传动加摇臂一级直齿和一级行星减速，结构紧凑，有效缩短机身长度。摇臂与回转轴通过销与螺栓连接，可更换不同长度的摇臂，以适应不同的机面高度和采高的要求。电气控制箱分成高压控制箱与牵引控制箱二个箱体，分别布置在机身两端，充分利用机身有效空间。

2. 齿条油缸－齿轮式摇臂回转机构

短壁采煤机为单滚筒采煤机，摇臂布置在机身中部，为满足采煤机割透输送机机头、机尾和进刀的需要，要求摇臂能够左右翻转，为此研制了齿条油缸－齿轮式摇臂回转机构，结构原理如图 5.16 所示。工作时，油缸一腔进高压油，另一腔与回油路接通，高压腔活塞推动齿条移动，通过与齿条相啮合的齿轮带动摇臂转动，实现摇臂向下或向上左右回转，油缸行程与回转齿轮的大小确定摇臂最大回转角度，为满足采高和卧底的需要，短壁采煤机摇臂回转角度大于 270°。

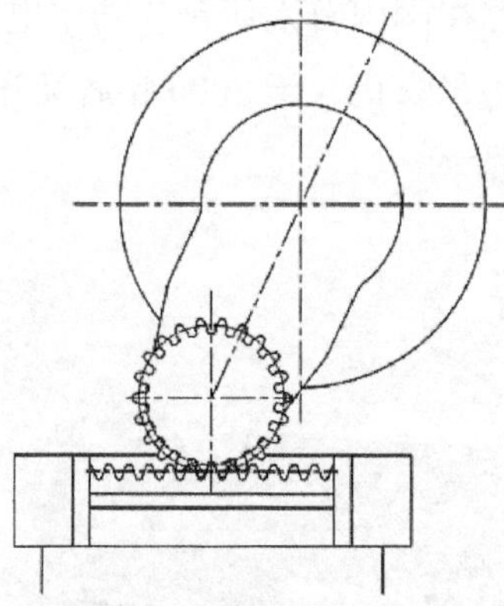

图 5.16　齿条油缸－齿轮式摇臂回转机构原理图

5.4.3　技术参数

主要技术参数如表 5.4 所示。

表 5.4　短壁电牵引采煤机主要技术参数

技术参数	机型					
	MGD250/300-NAWD	MGD250/300-NWD			MGD300/355-NWD	MGD380/435-NWD
总装机功率 /kW	300	300			355	435
采高范围 /m	1.8～2.9	2.1～3.2	2.3～3.4	2.5～3.8	2.5～3.8	2.5～3.8
适合倾角 /（°）	≤25	≤25			≤25	≤25
机面高度 /mm	1396	1696	1896	1976	1993	1952
供电电压 /V	1140	1140			1140	1140
截割功率 /kW	250	250			300	380
牵引功率 /kW	50	50			55	55
牵引力 /kN	250/150（290/174）	250/150（290/174）			275/165（319/189）	275/165（319/189）
牵引速度 /（m/min）	0～10.1/16.8（0～8.6/14.3）	0～10.1/16.8（0～8.6/14.3）			0～10.1/16.8（0～8.6/14.3）	0～10.1/16.8（0～8.6/14.3）

续表

技术参数	机型			
	MGD250/300-NAWD	MGD250/300-NWD	MGD300/355-NWD	MGD380/435-NWD
截深 /mm	630；800	630；800	630；800	630；800
配套滚筒直径 ϕ/mm	1600；1800；2000	1800；2000	1800；2000	1800；2000
滚筒转速 /（r/min）	35.6；40.1　29；32	29；32	29；32	30.4
摇臂结构形式	分体式直摇臂	分体式直摇臂	分体式直摇臂	分体式直摇臂
摇臂长度 /mm	616　902	902　902　1205	1205	1117
摇臂总摆角 /（°）	310	310	310	290
机身长度 /mm	3165	3165	3165	3510
牵引与调速方式	销轨式，交流变频	销轨式，交流变频	销轨式，交流变频	销轨式，交流变频
整机质量 /t	～20	～23	～25	～30
配套输送机		SGZ730；SGZ764；SGZ800		SGZ764；SGZ800

5.4.4 应用实例

2013～2014 年，MGD300/355-NWD 配套 ZFY10000/20/40D 中部支架、SGZ800/200 前部输送机、SGZ1000/315 后部输送机在神华新疆能源有限责任公司乌冬矿使用，开采地质条件：煤层平均倾角 88°，工作面长度 37m，采高 3.6m，分层厚度 35m，放顶煤高度 25m，煤质硬度 $f<4$，地质构造简单，煤层顶底板均为泥质砂岩。工作面为急倾斜特厚煤层分层放顶煤开采工作面，“采一放一”。采用“三八”工作制，即两班生产，一班检修，最高日产 9000t，最高月产 24 万 t。

（本章主要执笔人：周常飞）

第 6 章 液压支架

综采工作面液压支架作为依托底板、支护顶板、防护煤壁、隔绝采空区冒落的矸石，以维护工作面安全生产空间的结构物，其对围岩的适应性、可靠性直接决定着综采技术的成败。20 世纪 80 年代以来，煤炭科学研究总院开采研究分院经历了消化吸收国外引进支护装备及研制试验国产普通综采支护装备、研制高端综采支护装备替代进口、研发超大采高综采支护装备引领世界三个发展阶段，形成了适用于薄煤层、中厚煤层、厚及特厚煤层、复杂难采煤层的系列化综采支护装备，推动了我国综采支护装备跻身高水平行列，由原来“引进消化吸收，跟随国外发展”跨越到“创新引领世界综采支护装备发展”。

本章介绍了煤炭科学研究总院开采研究分院在综采工作面液压支架与围岩耦合原理方面积累的一些理论成果，并分类详细介绍了薄煤层、中厚煤层、厚及特厚煤层、复杂难采煤层综采（放）液压支架的适用条件、技术特征及典型应用实例。

6.1 综采工作面支护原理

围岩载荷特征及液压支架的承载特征直接影响工作面安全生产，工作面煤层开挖破坏了岩体中原岩应力场的平衡状态，在采动应力场的作用下，顶板岩层发生周期性不规则破坏失稳，基于围岩采动应力场与液压支架支护应力场的耦合特征，可以将工作面液压支架与围岩的耦合作用关系细分为强度耦合、刚度耦合与稳定性耦合，液压支架与围岩的耦合作用关系是工作面围岩支护的基础。

6.1.1 液压支架载荷分类分析

工作面液压支架作为依托底板、支护顶板、防护煤壁以维护工作面安全生产空间的结构物，其并不是孤立存在的，而是始终处于与围岩的相互作用、相互制约的动态平衡系统中，符合不同介质耦合作用关系。通过对支架所受力源及特点进行分析，可将顶板施加于支架的载荷形式分为静载荷和动载荷，液压支架为维护工作面安全作业空间做出的响应方式也可分为主动承压和被动让压，如图 6.1 所示。

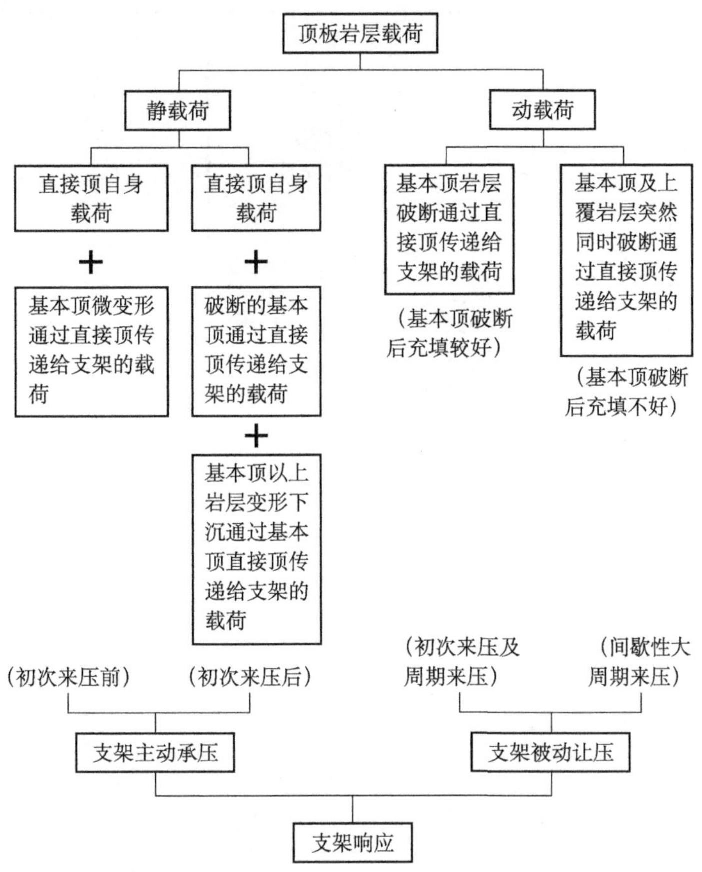

图 6.1 “支架 - 围岩”系统载荷分类及作用关系

通过大量生产实践发现，支架发生压死、部件断裂等安全事故主要由顶板岩层的动载荷引起，而动载荷的大小主要受破断基本顶岩块与随动岩层自身质量大小、回转空间共同形成的动载冲击影响。其产生原因是多方面的，主要是由于支架 - 围岩耦合作用的动态平衡被打破，支架破坏失稳导致围岩失控，但是不能简单认为只是由支架工作阻力不足造成的。

支架对顶板的支撑力主要分为初撑力（主动支撑力）和工作阻力（被动支撑力）。合理的工作阻力可以保证支架既具有一定的刚度和强度，又具有一定的可缩性，从而最大程度利用顶板岩层的自承能力。充足的支架初撑力可以防止顶板岩层发生离层，降低顶板岩层断裂回转产生的动载荷。

6.1.2 液压支架与围岩耦合作用关系

液压支架 - 围岩动态平衡系统中，围岩变形失稳对系统的稳定性起主导作用，支架通过主动调整受力状态可以最大限度地适应并影响围岩运动，保护工作面安全作业空间，液压支架既要有一定的刚度，又要有一定的强度及稳定性，因此，提出将液压支架 - 围岩耦合作用关系分为刚度耦合、强度耦合与稳定性耦合，如图 6.2 所示。

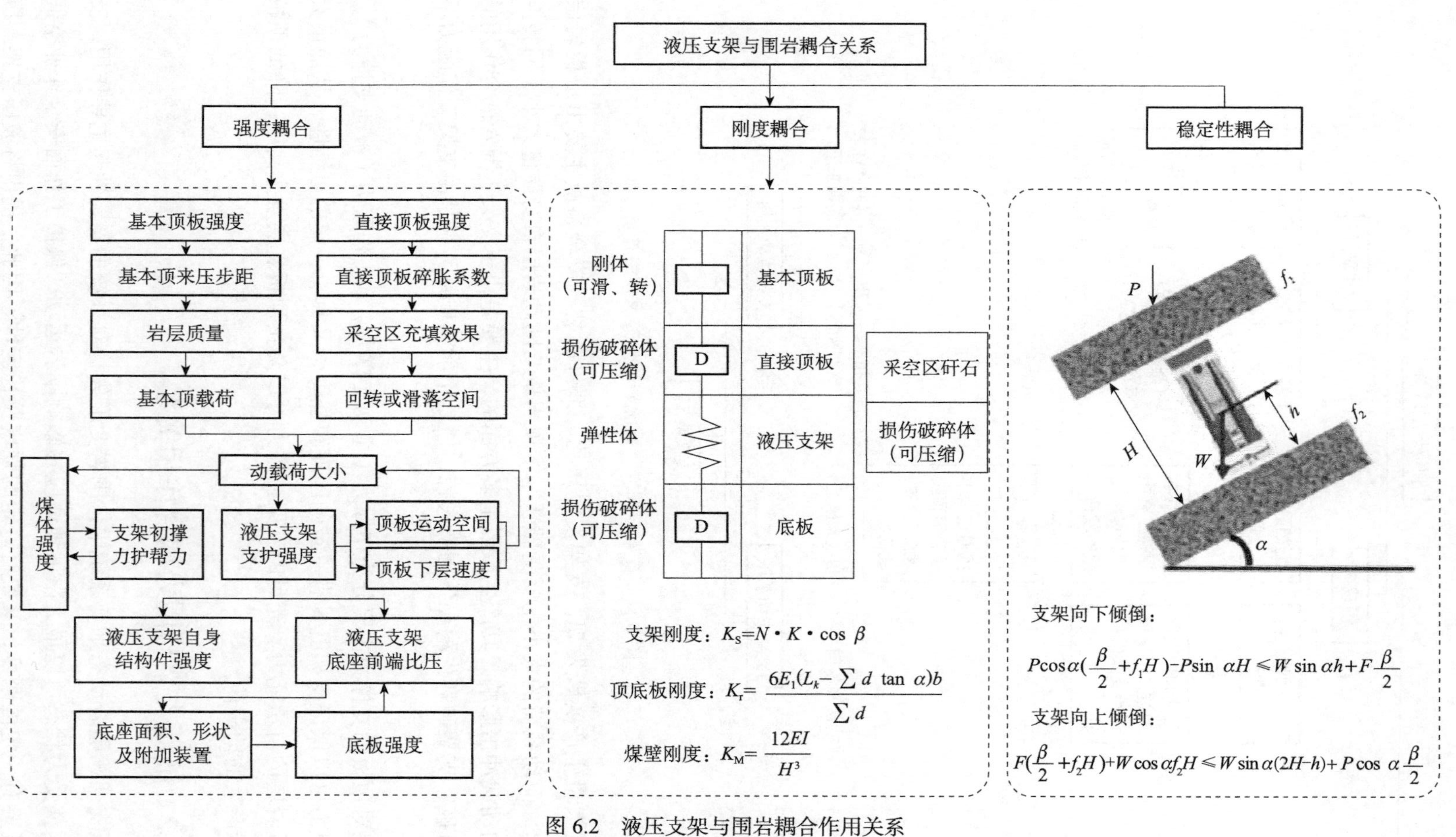

图 6.2 液压支架与围岩耦合作用关系

1. 液压支架与围岩的强度耦合关系

液压支架强度主要指支护强度和自身结构件发生断裂失稳需要的载荷，而围岩强度主要指基本顶板、直接顶板及底板在外力作用下达到破坏时的极限应力。通过对支架－围岩系统进行分析，建立了支架－围岩系统强度耦合模型，如图 6.3 所示。

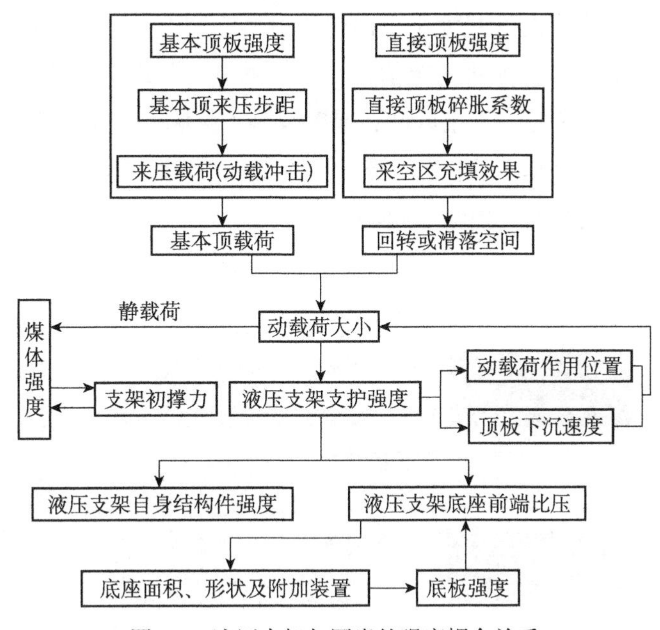

图 6.3 液压支架与围岩的强度耦合关系

基本顶板岩层强度决定了基本顶板来压步距的大小，即基本顶板强度越高，工作面来压步距越大，反之则越小。顶板来压步距越大，则基本顶与随动岩层质量越大，导致工作面来压时的动载荷越大。直接顶板岩层强度决定了直接顶板破坏后的碎胀系数，直接顶碎胀系数又决定了直接顶板破碎垮落后对采空区的充填效果，从而直接影响破断基本顶岩块与随动岩层发生回转或滑落失稳时的“给定变形”值。

通过分析可知，基本顶板强度决定了来压时的载荷，而直接顶板强度决定了来压时的载荷运动空间，二者共同决定了顶板来压时冲击动载荷的大小，并对支架支护强度及自身结构件强度提出要求。支架支护强度不足以改变基本顶板断裂后的最终下沉量，但可以降低顶板下沉速度，减小顶板急速下沉对支架的冲击，并给工作面向前部推进将矿山压力甩入采空区创造时间。根据刚度耦合分析结果，支架支护强度还可以通过改变支架刚度来影响顶板断裂位置，降低冲击动载荷对液压支架的影响。

工作面底板岩层强度对液压支架底座前端比压值提出要求，底板岩层强度低，则要求支架底座前端比压值小，以防止支架发生扎底现象。支架底座前端比压主要受支架质量大小及支护强度影响，其中支架支护强度起主要作用，但可通过对支架结构进行优化、增大底座面积、改变底座形状、增加抬底座装置等措施，提高支架对底板强度的适应性。

工作面静载荷及动载荷较大时，煤体强度较低则易发生工作面煤壁片帮，可适当提高支架初撑力及工作阻力，从而降低煤层顶板（含顶煤）对煤壁的压力，降低工作面煤壁片帮概率。

2. 液压支架与围岩的刚度耦合关系

根据支架载荷分类可知，支架的最危险受力状态为动载冲击，动载荷的大小主要与破断的基本顶岩块和随动岩层的质量大小、回转或滑落空间有关。在一定地质条件下，断裂的基本顶板和随动岩层的质量大小为定值，根据“砌体梁”理论，基本顶板的回转空间为“给定变形”，主要受开采高度、采空区矸石厚度及刚度影响。直接顶板（含顶煤）-支架-底板的组合刚度既不能改变基本顶板的“给定变形”，又不能改变基本顶岩层质量大小，但可以影响基本顶板的断裂位置，如图 6.4 所示。

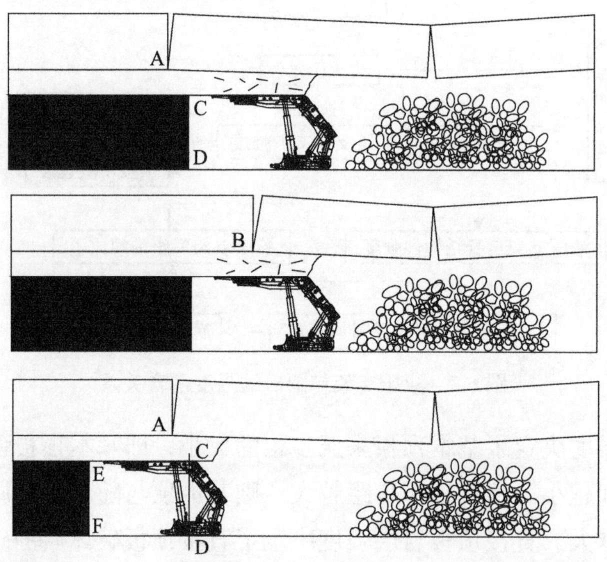

图 6.4　液压支架与围岩组合刚度对顶板断裂位置的影响

由于工作面前方的顶板-煤体-底板为类刚体，一般基本顶的断裂位置位于工作面煤壁前方。由于直接顶板、底板均为可压缩的损伤破碎体，单纯分析支架自身刚度意义不大，应分析直接顶板（含顶煤）-支架-底板的组合刚度。假设直接顶板（含顶煤）-支架-底板系统为不能发生变形的纯刚体，则基本顶板的断裂位置由图 6.4 中的 A 点偏移至 B 点，即提高直接顶板（含顶煤）-支架-底板系统刚度可以使基本顶断裂位置向采空区偏移，降低基本顶回转施加于支架的载荷，将矿山压力甩入采空区。

假设在正常情况下，工作面推进至 C-D 位置，基本顶发生断裂，断裂位置位于 A 点，则相当于直接顶板（含顶煤）-支架-底板为纯刚体时工作面推进至 E-F 位置基本顶才发生断裂。由于基本顶板断裂位置位于支架的中后部，此时支架很快便可脱离基本顶断裂回转的影响，即提高直接顶板（含顶煤）-支架-底板系统刚度可以减少基本顶失稳对支架影响的作用时间。

3. 液压支架与围岩的稳定性耦合关系

液压支架与围岩的稳定性耦合关系可分为几何稳定性、结构稳定性和系统稳定性。煤层未开采前，顶板－煤层－底板系统处于稳定状态，煤层开采打破了原始地应力平衡状态，导致围岩发生动态失稳，尤其是大倾角、急倾斜或俯、仰采煤层，底板破坏后，无需外力，岩体自身应力便能使底板发生底鼓、滑移运动，煤壁在顶、底板的挤压作用下易发生片帮失稳，而破碎的直接顶则容易发生顶板冒顶，导致支架不能接顶，在基本顶来压或其他因素影响下极易引发支架倾倒、变形、断裂失稳，如图 6.5 所示。

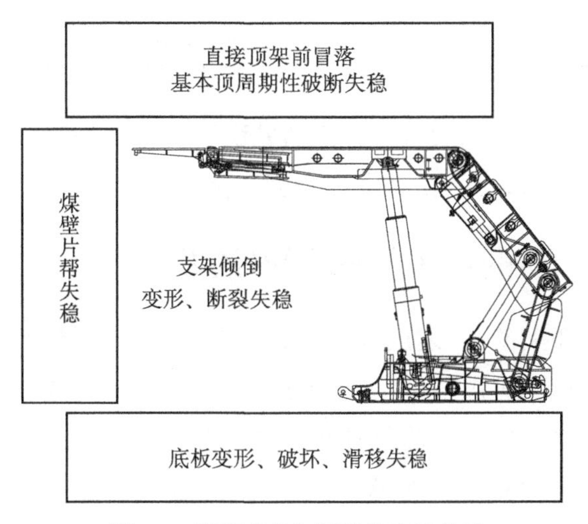

图 6.5 液压支架与围岩稳定性关系

支架－围岩系统失稳的最终表现形式为支护失效导致围岩失控，并由此引发围岩灾害事故。由于顶板、煤壁、底板均处于动态失稳过程，且支架不能改变顶板下沉、底板滑移的最终运动状态，但可以通过对支架结构、参数进行优化设计，改变顶板、煤壁、底板发生失稳的过程，最终保证工作面人员、设备安全。支架－围岩系统稳定性耦合的最终目的是，通过保证液压支架的稳定性来维护作业空间安全。因此支架自身稳定性及对围岩失稳的适应性成为支架－围岩系统稳定性耦合的关键。

随着工作面开采高度增加，液压支架质量增大、重心升高，液压支架稳定角度减小，且受到动载冲击、偏载的概率上升，如表 6.1 所示。尤其是对于大采高及超大采高液压支架大尺度、高动压敏感结构导致液压支架极易发生横向、纵向失稳，并由液压支架失稳诱发围岩结构失稳，最终造成工作面灾害性事故发生。

表 6.1 不同高度液压支架稳定性分析

项目	支架高度 /m	中心距 1.75m/（°）	中心距 2.05m/（°）
横向失稳角	3.8	25	26
	6.8	9.2	12.3
	8.2	8.1	11.9

续表

项目	支架高度 /m	中心距 1.75m/（°）	中心距 2.05m/（°）
纵向仰采失稳角	3.8	44.3	45.1
	6.8	30.1	30.7
	8.2	25.9	27
纵向俯采失稳角	3.8	38.6	39.8
	6.8	19	20
	8.2	15	16
重心高度	3.8	2059	1944
	6.8	3626	3589
	8.2	4442	4381

支架－围岩系统稳定性耦合过程中，运动失稳是绝对的，安全控制是相对的，地质条件是前提，支架结构及参数是关键，维护工作面安全是目的。

6.1.3 液压支架与围岩耦合关系实例分析

以内蒙古某煤矿开采的 $6^{上}$煤层为例，该煤层位于石炭系上统太原组，煤层厚度 6.3～11.8m，平均 9.76m，结构较复杂，含 0～12 层夹矸，一般含 5 层夹矸，煤层倾角 0°～5°，煤层埋深约 170～240m，直接顶板为中粒砂岩、泥岩，平均厚度 9.61m，基本顶板为粗粒砂岩，平均厚度 26.35m，底板为灰色泥岩，平均厚度为 3.65m。采用大采高综放开采技术，最大机采高度 4.0m，工作面长度 245m，初期采用 ZF15000/26/42 型放顶煤液压支架，其主要技术参数见表 6.2。

表 6.2 ZF15000/26/42 型支架主要技术参数

参数	数值
结构高度 /m	2.6～4.2
初撑力 /kN	12778
工作阻力 /kN	15000
支护强度 /MPa	1.4
泵站压力 /MPa	31.5
支架质量 /t	44

6105 工作面推进至 81m 时，发生顶板初次来压，工作面动载冲击十分强烈，造成支架销轴切断、柱窝开裂、顶梁变形、立柱将顶梁穿透、支架压死，引发安全事故。

通过对 6105 工作面液压支架－围岩耦合关系进行研究，分别从刚度耦合、强度耦合及稳定性耦合上对事故原因进行了分析：

1. 液压支架－围岩刚度耦合分析

通过对矿压观测资料进行分析，支架前柱平均初撑力为 4626kN，后柱平均初撑力为 3287kN，支架初撑力明显偏低；支架拔后柱现象明显，后柱压力经常显示为零，支架有效支护强度低，仅为额定支护强度的 50%～60%，导致直接顶板（含顶煤）－支架－底板整体刚度下降，顶板下沉量大，基本顶断裂位置向煤壁前部延伸，顶板断裂失稳将相当一部分冲击动载荷通过直接顶（含顶煤）施加于支架，造成支架断裂失稳。

液压支架采用单伸缩立柱，支架可缩性差，不能对顶板进行有效让压，导致支架容易被压死。

2. 液压支架－围岩强度耦合分析

支架采用整体顶梁四柱支撑掩护形式，对顶板适应性差，前后柱受力不均，有效支护强度低。初次放顶效果差，基本顶悬顶长度大，断裂时基本顶及随动岩层载荷大；顶煤放出量大，直接顶充填效果差，顶板回转空间大。较大的基本顶和随动岩层载荷及回转空间形成了巨大的动载荷，而支架有效支护强度低，导致顶板下沉速度快，下沉量大，支架发生大量压死、变形、断裂。

3. 液压支架－围岩稳定性耦合分析

由于煤层倾角小，支架不易发生倾倒失稳，但支架结构及受力状态差，支架初撑力与有效支护强度低，设备管理不到位，液压支架前方漏煤严重，煤壁片帮冒顶剧烈，支架与煤壁、顶煤稳定性适应差。

为了解决液压支架－围岩适应性差的问题，后续工作面采用了 ZF21000/25/45D 型强力放顶煤支架，主要技术参数如表 6.3 所示。

表 6.3　主要技术参数

参数	数值
结构高度 /m	2.5～4.5
初撑力 /kN	16830
工作阻力 /kN	21000
支护强度 /MPa	1.9
泵站压力 /MPa	37
支架质量 /t	52

对支架结构及参数进行一系列优化，乳化液泵站压力由 31.5MPa 提高至 37MPa，支架初撑力由 12778kN 提高至 16830kN；操作方式由手动控制改为电液控制，移架方式改用带压擦顶移架，加强支架初撑力管理（电液控制系统可对支架初撑力进行自动补偿），有效提高了直接顶板（含顶煤）－支架－底板系统的刚度。

采用双伸缩立柱，提高了支架对顶板来压的让压空间。支架工作阻力由 15000kN 提高至 21000kN，并且采用前立柱缸径 400mm、后立柱缸径 360mm 形式，提高支架的有效支护强度；加强初次放顶及放煤管理，降低顶板冲击载荷。经过一系列改进，后续工作面没有出现压架事故。

6.2 薄煤层液压支架

多年来薄煤层一直是我国南方和西南矿区的主采煤层，由于开采厚度小，薄煤层液压支架结构具有一定的独特性，要求伸缩比大、梁体薄、结构简化、提高控制系统自动化。目前，我国薄煤层液压支架的最小高度可达 0.4m，形成了一系列适应于不同地质条件、不同开采高度、不同配套设备的薄煤层液压支架。

6.2.1 适用条件

一般将厚度小于 1.3m 的煤层称为薄煤层，厚度小于 0.8m 的煤层称为极薄煤层。我国薄及较薄煤层可采储量约为 61.5 亿 t，约占煤炭总储量的 20.42%，我国 85% 以上的矿区均有赋存。长期以来，由于薄煤层开采作业空间狭小，通风断面小，安全保障难度大，开采装备要求尺寸小、功率大、可靠性高，导致许多煤矿大量弃采薄煤层，造成煤炭资源开采失衡、资源浪费严重。典型薄煤层开采如图 6.6 所示。

图 6.6 典型薄煤层开采示意图

薄煤层液压支架主要适用于煤层厚度小于 1.3m 的薄煤层，因此薄煤层支架的最大高度应不低于 1.5m，其伸缩比为 2～3。同时，薄煤层液压支架还需具有良好的强度和刚度，满足工作面矿山压力要求。

6.2.2 技术特征

1. 单进回液口双伸缩立柱

由于薄煤层赋存不稳定、厚度变化大、空间狭小、环境恶劣，液压支架控制系统布置难度大，常规液压支架不能满足最大和最小高度伸缩比的要求。为了解决上述问题，煤科总院开采研究分院研制了单进回液口双伸缩立柱，如图 6.7 所示。采用大弧度缸底和活柱无上腔外进液口的结构形式，通过中缸壁连通外缸上腔和中缸上腔实现双作用，将常规技术的中外缸上腔和中缸上腔的进液口合并为一个外缸上腔进液口，简化了结构。把上进回液口、下进回液口集成在一个阀板上，简化了结构，提高了可靠性。扣板与外缸壁形成的进回液通道简化了进回液的结构形式，减小了立柱的外部尺寸。阀板上可连接液控，增加了旁路安全阀接口，当立柱受到冲击压力时，有效增加受压液体的泄出量，从而保证立柱的安全。安全阀可单独安装在旁路安全阀接口或阀板液控单向阀上。

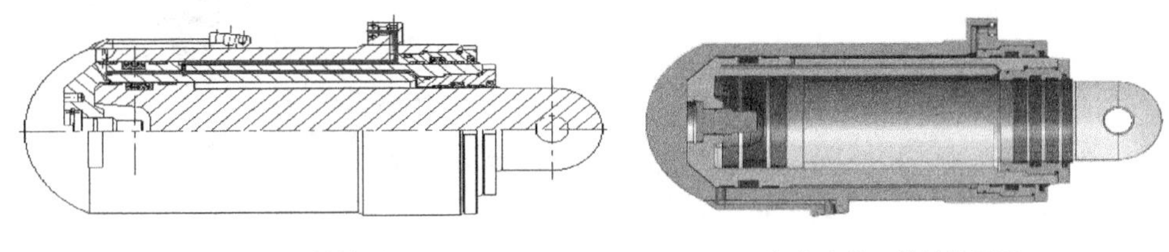

（a）立柱结构图　　（b）立柱三维结构展示

图 6.7　单进回液口双伸缩立柱

单进回液口双伸缩立柱大幅度增加了双伸缩立柱的伸缩比，最大限度地减小了立柱外部尺寸，优化了立柱各零件受力，使各零件趋于等强度，提高了立柱可靠性。

2. *超大伸缩比薄煤层液压支架结构*

通过采用板式整体顶梁、双连杆双平衡千斤顶叠位布置等新结构，两根平衡千斤顶分别布置在双前、后连杆外侧，如图 6.8 所示。克服了平衡千斤顶布置在中档低位时与推移千斤顶干涉的缺陷，解决了薄煤层液压支架在低位状态下安全通道小和支架结构件无法布置的难题，实现了薄煤层大伸缩比、高强度支架结构尺寸的最小化。

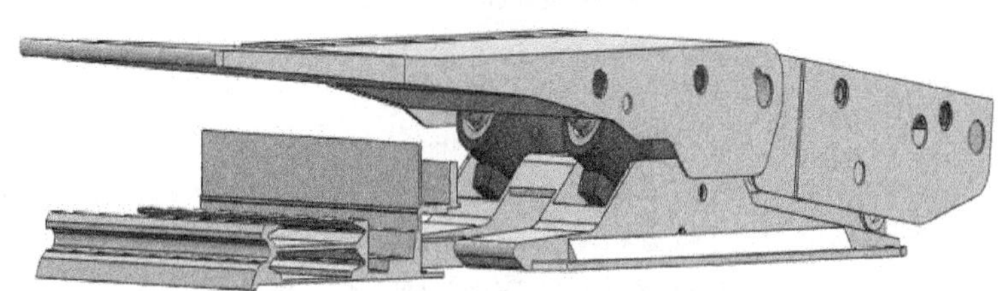

图 6.8　超大伸缩比薄煤层液压支架

通过对薄煤层液压支架的立柱、顶梁、底座结构进行改进（图 6.9），大幅度提高了液压支架的伸缩比。为了使超大伸缩比薄煤层液压支架得到较大的伸缩量，立柱的中缸缸壁内部设有轴向长孔，来代替现有技术中活柱上端部的接头座及活柱内通往中缸上腔的通道，去掉活柱上端部的接头座，在活柱高度不变的情况下，中缸的高度尺寸就可向上伸长，也就是在立柱的最低高度保持不变的情况下，可使外缸与中缸的高度尺寸向上伸长，即把外缸上腔和中缸上腔的尺寸变大，也就是中缸与活柱的伸缩量变大。例如在立柱的最低高度相同的情况下，使用本发明的立柱结构，可使超大伸缩比薄煤层液压支架的伸缩量比现有的大 400mm 左右。

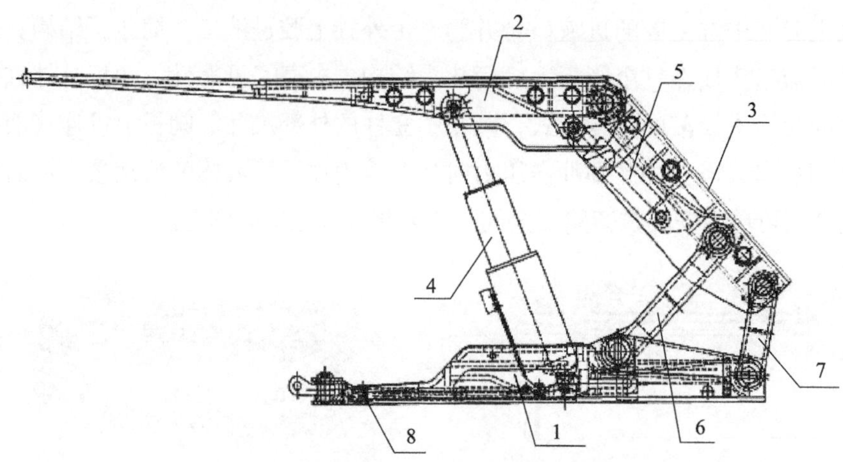

图 6.9 超大伸缩比薄煤层液压支架主要结构

1. 底座；2. 顶梁；3. 掩护梁；4. 立柱；5. 平衡千斤顶；6. 前连杆；7. 后连杆；8. 推杆

北京开采所在国内最早开展薄煤层综采液压支架的研究，早期研制了 KX280/07/18 型薄煤层液压支架，最小高度 0.7m，最大 1.8m，在汾西矿区使用广泛。20 世纪 80 年代初期研制了 QY2000/5.5/17 型液压支架，最小高度仅为 0.55m，最大达到 1.7m，是当时国内液压支架伸缩比最大的一种架型。近年来，开发研制了 ZY2000/6.5/14、ZY2800/07/15D、ZY4400/06/15D、ZY5000/8.5/17D 等型号的多种电液控制薄煤层液压支架。ZY4400/06/15D 型薄煤层液压支架主要技术参数见表 6.4。

表 6.4 ZY4400/06/15D 型液压支架主要技术参数

参数		数值
支架	支架高度 /mm	600～1500
	支架宽度 /mm	1440～1600
	支架中心距 /mm	1500
	支护强度（f=0.2）/MPa	0.40～0.61
	底板平均比压（f=0.2）/MPa	1.4
	初撑力（P=31.5MPa）/kN	3090
	工作阻力（P=44.9MPa）/kN	4400
	操作方式	电液控制
	质量 /t	约 11.5
	泵站压力 /MPa	31.5
立柱	根数 / 根	2（双伸缩）
	缸径 /mm	250/175
	柱径 /mm	235/150
平衡千斤顶	根数 / 根	2
	缸径（杆径）/mm	100/70
推移千斤顶	根数 / 根	1
	缸径（杆径）/mm	135/80
	行程 /mm	750

续表

参数		数值
侧推千斤顶	根数 / 根	3（内进液）
	缸径 /mm	63
	杆径 /mm	45
	行程 /mm	160

峰峰矿区薄煤储量约占总储量的 40%，煤层赋存条件差异较大，薛村煤矿 3 号煤层厚度为 0.25～0.85m，平均 0.6m，直接顶板为粉砂岩，厚度为 5.5～7.4m，底板为粉砂岩，厚度为 2.2～4.0m。薛村煤矿 4 号煤层厚度约为 1.0～1.3m，平均 1.2m，直接顶板为石灰岩，厚度约为 1.4m，底板为细砂岩，厚度为 2.7m。薄煤层综采工作面采用 ZY3300/07/13D 型薄煤层综采液压支架，最高月产达到 11.8 万 t，年产达到 100 万 t，系列薄煤层液压支架在峰峰矿区、兖州矿区等进行广泛推广应用，项目成果被国土资源部列入矿产资源节约与综合利用鼓励技术目录，荣获 2013 年度国家科技进步奖二等奖。

6.3　中厚煤层液压支架

中厚煤层在我国分布广泛、储量丰富，经过多年的探索与实践，中厚煤层液压支架逐渐发展成熟，并广泛推广应用，形成了系列化的中厚煤层液压支架。

6.3.1　适用条件

中厚煤层液压支架主要适用于煤层厚度 1.3～3.5m 的中厚煤层。目前，中厚煤层一次采全高液压支架架型主要有两种：掩护式（二柱）液压支架和支撑掩护式（四柱）液压支架，如图 6.10 所示，两种架型的主要特点及适用范围如下。

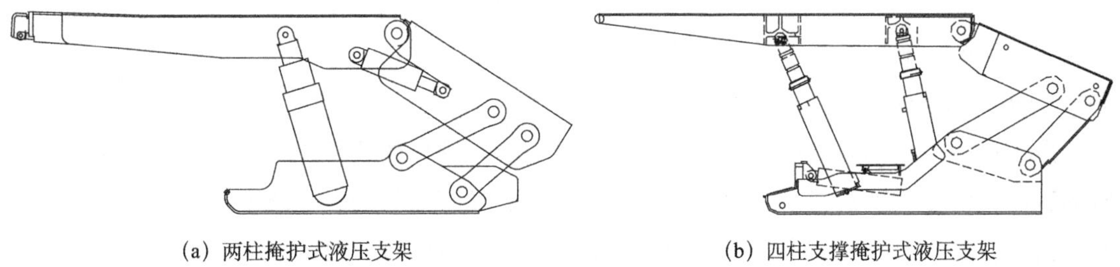

(a) 两柱掩护式液压支架　　(b) 四柱支撑掩护式液压支架

图 6.10　液压支架架型对比

1. 两柱掩护式（二柱）液压支架主要特点

（1）单排立柱支撑，加上平衡千斤顶的作用，支撑合力距离煤壁较近，可较为有效地防止端面顶板的早期离层和破坏。

（2）平衡千斤顶可调节合力作用点的位置，增强了支架对难控顶板的适应性。

（3）顶梁相对较短，对顶板的反复支撑次数少，减少了对直接顶的破坏。

（4）顶梁和底座较短，便于运输、安装和拆卸。

（5）质量比支撑掩护式轻，投资少。

（6）支架能经常给顶板向煤壁方向水平支护力，有利于维护顶板的完整。

（7）支架操作简单、方便，动作循环时间短，与电液系统配套有利于快速移架。

（8）掩护式架型一般适用于破碎顶板及部分中等稳定顶板，且对煤层变化较大的工作面适应性较强。随着两柱掩护式支架工作阻力的加大，其适应范围也逐步加大，能较好地适应坚硬顶板。

2. 四柱支撑掩护式支架主要特点和适用范围

（1）有两排立柱，顶梁和底座较长，通风断面大，但整架运输不方便，采煤工作面开切眼宽度要求大。

（2）立柱支撑效率低，前后柱受力不均匀，容易出现偏载现象。

（3）支架的伸缩值一般小于 2.1，适应煤层厚度的变化能力小。

（4）支架的支撑合力距切顶线近，切顶能力强。

（5）质量大，造价高。

由于四柱支撑掩护式液压支架四个立柱难以同时受力，其支护效率明显低于两柱掩护式液压支架，并且国际液压支架架型的发展趋势是高工作阻力、高可靠性的两柱掩护式支架，不但德国一直发展两柱掩护式支架，而且美国的长壁工作面也已全部采用两柱掩护式支架，澳大利亚、南非等一些传统上主要采用支撑掩护式支架的国家也已全部改用两柱掩护式支架。我国神东、塔山、河曲鲁能、晋城、兖州、开滦等一些新建大型现代化高产高效矿井也全部采用两柱掩护式支架。

6.3.2 技术特征

1.“三软”条件中厚煤层液压支架

1）液压支架顶梁

由于顶板软，支架顶梁应尽可能短，减少支架对顶板的反复支撑次数，减轻对顶板的破坏程度，使顶梁不易冒空。顶梁应设计伸缩梁、护帮板结构，当煤壁出现片帮时，应及时伸出伸缩梁及护帮板，维护新裸露的顶板，避免或减缓架前冒顶事故。

2）液压支架底座

底座是液压支架的基础，它必须具有足够的强度和刚度。底座还起到传力作用，合力作用点位置对支架性能尤为重要，直接决定底座对底板比压的分布规律。控制底座支反力在底座上作用点的位置，可以减小底座前端对底板的比压。对于掩护式支架，立柱上铰点在底座上垂足至底座前距离，是衡量底座比压的重要数据。一般来说，对于软弱底板，此值应大于 500mm，此值越大，底座前端对底板比压越小。通过尽可能增大底座宽度，可以降低底座第底板的平均比压。

3）抬底座装置

为了适应软弱底板条件，液压支架应设计抬底座装置。目前，抬底座装置主要有三种形式：①压推移杆式提底座装置；②橇板式抬底座装置；③邻家抬底座装置。其中，压推移杆式提底座装置适用于分体式底座，在刚性过桥前面或后面设置一个抬底千斤顶，此千斤顶可设计为固定式或摆动式，这种抬底座装置应用范围比较广泛。

4）液压支架掩护梁

“三软”煤层液压支架的掩护梁长度和夹角非常重要，若掩护梁较长，水平夹角较小，则掩护梁上堆积的矸石较多，掩护梁受力状态较差。

2. 坚硬顶板条件中厚煤层液压支架

坚硬顶板综采工作面要求液压支架支护强度高、工作阻力大。由于顶板不易冒落，直接顶或基本顶悬顶时间长，切顶线在顶梁后方或者煤壁里，如果液压支架工作阻力较低，则切顶线将移至煤壁，导致工作面发生切顶压架事故。如果悬顶时间长、悬顶面积大，则基本顶垮落时大块矸石将直接砸向掩护梁，液压支架承受巨大的水平推力。

针对坚硬顶板垮落特点，液压支架应具有较高的工作阻力，能够对顶板形成一定的切顶力。应尽量减小液压支架掩护梁长度，增大掩护梁水平夹角，减小掩护梁在水平线上的投影长度。液压支架立柱应设计大流量安全阀，避免顶板冲击压力造成支架瞬间载荷增大，液压支架泄压不及时导致支架损坏，安全阀流量的选择应充分考虑立柱缸径、冲击载荷大小等，对于冲击强烈的顶板岩层，液压支架立柱可设置一大一小两个安全阀。考虑液压支架冲击动载荷的影响，液压支架结构件强度应至少提高 20% 的安全系数。

柠条塔煤矿北一盘区 1^{-2} 煤层平均厚度 1.7m，煤层埋深约为 150～200m，煤层顶板较为坚硬，且属于近浅埋深煤层，工作面冲击动载强烈。为了适应柠条塔煤矿近浅埋、坚硬顶板煤层条件，煤科总院开采分院设计研发了 ZY10000/13/26D 型强力液压支架，支护强度达 1.0MPa，满足了工作面安全快速推进要求，工作面月产超过 20 万 t。

6.4 厚煤层大采高液压支架

根据煤层厚度、开采方法不同，厚煤层开采方法主要可分为分层开采、大采高一次采全高开采及放顶煤开采三种。由于大采高一次采全厚开采方法具有回采率高、效率高、效益高的“三高”优点，非常适宜煤层厚度小于 8.0m 的坚硬厚煤层。分层开采需要铺网，工艺复杂、效率低、效益差，并且下分层支护困难，很难实现安全高效开采，目前已经很少使用。随着煤层厚度、机采高度的增加，工作面矿山压力显现加剧，对液压支架的抗冲击能力、防护能力、稳定性、轻量化设计提出了更高要求。目前，我国大采高综采液压支架最大高度达到 8.2m，最大工作阻力 21000kN，已经达到世界领先水平。

6.4.1 适用条件

根据煤层厚度划分标准，厚度不小于 3.5m 的煤层定义为厚煤层，厚度不小于 8.0m 的煤层定义为特厚煤层，一般将机采高度不小于 3.5m 的工作面定义为大采高工作面，液压支架最大支撑高度不小于 3.8m 则定义为大采高液压支架，将机采高度不小于 6.0m 的工作面定义为超大采高工作面，液压支架最大支撑高度不小于 6.2m 则定义为超大采高液压支架。

煤层厚度小于 6.0m 的厚煤层，一般采用大采高综采技术与装备，而我国西部晋、陕、蒙、新等大型煤炭基地赋存条件较好的 6～8m 坚硬厚煤层，也多采用超大采高综采技术与装备，而对厚度大于 8.0m 的特厚煤层，则一般采用放顶煤开采综采技术与装备，对于煤层厚度为 15～20m 的特厚煤层，则一般采用大采高综放开采技术与装备，如图 6.11 所示。

(a) 大采高综采技术与装备

(b) 综放开采技术与装备

图 6.11 厚煤层开采方法

6.4.2 技术特征

1. 大缸径抗冲击双伸缩立柱

1）导向环过焊缝结构

立柱是液压支架的关键动力元件，其可靠性和伸缩比直接影响着支架的安全性和支撑效率。常规的立柱没有经过专门的抗冲击设计和测试，且伸缩比较小，无法适应厚煤层液压支架的要求。

导向环过焊缝大缸底双伸缩立柱增加了立柱的支撑长度，提高了立柱的抗冲击性能和伸缩比，同时在可靠性和适应性方面得到了大幅提高，满足了大采高综采液压支架支护要求，如图 6.12 所示。导向环过焊缝大缸底双伸缩立柱采用以下设计：

（1）采用导向环过外缸筒焊缝结构，外缸底和缸筒上分别加工出径向定位圆柱面和轴向定位平面，并使外缸焊缝区域的缸筒内直径与缸筒内表面直径比较有一直径增大量，从而可使导向环通过焊缝。

（2）采用导向环过中缸缸筒焊缝结构，中缸底和缸筒上分别加工出径向定位圆柱面和轴向定位平面，并使中缸焊缝区域的缸筒内直径与中缸筒内表面直径比较有一直径增大量，从而可使导向环通过焊缝。

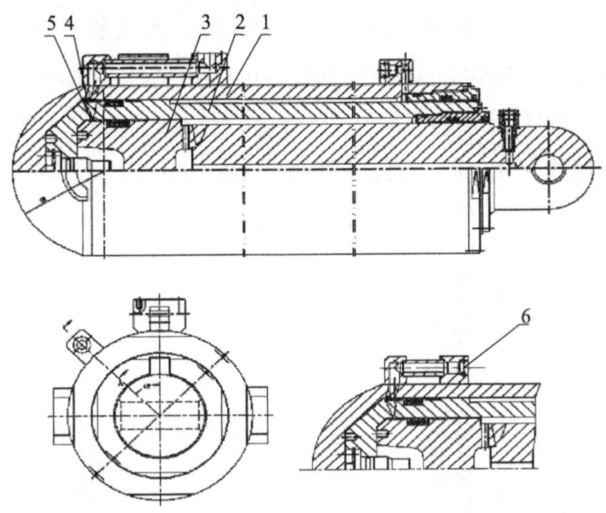

图 6.12 导向环过焊缝大缸底抗冲击双伸缩立柱

1. 外缸；2. 中缸；3. 活柱；4. 中缸导向环；5. 活柱导向环；6. 旁路安全阀接口

（3）立柱外缸缸底采用大球面半径结构，外缸底内部掏空。

（4）增加一种旁路安全阀结构，当立柱受到冲击压力时，有效增加受压液体的卸出量，保证立柱的安全。

导向环过焊缝大伸缩比双伸缩立柱可使伸缩比增大 50%，并大幅增加立柱的支撑长度，提高了立柱的抗冲击性能，优化了立柱各零件的受力，使各零件趋近等强度，其可靠性提高。

2）筒状工件包覆工艺

为了替代现有电镀的缸筒外圆柱面处理工艺，减少腐蚀、碰伤等问题，更好地保护密封件，煤炭科学研究总院开采研究分院研发设计了一种应用不锈钢材料包覆筒状工件的加工方法，主要技术工艺如下。

（1）依据待处理筒状工件的外径，选择相应规格的不锈钢筒。

（2）对待处理筒状工件的外圆柱面进行粗加工。

（3）将筒状工件装入不锈钢筒内，在筒一端与筒状工件的相应端点焊固定，将二者固定于机床上。

（4）将由机床驱动的滚动挤压装置置于不锈钢筒外圆柱面，对其实施径向挤压，直至不锈钢筒与筒状工件紧密结合为一体，完成包覆。

（5）按筒状工件的要求，对其两端进行加工。

为了保证大采高、超大采高液压支架具有合理的强度与刚度，研发了 ϕ500mm、ϕ530mm 和 ϕ600mm 三种规格的大缸径抗冲击立柱。立柱缸口采用等强度矩形螺纹连接、三导向环设置、特殊缸底焊缝增大含入段的长度、整体密封沟槽和复合结构密封圈等创新结构，提高了立柱的抗冲击性和可靠性；通过采用刮削滚光、环形焊缝窄间隙焊接等先进制造方法，提高缸筒表面加工精度和焊接质量。采用立式组装与立式存放工艺，减小工件自重对密封损伤；立柱采用 4000L/min+500L/min 双安全阀，保证及时排出冲击时受压液体，保证立柱安全；立柱上腔装防涨缸安全阀，立柱缸筒和活柱采用 30CrMnSi 材料，以提高材料的力学性能和热处理性能，确保立柱可靠性，缸筒内壁及导向套镀铜处理，提高抗腐蚀能力，如图 6.13 所示。支架样机通过了 80000 次耐久试验。

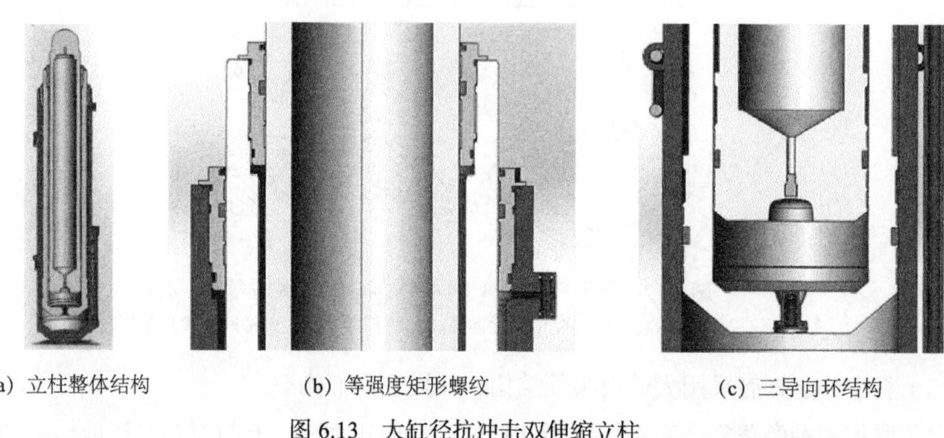

(a) 立柱整体结构　(b) 等强度矩形螺纹　(c) 三导向环结构

图 6.13　大缸径抗冲击双伸缩立柱

2. 三级协动护帮装置

目前，控制煤壁片帮和架前冒顶的方法主要有 5 种：①提高支架初撑力；②带压擦顶移架；③快速移架；④减小液压支架梁端距；⑤采用合理的液压支架护帮机构等。多年的大采高开采实践表明：在工作面开采参数一定的条件下，通过给支架安设合理的护帮、护顶机构是抑制煤壁片帮、防止架前冒顶的最有效方法。

基于液压支架与围岩耦合作用关系，提出了大采高工作面煤壁片帮的“拉裂 - 滑移”力学模型，将大采高工作面煤壁片帮细分为拉裂破坏与滑移失稳两个阶段，将煤壁简化为破坏深度为 b、宽度为 c、上端铰支、下端固支的长柱体，如图 6.14 所示。煤壁发生拉裂破坏只是煤壁片帮的必要非充分条件。

在采动应力场与支护应力场耦合作用下，长柱体发生最大弯矩位置的正应力为最大值，若正应力值大于煤体的抗拉强度，则长柱体发生拉裂破坏，由此可得煤壁发生拉裂破坏判据如下：

$$\frac{F_1\dfrac{\delta}{2}\left(1-\dfrac{3a}{M}\right)+\dfrac{F_3a^2(3M-a)}{2M^2}\left(\dfrac{a}{M}-1\right)}{(c\cdot b^2)/12}>\sigma_c \tag{6.1}$$

式中，F_1 为顶板对煤体的压力；δ 为顶板压力的合力作用点与柱体中心线的距离；F_3 为煤体内水平合力；a 为水平合力与底板的距离；M 为开采高度。

长柱体发生拉裂破坏后，在液压支架水平护帮力 F_z、对顶板的垂直支护力 F_d 作用下发生滑移失稳，由此可得液压支架工作阻力为一定值时，液压支架护帮板的临界护帮力：

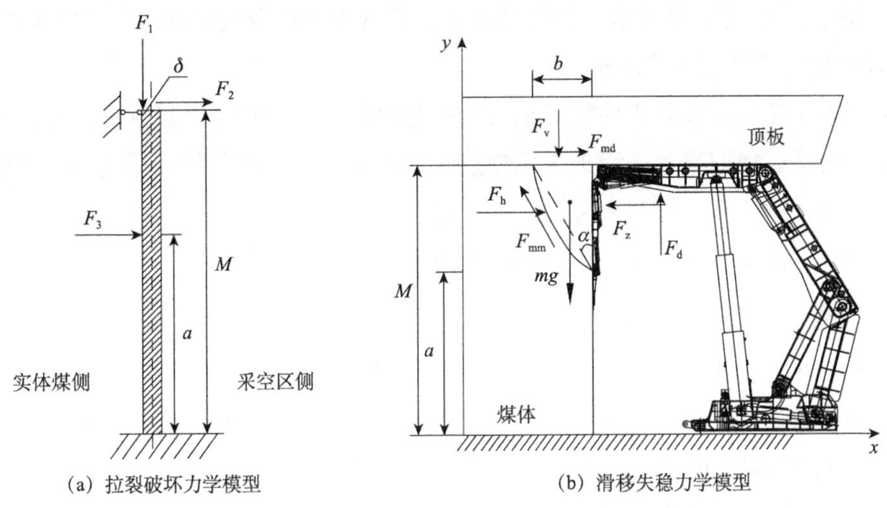

(a) 拉裂破坏力学模型　　(b) 滑移失稳力学模型

图 6.14　大采高工作面煤壁片帮的“拉裂－滑移”力学模型

$$F_{临}=F_{\mathrm{v}}(f_1+k)-(F_{\mathrm{v}}+mg)\sin^2\alpha\cdot f_2 \tag{6.2}$$

式中，$F_{临}$为液压支架防止煤壁片帮的临界护帮力；F_{v}为支架对顶板支护作用下的煤壁上端压力；f_1为顶板与煤体摩擦系数；f_2为煤体与煤体间摩擦系数；k为煤体内水平力与垂直力比值系数；m为发生拉裂破坏的煤体质量；α为煤体拉裂滑移面与煤壁的夹角。

为了最大限度地抑制煤壁片帮，煤炭科学研究总院开采研究分院研究设计了两种超大采高协动护帮装置，如图 6.15 所示。

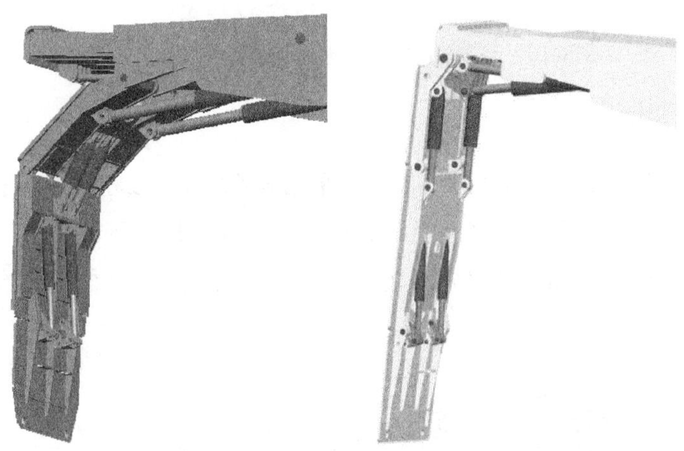
(a) 伸缩梁与护帮板分体结构　　(b) 伸缩梁与护帮板连体结构

图 6.15　超大采高液压支架三级协动护帮装置

1）伸缩梁与护帮板分体结构

支架顶梁前端设计抽屉式伸缩梁和三级护帮机构，两套机构各自独立、分别工作，一级护帮千斤顶固定在顶梁上，另一端与铰接在顶梁上的一级护帮板相连，护帮板不能挑平。

这种护帮结构的优点是可靠性高，护帮力矩大，但缺点是贴帮效果差，有效护帮段短。

2）伸缩梁与护帮板连体结构

支架顶梁前端设计抽屉式伸缩梁和三级护帮机构，一级护帮千斤顶的活塞杆通过小四连杆机构与铰接在伸缩梁上一级护帮板相连，另一端通过托梁与伸缩梁连接。工作时伸缩梁带动护帮板前后移动，护帮板可以挑平。这种结构形式的优点是三级护帮装置可以随伸缩梁一起伸出，有效贴护煤壁，护帮、护顶及时，但结构较复杂。

3. 微隙准刚性四连杆机构

影响液压支架自身稳定性的最主要因素是四连杆销孔间隙，以 ZY21000/38/82D 型超大采高液压支架为例，在铰接间隙为 2mm 时，顶梁前端最大偏移量达到 257mm，支架升到最高时，立柱的偏斜角度达到 1.67°。为了提高大采高、超大采高液压支架的稳定性，创新研发了超大采高液压支架微隙准刚性四连杆机构，如图 6.16 所示。

图 6.16　超大采高液压支架微隙准刚性四连杆机构

4. 新型顶梁结构

超大采高液压支架顶梁前端（伸缩梁处）采用 6 条纵筋的 5 腔结构，增加顶梁的抗变形能力；顶梁柱冒采用高强度、焊接性能好的材料锻造件，柱帽下部采用“并”字形箱形结构，双层 U 形板加固，增加了柱冒处焊缝，确保支架关键受力部位的结构及焊缝强度，如图 6.17 所示。

图 6.17　超大采高液压支架顶梁柱帽结构设计

顶梁采用双侧活动侧护板，全封闭顶梁侧护板结构，顶梁后部与掩护梁铰接处采用船尾式结构，防漏矸密封性好。

5. 掩护梁、底座

超大采高液压支架掩护梁采用整体通长压弯主筋、整体通长盖板形式，盖板断开点有效前移，避开弯矩大的位置，提高掩护梁抗冲击能力。采用双单前连杆，整体双后连杆结构增加支架抗扭能力和稳定性，前后连杆材料采用 Q890 高强度钢板，增加抗扭性能，减轻支架质量，如图 6.18 所示。

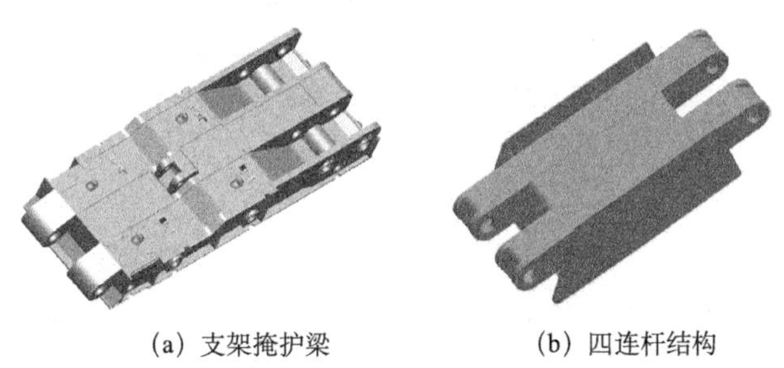

(a) 支架掩护梁 (b) 四连杆结构

图 6.18 超大采高液压支架掩护梁及连杆结构

超大采高液压支架底座柱窝采用高强度可焊性好的材料锻造件，柱窝下部采用并字形箱形结构，双层 U 形板加固，增加了柱窝处焊缝，底座设计抬底座和底调装置，如图 6.19 所示。

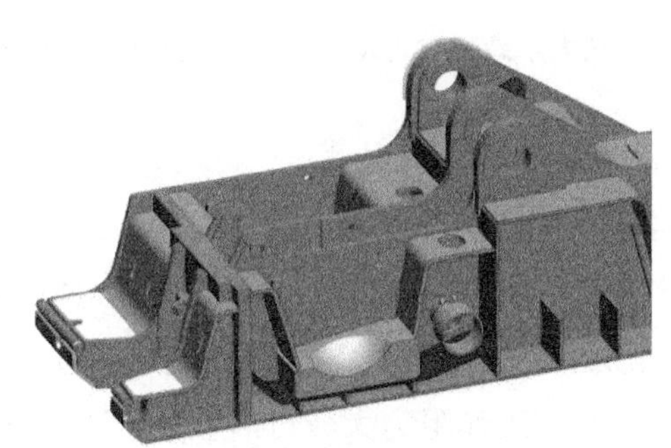

图 6.19 超大采高液压支架底座结构

6. 超大采高液压支架大梯度过渡配套方式

6～8m 超大采高工作面与巷道存在 2～3.5m 落差，采用传统大采高工作面端部逐渐过渡配套方式存在端部三角煤浪费严重问题。为了充分回收大采高工作面端部三角煤，提高煤炭资源回采率，设计研制了大侧护板过渡液压支架，如图 6.20 所示。成功实践了 7m 超大采高工作面从上下两巷道端头液压支架直接一级大梯度过渡到工作面中部正常采高的配套方式，8m 超大采高采用一级大梯度过渡加短缓过渡方式，显著减少了工作面上下两端部过渡段顶部三角煤损失，提高了煤炭资源回采率（单个工作面可多回采煤炭约 40 万 t），如

图 6.21 所示。

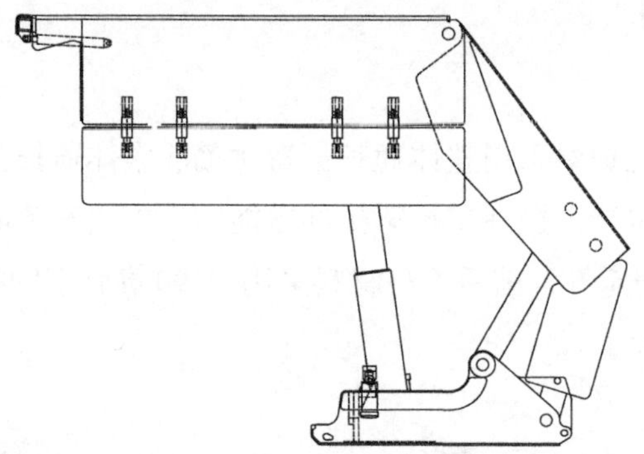

图 6.20 大侧护板过渡液压支架

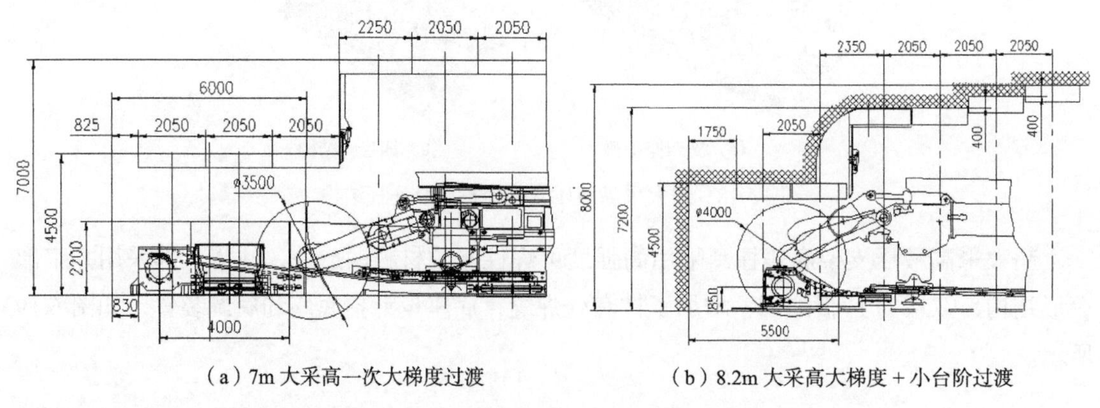

（a）7m 大采高一次大梯度过渡　　（b）8.2m 大采高大梯度 + 小台阶过渡

图 6.21 超大采高工作面大梯度过渡配套技术（单位：mm）

7. 大采高及超大采高液压支架减重技术

基于液压支架与围岩耦合的三维动态优化设计方法，以实现液压支架与围岩的“强度耦合”、“刚度耦合”和“稳定性耦合”为目标，采用“Top-Down”设计流程对液压支架结构与参数进行三维动态优化设计，解决超大采高液压支架的适应性、稳定性问题。

超大采高液压支架高度大、工作阻力大、可靠性要求高，导致液压支架质量增大，设备下井运输、安装、搬家困难，需要对液压支架进行轻量化设计。为了在保证支架可靠性的前提下降低液压支架质量，与宝钢等有关企业合作进行了液压支架用高强度易焊接结构钢（Q890～Q1150）研制，通过在合金钢中加入铌来改善高强度合金钢的韧性和抗裂性。通过大量的焊接试验验证了支架主体结构件全部采用 Q890 的可靠性，支架可减重约 15%。

8. 大采高及超大采高液压支架应用案例

2003 年晋城煤业集团与煤炭科学研究总院开采研究分院及有关制造厂家合作，率先进行了高端大采高液压支架国产化的研发，首次研制了 30 架 ZY8640/25.5/55 型大采高液压支架，于 2004 年 2 月底在井下安装，与德国 DBT 公司生产的支架在同一个工作面比对使用，效果良好，最高日产达 3 万 t，最高月产 63 万 t。在此基础上，开采研究分院与有关厂家合作，研制了世界第一套 6.2m 大采高液压支架（ZY9400/28/62 型），在寺河煤矿成功应用；后续研制了世界第一套 7.2m 超大采高液压支架（ZY18800/32.5/72D 型），在陕煤集团红柳林煤矿成功应用；又研制了世界第一套 8.2m 超大采高液压支架（ZY21000/38/82D 型），在兖矿集团金鸡滩煤矿成功应用。

1）ZY8600/24/50D 型大采高液压支架

万利一矿开采 5^{-1} 煤层，煤层平均厚度 5.0m，煤层结构简单，倾角小于 3°，工作面上覆基岩厚度 80～120m，松散层厚度 0～5m。工作面顶板为粉砂岩、炭质粉砂岩，抗压强度 0.59～91.67MPa，底板为砂质泥岩，确定液压支架型号为 ZY8600/24/50D。煤科总院、神华集团、天地科技股份有限公司和骨干煤机制造企业开展大采高综采成套装备国产化的攻关研究，实现了万利一矿单一工作面年产 600 万 t，项目获国家科技进步奖二等奖。

2）ZY12000/28/64 型大采高液压支架

斜沟煤矿开采 8 号煤层，煤层厚度 5.0～6.4m，平均 6.01m，煤层结构简单、赋存稳定，煤层倾角一般为 6°～10°，平均 8°，其顶板岩性为泥岩、砂质泥岩，其老顶为中粗粒砂岩；底板岩性为砂质泥岩、泥岩、粉砂岩和细粒砂岩，局部存在有炭质泥岩伪底。

煤科总院开采研究分院与太原重型机械集团煤机有限公司等单位联合开展了 6.2m 大采高综采装备的研制，“年产千万吨级矿井大采高综采成套装备研制”被列入国家“十一五”科技支撑计划重点项目，项目在斜沟煤矿进行井下工业性试验，研制的 ZY12000/28/64 型电液控制液压支架，使用寿命达到 50000 次工作循环以上，移架时间 6～8s，大修周期为产煤 2000 万 t 以上。

3）ZY18800/32.5/72D 型超大采高液压支架应用案例

红柳林煤矿开采 5^{-2} 煤层，首采区煤层平均厚度 6.5m，一般含 1～2 层夹矸，煤层赋存稳定，倾角小于 1°，顶板岩性以细粒砂岩为主，局部为粉砂岩、中粒砂岩，厚度 1.60～32.00m，偶见薄层泥岩、炭质泥岩伪顶。煤层底板岩性以粉砂岩为主，细粒砂岩次之，厚度 0.65～14.75m，偶见薄层泥岩、砂质泥岩底板。

煤科总院开采所联合天地科技股份有限公司、神华集团、陕煤集团红柳林煤业公司等单位，研发了世界首套 7m 超大采高一次采全高综采液压支架及配套设备，ZY18800/32.5/72D 型超大采高液压支架首次采用 Q800 级低焊接裂纹敏感性钢板及智能焊接新工艺、ϕ500mm 缸径立柱和 600L/min 大流量主控阀和液控单向阀等技术，通过了 80000 次使用寿命试验，在世界上首次实现了 7m 超大采高一次采全高开采，红柳林煤矿 7m 超大采高工作面年产 1200 万 t 以上。

4）ZY21000/38/82D 型超大采高液压支架

金鸡滩煤矿开采 2^{-2} 煤层，煤层厚度 5.6～9.12m，平均 7.68m，煤层结构简单，直接顶岩层多为粉砂岩、细粒砂岩，厚度一般 1～3m，基本顶岩层为巨厚砂岩体，厚度为

5～25m，底板主要为泥质粉砂岩和粉砂质泥岩。为了最大限度地开采煤炭资源，提高煤炭资源回采率，煤科总院开采研究分院设计研发了世界首套最大开采高度为8.0m的综采装备，研制了ZY21000/38/82D型超大采高液压支架，能够实现工作面年产1500万t以上。

6.5 特厚煤层放顶煤液压支架

放顶煤液压支架是放顶煤开采方法的核心设备，自20世纪70年代以来，放顶煤液压支架从高位、中位、低位、正四连杆小插板式、反四连杆大插板式到两柱掩护式低位放顶煤液压支架，经历了多次架型变革，使放顶煤开采技术逐步发展成熟。目前，我国已经成功实现15～20m特厚煤层大采高放顶煤开采，使我国的综采放顶煤开采技术达到世界领先水平。

6.5.1 适用条件

综采放顶煤开采技术主要适用于煤层厚度大于8.0m的特厚煤层，受制于顶煤冒放性的影响，综采放顶煤开采技术一般要求煤质松软，层理、节理发育，顶煤易于破碎冒落；直接顶板较厚，能够随采随冒，对采空区充填效果好；煤层自然发火期较长，煤层无瓦斯突出危险。有些矿区煤层赋存条件复杂，断层多、落差大，特别是煤层厚度变化较大，采用综采放顶煤开采技术具有明显优势。由于放顶煤开采技术独特的优点，加之近年来我国放顶煤开采技术与液压支架迅速发展，放顶煤液压支架的适用条件已经被大范围拓宽，各项技术经济指标也得到大幅提高。

6.5.2 技术特征

煤炭科学研究总院开采研究分院自1982年开始借鉴欧洲放顶煤方法，研究我国厚煤层综放开采技术，并于1984年研制了首套国产FY400-14/28型综放支架，在蒲河煤矿进行了综放开采工艺与装备的井下工业性试验，很快放顶煤开采在急倾斜特厚煤层中获得成功并推广应用。2000年北京开采所与兖矿集团兴隆庄煤矿完成年产600万t综采成套装备技术试验，达到国际领先水平。2003～2006年煤炭科学研究总院开采研究分院与兖矿集团等企业合作完成了两柱放顶煤液压支架自动化放顶煤成套装备技术试验，实现放顶煤技术的一次重大创新。2005年，首次提出了大采高放顶煤概念，并研制了首套大采高放顶煤液压支架，之后，为平朔和大同塔山矿等研制的大采高放顶煤液压支架及成套装备投入使用，不断刷新了综放开采的高产高效纪录，2008～2009年平朔安家岭煤矿创造工作面月产130万t的新纪录，大同塔山煤矿也创造日产5万t纪录，实现工作面年产千万吨目标。

1. 四柱支撑掩护式综放液压支架

四柱正四连杆放顶煤液压支架是在认真总结国内外放顶煤支架成果，分析研究各种放顶煤支架特点和使用经验的基础上，开发设计的新一代低位放顶煤支架。该架型的稳定机构采用四连杆机构，一般由双前连杆、单后连杆组成，支架稳定性好，抗偏载能力强，可靠性高。由于后部采用单连杆，支架后部空间相对变大，底座铰点较高，也增大了后部空间，便于后部设备安装及维护。

在综采放顶煤工作面，由于受放顶煤的影响，支架后立柱上方会周期性地出现顶空或压力较小的情况，这是造成支架前、后排立柱受力不均衡的根本原因。综放工作面液压支架常见工况如下：

1）工作面仰采

在松软或比较松软的煤层中仰采时，如果支架上方的顶煤在矿压及重力作用下出现大面积垮落，从而使支架后立柱上方出现冒空，支架所受外力的合力作用点前移。

2）工作面俯采

工作面俯采时，支架上方的顶煤及顶板的合力作用点向支架前方倾斜，作用到支架上的合力作用点处于支架的前部；如果工作面的切眼高度大于工作面的实际采高，在工作面初采时，为了降低采高，必须使支架顶梁逐渐下斜，此时若切眼处顶煤不能及时垮落，就会出现因支架前部受力较大而出现前立柱所受压力过大而后立柱受拉现象。

3）松软煤层放顶煤

在煤层比较松软的情况下，顶煤的冒落会逐渐向支架前方延伸，从而把支架上部顶煤放空，或者引起架前冒顶，使得支架所受外力作用点前移。

4）硬煤层放顶煤

在煤层较硬的情况下，顶煤在矿压作用下不能及时垮落，一旦顶煤不足以支撑顶板来压而出现垮落时，会造成顶煤切顶线前移，使支架所受外力的合力作用点作用到支架的前部。

放顶煤支架立柱受力不均衡对支架的受力工况及支架对顶煤的支撑能力都造成一定的影响，以 ZF3800/16/26 放顶煤支架为例，利用支架计算程序对在立柱不同工况下的支架受力进行比较分析。表 6.5 所示为立柱四种受力工况下的支架主要力学参数（表中 P_1 代表前立柱力；P_2 代表后立柱力）。

表 6.5　综放液压支架不同工况下的力学参数

参数	工况一 P_1=1900 P_2=1900	工况二 P_1=1900 P_2=0	工况三 P_1=1900 P_2=−173	工况四 P_1=3800 P_2=0
顶梁合力 /kN	3765	1883	1712	3766
合力位置 /cm	80	123	132	123
后连杆力 /kN	1711	729	639	1458
前连杆力 /kN	−2023	−862	−755	−1724

续表

参数	工况一 P_1=1900 P_2=1900	工况二 P_1=1900 P_2=0	工况三 P_1=1900 P_2=−173	工况四 P_1=3800 P_2=0
支护强度 /MPa	0.73	0.36	0.33	0.72
底板比压 /MPa	0.26	1.1	1.2	2.2
支架切顶力 /kN	2838	1137	982	2274
顶梁前端支撑力 /kN	927	747	730	1494

综放液压支架在不同工况下的力学参数也不同，分别对工况二、工况四与工况一进行比较，可以归纳为以下几点结论：

（1）当支架处于工况二时，顶梁合力及支护强度为工况一的 50%，支架的支撑能力得不到充分发挥，此时若顶板来压大于支架顶梁合力，则容易造成支架被压死；支架前、后连杆受力相当于工况一的 42%，减小了支架的内力，大大提高了支架结构件的安全系数；顶梁合力作用点位置前移，底座前端对底板比压为工况一的 4.2 倍，增加了液压支架底座扎底的趋势，不利于软底工作面支架的前移；支架切顶力只为工况一的 40%，支架的切顶能力大幅度削弱，不利于硬煤的断裂；支架前端支撑力相当于工况一的 81%，这是降幅最小的参数，因此该工况对支架的前端支撑力影响较小。

（2）当支架处于工况四时，支架工况相当于同工作阻力的两柱掩护式支架，两种工况下顶梁合力及支护强度基本一致，支架的支撑能力得到了充分的发挥，能有效避免支架压死现象出现；支架前、后连杆力相当于工况一的 84%，减小了支架内力，提高了结构件的安全系数；顶梁合力作用点位置前移，底座前端对底板比压为工况一的 8.4 倍，大大增加了液压支架扎底的趋势，不利于软底工作面支架的前移；支架切顶力为工况一的 80%，支架切顶能力减弱，不利于硬煤的断裂；支架前端支撑力为工况一的 1.6 倍，大幅提高了支架前端的支撑能力，对于防止软煤工作面的片帮、露顶非常有利。

2. *两柱掩护式综放液压支架*

两柱掩护式液压支架是国内外一次采全高工作面广泛使用的主导架型，在使用过程中反映出的突出问题是支架挑“高射炮”现象，其原因往往是由于顶板合力后移，超出平衡千斤顶的调节能力，造成支架几何态位异常。而两柱放顶煤支架，由于支架顶梁后部放煤，可释放后部顶板压力，而且掩护梁背矸少，支架出现“高射炮”现象的可能性减小，对支架的使用更为有利。

平衡千斤顶的作用可以调节支架顶梁合力作用点的位置，通过三种平衡千斤顶的状况，既平衡千斤顶受拉、平衡千斤顶受压和平衡千斤顶不受力，可以定量求出支架顶梁合力作用点的位置。两柱掩护式支架承载能力区（图 6.22）由以下 3 个区域组成，即：平衡千斤顶受拉工作区 A_1、立柱工作区 A_2 和平衡千斤顶受压工作区 A_3。

$Q_2(x)$，$Q_3(x)$ 分别与平衡千斤顶上腔和下腔额定工作阻力呈正比关系。当平衡千斤顶不发挥作用时，则 A_1、A_3 区的承载能力将消失，只有外载合力作用点处于 A_2 区时才能保持支架的稳定性。随着平衡千斤顶额定工作阻力的提高，支架顶梁承载能力分布将如图 6.22 中虚线所示的平衡千斤顶工作阻力提高，相应提高了支架顶梁前后端的承载能力，在顶梁外载合力作用点沿顶梁变化时，可保持支架的稳定。放顶煤工作面支架由于受放煤工序的影响，在每个作业循环内，顶梁外载合力作用点变化较大，大多情况呈由 A_3 区过渡到 A_1 的动态过程，因此要求放顶煤两柱掩护式支架的平衡千斤顶的额定阻力比普通综采面工作阻力高，扩大顶梁承载能力区域。

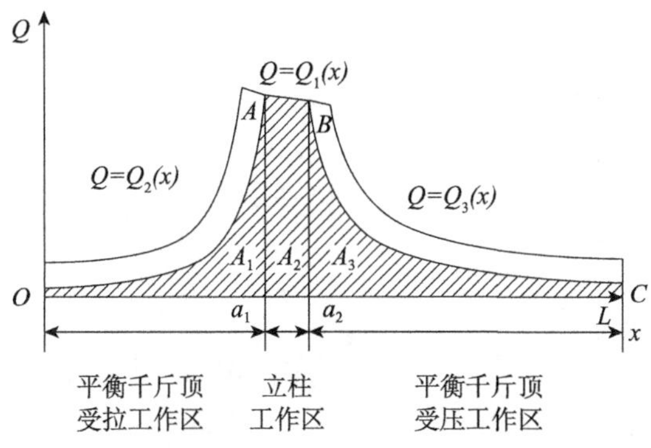

图 6.22　两柱掩护式放顶煤液压支架力学模型

3. 四柱反向四连杆式放顶煤液压支架

四柱反向四连杆式放顶煤液压支架主要由顶梁、斜梁、前、后连杆、底座、尾梁一插板、立柱千斤顶、液压系统、喷雾系统等组成，如图 6.23 所示。其主要结构特点如下：

（1）该种支架为四柱支撑掩护式放顶煤支架，后排立柱支撑在顶梁和四连杆机构铰接点的后端，可适应外载集中作用点的变化，切顶能力强。

（2）采用双前连杆和单后连杆的宽形四连杆机构，布置在前后立柱之间，提高了支架的抗偏载能力和整体稳定性。

（3）大插板、大尾梁式放煤机构，尾梁直接铰接在顶梁上，尾梁千斤顶一般可设计为双位安装，既可安装在顶梁上，也可安装在底座上，一般状态是安装在底座上。支架后部放煤空间大，为顺利放煤创造了良好的作业环境，可充分发挥后部输送机的输送能力，操作维修方便。尾梁摆动有利于落煤。插板伸缩值大，放煤口调节灵活，对大块煤的破碎能力强，可显著提高顶煤的采出率。

（4）后部放煤空间较大，支架在使用高度变化时，对放煤空间影响不大。

（5）顶梁相对较长，掩护空间大，通风断面大，而且对顶煤的反复支撑可使较稳定的顶煤在矿压的作用下预先断裂破碎，有利于放煤。

（6）底座受力为倒三角形，底座前端很小，基本接近于零，底板的比压分布合理，能适应软底板条件，有利于拉架。

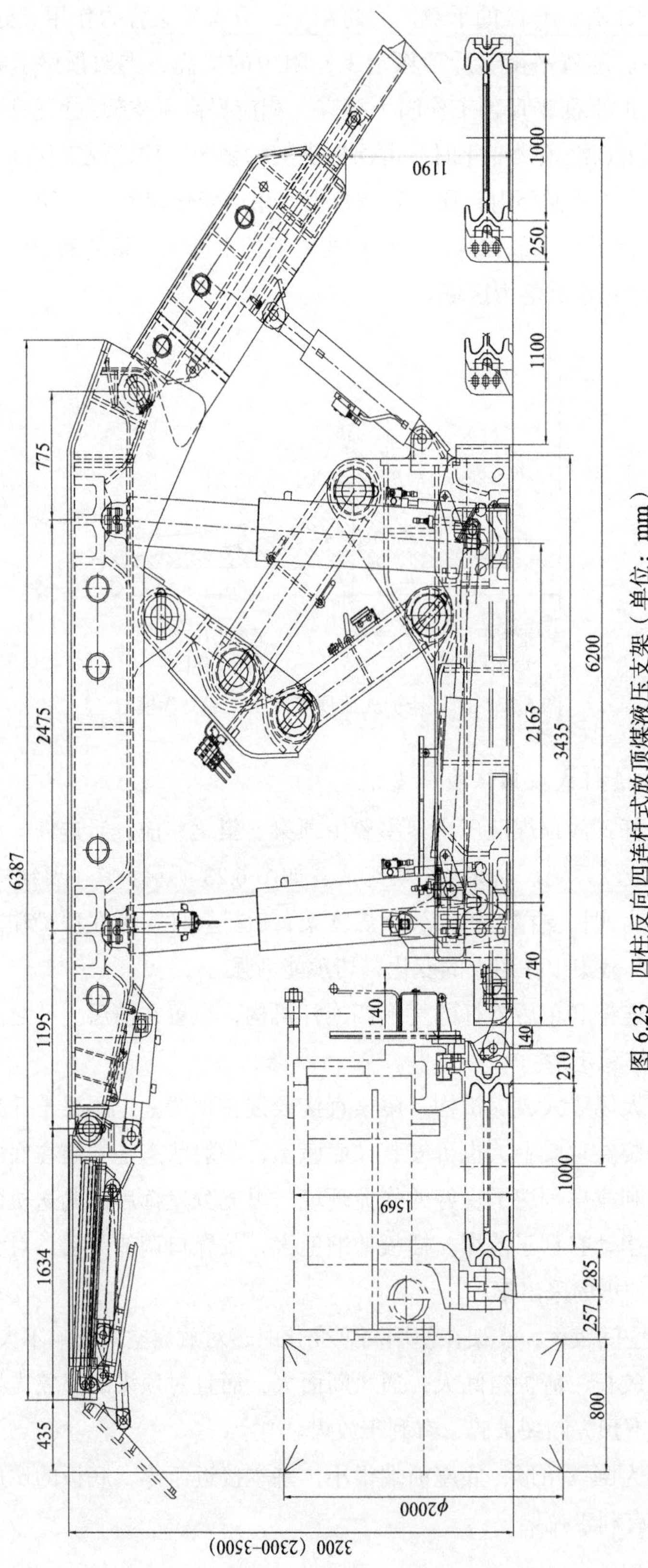

图 6.23　四柱反向四连杆式放顶煤液压支架（单位：mm）

4. 单摆杆放顶煤液压支架

20 世纪 80 年代末，我国常规放顶煤液压支架的质量一般都较大，外形尺寸较大，结构复杂，拆装运输困难，不能完全适应我国中小型煤矿的开采条件。而滑移支架因其稳定性、放顶煤功能、推拉输送机功能、防护性能及使用效果和安全性均较差，使用数量逐渐减少。为了满足广大中小型煤矿的需要和一般矿井开采小块段边角煤或回收煤柱的需求，北京开采所设计研制了轻型单摆杆放顶煤支架的系列产品（图 6.24），并获得了国家专利。

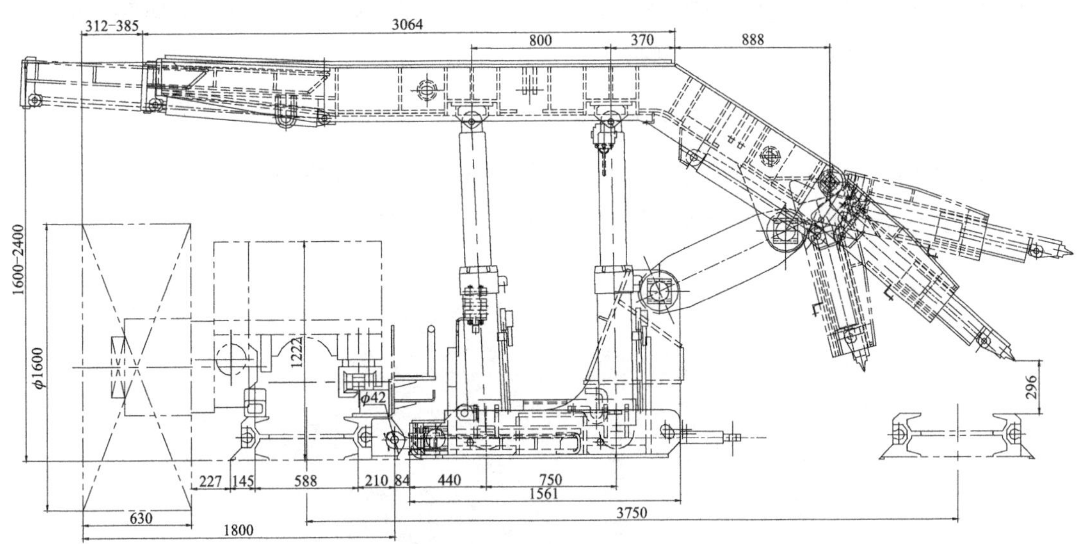

图 6.24 单摆杆放顶煤液压支架（单位：mm）

单摆杆放顶煤液压支架的主要特点如下。

（1）单摆杆是二力杆，主要承受前后水平推力及侧向推力，因此受力条件好，但它还承受整台支架的扭转力矩，所以单摆杆是支架结构中的关键部件，尽管比普通连杆有所加强，钢板加厚，但因其只有一件，所以支架总重还是较轻，这里所说的改善了受力条件是指单摆杆替代了四连杆机构，避免了四连杆之间存在的内力，同时也加大了通风断面和人行通道。

（2）支架采用了刚性整体顶梁、全封闭结构，使支架整体性强，稳定性好，采用活动侧护板或不采用活动侧护板都可以不用铺网，该支架可以在厚煤层条件下当放顶煤支架使用，也可以在 2m 左右条件下当普通支架使用。所以说该类支架能放就放，不能放就走，适应性较强。

（3）采用单摆杆机构使支架相关部件容易实现紧凑布置，将摆杆布置在两后立柱之间，充分利用空间，使得支架结构简单、紧凑，外形尺寸小，操作简单，安装运输方便。

（4）支架稳定性好，放顶煤支架采用四连杆机构时，顶梁与底座之间通常由 8～10 根销轴连接，装配间隙大，而单摆杆轻型放顶煤支架顶梁与底座之间只有两根销轴相连，装配间隙小，支架具有较好的刚性和稳定性。

（5）支架造价低、投资少。由于采用单摆杆紧凑型布置，取消了普通放顶煤支架的掩护梁、部分连杆及销轴，因此结构简单、质量轻、体积小、价格便宜。

（6）支架有效空间大，有双人行通道，由于摆杆在两后立柱之间，所以前、后立柱之间具有较大的行人空间。另外，摆杆与底座的铰点位置较高，支架后部也有较大的空间，便于行人、清理浮煤和拆装检修输送机。

（7）支架配套中心距有 1.5m 和 1.25m 两种，支架高度变化范围为 1.6～2.4m。

总之，单摆杆轻型放顶煤支架既有综采液压支架的推移输送机、自移支架等支护机械化的特点，又实现了支护设备的轻型化。

5. 分体组合式直线型放顶煤液压支架

针对厚煤层工作面回收边角煤技术难题，煤炭科学研究总院开采研究分院于 2006 年研发了新型分体组合式直线型放顶煤液压支架系列产品，如图 6.25 所示。

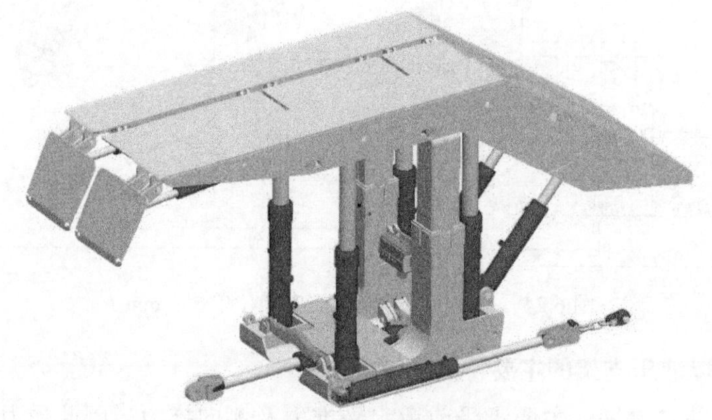

图 6.25　分体组合式直线型放顶煤液压支架

组合式直线型液压支架的顶梁、底座、尾梁、护帮板等都为分体式，这样能够避免因顶板不平而产生的偏载，分体式顶梁、底座通过铰接方式分别用连接箱和前后拉杆连为一体，这种分体式结构具有安装、解体、运输方便，适用于巷道狭窄，整架不能入井的矿井，也能有效降低支架质量。主要技术特点如下：

（1）顶梁、底座、尾梁、护帮板均为分体式，分体式顶梁和分体式底座通过铰接方式分别用连接箱和前后拉杆连为一体，使该支架能够避免因顶板不平而产生偏载和扭转两种恶劣工况，并在不降低支护强度的情况下，有效降低支架质量。

（2）分体式结构适用于巷道狭窄，整架不能入井的矿井，通过井下分体运输，工作面整体组装，替代单体液压支柱或组合式悬移支架支护，实现综采机械化采煤，也可用于大型矿井的边角煤开采。

（3）采用双伸缩箱稳定机构，分体式底座中后部分别设置无盖箱体，伸缩箱与其配合并在其中滑动，伸缩箱孔端与顶梁腹部耳铰接，保证了支架的稳定性。该稳定机构具有结构紧凑、质量轻的优点。

（4）分体式尾梁、护帮板相互独立，分体式尾梁在尾梁千斤顶的作用下在放顶煤工作面可用于调节放煤口，分体式护帮机构可用于护帮或护顶。

（5）顶梁腹部安装有简易调架机构。

（6）设计采用无推移杆推移机构，推移千斤顶通过底座后拉杆、连接头分别与底座、输送机连接。此推移机构结构简单，质量轻，后拉杆在连接底座的同时，也起推移机构的作用。

分体组合式直线型放顶煤液压支架具有综采、综放液压支架的推移输送机、自移支架等支护机械化的特点，又具有质量轻、支护能力大、机动性好、拆装、运输方便的特点。

塔山煤矿 8105 工作面开采 3 号、5 号合并煤层，煤层厚度 1.63～29.21m，煤层倾角 1°～5°，埋深 300～500m，煤层直接顶主要是高岭质泥岩、碳质泥岩、砂质泥岩，局部为煌斑岩石层，直接顶厚度 6～12m，平均厚 8m；煤层基本顶层位、岩性不稳定，岩性主要为厚层状中硬以上粗粒石英砂岩、砂砾岩，厚度 20m 左右；煤层底板多为砂质、高岭质、碳质泥岩，泥岩及高岭岩，少量粉砂岩、细砂岩。

为了实现塔山煤矿特厚煤层一次综放开采，煤科总院与大同煤矿集团等十几个单位组成“产学研用”攻关联盟进行联合攻关，煤炭科学研究总院开采研究分院研制了 ZF15000/28/52 型大采高综放液压支架，采用双前连杆、双后连杆稳定机构、连杆之间设置人行通道、强扰动式尾梁－插板放煤机构等新架型结构，实现特厚煤层大采高综放工作面年产 1000 万 t 以上，“特厚煤层大采高综放成套技术与装备”荣获 2014 年度国家科技进步奖一等奖。

6.6 特殊形式液压支架

特殊型式液压支架主要指工作面巷道超前支护液压支架及针对特殊条件设计的液压支架。本节主要介绍超前液压支架、回撤液压支架、大倾角煤层液压支架、极软厚煤层“抱采”综放液压支架及充填开采液压支架。

6.6.1 适用条件

由于巷道超前支护范围内布置了转载机、破碎机等设备，同时还要兼顾行人、材料运输等，空间狭小，并且受到工作面重复采动的影响，尤其是配套重型综采设备的大断面巷道，巷道超前支护困难。巷道迈步自移式超前液压支架可以显著降低工人劳动强度，与传统超前支护方式相比，具有支护面积大、支护效率高、自动化程度高等优点，而且还可以有效解决传统支护方式对大断面巷道适应性差等问题。从 2008 年开始，神华神东公司、兖矿集团、彬长煤业公司、淄博矿业集团、华亭煤电公司、陕煤集团等矿业集团陆续推广应用巷道超前液压支架，基本解决了地质构造简单、煤层赋存条件较好矿区的巷道超前支护技术难题。

大倾角煤层是指煤层倾角为35°～55°的煤层，是国内外采矿界公认的复杂难采煤层，广泛分布于我国各大矿区，已探明储量为1800亿～3600亿t，产量为1.5亿～3亿t，分别占全国煤炭储量和产量的10%～20%和5%～8%，在西部的四川、重庆、云南、贵州、新疆、甘肃、宁夏等地区，大倾角煤炭资源开发已经成为区域经济发展的重要支柱。

大倾角煤层由于成煤环境复杂，安全高效开采难度极大。开采大倾角煤层的矿井大多采用非机械化开采，产量与效率低、安全与作业环境差，人员伤亡事故频发，成为许多矿井生产经营困难、安全生产事故频发的重要影响因素。大倾角工作面不仅易发生顶板失稳的安全事故，而且极易发生由底板失稳而导致的液压支架咬架、倒架、下滑等安全事故。

充填采煤就是利用井下或地面的矸石、粉煤灰等充填物料充入采空区，达到控制岩层运动及地表沉陷的目的。我国矿山充填开采技术经历了以处理固体废物为目的的废石干式充填技术、水砂充填工艺、尾矿胶结充填技术、高浓度充填技术的发展阶段。目前我国煤矿常用的充填开采技术有矸石固体充填、（似）膏体充填、高水材料充填等。

6.6.2 技术特征

1. 超前液压支架

1）超前液压支架稳定机构

超前液压支架稳定性包括横向稳定性、纵向稳定性以及支护稳定性。横向稳定性主要通过两排支架间采用防倒千斤顶横向连接，增强稳定性的同时可以调节平行的架间距离。纵向稳定性主要是适应顶底板的倾角变化。顶梁和底座采用分段铰接结构，以增加对于顶底板不平的适应性；对于上下坡的长距离，单凭稳定机构已无法保证排头架顶梁和底座的协调，必要时采取戗柱或增设调节立柱的模式。以上措施基本可以解决横向和纵向稳定性的问题，项目重点研究超前液压支架在强力支护过程的稳定性问题。

目前液压支架用稳定结构主要有以下四种。

（1）四连杆机构。采用此机构的支架在升降时顶梁呈近似垂线（双纽线）的轨迹升降，梁端距变化很小，有利于对顶板的支护；而且可使支架调高范围很大，因此广泛使用于各种类型的支架上。其缺点是四连杆受力大，受力（载荷、弯矩、扭矩）杆件较多，传递力的过程长，使得用于维持支架稳定所占支架质量的比例很大，不经济。因此，许多年前就有学者提出四连杆机构的取代设想或采取减轻四连杆机构受力的措施。此外，四连杆机构占用支架有效空间大，使得在特殊用途支架上使用时空间布置困难。

（2）单铰点机构。支撑顶梁的掩护梁下端与底座单铰接，支柱通过掩护梁间接支撑顶梁，结构简单受力杆件少，缺点是支架升降时顶梁也随掩护梁端部做圆弧线轨迹运动，使梁端距变化较大。由于变化量随支架调高范围的加大急速增加，因此限定了支架的调高范围。

（3）单摆杆机构。在支架的顶梁与底座之间用一连杆连接起来，升降支架时顶梁和摆杆上端围绕摆杆在底座上的铰点做圆弧线轨迹运动，也会使顶梁前后摆动。与单铰点机构不同之处是摆杆只控制顶梁的运动而不直接承受支架的载荷，简化了摆杆的受力状况。摆杆机构位置设置比较灵活，但摆杆长度往往要受空间位置的限制，因此在达到一定的支架调高比的情况下，支架升降时梁端距也会发生较大变化，对顶板支护不利。此外，摆杆本身及运动要占用一定的工作空间，不利于支架的空间布置。

（4）伸缩杆式稳定机构。伸缩杆式稳定机构超前液压支架近几年才出现，伸缩筒组成直线导向机构，具有支架顶梁垂直升降、梁端距恒定、结构简单、受力杆件少、支架质量轻、稳定机构占用空间小等优点。伸缩杆承受支架顶梁对底座的水平扭矩，设计时必须具有足够的抗弯抗扭强度，为支架纵向和横向提供不同数值的弯矩和扭矩。查阅相关文献，对伸缩筒稳定机构运动及受力定量分析的文献较少。本节详细分析计算伸缩筒稳定机构类超前液压支架纵向运动及受力，探讨横向运动及受力；分析计算四连杆稳定机构类超前液压支架纵向运动及受力，通过比较两者的优缺点，得到四连杆稳定机构类超前液压支架具有较好的适应性及稳定性。

2）伸缩筒式超前液压支架

伸缩筒稳定机构超前液压支架结构如图 6.26 所示。为了适应巷道的宽度、设备布置及行人，顶梁与底座都比较窄，伸缩筒与底座固定在一起，伸缩杆与顶梁铰接，形成直线导向机构。工作高度内保证导杆和箱体一定的重合量，重合量的大小影响着整个支架的受力状况及支架对顶板的适应性，支架顶梁的运动随着导杆的运动而变化，支架升降过程中，导杆竖直角度会发生微小的变化，但对其受力也有一定的影响，支架设计时必须严格控制这个变化，所以有必要定性分析这一微小变化。

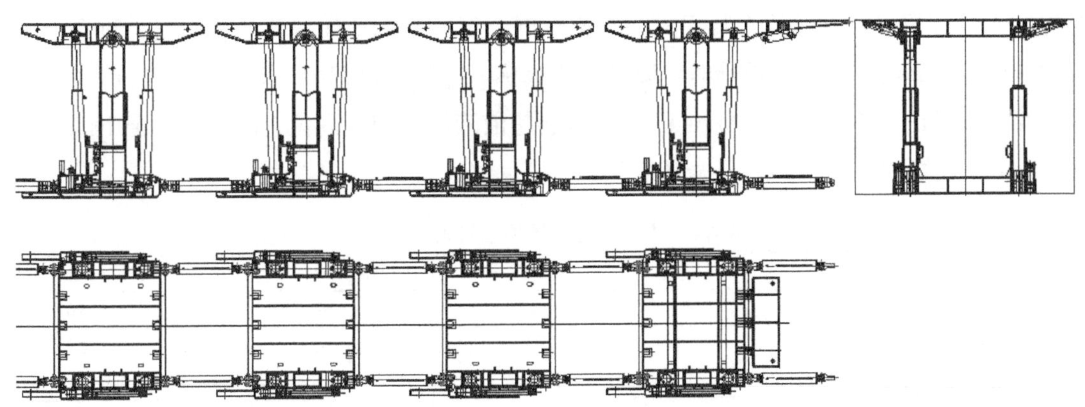

图 6.26　伸缩筒稳定机构超前支架组

伸缩筒模型简图如图 6.27 所示，假设伸缩筒运动时不同高度有最大偏移量，即伸缩杆的一端紧贴伸缩筒，伸缩筒的边沿紧贴伸缩杆，伸缩杆与伸缩筒的中心线会有一个偏移角度 φ，顶梁与伸缩杆铰接点产生水平位移 x_0，通过分析结构可以得到如下方程：

$$H_0=l_m\cos\varphi+L-D\cot\varphi+\frac{d}{\sin\varphi}-\frac{d\sin\varphi}{2} \tag{6.3}$$

$$x_0=\left(H_0-L+\frac{D\cos\varphi-d}{2\sin\varphi}\right)\tan\varphi \tag{6.4}$$

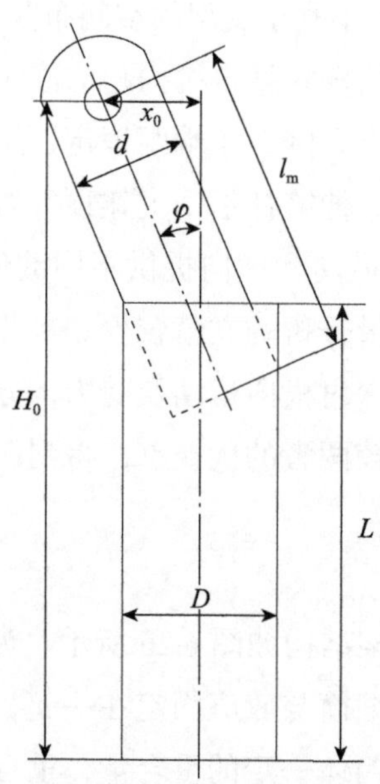

图 6.27 伸缩筒运动模型

D 伸缩筒内壁纵向宽度；d 伸缩杆外壁纵向宽度；L 伸缩筒长度；l_m 伸缩杆长度；H_0 铰接点高度；x_0 铰接点水平偏移；φ 偏移角度

由于伸缩筒相互配合的两个结构件都是由钢板焊接而成的，长箱形构件，存在焊接变形的影响，必须留有足够的安装间隙。间隙及重合度是影响支架偏移关键因素，重合度关系到最低及最高高度，这在设计时可以设计为最优。在制造过程中，单边预留 5mm 间隙是最低要求，对比分析 ZTC16000/29/45 型回风巷超前液压支架最高位置时不同间隙下的偏移量（表 6.6），可见，间隙越大，偏移角度、偏移量也越大。

表 6.6 不同单边间隙偏移量对比

对比项	配合间隙 /mm					
	5	6	7	8	9	10
偏移角度 φ/（°）	1.1	1.32	1.5	1.75	1.97	2.2
支架顶梁水平偏移量 x_0/mm	38.2	45.9	53.5	61.2	68.9	76.5

以 ZTC16000/29/45 型回风巷超前液压支架为例，伸缩筒的单边间隙为 5mm，铰接点水平偏移量、中心线偏移角度变化如图 6.28 所示。随着支架高度的升高，偏移角度、水平

偏移量也增加，且超过某一高度后，都有急剧增大的趋势，在最高位置时，偏移达到最大，分别为 1.3° 和 39.2mm，伸缩杆与伸缩筒的受力也比较恶劣，往往也是在此种情况下遭到破坏。得到定量变化后，就可以分析支架的受力了。

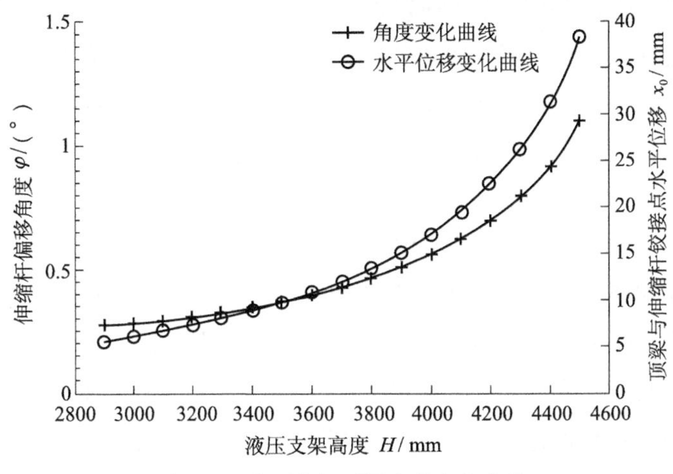

图 6.28　液压支架不同高度变化曲线

3）四连杆式超前液压支架

（1）以 ZTC16044/27/50 型回风巷超前液压支架为例，如图 6.29 所示，也是由多组液压支架组成。每组支架都由一个整体刚性顶梁和底座组成，顶梁和底座之间通过四连杆机构和立柱相连接，相互顶梁与底座支架铰接结构，通过底座上的连接座与推移千斤顶连接，使液压支架前移。

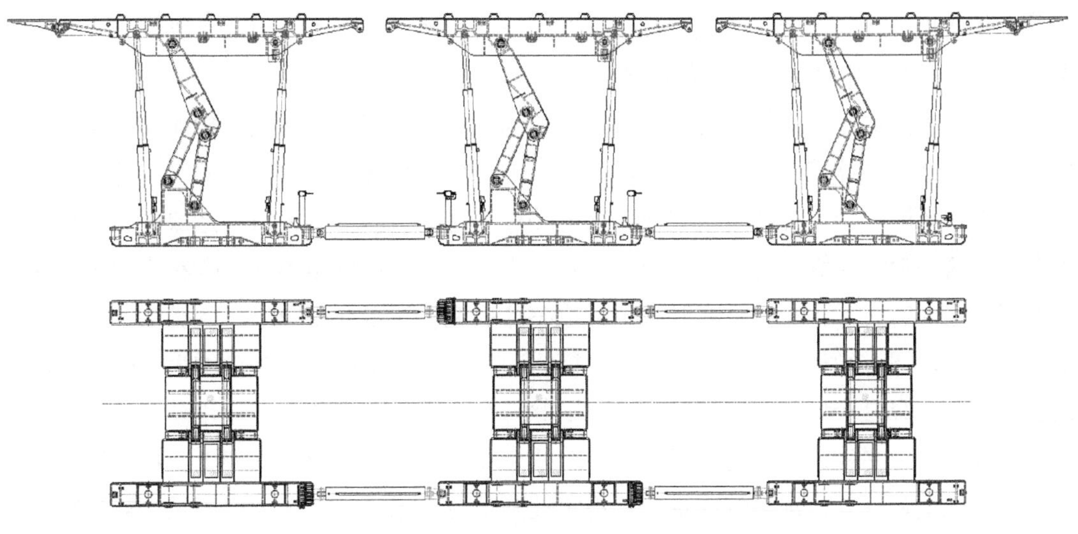

图 6.29　四连杆式超前液压支架组

（2）太原研究院研制的 ZFDC33250/26/46 型分体迈步式超前液压支架也是由多组液压支架组成。每组支架都由一个分体刚性顶梁和分体底座组成，支架组布置于巷道左右两侧，同侧底座之间连接有推移机构，交替迈步前移；支架底座与顶梁装有调架防倒油缸，用于支架的防倒、调架；支架顶梁设有侧翻梁，为行人空间提供安全防护；支架组 1 架前移时，其余 5 架支撑顶板，减少移架时的空顶面积，保证顶板的有效支护。支架组控制方式有手动控制、先导控制以及电液控制等多种方式。

超前支架稳定性的主要因素，除工作面条件和管理水平外，支架自身的结构力学特征是决定因素：四连杆机构销孔配合间隙过大、支架刚度较差、四连杆机构参数不合理等。从间隙控制角度而言，减小四连杆机构销孔间隙和铰接处的横向配合间隙，都可以达到有效减小顶梁的偏摆量，提高支架的稳定性的目的。

采用四连杆作为稳定机构的超前液压支架，抗水平力高是有别于伸缩筒导向机构的显著优点。但也是导致架型笨重，某些受力结构有待改进的问题所在。四连杆式稳定机构超前支架因自身结构产生的水平力源于以下两个方面：①为了扩大支架对巷道高度变化的适应能力，除用双伸缩立柱或单伸缩加机械调高立杆替代单伸缩立柱外，多数情况下还广泛地采用立柱的不同倾斜布置方式来扩大使用范围，从而引起支架自身的一定水平力，其大小主要取决于立柱的工作阻力、倾斜角度、立柱的排数、每排柱数和倾斜的方向。②顶板下沉过程中由于四连杆机构的运动轨迹，引起支架对顶板的一种水平力。四连杆机构的主要作用在于保持支架自身工作的稳定性，忽略销轴间的配合间隙和构件受力时的弹性变形的影响，四连杆机构可看成是刚性传力机构，即支架工作过程中要求顶梁始终沿四连杆机构的轨迹做上下运动。在支架支护过程中，随顶板的自然下沉，顶梁与顶板不可能保持同步运动，机构将迫使顶梁必须克服顶板给顶梁的摩擦力，沿顶板向采空区或相反方向产生相对滑动。移动后初撑时，支架产生的水平力对顶板的作用，方向与上述相反。

通过架型优化，控制支架支护过程中四连杆所传递的水平力，对改善支架受力，提高支架工作自身的稳定性，减小质量都将收到明显的效果。

将两种类型的超前支架进行比较可以得出如下结论：①在纵向上，伸缩筒类超前支架顶梁的偏移是由伸缩筒之间的间隙造成的，且伸缩筒的偏移对顶梁、伸缩筒、伸缩杆的受力都有较大影响；四连杆类超前支架顶梁的偏移是稳定机构本身的特征造成的，就单独分析来说，这一偏移对纵向受力影响很小，在一定程度上可以忽略不计。②在横向上，超前支架每组之间有千斤顶相连，有时还设计成整体底座，所以在横向上，两类支架的稳定性近似，都可以通过增加装置来解决。③套筒式超前液压支架随支护高度增大，伸缩杆所受偏载力加大，容易产生结构破坏和失稳，因此需在合理的高度范围内应用。套筒式超前液压支架顶梁受力平稳，对巷道顶板扰动小，适合在短顶梁超前液压支架上应用。④四连杆式超前支架受控性好，顶梁偏移量小，稳定性和适应性强，适合在大断面长顶梁支护支架组上应用。

4）搬运式无反复支撑超前液压支架

生产实践表明，在巷道压力大、顶板破碎条件下，使用交替迈步式超前支架进行巷道超前支护，由于超前支架工作阻力大，循环步距与工作面支架循环步距一致或是工作面循环步距 2 倍、3 倍，在超前支架移架过程中，支架升降反复支撑顶板，导致超前支护段巷道顶板下沉快、易破碎，两帮变形大，推进过程中经常发生大面积掉顶，极易造成伤人事故。同时伴随开采深度增加，顶板破碎程度、下沉速度和变形幅度等矿压作用逐步凸显，也会出现"巷道顶板压死超前支架"现象，人工放顶、卧底等应对措施不仅耗费人力、物力，还耽误时间。超前支架撑不住、移不动，将对生产带来极大影响。由于目前超前支架很难完全避免对条件复杂巷道的反复支撑，所以很多现代化大型矿井超前支护还在使用传统的超前支护方法，比如单体支护、木垛支护等。

为了解决传统超前液压支架反复支撑对顶板破坏的问题，煤科总院开采研究分院研发了搬运式无反复支撑超前液压支架。该支架的布置方式与单体支护相似，即在巷道并排布置两列单元式超前支架，根据巷道支护强度需要决定布置单元式超前支架的密度与数量，如图 6.30 所示。配合工作面开采进度，通过各种方法把靠近工作面机头、机尾的单元式超前支架向前搬运布置于超前支护区域的最前端。这种超前支护模式的最大特点就是没有反复支撑，对巷道顶板控制非常有利。

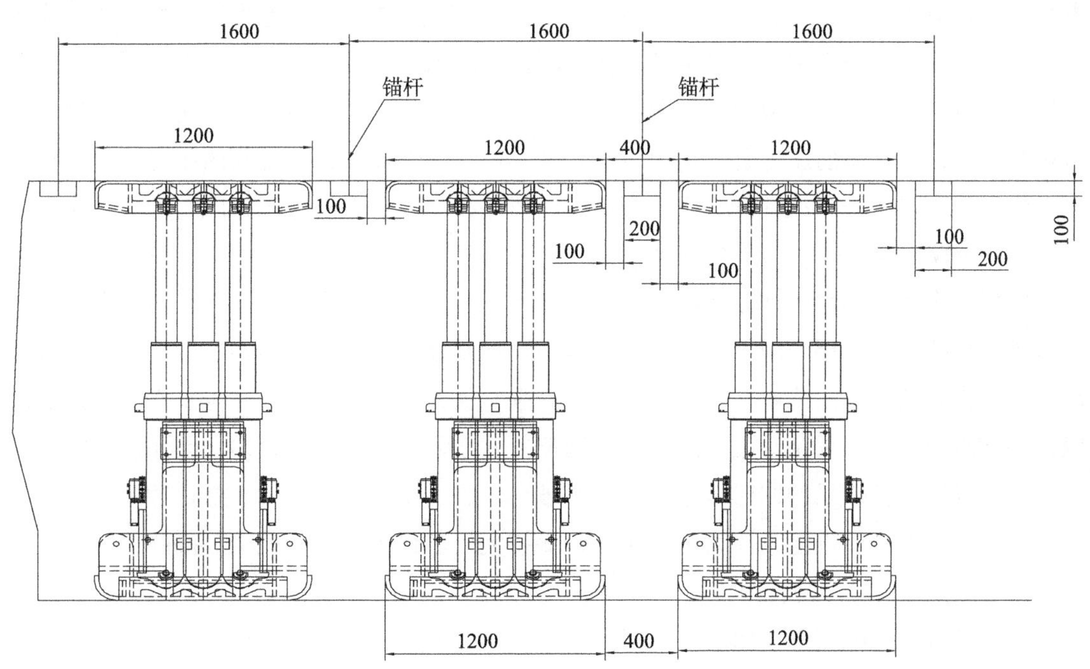

图 6.30　搬运式无反复支撑超前液压支架（单位：mm）

单元式超前支护系统主要用于工作面切眼外 20m 甚至更长的超前支护，主要技术特点如下：

（1）具有较强支撑能力，可主动支撑巷道顶板，搬运式移架方式避免了对巷道顶板的反复支撑，减缓了巷道围岩的变形，保持了巷道断面的完好。

（2）由立柱控制支撑巷道顶板，因此具有很好的动压让压特性，能与巷道围岩压力显现相适应。

（3）随着综采工作面推进向前快速移动，可以满足高产高效工作面的进度要求。

（4）梁体可根据巷道断面形状进行调节，具有良好的接顶性和保护锚杆锚索能力。

（5）移架通过专用搬运车完成，搬运方便，一般工作面两个步距搬运一次，有利于工作面快速推进。

（6）无需像单体支柱那样采用人工回柱、倒柱、支柱，大幅降低了工人劳动强度，提高了工效，生产效率高。

单元式超前支架高度、工作阻力可以根据巷道具体条件设计，比如工作阻力可以选用 2700kN、3000kN、3200kN 等，单元式超前支架高度可以选择 1.6～3.2m、1.8～3.8m、2.1～4.5m 等。

5）超前液压支架非等强支护方法

针对当前工作面顺槽超前液压支架整个支护范围内采用单一的初撑力带来的顶板破坏和过度扰动问题，提出非等强支护原理，并通过液压系统的改进提供一种分段控制的实现方法。在超前支护段内，将超前液压支架前后分为多组，3 组及以上为优，每组的立柱形式一致，支护面积和立柱数比值接近，在相同供液压力下能够基本达到等初撑强度。左右并排的一组支架由同一片换向阀控制，在换向阀间和每组立柱下腔液控单向阀间增加一只可调减压阀，根据超前压力显现情况设定合理的值，一般而言，减压阀的压力设定值随其至工作面距离增大而逐次降低。安全阀调定的值保持不变，保持等工作阻力，且工作阻力尽可能保持较大值。

紧邻工作面的塑性区和高压区受回采扰动大、巷道变形剧烈，适当增大初撑力可防止直接顶过早的下沉离层、减缓顶板下沉速度并增加其稳定性，因大的初撑力造成的顶板破坏，随工作面的推进而能够在较短时间内甩到采空区，影响相对较小。距工作面较远的区段，超前应力和受回采扰动强度均递减，因反复移架需要的支撑次数多，因此适当降低初撑力，在保证支护效果的同时可减小对顶板破坏。大的工作阻力有助于抵抗冲击压力，维护巷道完整。安全阀设定的压力未减小，仍保持大的工作阻力，因此较远段的低初撑力不会带来支护效果的明显降低。

红柳林煤矿 7.0m 超大采高工作面的巷道高度达 4m，若采用传统单体支柱的超前支护方式，每条巷道一般需要布置 3～4 排、约 60～80 根单体支柱，这种支护方式支护强度低，工人劳动强度大、安全性差和支护速度慢，制约着工作面的推进速度，无法充分发挥 7m 成套装备的能力，满足高产高效综采要求。

由于巷道高度比较高，支架的稳定性问题尤为突出，所以支架稳定性尤为重要，针对超前支架稳定性（横向稳定性控制）问题，每组超前支架左右两架支架顶梁通过“十字头”结构形式连接，顶梁连接横梁采用长连接孔，确保左右架顶梁前后、上下移动时有一定的摆动量，为超前支架以理想姿态稳步向前移提供保证。

工作面支架移架步距一般为 865mm，在设计中采取了加大移架步距的措施，超前支架推移千斤顶行程增大为 1900mm，每个支架顶梁上方按照顶板锚杆布置间距设有 5 个凸台，在支架降架前移时可有效避让锚杆托盘和露出部分，保护锚杆及托盘区域不受损坏，从而保持预应力，有效发挥对顶板的控制作用，同时还可以减少顶梁对顶板的相互作用次数，有利于巷道顶板的维护。底座间斜坡式连接梁不仅保证了超前支架组的稳定性，同时实现胶轮车通行要求，适应了西部平硐开拓和运输方式的特点。

ZTC16044/27/50 型超前支架在 25202 工作面投入运行以来，运行可靠，适应性强，自动化程度高，每个生产班可减少 4 名操作工来搬移单体支护，且显著降低工人的劳动强度，平均月产达到 109.9 万 t，工作面的年生产能力达到千万吨以上，实现了工作面的安全高效。该套装备随后在 5^{-2} 煤其他工作面进行了连续使用，井下应用表明该套超前液压支架适应性强，显著减少了对顶板的破坏，稳定性好，满足车辆通行要求。

2. 综采工作面回撤专用支护支架

近几年，我国煤矿对煤炭生产效率、安全生产水平和资源回收率提出了更高的要求。传统综采工作面搬家回撤综采液压支架普遍采用单体支柱支护方式，效率低，安全性差，制约了高产矿井的需求。太原研究院开发了回撤掩护支架、回撤巷道支护支架、三角区支架等系列特种液压支架，形成快速搬家专用回撤巷道支护支架系统，实现了综采工作面回撤巷道顶板机械化支护，为回撤设备以及人员提供安全作业空间。在神东矿区“内外辅巷多通道快速回撤工艺”使用中取得了较好的效果。

回撤专用支护支架巷道布置如图 6.31 所示。根据回撤方向不同，一组两架 A、C 或 B、C 平行于工作面布置，两架迈步式移动，为回撤支架作业提供临时支护。可适用于高度不大于 4.6m、倾角不大于 15°，中等稳定顶板搬家巷道端头的临时支护。内外辅巷多通道快速回撤工艺实现了多点作业，每一个回撤点可双向同时作业。综采液压支架回撤时，对新暴露的左右两处端头顶板采用回撤端头掩护支架组进行临时支护。A、C 架成组使用，B、C 架成组使用，分别用于左、右两个方向回撤支架。每组两个支架采用迈步方式随着回撤作业移动。

1）快速搬家专用回撤巷道支护支架

回撤液压支架采用四根立柱前后排呈倒“八”字形布置，立柱在整体顶梁上对称布置，可使支架顶梁应力分布均匀，有利于维护回撤巷道顶板的整体性；采用整体底座，提高支架对底板的适应性，底座前后部设计有专门的拉耳结构，方便井下拉架及固定滑轮机构；设计时充分考虑支架与被回撤支架及回撤通道的空间关系，使回撤作业更加顺畅安全。采用主、副架设计，适用于双向回撤液压支架。设计有专用型、安全系数较高的特制高强度拉架滑轮组，提高了拉架的安全性和效率。采用特殊配置的电液控制系统，有本架手动、本架电液和遥控三种控制方式，可对支架实行远距离遥控操作，确保操作人员安全。

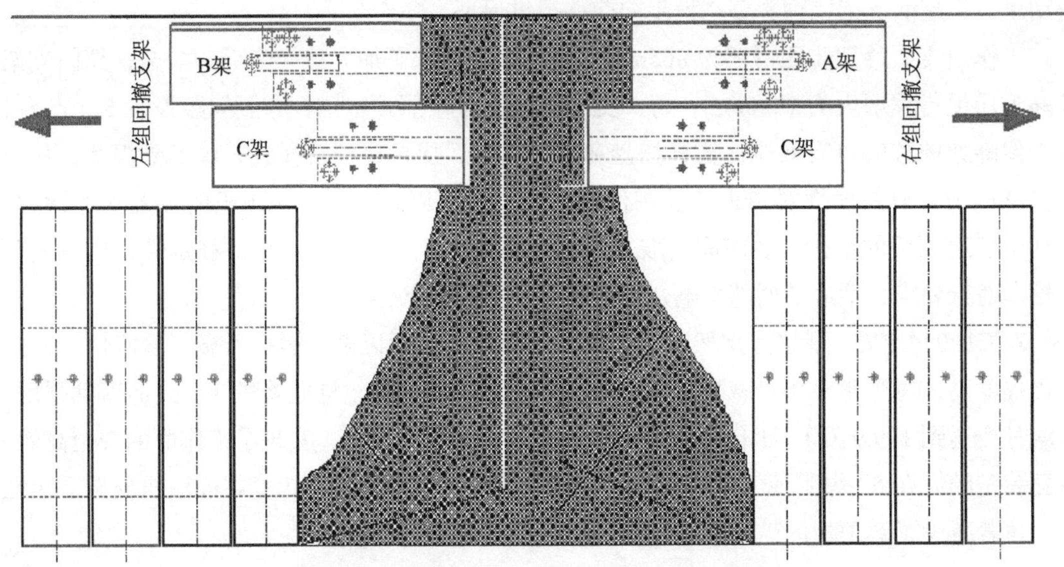

图 6.31　回撤巷道端头设备双翼布置示意图

ZZ10000/22/44 型回撤巷道支护支架主要技术参数如下。

支架形式：四柱支撑掩护式。

支架型号：ZZ10000/22/44。

支架高度：2200～4400mm。

支架初撑力：7754kN（P=31.4MPa）。

支护阻力：10000kN（P=40.6MPa）。

支护强度：0.76MPa。

支架质量：25.2t。

2）回撤端头掩护支架

回撤端头掩护支架主要用于工作面回撤通道端头顶板的支护，并通过其配置的特殊滑轮组实现综采设备的快速回撤。主要技术特点如下：

（1）根据回撤巷道宽度多架成组使用。

（2）底座和推移杆前部配置高强度滑轮组，滑轮上设计有防止钢丝绳滑出槽的压盖，提高了拉架安全性。

（3）底座两侧设有成对调架装置，可有效调节回撤支架间隙。

（4）顶梁和底座前部设计辅助吊挂机构，便于工人井下作业，提高工作效率和作业安全。

（5）可实现本架手动、本架电液、远程无线、远程有线多种控制方式。

ZY18000/25.5/50D 型回撤端头掩护式液压支架主要技术参数如下。

支撑高度：2550～5000mm。

工作阻力：18000kN。

初撑力：12370kN。

支护强度：1.12～1.28MPa。

3）回撤端头三角区掩护支架

回撤端头三角区掩护支架是实现回撤工作面端头三角区机械化支护的关键支护设备，与回撤端头掩护支架配套使用，实现了巷道端头顶板机械化支护，提高了综采工作面回撤的效率，减少了1/3以上木材的消耗，减少了回撤过程中所用的劳动力，提高了回撤人员和设备的安全性。

主要技术特点如下：

（1）多级铰接式顶梁、尾梁、侧翻梁机构可使支架靠三角区侧圆滑过渡，有效防止三角区钢丝网被撕破。

（2）底座靠三角区侧设防护机构，有效防止三角区钢丝网被撕破后，矸石涌入支架内部。

（3）顶梁与掩护梁采用十字头连接方式，顶梁上四个铸钢球面柱帽，使顶梁左右、前后能摆动一定角度。

（4）采用电液控制系统，电液控制系统配置专用防爆蓄电池，支架可实现本架手动、本架电液和远程无线遥控三种方式控制。

ZZ9000/20/40型三角区掩护式液压支架主要技术参数如下。

支架形式：四柱支撑掩护式。

支撑高度：2000～4000mm。

初撑力：7734kN。

工作阻力：9000kN。

支护强度：2.26～2.35MPa。

操纵方式：本架手动/无线遥控/本架电液控制。

质量：24.2t。

太原院成功研制了3种规格的回撤掩护支架，大大减少了支架搬家时间和回撤时的经济损耗，提高了回撤生产过程中的资源利用率，降低了工人劳动强度，提高了回撤人员和设备的安全，为综采工作面“内外辅巷多通道”回撤新工艺的推广应用起到有力的推动作用。

3. 大倾角液压支架

1）大倾角液压支架防倒、防滑装置

针对大倾角液压支架与围岩的受力特点，基于支架与围岩稳定性耦合关系，提出了“自撑－邻拉－底推－顶挤”刚柔并行的大倾角煤层支护方法（图6.32），研发了液压支架防倒、防滑和三维防飞矸装置。

图 6.32 “自撑－邻拉－底推－顶挤”三维立体防护

支架发生倒架大多是支架上方冒空，顶板局部失去完整性，上部顶板有向下移动的空间。当顶板垮落时，这个倒向力的显现使支架倾倒。所以，应重点研究支架前移过程中的防倒、防滑问题。

a. 防倒措施

单台支架在倾斜工作面的非支撑状态时，极限倾倒角一般小于 25°，如工作面实际倾角大于倾倒角时，支架设计中要考虑增加防倒装置，其主要措施为:

（1）减少支架顶梁间隙。支架侧护板千斤顶、侧推弹簧使支架顶梁相互靠紧，始终保持足够扶正力，防止倒架。

（2）在邻架顶梁间增设调架千斤顶，当支架出现倾倒时，以支撑顶板的相邻支架作支点，用千斤顶调整该支架位置（图 6.33）。

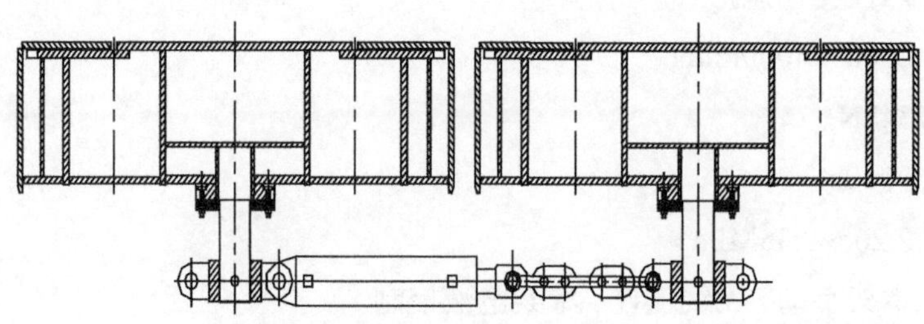

图 6.33 大倾角液压支架调架千斤顶

b. 防滑措施

支架在前移过程中极限下滑角一般小于 18.6°。一般来说，当工作面倾角大于 15° 时，就要采取防滑措施。

（1）推移杆全程导向，推移杆和底座间隙控制为 10～20mm（单侧），当推移杆在任意位置时，推移杆和底座间间隙不变，控制输送机下滑。

（2）相邻支架底座之间设置防滑千斤顶，以有初撑力的支架为支点，可以调整相邻支架的位置（图 6.34）。

（3）在输送机和支架间设置防输送机下滑装置，每隔 5 架一组。推移输送机时，通过控制防滑千斤顶动作，牵动输送机上移。

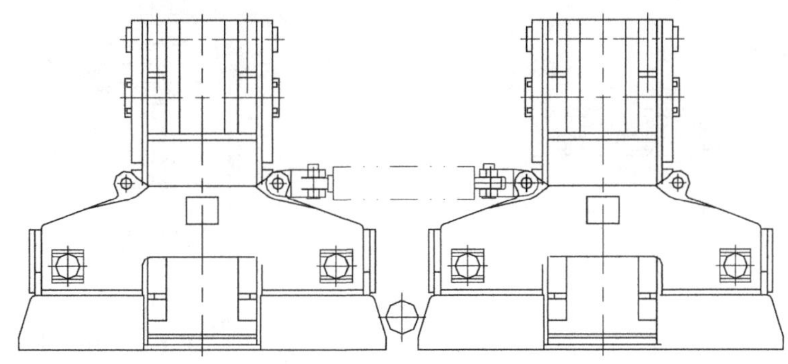

图 6.34 大倾角液压支架防滑千斤顶

大倾角综采液压支架稳定性控制包括单个支架和相邻支架组的稳定性控制两个方面，其目的在于尽量降低不利因素的影响，有效提高支护系统的稳定性。

①合理地提高初撑力和工作阻力，可有效地提高支架工作状态的稳定性，在支架设计时，应尽量选用较大缸径立柱。②在井下运输、搬家条件允许的情况下，选用中心距1.75m型支架，底座应尽量加宽。③在保证支撑强度的前提下，尽量减轻支架质量，以提高稳定性，同时亦有利于支架在工作面的调整和搬家。④增加初撑力和工作阻力，降低底板比压。加大支架阻力必须确保支架与顶底板接触状况良好，以不破坏煤层底板为前提。这主要依靠加大底座面积，调整合力作用点位置，从而使底板比压降低来实现。⑤提高工作面支护系统稳定性。大倾角工作面支护系统的稳定性除需保证单个支架在工作过程中的稳定外，还应考虑设置排头排尾支架组，使工作面支护系统有相对稳定的整体性和可靠的依托。

c. 安全防护措施

（1）支架在35°～55°倾角条件下工作时，顶板冒落碎石或片帮煤块在重力作用下可产生很大的加速度，威胁工人安全。因此，支架应有完善的防护装置，一种可旋转的保护板结构，也可在支架上设置平行和垂直工作面的两向挡矸帘（链网）。

（2）在支架行人通道处设人梯和扶手。

（3）增设侧护板的调架能力，设侧护板千斤顶定压阀，支架增设防倒防滑和底调装置。

（4）增大支架的初撑力，采用带压擦顶移架方式，以避免支架下滑。

（5）采用宽推移杆结构的推移装置，以限制刮板输送机的下滑和支架底座的下滑。

（6）支架结构设计应最大限度提高横向稳定性。

2）大倾角工作面端头液压支架

为了解决大倾角工作面由于巷道起底形成的巷道底板与工作面底板的高度落差所造成的支护难题，开发了一种用于机头起底巷道的串联式锚固液压支架，如图6.35所示。该支架能够很好地适应机头处起底巷道的顶板支护，通过支架上的提拉机构及底调机构调整支架位置，并可在采煤过程中随工作面推进向前移动。

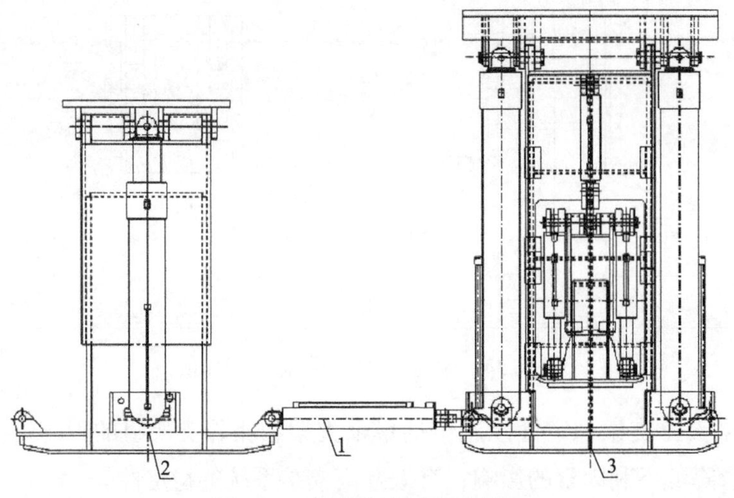

图 6.35 串联式锚固液压支架
1. 拉移千斤顶；2. 支撑架；3. 锚固架

4. 极软厚煤层“抱采”放顶煤液压支架

目前，综采放顶煤工作面采煤机与放顶煤液压支架的配套关系普遍为及时支护，机采高度即为放顶煤液压支架的支护高度，采煤机割煤时支架顶梁前端与煤壁间保持一定的安全距离即梁端距，采煤机滚筒割煤后，支架及时跟机移架，故称“及时支护”。对于一般厚煤层，这种综放开采支护方式被认为是最合理的支护方式。然而，对于极松软厚煤层，由于煤岩体弱胶结，煤呈松散体状态，在采动超前压力作用下，煤壁和支架前方顶煤片冒严重，无法控制，采用上述综放开采工艺无法正常生产。

为此，改变放顶煤工作面设备配套关系和开采工艺方式，使采煤机与放顶煤液压支架的配套关系为超前支护，改防止煤壁片帮为合理利用煤壁片帮，让采煤机滚筒在支架顶梁下截割装煤，形成无梁端距“抱采”工艺特征；同时改变放顶煤液压支架的结构，适应这种极松软厚煤层无梁端距“抱采”放顶煤开采工艺要求。支架伸缩梁前端带有铲状结构，顶梁和尾梁侧护板全封闭，当前端顶板漏冒不平整时，用铲板铲出一个平整的平面，为顺利移架创造条件。

在极松软厚煤层条件下，采煤机与放顶煤液压支架的配套关系为超前支护，即机采截割工作循环开始时采煤机滚筒在支架顶梁下截割装煤，随着煤壁的片帮、冒顶，用放顶煤液压支架的伸缩梁伸出护住或者铲平顶煤后，推移输送机和拉移液压支架，形成无梁端距“抱采”工艺特征，如图 6.36（a）所示，煤壁片帮达到一个动态平衡，在顶梁下割装煤，工作面不会片帮冒顶，采煤效率高；如图 6.36（b）所示，随着割装煤的进行，煤壁进一步片帮，伸出伸缩梁，伸缩梁上带有铲煤板，如果顶煤片帮不平整，在伸出伸缩梁的同时用铲煤板将顶煤铲平；如图 6.36（c）所示，操作推移机构将前部输送机推向煤壁；如图 6.36（d）所示，推移前部输送机后，操作推移机构，将放顶煤液压支架前移，并摆动后部尾梁，将支架上方的顶煤放到后部输送机上，形成一个工作循环，实现极软煤层的放顶煤安全、高效开采。

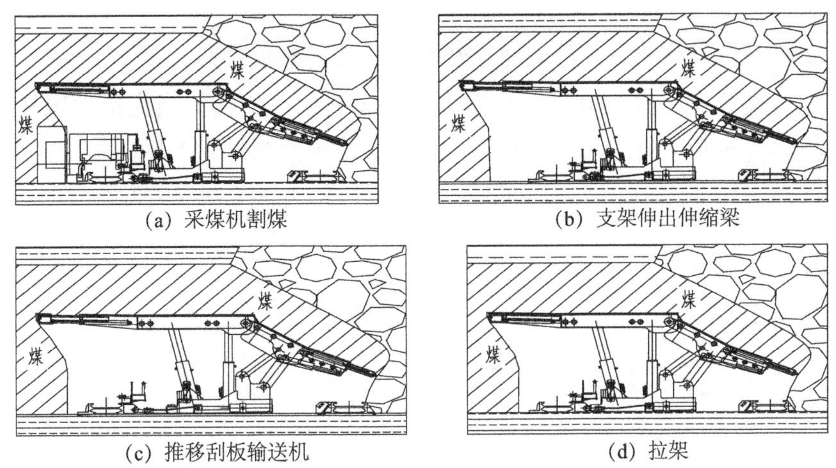

(a) 采煤机割煤 (b) 支架伸出伸缩梁
(c) 推移刮板输送机 (d) 拉架

图 6.36 极软厚煤层“抱采”放顶煤开采方法及装备

ZF6400/17.5/28 型极软厚煤层“抱采”放顶煤液压支架结构如图 6.37 所示，其主要特点如下：

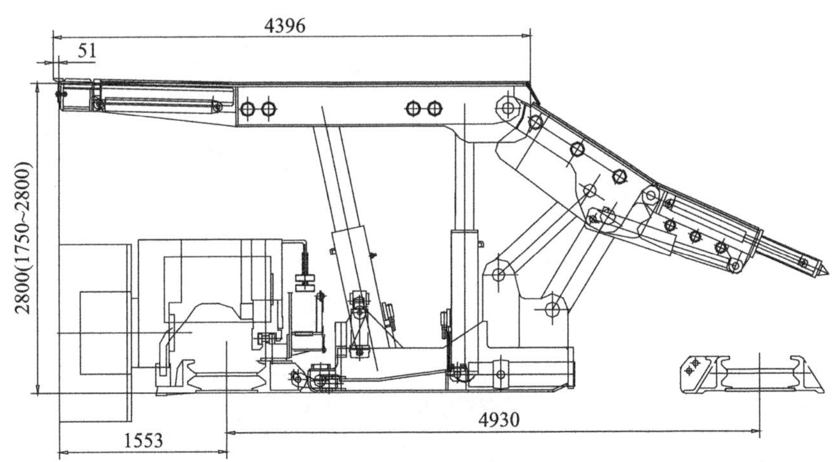

图 6.37 ZF6400/17.5/28 型“抱采”放顶煤液压支架（单位：mm）

（1）采用成熟的架型结构，支架稳定性好，抗偏载能力强，人行通道大，安全可靠性高，为减少支架控顶面积，采煤机割煤时支架前立柱前部无人行通道。

（2）整体顶梁，长侧护板，800mm 行程伸缩梁可有效减少片帮现象，伸缩梁上带有铲板结构，能够对片帮不平整的顶板进行铲平。

（3）伸缩梁及尾梁设置双侧活动侧护板，实现全封闭。

（4）加长顶梁，梁下采煤，实现全封闭开采。

（5）前柱前倾，前柱缸径大于后柱缸径，此种布置方式可有效提高梁端支撑能力，并使支架有较大向前水平分力。

（6）后排立柱采用单伸缩立柱，上腔加锁，使其具有抗拉能力，对软煤层的适应性更强。

（7）支架具有较大移架力，移架力 529kN，可实现擦顶移架。

（8）刚性分体底座，方便排矸，移架顺利；设置抬底机构，当支架出现扎底时，可通过抬底千斤顶将支架底座前端抬起，有利于移架和减少清理浮煤工作量。

5. 矸石充填液压支架

矸石充填液压支架主要有两种：带夯实机构的矸石充填液压支架（图 6.38）和不带夯实机构的矸石充填液压支架（图 6.39）。主要技术特点如下。

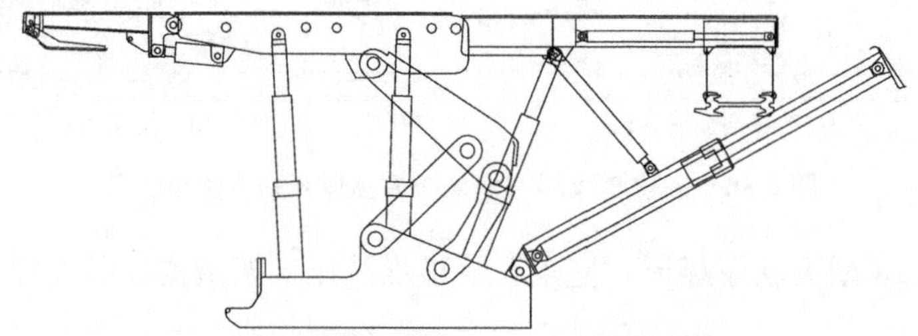

图 6.38　带夯实机构的矸石充填液压支架

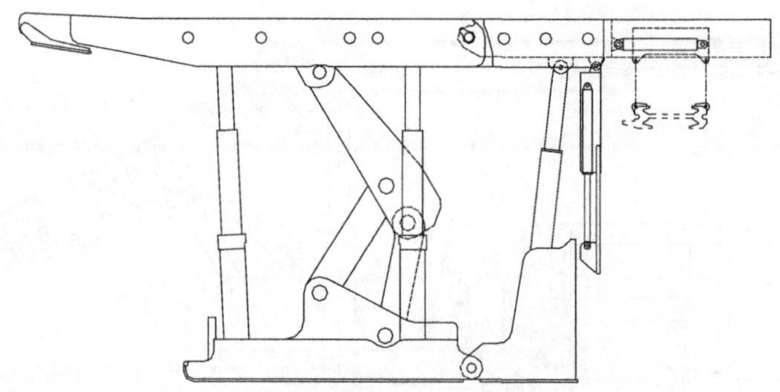

图 6.39　不带夯实机构的矸石充填液压支架

（1）采用四柱正四连杆的结构形式。

（2）顶梁后部悬挂带有卸料孔的刮板输送机。

（3）带夯实机构的充填工艺复杂，可在一定程度上提高充填材料的密实度。

（4）不带夯实机构的通过悬挂在顶梁上的上挡墙和底座后部的下挡墙起到隔离工作面和采空区的作用，主要以消灭地表矸石山或矸石不升井为主要目的，对地表下沉的控制作用有限。

6. 膏体充填液压支架

膏体充填液压支架（图 6.40）在摆动梁、底座后部均需设置活动侧护板，防止支架间泄浆；支架顶梁和顶板、底座和底板之间利用柔性泡沫和塑料布进行简单处理。实践证明，支架间隙控制在5mm以内，充填过程中局部有漏浆现象，不会对工作面产生严重影响，可保证充填接顶质量。

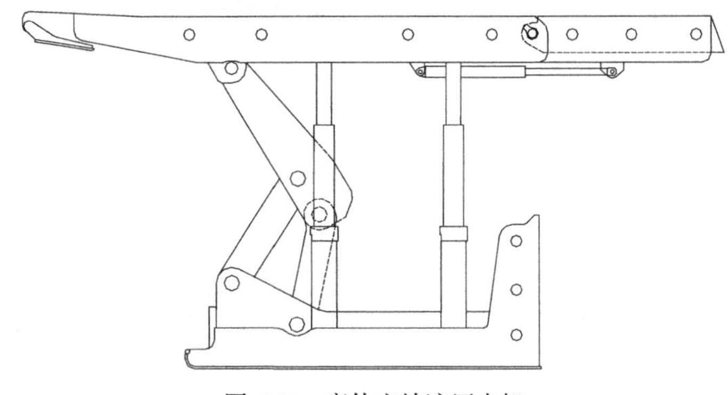

图 6.40　膏体充填液压支架

膏体充填液压支架的主要特点。

（1）采用四柱正四连杆的结构形式。

（2）顶梁采用整体顶梁结构，前面设有护帮板，后部铰接有尾梁。

（3）尾梁中部设有料管连接孔，用来连接布料管。

（4）底座采用整体式箱形结构，配备抬底机构和底调机构。

（5）摆动梁和底座下挡墙均需设置活动侧护板。

（6）通过千斤顶的伸缩，摆动梁既可支护顶板又可当做上挡墙使用。

7. 高水材料充填液压支架

与其他充填技术相比，高水材料充填技术具有以下优点：充填材料中水的体积约占95%，可利用重力作用将充填材料通过封闭的充填管路从地面输送至采空区，简化了其他充填技术所需的庞大充填系统；高水材料能迅速接顶，提高采空区充填的饱满度，使凝固后的固结体尽快控制顶板及上覆岩层活动，从而达到有效减缓地面沉降的目的。

1）单元式充填支护系统

如图6.41所示，单元式充填支护系统由若干个可以满足工作面综采功能要求的反四连杆充填液压支架和作为充填墙的直线式充填液压支架组成充填开采工作面的支护单元，若干个充填工作面支护单元组成一个工作面支护系统。直线式充填液压支架的间距根据工作面的具体条件及充填工艺来确定，一般在10m左右。间距过大，充填袋质量大，不利于井下工人搬运，袋破后的处理也比较麻烦；间距过小，未充填区太多，对顶板的支护效果不好。

单元式充填支护系统借助条带开采的减沉理念，随着工作面向前推进，在采空区构筑相间的充填条带，即仅在采空区条带范围内布置充填袋，袋内充入高水充填材料，凝固后对上覆岩层直接进行支撑。只要保证非充填采空区的宽度小于覆岩主关键层的初次破断垮

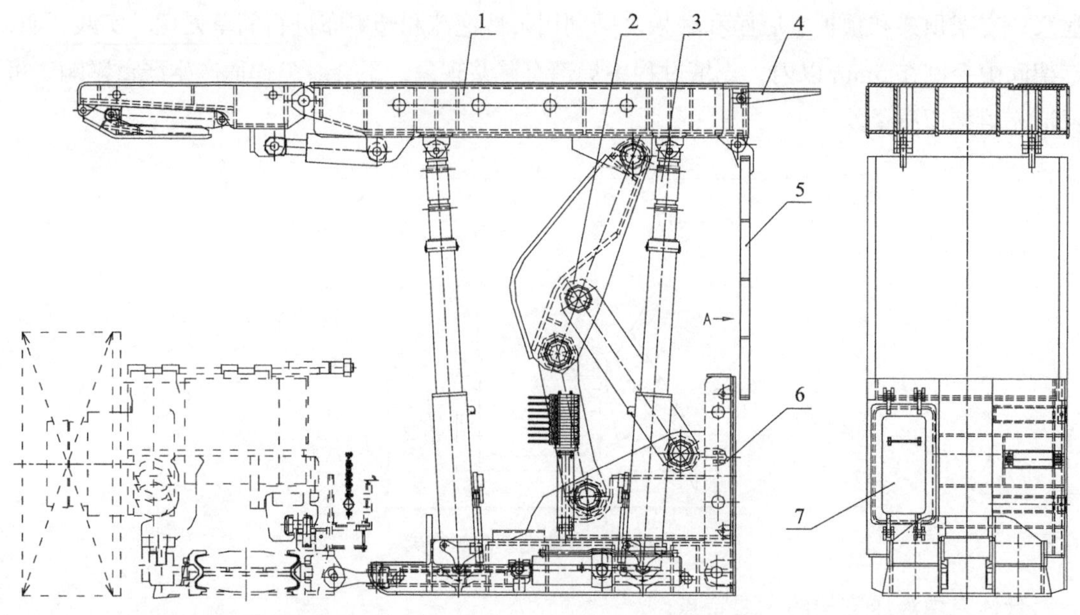

图 6.41 反四连杆充填液压支架结构示意图

1. 顶梁；2. 反四连杆机构；3. 立柱；4. 水平防护板；5. 垂直密封防护板；6. 底座；7. 门

距，且充填条带能保持长期稳定，就可有效控制地表沉陷。

充填高水材料前，通过销轴与直线式充填液压支架连接的反四连杆充填液压支架需要与同一单元中相邻的反四连杆充填液压支架滞后一个步距，以供工作人员进入将充填袋放入待充填的采空区中。

反四连杆充填液压支架是充填采煤工作面的主要装备之一，与采煤机、刮板输送机配套使用，起着支护顶板、提供安全作业空间和充当密封墙的作用，如图 6.41 所示。该支架主要由顶梁、四连杆机构、立柱、水平防护板、垂直密封防护板、底座等部件组成。

a. 反四连杆充填液压支架特点

（1）采用四柱反四连杆稳定机构。

（2）底座后部设置密封防护墙，密封防护墙的一侧设有一个连通充填区的门，方便进入采空区，另一侧有活动侧护板。

（3）顶梁后部设有水平防护板和垂直密封防护板。水平防护板为工作人员提供安全作业空间，掩护充填接管作业；垂直密封防护板与底座后部的密封防护墙搭接，隔挡充填区。

如图 6.42 所示，直线式充填液压支架主要由顶梁、立柱、直线式伸缩机构、楔形密封挡板、底座等部件组成，具有支护顶板和隔挡充填区的双重功能。

b. 直线式充填液压支架特点

（1）采用四柱伸缩杆式稳定结构。

（2）直线式充填液压支架底座前端与反四连杆充填液压支架通过销轴连接，能够随着工作面的推进不断充当模板作用。

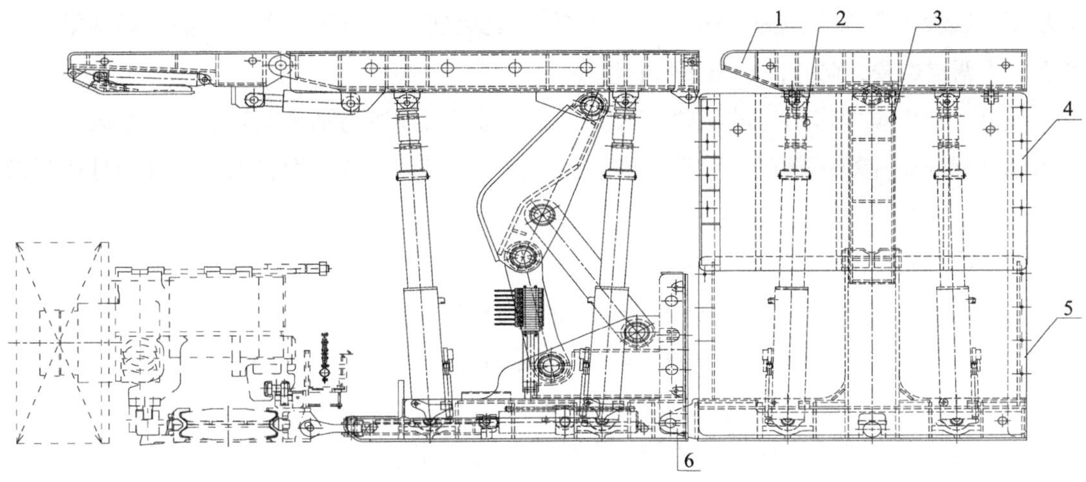

图 6.42　直线式充填液压支架与反四连杆充填液压支架布置示意图

1. 顶梁；2. 立柱；3. 直线式伸缩机构；4. 楔形密封挡板；5. 底座；6. 连接销轴

（3）底座两侧设置楔形布置的密封挡板，顶梁两侧垂挂呈同样角度的楔形密封挡板，此楔形便于支护系统与充填体剥离。

（4）顶梁长度大于 3 个推移步距，可满足工作面推进 3 个步距只充填一次的要求。

2）高水柔模充填液压支架

高水柔模充填液压支架是综合机械化充填开采的关键设备，起着控制顶板、隔离充填区和维护作业空间的作用，与采煤机、刮板输送机配套，保证采煤工作面正常推进。

高水柔模充填液压支架工作原理如图 6.43 所示。预先将两层柔性模板（以下简称柔模）铺设在采空区，一层沿顶板铺设，一层沿底板铺设，通过手提缝纫机沿工作面推进方向接长柔模，最终形成一个与采煤工作面采空区尺寸相当的大型封闭空间。充填浆液凝固且达到设计强度后，开始割煤。随工作面推进，继续沿工作面推进方向铺设柔模，直至达到充

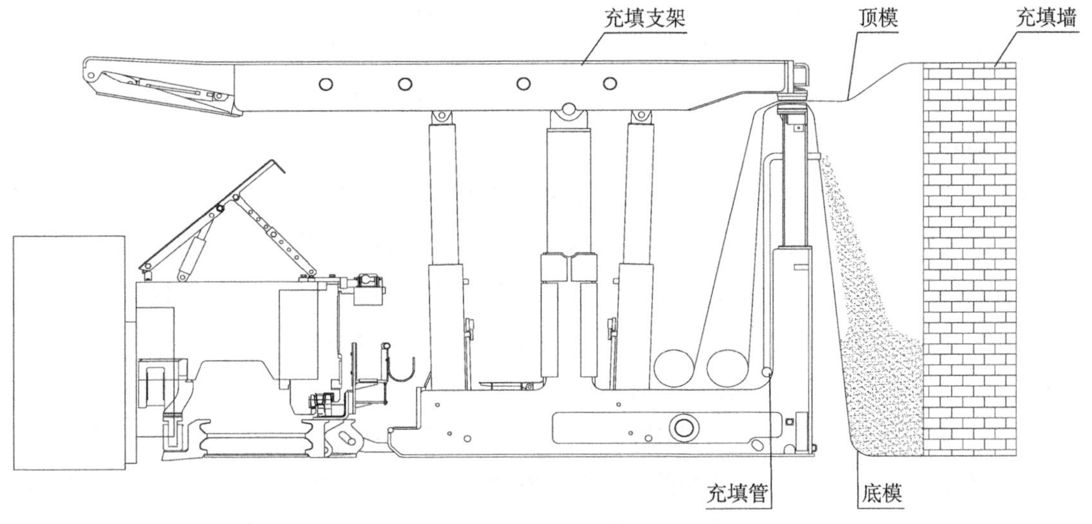

图 6.43　高水柔模充填液压支架工作原理图

填步距（试验工作面步距为4.8m，共6刀煤），之后通过伸出千斤顶挤压挡墙和顶梁，夹紧上、下两层柔模，防止高水充填材料泄漏。

随后，利用重力作用将风积砂高水膨胀材料通过封闭管道从地面输送到采空区内的柔模封闭空间开始充填，直至充满整个采空区。若干小时后，待充填材料膨胀凝固且达到设计强度后，开始正常的割煤工艺。

高水柔模充填液压支架的主要特点如下。

（1）采用四柱支撑式架型，稳定机构采用伸缩杆机构，支架后部留有用于铺膜的作业空间。

（2）采用整体顶梁铰接护帮板机构，顶梁后部设有伸缩梁，可有效防止顶板矸石冒落，同时为工作人员进入采空区提供安全作业空间。

（3）底座为刚性分体底座，前部设有抬底装置，便于拉架；后部装有可伸缩的挡墙，该挡墙通过千斤顶的作用可上下滑动。挡墙顶部和顶梁后部的盖板处都安装有橡胶板，通过千斤顶挤压挡墙和顶梁可夹紧柔模，防止高水充填材料泄漏，同时挡墙还起到模板作用。

（4）挡墙上开有长圆孔，充填管路可通过此孔对采空区进行充填。

6.6.3 应用实例

山东能源新汶矿业集团内蒙古福城煤矿一采区1901S回采工作面位于矿井南翼第一区段，是该井田9层煤第二个回采工作面，平均埋深约280m。工作面平均走向长1950m，平均倾斜长174m，最大倾斜长240m。9层煤为复杂结构煤层，9层煤上分层结构简单，一般无夹矸，煤层赋存稳定，厚度平均1.2m，宏观煤岩类型为半亮型，视密度1.4t/m^3，煤质牌号为气煤。9层煤下分层结构较复杂，煤厚平均3.1m，含有泥岩夹矸1～3层，宏观煤岩类型为半亮型煤，视密度1.4t/m^3，煤质为气煤，煤硬度系数3～4；煤层倾角变化由北向南逐渐变大，南翼最大达到56°，整个工作面范围平均为20°～44°；9层煤上下分层之间的夹矸为泥岩，厚0.3～0.5m，其顶部含白色细砂岩，厚0.1m。9层煤直接顶为生物碎屑灰岩，厚2m，石灰岩底面向上0.3m处含泥岩夹层，厚0.2m；其上为灰黑色泥岩，厚7.7m；再上为灰白色中砂岩，厚9m；再上为黑灰色泥岩，厚4.5m；9层煤直接底为粉砂岩（泥质胶接），厚4m；其下为10层煤，厚0.6m。

针对该矿大倾角煤层赋存条件，煤科总院开采研究分院研发了ZQY9000/24/50大倾角液压支架，针对机道和行人通道分离的实际要求，设计二级挡矸板配置挡矸网等，在支架立柱后部设计宽敞的行人通道，在立柱前面设置防护网，支架顶梁上设置二级长度可变的挡矸装置，电缆槽和挡矸板搭接形成屏障，在不同采高下发挥隔离带作用，让人员躲避工作面上侧煤矿矸石冲击带来的威胁，有利于安全生产。

福城煤矿1901S综采工作面倾角最大达到52°，仰俯采倾角达12°，经受了工作面各种复杂条件的考验，依靠综采队的严格管理，发挥设备调整防护的主动性，采用双向割煤，克服了一般大倾角工作面过渡段留底煤的不利做法，大大增加了煤炭回采率，实现了日产

1 万 t 安全高效生产。该套设备先后装备 3 个综采工作面，创造了大倾角综采工作面采高、倾角、生产效率等重要技术指标的世界纪录。“大倾角煤层综采综放工作面成套装备关键技术”项目获得 2012 年国家科技进步奖二等奖。

（本章主要执笔人：王国法，庞义辉）

第 7 章 刮板输送设备

随着科学技术的不断发展，高新技术向传统采矿领域的不断渗透，综采技术水平得到了迅速提高，实现“一矿一面、一个采区、一条生产线”的高效集约化生产已成为煤炭企业追求的目标。作为长壁综合机械化采煤工作面的刮板输送设备，工作面刮板输送机、顺槽桥式转载机和破碎机也在不断向高端发展，以满足生产能力大、自动化程度高、安全可靠的生产要求。刮板输送机的发展需要不断提高关键元部件的技术性能和使用寿命，开发完善更先进的控制技术。因此，高性能元部件的研发将成为今后刮板输送机发展的重点，可控驱动技术、工况监测、运行状态控制等智能化、信息化技术的运用将成为今后刮板输送机发展的重要标志。

本章介绍几种具有代表性的工作面刮板输送机、顺槽桥式转载机和破碎机的技术特点及应用实例。其中，工作面刮板输送机部分介绍交叉侧卸式刮板输送机、薄煤层刮板输送机、大倾角工作面刮板输送机、放顶煤前后部刮板输送机、可控驱动刮板输送机、松软厚煤层刮板输送机和大功率重型刮板输送机。

7.1 工作面刮板输送机

7.1.1 交叉侧卸式刮板输送机

20 世纪 90 年代，随着综采工作面生产能力的快速提高，对输送设备的要求也越来越高，工作面刮板输送机和顺槽桥式转载机之间传统的端卸方式已经难以满足生产需要。1994 年，太原院研制了我国第一台交叉侧卸式刮板输送机——SGZ880/2×400 型中双链交叉侧卸工作面刮板输送机，为我国重型刮板输送机的发展奠定了基础。

交叉侧卸指的是工作面刮板输送机和顺槽转载机之间的卸载方式，其结构如图 7.1 所示。工作面刮板输送机机头部和顺槽转载机机尾部交叉在一起，形成一个整体。交叉侧卸机头架上的圆弧犁煤板使煤平稳滑入转载机中，避免了端卸时容易造成堵塞堆积的现象发生，提高了运输能力。同时，交叉侧卸降低了刮板输送机卸载高度，避免产生大量煤尘，也为综采配套带来了便利。

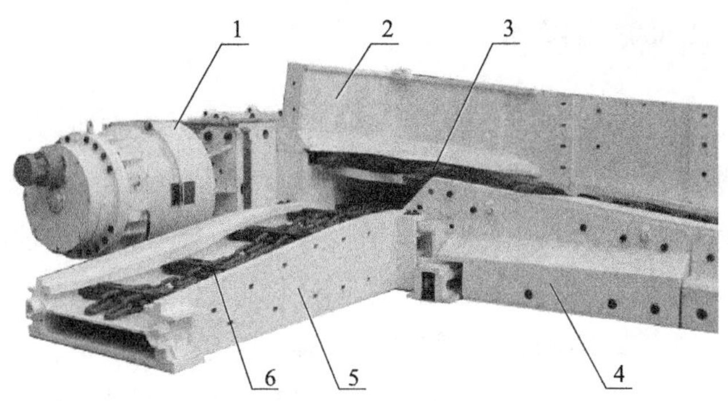

图 7.1 交叉侧卸式刮板输送机

1. 工作面刮板输送机驱动部；2. 圆弧犁煤板；3. 工作面刮板输送机刮板链；4. 工作面刮板输送机；5. 顺槽转载机；6. 顺槽转载机刮板链

随着国内大巷道断面锚网索复合支护技术的应用，输送机驱动部垂直布置方式的推广，以及大采高工作面刮板输送机交叉侧卸技术的逐步完善，为综放开采后部输送机机头部改为交叉侧卸在技术上提供了可靠的保障，所以放顶煤后部输送机也开始尝试采用交叉侧卸式。

后部交叉侧卸式刮板输送机驱动部采用垂直布置方式，这样驱动部可以布置在顺槽内，不再占用过渡支架后部的空间，同时降低了刮板机的卸载高度，进一步提高了过渡支架的放煤效果及煤炭资源的回收率。另外，交叉侧卸方式可以减少后部输送机拉回煤和机头、机尾滞后现象，改善后部输送机的运行工况，提高设备整体运行可靠性。

SGZ1000/2×855 型后部交叉侧卸式刮板输送机（图 7.2）2010 年在兖矿集团使用，解决了综采放顶煤工作面设备配套中存在的端头架放煤效果差、端卸后部输送机机头拉回煤现象严重、后部输送机在机头机尾部弯曲导致刮板链磨损严重、工作面长度变化需要进行增架减架操作工作量大等问题。

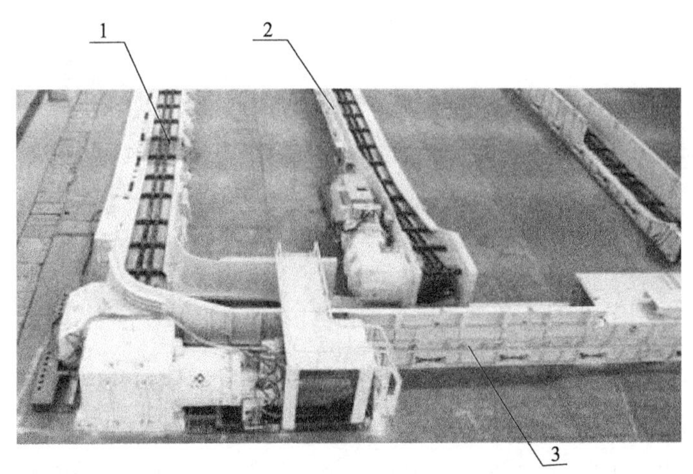

图 7.2 SGZ1000/2×855 型后部交叉侧卸式刮板输送机

1. 后部刮板输送机；2. 前部刮板输送机；3. 顺槽转载机

7.1.2 薄煤层刮板输送机

薄煤层刮板输送机一般用于煤层厚度1.3m以下的综采工作面。由于采高低，工作空间狭小，所以对刮板输送机外形尺寸，尤其是高度要求十分苛刻。如果直接选用中厚煤层的刮板输送机，就存在整机高度大、机头机尾“三角煤”难处理和输送机“漂溜”等问题。为解决上述问题，在薄煤层刮板输送机设计时采取了以下措施：

（1）选用扁平链作为牵引圆环链（图7.3）。扁平链也叫紧凑链，就是每根链条的平环仍然是圆环，而立环是被“挤压”的扁平环，所以高度小于圆环。薄煤层刮板输送机选用扁平链，可以在不减小链条规格的情况下，降低中部槽高度。另外，扁平链的立环在中部槽的中板上滑动，其滑动接触面积增大，降低了链条在槽体上的单位压力，提高了立环的抗磨损性能，延长了链条的使用寿命。

图7.3 扁平链

（2）为降低输送机中部的高度，将齿轨座放置在挡板槽帮侧面，反装齿轨，如图7.4所示。在保证中部槽整体强度的前提下，最大限度地降低了齿轨高度。

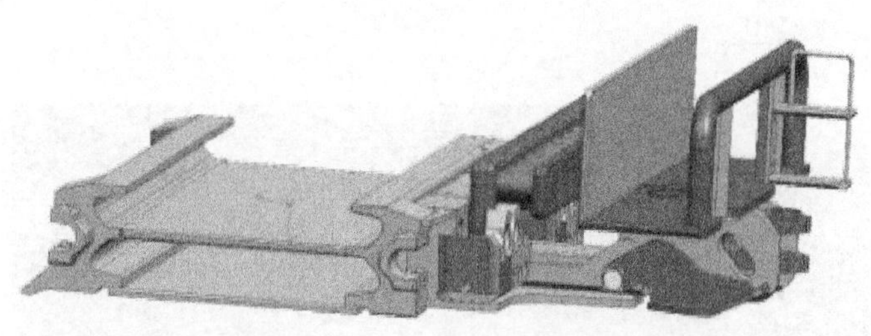

图7.4 反装齿轨式中部槽

（3）通过减少链轮齿数等手段，降低机头、机尾高度，尽可能保证采煤机在整个工作面运行时机身高度不变，从而解决切割工作面两端残留“三角煤”的问题。

（4）为降低割煤高度，采煤机可以不必骑在槽帮上，改为骑在铲板上，如图7.5所示。

图 7.5 采煤机骑铲板

（5）在输送机挡板侧加装抬高调斜装置。图 7.6 所示为一种抬高调斜装置。当输送机铲板槽帮不能贴合工作面底板前移时，可通过伸缩油缸，提高推溜作用点，增大输送机的下扎力，解决“漂溜”问题。

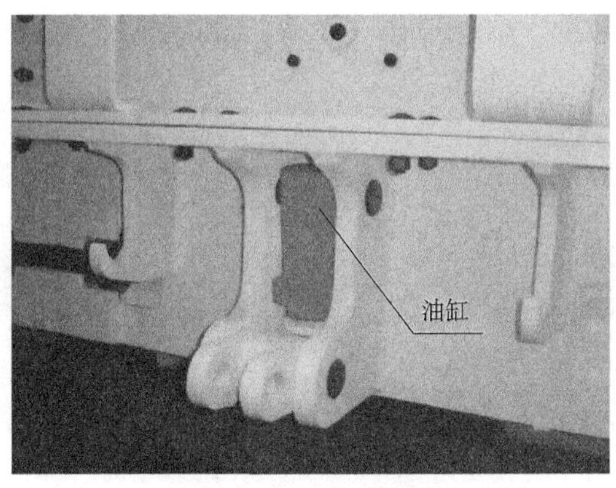

图 7.6 抬高调斜装置

我国首台极薄煤层 SGZ630/264 型刮板输送机，采用 ϕ26/73mm×92mm 扁平链、低矮型中部槽和反装式齿轨，与采煤机、液压支架配套，实现采高 0.6m，彻底扭转了长期以来国内极薄煤层开采装备落后、机械化程度差、工作面效率低的局面，也打破了 1m 以下采煤工作面只能使用刨煤机的洋教条，在全国极薄煤层综采工作面得到广泛使用。SGZ630/264 型刮板输送机主要技术参数见表 7.1。

表 7.1 SGZ630/264 型刮板输送机主要技术参数

参数	数值
使用长度 /m	200
输送量 /（t/h）	250

续表

参数		数值
中部槽规格（$L×W×H$）/mm		1500×630×200
刮板链	刮板链速 /（m/s）	1
	圆环链规格 /mm	ϕ26/73×92
减速器	型号	JX250 减速器
	功率 /kW	250
电动机型号		YBKYSS-132/65-8/4/1140V
紧链方式		闸盘紧链
机头卸载方式		端卸
牵引方式		节距 125mm 齿轨

2012 年，为乌克兰梅利尼克瓦煤矿研制了超长薄煤层综采工作面 SGZ630/320 型刮板输送机（图 7.7）等成套输送设备，适用于 0.7～1.4m 薄煤层、300m 超长工作面和 103m 超长顺槽转载机，实现井下综采工作面及顺槽到带式输送机之间的长距离煤炭输送。该成套输送设备是目前已投入使用的运距最长的薄煤层输送设备，填补了我国超长薄煤层综采工作面成套输送设备空白，对我国和乌克兰及周边国家薄煤层综采工作面设备的设计选型和应用起到重要示范作用。

图 7.7　SGZ630/320 型刮板输送机

7.1.3　大倾角工作面刮板输送机

综采工作面使用的刮板输送机大都是为缓倾斜煤层条件设计的，遇到煤层变化大、倾斜角度大的采煤工作面，再使用这种常规的刮板输送机，就会出现以下问题：

（1）刮板输送机布置在大倾角工作面时，随着工作面支架和刮板输送机向前推进，刮板输送机会出现整体向下纵向滑移问题，工作面倾角越大，滑移越明显，导致工作面不能正常推进，同时造成工作面刮板输送机机头与顺槽转载机机尾搭接的位置发生明显变化，破坏刮板输送机与转载机的合理搭接运输关系，将煤卸在转载机外侧。

（2）大倾角工作面与运输巷交汇处容易产生底板垮塌，使刮板输送机机头部顺势下降，机头底部触及垮塌浮煤，造成机头部下链道大量回煤，阻碍设备正常运转。另外，机头部下降会使过渡槽与中部槽搭接夹角增大，加快刮板输送机中板磨损。

（3）大倾角工作面煤层起伏角度大于刮板输送机中部槽垂直弯曲角度时，会造成刮板输送机上飘，导致中部槽上的轨座断裂，降低了中部槽的使用寿命，同时也容易使采煤机机组掉道无法前行。

太原院在为比德煤矿 16°综采工作面研制 SGZ730/400 型刮板输送机时，做了如下针对性的设计研究：

1）机头部浮动支撑装置

设计了机头浮动支撑装置（图 7.8），对机头起到支撑作用，还可通过油缸伸缩调节机头高度，防止因煤层倾角变化带来的整机下滑，避免工作面与运输巷交汇处产生垮塌，减少机头部下链道回煤；转载机导向架固定了刮板输送机与转载机的相对位置，保证卸煤效果。图 7.9 所示为使用机头浮动支撑装置的前后对比情况。

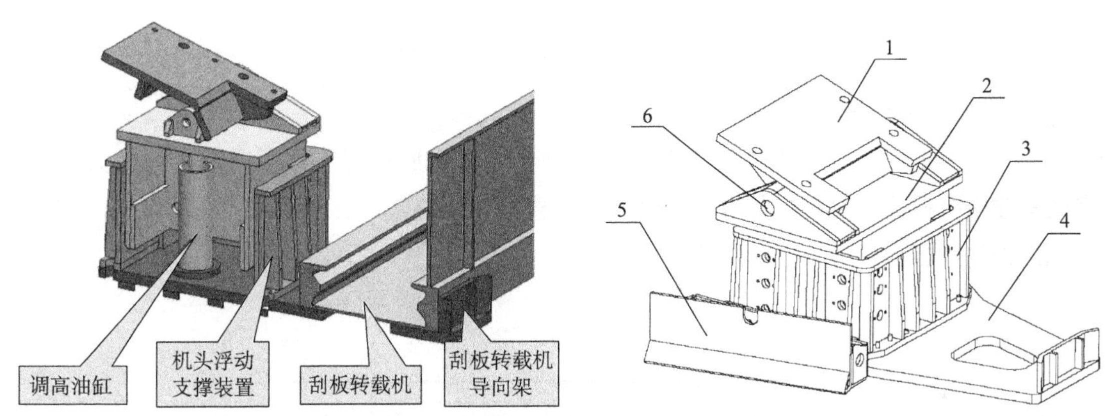

图 7.8 机头浮动支撑装置

1. 机头部回转架；2. 滑动伸缩架；3. 固定座；4. 顺槽转载机导向架；5. 浮煤清理引导架；6. 回转销轴

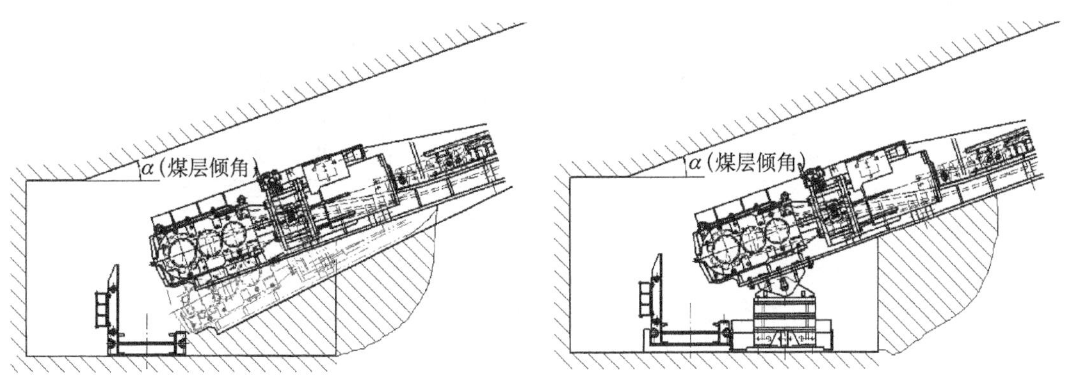

图 7.9 机头浮动支撑装置使用前后对比情况

2）浮煤清理引导架

机头浮动支撑装置侧面设计了浮煤清理引导架。该引导架与刮板输送机推进方向呈

60° 夹角，如图 7.10 所示，其作用是在刮板输送机向前推移过程中，将浮煤收敛到转载机输送槽内，减少机头处的堆煤现象，从而减少刮板输送机下链道回煤。

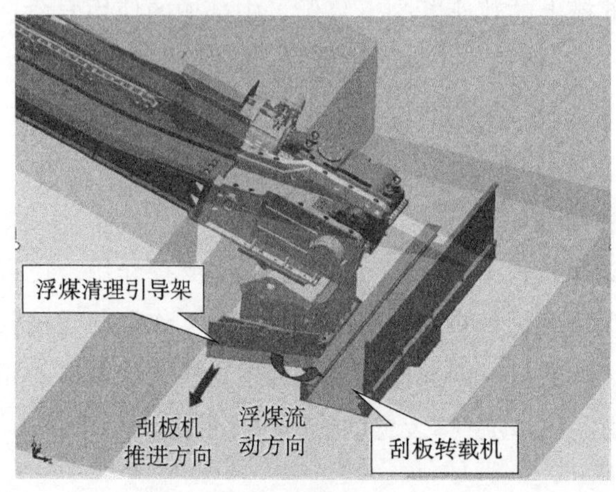

图 7.10　浮煤清理引导架工作图

3）整机防滑措施

中部槽封底板上焊接横向防滑筋，增大刮板输送机底板与工作面底板间的摩擦系数；在刮板输送机机头、机尾处各设置两组防滑拉移机构（图 7.11），液压支架可以通过防滑拉移油缸拽住刮板输送机，防止其下滑。

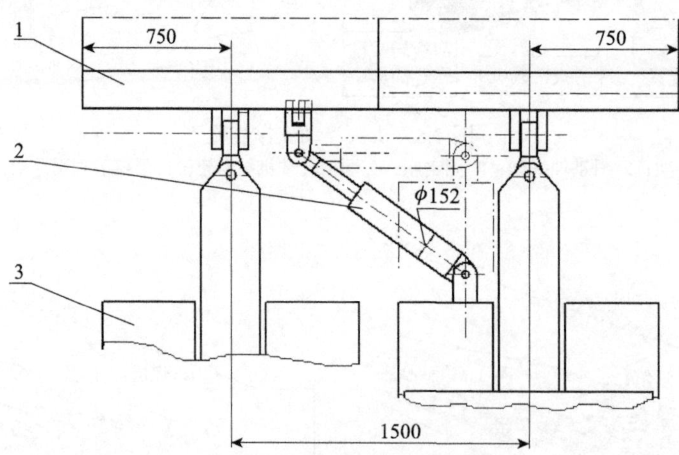

图 7.11　防滑拉移机构（单位：mm）

1. 刮板输送机中部槽；2. 防滑拉移油缸；3. 液压支架

7.1.4　放顶煤前、后部刮板输送机

在综采放顶煤开采工作面，我们把布置在液压支架前面的刮板输送机称为前部刮板输送机，布置在液压支架后面的刮板输送机称为后部刮板输送机。液压支架移动时通过油缸

推前部刮板输送机，拉后部刮板输送机。后部刮板输送机结构较前部简单，中部槽上没有齿轨座和电缆槽，挡煤板则视具体情况安装。前、后部刮板输送机基本形式如图 7.12 所示。

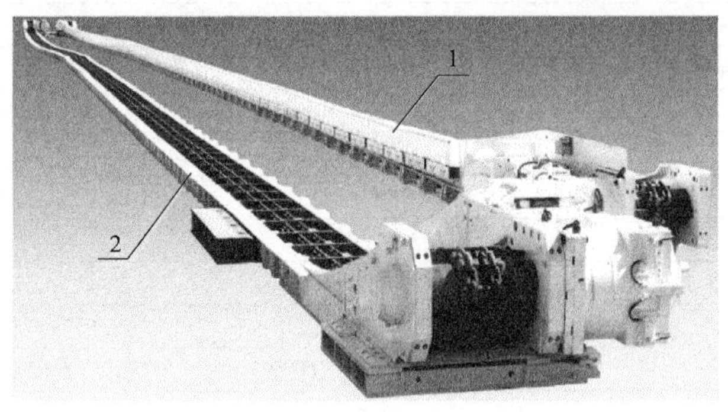

图 7.12　放顶煤前、后部刮板输送机

1. 前部刮板输送机；2. 后部刮板输送机

20 世纪 90 年代，我国大量应用综采放顶煤开采技术，使综采放顶煤开采技术成为我国厚煤层、特厚煤层增加产量、提高工效的最有效开采方法。虽然也相继开发了各种不同形式的前、后部刮板输送机，但其技术水平只能达到 80 年代末 90 年代初的水平。随着综放开采技术日臻完善，工作面的高产、高效已是综放开采的主要目标，因此，对其配套的前、后部刮板输送机提出了更高的要求。当时所使用的前、后部刮板输送机，其输送能力、铺设长度及先进性和可靠性已经不能满足高产高效放顶煤工作面迅速增长的要求，制约了高产高效现代化矿井的建设。

2001 年，为完成国家技术创新项目“年产 600 万 t 综放工作面设备配套与技术研究”，由太原院设计、西北煤机厂和张家口煤机厂制造了 SGZ1000/1200 型前部刮板输送机、SGZ1200/1400 型后部刮板输送机、SZZ1200/525 型自移式转载机、PLM3500 型轮式破碎机和 TYD1400 型带式输送机自移机尾成套输送设备。前部输送机可与国内外多种规格的强力采煤机及液压支架配套，装机功率 2×600kW，槽宽 1000mm，后部装机功率 2×700kW，槽宽 1200mm，工作面铺设长度 305m。大运距、高可靠性的前、后部刮板输送机是当时我国开发研制的功率最大、槽宽最宽、铺设长度最长的缓倾斜放顶煤综采工作面超重型前、后部刮板输送机，并首次采用自动伸缩机尾，填补了我国输送机伸缩机尾全自动控制这一空白。采用了安全可靠的摩擦限矩器、液压马达紧链装置及扁平链等国内外先进技术。

该套设备在兖州兴隆庄煤矿年产 600 万 t 放顶煤工作面使用中，创造了综采放顶煤开采史上日产、月产、工作面效率、工作面回收率 4 项世界纪录。该机的研制成功，为我国放顶煤开采技术再创新高，推动我国刮板输送机技术进步，赶超世界先进水平，迈出了具有重大意义的一步。SGZ1000/1200 型前部刮板输送机和 SGZ1200/1400 型后部刮板输送机主要技术参数见表 7.2。

表 7.2　两刮板输送机主要技术参数

参数		数值	
		SGZ1000/1200	SGZ1200/1400
使用长度 /m		305	305
输送量 /（t/h）		2000	2000
中部槽规格 /mm		1500×1000×337	1500×1200×335
刮板链	刮板链速 /（m/s）	1.28	1.28
	圆环链规格 /mm	ϕ38×137	ϕ38×137
减速器	型号	JS800 减速器	JS800 减速器
	功率 /kW	800	800
电动机型号		进口	YBSD-700/350-4/8G（3300V）
紧链方式		伸缩机尾＋液压紧链	伸缩机尾＋液压紧链
机头卸载方式		端卸	端卸
牵引方式		节距 126mm 齿轨	—

SGZ1000/2400 型前部刮板输送机和 SGZ1200/2400 型后部刮板输送机，是目前放顶煤工作面槽宽和总功率配置最大的刮板输送机，主要技术参数见表 7.3。

表 7.3　刮板输送机主要技术参数

参数		数值	
		SGZ1000/2400	SGZ1200/2400
使用长度 /m		285	285
输送量 /（t/h）		2500	3000
中部槽规格 /mm		1750×1000×360	1750×1200×360
刮板链	刮板链速 /（m/s）	1.59	1.5
	圆环链规格 /mm	ϕ48×152	ϕ48×152
减速器	型号	JS 1300 行星减速器	JS 1300 行星减速器
	功率 /kW	1300	1300
电动机型号		YBSS2-1200G/3300V	YBSS2-1200G/3300V
紧链方式		伸缩机尾＋液压紧链	伸缩机尾＋液压紧链
机头卸载方式		端卸	端卸
牵引方式		节距 147mm 齿轨	—

7.1.5　可控启动刮板输送机

随着刮板输送机装机功率的不断增大，输送机的启动问题、多机驱动功率平衡问题和过载保护问题更加突出。目前多采用 CST 可控启动传输系统、阀控充液型液力偶合器和交流电动机变频调速技术三种方式，解决大功率刮板输送机的驱动问题。

1. CST 可控启动传输系统

可控启动传输系统是 20 世纪 90 年代发展起来的重载启动系统，统称为启动传输系统（controlled start transmission，CST）。该系统主要由配带有湿式摩擦离合器的齿轮变速器、液压控制系统和冷却系统组成，是微机控制的机械与液压组合的复杂系统。它之所以具有良好的启动、停车和功率平衡的功能，主要是通过控制摩擦离合器来控制行星传动的差动功能而实现的，启动传输系统（CST）机械结构原理如图 7.13 所示。

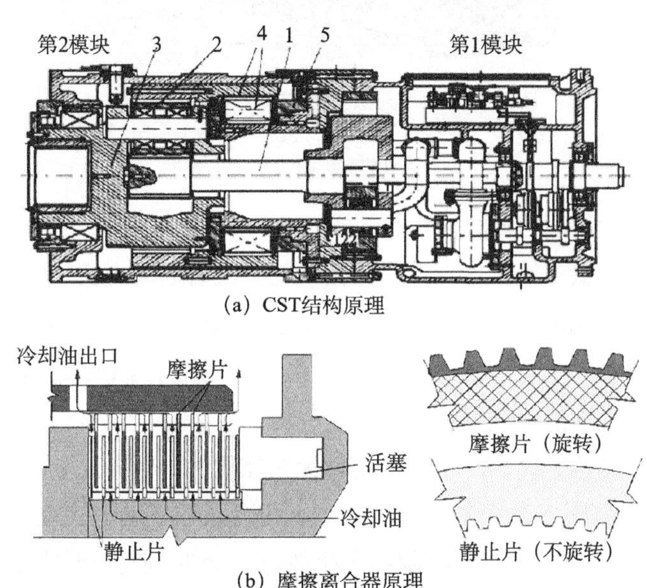

(a) CST结构原理

(b) 摩擦离合器原理

图 7.13　启动传输系统（CST）机械结构原理

1. 太阳轮；2. 行星轮；3. 行星轮架 - 输出组件；4. 活动内齿圈及离合器组件；5. 环形油缸

可控启动传输系统（CST）主要技术特点如下：

（1）在任意载荷下可以跟踪规定的启动曲线；可频繁启动，但启动次数受冷却系统能力限制。

（2）可以利用电动机的颠覆点，一般不高于颠覆转矩。

（3）传动效率高。

（4）可实现多点驱动之间高精度的功率平衡，平衡精度可达 98%。

（5）对输送机所有机械、电气系统提供过载保护，保护系统响应速度快。

（6）摩擦片是故障点；液压控制系统对油液清洁度要求高；维护修理复杂。

2. 阀控充液型液力偶合器

阀控充液型液力偶合器是以水为工作介质，将自动控制技术和涡轮传动技术紧密结合的新型软启动系统，由主机、供水液压系统及控制器组成，其传动原理是成熟的液力传动技术。阀控充液型液力偶合器驱动系统如图 7.14 所示。传动叶轮采用双腔结构，传递能力大，大部分轴向力可以自动抵消，泵轮组件与电动机轴连接并由其支撑，涡轮组件由机架上的轴承支撑，并与减速器一轴连接，有开式和闭式循环两种工作方式。

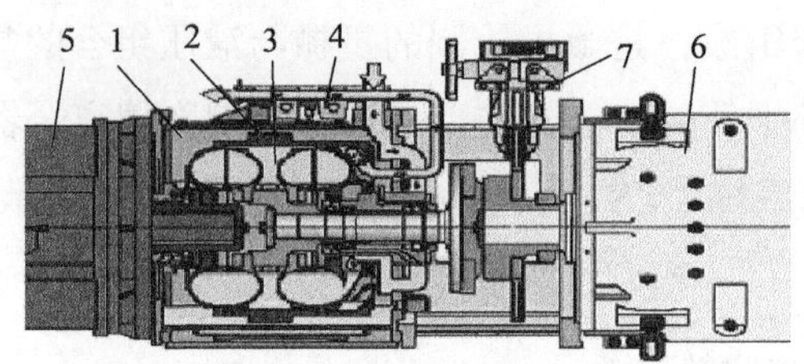

图 7.14 阀控充液型液力偶合器驱动系统

1. 外壳组件；2. 外轮（泵轮）；3. 内轮（涡轮）；4. 控制阀组；
5. 驱动电动机；6. 减速器；7. 闸盘

1）阀控充液型液力偶合器主要技术特点

（1）能够实现刮板输送机软启动；可频繁启动，没有启动次数限制。

（2）柔性传动，可隔离振动与冲击，有效实现过载保护。

（3）通过改变液力偶合器的充液顺序可以实现多机驱动下的顺序启动；依靠偶合器的本身特性实现多机驱动下的负载平衡。

（4）双腔设计，结构紧凑；功率传递部件无机械接触，可靠性高。

（5）由于在一定温度下，水中的钙、镁粒子与酸根粒子结垢速度加快，容易结垢，导致系统中的细小孔结垢堵塞，引起控制阀发生故障。新近研发的开式系统，由于工作温度低，控制阀减少了两个，使结垢和堵塞引起的故障也明显减少，可靠性得到进一步提高，但耗水量明显增大。

阀控充液型液力偶合器的主要生产厂商是德国福伊特公司。我国刮板输送机上选用的几乎都是该公司生产的 DTPKWL2 型和 TTT 型。2009 年，太原院研制了 YOXFCS562 阀控充液型液力偶合器（图 7.15），在陕煤集团神木张家峁矿业有限公司 N15203 工作面 3×1000kW 刮板输送机上使用，取得了连续两个工作面（累积生产 18 个月）无大修，共出煤 808 万 t，其优异的性能及可靠性在恶劣的工况条件下得到了验证。

图 7.15 YOXFCS562 阀控充液型液力偶合器

YOXFCS562 阀控充液型液力偶合器的研制成功，打破了进口产品一家独大的被动局面，从整体上提升了国产大功率刮板输送机的技术水平，为国内煤炭行业高端技术产品的发展提供了良好的开端，对于提高我国煤机产品技术水平和创新能力具有重要示范意义。

2）YOXFCS562 阀控充液型液力偶合器主要技术特点

（1）基于军工技术开发的铜合金叶轮、不锈钢外壳，结构紧凑，坚固可靠。

（2）液力工作腔与轴承工作腔分离的特殊设计，没有窜水现象，且自带轴承冷却水套，轴承可靠性高、使用寿命长。

（3）只替代福伊特的主机，控制器仍使用福伊特的，也可以自带控制器，并同时控制福伊特的主机。

（4）控制阀组安装在外部，便于维护。

（5）功率传递部件无机械接触，可靠性高，维修成本低。

YOXFCS562 阀控充液型液力偶合器主要技术参数：

使用环境温度：0～50℃。

配套电动机参数：功率 855kW、1000kW，转速 1480r/min。

驱动部数量：两驱或三驱。

偶合器主要技术参数：

外形尺寸（$L\times W\times H$）：970 mm×970 mm×945 mm。

适用功率范围：855/1000kW。

最大传递力矩：18000N•m。

过载系数：2.5～3.0。

额定转差率：≤6%。

供水要求：压力 2MPa，流量不小于 100L/min。

3. 交流变频调速技术

变频调速技术的基本原理是以电动机转速与工作电源的输入频率成正比为依据，通过改变电动机的工作电源频率，实现改变电动机转速的目的。将变频调速技术引入到煤矿刮板输送机中，可以实现刮板输送机满载及空载的平稳启动，大幅度降低启动电流，减少电网冲击。与其他软启动方式相比，刮板输送机传动系统和供电系统得到最大程度的简化。

交流变频调速技术主要特点如下：

（1）避免了电动机空载启动时的尖峰电流，启动电流冲击较小；可以低速带载启动刮板输送机，但存在启动冲击。

（2）调速方便，可以按照设定的速度曲线加速。

（3）通过主动控制，可以实现多机驱动的负载均衡。

（4）电动机启动转矩较低，重载启动能力不足。

（5）本身没有过载保护功能，必须配置摩擦限矩器实现尖峰载荷保护；摩擦限矩器的设置值一般为额定转矩的4倍，若摩擦限矩器的设置值低于电动机的颠覆点，则限矩器频繁动作，容易损坏，所以只能保护大于4倍额定转矩的冲击载荷，而且即使电动机断电，也不能实现电动机与负载的快速脱离。对于慢过载，只能通过电动机的过流、过热保护进行反应。

（6）由于变频电动机的过载能力较弱，其实际带载能力受到一定限制。稳定运行时，过载系数只有1.49（德国保越），带负荷能力较低。

（7）变频驱动工作过程中，会产生高次谐波，污染电网。

（8）高次谐波会在电动机轴上产生轴电流，影响电动机轴承使用寿命。

变频驱动有两种组成形式。一种是变频器与电动机分体设计，分开布置；另一种是变频器与电动机一体化设计，集成布置。

分体方式有利于电动机和变频器分别采用最佳的冷却装置，而且易于检修，但占用空间大，变频器与电动机的距离又不能太远，所以在刮板输送机上使用时需要分别在机头和机尾布置变频器。另外，由于刮板输送机要随采煤工作面不断向前推移，变频器与电动机间的控制电缆和动力电缆位置就需要不断改变，容易发生电缆重叠和缠绕，干扰变频器与电动机间的信号传输，不利于工作面供电和采煤作业。

集成方式是将变频器和电动机合为一体，所以变频器与电动机的信号传递稳定可靠。外形尺寸与普通电动机相比，直径和高度基本相同，长度有所增加，以1000kW为例，长度增加约850mm。变频一体机的电缆布置和连接方式与普通电机一致，所以非常适合刮板输送机移动式的工作方式。

变频控制具有恒转矩和恒功率两种控制模式，可以互相切换。当刮板输送机上的煤量较少时，变频器控制电机以恒转矩模式运行；当刮板输送机上的煤量较多时，变频器控制电机以满负荷运行。在放顶煤工作面刮板输送机变频控制上，根据前、后部刮板输送机运输峰值不会同时出现的特点，控制器可以主动控制前、后部刮板输送机的工作状态，平衡刮板输送机的总功耗，使刮板输送机的总负载变化较小，从而减小对井下电网的冲击。

2012年，为年产1200万t综放工作面研制了SGZ1000/2000型前部刮板输送机和SGZ1200/2000型后部刮板输送机，是我国首套放顶煤工作面变频驱动刮板输送机。该机采用变频一体电动机，简化了刮板输送机的传动系统及供电系统，大幅降低启动电流，实现空载及满载平稳启动，并且启动时间可随负载自行调节；具有负载自适应功能，可随刮板输送机上物料的多少，自行调整电动机输出转矩和刮板链速，降低刮板机的空转磨损；将减速器在线监测、断链故障诊断以及前、后部刮板输送机的变频控制功能集成在一起，集中控制变频电动机，实现前、后部刮板输送机依据放顶煤开采工艺循环、有序工作。

2015年，为俄罗斯库茨巴斯露天煤炭股份公司拜凯姆斯卡亚煤矿研制了成套超重型刮板输送设备（SGZ1000/1710型工作面刮板输送机、SZZ1200/400型顺槽桥式转载机、PLM3500型顺槽轮式破碎机、MY1200型转载机自移系统、DY1200型带式输送机自移机尾）。刮板输送机采用了变频驱动技术。该成套设备是目前出口到国外的槽宽最宽、装机功率最大、自动化程度最高的成套刮板输送设备。

变频驱动刮板输送机的研制成功，提高了国内综采装备的国际竞争力，也为煤矿生产安全、高效、节能提供了一种新的技术途径。

7.1.6　松软厚煤层刮板输送机

松软的煤质，在开采过程中易片帮漏顶煤，冒落的顶板难以控制，给刮板输送机造成不均衡装载。为防止刮板输送机"压死"，在设计时应适当加大输送机功率，增大输送能力，并增加软启动和过载保护装置，以适应煤壁及顶煤片帮漏顶造成的不均衡载荷。

SGZ1250/3×1200 型中双链刮板输送机是国内第一台适应松软厚煤层一次采全高 7m 的刮板输送机。该机总装机功率 3600kW，采用交叉侧卸形式，中部槽规格 2050 mm×1250 mm×400mm，首次配置 ϕ52/127mm×170mm 规格链条，主要解决国内松软厚煤层工作面高产高效煤矿创高产亟待解决的技术装备问题。SGZ1250/3×1200 型刮板输送机主要技术参数见表 7.4。

表 7.4　SGZ1250/3×1200 型刮板输送机主要技术参数

参数		数值
使用长度 /m		276
输送量 /（t/h）		3600
中部槽规格 /mm		2050×1250×400
刮板链	刮板链速 /（m/s）	1.68
	圆环链规格 /mm	ϕ52/127×170
减速器	型号	JS1300/JX1300
	功率 /kW	1300
电动机型号		HXW78（3300V）
紧链方式		伸缩机尾 + 液压紧链
机头卸载方式		交叉侧卸
牵引方式		节距 172 齿轨

7.1.7　大功率重型刮板输送机

20 世纪 80 年代，国内外刮板输送机都在朝大运量、长运距、大功率、长使用寿命与高可靠性方向发展。但是，运量、运距和功率的增大受到诸多因素的限制，最主要的影响因素是关键元部件的技术性能和使用寿命。所以，在刮板输送机向大型化发展的同时，高性能元部件的研发已成为刮板输送机发展的重点。

1. 整体铸焊中部槽

中部槽是刮板输送机物料输送及采煤机运行的承载部件，使用数量多，受力情况复杂，其性能好坏直接影响到刮板输送机的可靠性和使用寿命。

原传统中部槽多采用分体挡铲板结构、整体焊接结构、铸焊“C”形槽结构等结构形式。分体挡铲板结构和整体焊接结构都采用轧制槽帮，其维护量大、强度低、使用寿命短；铸焊“C”形槽结构维护简单，上链槽磨损后可更换，部件利用率大，但成本较高，强度较低，不适合重型刮板输送机。

为满足重型刮板输送机的功能要求，研制了整体铸焊中部槽。整体铸焊中部槽（图 7.16）采用优质合金铸造槽帮与高强度耐磨中板焊接而成。耐磨钢材料双丝自动焊工艺成功地解决了高强度低合金调质耐磨铸钢和耐磨钢板异种接头焊接工艺技术难题，提高了焊接强度；整体铸焊中部槽突破了传统的分体挡铲板与型钢焊接的中部槽依靠螺栓连接的形式，减少了井下使用中的拆装维护量；同时，整体铸焊中部槽间采用外置哑铃连接，解决了原“C”形槽间哑铃内置使更换哑铃必须拆除上链“C”形槽的多级拆装维护量问题。1996 年，整体铸焊中部槽应用在出口印度的 SGZ764/400 型刮板输送机上，在印度东南煤炭公司经受住了恶劣地质条件的考验，取得了较好的业绩，并先后出口到印度 3 台套。此后，整体铸焊中部槽在国内也得到了广泛的推广和应用，成为工作面刮板输送机中部槽的主要结构形式。

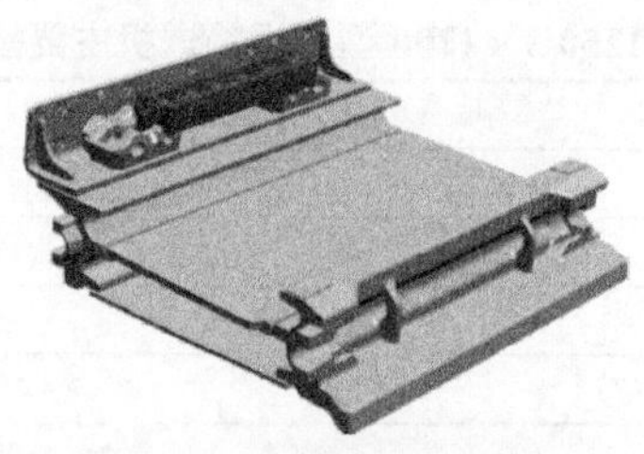

图 7.16　整体铸焊中部槽

主要技术特点：

（1）中部槽采用整体结构，强度和可靠性高。

（2）采用新型焊接工艺，焊接强度高。

（3）井下组装及维护简单、方便。

2. 2050mm 中部槽

中部槽的长度根据支架宽度而定。随着综采工作面采高的不断增大，要求液压支架的工作阻力也在不断加大，导致支架的立柱直径增大，支架整体宽度加宽，这样与之配套的工作面刮板输送机中部槽就需要加长。中部槽越长，在工作面推移过程中，中部槽局部受力也越大，这就给中部槽的设计和制造带来一定难度。

2050mm 中部槽采用优质合金铸造槽帮与高强度耐磨中板焊接而成。突破了传统的 1500mm、1750mm 中部槽使用上的制约，解决了复杂地质条件下，大采高或放顶煤工作面液压支架支护强度不足的问题，同时也提高了工作面的效率。2050mm 中部槽已在多种大采高或放顶煤工作面的重型、超重型刮板输送机上广泛使用，如 SGZ1400/4500 型刮板输送机、SGZ1250/3600 型刮板输送机、SGZ1000/1710 型前、后部刮板输送机等。

主要技术特点：

（1）满足大采高或放顶煤工作面与液压支架的配套要求。

（2）采用整体铸焊中部槽，强度和可靠性满足使用要求。

（3）采用新型焊接工艺，焊接强度高，耐磨性好。

3. 强力牵引齿轨

随着采煤机功率增大，质量增加，导致其牵引力增大，牵引轮的轮齿加大，这样就要求与之配套的牵引齿轨节距大，强度高，原 126mm 节距的齿轨已经无法满足使用要求。

用于 1750mm 中部槽的节距 147mm 强力牵引齿轨突破了传统的 126mm 节距齿轨在使用上的制约，满足了大功率采煤机配套和高产高效工作面的需求，在全国各局矿的工作面输送机上广泛使用。

大倾角复杂工况超重型刮板输送机的强力牵引齿轨（图 7.17）：用于 1750mm 中部槽的 176mm 节距齿轨和用于 1500mm 中部槽的 151mm 节距齿轨，分别在 SGZ1000/2000 型刮板输送机、SGZ1000/1400 刮板输送机上使用，牵引系统强度提高了 50% 以上，解决了大倾角、俯仰采、夹矸断层等特殊地质条件引起的齿轨磨损快、易断裂等问题，为复杂工作面高产高效生产提供了有力的支持和保障。

图 7.17　强力牵引齿轨

主要技术特点：

（1）基于啮合特征及接触力学设计的齿轨接触应力小，耐磨性好。

（2）齿轨结构合理，材料利用充分，强度高。

4. 大功率矿用减速器

刮板输送机的传动特点是低速重载、高冲击、体积小、润滑和散热差。为了获得高性能的齿轮传动装置，需要不断地提高产品的设计水平和制造水平。

提高设计水平首先要提高设计手段，开发基于载荷和变形的齿轮齿廓设计计算软件，对齿根弯曲应力进行有限元分析，改进齿根过渡曲线形状，使齿轮在满载情况下啮合状态得到改善，提高接触强度；采用弹性力学和有限元法对行星齿轮传动机构进行载荷分析，使均载结构更加科学合理；采用弹性流体动压润滑分析技术分析齿轮啮合区摩擦发热和油膜状态。采用上述先进的齿轮传动设计技术使齿轮设计达到极高的技术指标。

提高制造水平需要开发新材料、新工艺。刮板输送机用减速器齿轮多采用表面硬化处理的高级低碳合金钢材料。硬化工艺有渗碳、氮化和表面淬火。随着齿轮传动功率的增加、体积的相对减小，齿面接触应力和齿根弯曲应力大幅度增加。齿轮材料晶间杂质（分子级硫、磷、氮等）常成为疲劳裂纹萌生的根源。采用电渣重熔的冶炼工艺，获得纯净度高、化学成分均匀、组织致密的齿轮新材料，屈服强度和抗拉强度得到提高，特别是材料组织中碳化物呈弥散分布型，增强了齿轮的耐磨性，增加了齿轮的心部强度和韧性，齿轮的使用寿命和可靠性得到了极大的提升。

采用真空自耗精炼的冶炼工艺获得密封套新材料。该材料具有高淬透性，淬火后可获得高而均匀的硬度，接触疲劳强度高，有良好的耐磨性、尺寸稳定性和抗腐蚀性，提高了减速器密封效果及密封套使用寿命。

因为设计水平和制造水平的不断提高，近年来成功研制了许多大功率矿用减速器，其中：JS800/JX800（额定功率 800kW）、JS1000/JX1000（额定功率 1000kW）、JS1300/JX1300（额定功率 1300kW）、JS1600/JX1600（额定功率 1600kW）平行 / 垂直行星减速器用于输送机；JS525（额定功率 525kW）、JS700（额定功率 700kW）两级行星减速器用于转载机；JS525（额定功率 525kW）、JS700（额定功率 700kW）一级齿轮减速器用于破碎机。

大功率矿用减速器（图 7.18）的研制成功，突破了重型、超重型输送设备用减速器依赖进口的历史，实现了输送设备核心部件的国产化，满足了工作面输送设备长运距、大运量、大功率、高可靠性的需求。

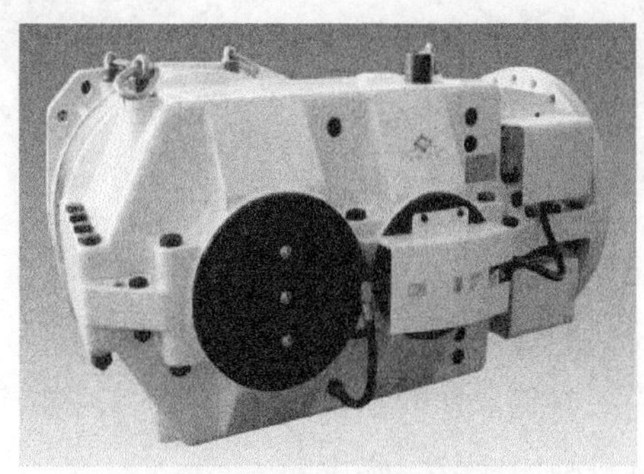

图 7.18　大功率矿用减速器

主要技术特点：

（1）采用先进的齿轮传动设计技术，提高了技术指标。

（2）采用高强度齿轮新材料，提高了减速器使用寿命。

（3）采用密封套新材料，密封可靠，使用寿命长。

5. 可伸缩机尾

对于长运距、大功率刮板输送机，刮板链的悬链问题越来越严重，链条张紧需要较大的伸缩行程。刮板输送机采用可伸缩机尾（图 7.19）就是为了便于调整刮板链张力，保证链条处于适度的张紧状态，使链条与链轮良好啮合，降低功率损耗，减少刮板和溜槽的磨损，有效提高输送机的使用寿命。

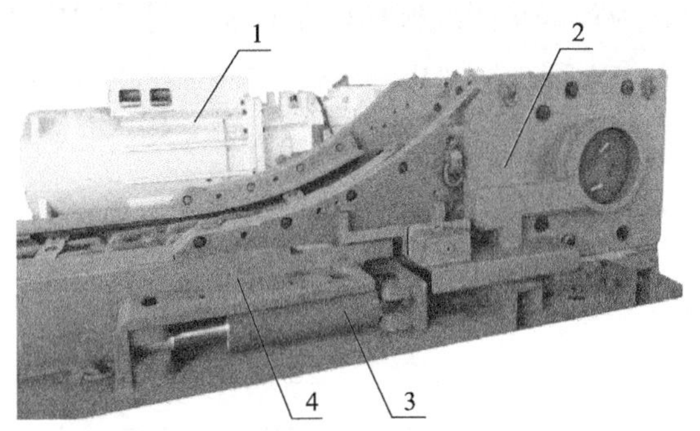

图 7.19 可伸缩机尾

1. 机尾驱动部；2. 机尾活动架；3. 张紧油缸；4. 机尾固定架

可伸缩机尾通过液压油缸的伸缩进行紧链（或松链）操作，分为手动紧链系统和自动紧链系统两种方式。手动紧链系统是靠人工定时测量链条张力，伸缩机尾，所以不能保证链条始终处于最佳张紧状态；美国 JO Y 公司研制的 ACTS 自动紧链系统（图 7.20）是在链条与机头、机尾驱动链轮分离后的链道下方设置张力传感器，测量和识别链条张力“松弛”“正常”“过大”三种状态，通过可编程传感控制装置的确认和分析，并与状态传感器（链速、油压、油缸位置）输入信号比较，做出判断后给电磁阀发出指令，控制张紧油缸的伸缩，达到自动调整链条松紧的目的。使用这种自动紧链系统，输送机运行时链条将始终保持最佳张紧状态，延长了链条的使用寿命，缩短了停机时间。

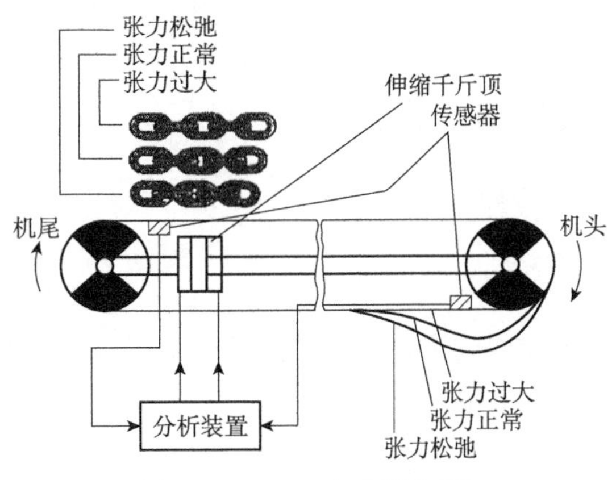

图 7.20 ACTS 自动紧链系统

在为神华集团石圪台煤矿研制 SGZ1000/2×1000 型刮板输送机时，整机配置自动伸缩机尾，伸缩行程达 1000mm，并首次自主开发了伸缩自动控制系统。该系统采用内置传感器的双动液压油缸和电磁控制阀，能根据油缸压力变化自动调整油缸伸缩量，实现刮板链自动张紧。

随着高性能元部件的不断研发成功，刮板输送机的整体性能指标也在不断提升，先后研发了能够满足年产 600 万 t、800 万 t 和 1200 万 t 的大采高综采工作面用大功率重型刮板输送机。例如，2010 年，为陕煤集团红柳林矿业有限公司研制成功了 7m 厚煤层一次采全高、年产 1200 万 t 综采工作面刮板输送机——SGZ1400/4500 型刮板输送机。其主要技术参数见表 7.5。

表 7.5　SGZ1400/4500 型刮板输送机主要技术参数

参数		数值
使用长度 /m		310
输送量 /（t/h）		4500
中部槽规格 /mm		2050×1400×440
刮板链	刮板链速 /（m/s）	1.64
	圆环链规格 /mm	ϕ56/131×187
减速器	功率 /kW	1500
电动机型号		HXW90（3300V）
紧链方式		伸缩机尾 + 液压紧链
机头卸载方式		交叉侧卸
牵引方式		节距 172 齿轨

在当时该机装机功率、槽宽、链条规格等配置均为世界最大，还创新开发了 172mm 节距齿轨、技术完备的 2050mm 中部槽、双中板结构交叉侧卸式机头架等新结构，具有自主知识产权。它的研制成功解决了厚煤层工作面高产高效煤矿创高产亟待解决的技术装备问题，为 6m 以上特厚煤层实现一次采全高的开采工艺提供了设备保障，为单工作面实现年产 1200 万 t 提供了可能，同时提升了我国煤机装备在国际上的竞争地位。

7.2　顺槽桥式转载机、破碎机

7.2.1　顺槽桥式转载机

顺槽桥式转载机是顺槽运输设备中的关键设备之一，与工作面刮板输送机、破碎机、带式输送机相连，形成一条运煤通道，完成工作面开采中煤的转载、破碎和运输。所以它不但应具有自身的高可靠性和使用寿命，还应具有与工作面刮板输送机相匹配的输送能力，以及与刮板输送机、破碎机、带式输送机良好的配套连接。

1. 转载机自移系统

顺槽桥式转载机需要随工作面的推进而移动，传统的移动方式是液压缸锚固拉移、绞车拉移或端头支架推移，这些移动方式都需要借助外部辅助设备，对顶板条件也有要求，并且存在效率低、安全隐患大的问题。2001 年，太原院为国家技术创新项目“年产 600 万 t 综放工作面设备配套与技术研究”设计的SZZ1200/525型自移式转载机和PLM3500型破碎机，首次采用迈步式自移系统，用于顺槽桥式转载机、破碎机的快速移动。

该自移系统主要由导轨、调高油缸、轮座、推移油缸和液压系统等组成，如图7.21所示。转载机两侧的导轨和转载机、破碎机互为支点，相互推拉，迈步自行前移，实现了顺槽桥式转载机、破碎机随工作面推移步距的整体快速推移，满足了工作面高进尺、快推进的需要，且效率高，安全可靠。到目前为止，煤矿井下顺槽桥式转载机、破碎机整体移动仍然是依靠这种自移系统。

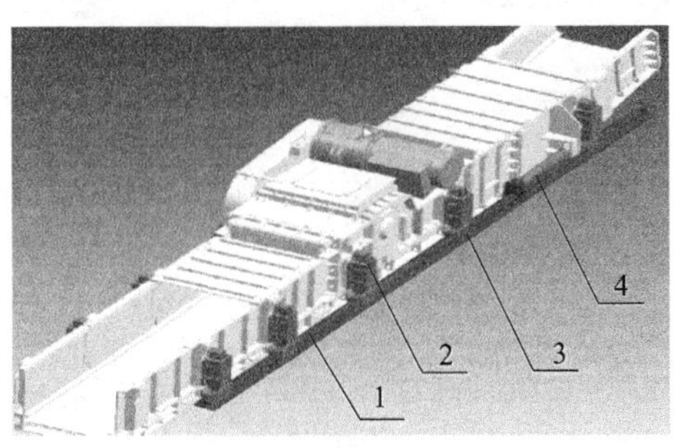

图7.21 转载机自移系统
1. 导轨；2. 调高油缸；3. 轮座；4. 推移油缸

2. 机尾驱动转载机

顺槽桥式转载机通常是机头驱动，但有时为减小工作面运输巷道断面，降低掘进和支护的难度与强度，也可以突破传统的机头驱动方式，将驱动部布置在机尾。图7.22所示的顺槽桥式转载机就是用于兖矿集团济宁二号矿的机尾驱动转载机。

图7.22 机尾驱动转载机

3. 转载机伸缩机头

刮板链的张紧对于工作面刮板输送机很重要，对于转载机也同等重要，都是为了调整刮板链张力，使刮板链处于良好的运行状态，降低功率损耗，减少刮板和溜槽的磨损。工作面刮板输送机采用的是伸缩机尾张紧方式，而转载机采用的是伸缩机头张紧方式。伸缩机头架（图7.23）由固定架、移动架、张紧油缸和定位销轴等组成。其中，固定架与输送槽连接在一起，架在带式输送机自移机尾上，驱动部安装在移动架上，随移动架一起伸缩。移动架的导向杆插入固定架的导向槽中，移动时起到定位导向作用。张紧油缸一端连接固定架，另一端连接移动架，通过伸缩油缸调整链条达到合适张力，然后用定位销轴机械固定。这种伸缩机头紧链方式是目前转载机普遍使用的紧链方式。

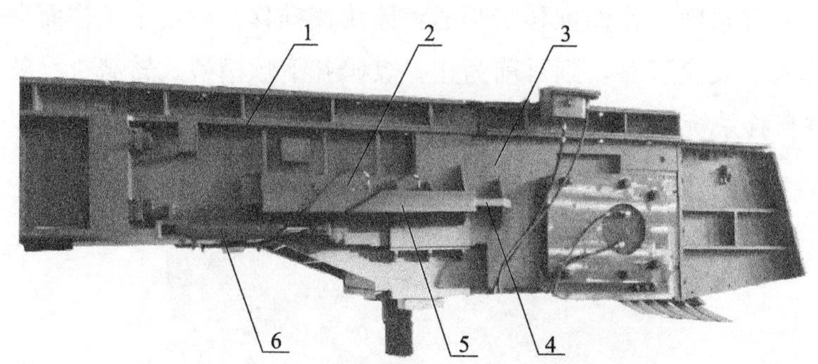

图 7.23　转载机伸缩机头架

1. 固定架；2. 定位销轴；3. 移动架；4. 导向杆；5. 导向槽；6. 张紧油缸

随着工作面刮板输送机输送能力的不断提升，转载机也在朝着大功率、大运量方向发展。2010 年为陕煤集团红柳林矿业有限公司研制的 SZZ1600/700 型桥式转载机，槽宽 1600mm、输送能力 5000t/h、装机功率 700kW，均为当时世界最大，还创新开发了双层盒状结构的大行程电液控制自动伸缩机头等新结构。

7.2.2　顺槽破碎机

破碎机是顺槽运输设备中的另一关键设备，起着破碎大块煤的作用。它与桥式转载机刚性连接在一起，承上启下，形成破碎运煤通道，所以它应具有满足配套要求的破碎能力和通过能力，具有高可靠性和使用寿命长。

小功率破碎机驱动部采用的是胶带传动。由于胶带传动存在能量损失大、易过载打滑等问题，随着破碎功率的增大，这种传动方式已不能满足要求。2001 年，太原院设计的 PLM3500 型破碎机首次采用电动机 + 液力偶合器 + 减速器 + 弹性联轴器 + 破碎轴的驱动形式（图 7.24），传动效率高，启动平稳，且过载保护性能好，所以目前大功率破碎机普遍采用这种驱动方式。

图 7.24　电动机 + 液力偶合器 + 减速器驱动式破碎机

目前顺槽破碎机采用的破碎形式有两种：轮锤式和齿辊式。轮锤式（图 7.25）是顺槽破碎机最常用的破碎形式。齿辊式（图 7.26）是针对客户需求而特别设计的，它是将齿座按一定排列规律焊接在破碎辊上，再将截齿安装在齿座上，这种形式破碎得到的煤比轮式破碎得到的煤粒度大，适用于要求煤粒度大一些的工况。

图 7.25　轮锤式

图 7.26　齿辊式

破碎机的破碎能力、通过能力随工作面刮板输送机、顺槽桥式转载机输送能力的增大而不断提高。2010 年研制的 PLM6000 型轮锤式破碎机，最大入口块度 2200mm×2000mm，破碎能力达 6000t/h，是当时世界上破碎能力最大的顺槽轮锤式破碎机。

（本章主要执笔人：姜翎燕，樊运平，王赟，周廷，杨喜）

第 8 章 工作面供液系统

我国千万吨级综采成套技术和装备虽已进入国际先进行列，但是供液系统在技术上存在系统匹配性差、供液不稳定、智能化水平低、关键元部件耐久性低、乳化液配比效果差、介质清洁度保障薄弱等问题，长期以来成为制约综采工作面实施自动化开采的瓶颈。

煤科总院智能控制技术研究分院针对以上问题开展了技术攻关，提出了适用于智能化开采工艺的自适应供液方法，建立了一套完整的智能集成供液系统，攻克了高压泵脉动控制、智能联动、电磁卸荷、浓度在线检测、可靠性等关键技术，研制出我国首套具有自主知识产权的综采智能高效集成大流量供液系统，解决了供液质量差和无法与工作面用液需求自适应的难题。

煤科总院矿用油品分院根据设备的需求，开展了各个系列的矿用难燃液的技术攻关。针对传统乳化油稳定性差，易析油、析皂且污染环境等问题，开发了植物油体系的环保型矿用浓缩液、抗高矿化度水质微乳液、液压支架防冻储存液。针对井下设备仍然使用可燃性矿物油，带来安全隐患问题，开发了矿用水－乙二醇型难燃液、无水全合成难燃液，填补了行业该领域的空白。

8.1 供液系统的组成及功能

煤科总院智能控制技术研究分院重点研究了自适应采煤智能供液方法，融合高压泵脉动控制、智能联动、电磁卸荷、浓度在线检测、可靠性等关键技术，解决关键部件方面的技术难题，建立以智能控制中枢为核心的控制模式，形成一套集泵、变频、电磁卸荷、智能控制、水处理、多级过滤、自动补液和配比、数据上传等于一体的具有完全自主知识产权的综采智能高效大流量集成供液系统。

8.1.1 系统的集成设计

集成供液系统包括液压系统和控制系统两大部分。液压系统按照两泵一箱的结构设计，同时考虑与今后复杂系统的通用性，要求该液压系统能够拓展出三泵两箱、四泵两箱甚至八泵四箱（包括喷雾系统）的液压系统，因此液压系统中需要为今后系统拓展预留充足的接口。参考进口高端乳化液泵站系统的液压系统结构，设计了图 8.1 所示的液压系统，由泵站系统、过滤系统、乳化液自动配比装置等组成。

考虑到煤矿井下的特殊工况及液压系统模块化设计的需要，控制系统采用以 PLC 为控制核心的集中控制方式，各种传感器信息统一送到 PLC 内进行处理后，对泵站、卸载阀的动作进行集中控制。考虑到今后的拓展性，要求控制系统至少能够实现对四泵两箱供液系统的控制，按照此要求设计出四泵两箱的控制系统。为了实现供液系统运行数据的保存，同时也为了使操作人员能够更直接地了解系统的运行状况，集成供液控制系统专门配备了一台矿用防爆计算机，负责系统运行状况的显示、数据保存、数据上传等工作。

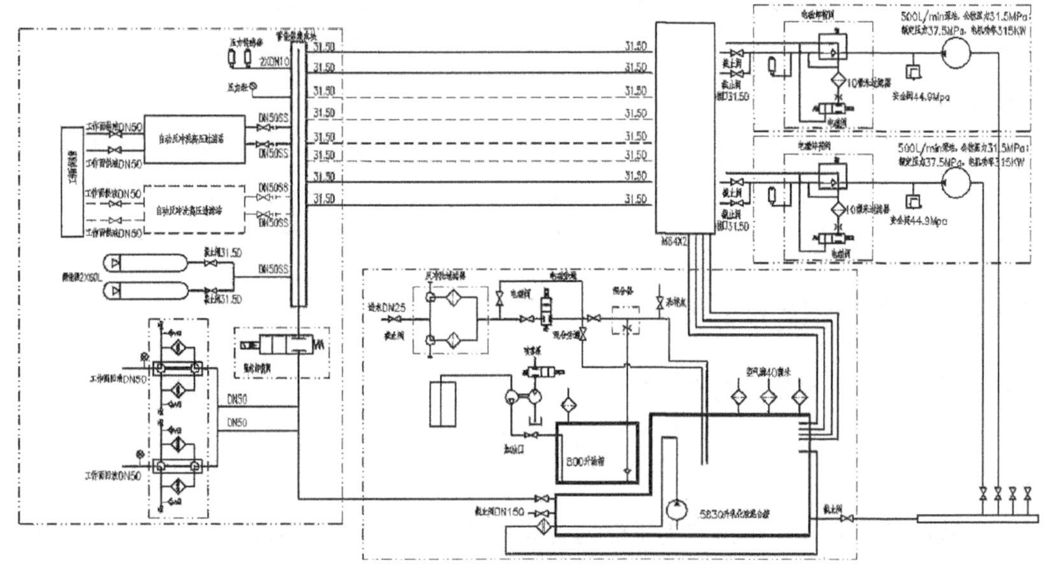

图 8.1　两泵一箱液压系统原理图

8.1.2　系统布置及连接

按照集成供液系统各设备的作用，将系统划分为泵站、液箱、过滤系统、控制系统四大功能模块，相同模块的设备尽量集中布置，方便管路、电缆连接。

每台泵站单独占用一个列车，每台液箱单独占用一个列车，高压过滤站、回液过滤站及蓄能装置共用一个列车，控制系统占用一个列车，进水过滤站与控制系统共用一个列车或与其他设备共用一个列车，如图 8.2 所示。

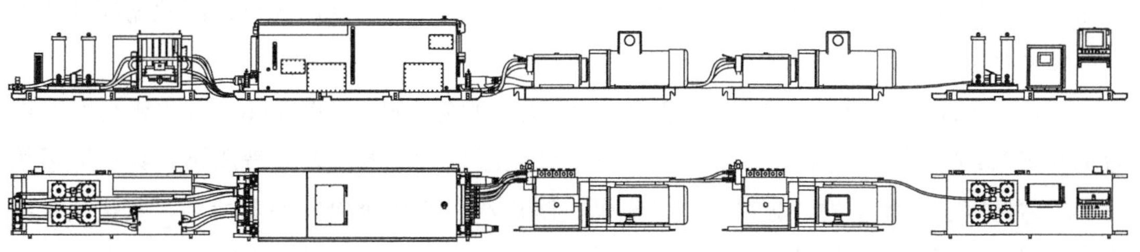

图 8.2　两泵一箱系统布置

系统匹配性方面，充分研究了系统流量与液箱的匹配、系统流量与过滤系统的匹配、管路接口的匹配等。按照系统的流量不同，将液箱划分出不同的容积，根据流量大小来选择液箱，液箱容积最大可达 $8m^3$，能够满足不同工作面条件的需要。

管路设置方面，采用模块化设计，各列车内部管路在提供给用户之前已连接好，用户只需将供液管路和回液管路连接到对应接口即可。各列车的管路布置方面，在乳化液液箱底座上布置 8 根用于输送高压乳化液的无缝不锈钢管，不锈钢管一端通过高压胶管与泵高压出口连接，另一端连接到高压多通块上，所有连接均采用 U 形销式快速接头，方便移动列车时快速拆卸、连接管路；多级复合过滤设备采用统一接口形式，摆放位置相对固定，既减少了用户连接管路的工作量，又避免了因使用多个供应商设备出现的接口形式不统一、管路连接复杂、相互干涉等问题。

电缆连接方面，采用快速插接方式实现控制中心与各设备之间的连接。用户可以在不打开接线盒的情况下完成线缆的连接、拆卸。这种连接方式减少了电缆连接的劳动强度，降低了连接出错的概率，增加了电缆连接的可靠性。

8.1.3 供液系统的主要功能

集成供液系统集泵站、电磁卸载、智能控制、变频控制、乳化液自动配比、多级过滤及系统运行状态记录与上传于一体，为用户提供基于工作面用液需求的智能供液系统解决方案。

主要核心技术包括：恒压按需供液的智能控制算法、变频与电磁卸荷智能联动控制技术、乳化液清洁度控制技术、乳化液浓度在线监测、自动配比及校准技术、故障诊断与报警、管路爆管应急保护。

8.2 泵站系统

乳化液泵站和喷雾泵站是整个综采工作面供液系统中的核心设备。乳化液泵站作为综采工作面必不可少的重要设备，为工作面液压支架提供液压动力；喷雾泵站主要用于采煤机喷雾降尘或设备冷却等用途。近年来，随着我国大采高综采工作面的日益增多，为了满足大采高液压支架的高初撑力、高工作阻力设计要求，以及快速移架和安全支护的需求，对综采工作面液压系统在压力、流量等方面的性能都提出了很高的要求，因此需要高压大流量乳化液泵站进行配套。

乳化液泵站最大输出压力超过 40MPa，流量一般为 300～630L/min。电动机功率一般为 150～315kW，最大功率达 500kW。大流量乳化液泵采用五柱塞式液压泵，具有流量均匀、压力稳定、运转平稳、脉冲小、油温低、噪声小、使用维修方便等特点。乳化液泵的柱塞采用实体陶瓷或柱体外表面喷涂陶瓷等高硬度、耐磨材料。柱塞密封使用填料密封材料，如石棉、芳纶及聚四氟乙烯塑料等韧性材料。泵头及吸排液阀部件的材质以不锈钢为主，部分使用合金钢镀镍、铬处理。乳化液泵站一般采用卸载阀进行压力自动调节，喷雾泵普遍采用溢流阀进行工作压力调节。

8.2.1 泵站参数及型号

泵站压力必须满足主柱初撑力和千斤顶最大推力所要求的乳化液工作压力。若此工作压力不能兼顾时，可采用双压力供液系统。

大推力所要求的乳化液工作压力所需的泵站工作压力 P'_b 为

$$P'_b \geqslant k_1 P_m \tag{8.1}$$

式中，P_m 为根据立柱或千斤顶推算出的初撑工作压力，MPa；k_1 为泵站到液压支架的管路压力损失系数，一般取 1.1～1.2（支架管路长，且弯曲多，应取大值）。

液压支架的移架速度应大于采煤机的截煤牵引速度。移架速度取决于泵站供液流量。一般按一架支架全部主柱和千斤顶同时动作来估算所需泵站流量，即所需乳化液泵站的流量 Q'_b 为

$$Q'_b \geqslant k_2 \left(\sum Q_i\right) \frac{v_q}{A} \times 10^{-3} \tag{8.2}$$

式中，Q_i 为一架机架所有立柱和千斤顶完成全部动作所需的乳化液体积，cm^3；v_q 为采煤机工作牵引速度，m/min；A 为支架中心距，m；k_2 为泵站到支架管路泄露损失系数，一般取 1.1～1.3。

从乳化液泵站产品系列中，选用规格参数稍大于上述计算所得 P'_b、Q'_b 值的乳化液泵。

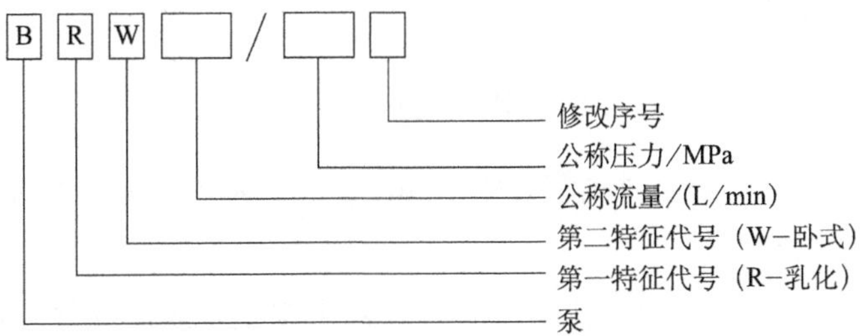

示例：BRW400/37.5 表示乳化液泵站，采用卧式结构，公称流量为 400L/min，公称压力为 37.5MPa。

8.2.2 泵站结构及工作原理

1. 泵站结构

以煤科总院智能控制技术研究分院研制的 BRW400/37.5 型乳化液泵站为例（图 8.3），该泵站由乳化液泵通过联轴器与防爆电机连接在一起，共同安装在泵站安装架上，同时配

有润滑系统、进出液多通块、卸载阀、安全阀和泵站控制系统。乳化液泵为卧式三柱塞往复泵，选用三相交流四级防爆电机驱动，经一级齿轮减速，带动曲轴旋转，再由三列连杆、滑块，带动柱塞做往复运动，在此过程中工作液经过吸液阀和排液阀在柱塞腔内完成压力的升高，实现由电机的机械能到工作液的液压能的转换，此后高压液通过液压管路输送到执行结构。泵出口处安装有调整好的安全阀以及卸载阀，还可根据需要选择是否安装蓄能器。

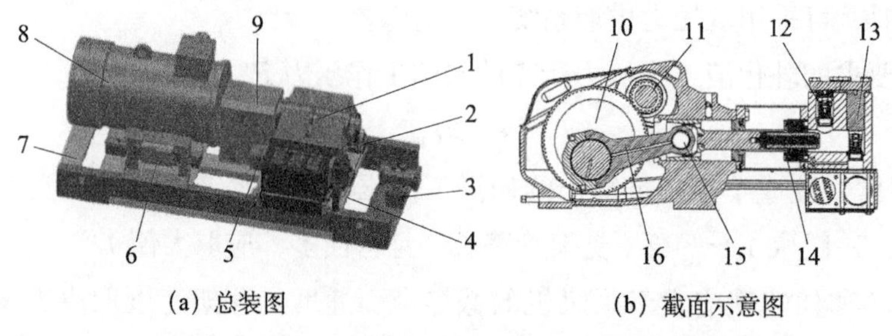

(a) 总装图　　(b) 截面示意图

图 8.3　BRW400/37.5 型乳化液泵站系统示意图

1. 乳化液泵；2. 润滑系统；3. 进出液多通块；4. 卸载阀；5. 安全阀；6. 泵站控制系统；7. 泵站安装架；8. 防爆电机；9. 联轴器；10. 曲轴；11. 齿轮副；12. 排液阀；13. 吸液阀；14. 柱塞；15. 滑块；16. 连杆

2. 泵站排量设计

电机经一级齿轮减速，通过曲柄连杆机构带动柱塞在缸孔中做往复运动来实现吸排液，其行程是偏心距 e 的 2 倍。乳化液泵的排量为

$$q=\frac{\pi}{4}d^2(2e)z=\frac{\pi}{2}d^2ez \tag{8.3}$$

乳化液的实际流量为

$$Q=qn\eta_v\times10^{-3}=\frac{\pi}{2}d^2ezn\eta_v\times10^{-3} \tag{8.4}$$

式中，d 为柱塞直径，cm；e 为曲轴偏心距，cm；z 为柱塞数；n 为曲轴的转速，r/min；η_v 为卧式柱塞泵的容积效率。

柱塞往复运动的速度在曲轴没转动一周的过程中按正弦规律变化，瞬间流量等于 3 根柱塞瞬时排量之和。泵的瞬时流量在不断变化，时大时小，这种变化现象称为泵的流量脉动。流量脉动必然引起液系统管道内的压力变化，从而导致压力脉动现象发生。压力和流量脉动易引起管道和阀的共振，在泵站液压系统中蓄能器是为了减缓流量和压力脉动而设置的。五柱塞泵的压力和流量脉动低于三柱塞泵的压力和流量脉动。

3. 常用泵站主要技术参数

煤科总院智能控制技术研究分院研制的乳化液泵站流量等级为 200～630L/min, 压力最高 45MPa, 适用于不同采高的综采供液系统，也可用于远距离供液系统的高压补液，见表 8.1。

表 8.1 乳化液泵站常用型号主要技术参数

特征	BRW200/45	BRW400/37.5	BRW630/40
进水压力	常压	常压	常压
公称压力 /MPa	45	37.5	40
公称流量 /（L/min）	200	400	630
曲轴转速 /（r/min）	438	438	451
柱塞直径 /mm	40	55	55
柱塞行程 /mm	140	140	110
柱塞个数 / 个	3	3	5
电动机功率 /kW	200	315	500

8.2.3 泵站用阀

1. 电磁卸荷阀

卸载阀是实现乳化液泵压力自动调节的重要压力控制原件，其功能是能够满足综采工作面用液需求，同时能够保证系统压力达到液压支架工况要求。

煤科总院智能控制技术研究分院是国内首家攻克高可靠性泵站电磁卸荷技术的研制单位，并已经实现批量化生产。研制的 TMBXHFL（400/37.5）型卸载阀的总体结构如图 8.4 所示。本卸载阀主要由阀体、调压阀、阀芯、电磁先导阀、连接板、过滤器、污染指示器等组成。通过电磁先导阀的通断来控制卸载阀阀芯的开闭，实现增压与卸载的状态变化。

TMBXHFL（400/37.5）型卸载阀的工作原理如图 8.5 所示。P 为卸载阀的进液口，连接乳化液泵的出液口；A 为卸载阀的工作口，向系统供高压液；R 为卸载阀的卸载口，连接液箱回液口。卸载阀的控制方式有两种，一种是电动控制方式，另一种是液压控制方式。

电动方式控制时，控制系统中预先设定卸载压力与恢复压力，当卸载阀 A 处压力传感器监测到的压力数值低于卸载压力时，电磁先导阀通电，P 口与 A 口接通，与 R 口断开，泵出口的液体输送到工作面，此时卸载阀处于增压工作状态。当卸载阀 A 处压力传感器监测到的压力数值高于卸载压力时，电磁先导阀断电，P 口与 A 口断开，与 R 口接通，泵输出的液体直接通过卸荷管回到液箱，直至 A 处压力传感器监测到的压力数值低于恢复压力，电磁先导阀重新得电，卸载阀恢复增压状态。

液压控制卸载（电磁先导阀处于吸合状态）时，卸载阀工作口 A 与进液口 P 两路液体作用在调压阀阀芯上的液压合力大于调压阀弹簧力时，P 口与 A 口断开，与 R 口接通，泵输出的工作液通过卸荷口直接流回液箱，卸载阀处于卸载状态。当卸载阀工作口 A 与进液口 P 两路液体作用在调压阀阀芯上的液压合力降低到小于弹簧力时，P 口与 A 口接通，与 R 口断开，泵输出的液体通过工作口输入到工作面供液，卸载阀恢复增压状态。

两种控制方式中任何一种方式的卸载条件被触发，卸载阀即处于卸载状态，两种方式的增压条件必须同时满足卸载阀才进入增压工作状态。

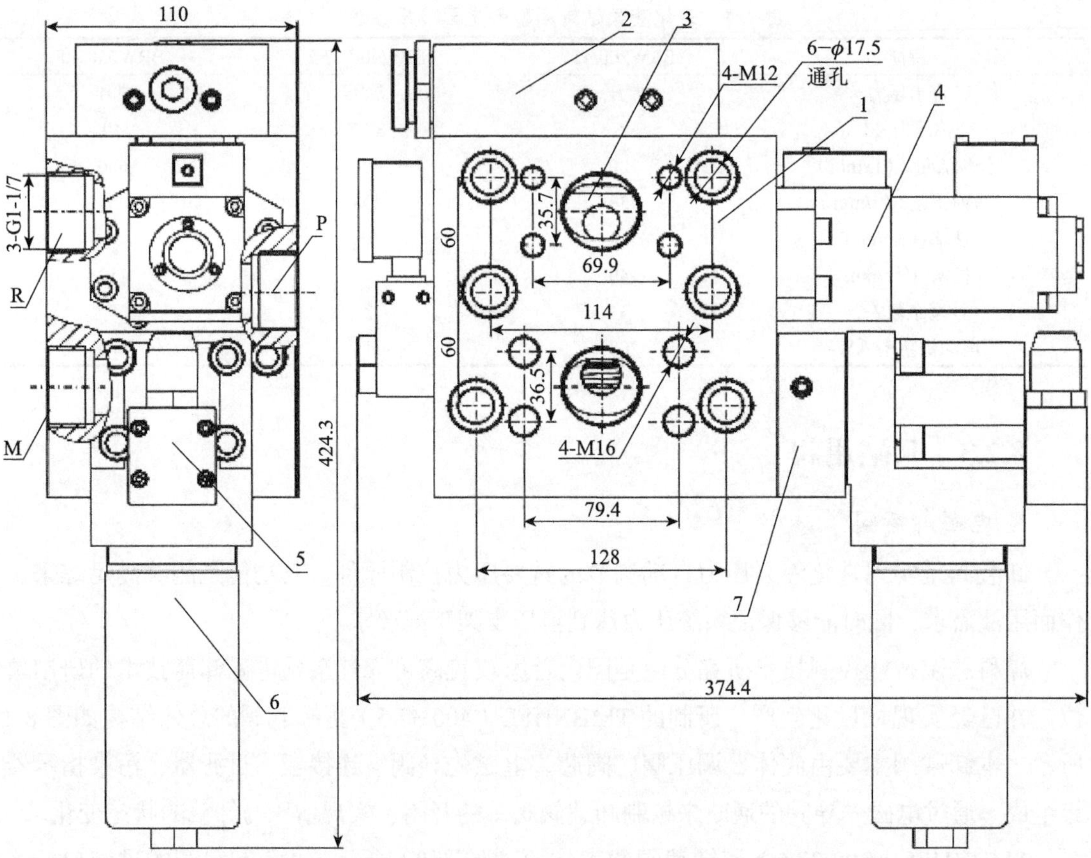

图 8.4　TMBXHFL（400/37.5）型卸载阀总体结构图（单位：mm）

1. 阀体；2. 调压阀；3. 阀芯；4. 电磁先导阀；5. 污染指示器；6. 过滤器；7. 连接板

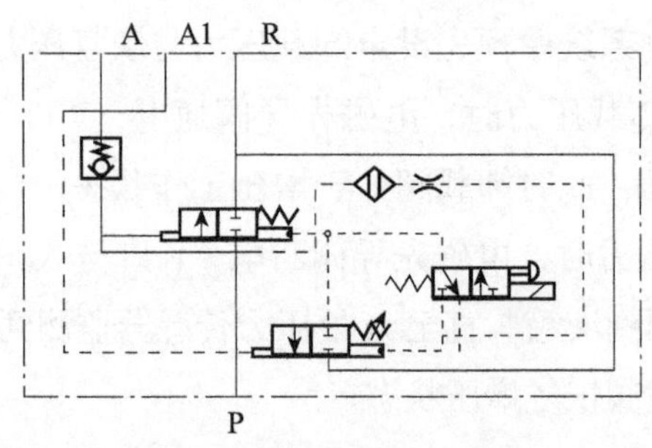

图 8.5　卸载阀工作原理图

2. 溢流阀

溢流阀是矿山泵站系统的关键部件之一。它控制着泵站系统的压力大小，溢流阀的动态性能好坏对其自身可靠性以及泵站系统能否稳定运行有着直接的影响，改进泵站溢流阀的响应特性对于提高泵站系统的性能有着重要意义。

该分院研制的 TMBYL（1000/25）溢流阀结构如图 8.6 所示，其主要工作部分为先导阀、主阀、进液容腔、节流段 1、节流段 2、活塞控制腔。通过调节先导阀处的弹簧预紧力对的溢流阀工作压力进行控制。当溢流阀进口压力持续增加到能够克服弹簧预紧力时，先导阀开启，主阀芯活塞控制腔压力小于进口容腔内压力，主阀芯打开，溢流阀开始过液。该溢流阀具有调压范围大（2～25MPa）、溢流压力稳定、动作灵敏、噪声低的特点。

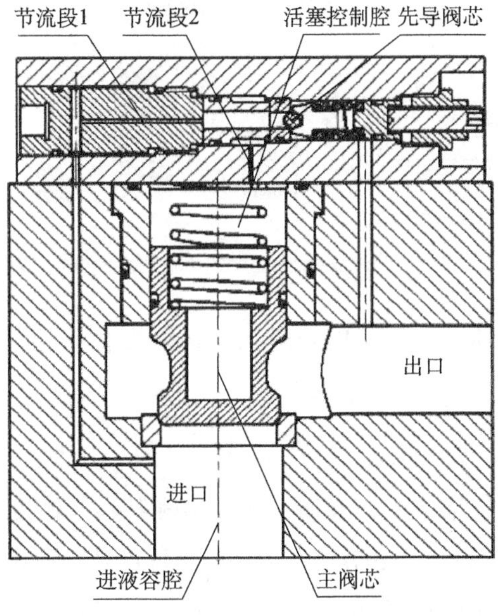

图 8.6　TMBYL（1000/25）溢流阀结构示意图

8.2.4　乳化液自动配比系统

多功能容腔、内部乳化液自循环过滤结构的大容量集成乳化液箱，实现了乳化液介质在液箱内部的稳流、消泡、沉淀、过滤及自清洁功能；乳化液箱总容积 8000L，集成油箱 800L，液箱采用全不锈钢加工，同时液箱上集成了乳化液自动配比装置、乳化液在线检测装置和液位、油位自动检测装置，将卸荷管集成到液箱上，便于连接，且液箱整体美观，液箱下面预留过管空间，有利于设备列车直接管路的铺设，同时减小了管路的振动和磨损，液箱里面集成了磁性过滤器、稳流沉淀装置和自清洗过滤器，将沉淀在液箱底部的污染物通过自清洗泵和自清洗过滤器及时排出液箱，减少了定期清洗液箱的工作量。该乳化液箱集成了乳化液自动配比、浓度检测及校正以及爆管保护等功能。

1. 乳化液浓度自动配比装置

通过采用压力全平衡技术，发明了高稳定性过滤减压装置，解决了出口压力不受进口压力影响的进水压力高稳定性乳化液配比难题，通过融合可靠的 Conflow 混合器，研制了远程控制自动配液系统，实现了配比后乳化液的均匀和稳定，如图 8.7 所示。

其中过滤减压装置是保证乳化液混合器稳定运行的关键产品。该装置不仅能够给乳化

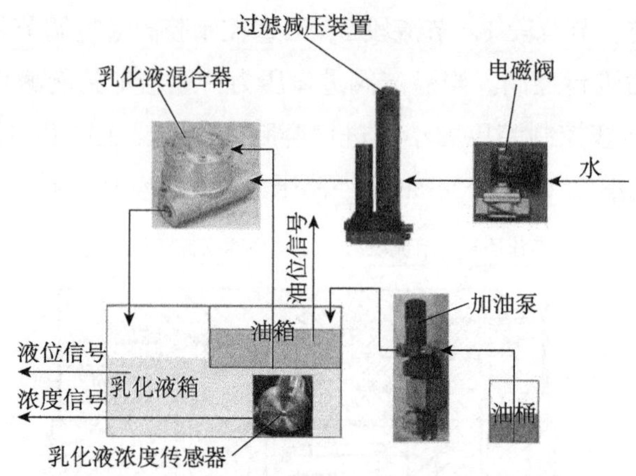

图 8.7　带过滤减压装置的乳化液自动配比方案

液混合器提供稳定的进水压力，而且能对进入乳化液混合器的水进行过滤保证乳化液混合器用水清洁。

2. 乳化液浓度检测及校正装置

矿用乳化液作为液压支架的工作介质，其参数和特性（浓度、温度、黏度、pH、稳定性、防锈性）对于系统性能有很大的影响。浓度过高容易导致密封失效，乳化液泄漏，不经济，浓度过低又导致抗腐蚀性降低，从而导致液压部件锈蚀，最终系统失效。当前煤矿井下主要的乳化液浓度检测手段还是采用手持糖度仪，进行离线检测，精度低而且不方便，随着综采工作面电液控制系统的普及，乳化液浓度在线检测逐渐成为电液控制系统供应商和煤矿用户都很关心的指标。

煤科总院智能控制技术研究分院首创性地将密度法用于乳化液浓度在线检测，并取得了 1% 的绝对测量精度，对特定乳化液绝对测量精度达到 0.2%。技术指标达到国内领先的水平，以此技术研制出高精度浓度传感器根据大范围温度（10～60℃）变化下测得的乳化液浓度标准曲线设计的温度补偿算法，大大提高了测量精度。

乳化液浓度自动配比和校正系统结构如图 8.8 所示。该系统采用了一种基于电控截流阀控制的乳化液全自动实时配比和浓度矫正方法，该控制方法采用全自动模拟人工配比的过程，增强了配比过程中以浓度检测值为闭环反馈调节的实时性；提高配比的精度和自动化水平；在非配比状态下，可对整个工作面的乳化液浓度进行矫正，使乳化液的浓度处于合理的范围。

乳化液全自动实时配比时，控制单元在线实时读取浓度传感器的检测值，将检测的浓度与目标浓度进行比较和分析，并且根据分析结果，自动控制电控截流阀的旋转方向和旋转节奏，控制电控截流阀过油孔的大小，进而控制乳化液配比时乳化油的进油量，直至配比浓度达到目标浓度的要求。当液位高于低位或配液结束时，可进行浓度矫正控制过程，乳化液箱控制器通过程序设置的循环间隔和循环时间，定期对全工作面用液浓度进行检测和矫正。在乳化液配比和浓度矫正过程中，控制单元对执行单元实时进行故障检测，保证系统的可靠运行。

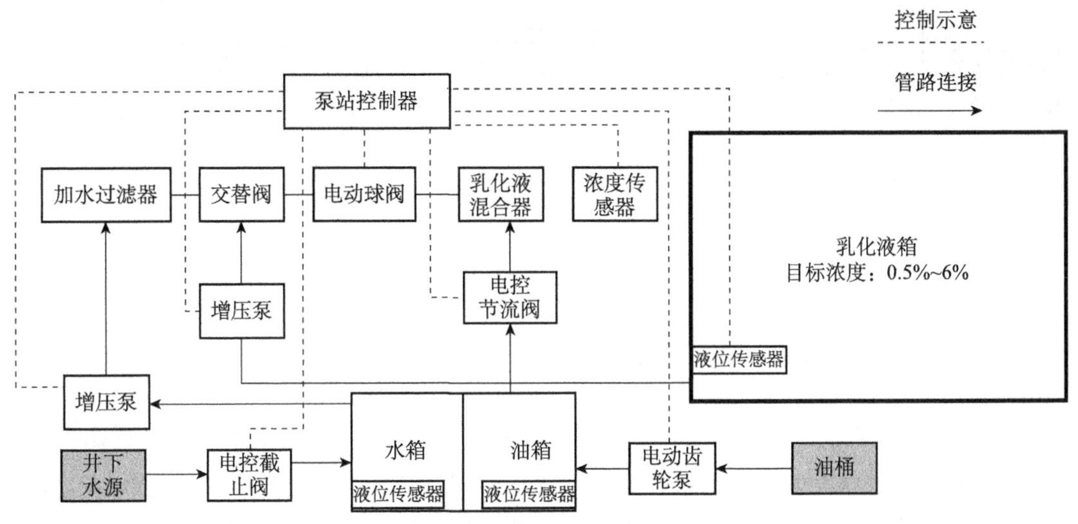

图 8.8　乳化液自动配液和浓度校正结构图

3. 爆管保护装置

为了解决主管路爆管及安全的问题，弥补现有技术的不足，煤科总院智能控制技术研究分院研制了一种煤矿综采工作面高压系统乳化液泵急停的关储卸压控制阀。该控制阀克服了现有高压系统出现故障采用拉闸停电或电控急停卸荷阀处理不及时及卸荷时间较长、产生管路振动的缺点。结构上主要包括阀接板、主控阀、中控阀和电磁先导阀等部分。关储卸压装置的研制，对集成供液系统的可靠性起到了极大的提升作用，主要的效益有：关储、卸压和停泵可以在瞬间完成，实现泵站的失压保护和安全停机，从而避免了故障的延续与扩大，同时也避免了管路振动和储能器中能量的损耗，达到了节能和安全生产的效果。

8.3　多级复合过滤设备

煤科总院智能控制技术研究分院研制的国内首套耐全压的自动反冲洗高压过滤站，采用多层滤网结构、滤网与高强度骨架焊接方式，提高了过滤站的纳污能力，解决了过滤滤芯不能承受系统压差产生变形击穿的难题；提出了功能过滤与安全防护相结合（图 8.9），主动预防与被动防护相结合的体系架构，使过滤效率提高 10% 以上，解决了单级过滤无法满足液压支架电液控制系统电磁先导阀对液体清洁度要求高的技术难题，建立了综采供液系统过滤技术体系标准，制定了《NB/T 51016—2014 煤矿用液压支架过滤器》和《NB/T 51017—2014 煤矿用液压支架过滤站》两项能源行业标准。

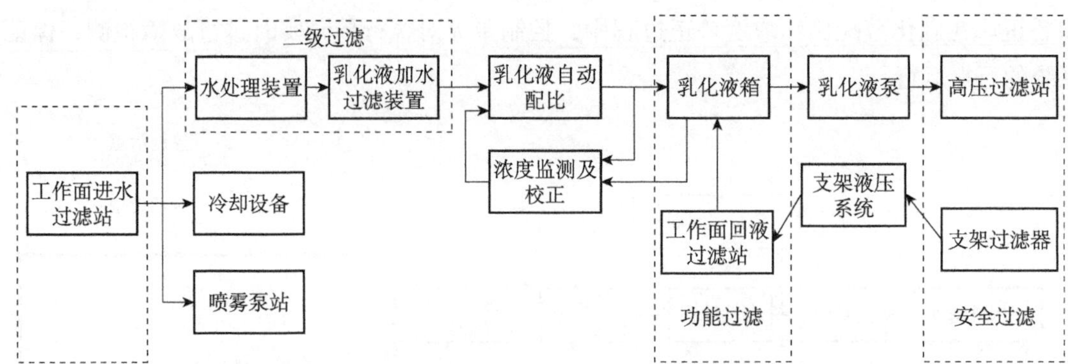

图 8.9 综采工作面工作介质多级复合过滤的原理图

8.3.1 水处理化学过滤设备

煤科总院智能控制技术研究分院研制的TMWSP-8系列井下工作面水处理装置如图8.10所示。采用目前世界上最先进的阀体及控制器件，配备减压组件、精细过滤器、树脂罐及盐箱等设备设计组成。其中最核心的是离子交换组件，原水通过钠型阳离子交换树脂，使水中的硬度成分 Ca^{2+}、Mg^{2+} 与树脂中的 Na^{+} 相交换从而吸附水中 Ca^{2+}、Mg^{2+} 使水得到软化。离子交换组件一般也叫软化水装置，由于采用的多为钠离子交换树脂，所以也多称为钠离子交换器。离子交换组件的控制系统由美国进口，整套系统可自动完成以下工作：工作（产水）、反洗、吸盐（再生）、慢冲洗（置换）、快冲洗5个过程。

图 8.10 TMWSP-8 井下工作面水处理装置

8.3.2 多级物理过滤设备

1. 自动反冲洗清水过滤站

适用于煤矿水喷雾系统及乳化液系统进水的过滤，系统进液公称流量为2000L/min，经60μm自动反清洗过滤器过滤后分为两个支路：一路用于工作面喷雾及冷却用水，另一路通过 25μm 过滤器二次过滤，用于乳化液配比用水。本系统具有自动和手动两种控制方式。自动为定时控制方式，方便实用。

主要技术指标如下。

公称流量：2000L/min。

公称压力：3.2MPa。

过滤精度：60μm。

乳化液配比：25μm。

定时反洗：0～99h59min 任意设定，出厂设置为 4h。

反洗时间：0～99min59s 任意设定，出厂设置为 2min。

2. 进水过滤站

用于工作面进水过滤，采用用一备一设计思路，在工作面正常生产过程中可以进行滤芯的更换和检查（图 8.11）。

主要技术指标如下。

公称流量：2000L/min。

公称压力：2.5MPa。

过滤精度：60μm。

图 8.11　进水过滤站

3. 反冲洗高压过滤站

高压过滤站是泵站出口的第一级过滤装置，由泵站出口来的高压乳化液从过滤站的进液口进入，经四个高精度滤芯过滤后提供给工作面液压支架使用；过滤站可采用定时自动反冲洗、压差自动反冲洗、手动启动电控顺序自动反冲洗、手动按钮反冲洗等四种反冲洗方式对各个滤芯进行反冲洗，反冲洗后产生的污水可通过反冲洗回收系统回收使用，也可直接外排。

如图 8.12 所示，高压过滤站主要结构件之一的支架是过滤站中各个元部件的安装机体，其上面附有盖板，可以防止掉落的岩石砸坏各组成部件，盖板上有M20和M18吊环螺钉各一个；KXH12矿用本安型泵站用控制器与单路防爆电源箱分别安装于支架的前后两面；两个主体分别用M20螺钉固定在支架的横担上，每个主体上均有进液口、出液口和排污口各两个；进、出液接头换向弯管与对应的进液口和出液口相连，并以U形卡固定在支架上，将该过滤站配置为双进双出形式；反冲液回收系统安装在两个主体的下方，收集由各根排污软管而来的污水，经过滤后回收；4个滤芯、滤筒分别安装在每个主体的上面，呈一字形排列；电动控制阀通过螺钉固定在主体的前面，每个主体均配有两组控制阀，其阀芯串从下面插装到电动控制阀阀体内；压力表与进液压力传感器组件安装在主体上方中部位置；污染指示器与出液压力传感器组件安装在主体的前面，位于两组电动控制阀中间位置；工具箱位于两个主体中间位置；在主体下面各拧入两个先导阀专用过滤器，反冲洗污水外排钢管焊接在支架的侧面，当不使用反冲液回收系统时，可将排污软管连接至外排钢管，直接排出污水。

主要技术指标如下。

公称流量：2000L/min。

公称压力：31.5MPa。

过滤精度：10μm。

图 8.12　高压过滤站

4. 回液过滤站

回液过滤站主要由大流量低压溢流阀、过滤组件和大通径换向球阀三部分组成，如图8.13所示。GLZ1000型回液过滤站为单进单出结构，设有一个进液口和一个出液口；GLZ2000型回液过滤站相当于两个GLZ1000型回液过滤站并联，为双进双出结构，设有两个进液口和两个出液口。进出液接口分别为DN51，也可根据用户要求进行定制。每个滤筒设置一个排污口，通过KJ13球形截止阀与外部连通，排污口还可作为滤筒的卸压口使用。

每个滤筒配备两块压力表，分别监测滤筒的进、出液压力。压力表设计为三色指示，通过观察压力表指针所处位置即可判断过滤站滤芯堵塞程度。

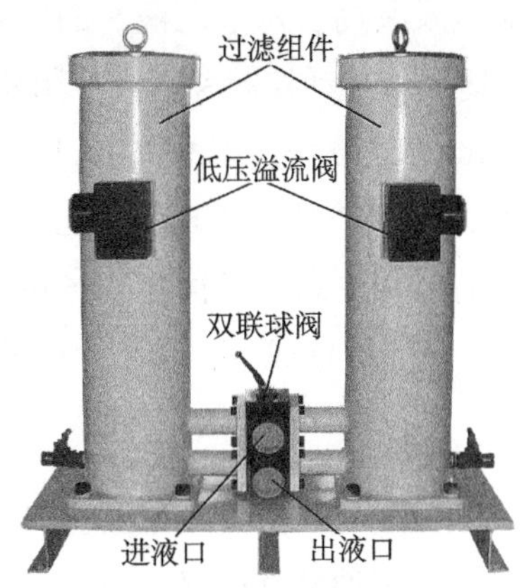

图 8.13 回液过滤站

工作面回液从过滤站的进液口进入，通过过滤站滤芯过滤后从出液口流出。考虑到煤矿井下条件以及工作的特殊性，过滤站设计成用一备一或用二备二结构，在正常工作状态时每组滤筒一个滤芯工作，另一个滤芯备用。进液压力表指针处于绿色范围内说明滤芯处于正常工作状态；指针处于黄色位置说明滤芯已经堵塞，可通过大通道换向球阀切换至备用滤芯，更换堵塞的滤芯；指针处于红色位置说明滤芯堵塞严重，必须立即更换滤芯。为了保证煤矿井下工作面正常生产，必须确保备用滤芯处于未堵塞状态，发现滤芯堵塞应及时更换。该回液过滤站同时还配备了大通道低压溢流阀作为安全保护装置，该阀正常状态为关闭状态，当滤筒内压力高于安全压力时，溢流阀打开，防止回液系统压力过高。

8.4 支护设备用难燃液

支护设备用难燃液是液压支架支撑、升降、移动、推溜和过载保护等动作的动力之源。煤科总院矿用油品分院开发了环保型矿用浓缩液，解决了传统乳化油不稳定、易析油析皂、易于生物降解等技术难题；开发了高矿化度水质微乳液，解决了矿井水质高硬度、高阴离子适应性的难题；制定了 MT76—2011《液压支架乳化油、浓缩液及其高含水液压液》行业标准。

8.4.1 环保型液压支架浓缩液

环保型矿用浓缩液是煤科总院油品分院矿用难燃液的核心产品之一。其以植物油为基础组分，复配缓蚀剂、稳定剂、络合剂和消泡剂等功能性添加剂，绿色环保、水质适应范围广，属热力学稳定体系，替代了传统乳化油，成为液压支架及电液控制系统的主要传动介质。

1. 适用条件

环保型矿用浓缩液，按国际分类属 HFAS 型产品，各项性能达到煤炭行业标准 MT76—2011《液压支架用乳化油、浓缩液及其高含水液压液》的要求，产品分为普通型和电液控制系统专用型液两个系列，分别适用于手动控制和电液控制液压支架系统。

适用水质硬度范围 0～2000mg/L，覆盖我国 90% 以上的矿井水质。其中，HFAS（G）系列的电液控制系统专用浓缩液为高端产品，其与水配比后，粒径小于 1μm，满足了电液控制系统对传动介质更稳定、更清洁和更高过滤精度（25μm）的要求，可有效避免介质堵塞滤芯、过滤器、先导阀等部件，降低维修成本，提高生产效率。

2. 热力学稳定性

“极索”环保型液压支架浓缩液是将植物油和主要基础组分进行“分子设计—改性—合成”后的产品，其同一分子中既具有油性基团又具有水性基团，有效物均以分子的形式存在于体系中，属单一相热力学稳定体系，其有效成分以分子的状态存在，平均粒径为 21.91nm，粒径分布 10～100nm。

浓缩液有效成分以分子的状态分散在溶液中，通过化学键链接，形成了热力学稳定体系。传统乳化油缺点是分散的油滴易互相碰撞而结合，造成析油，同时抗硬水能力较差，易与水中的 Ca^{2+}、Mg^{2+} 离子形成油皂，而浓缩液体系，为单一相，稳定性超强。

3. 生物降解性

“极索”环保液压支架用浓缩液，不含矿物油，以植物油作为基础组分进行产品设计，复配绿色功能性表面活性剂，体系中可溶性有机物质容易被活性微生物消化分解，从而解决了产品排放对环境和水体的影响。BOD_5/COD 值为 0.38（国际规定大于 0.3，可生物降解），快速生物降解率（OECD301E）为 68.6%（大于 60%），属于环境友好型产品。

4. 水质适应性

液压支架传动介质配液水用量很大，一般都是采用天然的矿井水配液，因此配液用水的质量十分重要，如水质的来源、硬度、溶解性总固体物含量、pH、有害离子浓度、机械杂质、固体悬浮物等，不但直接影响到传动介质的稳定性、防锈性、润滑性等性能，也关系到泵站和液压支架及电液控制系统的操作、效率和使用寿命。

环保液压支架用浓缩液配方中加入特制稳定剂，使其具有优异的水质适应能力，系列产品可满足 0～2000mg/L 硬度的矿井水质，并可针对矿区水质阴阳离子特点提出合理解决方案。

针对矿井水中的阴离子，硫酸根离子（SO_4^{2-}）和氯离子（Cl^-），选用有机多元羧酸醇胺盐、酰胺、唑类化合物等缓蚀剂复配，协同增效，能够在金属表面形成致密保护膜，屏蔽了阴离子的影响，通过加入 pH 调节剂，在分子内部形成“碱度储备”，根据水质 pH 的变化进行自动调节，保持高含水液压液的 pH 在金属的钝化区内，提高浓缩液的水质适应能力，从而实现金属材料的防护。

环保型矿用浓缩液各项性能指标满足MT76—2011标准要求，并获得HFAS10-5、HFAS15-5、HFAS30-5、HFAS10-5（G）、HFAS15-5（G）等多个产品的安标认证。表8.2所示为环保性矿用浓缩液的性能指标。

表 8.2　环保性矿用浓缩液性能指标

检验项目	标准要求	检验结果
外观	透明均一流体	透明均一流体
运动黏度 / （mm^2/s）	≤100	2.965
闪点 /℃	≥110	无
耐冻融性	5个循环后应恢复原状	恢复原状
水中分散性	均匀分散	均匀分散
凝点 /℃	≤-5	-14
pH	7.5～10.0	8.5
防锈性	铸铁、常温无锈迹或色变	铸铁、常温无锈迹或色变
防腐蚀性	15号钢无锈蚀、62号黄铜无色变	15号钢无锈蚀、62号黄铜无色变
热稳定性 /%	析出物≤0.1	析出物<0.1
室温稳定性 /%	析出物≤0.1	析出物<0.1
振荡稳定性	无析出物	无析出物
润滑性 P_B 值 /N	≥390	509.6
消泡性 /mL	≤2	0
平均粒径 / （N · m）	—	21.91
可生物降解性 /%	OECD301E，≥60	68.6

5. *应用实例*

环保液压支架用浓缩液已在神华集团、中煤能源、阳煤集团、淮南矿业、国投新集、冀中能源、龙煤集团、山西焦煤、神火集团、徐矿集团、山东能源、甘肃华亭、神华宁煤、神华新疆、中电投新疆公司、开滦集团、汇能集团、郑州煤机厂和北京煤机厂等全国数十家煤矿企业集团和煤矿机械厂应用。

以神华集团神东公司榆家梁煤矿为例。44214综采工作面长度239.8m，推进长度1271.7m，煤层厚度3.1～3.61m，倾斜长壁后退式全部垮落综合机械化采煤法，德国DBT公司生产的2.2/4.5掩护式液压支架141台，天地玛珂pm31型电液自动控制系统。

环保型浓缩液性能始终保持稳定，能够适应矿井井下配液水质的要求，液箱及系统内无油皂析出，电液控制系统正常运转，保证了整套支架的精确快速的推移。未发生由于浓缩液的不稳定而造成的析出物堵塞阀件现象。产品在系统内试验后，拆卸电液控制阀组中的液动主控换向阀、电磁先导阀检查，阀件完好正常，未发生堵塞、锈蚀、锈斑现象。选定工作面部分液压支架作为观察对象。整个采煤过程中，参与试验的液压支架移架迅速、推移正常。支架的前后立柱表面始终保持光亮，缸体也未出现锈蚀现象。工人长期接触无过敏和刺激反应，无霉变和细菌滋生，与乳化油相比，无矿物油排放后产生的油脂污染，环境友好。

8.4.2 抗高矿化度水质微乳液

抗高矿化度水质微乳液是煤科总院油品分院开发的新型支架液压传动介质。利用微乳化技术，将矿物油以微米粒径分散于水中，同时复配乳化剂、耦合剂和消泡剂等功能性添加剂，产品适应高矿化度水质，具有良好的稳定性、润滑性和金属防护性能。

1. 适用条件

抗高矿化度水质微乳液，根据液压支架对液压传动介质的要求，在配方中引入基础油、高效防锈剂、分散剂、乳化剂、pH 调节剂、防腐蚀剂、消泡剂等组分，利用不同 HLB 值的乳化剂的协同效应，使基础油充分乳化，具有优异的水质适应性，可满足电导率高于 2000μs/cm 的高矿化度矿井水质。

产品凝点零下 20℃，且具有优异的低温还原能力，适用各种气候条件的矿区。各项性能指标满足煤炭行业标准 MT76—2011《液压支架用乳化油、浓缩液及其高含水液压液》的要求，综合性能优于国内外同类产品。

2. 高矿化度水质适应性

矿井配液水中含有的阳离子主要有 K^+、Na^+、Ca^{2+}、Mg^{2+} 及微量的 Al^{3+}、Fe^{3+} 等，水质总硬度（以 $CaCO_3$ 计）。水质硬度过高，配液水中的 Ca^{2+} 和 Mg^{2+} 等高价阳离子，容易与乳化油中的防锈剂反应，生成相应的钙皂、镁皂。微乳液产品利用阴离子和非离子协同复配技术，形成了独特的稳定体系，添加剂与 Ca^{2+}、Mg^{2+} 形成螯合环，从而解决了硬度变化对体系稳定性能的影响。产品中还添加了高效钙皂分散剂，在产品使用过程中形成的钙皂、镁皂能很好地分散在乳化液中，进一步增加了产品的稳定性。

微乳液产品可满足电导率达 2000μs/cm 的高矿化度水质的使用需求。表 8.3 所示为微乳液不同条件下的稳定性。

表 8.3 微乳液稳定性试验

检测项目	温度 /℃	检验要求	试验结果	备注
室温稳定性	10～35	静置 168h	无油皂析出	
热稳定性	70	静置 168h	无油皂析出	2000μs/cm 水质配液
振荡稳定性	室温	按使用浓度 60% 配液	无油皂析出	

3. 润滑性

润滑性是抗高矿化度水质微乳液的关键指标之一。它的好坏直接决定了液压支架密封材料的使用寿命。微乳液在配方体系的设计中除含有一定含量的矿物油外，还复配了水溶性润滑添加剂。

抗高矿化度水质微乳液的 P_B 值达到 588N，远远超过了 MT76—2011 规定的 $P_B \geqslant 392N$ 的技术要求。在由乳化液泵、液箱、自动控制装置、推移千斤顶组装成的动态模拟实验台上模拟工况进行润滑性试验：推移千斤顶连续往复循环 8000 次后，推移千斤顶高压、低压密封无泄漏，保压性能良好，试验前后密封件、缸体、立柱，内外径尺寸均无变化，未发生磨损。

4. 防锈、防腐蚀性

防锈性是抗高矿化度水质微乳液最重要的技术指标。矿井水中含有大量的阴离子，如 SO_4^{2-}、Cl^-，对液压支架金属材质会造成严重的腐蚀。微乳液配方针对不同金属复配了多种高效缓蚀剂，在使用过程中，可在金属表面形成吸附膜、氧化膜或沉淀膜，有效屏蔽了阴离子对金属表面的影响。在规定使用浓度下，产品可有效保护金属及其镀层。立柱、缸体及阀件等部件不易锈蚀，能大大降低液压支架的维修成本。此外微乳液体系添加了醇胺类 pH 调节剂，在分子内部形成“储备碱度”，可根据配液水 pH 的变化进行自动调节。如果水中 H^+、OH^- 增加时，缓冲剂反应生成电离度较小的物质，从而使整个体系的 pH 保持在理想区域。

此外，产品中还添加了高效霉菌抑制剂，在使用过程中，可有效避免水中的微生物、细菌对体系的污染。技术上的特色使该产品有效避免了配液水中的硬度、阴离子、pH 等因素的影响。

5. 应用实例

抗高矿化度水质微乳液，已在伊泰集团、国投新集、龙煤集团、天地王坡、淮南矿业、山东能源等全国大型煤炭企业投入了应用，取得了良好的使用效果。

以龙煤集团东荣二矿为例。南三备用区 16 层二面工作面，水平位置为 −280～−360m，煤层平均厚度为 1.5m，工作面倾角 3°～18°，工作面走向长度约 250.5m，工作面设计平均月产煤 79 160.0t，工作面液压支架共计 162 部，由两个生产厂的 3 种型号组成，其中，ZY4000/10/23D 型电液控液压支架 36 部、ZY4000/10/23 型支撑掩护式液压支架 115 部、ZY3600/09/19 型掩护式液压支架 11 部。井下应用表明，抗高矿化度水质微乳液中乳化剂、分散剂、防锈剂、消泡剂等添加剂的设计选用科学合理，其稳定性良好，液箱内不易产生析油、析皂和大量泡沫；防锈、防腐蚀性满足支架镀层、控制阀各种金属元件、软管接头金属元件的要求；润滑性表现优良，支架推溜、移架、支撑顶板动作平稳快速，提高了生产效率；微乳液对密封材料适应性良好。井下综采工作面工业性试验期间生产作业正常，乳化液泵运行良好，过滤系统及密封系统等元部件维修率减少，液箱内微乳液无气味，对泵站操作人员的皮肤无刺激性及有害影响。

8.4.3 液压支架防冻液

液压支架专用防冻液是为解决综采液压支架等液压设备在严寒季节地面试验、储存、升井检修以及出厂运输时的防冻问题而研制的特种产品。合成过程中引入高效防锈剂、抗磨润滑剂和复合防冻剂等各种有效成分。

1. 适用条件

液压支架防冻储存液主要用于液压支架、液压泵站等液压系统在低温下的传动和保护。属于国家安全标志强制管理的矿用产品，防冻储存液的凝点可以根据不同的环境温度、用户的要求进行设计。

该产品一方面可以充分保证对液压支架的润滑性、稳定性、滤过性、防锈性、防腐蚀性及对密封材料相容性，通用于各种液压传动装置；另一方面可以满足液压支架系统在冬季地面试验、升井及运输等低温下的苛刻要求，该产品可耐受零下几十摄氏度的低温以保证整个液压支架系统安全、正常的运行，防止设备因受冻而损坏。该产品具有优良的清洗性能，可在液压支架内装有乳化液等液压液的情况下，可直接用该防冻储存液清洗支架及换液。

2. 耐低温性

对于液压支架防冻储存液，耐低温性是其基础技术指标，通过凝点来表征。因此降凝剂是液压支架防冻储存液体系中最重要的添加剂，也是占比例最高的添加剂。降凝剂的选择应以对金属不产生腐蚀为前提条件，且降凝效果持久，产品主要选择甘油、乙二醇等多元醇用于体系降凝，如图 8.14 所示。防冻储存液产品可满足液压支架系统冬季地面试验、升井及运输等低温下的苛刻要求，可耐受零下几十摄氏度的低温以保证整个液压支架系统安全、正常运行，防止设备因受冻而损坏，最低凝点可达 -60℃。

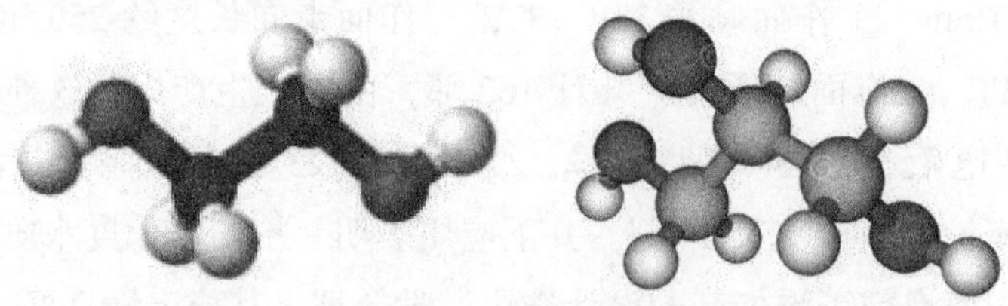

图 8.14 多元醇型降凝剂

3. 优异的稳定性

稳定性是液压支架防冻储存液的重要指标之一。防冻储存液主要用于液压支架设备冬季低温下的地面调试、升井检修、贮存以及出厂运输，因此要求产品具有优异的稳定性，不得分层、析出油皂，以免堵塞系统。

防冻储存液产品在设计过程中，将带有乙氧基官能团（聚氧乙烯基）的表面活性剂与聚乙二醇失水山梨醇硬脂酸酯、醇胺类化合物以适当比例进行复配，具有较好增溶效果，使产品具有优异的低温稳定性能。

4. 良好的润滑防锈性

润滑性是液压支架防冻储存液的一项关键指标，也是水基产品亟待解决的一个关键问题。性能优良的水溶性润滑添加剂是提高水基润滑液性能的关键。

综合原料的来源和生物降解性能，根据“分子设计观点”，选择植物油作为合成水溶性润滑剂的基础物质合成了两种润滑剂：润滑剂 GESO-1，润滑、分散剂 JESO-2。两润滑剂复配，协同增效，润滑剂 GESO-2 还有分散作用，可以增加体系稳定性，使液压支架防冻储存液具有较好的润滑性，满足设备使用要求。

防锈剂或缓蚀剂的作用机理是在金属表面形成氧化膜、沉淀膜，或者形成离子、分子的吸附膜（吸附膜又可分为物理吸附膜及化学吸附膜），以构成对基体金属的保护。牢固致密的保护膜，将液体和空气中的腐蚀性物质与金属表面隔离开来，有效地防止了金属的腐蚀。

液压支架防冻储存液储存产品，选用有机羧酸醇胺盐、酰胺、唑类化合物、无机盐等缓蚀剂复配，协同增效，具有优异的黑色金属及有色金属缓蚀能力。表 8.4 所示为液压支架防冻储存液的相关技术参数。

表 8.4 液压支架防冻储存液技术参数（MFD—50）

检验项目	技术要求
外观	透明、均一流体
气味	无刺激性气味
运动黏度 /（mm^2/s）	＜5
开口闪点 /℃	＞170
凝点 /℃	−58.3
pH	9.0
防锈性	无锈迹，无色变
15 号钢防腐蚀性	无锈蚀
62 号黄铜防腐蚀性	无色变，无腐蚀
热稳定性	无絮状物、沉淀物、分层，液面无析出物
室温稳定性	无絮状物、沉淀物、分层，液面无析出物
振荡稳定性	无析出物
密封材料相容性，体积变化 /%	1.9
润滑性（P_B 值）/N	509
消泡性能 /mL	0

5. 应用实例

MFD 防冻储存液已在神华神东公司、中煤平朔公司、晋城煤业、阳煤集团、平顶山煤业等全国数十个煤矿企业广泛应用。并且一直作为北京煤机厂、郑州煤机厂等煤机企业的液压支架配套产品，出口到印度、巴基斯坦、俄罗斯等亚欧国家。

以神华集团神东公司上湾煤矿为例。环境温度最低达 -28℃，支护设备为二柱掩护式液压支架共 141 台。使用的乳化液泵流量 318L/min，电机电压 1140V，额定压力 375bar（$1bar=10^5Pa$），电机功率 224kW。设备运行期间，液压支架系统运行平稳，移架迅速，推移正常，未出现液体冻结现象。支架立柱表面始终清洁，未出现油、皂等析出物，设备金属表面状态如初，回液正常。工业应用表明，MFD 液压支架用防冻储存液在上湾矿使用良好，性能稳定，具有优异的低温防冻性能，良好的防锈性、润滑性，能够很好地保护液压支架系统，完全能够满足液压支架系统在严寒季节贮存、升井检修以及出厂运输时的要求。

8.5 采煤设备用难燃液

我国煤炭开采装备液压系统大量使用的工作介质仍然是可燃、易燃的矿物油，难燃液压液技术的发展较为滞后，对安全、环保等研究较少。煤科总院矿用油品分院以乙二醇为基础组分，开发了矿用水乙二醇难燃液；利用全合成技术，开发了无水全合成难燃液，并制定了难燃液安全标志管理实施细则，起草了行业标准《矿用水－乙二醇型难燃液压液》、《煤矿井下无水全合成难燃液压液》。

8.5.1 矿用水－乙二醇难燃液压液

矿用水－乙二醇难燃液以乙二醇为基础组分，复配润滑剂、防锈剂、增黏剂、消泡剂及其他添加剂调和而成，其润滑性、黏度指数、防锈性、空气释放值等各项性能指标均达到了矿物油型液压油标准要求，可替代传统矿物油型液压油用于煤矿井下设备。

1. 适用条件

矿用水－乙二醇难燃液压液是专门针对煤矿井下液压系统而设计的，以解决传统矿物油型液压油易燃的难题。可避免液压介质在使用时从管线、泵和阀门等部位泄漏而引发的爆炸及火灾事故，提升了采煤装备用油的安全性。煤科总院已起草了煤炭行业标准《煤矿井下用水－乙二醇型难燃液压液》，并形成报批稿。

矿用水－乙二醇难燃液压液可用于井下带式输送机、锚杆钻机、坑道钻机、胶带张紧机构、侧卸式装岩机、液压钻车和喷浆机等，也可适用于冶金、铸造等行业的液压系统。

2. 难燃性

矿用水－乙二醇型难燃液压液属于含水型的介质，按 ISO 标准规定属 HFC 类难燃液压液，与磷酸酯类难燃液相比，具有毒性小、环保等特点，容易与非金属材料配套使用；其润滑性优于高水基液体，比油包水型和水包油型的乳化液稳定性好、易保管、使用寿命长。与传统矿物油型液压油相比，其难燃性优异，且润滑、防锈等主要性能指标均达到了传统液压油的标准要求。

矿用水－乙二醇型难燃液压液产品含水量大于35%，属于水基难燃体系，其704℃下的歧管抗燃试验结果为不闪火，不燃烧，空锥射流喷雾燃烧试验为0s，具有不可燃性，可保证煤矿井下使用的安全性。

3. 润滑性

润滑性是矿用水－乙二醇难燃液压液产品的一项关键指标。润滑性能的高低直接决定了产品是否能够应用在高压、高摩擦及高剪切的液压传动设备中。选用自主合成水溶性润滑添加剂，通过将油溶性润滑添加剂与水溶性基团相连接，使得在一个分子中同时包含水溶性、吸附性、疏水性、反应性基团，从而合成水溶性的高效润滑剂。经检测 P_B 值达921N，润滑性能优异，达到46号抗磨液压油水平。

在合成水溶性润滑剂的过程中，充分考虑了油溶性基团与水溶性基团的协同及配伍性能，如图8.15所示。其中的亲水基为润滑剂提供足够的水溶性，亲油基吸附于摩擦面，从而起到润滑作用。二者的匹配十分重要，若水溶性基团较多，支链较长或较大，其在摩擦面的吸附较差，润滑效果一般。同样，油溶性基团太多，也会造成吸附量少，润滑性差，同时会影响到体系的稳定性。水－乙二醇难燃液在润滑剂合成设计过程中，选择两者处于中间状态，使润滑和稳定性达到了最佳平衡。

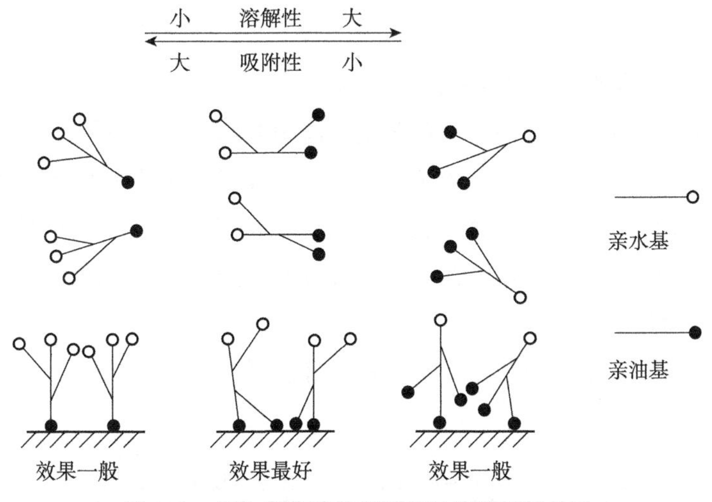

图8.15　添加剂水溶性基团和油溶性基团关系

4. 黏温性

黏度指数是矿用水－乙二醇难燃液压液的关键指标，反映液体黏度随温度的变化情况。具有高黏度指数的水－乙二醇液压液可以确保良好的低温启动性和高温下的稳定运行。黏度指数高，液压液的黏温性能好，液体黏度随温度的变化较小，能充分保障液压设备在运行过程中的容积效率，延长油泵的使用寿命；反之黏温性能低，随着温度升高泵的容积效率下降。

矿用水－乙二醇难燃液压液选用嵌段聚合物作增稠剂，其相对分子质量为5万，黏度指数达到210，远远大于一般46号抗磨液压油的黏度指数99，因此黏温性能更好，在不同温度下可充分保障液压系统的容积效率。图8.16所示为YNC-46水－乙二醇难燃液与46号传统矿物油在设备运行中的温升平衡曲线。可以看出，YNC-46的平衡温度要比矿物油低20℃，因此更利于液压设备各部件保持良好的工作状况和长时间运转，从而提高工作效率。

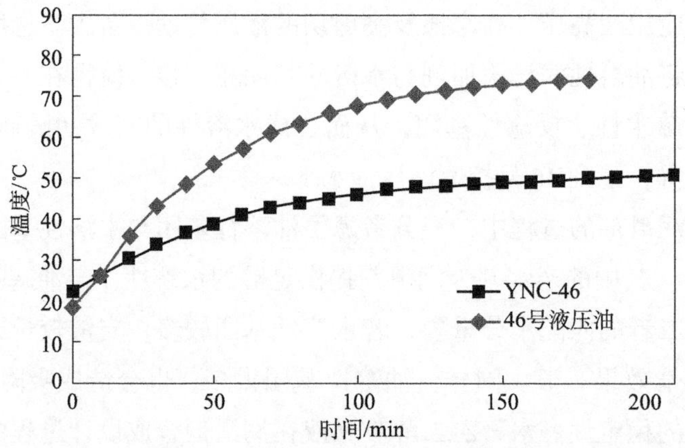

图8.16 YNC-46水-乙二醇难燃液与46号液压油的温升平衡曲线

5. 防锈性

HFC型水-乙二醇难燃液压液应用过程中应保护设备不受腐蚀，因此防锈性是水-乙二醇难燃液压液的重要控制指标之一。防锈剂或缓蚀剂的作用机理是在金属表面形成氧化膜、沉淀膜，或者形成离子、分子的吸附膜（吸附膜又可分为物理吸附膜及化学吸附膜），以构成对基体金属的保护。矿用水-乙二醇难燃液压液产品选用有机酸皂、醇胺、唑类化合物等缓蚀剂复配，协同增效，对黑色金属及有色金属缓蚀性能优异，能够很好地保护铸铁、钢、紫铜、黄铜、锌等金属。

表8.5所示为黏度等级为46的水-乙二醇难燃液与传统矿物油型液压油主要性能指标的对比情况。

表8.5 水-乙二醇难燃液与传统液压油主要技术参数对比

比较项	YNC-46	46号抗磨液压油
歧管抗燃试验（704℃）	不闪火，不燃烧	闪火，可燃
运动黏度（40℃）/（mm^2/s）	45.88	46.76
黏度指数	211	99
空气释放值（50℃）/min	18	8
四球（P_B）/N	921	921
试验（D^{30}_{30}）/mm	0.43	0.45

6. 应用实例

矿用水－乙二醇难燃液先后在冀中能源峰峰集团、晋城煤业集团合作进行了工业性应用。

以冀中能源峰峰集团梧桐庄矿为例。应用设备为液压锚杆钻机：在YNC-46难燃液使用过程中，液压锚杆钻机推进力输出稳定，钻机的转速与推力匹配状态良好，钻进速度快。在实际钻孔作业中钻进效率正常，成孔质量好，钻头寿命与之前变化不大。齿轮泵运行平稳，压力输出正常，液压泵站升温速度较慢，从而保证了锚杆钻机的长时间运转，提高了工作效率。轴向密封正常，未产生泄漏现象，表明YNC-46液压液与系统密封材料相容性好。产品具有良好的滤过性，设备未出现堵塞情况。通过井下应用表明，矿用水－乙二醇难燃液压液，能够保证井下锚杆钻机的持续钻进，齿轮泵运转正常，压力输出稳定，温升低，产品具有良好的防锈性能、滤过性及与密封材料的相容性，可替代矿物油型液压油应用于煤矿井下设备，保证采煤的安全。

8.5.2　无水全合成难燃液压液

无水全合成难燃液压液是煤科总院油品分院自主开发的新型难燃液压液。利用全合成技术，将基础油与阻燃剂复配合成，辅以极压、抗磨等功能添加剂制备而成。产品难燃性能优异，提升了井下采煤的安全，是传统矿物油型液压油的更新换代产品。

1. 适用条件

无水全合成难燃液压液闪点高于250℃、燃点高于300℃，属于油基类产品，可与传统矿物油型润滑油混用，适用于工作面采煤、巷道掘进、装岩设备，地质和支护钻孔液压设备，防水防瓦斯和煤岩加固用化学注浆液压设备，运输设备中启动、张紧制动设备、隔爆滚筒、耦合和变矩调速器等液压液力传动系统等。与矿物润滑油相比，它可以适应现代各种机械设备对良好润滑性、长换油期和低能耗等方面日益苛刻的要求，性能优良、使用寿命长、机械磨损小，为煤矿高产高效综采技术装备技术水平的发展起到很大的推动作用。

2. 难燃性

难燃性是无水全合成难燃液的特色。酯型油的燃烧机理是自由基机理，分为链引发、链增长、分枝反应、链终止反应，其反应机理如图8.17所示。

(a)引发阶段

$$\mathrm{RH} \xrightarrow[\text{(光，催化剂)}]{\text{温度}} \mathrm{R\bullet + H\bullet}$$

(b)增长阶段

$$\mathrm{R\bullet + O_2 \longrightarrow ROO\bullet}$$

$$\mathrm{ROO\bullet + RH \longrightarrow ROOH + R\bullet}$$

(c)分枝反应

$$\mathrm{ROOH} \longrightarrow \begin{cases} \mathrm{HO\bullet + RH \longrightarrow H_2O + R\bullet} \\ \mathrm{RO\bullet + RH \longrightarrow ROH + R\bullet} \end{cases}$$

(d)终止阶段

$$\left.\begin{array}{l} \mathrm{R\bullet + R\bullet} \\ \mathrm{R\bullet + ROO\bullet} \\ \mathrm{ROO\bullet + ROO\bullet} \\ \mathrm{RO\bullet + R\bullet} \end{array}\right] \longrightarrow \text{醇、醛、酮、酸等稳定产物}$$

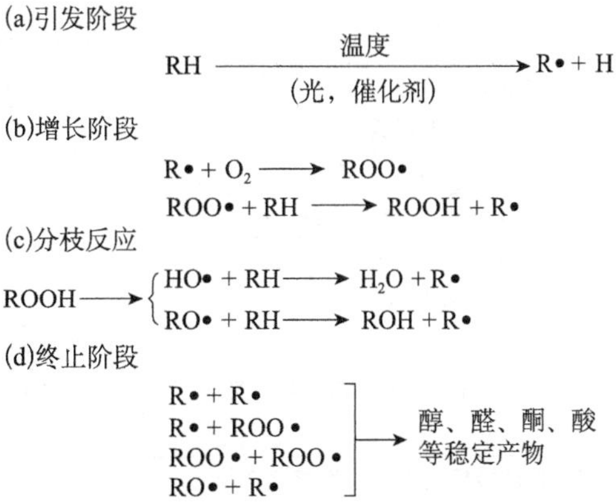

图8.17　酯型难燃油燃烧机理示意图

无水全合成难燃液在配方设计中，根据分子结构，选择不同类别的抗氧剂，通过协同作用大大提升了产品的氧化诱导时间，显著提高了该类产品的抗氧化性及难燃性。

3. 良好的润滑、黏温性

润滑性和黏温性是无水全合成难燃液替代传统液压油的关键指标。图 8.18 所示为两类产品的在台架试验上的流量变化曲线。流量变化体现出泵在不同介质条件下的运行效率，齿轮泵转子与定子之间产生内漏损，造成泵运行效率下降，试验结果说明无水全合成难燃液压液随温度升高后黏度减小的程度大大低于抗磨液压油，同等温升条件（66℃）黏度高于抗磨液压油，因此泵的内泄漏减小，效率高，流量比抗磨液压油高 6～9L/min。数据表明，无水全合成难燃液的润滑性、黏温性能均优于传统抗磨液压油。

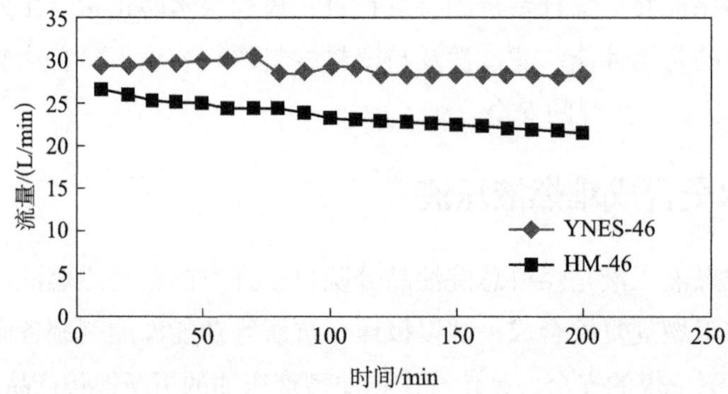

图 8.18　无水全合成难燃液压液 YHES-46 和抗磨液压油 HM-46 流量变化曲线

煤科总院对无水全合成难燃液压液的研究开发取得了一系列的科研成果，所开发的无水全合成难燃液压液已完成了配方定型、中试生产、台架试验，并在煤矿井下设备中进行了工业化应用试验，取得了理想的结果。表 8.6 所示为煤炭科学研究总院开发的 YHES-46 型无水全合成难燃液压液与国外知名同类产品的指标比较。由数据可看出，YHES-46 型无水全合成难燃液压液在抗燃性、润滑性等方面展现出了突出的优势。

表 8.6　性能比较

对比项	奎克公司 Quaker888-46	好富顿公司 HF-130	煤科院 YHES-46	试验方法
运动黏度（40℃）/（mm^2/s）	46.00	43.34	48.12	GB/T265
黏度指数	220	150	185	GB/T1995
倾点（小于）/℃	-20	-23	-35	GB/T3535
防腐蚀（铜片，100℃，3h）级	1b	1b	1b	GB/T5096
液相锈蚀（A 法）	无锈蚀	无锈蚀	无锈蚀	GB/T11143
水分 /%	0.1	0.1	0.1	GB/T260
抗泡沫特征（泡沫倾向 / 泡沫稳定性）	40/0	0/0	5/0	GB/T12579
	39/0	0/0	0/0	
	0/0	0/0	5/0	
四球机试验最大无卡咬负荷 P_B/N	931	833	980	GB/T3142
常磨值 /（60min，40kgf）	0.64	0.37	0.38	

续表

对比项	奎克公司 Quaker888-46	好富顿公司 HF-130	煤科院 YHES-46	试验方法
闪点（开）/℃	275	248	291	GB/T3536
燃点（开）/℃	325	287	366	
自燃点 /℃	450	无数据	434	DL/L706
橡胶相容性（70℃，168h）体积变化率 /%	6.69	无数据	-1.19	—

4. 应用实例

无水全合成难燃液先后在淮南矿业、山东湖西矿业等煤炭公司进行了工业性应用。

以淮南矿业（集团）有限责任公司顾北煤矿为例。1132（1）和 1352（2）工作面设备为 ZDY3200s 型全液压坑道钻机。通过井下工业应用表明，在井下同等煤岩硬度、同等倾角、钻机使用酯型难燃液压油和使用抗磨液压油钻机工作性能比对下，酯型难燃油对钻机运转机构的润滑性好，平均钻孔速度达 10m/h，比使用矿物油型液压油钻机的钻孔速度提高 5%～10%，钻机泵站油箱运行温度下降 3～5℃。井下无故障运行半年，钻机总进度 700m，试验期间未换油、补油，使用周期比矿物油型液压油延长 2 倍以上。试验数据表明，酯型难燃油不仅具有难燃安全性，而且黏温性能和润滑防锈性能同样优越，且具有更长的使用寿命，可取代可燃性矿物液压油在煤矿井下钻机液压系统中使用。

（本章主要执笔人：谢恩情，韩勇，王玉超，侯建涛，孔令坡，翟晶）

第 9 章

采掘工作面照明综合保护与灯具

照明是煤矿生产最基本的条件，煤矿生产的每个环节都离不开照明。由于我国绝大部分煤矿是井工开采，无自然光源，因此对照明灯具有照明时间长、照度强、安全性能要求高的特点，较之地面工业企业，煤矿照明时间至少延长一倍以上。

21 世纪以来，随着我国煤矿绿色照明概念的提出，科学的照明设计和照明控制技术得以在煤矿推广实施，高效节能照明灯具逐步替代了传统低效的照明器具，煤矿照明在节能、照明质量、照明控制及综合保护系统方面都得到快速发展。LED 光源和气体放电灯光源的灯具成为煤矿照明的主流灯具，为灯具提供电源和控制保护功能的照明综保装备也发展为智能型远距离高负载产品。

本章介绍煤矿广泛使用的煤矿照明灯具及适用于 3300V 综采工作面的远距离高负载照明信号综合保护装置，装置集供电控制、保护于一体，采用新型智能一体机技术，能够适应井下不同的电压等级，具有高可靠性，稳定性和抗干扰性。

9.1 采煤工作面照明信号综合保护装备

9.1.1 适用条件

矿用隔爆型照明信号综合保护装置（以下简称照明综保装置），主要用于有瓦斯或煤尘爆炸性危险的环境，为井下照明系统、信号负载及其他小型电器供电并提供控制和保护功能。

9.1.2 技术原理

照明综保装置由主电路、控制电路、保护电路及箱体组成。该装置可将煤矿井下的供电输入电压从 3300V（1140V、660V）变为专供照明系统、信号负载、控制阀等使用的 133V 电源，同时通过对负载回路电流、电压、温升等参数的检测、故障判断和控制，实现负载回路的短路、过载、漏电、漏电闭锁、高温、瓦斯闭锁、风电闭锁等多种保护功能。

9.1.3 主要功能

1. 就地取电

综采工作面的供电电压通常为3300V，如果使用1140V或660V供电的照明综保装置，势必通过电缆长距离异地引入660V或1140V电源，如此会造成电缆投资大，安全隐患多，使用维护复杂等困难和不便。

为解决综采工作面异地取电的问题，煤科总院南京所研制的照明综保装置配置了专门研制的核心器件——高耐压三相干式变压器，强化了主三相变压器的绝缘水平，额定输入电压为660V、1140V和3300V，既能满足3300V供电的综采工作面使用，也能适应井下1140和660V的供电条件，解决了“异地引电”问题，节省了大量的电缆和设备维护费用，同时可最大限度减少因外力冲撞、拉断引起的电缆漏电和短路故障，消除了安全隐患。

2. 操控功能

照明综保装置采用PLC/MCU智能一体化的操控模式，具有良好的人机交互界面、菜单操作、密码授权功能，通过大屏幕液晶能够实时显示当前电网各种参数、运行状态、故障等。可在线查询事件顺序记录、修改定值参数。整体性能稳定可靠，抗干扰能力强。

3. 保护功能

照明综保装置设置了过压、欠压、漏电闭锁、漏电跳闸、绝缘报警，以及照明和信号过载、照明和信号短路等保护功能，同时兼有风电闭锁、瓦斯超限断电、温度保护等多项功能。

4. 组网功能

采用RS-485和RS-232标准通信接口，开放式协议，便于与其他自动化设备对接及监控，具有遥测、遥信远传等功能。

5. 稳压功能

运用漏电保护信号自动补偿跟踪新技术，当电源电压在85%～110%范围内波动时，漏电整定动作值变动不大于±10%，较好解决了漏电整定动作值因电源电压波动整定值随之变化的难题，避免了因电网电压升高产生的误动，同时消除了因电网电压降低产生的拒动现象。

9.1.4 装置结构及技术参数

1. 装备结构

照明综保装置主要由接线腔、主腔、喇叭嘴、电气芯子、主变压器、滑橇几部分组成，结构如图9.1所示。隔爆外壳由接线腔和主腔两个独立的腔体所组成，并坐落在底部滑橇上。主腔采用快速侧开门机构，开门轻便迅捷。装置的右侧有快开门机构与隔离开关手柄组成机械电气联锁装置，门盖的正前方有窥视窗。主腔内分前后两层布置，后面是主变压器，前面为左右分开布置的高低压本体。本体上装有高压隔离开关、真空交流接触器、高压熔断器、低压熔断器、三相电抗器 SL、电流互感器等电气元件。智能保护器设置在门盖上，通过液晶显示窗口，可进行菜单式人机交互操作。

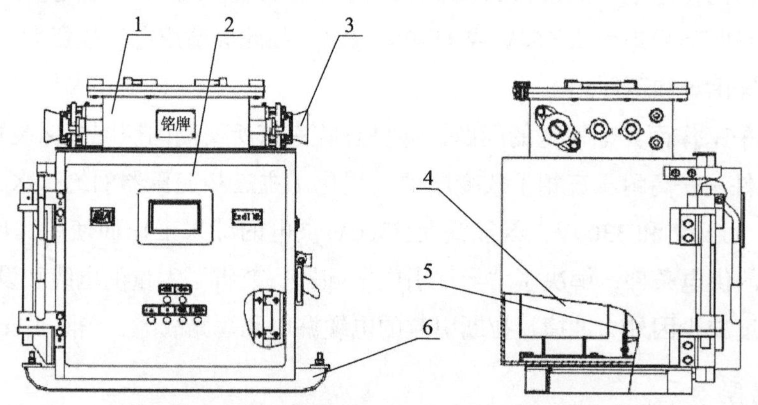

图 9.1　矿用隔爆型照明信号综合保护装置结构简图

1. 接线腔；2. 主腔；3. 喇叭嘴；4. 主变压器；5. 电气芯子；6. 滑橇

2. 主要技术参数

主要技术参数见表 9.1；保护性能参数见表 9.2。

表 9.1　主要技术参数

<table>
<tr><th rowspan="2">型号</th><th rowspan="2">额定容量 /kV · A</th><th rowspan="2">接线方式</th><th colspan="2">额定电压 /V</th><th colspan="2">额定电流 /A</th><th rowspan="2">频率 /Hz</th></tr>
<tr><th>输入</th><th>输出</th><th>输入</th><th>输出</th></tr>
<tr><td rowspan="2">ZBZ1-6/3300（1140）M</td><td rowspan="2">6.0</td><td>—</td><td>3300</td><td rowspan="6">133
—</td><td>1.05</td><td rowspan="2">26.04</td><td rowspan="6">50</td></tr>
<tr><td>Y/Δ</td><td>1140</td><td>3.04</td></tr>
<tr><td rowspan="2">ZBZ1-10/3300（1140）M</td><td rowspan="2">10.0</td><td>—</td><td>3300</td><td>1.75</td><td rowspan="2">43.40</td></tr>
<tr><td>Y/Δ</td><td>1140</td><td>5.06</td></tr>
<tr><td rowspan="2">ZBZ1-10/1140（660）M</td><td rowspan="2">10.0</td><td>Y/Δ</td><td>1140</td><td>5.06</td><td rowspan="2">43.40</td></tr>
<tr><td>Δ/Δ</td><td>660</td><td>8.75</td></tr>
</table>

表 9.2　保护性能参数

<table>
<tr><th rowspan="3">型号</th><th rowspan="3">项目</th><th colspan="5">照明、信号短路过载保护</th><th colspan="4">漏电保护</th><th rowspan="3">备注</th></tr>
<tr><th colspan="3">过载保护</th><th rowspan="2">短路保护动作时间 /s</th><th rowspan="2">漏电闭锁整定值 /kΩ</th><th colspan="2">漏电跳闸</th><th rowspan="2">电缆绝缘危险告警 /kΩ</th></tr>
<tr><th>出厂整定值 Iz/A</th><th>误差 /%</th><th>动作时间 /s</th><th>整定值</th><th>动作时间 /s</th></tr>
<tr><td rowspan="2">ZBZ1-6/3300（1140）M</td><td>照明</td><td>27</td><td rowspan="4">≤±10</td><td>当≥1.1Iz 2～6</td><td>当≥2Iz ≤0.1</td><td rowspan="4">4±10%</td><td rowspan="4">1～5 kΩ 可调，出厂调在 2kΩ。当电源电压在 0.85～1.1Ue 变化时，整定值变动≤±10%</td><td rowspan="4">当 1kΩ ≤0.25</td><td rowspan="4">12±20%</td><td rowspan="4">通过门盖上按键和液晶屏上的菜单，可任意调整智能保护器的照明信号过载整定值。只要整定值略小于末端最小二相短路电流值即可</td></tr>
<tr><td>信号</td><td>10</td><td></td><td>当≥1.1Iz ≤0.4</td></tr>
<tr><td rowspan="2">ZBZ1-10/3300（1140）M</td><td>照明</td><td>44</td><td>当≥1.1Iz 2～6</td><td>当≥2Iz ≤0.1</td></tr>
<tr><td>信号</td><td>10</td><td></td><td>当≥1.1Iz ≤0.4</td></tr>
</table>

9.1.5 应用实例

2013 年，ZBZ1-10/3300（1140）M 型矿用隔爆型照明信号综合保护装置在山西新元煤炭有限责任公司综采三队 3445 工作面使用，第 1 台给集中控制室 6 台电脑供电；第 2 台给 40 盏 20WLED 照明灯和综采面液压支架 160 套电液阀供电，供电距离 340m，3300V 电源就近取于德国贝克 KE3004 电源侧。使用中，各部运行平稳正常。

2010～2016 年，阳煤集团共计安装使用南京所照明综保装置 40 余台，用于配电室、运输巷、综采工作面和设备列车沿途照明等，电源分别取自工作面移动变电站和设备列车移动变电站 2000kV · A、2500kV · A 输出端，供电距离最长 1270m，切实有效地减少了工作面供电电压等级数量，优化了供电设备布置。

9.2 煤矿井下节能灯具

煤矿井下照明灯具主要分为固定式和移动式两种，自 1996 年我国实施绿色照明工程以来，绿色照明的一般概念得以与矿井下特殊照明技术相结合，采用 LED、金属卤素灯等新型光源的高效灯具替代了传统低效的照明灯具，煤矿照明条件得到了有效改善。

煤科总院南京所先后开发完成了隔爆型掘进机 LED 灯、矿用隔爆型 LED 支架灯、隔爆型投光灯等新型照明灯具，成功地在煤矿推广应用。

9.2.1 隔爆型掘进机灯

1. 适用条件及技术特点

1）适用条件

隔爆型掘进机灯是煤矿井下掘进机的专用灯具，也可用于其他采、掘、运等机械设备的照明。

2）主要部件及技术特点

a. 光源

掘进机灯主要作为掘进机、装煤机等机载灯具使用，处于振动、冲击载荷工况条件，据此采用抗冲击、抗振动性能良好的第四代 LED 光源。LED 光源具有光效高、能耗低、使用寿命长、不怕振动、无辐射、能精确控制光型及光角度、光色柔和无眩光的特点，是煤矿井下特殊场所，尤其是在冲击载荷工况条件下工作的机载照明灯具的理想光源。LED 光源发光效果分别是白炽灯、荧光灯、金属气体放电灯的 4～8 倍、2～3 倍和 1～2 倍，而耗电量只有白炽灯和荧光灯的 1/8 和 1/2，在煤矿井下使用不仅可以节能，还能大大减少维护工作量。

为增加灯具的光斑，保证灯具有良好的远光效果，发光器件采用了并联模式和恒电流驱动电路，并给每只 LED 灯珠都安装了发射角在 8°～10° 的炽透镜，发光器件工作时互不影响，适应性强，确保掘进工作面的照明不受影响。

b. 电源

为满足不同型号的掘进机输入电源的要求，驱动电源采用了宽电压设计，其输入电压范围 AC24～36V，可满足不同型号掘进机输入电源要求。针对煤矿井下环境潮湿的特点，对驱动电路板采用了硅胶全封闭处理，不仅耐潮湿性能增强，而且具有良好耐冲击振动性能，实际使用中灯具使用寿命大于 10000h，解决了长期以来掘进机照明灯使用寿命短的难题。

c. 散热装置

采用了铝基印刷电路板和圆柱形铝合金片状散热体的散热技术，导热效果良好，确保 LED 的工作环境温度不高于 40℃，发光效率始终保持在最好状态。

2. 灯具结构及技术参数

1）掘进机灯结构组成

掘进机灯主要由灯具体、前端盖、透明罩、LED 光源（含发光二极管、散热器、驱动电路）、接线板、后端盖、进线装置等几部分组成，结构如图 9.2 所示。灯具体、前端盖、后端盖组成了灯具的防爆结构。

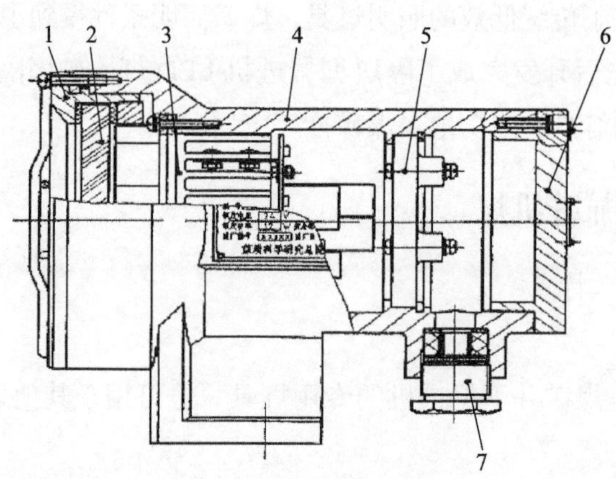

图 9.2 DGE12/24（36）L（A）隔爆型掘进机 LED 灯结构简图

1. 前端盖；2. 透明罩；3. 光源；4. 灯具体；5. 接线板；6. 后端盖；7. 进线装置

2）主要技术参数

掘进机灯主要技术参数见表 9.3。

表 9.3 主要技术参数

特征	参数	备注
额定电压 /V	AC24～36	
额定功率 /W	12	
投射距离 /m	10	
照度 /lx	＞15	10m 时，单只灯
光源使用寿命 /h	＞10000	

3. 应用实例

2007 年起，掘进机灯广泛应用于侧卸式装煤机、侧卸式装岩机、瓦斯抽放钻机、液压钻车等设备。2008 年起，有近 3000 台掘进机灯配套在山西天地煤机装备有限公司生产的掘进机上使用。

9.2.2 矿用隔爆型 LED 支架灯

1. 适用条件及技术特点

1）适用条件

矿用隔爆型支架灯（以下简称支架灯）主要用于煤矿井下有瓦斯或煤尘爆炸危险的综采工作面及大巷、硐室等工作场所照明。

2）主要部件及技术特点

a. 光源

支架灯光源选用了接近自然光的白色 LED 光源，符合人眼的生理适应性，安全性好；光源点燃使用寿命长、高达 50000h，免于维护。

b. 驱动电路

驱动电路为恒电流驱动，控制电路采用模块化设计，全封闭处理，具有良好的耐湿热性能。

c. 散热装置

LED 的发光效率及使用寿命与工作温度息息相关，因为 LED 芯片的热容量很小，少量热量的积累就会使得芯片的结温迅速升高，如果长时期工作在高温的状态，它的使用寿命就会大大缩短。而煤矿灯具因为防爆性能的需要，光源组件处于密闭空间，LED 芯片所产生的热量完全要通过散热结构经灯具外壳导出到外部空间。

支架灯采用了大面积复铜铝基板、多介质梯度传导散热结构新技术，将 LED 芯片均匀分布并连接在复铜铝基印刷线路板上，呈条状模块布置，每个条状模块由多个 LED 发光芯片串联，再通过由 LED 芯片－导热硅片垫圈－复铜铝基板－导热胶层－铝散热器－支架壳体组成的多介质梯度散热结构，实现热量的逐级传递，确保 LED 光源工作环境温度低于 40℃，保证了 LED 光源运行的可靠性。

2. 灯具结构及技术参数

1）支架灯结构组成

为适应煤矿综采工作面低矮的作业环境，支架灯从内部器件到灯具体均采用了卧式结构，具体由防爆壳体、透明罩、光源组件、电源驱动器、接线端子、过渡法兰等几部分组成，如图 9.3 所示。

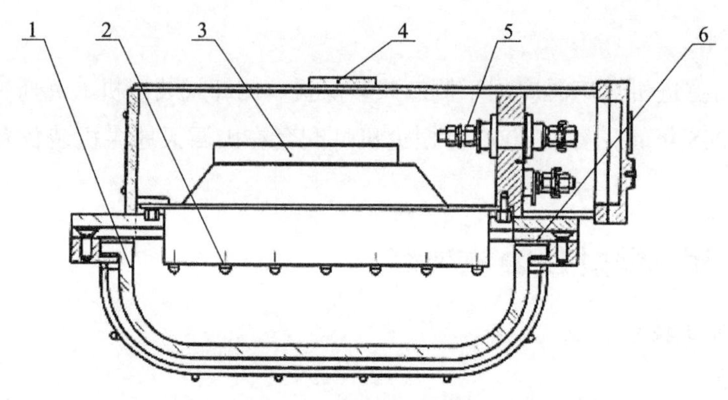

图 9.3 支架灯结构简图

1. 透明罩；2. 光源组件；3. 电源驱动器；4. 防爆壳体；5. 接线端子；6. 过渡法兰

防爆壳体分主腔和接线腔两部分：主腔内装有 LED 光源组件和配套的电源驱动器，接线腔内是两排 JF6-660 接线端子，引线装置由 M42 喇叭嘴式压紧螺母、密封圈、堵板等组成。

2）主要技术参数

支架灯主要技术参数见表 9.4。

表 9.4 主要技术参数

特征	参数值	备注
额定电压 /V	Ac127	
额定功率 /W	18	
光源寿命 /h	＞50000	
照度 /lx	＞20	3m 处

3. 应用实例

2008 年 3 月起，1500 余盏 DGC18/127L 矿用隔爆型支架灯在徐州矿务集团庞庄、夹河、诧城、张双楼等煤矿使用。该产品性能稳定，工作可靠，能满足现场使用要求，是综采工作面理想的照明产品。2012 年，该支架灯与郑州煤矿机械集团液压支架配套出口到欧洲国家。

9.2.3 矿用隔爆型投光灯

1. 适用条件及技术特点

1）适用条件

矿用隔爆型投光灯（以下简称投光灯）属于深照型照明灯具，具有射程远、光效高、照度大等特点，主要用于井筒、平巷、硐室及掘进工作面的扒矸和锚喷等作业的施工照明。

2）主要部件及技术特点

a. 光源

井筒和掘进工作面通常粉尘较大，施工作业要求灯具照度大，光色好，稳定性佳，投光灯采用高强度气体放电灯——金属卤素灯作为光源，利用其光效高、显色性好、使用寿命长（平均使用寿命可达 10 000h）的特点，获得理想的照明效果。

b. 反光器

反光器是灯具设计的关键部件，其主要功能是重新分配光源的光通量，达到对光通量合理使用的目的。通常，投光灯之类的深照型灯具，大多采用旋转抛物面反光器，内设定焦系统，光源基本在焦点上，使光束平行直射，光强大，射程远但照射面积小。而金属卤素灯属于线光源，为保证灯具投射距离远，同时又有一定量的照射面积，采用了集束深照型反光器并将灯泡下移一定距离的方式，获得了所需要的照射效果。在井下掘进工作面使用中，30m 处中心照度达到 85lx，大大改善了掘进工作面和立井的照明环境。

c. 镇流器

金属卤素灯是一种高压气体放电灯，镇流器的作用是提供启动时的高电压，并在激发电路的作用下激发灯泡内的汞和金属卤化物蒸气产生电弧放电，同时限制通过灯泡的电流，使之处于最佳值，投光灯配用的 CWA 镇流器是一种恒功率镇流器（CWA），适用电源电压范围宽、稳流效果好、熄灯电压低，但是煤矿灯具密闭防爆的要求使其散热条件得不到满足，易产生自熄现象。经过改进，南京所专门设计了低温升型镇流器，与电容器串联组成镇流电路，既可直接启动灯泡，又可提高镇流器电路的功率因素，同时满足了灯具持续工作时的散热要求。

2. 灯具结构及技术参数

1）投光灯结构组成

灯具主要由灯座壳体、反光器壳体、端盖、压盖和接地装置、电缆引入装置等组成。壳体的材质采用抗拉强度不低于 120MPa 的铸铝合金制成，质量轻，满足掘进作业时移动方便的要求。其外形设计为圆锥形，外部设有散热片，提高了灯具的散热性能，灯具外形如图 9.4 所示。

图 9.4　矿用隔爆型投光灯

2）主要技术参数

投光灯主要技术参数见表 9.5。

表 9.5 矿用隔爆型投光灯主要技术参数

特征	参数值	备注
额定电压 /V	Ac127	
额定功率 /W	175	
照度 /lx	＞5	40m 处

3. 应用实例

1997 年以来，矿用隔爆型投光灯为国内外煤矿、有色金属矿等各类矿山施工作业提供了照明保障，改善了掘进工作面耙矸、锚喷作业、矿山救护、硐室、平巷和立井掘进作业的照明环境和照明效果。

（本章主要执笔人：孙玉萍）

第三篇　矿井运输装备

煤矿运输作为煤炭生产不可或缺的重要组成部分，包括主运输和辅助运输两部分。主运输是指煤矿井下原煤的输送，涵盖了原煤从工作面经顺槽、大巷、主井、成品库（原煤仓）到铁路车皮的整个物流系统各个环节；辅助运输主要指井下除煤炭运输以外的人员、材料、设备等的运输。

在主运输方面，20 世纪 60 年代，煤矿井下采区基本采用小型刮板输送机，大巷使用非防爆型电机车牵引矿车，运输能力小，单机运距短，设备效能低。为实现矿井运输机械化，煤科总院上海研究院开展了多种类型输送机的研究，开发了中国第一台 SPG-1000 型钢缆牵引带式输送机以及 SPJ -800 型吊挂式带式输送机。

20 世纪 70 年代随着长壁综采技术的发展，研制出 SDJ 系列可伸缩带式输送机，成为综采主要配套设备之一，适应了综采、高档普采以及普采等不同采煤工艺的需要，解决了采区平巷煤炭运输问题。

20 世纪 80 年代，以井下带式输送系统的完整配套为重点，开展关键技术和基础部件的攻关研究，“六五”期间研制成功下运带式输送机，“七五”期间开发成功大倾角上、下运带式输送机，运输倾角达 ±25°，突破了带式输送机的传统使用范围，促进了运输系统工艺的变革。在突破新技术、研制新机型的同时，注意提高设备运行性能，保证可靠性，先后对启动、制动、多点驱动、电控保护等项技术以及高速托辊、传动装置和阻燃强力输送带等关键部件进行了研究，为发展大型输送机奠定了必需的技术基础。

20 世纪 90 年代，为了满足采煤工作面高产高效的需要，研制了长距离带式输送机，开发成功运距长达 5.5km 的强力带式输送机，并大力开展大倾角上、下运带式输送机的推广工作。截至 1996 年，已有 10 余台大倾角带式输送机在煤矿井下使用。

进入 21 世纪，带式输送机的技术发展更趋于“大、长、多”的特点，即运量和功率大、运距长、多点驱动、多品种。上海研究院研制的带式输送机最大运距 8700m，最大倾角 35°，最大带宽 2.2m，最高带速 5.6m/s，最大运量 7500t/h，最大装机功率 4×3150kW，最高带强 ST7000，在神华、中煤、大同、陕煤化、伊泰、晋城、西山煤电、辽宁、新疆等大型煤炭企业或矿区得到推广使用。

上海研究院共完成多项国家“863”计划、国家“七五”攻关、“九五”攻关、“十一五”国家科技支撑计划以及国家发展和改革委员会、科学技术部专项资金等重大科研项目，获得国家科技进步奖一等奖 1 项、二等奖 1 项、国家技术发明奖四等奖 1 项、省部级科技进步奖特等奖 3 项、一等奖 4 项、二等奖 9 项、三等奖 7 项。

在辅助运输方面，20 世纪 70 年代以前，煤矿辅助运输大多采用小绞车、无极绳、电机车等多段、分散、落后的传统运输方式，70 年代后期我国才开始进行辅助运输装备的研发工作，80 年代以前国内无轨辅助运输研究还处于空白。随着国内煤矿引进国外无轨辅助运输设备，自 90 年代起国内开始了无轨辅助运输的研究。无轨辅助运输具有适应性好、效率高、灵活性强的特点，在大型煤矿的应用，减轻了井下工人的劳动强度，保障了煤矿安全高效生产。1997 年，煤科总院太原研究院与神华集团合作，开始研制无轨胶轮车。在引进吸收国外先进技术的基础上，1999 年研制成功我国第一台 TY6/20 型铰接式井下防爆低污染中型客货胶轮车和第一台 TY3061FB 型井下防爆低污染轻型自卸胶轮车；2006 年研制成功我国第一台综采工作面快速搬家特种车辆——WC40Y 型框架式支架搬运车，改变了我国煤矿无轨辅助运输设备完全依赖进口的格局。

国内无轨辅助运输的研究，历经“十一五”和“十二五”时期的迅猛发展，在无轨辅助运输技术及装备的专业化、多样化、标准化等方面取得了长足的进步。在防爆柴油机技术、无轨辅助运输车辆动力匹配技术、防爆型湿式制动器技术、车辆智能保护技术方面得到了改进和提高。在电控燃油喷射防爆柴油发动机技术、交流变频调速技术、矿用车载式数据采集、故障诊断及监控技术等核心技术方面获得了突破。研制开发了载客人数 5～30 人的运人车系列产品、最大载重 12t 的材料运输车、国内首台载重 55t 铲板式搬运车、国际上运输吨位最大的 80t 支架搬运车、国内首台 45t 级的铅酸蓄电池铲板式搬运车，形成了煤矿井下无轨辅助运输系统配套工艺技术。检测检验手段日臻完善，产品可靠性显著提高。建立并完善了无轨辅助运输技术与装备评价体系和技术标准体系，基本实现了无轨辅助运输装备的生产系列化、专业化、通用化，为进一步发展无轨辅助运输事业奠定了扎实的基础。

太原研究院在无轨辅助运输技术与装备方面共承担“十一五”科技支撑计划课题、科技部科研院所专项资金项目、国家高技术研究发展计划（“863”计划）等科研项目 30 余项，获得国家及省部级科技奖励 10 余项。

在矿井主提升机的拖动、控制技术方面，20 世纪 80 年代以前，限于当时的技术水平和经济水平，我国大量采用的提升机电力拖动 90% 以上采用绕线转子异步电动机转子串电阻交流调速系统，控制系统普遍采用分立电子元件构成的继电器－接触器控制系统。该系统存在安全可靠性低、能耗大、调速动态响应性差、继电器接点多、故障率高等缺点。

20 世纪 90 年代，由于可编程控制器具有可靠性高、易于实现继电逻辑等优点，特别适用于交流提升机继电－接触器电控系统，国内开始大量采用可编程控制器对原电控系统进行技术升级改造。煤科总院高新技术开发中心 1993 年联合邢台矿务局开发出矿井提升机计算机控制系统，首次在国内提升机电控系统中采用双安全回路，并采取重要信号冗余配置、冗余状态监视及软件多样化等一系列技术措施，确保电控系统安全可靠。90 年代后，随着晶闸管整流技术的成熟，在吸收国外技术的基础上，开发了调速性能更好的直流提升机全数字拖动计算机电控系统，在部分条件较好的国内矿井提升机上推广，替代原有绕线转子异步电动机转子串电阻交流调速系统。

2000 年以后，为改变我国煤炭外运装车落后的局面，国内相关设计研究单位、生产厂家、使用单位开始对从国外引进的快速定量装车系统的技术和装备进行消化吸收，国家计委、国务院重大办设立了重点科技攻关项目“煤炭定量装车关键设备及系统”、科学技术部设立了专项科技攻关项目“煤炭动态定量装载自动化集成装置”，对快速定量装车系统的关键技术和装备进行了开发和研制，先后自主研发了煤炭铁路、公路快速定量装车系统并在国内各大矿区煤矿成功应用。

第10章 带式输送机

带式输送机具有运量大、运距长、效率高、可连续运输、工作安全、噪声小等特点，是煤矿井下的主要运输设备之一。20世纪70年代后，随着我国煤矿综采技术的发展，生产能力大幅度提高，推动了带式输送机的发展和应用。80年代后，煤矿采区原煤运输已基本实现带式输送机连续运输，大中型矿井主要巷道原煤运输大部分也使用带式输送机。21世纪以来，随着工业制造水平的提高和电子信息技术的发展，带式输送机的技术发展，呈现出大运量、高带速、大功率、长运距、多机型等特点，应用范围涵盖了大中小型井工矿和露天矿的散料运输。带式输送机在煤矿经历了从通用到特殊、小型到大型、单机到成套的应用发展过程。

本章主要介绍煤科总院上海研究院研制的大功率大运量带式输送机、可伸缩带式输送机、大倾角带式输送机和特种带式输送机等四大类产品的适用范围、技术特征和应用实例，同时简要介绍软启动装置、矿用带式输送机保护控制系统、矿用带式输送机综合保护及视频监控装置等关键配套件的适用范围、系统组成、技术参数和应用实例。其中，软启动装置部分重点介绍上海研究院研制的调速型液力偶合器、6000V矿用隔爆兼本质安全型高压变频器，同时介绍煤科总院常州研究院研制的矿用低压变频器产品。

10.1 大功率大运量带式输送机

随着输送机理论的完善和大功率软驱动系统的成熟及高强度输送带的出现，大功率大运量带式输送机已成为我国开采浅部煤层大型矿井主提升系统的首选设备。上海研究院研制的DTL型大运量、长运距、高带速、大功率主斜井（或大巷）带式输送机满足了年产千万吨级矿井主提升系统的要求，近20年来，大功率大运量带式输送机已形成系列产品，共使用200余部，最大运距8.7km，最大带宽2.2m，最高带速达5.6m/s，最大运量7500t/h，最大装机功率4×3150kW，最高带强ST7000，在国内处于领先地位，产品先后在西山煤电、晋城、神华、伊泰、晋兴、大同、内蒙古、辽宁、新疆等矿区得到推广应用。

10.1.1 适用范围

大功率大运量带式输送机是我国煤矿生产高效集约化发展的必然趋势，可实现由煤矿井下采区至大巷井底煤仓或采区至主斜井口的原煤连续运输，减少运输环节，提高生产效率，也可以应用于其他行业连续输送物料，适用倾角上运不大于 18°，下运不超过 -16°。目前该类机型在带式输送机行业中处于领先地位，开启了高带速、大功率、大提升高度主斜井输送的先河，使年产千万吨级煤矿主运输系统提升实现了连续输送。

10.1.2 技术特征

1. 结构形式

大功率大运量带式输送机主要由驱动装置、传动装置、卸载装置、电控装置、夹带装置、张紧装置等组成，机头布置如图 10.1 所示。

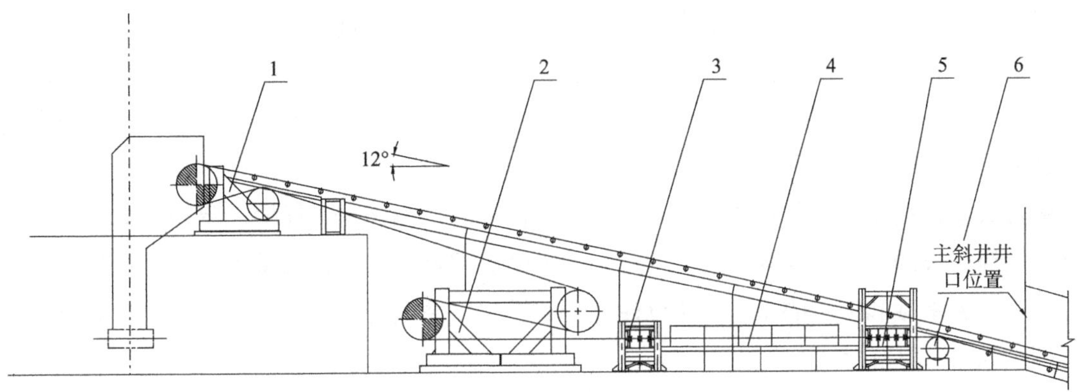

图 10.1 机头布置

1. 卸载装置；2. 传动装置；3. 夹带装置 I；4. 硫化平台；5. 夹带装置 II；6. 改向滚筒装置

（1）驱动装置采用功率配比 2∶1 的双滚筒三电机驱动，启动方式采用交流变频软启动技术。驱动装置 I、II 均由电动机、联轴器、减速器等组成。电动机、减速器、传动滚筒顺序相连，减速器的高速轴和低速轴上均装有蛇形弹簧联轴器，分别与电动机和传动滚筒相连接。驱动采用变频电机 + 减速器的方式，占地面积小。

（2）传动装置由传动架、副传动滚筒、低速逆止器组成；卸载装置由卸载架、主传动滚筒、改向滚筒、合金清扫器组成。

（3）制动装置由两台盘式制动器和制动装置架组成。

（4）夹带装置用于放带或硫化接头时输送带的夹紧。夹带装置及硫化平台布置在井口处，在输送机正常运行时需要拆除。硫化平台两侧分别安装了一套固定式夹带装置，分别为夹带装置 I 和夹带装置 II。每个夹带装置均由夹带装置架和夹带组件两大部分组成，而夹带组件由上夹带体、下夹带体和特制高强度螺栓组成。

（5）为防止输送带与滚筒之间打滑，滚筒采用带有人字形槽的包胶滚筒，以增大摩擦系数。上托辊组采用三节普通托辊构成“品”字形结构，下托辊组由两个托辊构成“V”形结构。

（6）在输送机尾部采用重锤张紧车直接拉紧张紧滚筒使输送带张紧，输送机运行时张紧力保持恒定。

2. 主要技术

1）动态分析技术

传统的带式输送机设计均采用静态设计，把输送带视作刚体，认为输送机启动时各质点是同时运动的。而实际上输送带是具有黏弹性特征的黏弹性体，动张力在输送带中的传递需要一定的时间，各质点才能依次开始运动。在低速短距离输送机中此因素因影响不大可以忽略。但对于大功率大运量带式输送机，必须采用动态分析技术，其主要作用是：给出输送机各主要部件的动态过程受力情况，进一步对各主要部件进行优化设计，从而使输送机系统更具有经济合理性；提供合理的驱动装置、启制动过程的驱动力和制动力的控制要求；提供合理的驱动装置、拉紧装置、制动装置的布置方案；为输送机的拉紧装置提供设计参数，包括拉紧装置的速度、行程，进而可以设计拉紧装置的驱动功率；检验初步设计结果的合理性，通过分析结果对初步设计进行改进。

带式输送机是一个复杂的机电系统，它是由闭环的输送带、托辊、驱动装置、拉紧装置、滚筒构成的系统，其各个部件之间的动力学关系都是通过输送带来联系在一起的，且输送带起着承载和牵引的作用。所以建立带式输送机系统的动力学方程，首先必须确定输送带的纵向力学特性。

输送带的常用数学模型有 Maxwell 模型和 Kelvin 模型，Maxwell 模型可以描述黏弹性固体的应力松弛行为，Kelvin 模型可以用于描述其蠕变行为。但是上述两种模型均不能用于描述黏弹性固体的一般行为。为此引入三元件模型，如图 10.2 所示。图中 σ 为应力，E 为弹性模量，ε 为应变，η 为黏性系数。

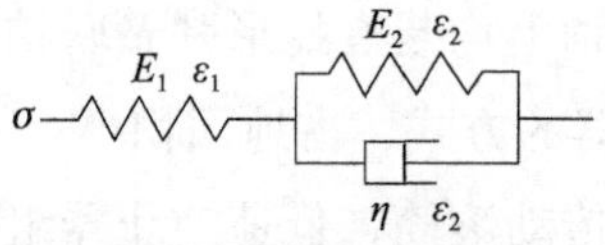

图 10.2　三元件模型

三元件模型既能反映松弛特性，也能反映蠕变特性，三元件模型中包含三个参数，是能准确描述输送带动力学特性的最佳模型，也是便于计算机求解的离散化模型。

基于此模型，采用拉格朗日方程建立带式输送机离散模型的动力学方程，求解过程采用了收敛性好的 wilson-θ 数值解法；软件开发中综合使用了面向对象设计和结构化程序设计方法，以可视化编程语言 Visual Basic 进行系统前端开发，以计算与绘图功能强大的 MATLAB 软件进行后端计算与仿真。软件以功能调用关系控制流的方式进行各模块的划分，设有一个主模块，通过调用关系将输入模块、处理模块和输出模块组织起来。开发出的带式输送机动态分析软件具有运行稳定、界面友好、操作简便、可维护性强的特点。

利用带式输送机动态分析软件，对大功率大运量带式输送机系统进行动态分析，确定了更加合理的启动和制动曲线，同时分析在正常运行、紧急停机和可控停机三种工况下输送机各点在满载和空载两种情况下的带速、张力、位移等参数的变化情况。图 10.3 给出了 30s 启动工况下带式输送机的最小、最大张力变化动态曲线图。

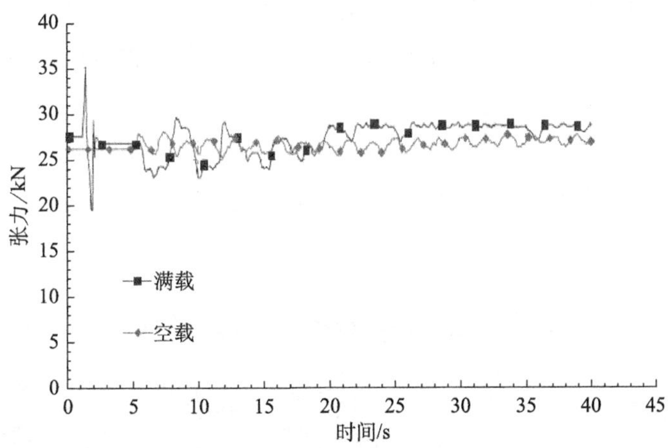

(a) 启动工况下最小张力变化

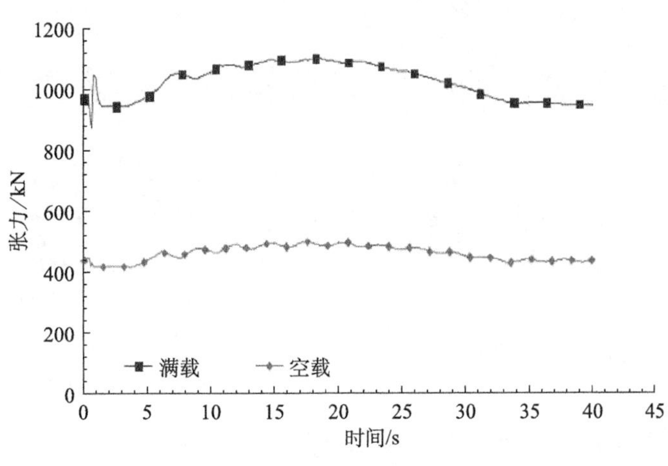

(b) 启动工况下最大张力变化

图 10.3　动态分析曲线图

由图 10.3 可以看出，通过动态分析得出的启动曲线在输送机空载和满载工况下均可保证最小张力和最大张力的平稳变化，从而保证系统安全可靠运行。

动态分析结果认为，输送机在承载边会出现输送带以基波和二级谐波的振动现象，在回程边会出现基波、二级谐波和三级谐波的振动现象。振动是由托辊的旋转频率与输送带的固有频率相近时产生的共振引起的，长期不解决将导致托辊轴承失效，旋转噪声变大，结构件受力增加和物料溢出等现象，在发生振动的区间，可对托辊架的位置做前后调整，以避免共振。

2）大功率大运量变频软启动技术

电气控制系统采用中压变频装置及系统，在轻载及重载工况下，均能有效控制输送机柔性负载的软启动 / 软停车动态过程，实现各驱动之间的功率平衡，并提供可调验带速度。由此降低直接启动 / 快速停车过程对机械和电气系统的冲击，避免撒料与叠带，有效抑制输送机动态张力波可能对输送带和机械设备造成的危害，延长输送机使用寿命。

系统采用主从控制 + 速度反馈的方式实现三驱动的功率平衡，平衡精度达到 98%。系统采用上位机监控，两台上位机冗余热备，主机用于监控，从机用于监视。被监控设备包括大巷输送机、机尾给煤机、主斜井输送机、上仓输送机、配仓输送机。

电气控制系统操作界面如图 10.4 所示。

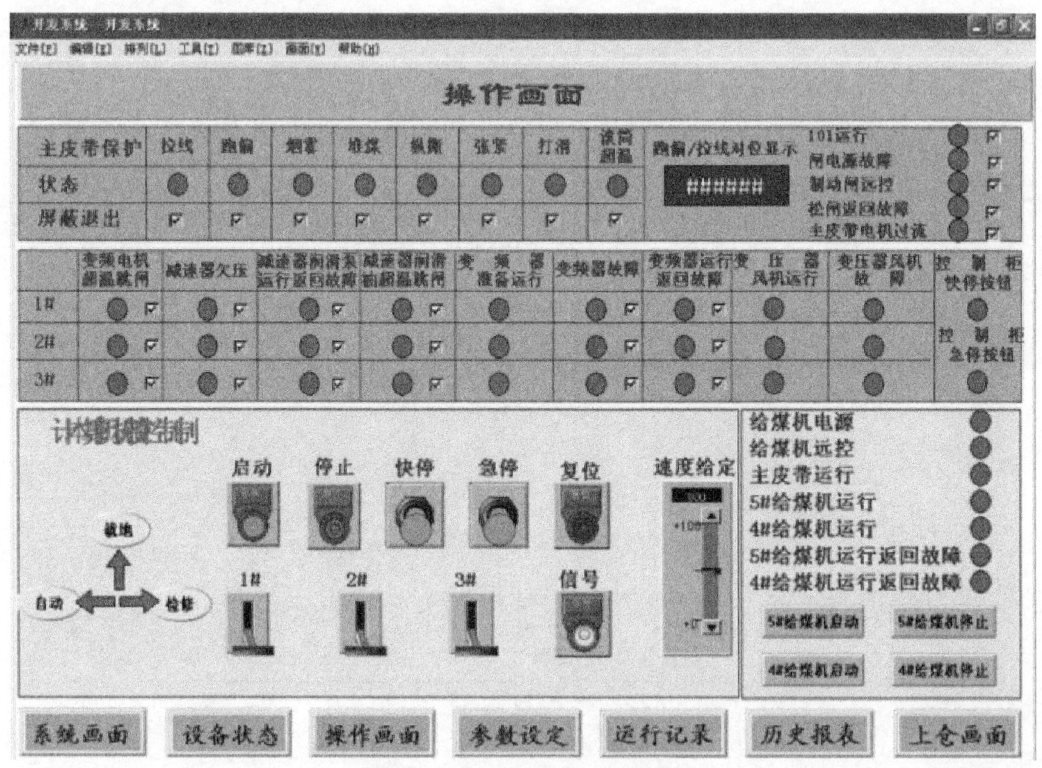

图 10.4 电气控制系统操作界面

3）新型的机身结构

输送带的横向振动即输送带在横截面的垂向发生的振动。该问题的研究主要是为了解决托辊的振动频率与输送带振动的固有频率相等时产生的共振问题。共振现象将导致输送带跑偏、托辊及机身的损坏等故障，严重影响输送机的正常运行。

为解决托辊的横向振动频率与输送带的共振问题，首先对输送带的横向振动问题进行理论分析，计算出输送带的固有频率，并得到避免横向振动的条件公式。根据此公式，算出输送机可能出现共振现象的区段，并通过减小托辊间距（在标准中间架上增加2～3组非标间距的槽形托辊组连接孔）的措施来解决。

4）高速托辊技术

随着带式输送机朝长运距、大运量的方向发展，带式输送机的带速也在逐步提高，托辊转速越来越接近于输送带的基频，这势必要求研制高速托辊来满足带式输送机的运行要求，确保其正常运行。

决定托辊寿命的关键在于其密封性，采用迷宫密封和油脂密封相结合的方法，使高速托辊的使用寿命达30 000h。其特点是使旋转件和固定件之间形成很小的曲折间隙，间隙内充以润滑脂来实现密封，但在速度大于5m/s时，油脂有可能由曲路中甩出，因此在轴承座外盖与密封圈之间增加了一隔环将这一空腔分为两部分，一方面减缓油脂的流失；另一方面减少外界粉尘对密封件的影响。

研发高速托辊的第二个因素在于避免共振和降低运行阻力。通过确定合适的辊径，并保证装配质量，可有效避免共振，防止输送带对托辊的拍打。高速大辊径托辊如图10.5所示。

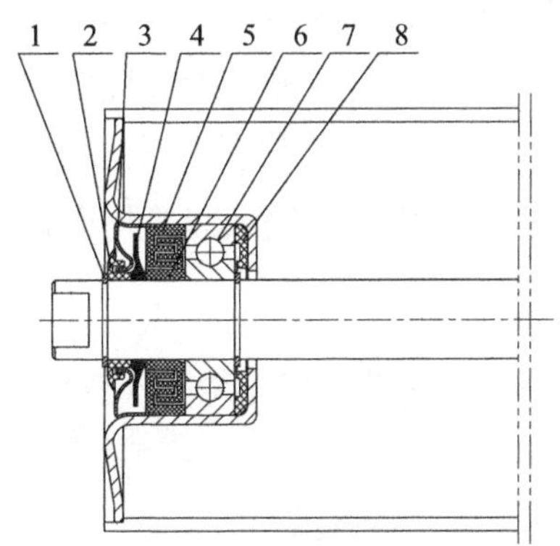

图10.5　高速大辊径托辊

1. 挡圈；2. 外盖；3. 密封圈；4. 隔环；5. 外密封圈；6. 内密封圈；7. 轴承；8. 挡环

10.1.3　应用实例

上海研究院研制的DTL160型大功率大运量带式输送机是国内第一台驱动功率达到5550kW、带速5.6m/s、带强ST5000的煤矿主斜井强力带式输送机，应用于晋城矿务局赵庄煤矿主斜井，如图10.6所示；主要技术参数见表10.1。

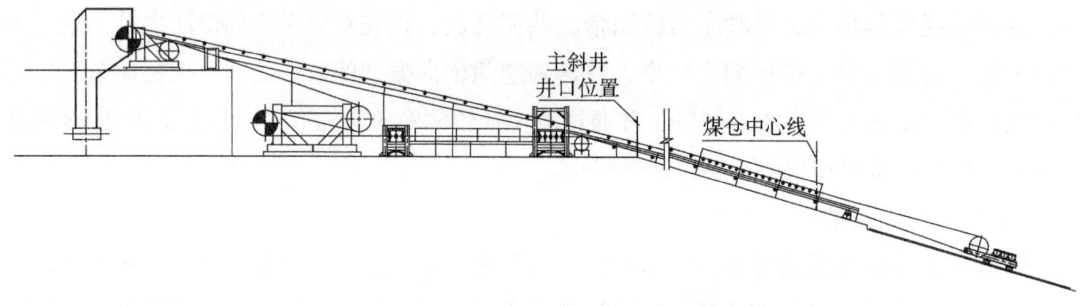

图 10.6　DTL160 型大功率大运量带式输送机

表 10.1　DTL160 型大功率大运量带式输送机主要技术参数

参数	数值	参数	数值
运量 /（t/h）	2500	带宽 /mm	1600
带速 /（m/s）	5.6	运距 /m	1555
提升高度 /m	440	倾角 /（°）	16
驱动功率 /kW	3×1850	带强	阻燃 ST5000

晋城赵庄煤矿主斜井 DTL160 型大功率大运量带式输送机于 2005 年 11 月份投入运行。综采工作面投运后大运量出煤，平均每天运煤量 10 000t 以上。国家采煤机械质量监督检验中心对该输送机进行的性能测试表明，各项指标均达到设计和国家标准要求。该机技术参数属国内领先，整机性能良好，运行平稳可靠，能实现各种工况下的启动、停车和紧急停车功能，较好地解决了大功率、大运量、高带速带式输送机的运输问题，经过长期的运行，驱动滚筒、改向滚筒、制动、逆止、机尾拉紧滚筒等均运转良好，托辊未更换过。运行现场如图 10.7 所示。

图 10.7　大功率带式输送机运行现场

2009 年 10 月，为大同煤矿集团同忻煤矿研制的主斜井强力带式输送机，运量 4800t/h，运距 4700m，提升高度 369m，带速 5m/s，带宽 1800mm，带强 ST4500，功率 3×1800+3×1800kW，6kV 高压变频驱动，是国内第一台高压变频长距离运输、多点驱动的带式输送机。

2012 年 2 月，为大同煤矿集团金庄矿研制的主斜井强力带式输送机，运量 5000t/h，运距 3040m，倾角 6°，提升高度 320m，带速 5.6m/s，带宽 1800mm，带强 ST7000，功率 4×3150kW，10kV 高压变频驱动，是国内带强最大、驱动单元功率最大的带式输送机，投产后运行状况良好。

10.2　可伸缩带式输送机

可伸缩带式输送机是煤矿综采工作面和综掘工作面配套的连续输送设备，其突出特点是输送长度可随着工作面的推进需要而不断缩短或延伸。2006 年，上海研究院研制出国内第一台带宽 1600mm、运距 6000m、驱动动率 3000kW、带速 4.5m/s 的顺槽可伸缩带式输送机。目前我国煤矿使用的可伸缩带式输送机最大运距 6500m，最大运量 4500t/h，最大带宽 1600mm，最高带速 4.5m/s，最大驱动功率 3550kW，可满足年产 1000 万 t 高产高效矿井的生产需要，分别在西山煤电、神华、中煤、陕煤、伊泰、大同等大型煤炭企业或矿区广泛使用。

10.2.1　适用范围

可伸缩带式输送机主要用于煤矿采煤工作面顺槽和综掘工作面输送原煤，设有储带仓，机尾可随采掘工作面的推进伸长或缩短，结构紧凑，机身可直接在巷道底板上铺设，也可悬吊在巷道的顶板上。输送带一般采用整芯带，用机械接头联结，当输送能力和运距较大时，可配中间驱动装置来满足要求。

基于可伸缩带式输送机关键技术，跟踪研究国内外特殊井巷、市政建设、地铁轨道交通、铁路、公路等工程施工后配套运输设备的技术发展，成功开发了与隧道盾构掘进施工配套的“同步延伸可弯曲长运距连续输送系统”，拓展了伸缩带式输送机技术在非煤行业的应用。

10.2.2　顺槽可伸缩带式输送机

顺槽可伸缩带式输送机一般由机头卸载部、驱动部、储带装置、张紧装置、卷带装置、机身以及机尾装置等组成。为保证采煤工作面推进、顺槽长度发生变化时输送机机身能快速装拆，机头卸载部、驱动部、储带装置、张紧装置、卷带装置采用相对固定的安装方式，而机身以及机尾装置则采用不固定安装方式。

1. 结构形式与特点

1）传动部结构形式和特点

传动部一般由传动滚筒、卸载（或改向）滚筒和机架组成，布置形式有“S”形

（图 10.8）布置和三脚架形式（图 10.9）布置。

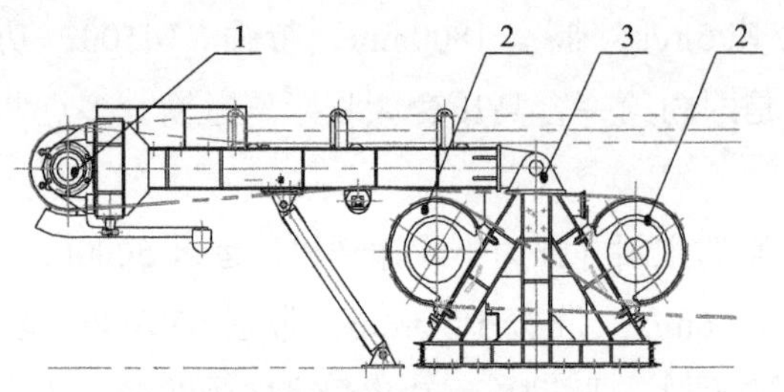

图 10.8 “S”形布置

1. 卸载滚筒；2. 传动滚筒；3. 机架

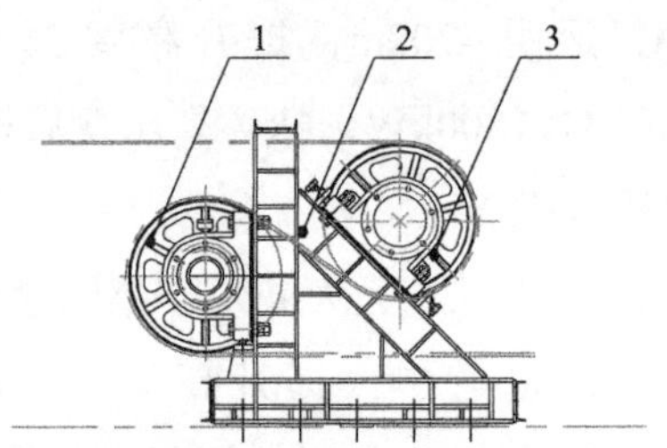

图 10.9 三脚架形式布置

1. 传动滚筒；2. 机架；3. 改向滚筒

“S”形布置的传动部结构简单、紧凑，比较适用于中、小功率的顺槽可伸缩带式输送机；三脚架形式布置的传动部多用于大功率、机头部受力较大的顺槽可伸缩输送机。

2）驱动部结构形式和特点

驱动部是带式输送机动力的来源。电动机通过联轴器、减速器带动传动滚筒转动，依靠滚筒和输送带之间的摩擦力使输送带运动。驱动部有时需配置一些特殊用途的设备，用来改善输送机的启动和制动性能。

驱动部由电动机、减速器（或 CST）、偶合器以及联轴器组成。驱动部形式可分为落地固定式（图 10.10）、单点浮动支撑式（图 10.11）以及直接安装在机头部的挂靠式（图 10.12）。

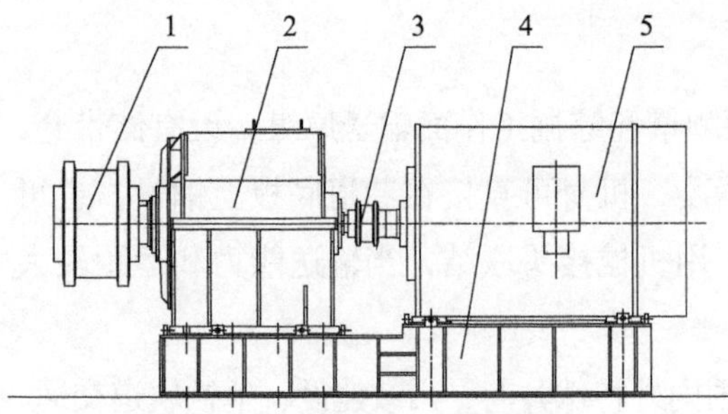

图 10.10 落地固定式驱动部

1. 联轴器；2. CST；3. 联轴器；4. 驱动架；5. 电动机

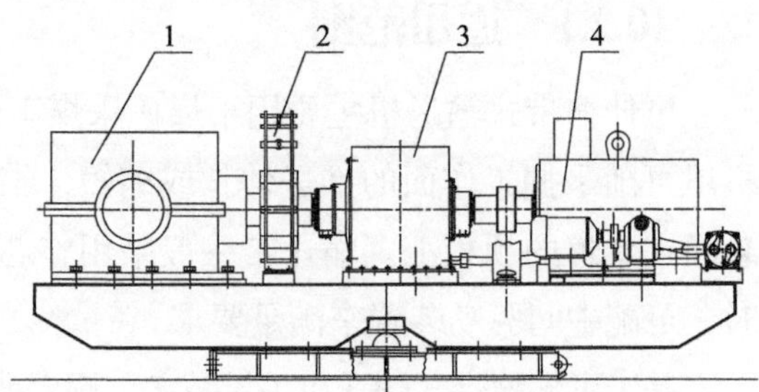

图 10.11 单点浮动支撑式驱动部

1. 减速器；2. 制动器；3. 偶合器；4. 电动机

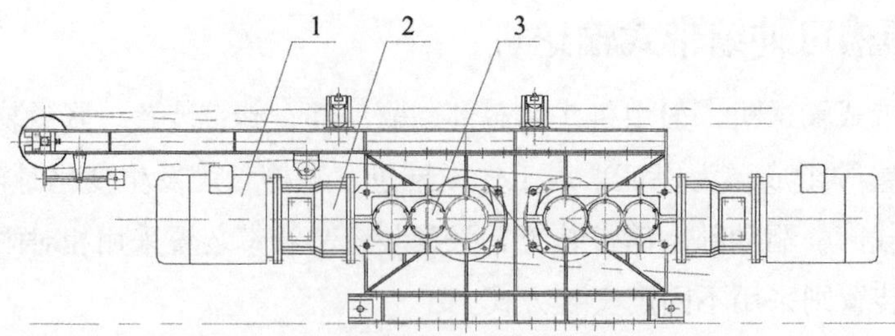

图 10.12 直接安装在机头部的挂靠式驱动部

1. 电动机；2. 偶合器；3. 减速器

固定式驱动部多采用电动机、CST 或者电动机、偶合器加减速器的结构，整体质量较重，一般适用单元驱动功率较大的场合。浮动式驱动部单元驱动功率一般低于 315kW，而直接安装在机头部的挂靠式驱动部单元驱动功率一般低于 132kW。

3）储带仓结构形式和特点

储带装置是用来储存和释放输送带的装置，由储带转向架、储带仓架、托辊小车、游动小车等组成。由于输送带多为 100m 一卷，故一般要求储存输送带的长度达 100m 以上，储存部分输送带设计成往返折叠 4（或 6）层。在储带转向架上固定几个改向滚筒，同时在游动小车上也装有几个改向滚筒，利用张紧绞车上的钢丝绳，使游动小车移动、张紧、改变折叠带的长度，以达到储存或放出输送带的目的。储带仓结构如图 10.13 所示。

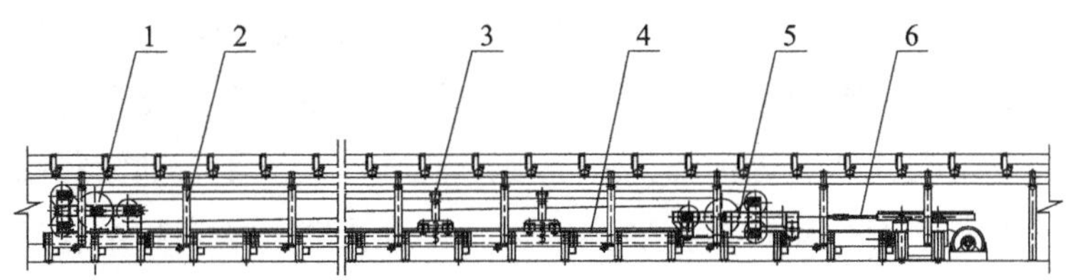

图 10.13 储带仓结构
1. 储带转向架；2. 储带仓架；3. 托辊小车；4. 轨道；5. 游动小车；6. 张紧装置

为了在储带转向架与游动小车间距过大时输送带下垂度不致太大而引起上下层输送带间摩擦打带，一般在储带仓架的小车轨道上另设托辊小车来承托输送带。它由托辊、车架、车轮等组成，视具体要求由人工（或自动）拉移至所需位置放置。储带仓架两侧下方架设的轨道供托辊小车和游动小车移动，移动至终端时有定位块和行程开关限位。储带仓架间用螺栓连接。储带仓是通过输送带往复移动，储存输送带。

4）自动拉紧装置结构特点和分类

自动拉紧的主要作用就是保证输送带有足够的张力，防止出现打滑现象。对顺槽可伸缩输送机自动拉紧装置的基本要求是：

（1）输送机启动拉力和正常运行拉力可根据输送机张力的需要任意调节，启动拉力为正常运行时的 1.3～1.5 倍。电液系统一旦调定后，拉紧装置即可按预定程序自动工作，保证输送机在理想状态下运行。

（2）动态响应快。带式输送机启动时处于非稳定状态，拉紧装置可及时补偿输送带的弹性振荡，有效实现带式输送机的动态张紧。

（3）具有断带时及时提供断带检测信号，以控制输送机自动停机和输送带打滑时自动增加拉紧力等保护功能。

（4）可与集控装置连接，实现对拉紧装置的远距离控制。

目前顺槽可伸缩带式输送机常用的自动拉紧方式有三种：液压油缸和电动绞车组合、液压油缸和液压绞车组合以及 APW（HDW）自动张紧绞车。自动拉紧装置如图 10.14 所示。

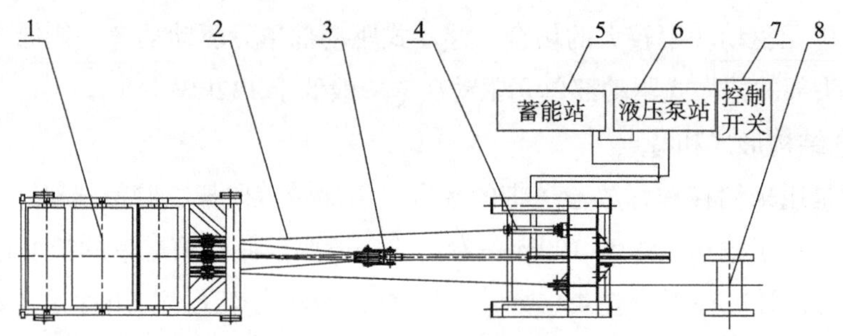

图 10.14 自动拉紧装置

1. 游动小车；2. 钢丝绳；3. 液压油缸；4. 测力装置；5. 蓄能器；6. 泵站；7. 控制器；8. 绞车

自动拉紧装置应能随输送带张力变化而自动调节张力和张紧行程，始终保持输送带所规定的挠度；其次要求响应速度快，当输送带张力发生一个变化值时，张紧装置能使输送带张力迅速恢复到原值。国内煤矿井下使用较多的是绞车与油缸相结合的自动张紧装置，绞车用于输送带大行程张紧，油缸用于小行程张紧，两者相结合达到自动张紧的目的。实际使用证明，此种自动张紧装置能满足输送机的启制动和正常运转时输送带张紧的要求。

5）卷带装置结构形式和特点

常用的卷带装置有机械卷带和液压卷带两种。机械卷带是通过一小型减速器传动实现卷带，机构较为简单，自动化程度不高，适合带宽 1200mm 以下的顺槽可伸缩输送机。液压卷带系统由泵站系统、夹带装置以及卷带机构组成。泵站系统提供夹带和卷带装置马达所需的液压油，并且泵站上的操纵阀可以控制夹带和卷带机构的动作。夹带装置设有前后夹带和移动夹带，卷带机构采用液压马达卷带，能上下左右调节，完成卷带后能向巷道转动 90°，方便移走整卷输送带。液压卷带自动化程度高，操纵简单，省时省力。液压卷带系统如图 10.15 所示。

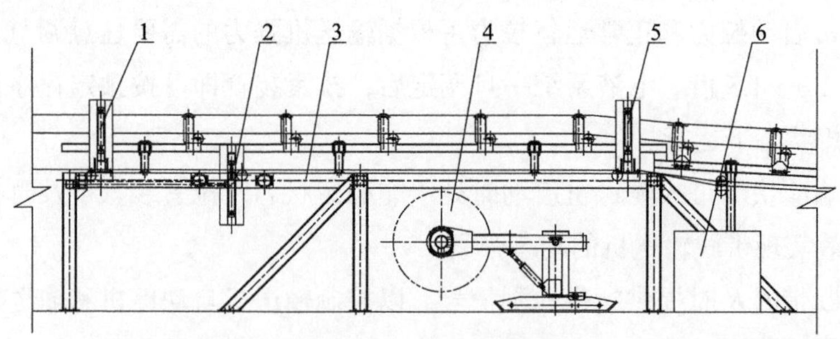

图 10.15 液压卷带系统

1. 前夹带；2. 游动夹带；3. 夹带机架；4. 卷带机构；5. 后夹带；6. 泵站系统

6）中间架结构形式和特点

快速可拆式机身由中间架和“H”架组成，是带式输送机承托输送带延伸全长的主体部分，其上安装有承载托辊和回程托辊。

为了适应顺槽输送机输送长度不断变化的需要，机身（即上托辊架与中间架、中间架与“H”架之间）采用弹性销（图 10.16）、“E”形销（图 10.17）等无螺栓连接且与底板不固定安装以满足快速装拆的要求。

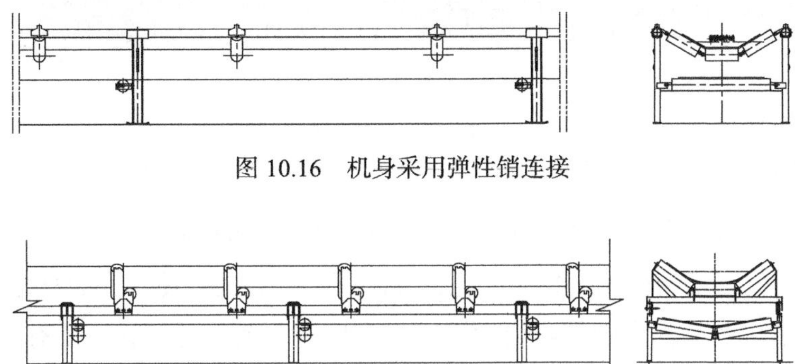

图 10.16 机身采用弹性销连接

图 10.17 机身采用“E”形销连接

7）托辊装置类型和结构

输送机载荷较大或带宽较大时，上托辊装置一般采用槽形托辊组，托辊“品”字形错排布置，可有效避免布置在同一平面内的两个托辊的管体边缘对输送带的割划，以延长输送带的使用寿命，同时还具有一定的自动纠偏功能，有效防止输送带的跑偏。

输送机载荷较小或带宽小于 1200mm 时，上托辊装置一般采用吊挂托辊组，下托辊组一般为“V”形布置或采用平托辊。

8）机尾装置类型和结构

顺槽可伸缩输送机的机尾由于承接工作面转载机来煤，因此要随着采煤工作面的推进而经常向机头方向移动。顺槽输送机机尾可分为自移机尾（图 10.18）和普通机尾（图 10.19）两种。

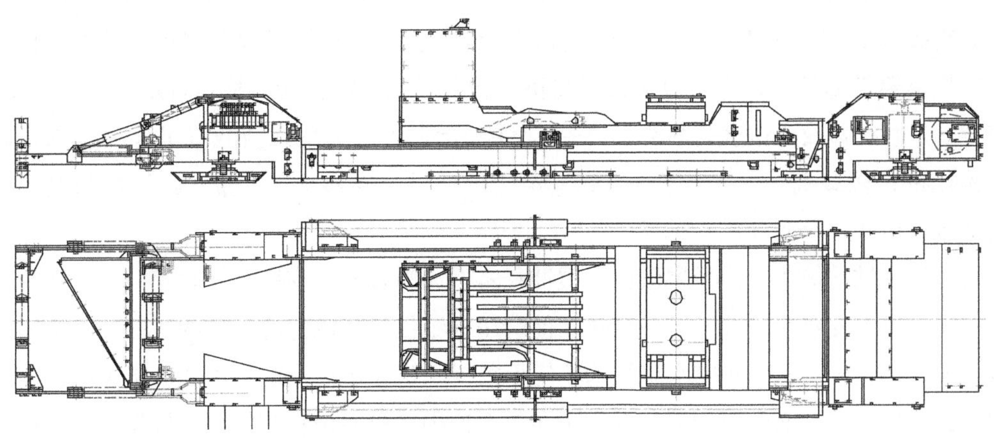

图 10.18 自移机尾

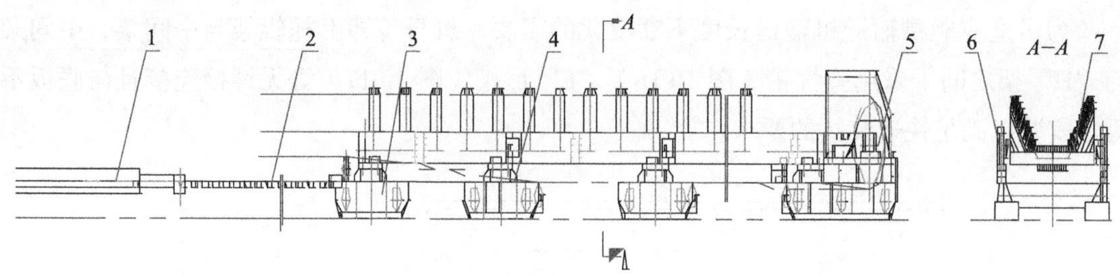

图 10.19 普通机尾
1. 液压油缸；2. 圆环链；3. 前支座；4. 中支座；5. 机尾滚筒装置；6. 导轨；7. 缓冲托辊组

高产高效工作面的快速推进，要求可伸缩带式输送机的机尾不但能快速移动，而且还要在不停机的情况移动机尾。机尾快速自移除了需要解决机尾本身的自移技术，还需解决与自动张紧装置相互配合的技术问题。国内煤矿井下使用的自移机尾有两种移动方式：①机尾滚筒与转载机连接在一起，转载机移动时带动机尾同步移动；②转载机机头骑在机尾滑道上，利用机尾本身的推进油缸，在转载机移动一段距离后（一般不超过 3m）移动机尾。自移机尾均具有移动速度快、纠偏能力强、刚性与防滑性能好等特点。据国外资料介绍，自移机尾的行走履带已逐渐被行走滑橇所代替，原因是履带式自移机尾宽度要比滑橇式大得多，增大了巷道的宽度，经济性差。

自移机尾是顺槽桥式转载机与可伸缩带式输送机的中间衔接装置，满足高产高效工作面高进尺、快速推进的要求。同时，该装置具有输送带跑偏调整、桥式转载机推移方向校直和自行前移等功能。

自移机尾主要由前、后支撑部、行走小车、尾滚筒箱、液压操纵系统及润滑装置等部件组成。前、后支撑部与机架之间各用 4 个销轴连接，行走小车放置在机架的轨道上，可沿机架滚动前进。前支撑部包括 2 个调高液压缸、1 个侧移液压缸、滑橇、托辊架及清扫器等元部件。后支撑部包括 2 个调高液压缸、1 个侧移液压缸、压带滚筒及滑橇等元部件。前、后支撑部的调高液压缸由操纵系统控制来调整整体机架的高低及偏斜。操纵侧移液压缸来实现机架带动带式输送机自移机尾与桥式转载机头一起横向偏移。行走小车包括车架、回转架、2 个推移液压缸及轮轴组件等元部件。行走小车与桥式转载机机头由销轴连成一体，构成桥式转载机—行走小车—带式输送机自移机尾推移系统。带式输送机与改向滚筒由输送带连接成一个封闭的运输系统。

普通机尾结构简单，由机尾滚筒、缓冲托辊、内清扫器、支座、导轨等组成，导轨一端用螺栓固定在中支座上，并与另一导轨的前端用柱销铰接，以适应不平的底板。转载机与机尾有一段搭接长度，转载机骑在机尾的轨道上行走。机尾滚筒座前后可调，机尾滚筒前设有刮泥板，可将滚筒表面的煤刮下，并收集在集泥槽中，最后由特制的拉泥板拉出。机尾架上装有缓冲托辊，在受料时可降低块煤对输送带的冲击，有利于提高输送带的使用寿命。

机尾移动装置是安装在机尾前支座前方左右布置的一对液压油缸，机尾的移动通过油缸活塞杆伸缩来实现，活塞杆的伸缩由挂在H架上的操作阀来控制。机尾移动时，活塞杆先完成一个行程，然后重新挂钩，完成第二个行程，如此循环直至达到要求的移动距离。

2. 应用实例

自动化高可靠性顺槽带式输送机是上海研究院承担的国家高技术研究发展计划（“863”计划）课题“煤炭智能化掘采技术与装备（二)”的子项目，2013年立项，2015年研制成功并应用于国电建投内蒙古能源有限公司察哈素煤矿 3^{-1} 采区工作面（可采走向长度5300m，工作面倾向煤壁净长度300m，工作面年产量1000万t)。

主要技术参数为：运输长度5300m，带宽1600mm，运量3200t/h，带速4m/s，阻燃整芯带PVG2500S，装机功率3×500+3×500kW。驱动装置位于输送机头部和中部（距头部3000m)，分别采用功率配比为2∶1的双滚筒三电机驱动，张紧采用自控液压张紧技术。输送带缠绕如图10.20所示。

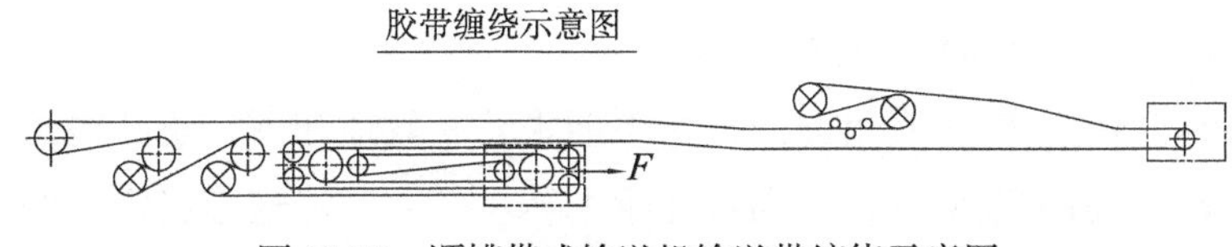

图10.20　顺槽带式输送机输送带缠绕示意图

2015年7月1日～9月30日，DSJ160/320/3×500+3×500型自动化高可靠性顺槽可伸缩带式输送机在察哈素煤矿 3^{-1} 采区工作面3103输送带运输顺槽使用，开机率达95%；3个月共输送原煤327.2万t，平均日产量5.12万t，最高日产量6.2万t，最高月产量168.4万t，完全能满足年产量1000万t的生产要求。

10.2.3　同步延伸带式输送机

1. 技术特点

同步延伸带式输送机借鉴顺槽可伸缩带式输送机技术，主要应用于市政、交通、地铁隧道建设后配套连续运输，跟随掘进设备实现带式输送机的同步延伸。

性能好、可靠性高、与掘进同步延伸的长距离、大运量、可弯曲连续运输系统的关键技术有：同步延伸和自动张紧技术、水平弯曲技术、黏土质物料的可靠卸料和清扫技术。

1）同步延伸和自动张紧技术

市政建设、地铁、交通等隧道、特殊井巷施工后配套运输系统采用的带式输送机与转载机中心线有一定的偏移距离，而且要求带式输送机的机尾随推进设备的推移而同步延伸。这就要求带式输送机不但要具有一定长度的储带量，而且还要求张紧系统可以保证输送带在机尾延伸过程中保持恒定的张力。

在同步延伸带式输送机机尾随盾构推进过程中，输送带随之被不断地拉伸，从储带仓中放出胶带，以适应运距的变化，但输送机的张紧装置必须保持适当的胶带张力，使输送机在此过程中不会因为张紧力不足或过大而引起打滑或拉断胶带。

同步延伸带式输送机的张紧装置由自控液压拉紧站与张紧绞车组成，能保证输送机机尾在延伸过程中输送带保持在适当张力范围内。当盾构推进时，胶带张力变大，液压缸外伸，在放出胶带的同时，使胶带张力又回复到设定的张力。带式输送机机尾同步延伸，每延伸 3m，输送机机尾前胶带悬空段需加装上 1 组快速装拆支架及托辊。当机尾延伸到一定距离时，输送机储带仓游动小车到达其轨道的最前部，储带长度越来越短，最后需要加带。

2）水平弯曲技术

由于受到地面建筑或地质条件的影响等，隧道设计走向会有反复的水平方向或垂直方向弯曲，带式输送机垂直方向弯曲较容易解决，而机尾同步延伸过程中实现水平方向弯曲，特别是“S”形的水平方向弯曲在国内还没有先例。上海研究院具有一整套可伸缩带式输送机的水平方向弯曲设计的理论和经验，成功开发出自动改向托辊组，有效防止胶带向内侧或外侧跑偏。

3）黏土质物料的可靠卸料和清扫技术

在输送黏土物料时，依靠其重力的作用不能将其有效地卸下，留在输送带上的残余物料被带回回程分支，造成改向滚筒、回程托辊上积垢而导致输送带打滑、跑偏、磨损，滚筒、托辊过早损坏，影响输送机正常运行，故必须用清扫装置清除粘在输送带上的残余物料。由于波纹挡边带具有横隔板，不能用常用的刮板式清扫器和毛刷式清扫器，可以采用振动式清扫器和喷水式清扫器。喷水式清扫器除了需要充足的水源和高压泵外，还需要有排污系统或污水处理系统，以满足城市施工环保要求。变频振动式清扫器，拍打挡边输送带的非工作面，将黏附在挡边、隔板及基带上的物料振动下来，达到清扫的目的。

2. 应用实例

2012 年上海研究院分别为中铁十一局和十三局神华新街一矿掘进斜井巷道设计两部 TBM 后配套连续出渣带式输送机，运量 510t/h，运距 6480m，提升高度 650m，带速 3.15m/s，带宽 800mm，带强 PVG2500S，功率 2×400+2×400kW，储带长度 500m，1140V 低压变频驱动，是国内 TBM 后配套提升高度最大的同步延伸带式输送机。2015 年，该输送机在补连塔煤矿 2 号副井 TBM 掘进工程中，6 个月为中铁十一局完成了 2733m 斜井的掘进，创下最高月进尺 639m 的世界纪录。

2015 年为中信重工“引故入洛”项目设计的 TBM 施工段同步延伸带式输送机，运量 400t/h，运距 6700m，提升高度 21m，带速 2m/s，带宽 800mm，带强 ST1600，功率 3×160kW，低压变频驱动，投产后运行状况良好。

10.3 大倾角带式输送机

大倾角带式输送机是为解决煤矿井下大倾角上、下运输难题而研究的机型，先后开发出大倾角上运带式输送机、大倾角下运带式输送机和花纹带大倾角带式输送机等机型，最大带宽 1600mm，最大功率 2240kW，运距 2000m 以上，最高带速 4.5m/s，最大运量 2800t/h，最大上运倾角 31°，最大下运倾角 −28°，原煤允许含水量从 10% 放宽至 20%。目前，已投入使用 100 多台，在太原煤气化龙泉公司、山西肖家洼、新汶华丰、河南伊川、陕西彬县、河南磴槽、山西毛则渠、徐州夹河、大同虎龙沟、海州立井、霍州文明、抚顺鑫地源等煤矿得到推广应用。

10.3.1　适用范围

大倾角带式输送机包括大倾角上运带式输送机、大倾角下运带式输送机和花纹带式输送机。大倾角上运带式输送机适用于运输巷道上运倾角 18°～28°、原煤块度小于 300mm、含水量低于 20% 的场合，多用在煤矿主斜井、井下运输下山连续输送；大倾角下运带式输送机适用于煤矿井下大倾角上山运输巷道输送原煤；凹型花纹带大倾角带式输送机是煤矿井下原煤运输的主要发展方向之一，可用于 28°～31° 倾角及以上煤矿主提升及井下暗斜井输送原煤。

10.3.2　技术特征

1. 结构形式

大倾角上运带式输送机由卸载部、传动部、驱动部、制动器、逆止器、张紧装置、机身、深槽托辊装置及机尾装置等组成。布置形式如图 10.21 所示。

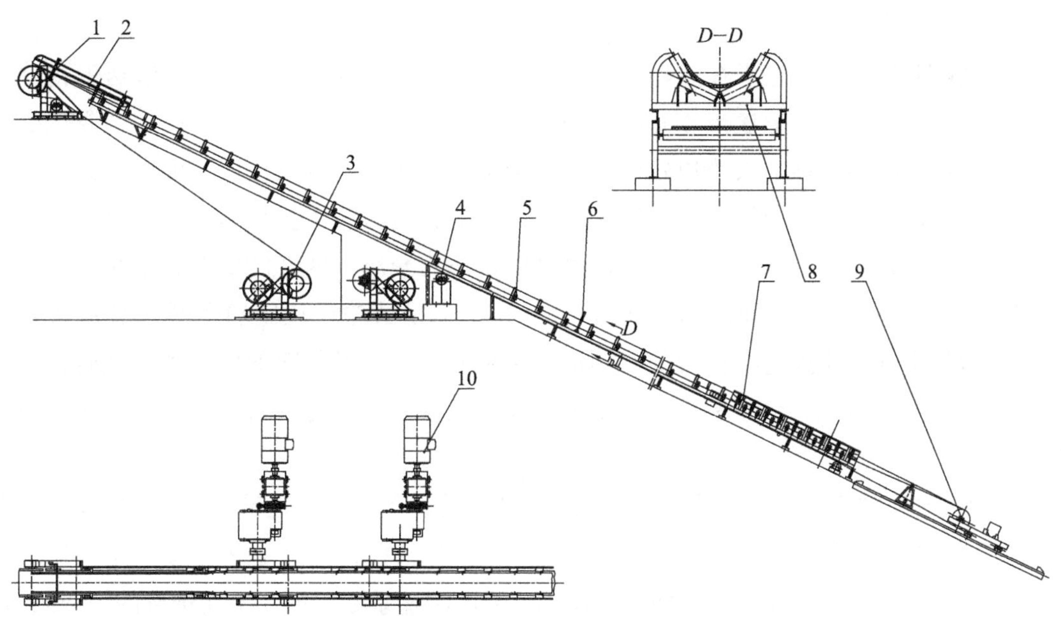

图 10.21　上运 18°～28° 大倾角带式输送机

1. 卸载部；2. 导料槽；3. 传动部；4. 改向滚筒；5. 机身；6. 挡煤装置；7. 装载架；8. 深槽托辊组；9. 重锤张紧装置；10. 驱动装置

该机型多采用双滚筒双电机集中驱动，头部卸载部由卸载架、改向滚筒及P、H形聚氨酯清扫器等组成；传动部由传动滚筒、改向滚筒及传动机架组成；驱动装置由电动机、制动器、调速型液力偶合器、减速器和逆止器组成；机身由深槽托辊组、纵梁、支腿、挡煤装置组成，张紧装置采用机尾重锤车式张紧。

2. 主要部件

1）软启动装置

启动装置是带式输送机的重要部件之一，其性能的优劣直接影响带式输送机运行的经济性和稳定性。带式输送机的启动形式大致分为刚性启动、限矩型液力偶合器、调速型液力偶合器、液黏软启动、变频软启动、CST等几种形式。刚性启动用于机长小于80m，电机功率小于45kW的普通场合；限矩型液力偶合器适用于中、小型带式输送机，限矩型液力偶合器能启到软启动的作用，但不能实现可控启动。上运26°大倾角带式输送机在启动过程中由静止状态加速到正常工作速度，需克服机体和物料的惯性以及系统的摩擦阻力。如果加速度过大或采用直接启动方式启动输送机，会产生较大的动张力，对带式输送机系统部件造成冲击，产生强烈振动和磨损，导致输送机运行不平稳，甚至难以启动和正常运行，严重时损坏机件。为保证大倾角带式输送机有足够的启动时间，使加减速度控制在允许范围内，以降低动张力，须采用可控驱动装置。可控驱动装置的选取应考虑经济性及实用性，选取顺序一般在调速型液力偶合器、液黏软启动、变频软启动、CST中依次选取。

2）深槽托辊装置

大倾角上运带式输送机在启动过程中，由于惯性原因容易出现物料与输送带相对速度差，导致出现物料与输送带相对滑动现象。物料与输送带之间的相对稳定主要是由物料与输送带之间的摩擦力大小决定的。摩擦力除了与物料自身的块度、硬度、含水量有关外，还与输送带表面粗糙度、运行速度及物料的正压力有关。就同一种物料和输送带而言，随着输送倾角的增大，物料对输送带的正压力减小，两者的摩擦力也减小，物料稳定性变差，容易引起下滑。为了防止大倾角上运带式输送机物料下滑，必须增大物料与输送带之间的摩擦力。托辊的结构形式关系到输送带对物料的侧压力，从而影响带式输送机输送带与托辊的摩擦力。为了更好地形成槽角，上托辊采用固定式双排深槽形托辊。

深槽托辊装置采用4个标准托辊、双排对称结构，可减少输送带的跑偏。中间两托辊呈“V”形布置，增加了侧压力，在装载量少时摩擦系数仍较大，物料不易下滑；输送带在托辊装置内的弯曲半径较小，增加了托辊装置的摩擦系数，增大了输送机的输送倾角。深槽托辊装置结构如图10.22所示。

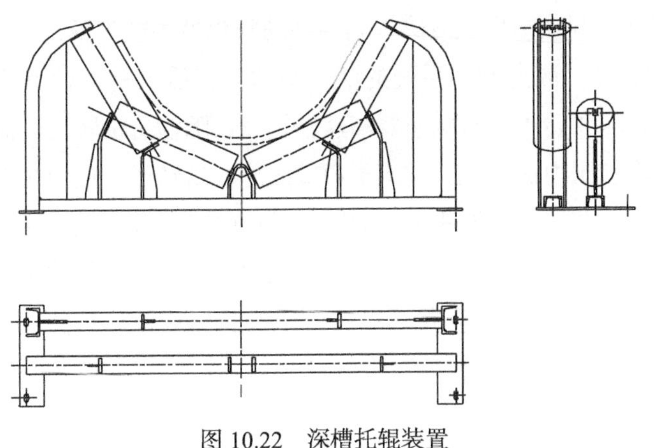

图 10.22 深槽托辊装置

3）逆止装置与断带保护

大倾角上运带式输送机在大负荷下，易发生负载停机、输送带逆转甚至断带现象。一旦发生断带，胶带本身以及承载物料的重力叠加加速度会造成带式输送机飞车事故，导致机架摧毁，设备损坏，巷道堵塞，甚至人员伤亡等重大事故，而且现场的清理工作量大，后果严重。因此，大倾角上运带式输送机必须配备防逆转措施及断带保护。常规的防逆转措施是安装在滚筒出轴上的低速逆止器。需要注意的是，低速逆止器安装在滚筒上，输送带在滚筒上需具备足够大的围包角，使输送机在停机时输送带与滚筒产生足够大的有效摩擦力，保证输送机不产生逆转。

4）张紧装置

输送机在运行、启动及停车过程中，输送带的张力是变化的，因此输送带的伸长量也在不停地变化。拉紧装置布置在稳定工况时输送带张力最小点的机尾处，大倾角上运带式输送机由于倾角大，应充分利用巷道的坡度及输送带的自重，将拉紧装置布置在输送带张力最小的机尾处，尽可能地采用重锤车式拉紧装置，依靠其重力在倾斜方向上产生的分力作为张紧力，能有效地适应张力的变化，该拉紧装置既稳定可靠，成本又低，维护量也小。

5）制动装置

下运带式输送机的关键设备是制动装置。目前国内的制动方式有三种：机械式摩擦制动装置、液力制动装置、液压制动装置。这三种制动方式都具有较好的防爆性能和安全性能。

（1）机械式摩擦制动装置。机械式摩擦制动装置的工作原理是依靠摩擦进行制动，其常用类型有带式制动器、块式制动器及自冷盘式制动器。带式制动器由于受散热条件的限制，只能在小功率的输送机上单独使用。盘式制动器制动力矩大且可调，动作灵敏，散热性能好，使用和维修方便，既可以在高速轴上也可以在低速轴上安装。块式制动器具有结构简单、安装方便，成对的闸瓦压力相互平衡，使制动轮轴不受弯曲载荷等优点。值得注意的是：与块式制动器相比，盘式制动器的可靠性高，其原因是块式制动器是连杆串联的结构，当其中某一环节出现故障，将造成制动器的失效，可靠性低；盘式制动器是成组制动闸并联结构，若某一制动闸出现故障，其他制动闸仍然不会失效。

（2）液力制动装置。液力制动系统的液力制动器实质上是一种涡轮（定子）固定不动的液力偶合器，其泵轮（转子）与减速器高速轴相连，随输送机转动，制动时油泵向液力制动器供油，工作油在转子内被加速，在定子内被减速，给转子以反力矩形成制动力矩，制动平稳；但由于该类制动装置的特性所限，力矩与转速的平方成正比，在转速时，力矩大幅降低，不能起到定车作用，所以该装置必须采用两级制动，第二级制动采用机械摩擦式制动。

（3）液压制动装置。液压制动系统的制动器是通过柱塞泵将输送机的机械能转化为液压能，然后通过有关控制阀节流所产生的高压作用于柱塞泵，形成制动力矩。该装置可实现输送机的无级调速功能。

6）防物料滚落装置

不同种类的散料安息角各不相同，煤的动安息角不大于25°，并且煤的运动稳定性随着水分、粒度、带速的变化和工况条件的不同而发生变化，倾角一旦接近安息角，物料就有下滚的趋势。大倾角上运带式输送机在启动或者运行出现振动及在某段物料较少的情况出现时，特别是运输有近似圆形且物料粒度较大时，物料下滚的趋势就更加明显，并且物料下滚的速度会越来越快，若不采取措施，对设备及人身安全就会有较大的威胁，甚至发生事故。采取的措施是对带式输送机沿全程布置门式挡煤装置，该装置的挡煤板在带式输送机运行时，在物料的推动作用下随转轴打开，不影响物料的输送，一旦有物料滚落，挡煤板回落将物料挡住，能有效防止物料下滚，保证整机运行的安全性。

7）凹型花纹钢丝绳芯阻燃输送带

国内外原有花纹输送带的结构形式较多，典型的花纹结构有以下几种：人字形花纹、波浪形花纹、点状花纹等，分别适用于输送不同的物料，如人字形花纹和波浪形花纹适用于散料运输，点状花纹适用于输送整体型物料。原有花纹输送带在全带宽上倾斜布置花纹，在应用于大运量长距离大倾角散料运输时存在缺陷。

研究发现，物料与输送带的摩擦力主要决定于槽形底部小块区域，如这一区域的物料不下滑，由于物料的动安息角达到35°以上，则整个槽形内的物料都不会下滑，这一理论突破了早期的全带宽花纹形式，使花纹形式只在带宽中部凹陷形成，两边都是光面，从而极大地提高了花纹面的耐压能力。这种形式彻底弥补了早期花纹的缺陷，使之可以应用于大功率、高张力的环境。

图10.23所示的新型凹形花纹输送带具有如下特点：

（1）输送带中部斜向布置花纹斜条，在两边布置平条，增加了花纹与滚筒的接触面积，减小花纹的比压，从而提高了花纹的使用寿命。

（2）花纹与输送带本体之间采用整体硫化，使花纹不易剥落，提高了花纹的使用寿命。

（3）凹形花纹输送带的结构可确保输送带在深槽托辊组中具有良好的成槽性，输送带不会产生飘带现象，输送带不易跑偏。

（4）斜向花纹条与两边花纹平条之间具有高差，输送带在回程运行时，斜向花纹条与托辊不接触，输送带运行平稳。

（5）凹形花纹采用高耐磨性材料，从而大大提高了花纹面的耐磨性。

8）毛刷清扫装置和变频振动清扫装置

由于花纹面存在清扫的死角，能否清扫干净直接关系到花纹带的使用寿命。刮板式清扫不能满足要求；高压水清扫系统复杂，且冲洗下的煤泥浆存在着再处理问题；在靠近机头机尾处安装输送带翻转装置，机头处将花纹带翻转 180°，机尾处再将输送带翻转过来。但这样的翻转装置不仅结构复杂，增加了投资，也会对输送带产生损伤，缩短了输送带的使用寿命。

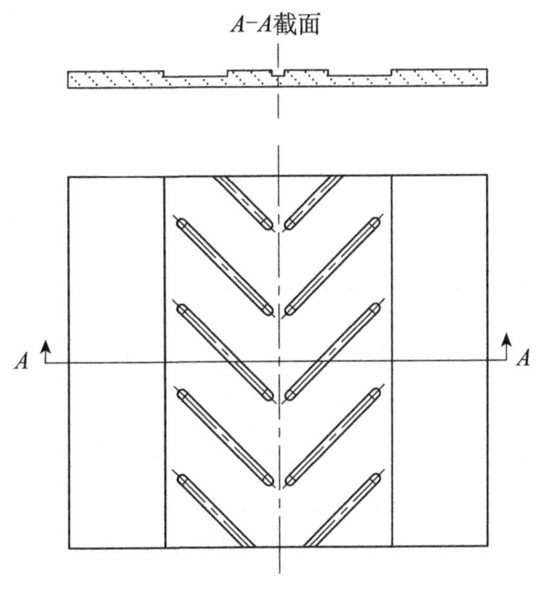

图 10.23　凹形花纹输送带

为克服花纹输送带的清扫困难，研制了结构简单、能满足花纹带清扫要求的滚筒式毛刷清扫器和变频振动清扫器相结合的清扫装置。毛刷清扫器（图 10.24）由减速电机、传动带、筒体和毛刷等组成，毛刷采用分体结构便于更换。拍打器采用变频振动原理，可将嵌、粘在花纹间的物料大部分振下。现场使用结果表明，单独使用毛刷清扫器或拍打器能够满足花纹输送带的清扫要求，但当原煤含水量过大不易清扫时，可两种清扫器一起使用，以满足花纹输送带的清扫要求。此外，整机设计也可避免花纹面与驱动滚筒面接触，这样花纹带即使清扫不干净也不会影响输送机的运行。

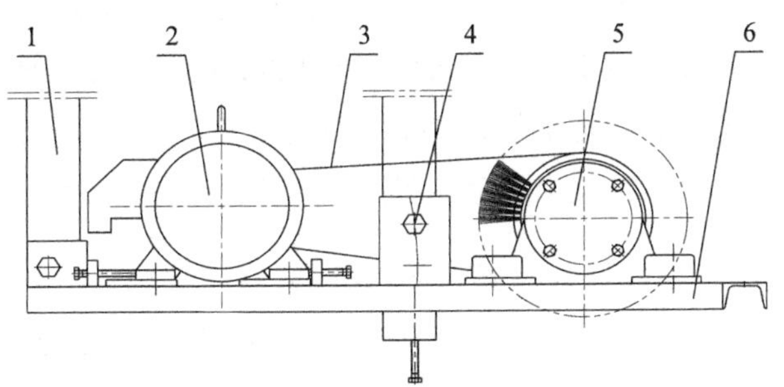

图 10.24　毛刷清扫器

1. 连接架；2. 减速电机；3. 传动带；4. 调整支架；5. 筒体和毛刷；6. 支架

10.3.3 应用实例

1. 大倾角上运带式输送机

1989 年 11 月首台 SQD-440 型大倾角上运带式输送机在平顶山十一矿投入使用，主要技术参数见表 10.2。

表 10.2 主要技术参数

参数	数值
输送量 /（t/h）	300
输送长度 /m	670
输送机角度 /（°）	25
带速 /（m/s）	2
带宽 /m	0.8
阻燃钢丝绳芯输送带	ST2000
驱动功率 /kW	2×220

经工业性试验考核，各项技术经济指标达到既定要求。SQD-440 型大倾角上运带式输送机 1990 年通过了能源部组织的技术鉴定。到目前为止，全国已投入使用 200 多台。通过二次开发，上运倾角已达到 35°。大倾角上运带式输送机已经系列化，输送机带宽由 800mm 增加到 2000mm，运量从 300t/h 提高到 5200t/h，功率从 160kW 增加到 4200kW，运距达到 2000m 以上，带速从 2m/s 提高到 5m/s，原煤允许含水量从 10% 放宽至 20%。实践证明，由于大倾角上运带式输送机的应用，大大缩短巷道开拓长度及施工周期，降低初投资成本。目前，大倾角上运带式输送机已成为主斜井提升及上山巷道运输的首选设备。

2011 年为太原煤气化龙泉矿设计的主斜井大倾角带式输送机，运量 1800t/h，运距 1123m，倾角 22°，提升高度 420m，带速 4.5m/s，带宽 1600mm，带强 ST4500，功率 3×1400kW，采用 6kV 高压变频驱动，投产后运行良好，是目前国内功率最大的大倾角带式输送机。

2. 大倾角下运带式输送机

新汶矿业集团华丰煤矿大倾角下运带式输送机主要技术参数见表 10.3。

表 10.3 主要技术参数

参数	数值
输送量 /（t/h）	350
带宽 /mm	800
带速 /（m/s）	2

续表

参数	数值
运距 /m	472
倾角 / (°)	−23～−17.5
输送带	ST1600
功率 /kW	250

华丰矿大倾角下运带式输送机 1998 年投产运行，运输长度 472m，提升高度 −165m，采用头部卸载，尾部和中部受料。采用尾部单滚筒单电机集中驱动，张紧装置设于输送机头部、卸载装置后部，采用重锤车式张紧；驱动部采用上海研究院自主研发的 ZSY500 型液力制动器制动。在头部垂高不变的情况下，如使用普通下运带式输送机则需要重新开拓 600m 主巷道，340m 联络巷，增加工程开拓时间和支出。使用了大倾角下运带式输送机后，由于充分利用了原有巷道，节约了巷道开拓费 176 万元和输送机设备投资 37 万元，同时使得矿井技改的时间大大缩短，在短短的两个多月时间内使产量翻番，产量由原来的 60 万 t/a 提高到 140 万 t/a，降低了生产成本，带来了显著的经济效益和社会效益。

2009 年 2 月为邯郸煤矿集团云驾岭矿设计的大倾角下运带式输送机，运量 600t/h，运距 730m，最大倾角 −26°，带速 2.5m/s，带宽 1000mm，带强 ST2500，功率 2×315kW，是国内下运倾角最大的下运带式输送机之一。

3. 凹型花纹带大倾角带式输送机

凹形花纹带式输送机首次应用于陕西彬县煤炭有限责任总公司下沟煤矿大倾角带式输送机工程，如图 10.25 所示。该项目于 2002 年投产运行，最大倾角 30°，采用了上海研究院研制的专利产品花纹钢丝绳芯输送带（专利号 ZL02265657.X），采用深槽四托辊组机身结构（图 10.22）。软启动采用调速型液力偶合器，采用机尾重锤车式张紧，花纹输送带的清扫采用毛刷清扫器。2005 年，随着运量的提高，又对该项目进行了扩能改造，提高了运量。

图 10.25　彬县下沟煤矿凹型花纹大倾角带式输送机

下沟煤矿大倾角上运花纹带式输送机主要技术参数见表 10.4；输送机简图如图 10.26 所示；改造后技术参数见表 10.5。

表 10.4　主要技术参数

参数	数值
输送量 / （t/h）	600
带宽 /mm	1200
带速 / （m/s）	2.5
运距 /m	647
倾角 / （°）	30
输送带	ST2500（花纹）
功率 /kW	2×450

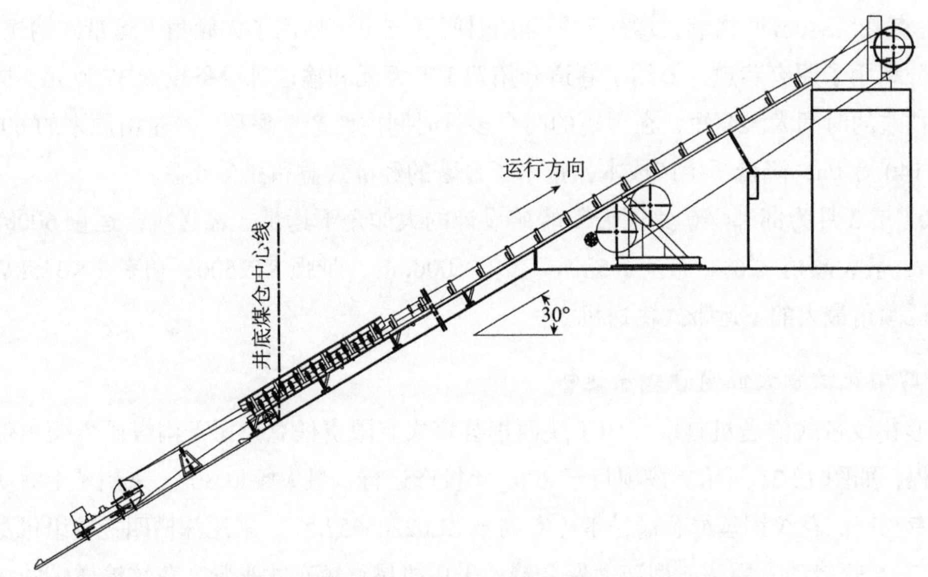

图 10.26　彬县下沟矿大倾角上运花纹带式输送机简图

表 10.5　改造后技术参数

参数	数值
输送量 / （t/h）	800
带宽 /mm	1200
带速 / （m/s）	3.15
运距 /m	647
倾角 / （°）	30
输送带	ST2500（花纹）
功率 /kW	2×560

该机于 2002 年 4 月在陕西省彬县下沟煤矿安装调试完毕后投入试运行，并开始工业性试验。在试验过程中，该带式输送机的爬坡性能、慢速启动性能、制动性能、电控系统及电气保护均达到了设计要求。经过 8 个月的工业性负载运行，载至 2003 年 3 月，该带式输送机运行情况良好，累计运煤 118 万 t，创造产值约 1.18 亿元，取得了可观的经济效益。2005 年改造后，带速、运量进一步提高，带来了更高的经济效益。

10.4 特种带式输送机

根据煤矿生产实际需求，上海研究院开发出移置式带式输送机、管状带式输送机、乘人运料带式输送机等特种机型，并在神华、中煤等大型煤炭企业中得到推广应用。

10.4.1 移置式带式输送机

1. 适用范围

移置式带式输送机，也称为半固定式带式输送机，主要应用于露天矿连续开采和半连续排岩（土）、可根据作业需要做横向移设的半固定式连续输送系统，常与斗轮挖掘机配合使用在开采面或与排土机配合在排土场使用，也用在输煤（或矿石）系统中。根据采场工作面的推进做侧向移置，或延伸及缩短其长度。

在神华北电胜利露天煤矿、神华准能哈尔乌素露天煤矿、山西平朔安太堡以及神华准能黑岱沟露天煤矿等地得到了应用，均运转良好。

2. 技术特征

1）工作原理

移置式带式输送机主要由机头驱动站、中间架、机尾站以及钢丝绳芯输送带等组成，以钢丝绳芯输送带作为牵引构件，输送带经过绕过机头驱动站头部卸载滚筒、改向滚筒、传动滚筒、拉紧滚筒、机尾站尾部滚筒形成闭合回路。上、下输送带分别支承在上、下托辊组上，由拉紧装置提供适当的张紧力。工作时以驱动装置拖动传动滚筒，使传动滚筒与输送带之间产生摩擦力，摩擦力带动输送带运行，使物料从尾部受料运输到头部，再通过头部漏斗及溜槽卸载到下一部带式输送机上。

2）主要元部件

a. 机头驱动站

如图 10.27 所示的机头驱动站是移置式带式输送机的核心部件，集卸载、驱动、张紧于一体，主要由钢结构机架滑橇底座、过渡桥、驱动装置、拉紧装置、拉紧滚筒、卸载滚筒、传动滚筒、改向滚筒、卸料溜槽（带调节挡板）、清扫器、吊挂托辊组、人行通道、栏杆梯子和保护装置等组成。

驱动装置主要由电动机、减速器、制动器、液力偶合器以及整体式底座等组成。底座与钢结构机架采用浮动或固定支撑形式，采用浮动支撑时减速器输出轴为空心轴，采用固定支撑时减速器输出轴为实心轴，需另加低速联轴器。

张紧装置通常采用重锤拉紧、绞车拉紧或液压自动张紧装置，根据带式输送机在启动和正常运转时的拉紧力确定合理的输送带张力。由于空间比较狭小，张紧改向滚筒和张紧车架均采用非标设计，张紧车轨道焊接到钢结构机架的大梁上面，现场调整，保证其中心线与输送机中心线重合。

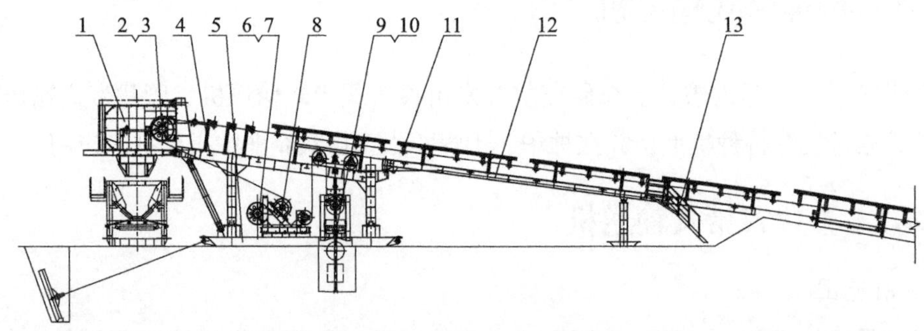

图 10.27　机头驱动站示意图

1. 卸料溜槽（带调节挡板）；2. 清扫器；3. 卸载滚筒；4. 钢结构机架；5. 滑橇底座；6. 传动滚筒；7. 驱动装置；8. 改向滚筒；9. 拉紧装置；10. 拉紧滚筒；11. 吊挂托辊组；12. 过渡桥；13. 人行通道及栏杆梯子

机头驱动站采用滑橇式移设结构，用推土机牵引进行移设，卸料滚筒高度可调。机头驱动站的卸料高度和卸料口尺寸满足和适应机尾站的受料要求。由于受力较大，机头驱动站需采用锚固装置辅助固定。锚固装置埋入地下，采用圆环链与滑橇底座连接，并设螺旋扣便于机头驱动站的整体调偏。

b. 机尾站

机尾站也为滑橇式结构，主要由滑橇底座、机尾改向滚筒、托带滚筒、受料装置（导料槽）、托辊组、清扫器和保护装置等组成，如图 10.28 所示。

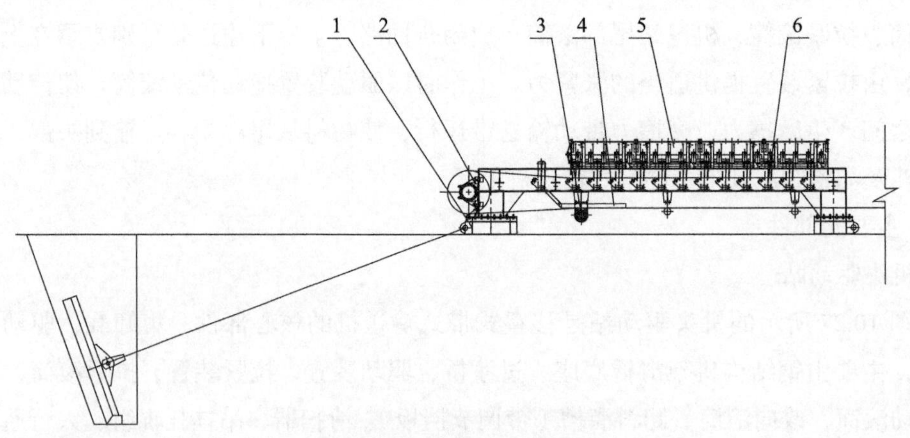

图 10.28　机尾站示意图

1. 滑橇底座；2. 机尾改向滚筒；3. 托带滚筒；4. 清扫器；5. 受料装置（导料槽）；6. 托辊组

机尾站受料槽的受料高度、受料口尺寸应适应机头驱动站卸料要求。通常机尾站也采用锚固装置辅助固定，锚固装置埋入地下，采用钢丝绳与滑橇底座连接，并设螺旋扣便于机尾站的整体调偏。

c. 中间架

中间架为半固定式，滑橇式结构，单节长度 6750mm，布置间距 7500mm，具有短钢枕无钢轨连接件。主要有空心钢枕（滑橇）的焊接结构、支撑架、纵梁及吊挂式承载托辊组和回程托辊组等。图 10.29、图 10.30 所示分别为中间架断面图和吊挂式承载托辊组示意图。

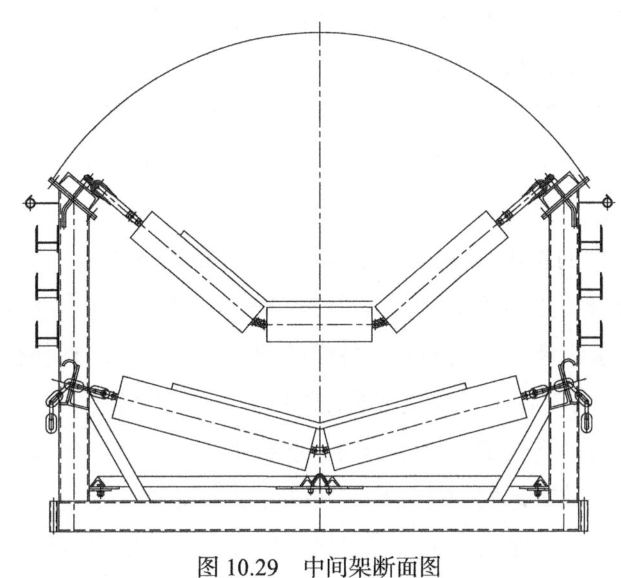

图 10.29　中间架断面图

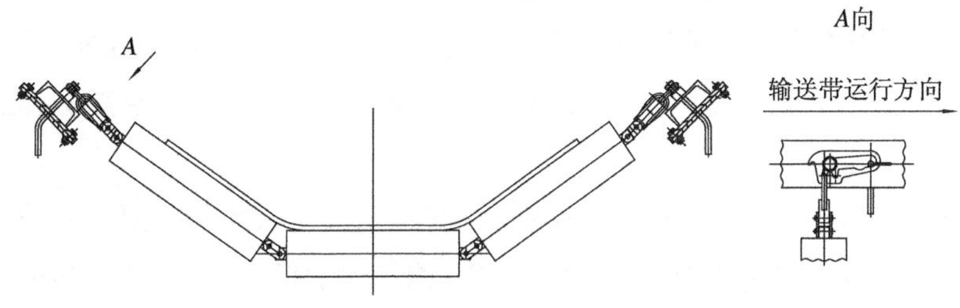

图 10.30　吊挂式承载托辊组示意图

3）主要特点

（1）机头驱动站、机尾站及机身均为无固定基础的可移置式结构。

（2）机头驱动站和机尾站分别采用锚固装置辅助固定。

（3）机头驱动站集驱动、卸载、张紧功能于一体，结构复杂，体积庞大。

（4）承载段及回程段均采用铰链式吊挂托辊组。

（5）驱动装置常用轴装式浮动支撑形式。

4）主要技术

露天矿移置式带式输送机对元部件的可靠性要求比较高。原因是该机型无固定基础，在未经松土露天环境下运行，受气温、风、雨等自然气候条件的影响较大。特别是温度影响，我国露天煤矿多在内蒙古、山西、东北等地，极端低温可达 -40℃；根据美国 CEMA 标准，带式输送机在 -40℃下运行的阻力要比 0～40℃运行的阻力大 40% 以上。因此计算驱动功率时，模拟摩擦系数要取 0.03～0.045。

a. 机头驱动站结构有限元及稳定性分析技术

机头驱动站是移置式带式输送机的核心部件，输送机的卸载、驱动、张紧等核心部件均设在其中，结构复杂而紧凑。采用半固定式结构，不仅可大大缩短带式输送机的安装周期，满足经常移设的要求，而且节省了大量的基础施工费用。

机头驱动站主要由型钢和钢板焊接的机头站钢结构机架、传动装置、驱动装置、卸载滚筒、张紧滚筒、张紧装置、滑橇式支撑底座及机头锚固装置等组成，其中机头站钢结构机架由前支腿、后支腿和主体梁组焊而成。机头站钢结构机架前段设卸载滚筒支座，上方设张紧装置轨道。机头驱动站各部件多为大型结构件，大型结构件的解体方法显得尤为重要，既不能降低结构件的整体强度，又要满足加工和运输的要求。为此，需要将前支腿、后支腿和主体梁拆分开，主体梁又可拆分为 7～9m 的两部分。由于结构庞大，运输困难，各部件需要在现场焊接组装，组装完成后各焊接部位需要超声波探伤检测。驱动装置和传动装置固定在滑橇式支撑底座上，输送带滚筒缠绕方案合理紧凑。

滑橇式支撑底座为中空式钢板焊接结构，承载机头驱动站其他部件的质量和输送机运行时头部输送带合力，其对地面的比压应尽可能小，避免地基的过大沉降。同机头站钢结构机架一样，滑橇式支撑底座的外形尺寸较大，运输时需要拆分成两部分，现场拼接时先用若干组 10.9 级高强螺栓连接，调整好平整度后再将接缝处焊牢。同时，在安装机头驱动站之前，也需要预先将安装场地用推土机或刮地机平整，再用压路机压实。锚固装置设在机头驱动站前方，通常埋入地下一定深度作为辅助固定，与滑橇式支撑底座之间采用圆环链或钢丝绳连接。

对于应用于极寒条件的移置式带式输送机，主要受力部件如机头站钢结构机架、卸载滚筒、传动滚筒在选材时必须考虑钢材的耐寒性，采用耐寒性好的低温用钢，如 16Mn、16MnD 等。

b. 轴装式浮动支撑驱动技术

针对露天矿的特殊工况，移置式带式输送机驱动多采用电机 + 偶合器 + 减速器的布置形式，且为节省空间，减速器多采用直交空心轴式。

驱动装置底座支撑结构多采用浮动支撑。驱动装置各主要部件（如电动机、减速器等）固定在同一底座上，底座与滑橇式底座之间采用球铰销轴连接方式。减速器采用直交、空心轴布置，平键连接。底座的一侧采用单点浮动支撑，另一侧减速器输出空心轴套在传动滚筒出轴上。传动滚筒轴套进减速器后，端部采用端板或缩紧盘来限制减速器的轴向窜动。轴装浮动支撑式安装优点是安装要求不高，减速器不受附加弯矩的影响，机壳不受附加应力的影响，机壳的使用寿命得以延长，并提高了传动精度。

c. 挠性可调偏托辊组技术

移置式带式输送机运输物流块度比较大，多采用挠性、可调偏、铰链式吊挂托辊组。铰链式吊挂托辊组的主要特点：

（1）更换托辊方便。托辊损坏时，可以在不中断物料运输的情况下与输送带脱离接触，随时进行更换。

（2）有利于调偏和输送带对中运行。铰链式吊挂托辊组与机架相连接的吊钩设有前倾槽，输送带发生跑偏时将三节槽形托辊组的两个侧托辊朝输送带运行方向前倾一定角度（2°～3°），使侧托辊产生一个指向输送机中心线的分力，强制输送带返回中心位置，达到调偏的目的。

（3）托辊组质量轻。由于采用铰链式连接，省去了托辊架，比固定式托辊组质量轻很多。同时输送机安装和拆卸的劳动量减小。

（4）噪声低。由于铰链式连接属于挠性连接，可吸收输送带平动和托辊转动过程中产生的振动和冲击，运行平稳。

d. 高效耐用清扫技术

清扫黏结在输送带表面的物料，对于提高输送带的使用寿命和保证输送机的正常运行具有重要的意义。移置式带式输送机在露天环境下使用，主要的运输物料是矿石、原煤、黄土、岩石等，其中部分物料的黏性较高，水分大，空气中易风化碎裂，冬天容易结冰，清扫难度较高，必须采用高效、耐用的聚氨酯复合材料清扫装置。

卸载滚筒处通常设置两道清扫装置，机尾回程段和机头输送带进入传动滚筒前各采用一套空段清扫装置。第一道和第二道清扫装置采用聚氨酯复合材料刮刀，低摩擦、高耐磨、高强度、阻燃、耐寒、防腐蚀、不吸水，具有稳定、高效的刮料效果，而且不会损伤输送带。采用预压式调压器实现刮刀压力的自动调整，确保均匀而稳定的接触压力。空段清扫装置使用一体化成型聚氨酯刮刀片，采用自重力式贴合在输送带上，与输送带的跟随性好。

采用高效耐用清扫技术，提高了输送机的清扫效果，大大延长了输送带、滚筒和托辊的使用寿命。

3. 技术参数

移置式带式输送机主要技术参数见表 10.6。

表 10.6　移置式带式输送机主要技术参数

参数	数值
运量 /（t/h）	2000～3500
带速 /（m/s）	3.15～4.5
驱动功率 /kW	250～3×630
带宽 /mm	1400～1800
运距 /m	73～1370
带强	ST630～ST2500

4. 应用实例

神华准能哈尔乌素露天煤矿选煤厂原煤系统 M11/M21 带式输送机是上海研究院研制的移置式带式输送机整机的首次应用。两部带式输送机平行布置，除运输距离外的其他技术参数完全一致。

M11/M21 移置式带式输送机主要技术参数见表 10.7。

表 10.7　M11/M21 移置式带式输送机主要技术参数

参数	M11	M21
水平距离 L/m	394.761	509.733
提升高度 H/m	55.518	55.63
带宽 B/mm	1600	1600
带速 V/（m/s）	4.5	4.5
运量 Q/（t/h）	3500	3500
功率 N/kW	3×450	3×450
输送带	ST1600	ST1600
传动滚筒直径 D/mm	ϕ1030	ϕ1030
托辊直径 d/mm	ϕ159	ϕ159

M11/M21 移置式带式输送机于 2009 年 2 月完成安装、调试及试运行，顺利通过性能测试和工业性试验，经过运行考核，各项指标均达到或超过考核指标。

该套设备总体结构合理，满足原煤系统配套要求，与半移动式破碎站及后续带式输送机等设备运能匹配，煤流顺畅；综合监控系统显示正常，可正确显示带式输送机的工作状态；低速逆止器工作可靠稳定、温升正常；各种保护装置性能可靠、工作正常。整机在结构、强度、可靠性、维护性等方面都达到了配套和设计要求。

M11/M21 移置式带式输送机单台最高产量达 3800t/h，实际运转时间 16h/d，平均日产 5 万 t，最高日产 5.8 万 t，最高月产 145 万 t，平均年产量 1200 万 t。

10.4.2　管状带式输送机

1. 适用范围

管状带式输送机是在普通带式输送机基础上发展起来的一种特种形式带式输送机。管状带式输送机起源于日本，最早由 JPC（Japan Pipe Conveyor）公司研发并投入实际应用。

在管状带式输送机规格上，国外管状带式输送机共发展出 10 种规格型号，具体分类见表 10.8。

表 10.8　国外管状带式输送机规格型号分类

带宽 /mm	直径 /mm	75% 的断面面积 /m^2	带速 /（m/s）	输送量 /（m^3/h）	最大块度 /mm
450～500	150	0.014	1.20	57.2	50～75
650	200	0.024	1.30	110.2	50～100
800	250	0.042	1.40	185.5	100～130

续表

带宽 /mm	直径 /mm	75% 的断面面积 /m²	带速 /（m/s）	输送量 /（m³/h）	最大块度 /mm
950	300	0.050	1.50	286.2	130～150
1250	350	0.068	1.75	454.4	150～180
1300	400	0.110	2.00	678.4	170～200
1600	500	0.157	2.25	1192.5	200～250
1800	600	0.218	2.50	1908.0	250～300
2200	700	0.284	2.75	2856.7	300～350
2700	850	0.408	3.00	4595.1	350～400

随着我国散装物料运输领域的大力发展，管状带式输送机在各个领域得到了广泛使用。目前，管状带式输送机主要应用于冶金、建材、煤炭、环保、食品、造纸、制盐、化工等行业。输送的物料包括焦炭、原煤、垃圾、金矿石、煤矸石、沙子、矿物与页岩、水泥熟料、硫铁矿渣、污泥、盐、粮食等。

自 20 世纪 80 年代我国使用第一台管状带式输送机以来，国内管状带式输送机共发展出了 12 种规格型号，见表 10.9。

表 10.9　国内管状带式输送机规格型号分类

带宽 /mm	直径 /mm	断面面积 /m²	带速 /（m/s）	输送量 /（m³/h）	最大块度 /mm
500	130	0.012	1. 00	46.8	10～80
650	150	0.017	2. 00	122.4	50～75
800	200	0.031	2.16	241.0	75～100
1000	250	0.149	2.33	411.0	100～130
1200	300	0.070	2.50	630.0	130～150
1400	350	0.096	2.91	1005.6	150～180
1600	400	0.125	3.33	1498.5	170～220
1600	450	0.159	3.50	2003.4	200～250
1800	500	0.196	3.75	2646.0	250～300
2200	600	0.282	4.16	4223.2	300～350
2400	700	0.384	4.58	6331.3	350～400
2600	800	0.502	5. 00	9036.0	400～500

管状带式输送机特殊的结构特点及技术特征，使其能适应各类复杂地形条件以及对环保要求较为严格的场所及行业。

（1）在煤矿地面生产系统、选煤厂、水泥厂等有环保要求的场合。由于物料被包在输送带内运输，散装物料不易产生飞扬或洒落，不会有外部异物混入，使得输送方式更为清洁环保。

（2）在大倾角上下运场合，物料被输送带包住后，增加了物料与输送带之间的摩擦力和物料本身的内摩擦力，输送角度比普通带式输送机有所提高，最大提升角度能达到 40°左右，从而缩短运输长度，减少输送距离，降低生产成本。

（3）在老旧厂矿地区改造为避开障碍物需要空间弯曲的场合，输送线路绕开障碍物输送，需要多次弯曲，普通带式输送机不能进行大角度弯曲输送，往往采用多条带式输送机成系统进行输送，增加了设备成本及装载点，降低了系统可靠性。管状带式输送机可以满足此类要求，从而降低生产、设计、维护与使用成本。

（4）长距离往返输送场合需要较大的基础投资，管状带式输送机由于承载与回程段均可设计成封闭式管状结构，可以实现单部带式输送机往返运输，从而节约投资成本。

管状带式输送机具有环保输送、空间大角度弯曲输送、大倾角输送与双向运输等特点，在散装物料运输领域（包括煤矿、港口、电力系统、冶金、建材、化工等行业）均有较大的需求。

2. 技术特征

1）结构特点

管状带式输送机是由多个托辊按一定方式排列成一个多边形托辊组（如等六边形等），再由若干个多边形托辊组按一定间距布置，强制输送带卷成边缘相互搭接的圆管状进行物料输送的一种新型带式输送机。管状带式输送机所运输散装物料被密封在输送带所形成的圆管内，从而在整个输送线路内实现散状物料的全封闭输送。

管状带式输送机主要部件包括输送带、托辊、机架、传动装置、驱动装置、装载装置、输送带翻转装置、输送带成型装置等。

2）性能特点

管状带式输送机除具有普通带式输送机的优点之外，其自身还具有显著的特点，主要包括：

（1）物料的封闭运输，良好的环境保护功能。在管状带式输送机全程输送过程中，除加载段与卸载段处输送带属于敞开状态以外，物料在运输全程均被封闭于输送带所形成的圆形管状内，从而避免了散状物料在运输过程中所引起的飞扬、散落与泄漏。同时，回程段设计为圆管状，经过输送带翻转装置的翻转，避免了回程段黏附在输送带上的物料掉落以及外来物料的进入，基本实现了物料运输的无害化，保护了周边环境，达到了生产与环境的和谐。

（2）空间三维曲线运输。管状带式输送机的结构特征决定了其可以实现在水平、垂直以及空间三维曲线的输送，并以较小的曲率半径实现空间弯曲的布置路径。因此，在实际工况中，可以根据安装环境的要求，通过合理设计达到绕开障碍和设施，避免在复杂环境下通过多部带式输送机搭接实现物料连续运输的设计方案。

（3）散装物料的大角度提升运输。由于物料在输送过程中，处于输送带包裹状态中，增加了物料与输送带间的摩擦系数，较好地解决了物料低安息角状态下的不稳定状况，从而实现了物料的大角度提升。根据相关研究得出，在满足管状带式输送机 75% 装载率情形下，可实现 40° 倾角的提升。而通用型带式输送机一般稳定提升最大倾角仅能满足 32° 左右。通过加大带式输送机的提升角度可有效缩短带式输送机的运输距离，从而降低工程造价及维护费用。

（4）双向运输。在管状带式输送机回程分支中，可以通过输送带翻转装置或采用特殊的物料加载方式实现物料在回程分支中的运输，从而实现管状带式输送机的双向物料运输功能。

3. 应用实例

2005 年 10 月，晋城煤业集团有限公司选煤厂安装了一部上海研究院研制的管状带式输送机，运量 100t/h，运距 140m，提升高度 16m，带速 1.6m/s，带宽 780mm，带强 NF400/（5+2），功率 45kW。投产后运行良好。

2012～2015 年上海研究院承担中国煤炭科工集团有限公司科技创新基金项目“长距离管状带式输送机的研制”，对翻带装置、最大提升角度、空间弯曲半径、头尾过渡段结构、输送带防扭转、防跑偏等管状带式输送机的多个关键技术进行了技术攻关，研制出满足长距离双向运料管状带式输送机，样机工业性试验取得成功，并通过国家采煤机械质量监督检验中心检验。

10.5 带式输送机软启动 / 软制动、电气控制及保护

带式输送机的大型化给带式输送机软启动、电气控制和保护系统提出了更高的要求，不仅要求系统启动、运行和停机过程平稳，还要提高系统的可靠性和自动化水平。带式输送机电气控制和保护设备包括矿用带式输送机保护控制系统、矿用带式输送机综合保护及相关装置、矿用隔爆兼本质安全型高压变频装置（或矿用低压变频器）等设备。

10.5.1 带式输送机软启动 / 软制动装置

带式输送机运行的动力来源于电动机，其中大部分使用交流异步电动机。由于单机容量过大、特殊工艺要求等限制，部分电动机需实现软启、软停、调速等功能，于是出现了各种电机启动方式及调速设备，如双速电机、开关磁阻电机、Y/Δ 启动、定子串联电阻、电软起动器、液力调速装置、差动轮系液黏调速装置（CST）、变频调速装置等。

目前带式输送机常用的软启动装置有三种：差动轮系液黏调速装置（CST）、变频调速装置和液力调速装置。这三种装置各有优缺点，但都能满足带式输送机的软启动要求。对于运送一般物料的带式输送机来说，只有软启动要求，而无变速运行的要求。由于液力调速装置运行可靠，操作维护简便，价格低廉，又能全部满足带式输送机软启动要求，2000 年之前多采用液力调速装置作为软启动装置，2000 年之后，变频调速装置凭借其优秀的启

停调速性能、丰富的控制接口、良好的转矩特征，成为矿山大型带式输送机电机的首选控制驱动设备。

1. 调速型液力偶合器

YT/YOTC 系列调速型液力偶合器是由煤科总院上海研究院自行研制成功并通过原煤炭部鉴定的传动设备。该系列液力偶合器是结合煤矿的实际工况、井下工作条件及防爆要求而特殊设计的，性能优良，稳定可靠，适用性强。

该系列产品主要适用于各种需要慢速启动、调速运行或调速节能的场合，如各类输送机（如带式输送机、刮板输送机等）、流体机械（如风机、水泵等）、搅拌机等。

1）YT/YOTC 系列调速型液力偶合器性能参数

YT/YOTC 系列调速型液力偶合器性能参数见表 10.10。

表 10.10　YT/YOTC 系列调速型液力偶合器性能参数

<table>
<tr><th rowspan="2">型号</th><th rowspan="2">质量 /kg</th><th rowspan="2">有效直径 /mm</th><th colspan="2">泵站电机</th><th rowspan="2">转速 /（r/min）</th><th rowspan="2">额定功率 /kW</th><th rowspan="2">电动执行器</th></tr>
<tr><th>型号</th><th>功率 G/kW</th></tr>
<tr><td rowspan="2">YT/YOTC450</td><td rowspan="2"></td><td rowspan="2">450</td><td rowspan="2"></td><td rowspan="2"></td><td>1500</td><td>110</td><td rowspan="20">型号：DKJ-310
功率：140W
电压：220V</td></tr>
<tr><td>3000</td><td>890</td></tr>
<tr><td>YT/YOTC500</td><td>1270</td><td rowspan="3">500</td><td rowspan="2">YB112M-4</td><td rowspan="2">4</td><td rowspan="2">1500</td><td rowspan="2">185</td></tr>
<tr><td>YT/YOTC500C</td><td>1624</td></tr>
<tr><td>YT/YOTC500A</td><td>1320</td><td></td><td></td><td>3000</td><td>1500</td></tr>
<tr><td>YT/YOTC560</td><td>1459</td><td rowspan="3">560</td><td rowspan="2">YB112M-4</td><td rowspan="2">4</td><td>1000</td><td>100</td></tr>
<tr><td>YT/YOTC560C</td><td>1750</td><td>1500</td><td>330</td></tr>
<tr><td>YT/YOTC560A</td><td>1554</td><td></td><td></td><td>3000</td><td>2650</td></tr>
<tr><td>YT/YOTC650</td><td>2018</td><td rowspan="2">650</td><td>YB132M2-6</td><td>5.5</td><td>1000</td><td>200</td></tr>
<tr><td>YT/YOTC650A</td><td>2330</td><td></td><td></td><td>1500</td><td>700</td></tr>
<tr><td rowspan="3">YT/YOTC750</td><td rowspan="3">2833</td><td rowspan="3">750</td><td rowspan="3">YB132M2-6</td><td rowspan="3">5.5</td><td>750</td><td>180</td></tr>
<tr><td>1000</td><td>420</td></tr>
<tr><td>1500</td><td>1430</td></tr>
<tr><td rowspan="2">YT/YOTC875</td><td rowspan="2"></td><td rowspan="2">875</td><td rowspan="2"></td><td rowspan="2"></td><td>750</td><td>390</td></tr>
<tr><td>1000</td><td>920</td></tr>
<tr><td rowspan="3">YT/YOTC1000</td><td rowspan="3"></td><td rowspan="3">1000</td><td rowspan="3"></td><td rowspan="3"></td><td>600</td><td>385</td></tr>
<tr><td>750</td><td>750</td></tr>
<tr><td>1000</td><td>1780</td></tr>
<tr><td rowspan="2">YT/YOTC1150</td><td rowspan="2">4975</td><td rowspan="2">1150</td><td rowspan="2">YB160M-4</td><td rowspan="2">11</td><td>600</td><td>770</td></tr>
<tr><td>750</td><td>1500</td></tr>
</table>

2）技术原理

调速型液力偶合器是一种以液体为介质传递功率的传动装置，如图 10.31 所示。

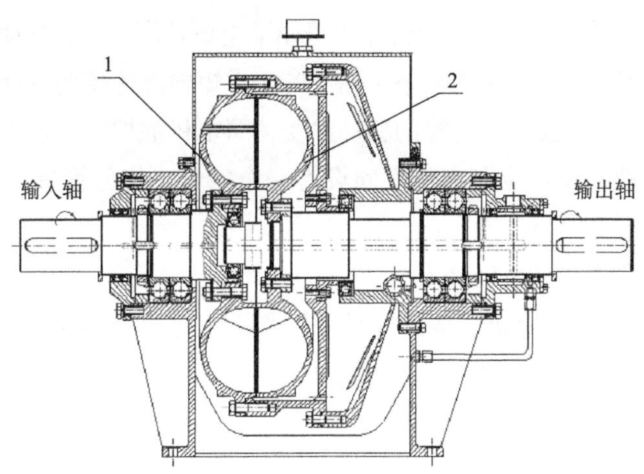

图 10.31 调速型液力偶合器结构简图
1. 泵轮；2. 涡轮

它由泵轮、泵轮轴、涡轮、涡轮轴和副油腔体、副油腔盖等主要件组成。泵轮和涡轮对称布置，两轮间保持一定间隙，两叶轮的几何形状相同，轮内有几十片径向辐射的叶片，轮内壁与叶片间形成液体循环的通道称为流道。运转时，原动机（如电机、柴油机等）带动泵轮旋转，液体介质在泵轮叶片带动下，因离心力作用，由泵轮内侧流向外缘，形成高压高速液流冲向涡轮叶片，使涡轮跟随泵轮作同向旋转，液体在涡轮中由外缘向内侧被迫减压减速，然后流入泵轮，在循环中，泵轮将原动机的机械能转变为工作液的动能和势能，而涡轮则将液体的动能和势能又转变为机械能输出到工作机（如减速器、风机、水泵等），从而实现功率的柔性传递。工作腔中充液量的变化可改变涡轮的转速，通过勺管调节系统控制导管在工作腔中的位置，改变工作腔中工作液体的充液量，从而实现在原动机转速不变的条件下，工作机的无级调速。用于带式输送机软启动时，启动加速度可控制在 0.3m/s^2 以内。导管调节系统由电动执行器、行程控制器等组成；油路系统由供油泵、油过滤器、冷却装置、润滑装置组成；控制保护系统由速度调节和监控、温度监控、油压水压保护等组成。

调速型液力偶合器的另一功能是实现多电机驱动功率平衡。当一条带式输送机采用多台驱动装置时，由于多台电机同时运转，这就涉及一个功率平衡的问题。所谓功率平衡，就是要求这几台电机运行功率尽量一致。假设一台输送机由两台电动机驱动，分别称为 1 号驱动电机和 2 号驱动电机，并且电动机处在上运工况。由于电动机的功率 $P=\sqrt{3}\text{UI}\cos\phi$，在额定负载点附近运行时，各驱动电机的功率因素 $\cos\phi$ 近似相等，且端电压相等，所以只要使各驱动电机的负荷电流 I 相等，就能实现多电机的功率平衡。电控系统以各驱动电机电流平均值为基准，如 1 号驱动电机电流大于平均值，则 2 号驱动电机电流将小于平均值，当电流变化值在允许范围内，系统不进行调节；当电流变化值超出允许范围，电控系统输出调节信号，使 2 号伺服电机正转，勺管抽出，力矩加大，2 号驱动电机功率增大；同时，

1号伺服电机反转，勺管插入，力矩减小，1号驱动电机功率减小，如此不断调节，直至两台驱动电机功率平衡为止。功率平衡率可达0.97。力矩的传递随偶合器的充油量变化，而充油量又随勺管的移动而变化，勺管的移动又受伺服电机的控制，这里均存在时间差，为防止勺管的动作惯性，在零位和高位之间设有一个中位，使勺管只能在高位和中位之间调节。

3）调速型液力偶合器的性能特点

（1）能实现原动机（如电机、柴油机等）空载启动，减少对电网冲击。

（2）多机驱动时，采用其功率调节功能，实现功率平衡，从而有效地避免局部电机过载，保护电机。

（3）隔离扭振，减缓冲击。

（4）投资少，控制简单，易于实现对工作机的控制，操作简便，降低了运行费用。

（5）提高了工作机的使用寿命，减少噪声，改善了工作环境。

（6）结构简单可靠，无机械磨损，能在恶劣环境条件下工作，无需特殊维护，使用寿命长。

（7）用于需要调速的流体机械负载（如水泵、风机等）时，有显著的节能效果，节能率可达20%～40%。

4）调速型液力偶合器的控制特点

（1）执行装置的控制。调速型液力偶合器的执行装置是一个单相的可以正反转的伺服电机，电源为AC220V，配电需考虑启动电容，电容越大，电机转动速度越快，调速过程越短。

（2）多机驱动功率平衡的实现。功率平衡采用主从控制。先采集多台驱动电机的功率或电流信号，把其中一台设为主机，然后通过调整其他从机电动执行器的正反转，来调整勺管位置，从而调整从机功率以接近主机。

（3）启/停流程。它包括就地（检修）启动流程、集控启动流程、正常停车（如故障停车）流程。

5）应用实例

调速型液力偶合器已形成系列产品，大量应用于带式输送机、刮板输送机，用于实现慢速启动、多机驱动功率平衡，以及风机、水泵调速节能等。液力偶合器先后在大同马脊梁矿、云岗矿、煤峪口矿、忻州窑矿、晋华宫矿、四台矿、平顶山十一矿、一矿、八矿、甘肃华亭、新汶协庄矿、邢台东庞矿、淮南新集一矿、西山屯兰矿、神华万利矿、陕西黄陵、铜川玉华等矿推广使用，累计50多台。

2. 液力制动系统

液力制动系统由液力制动器、机械摩擦式制动装置及调节装置等组成，实现下运带式输送机的安全制动。制动过程需分两步实现，即先由该装置将输送机运行速度减慢（速度保持在 0.1～$0.3m/s^2$ 的范围内），降至额定速度的三分之一，然后由机械摩擦式制动装置最终制动，当输送机系统发生突然停电事故时，仍可实现二级制动。

1）液力制动器工作原理

图 10.32 所示的液力制动器是一种涡轮固定不动的液力偶合器。它的泵轮随着输送机运行而转动，称为液力制动器的转子，涡轮静止不动的称为液力制动器的定子。为了减少轴向力和缩小径向尺寸，制动器是由两个背靠背的偶合器组成，转子与输送机减速器的高速轴联接，当输送机处于运转工况时，液力制动器不充油空转，当输送机处于制动工况时，藉油泵向液力制动器充油，工作油即在液力制动器的转子、定子中循环流动。工作油流经转子时被加速，环量增加，而流经定子时又被减速、环量减少，因而工作油流经转子施加与其转动方向相反的力矩，即制动力矩。带式输送机的动能在制动器中陆续地转变为热能使工作油加热，热油通过热交换器冷却后再充入制动器中，如此不断地循环，即可达到持续的液力制动。制动力矩值按下式确定：

$$M_K=\lambda\gamma n^2D^3 \tag{10.1}$$

式中，M_K 为制动力矩；λ 为制动力矩系数；γ 为工作油比重；n 为转子转速；D 为循环圆有效直径。

λ 值的大小与制动器的充油度有关，因此调节充油度即可改变制动力矩的大小及其在制动过程中的稳定性。当然，当充油度已达 100% 而转速仍然继续下降时，制动力矩就要按二次抛物线规律下降了。此时转速已很低（一般为额定转速的 1/2～1/4），机械制动器将输送机刹停。由于绝大部分制动能量已由工作油吸收，机械制动器的升温就显著下降，闸轮处跳火花及闸衬严重磨损的现象就不会发生，保证了制动的安全性。

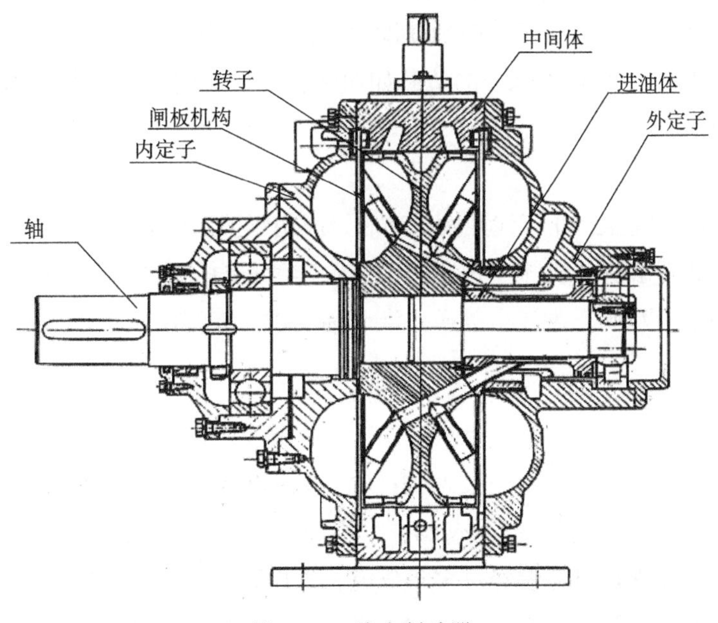

图 10.32 液力制动器

2）调节系统

液力制动系统简图如图 10.33 所示。

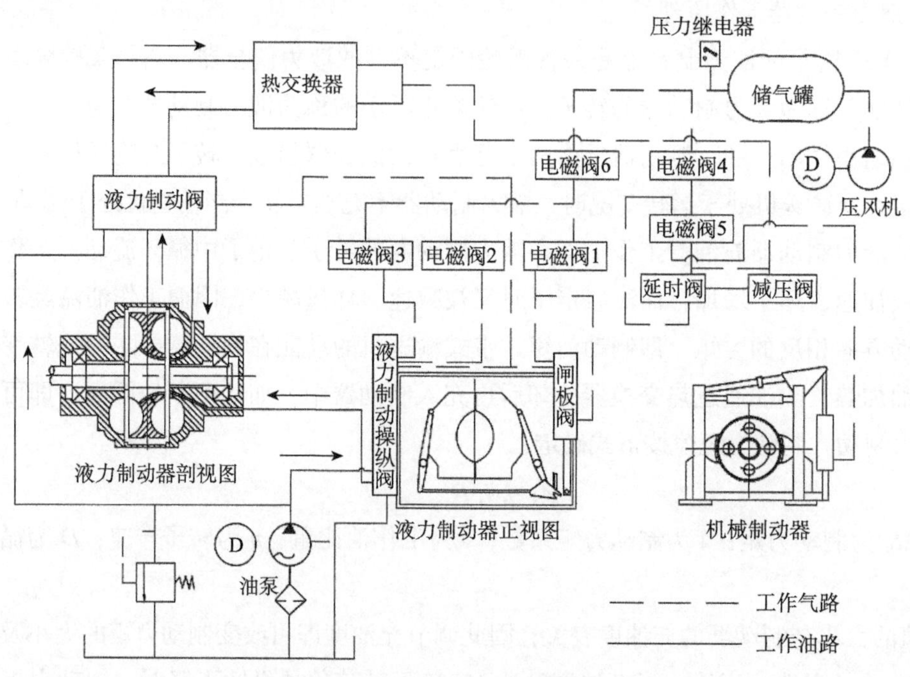

图 10.33　液力制动系统简图

液力制动器中设有液力制动操纵阀，通过 1、2、3 三个电磁阀来控制制动器中的腔压，即控制充油度以调节制动力矩的大小，控制信号是从速度传感器经过微分检测装置发出的，测速齿轮装在减速箱的高速轴，速度传感器通过电磁感应能连续精确地测出输送机的瞬时速度，经过微分即可得出制动时的减加速度值，如超出预定的范围，则发出控制信号，改变制动力矩。因此，无论输送机上的负载如何变化，均能闭环调节制动力矩与其相适应，以确保制动的平稳性。

3）应用实例

液力制动系统 20 世纪 80 年代开发成功后，应用于下运大倾角带式输送机的安全制动，使用情况良好，成功解决了机械摩擦式制动装置连续长时间工作温升过高的难题，先后在新汶华丰矿、平顶山八矿、盘江火铺矿、淮北临涣矿、双鸭山东荣矿等矿区推广使用，累计 40 多台。

3. 变频调速装置

变频调速装置是现代电力电子技术的产物，采用 PWM 技术，通过控制电力半导体的高速通断，输出频率及幅值可变的 PWM 波，从而达到控制电机转速的目的。煤炭科学研究总院上海研究院和常州研究院经过多年研究，先后开发出矿用隔爆兼本质安全型高压变频器、矿用低压变频器等系列产品，适用于煤矿井下爆炸性气体环境下带式输送机等设备电机的变频调速、启停控制和保护功能，为煤矿高效安全生产提供可靠、先进的启动设备。

1）矿用隔爆兼本质安全型高压变频器

BPJV-1400/6K 型矿用隔爆兼本质安全型高压变频器是煤科总院上海研究院承担的国家“863”计划“自动化高可靠性顺槽带式输送机”课题的研究成果之一。采用交直交矢量控制技术，具有调速范围广、调速性能好的特点。该装置的主要功率器件和计算机控制模块均采用国外进口产品，可靠性高，使用寿命长，抗干扰能力强。如图 10.34 所示。

图 10.34 BPJV-1400/6K 型矿用隔爆兼本质安全型高压变频器

矿用隔爆兼本质安全型高压变频器为四象限运行变频器，额定功率 1400kW，额定电压 AC6kV，额定电流 180A，输出频率 5～50Hz，长时工作制。

该装置主要由变频器和冷却装置组成。变频器由输入滤波器、AFE 整流、逆变器、输出滤波等组成，主要功能包括：①采用有 / 无速度传感器的矢量控制技术。②具有四象限再生制动能力。③整流部分采用有源前端 AFE 技术，抑制输入侧滤波对电网的影响；逆变部分采用 5 电平正弦波输出的嵌套式 NPP 拓扑结构。④主回路功率器件采用模块式 IGBT，具有开关损耗低、效率高等特点；水冷装置主要包括主循环子系统、去离子水子系统、水水散热子系统、水风散热子系统、补水子系统，主要功能：对变频器进行循环水冷，并对水的电导率进行检测，通过去离子水系统降低电导率，当装置缺水时，利用补水系统对装置进行补水。

矿用隔爆兼本质安全型高压变频器的工作原理：当变频器接到启动命令时，冷却装置开始运行，同时变频器控制回路发出“允许合闸”信号，控制前级高压配电装置关合，变频器主回路整流侧得电，此时给变频器控制回路施加“启动”信号和“频率给定信号”后，变频器进入工作状态，驱动电机运转。

该装置保护功能完善，设有过载、短路、欠压、过压、缺相、漏电保护和绝缘监视等保护功能；冷却系统设有压力、温度、去离子浓度、流量等保护；当系统出现故障时，通过控制继电器可分断前级高压配电装置。

2015 年底该装置应用于同煤集团王村煤业责任公司（王村矿）主斜井带式输送机项目，带式输送机参数为：头部集中驱动，2 台主电机 1 ∶ 1 前后布置；电机功率 2×900kW；电压等级 6kV；长度 1570m；宽度 1200mm；额定带速 4m/s；运输能力 500t/h；倾角 22°。应用结果表明，装置可以驱动矿用隔爆型变频异步电机，满足恒转矩负载，重载启动；在频率不小于 5Hz（10% 转速近空载）情况下保持长期稳定运行；多台装置之间能够实现转矩平衡和速度同步调节功能，转矩平衡度不小于 97%。

2）矿用低压变频器

早期矿用变频器全部为低压变频器，额定电压为 660V 和 1140V，主要用于带式输送机、绞车和提升机，发展至今最大功率达到 1250kW，除通用变频器外，也衍生出了部分专用变频器产品，如组合变频器，集成控制功能的乳化液泵站、带式输送机用变频器，局部通风机用变频器等。随着煤矿产能提升和技术进步，近几年部分厂家也推出了高压矿用变频器，额定电压以 3.3kV 为主，单回路最大功率 2200kW，主要用于工作面重型刮板机。

常州研究院研制的变频器均为矿用低压变频器，额定电压为 660V 和 1140V，最大功率 630kW，规格齐全，可用于煤矿猴车、水泵、乳化液泵站、无极绳绞车、斜井绞车等场合，也有用于局扇的专用变频器产品。变频器使用 ABB 核心控制板，采用 DTC 直接转矩控制技术，转矩响应快，控制精度高，在继承 ABB 优良控制性能的同时价格也极具优势。变频器采用 7″ 中文显示屏，可选用低噪声热管散热技术或水冷散热技术。针对多机驱动带式输送机，变频器在实现主从功率平衡的同时，还可实现一键切换主从机、投 / 退变频器功能。变频器内部使用二极管保护快速熔断器、高压塑封无感叠层母排、无感电容、光纤触发模块，保证设备变频器长期、安全可靠运行。变频器内部集成小型控制系统及工频回路，节省用户使用投入成本。

用于猴车配套的四象限变频器累计销售 100 多套，用于绞车配套的四象限变频器销售 150 余套，用于带式输送机系统的变频器也有 100 多套的销售业绩。其中，大型主井带式输送机的配套变频器 50 余套，最大驱动功率 3×630kW，最大传输距离 300m。

10.5.2 矿用带式输送机保护控制系统

1. 适用范围

矿用带式输送机保护控制系统针对带式输送机运行特点研发，具有带式输送机启停控制、保护功能，与上、下级设备通信，实现矿井自动化、远程控制、无人值守等功能，系统拓扑图如图 10.35 所示，其主要难点是输送带张力控制和功率平衡。

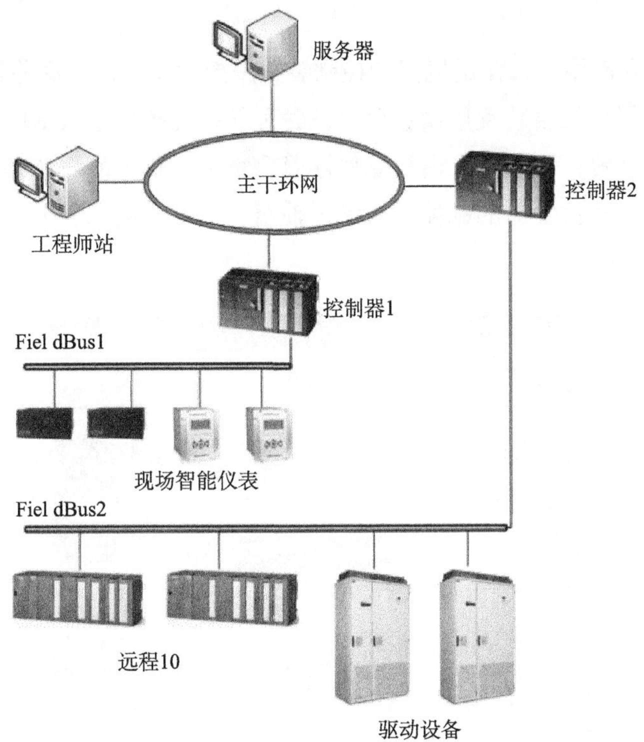

图 10.35　典型的带式输送机保护控制系统的网络拓扑图

1）张力控制

输送带张力过低时，摩擦不够会导致输送带打滑；张力过高会导致设备损坏。带式输送机的张力控制目标是将输送带张力控制在安全范围内，同时在启动过程中通过 S 形曲线启动，减小带式输送机动载荷系数，降低驱动装置对输送带乃至整个带式输送机的冲击；在带式输送机运行过程中张力随带式输送机运行速度和负载变化，保证带式输送机的平稳运行，延长输送带使用寿命。

2）功率平衡

随着带式输送机朝着长距离、大运量的方向发展，多电机驱动已经成为常态，此时电机间的功率平衡和速度同步就显得至关重要。

2. 系统组成

KHP148-K 型煤矿用带式输送机保护控制装置由控制箱、中间驱动分站控制箱（用于多点驱动的带式输送机）、操作台、工控机和组态软件（可选配）、各种传感器、通信信号装置和电缆等组成。该系统可与变频器、调速型液力偶合器、电软启动等配合实现电机空载分时启动，软启动，并形成多机驱动电机功率自动平衡闭环调速系统。其中控制箱为系统核心部分。

1）控制箱

KXJZ1/660 型煤矿用带式输送机保护控制装置用控制箱（以下简称控制箱）与 TH1/24 煤矿用带式输送机保护控制装置用操纵台以及各种保护传感器组成 KHP148-K 型煤矿用带式输送机保护控制装置，适用于有沼气爆炸性混合物和有煤尘的煤矿井下，用于控制带式输送机的启停。对输送机发生的跑偏、打滑、轴温、烟雾、堵塞、纵撕等故障进行保护性停车。如图 10.36 所示。

图 10.36　典型的控制箱

该装置额定输入电压 AC660V，输出电压 AC660V/220V，额定电流 1A，适用于海拔高度不超过 2000m、存在甲烷及煤尘爆炸危险、温度 0～40℃、空气湿度不大于 95%、无明显摇动与振动、冲击、无滴水、漏水、无足以腐蚀金属和破坏绝缘的气体或蒸气的环境中。

控制箱是系统的核心，不仅完成对各带式输送机的控制，同时负责与中间驱动分站、变频器、供配电系统和保护系统等交换信号，共同完成系统功能。控制箱的核心器件选用 PLC，主要功能如下：

（1）控制柜采用高可靠性的可编程序控制器（PLC）进行控制，与中间驱动部分站通过光缆连接，以现场总线通信，实现带式输送机的可靠控制。

（2）可与变频器进行数据交换，以实现变频器参数采集和输出控制。

（3）控制柜 PLC 输出模板通过中间继电器外接线。

（4）PLC 配置留有以太网通信模板。可以 TCP/IP 协议与矿井调度中心计算机联网，上传输送机监控参数，实现地面控制中心监控带式输送机的功能，并能支持远程编程和远程诊断。

（5）采集输送机保护信号。

（6）和工控机组态软件通信。

（7）采集地面驱动部电机、减速器和滚筒等的 PT100 温度信号，温度超限可实现停车保护。

2）中间驱动分站控制箱（适用于带中间驱动的输送机）

带中间驱动的输送机可在中间驱动部配置中间驱动分站控制箱，其控制器可采用 PLC 或 Remote I/O，与地面集中控制柜通过光缆连接以现场总线通信，保证中间驱动部和头部驱动部之间数据交换的实时性。主要功能如下：

（1）控制中间驱动部变频器，采集变频器信号，并上传至集中控制柜。

（2）采集中间驱动部电机、减速器和滚筒等的 PT100 温度信号，温度超限可实现停车保护。

（3）采集中部输送带保护信号。

3）操纵台

TH1/24 型煤矿用带式输送机保护装置用本质安全型操纵台（以下简称操纵台）与 KXJZ1/660 型煤矿用带式输送机微机控制装置用控制箱配合使用，适用于有沼气爆炸性混合物和有煤尘的煤矿井下，用于控制带式输送机的启停，可显示输送机的负荷和带速及各类故障。

操纵台呈台式柜形结构，操作面板在台面上，柜的正面是显示屏，柜门在后侧。后侧有各 12 只 A1、A2 出线嘴与外部电路连接，分别允许引入电缆外径 ϕ10.5～12.4mm 和 ϕ13.5～14.8mm。

操纵台有 5 种工作方式供用户选择。

（1）集控：当多台输送机组成运输流水线时，本机按前后机的流程要求自动启停，同时监测各设备及保护传感器的运行情况，并将其运行状态及故障情况以通信方式传输给主监控站。

（2）就地：由本地司机控制输送机的启停，并有前后级闭锁功能，所有保护均投入。

（3）闭锁：本机处于非工作状态，所有按钮都不起作用，所有保护只显示但不投入。

（4）手动：主要用于设备调试阶段，当控制核心发生故障时，也可作为临时生产的应急措施。

（5）检修：当输送机的外部传感器发生非主要保护故障时，先将保护旁路，继续开车，此时可边检修边运行，最大限度满足生产。输送机保护仅留拉线开关起作用，其他保护皆被旁路。

4）工控机和组态软件（选配）

工控机中安装组态软件，可通过组态画面直观生动地显示集控系统各种设备的运行及故障情况，并具有各种报表显示及打印功能，方便矿方管理。

3. 应用实例

KHP148-K 型煤矿用带式输送机保护控制装置配套各类型煤矿用带式输送机共计 200 多套。配套的典型带式输送机项目包括：西山官地矿 DTL120/60/3×630 型主井带式输送机，长度 5406m；陕西彬县下沟煤矿主斜井 DTC120/80/2×560 型花纹带大倾角带式输送机，提升角度 30°；晋城赵庄主斜井 DTL160/250/3×1850 型大运量、大功率强力带式输送机，运输长度 1555m，提升高度 440m。上述带式输送机投产后运转均正常，各驱动间功率均衡，启动和停机平稳。

10.5.3 矿用带式输送机综合保护及视频监控装置

1. 适用范围

矿用带式输送机综合保护装置与矿用视频监控系统为带式输送机配套使用，典型的带式输送机电控系统完整方案如图 10.37 所示。

KHP328 型矿用带式输送机综合保护装置适用于矿井带式输送机原煤运输系统，可实现工作面、顺槽带式输送机、固定带式输送机、掘进带式输送机等的控制、保护、沿线通话、故障检测、显示及报警等功能。

从工作面到顺槽，从单点驱动到多点驱动；从单条带式输送机到整个矿井的所有固定带式输送机；从设备启、停控制到工作电流、电压显示、带式输送机速度检测和显示、煤仓煤位检测、显示、高低煤位停机，油温、油压、轴温等的检测和显示；从系统内各控制器之间的数据通信到和全矿井监测、监控系统计算机的数据通信和数据共享；从故障自诊断到故障位置显示和报警，该电控装置均可提供全套解决方案。

矿用视频监控系统把每个煤矿井上、井下工作现场图像实时传送到矿监控值班室、县监控室和市监控中心进行视频监控和录像处理。管理部门人员可在办公室随时观察到一个或多个矿的多个工作现场状况。监控的对象包括工作现场、设备运转、人员操作及设备状态。系统重放任意时段的工作场景，帮助寻找隐患。当发生突发事件时，该系统可迅速帮助建立一个分布的指挥中心，帮助三级领导全局指挥。

煤矿视频监控系统是一个开放的系统，可与多种应用系统集成，如移动通信、瓦斯监测等，进一步提高煤矿安全生产。

2. 矿用带式输送机综合保护装置

1）结构组成

KHP328 型矿用带式输送机综合保护装置由计算机、接口、闭锁开关、扩音电话、各种传感器、通信信号装置、电缆和组态软件（可选配）等组成，该系统可与变频器、调速型液力偶合器、电软启动等配合实现电机空载分时启动、软启动，并形成多机驱动电机功率自动平衡闭环调速系统。其中计算机为系统核心部分。

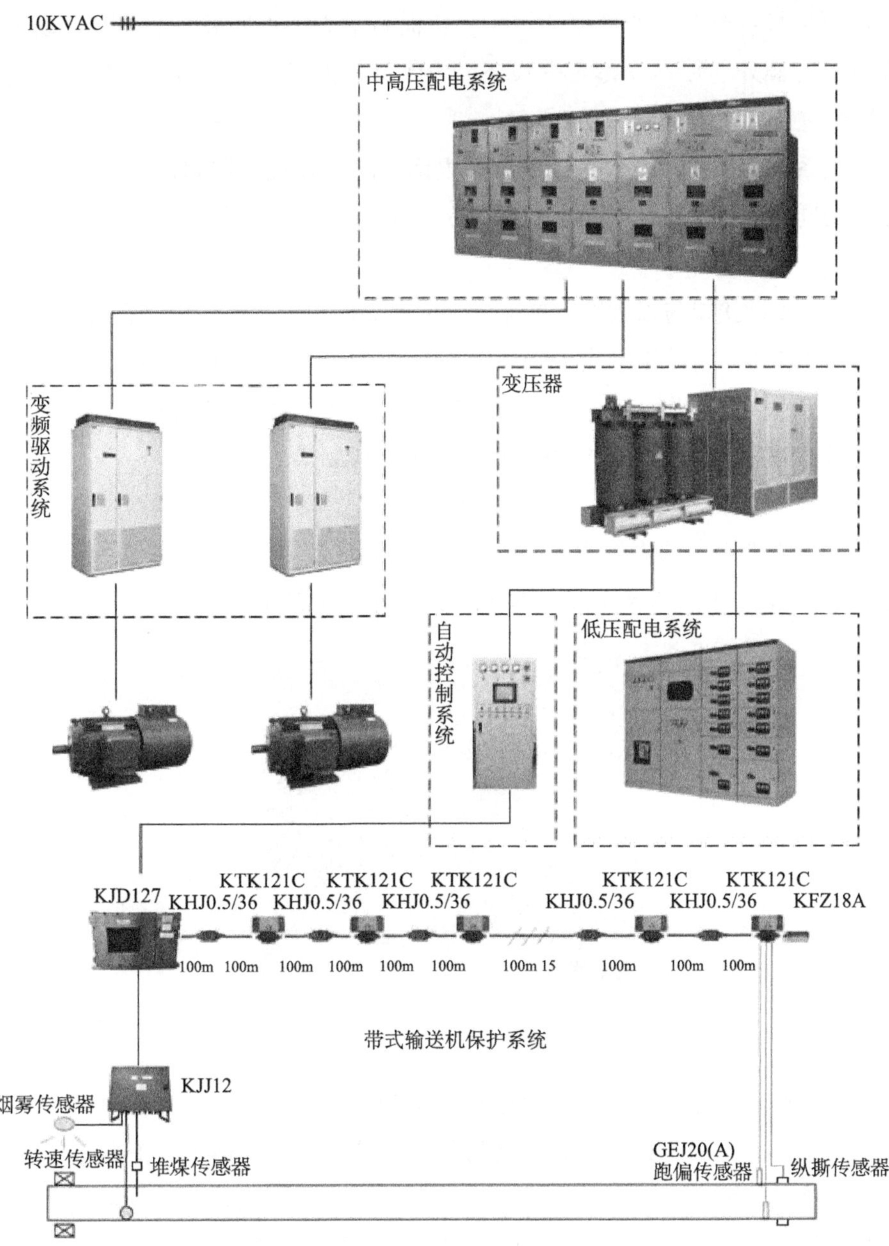

图 10.37 典型的带式输送机电控系统完整方案

a.KJD127 型矿用隔爆兼本质安全型计算机（简称计算机）

计算机与 KJJ12 型矿用本质安全型接口、KHJ0.5/36 型矿用本质安全型急停闭锁开关、KTK121C 型矿用本质安全型双向急停扩音电话以及各种保护传感器组成 KHP328 型矿用带式输送机综合保护装置，适用于有沼气爆炸性混合物和有煤尘的煤矿井下，用于控制带式输送机的启停。对输送机发生的跑偏、撕裂、堆煤、打滑、烟雾等故障进行保护性停车，并具有急停保护、超温洒水、声音语音播报等功能。

计算机为隔爆兼本质安全型结构，正面隔爆腔布置有观察窗，紧贴计算机显示屏幕，打开门盖后可进行主要器件的更换与维护；正面右下方为本安腔，安装有一块操作键盘，背后有喇叭嘴可额外连接本安键盘等设备和 BH 口与扩音电话连接；右侧上方为接线腔，打开门盖后可进行接线操作。

计算机是系统的核心，不仅完成对扩音电话与闭锁开关的控制，同时负责与接口交换报警信号，共同完成报警保护功能。计算机的核心器件选用工业计算机和保护主机，主要功能如下。

（1）通过以太网接口与以太网设备连接，传递交换各种数据，形成联网功能。

（2）通过 485 接口与矿用本安型 485 设备连接，从接口获得传感器信号。

（3）通过 BH 接口与沿线扩音电话进行连接，获得闭锁和电话信号并进行保护。

（4）通过 USB 接口与矿用本安键盘连接，进行现场操作。

b.KJJ12 矿用本质安全型接口（简称接口）

接口为本质安全型，防爆标志 Exib Ⅰ Mb，12 路无源开关量输入，1 路频率信号输入，8 路继电器无源输出，1 路 485 通信。典型的接口如图 10.38 所示。

图 10.38　典型接口

接口为长方形箱式本质安全型防水结构，两侧有挂壁孔板，上方有把手，下方有底脚和防水接头，传感器电缆和信号传输电缆可从防水接头穿过并锁紧，正面箱盖可用专用钥匙打开，方便接线与维护。

接口的主要功能是从输入口连接温度传感器、烟雾传感器、转速传感器、堆煤传感器，获得监测信号，处理后从输出口传到计算机。

c.KHJ0.5/36 型矿用本质安全型急停闭锁开关（简称闭锁开关）

闭锁开关与计算机和扩音电话配合使用，适用于有沼气爆炸性混合物和有煤尘的煤矿井下，用于带式输送机沿线的闭锁保护。典型的闭锁开关如图 10.39 所示。

图 10.39　典型闭锁开关

闭锁开关为本质安全型防水结构，正面盖板上有一个闭锁按钮，按下后起到闭锁保护的作用，盖板打开后可对主要元器件进行维护或更换，两侧为专用电缆锁紧接口，使用专用电缆与计算机和扩音电话连接，并且锁紧后可进行拉线动作，也可起到闭锁保护的作用。

闭锁开关的主要功能是通过按下闭锁按钮或拉动沿线电缆向带式输送机沿线发出闭锁保护信号，必须在人工复位后方可解锁。

d.KTK121C 型矿用本质安全型双向急停扩音电话（简称扩音电话）

扩音电话与计算机和闭锁开关配合使用，适用于有沼气爆炸性混合物和有煤尘的煤矿井下，用于带式输送机沿线的闭锁保护、语音对讲通话和声音语音播报的功能。典型的扩音电话如图 10.40 所示。

图 10.40　典型扩音电话

扩音电话为本质安全型防水结构，电话面板上布置有麦克风孔和打点送话两个按钮，打点按钮按下后可向沿线播报打点声，送话按钮按下后可向沿线送话，电话面板打开后可对电话部分进行维护或更换。两侧有防水接头，可连入跑偏传感器和撕裂传感器；闭锁盖板上有一个闭锁按钮，按下后起到闭锁保护的作用，闭锁盖板打开后可对闭锁部分进行维护或更换。两侧为专用电缆锁紧接口，使用专用电缆与计算机和闭锁开关连接，并且锁紧后可进行拉线动作，也可起到闭锁保护的作用。

扩音电话的主要功能是按下“通话”按钮，可与连接的同型号扩音电话进行单工扩音通话。按下“打点”按钮，往线路上发射 1kHz 语音信号的载波信号，触发其他电话发出打点信号。按下闭锁按钮或拉动沿线电缆向带式输送机沿线发出闭锁保护信号，必须在人工复位后方可解锁。

e.KFZ18A 型矿用本质安全型通信终端（简称终端）

典型的终端如图 10.41 所示。

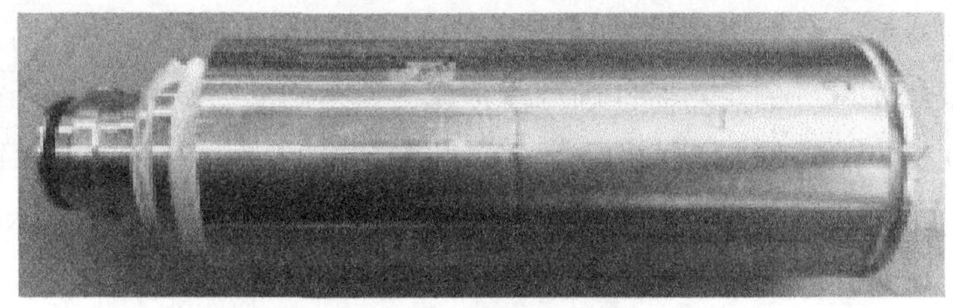

图 10.41 典型的终端

终端为圆柱体本质安全型防水结构，一侧为电缆头，可与闭锁开关和扩音电话的电缆接口锁紧连接，另一侧为盖板，旋转拧开后可更换和维护内部元器件。

终端的主要功能是通过 CAN 总线发出数据，与沿线的闭锁开关、扩音电话和计算机连接起来形成回路。

f. 传感器

（1）GEJ20（A）型矿用跑偏传感器（简称跑偏传感器）。典型的传感器如图 10.42 所示。

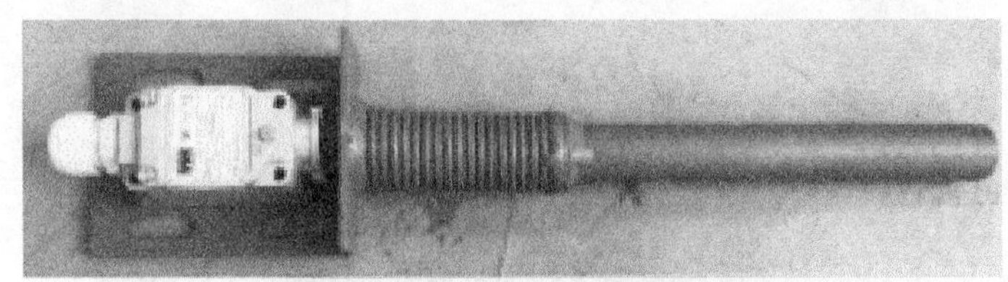

图 10.42 典型的传感器

跑偏传感器为板式安装结构，右侧为触杆，使用弹簧与本体连接，左侧为传感器本体。跑偏传感器安装于带式输送机两侧，当输送带跑偏推动触杆动作后，传感器向系统发出跑偏信号。

跑偏传感器的主要功能是触杆受动作力作用，探杆转动至动作角度时应立即动作，动作力撤除，触杆自动返回原位，经过复位角度时应立即恢复。

（2）GSC3000 型矿用本安型速度传感器。用于检测输送机的速度，提供打滑、超速停车信号和低速抱闸信号，送操作台数字显示带速；打滑检测保护：用于监测传动滚筒和输送带之间的线速度之差，当测得输送机速度滑差率大于或等于 8% 时，立即报警；当测得输送机速度滑差率大于或等于 8% 和运行时间大于或等于 20s 时，断开带式输送机电源使其紧急停车；当测得输送机速度滑差率大于或等于 12% 和运行时间大于或等于 5s 时，断开带式输送机电源使其紧急停车。

（3）GVD200 型矿用本质安全型撕裂传感器。安装在带式输送机运转方向距受料点 5m 处，带式输送机纵向撕裂时自动停车。

（4）GWD100 型矿用温度传感器。安装在驱动滚筒内部或滚筒与输送带分离处，模拟量信号输出，带式输送机主滚筒超温时自动停车。

（5）GQQ5 型烟雾传感器。安装在驱动装置上方 5m 内的下风口，距驱动滚筒 1m 内距离处，带式输送机产生烟雾时自动停车。

（6）GUJ25 型堆煤传感器。安装在距机头 0.2m 下的溜槽内，带式输送机堆煤时自动停车。

2）应用实例

KHP328 型矿用带式输送机综合保护装置广泛应用于各类型煤矿用带式输送机，累计推广应用 8 套。配套的带式输送机项目有同煤马脊梁 DTL120/180/4×800 型主斜井带式输送机、神华宁煤梅花井 DSJ140/300/3×630 型顺槽可伸缩带式输送机、棋盘井大巷 DTL120/180/4×800 型带式输送机。上述带式输送机投产后各类保护传感器均工作正常，动作灵敏、可靠。

3. *矿用视频监控系统*

1）结构组成

矿用视频监控系统由 KJJ127 型矿用隔爆型以太网交换机、KBA127-A/B/C 三种型号矿用隔爆型摄像仪、视频存储服务器、监控 PC 等组成。

（1）KJJ127 型矿用隔爆型以太网交换机（简称交换机）。交换机额定工作电压 AC127V，工作电流不大于 200mA，具有以太网电信号、光信号以及光电信号之间的数据交换功能。典型的交换机如图 10.43 所示。

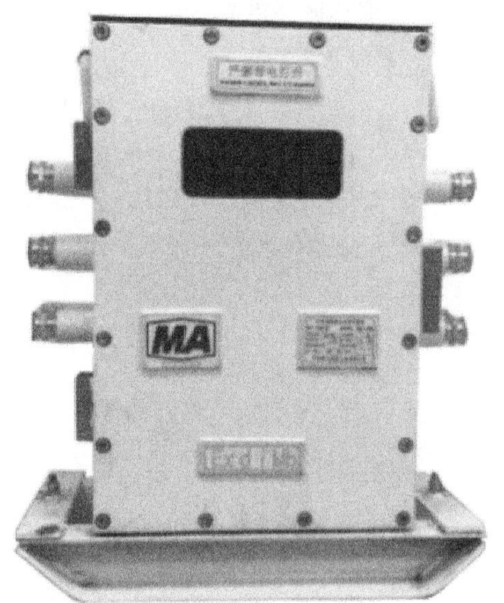

图 10.43　典型的交换机

交换机为立式隔爆箱体结构，两侧有挂壁把手和喇叭嘴，下方有底脚，电缆可从防水接头穿过并锁紧，正面箱盖可打开，方便接线与维护。

交换机的主要功能是将所有摄像仪组成网络，然后将视频信号传输到视频存储服务器和监控 PC 上。

（2）KBA127-A/B/C 型矿用隔爆型摄像仪（简称摄像仪）。摄像仪接口为本质安全型，额定工作电压 AC127V，分为 A、B 和 C 三种型号，其中 A 型采用黑白 CCD 固体成像器件，视频电信号输出；B 型采用数码摄像机成像，转换成以太网光信号输出；C 型采用低照度数码摄像机，适合低照度环境，也可采用数码摄像机成像，转换成以太网光信号输出，对外提供两路以太网光口。

摄像仪可在煤矿井下有甲烷和煤尘爆炸危险，但无破坏绝缘的腐蚀性气体的环境中使用。典型的摄像仪如图 10.44 所示。

图 10.44 典型的摄像仪

摄像仪为圆柱状防爆筒式结构，下方有安装架，前面是中间带观察窗的盖板，前盖板可打开，方便对观察窗玻璃进行维护；后面是带喇叭嘴的盖板，电缆可从喇叭嘴穿过并锁紧，后盖板也可打开，方便接线与对内部元器件的维护。

2）应用实例

矿用视频监控系统目前已推广应用，配套的带式输送机有大唐龙王沟 DTL180/350/3×2240S 型主斜井带式输送机、DTL180/390/3×1400 型大巷带式输送机、东江煤业 DTL120/100/3×500 型主斜井带式输送机等项目。

（本章主要执笔人：蒋卫良，侯红伟，宋兴元，张逸群，符阳，王兴茹，朱永平）

第11章 防爆柴油机无轨运输车辆

无轨运输车辆作为煤矿辅助运输设备，以安全性高、用工少、运输灵活性好、运输成本低等优点，在煤矿井下得到了广泛应用。防爆柴油机凭借其工作效率高、油耗低、安全、灵活等优点，成为无轨运输车辆的主要动力源。

防爆柴油机无轨运输车辆具有运行安全可靠、牵引力大、爬坡能力强、运行速度快、可实现远距离运输等特点，能够满足长距离的人员、材料及设备的运输需要，实现装卸作业机械化。同时能大量减少人员，节约时间，减少事故，降低工人劳动强度，实现煤矿安全高效生产。

经过多年的研发，我国在无轨辅助运输的关键技术及装备领域取得了突破，攻克了防爆柴油发动机进排气防爆技术、冷却技术、传动系统匹配技术等多项关键技术，取得了多项发明专利，基本实现了我国煤矿井下无轨辅助运输装备的国产化，装备运送能力涵盖轻、中、重型物料，整体技术水平达到了国际先进水平，并编制了相关行业标准，推动了我国煤矿无轨辅助运输领域的技术进步。

按照使用用途，防爆柴油机无轨运输车辆主要分为人员运输车、材料运输车、多功能车、支架式搬运车和专用车等类型。本章主要介绍由煤科总院太原研究院研制开发的防爆柴油机无轨运输车辆的类型、适用条件、技术特征、主要产品的技术参数及应用实例。

11.1 人员运输车

人员运输车是以防爆柴油机为动力，安全、快速、高效运输煤矿工作人员的轮式车辆。根据运输任务的不同，分为生产指挥车、人员运输车以及客货两用车等车型，乘坐人数为5～30人。

11.1.1 适用条件

人员运输车适用于有煤尘及瓦斯爆炸危险、地质条件简单、采用平硐开拓或倾角小于12°的斜井开拓及立井开拓的矿井。要求巷道断面较大，巷道断面宽度不能小于3.6m，采用无柱支护（锚杆或砌石碹等），底板条件较好，连续运行坡道的倾角不大于6°，局部不大于12°，巷道转弯半径不小于8m，巷道内通风良好。人员运输车可以实现人员从地面（或井底车场）至采区工作面不经转载的直达运输，是一种高效、低污染、低噪声的辅助运输车辆。采用了弹簧减振悬挂系统，车辆振动小，人员乘坐舒适，采用两套相互独立的制动系统，保证了车辆运行的安全性。

11.1.2 技术特征

1. 全液压安全型湿式制动装置

人员运输车制动系统具有车辆工作制动、停车制动和紧急制动功能，各种制动功能完全独立控制，满足车辆的制动需求。湿式制动器是制动系统的执行装置和关键部件。

1）多盘湿式制动器的结构及工作原理

如图 11.1 所示，静壳通过螺栓固定到桥壳上，在静壳的内腔里装有碟簧。小活塞和大活塞分别装配在中间壳的左右两个腔内，并形成左、右两个独立的密闭油腔。中间壳通过螺栓固定在静壳上，碟簧抵在大活塞的右端面上。压盘滑动装配到大活塞上，并通过拉杆和弹簧与静壳连接。动壳通过两盘轴承支承在桥壳上，并通过螺栓与半轴连接，可随半轴一起转动。动摩擦片和静摩擦片分别通过内外花键与动壳和中间壳连接。端盖通过螺栓固定在中间壳上。动、静摩擦片交替叠合，构成了制动器的摩擦副，被夹在压盘和端盖之间。

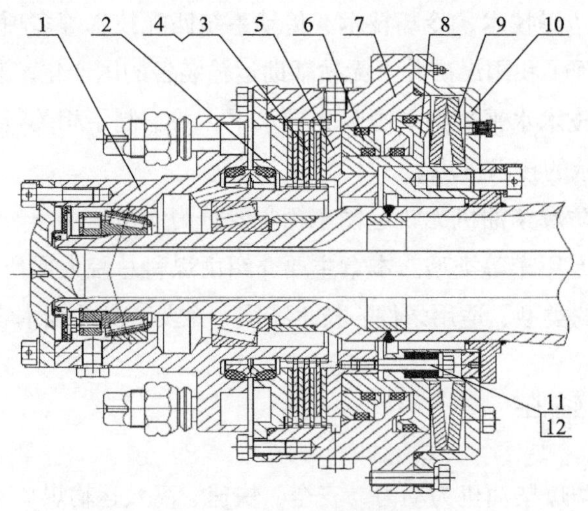

图 11.1 多盘湿式制动器

1. 动壳；2. 端盖；3. 动摩擦片；4. 静摩擦片；5. 压盘；6. 小活塞；7. 中间壳；8. 大活塞；9. 碟簧；10. 静壳；11. 拉杆；12. 弹簧

这种制动器能够分别独立使用液压制动或弹簧制动。能够同时满足车辆对行车制动和驻车制动的要求。

使用液压制动时，右侧高压油腔应通入高压油，使碟簧始终处于压缩状态，大活塞处于最右端位置。操作换向阀使高压油进入左侧高压腔，推动小活塞、压盘左移，压紧摩擦片，产生制动力矩。解除制动时，操作换向阀使左侧高压腔泄压，压盘、小活塞在拉杆和弹簧的拉力作用下右移，放松摩擦片，制动力矩消失。

使用弹簧制动时，左侧高压油腔应泄压，使小活塞始终处于最右端位置。操作换向阀使右侧高压腔泄压，碟簧推动大活塞和压盘左移，压紧摩擦片，产生制动力矩。解除制动时，操作换向阀使高压油进入右侧高压腔，推动大活塞右移，压盘、大活塞在拉杆和弹簧的拉力作用下右移，放松摩擦片，制动力矩消失。

2）湿式制动器的温升校核及试验

（1）制动器温升校核理论计算。制动器工作室产生的热量，一部分进入冷却器中，一部分传递给各零件，这时如果制动器热容量不够，则温升过高，各摩擦面会很快磨损甚至烧毁。为了避免发生上述情况，设计时必须使制动器控制在110℃左右，一般每制动一次温升不超过5℃。

（2）制动器温升试验方法。分别在8°和12°斜坡路面上持续制动，试验车速为15km/h。试验表明，车辆持续制动时，制动器的温度随着时间的变化不断上升。刚开始，温度随时间上升较快，后来，温度上升越来越慢，逐渐趋于缓和。

温度上升的高低取决于路面坡度和长度。坡度越大，路面越长，制动器温度上升越高。根据相关资料，目前井下比较恶劣工况路面参数为：3500m长的8°斜坡路面与1500m长的12°斜坡路面。当车辆以15km/h的速度匀速行驶经过这两条斜坡路面时，制动器温度分别上升到104℃和107℃，低于湿式制动器允许的最高温度120℃。因此，湿式多盘制动器在正常工况下能够满足温升要求。

2. 车辆安全防撞装置

煤矿井下特殊的工作环境，导致防爆车辆工作时会出现碰撞等事故，严重时会造成人员伤亡，因此井下车辆安全保障至关重要。车辆安全技术主要分为主动防碰撞与被动防碰撞。目前井下车辆一般配备倒车、行车影像和红外、雷达测距等设备，太原研究院研发的前防撞毫米波雷达系统，实现了车辆自动识别障碍物、智能刹车制动等功能。

1）倒车可视报警装置

车后防爆可视倒车报警装置既有前后测距报警，又有倒车影像显示，可以有效减小倒车时的盲区。控制器使用了浇封的防爆形式，大大减小了控制器的体积和质量。

倒车可视测距影像装置由KXJ24矿用隔爆兼本安型车载视频控制箱、KBA5矿用本安型摄像头、XH5矿用本安型液晶显示器和KTY24矿用隔爆兼本安型车用通信机组成，可实现倒车时显示倒车视频辅助驾驶员倒车，运行时显示车厢视频辅助驾驶员了解车厢状况，周期存储行车、倒车、车厢三路视频信息。

该装置已应用于运人车及材料运输车，支持车厢视频实时显示，便于司机实时观察车厢内情况，提高乘车安全性；具有行车记录功能，辅助监管人员查看行车轨迹以及事故发生后的责任认定；对讲装置辅助驾驶室和车厢通话；支持倒车影像功能，辅助司机看清车厢后方人员活动以及障碍物情况，避免碰撞，提高倒车安全性；具有夜视和红外补光功能，补光灯数量可以根据车型增减满足红外光照强度；能同时录制倒车、车厢、行车三路视频信息，支持本地回放，可以通过 USB 和以太网拷贝存储视频。

2）毫米波雷达

防爆车辆倒车时速度较慢，后防撞装置适合采用测距传感器作为防撞传感器，而前防撞受限于传感器安装位置、测量角度、测量距离等条件，无法提供实时、全面的前防撞预警信息。因此对毫米波雷达传感技术进行了研究。毫米波雷达系统控制原理如图 11.2 所示。

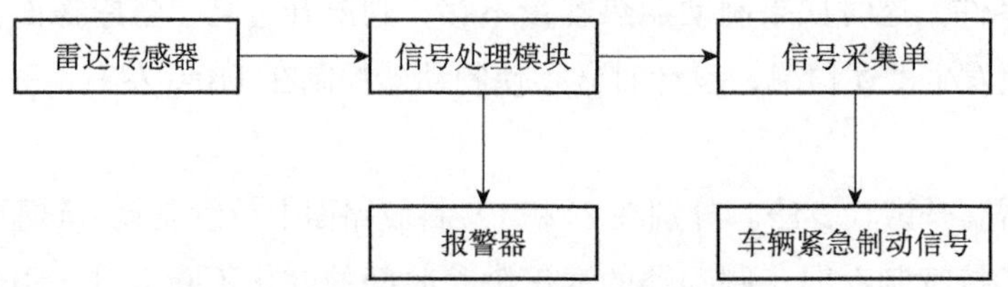

图 11.2 毫米波雷达系统控制原理

（1）线性调频测距。为提供更安全可靠的报警信息，该系统对目标的距离探测分为预警和紧急报警两挡，需计算雷达传感器与目标实际距离及相对速度。

（2）相位法测角度。相位法测角度是利用多个天线接收回波信号之间的相位差进行角度测量，两条线间收到的信号存在波程差而产生一相位差。通过测量前方目标的角度信息，可实现对障碍物大范围的探测，提高车辆行驶过程中的安全性。

（3）智能控制器。对雷达传感器及信息处理模块等进行防爆处理，并与两组红外探头共同组建前防撞系统，保证车辆行驶安全。对雷达信号进行 LFM 频率、回波信号以及差拍信号仿真分析，结果如图 11.3 所示。

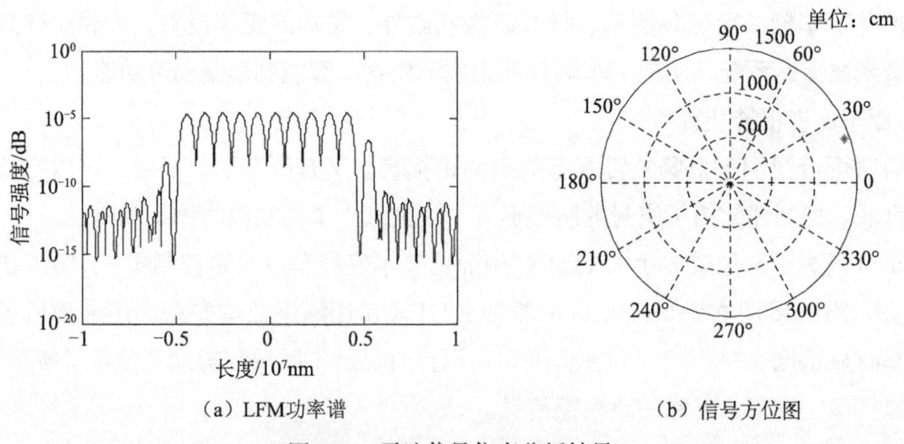

（a）LFM功率谱　　（b）信号方位图

图 11.3 雷达信号仿真分析结果

毫米波雷达有效测量范围能够达到 20m，并且能够根据车速智能消除墙壁等静止物体的影响，减少误报警率；也能识别运动物体，防止人员伤害，对于井下黑暗的巷道环境内行车安全具有重要作用。

毫米波雷达防撞已应用于生产指挥车上，最大探测范围可达 15m，探测角度可达 120°。其中 15m 内可精确探测到前方车辆、弯道等障碍物信息，5m 内可探测人员信息，如果驾驶员未及时采取停车措施，车辆会自动紧急制动，提高人员、车辆的安全性。

3. 防爆柴油机尾气净化装置

1）水浴式尾气处理装置

防爆柴油机采用水浴式尾气处理装置进行尾气净化，其处理原理如图 11.4 所示。因为 NO_x 易溶于水变成硝酸、亚硝酸和硫酸，并被废气处理箱中的水稀释，其次水对 HC 化合物也起净化作用；尾气中的颗粒物通过水后会漂浮在水中或者沉淀下来。

采用热力学系统模型和多相流数值模拟方法，研究了废气处理箱内能量流向和热量传递及自动调节水位的尾气处理技术，采用新型结构设计的废气处理箱，减少了排气阻力。

2）水冷式防爆三元催化装置

由于防爆柴油机表面任何一点的温度不能超过 150℃，因此催化器表面必须进行隔热处理。催化器的防爆设计应保证在气道的外侧增加隔热层，保证该段排气温度在三元催化器的起燃温度以上；在隔热层外侧再加水套，不但要避免隔热层表面冒烟，而且要保证三元催化器的表面温度不超过 150℃，符合 MT990—2006《矿用防爆柴油机通用技术条件》的要求。水冷式防爆三元催化器结构示意如图 11.5 所示。

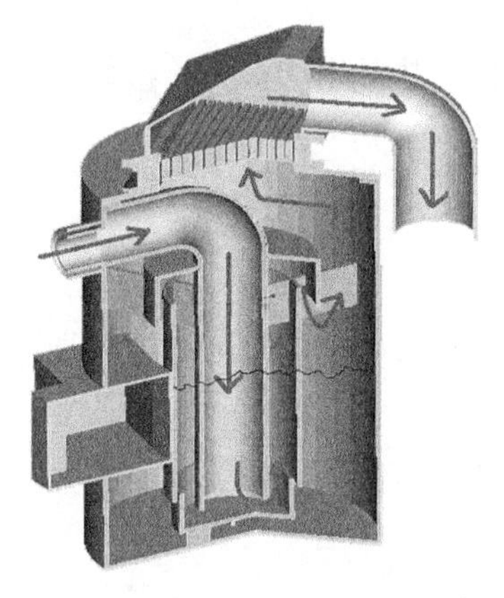

图 11.4 水浴式尾气处理装置示意图

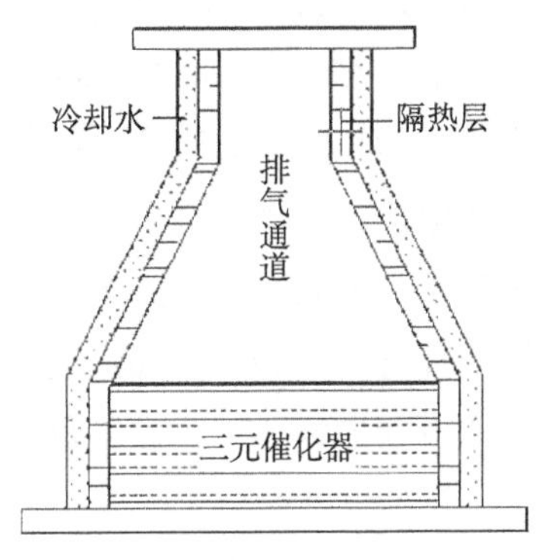

图 11.5 水冷式防爆三元催化器

4. 防爆柴油机进排气阻火器

阻火器为柴油机进排气系统的关键元部件，其作用是防止柴油机排气火焰和火花传向周围大气，防止进气火焰回流。

1）阻火器基本原理

阻火器的工作原理是当火焰通过阻火结构的狭窄通道时，由于火焰中活跃的分子——自由基与通道壁的碰撞概率增大，因与器壁碰撞而被销毁的自由基数量变多，参加反应的自由基减少。当阻火结构的通道宽度减小到一定程度时，自由基与通道壁的碰撞占主导地位，自由基数量急剧减少，反应不能继续进行，火焰就会发生淬熄。

对于阻火器同一狭缝间距，同一壁面温度，火焰传播速度、狭缝间距、壁面温度与淬熄长度之间的关系。

$$\frac{L_q}{G}\cdot\frac{V_0}{V}\cdot\frac{T_q}{T_w}=C \tag{11.1}$$

式中，L_q 为淬熄长度；G 为栅栏阻火器间隙；V 为火焰传播速度；V_0 为当地音速；T_w 为阻火器温度；T_q 为淬熄温度；C 为常数。

2）阻火器设计

采用流体软件进行耦合仿真计算，并对火焰的传播过程和淬熄过程、阻火器的温度场和压力场进行分析评价。

有关标准要求火焰通道的长度和间隙存在如下关系：$L=100G$，L 为火焰通道的长度，G 为火焰通道的间隙，间隙可以为 0.2～1mm，因此长度对应的为 20～100mm。

根据流体软件的分析结果，结合澳大利亚、新西兰标准和我国的标准，对阻火器的间隙、外形和厚度进行了优化。

11.1.3 技术参数

1. 生产指挥车

WC6R 型防爆指挥车如图 11.6 所示，主要用于煤矿井下生产指挥、检修、紧急救护的人员运送，要求具有较高的可靠性和舒适性。其特点如下。

（1）整车外形尺寸小，转弯半径小。

（2）四轮驱动，驱动力大，爬坡性能好。

（3）采用适应路面状况及载荷的自动调节悬架刚度技术，提高车辆行驶平顺性和乘坐舒适性，操作性好，驾驶操纵同地面车辆。

（4）采用分时四轮驱动，降低燃油消耗率，提高使用经济性。

图 11.6　WC6R 型防爆指挥车

该车主要由整体式底盘、防爆柴油机、动力传动系统、液压气动系统、全液压制动系统及湿式制动器、安全保护系统、电气系统等组成。主要技术参数见表 11.1。

表 11.1 WC6R 型防爆指挥车主要技术参数

参数	数值	参数	数值
外形尺寸（$L \times W \times H$）/mm	4800×1890×2150	转向方式	前轮转向
驱动方式	4×4 四轮驱动	最小转弯半径 /m	6.5
额定载人数 / 人	6	最大爬坡度 /（°）	15
整备质量 /kg	4600	最高车速 /（km/h）	45
柴油机型号	TY4100ZQFB（A）	制动形式	湿式轮边制动
额定功率 /kW	65	制动距离 /m	≤8

2. 运人车

WC20R（B）型防爆胶轮运人车（图 11.7）用于煤矿井下大巷和采区顺槽中的人员运输，人员乘坐舒适性好，可实现从地面或井底车场到采区工作面的长距离直达运输，缩短工人上、下班时间，提高劳动生产率和安全性。根据乘员人数分为 20 座、30 座等车型，20 座运人车为主导车型。

图 11.7 WC20R（B）型防爆胶轮运人车

该车结构特点是：

（1）采用整体式专用底盘，液压助力转向，驾驶操纵性能好，机动灵活，耐碰撞性能好。

（2）全封闭客箱人性化设计，推拉式窗，通风性好，设置有紧急出口和安全出口，座椅配置安全带，人员乘坐舒适性好，运行安全可靠，车厢后部设置报警按钮，便于乘车人员与司机沟通。

主要技术参数见表 11.2。

表 11.2 WC20R（B）型防爆胶轮运人车主要技术参数

参数	数值	参数	数值
外形尺寸（$L \times W \times H$）/mm	6000×1950×2150	转向方式	前轮转向
驱动方式	4×2 后轮驱动	最小转弯半径 /m	7.5
额定载人数 / 人	20	最大爬坡度 /（°）	12
整备质量 /kg	4450	最高车速 /（km/h）	29
柴油机类型	四缸增压水冷	制动形式	湿式轮边制动
额定功率 /kW	65	制动距离 /m	≤8

3. 客货两用车

WC3J（B）客货两用车（图 11.8）的驾驶室为三排座椅，可乘坐 12 人，后部为平板车厢，可装载 1000kg 的设备或配件，适用于煤矿机电队及检修队下井检修及运送工具。

图 11.8　WC3J（B）客货两用车

该车由整体式底盘、防爆增压柴油机、动力传动系统、液压气动系统、全液压制动系统及湿式制动器、安全保护系统、电气照明系统等组成。

其主要特点是整车外形尺寸小，转弯半径小，机动灵活，驱动力大，爬坡性能好，平顺性和乘坐舒适性好，操作性好，运行成本低，经济性好。主要技术参数见表 11.3。

表 11.3　WC3J（B）客货两用车主要技术参数

参数	数值	参数	数值
外形尺寸（$L\times W\times H$）/mm	6000×1950×2100	转向方式	前轮转向
驱动方式	4×2 后轮驱动	最小转弯半径 /m	7.5
额定载人数 / 人	12	最大爬坡度 /（°）	12
整备质量 /kg	4650	最高车速 /（km/h）	29
柴油机类型	四缸增压水冷	制动形式	湿式轮边制动
额定功率 /kW	65	制动距离 /m	≤8

4. TY6/20FB 型防爆客货胶轮车

如图 11.9 所示，该车采用铰接式结构，整车高度低，后部设置快换机构，可实现货厢和运人车厢的快速更换，提高了车辆的使用效率，适用于煤矿井下低矮型巷道和采区顺槽中的设备及人员运输。

图 11.9　TY6/20FB 型防爆客货胶轮车

该车型由防爆柴油机及进排气系统、液力传动装置、驾驶操纵装置、前机架、后机架及快换机构、可更换的客货箱、铰接装置、液压气动系统、全液压制动系统、安全保护系统、电气系统等组成。其结构特点如下。

（1）采用自主研发的防爆柴油机，配置动力换挡变速箱和带湿式制动器的驱动桥的液力机械传动，无级变速，前轮驱动，全液压转向，整车机动性好。

（2）前后双向驾驶，路面适应性好，视野好。

（3）整体高度低，离地间隙大，巷道通过性好。

（4）自制高强度铰接式前后机架，后车厢U形框架结构，可快换车厢，用于货厢和运人车厢的更换，实现一机多用。

主要技术参数见表11.4。

表11.4　TY6/20FB型防爆客货胶轮车主要技术参数

参数	数值	参数	数值
外形尺寸（$L\times W\times H$）/mm	8280×2542×1660	转向方式	铰接转向
驱动方式	前轮驱动	最小转弯半径 /m	6
额定载重 /kg	6000	最大爬坡度 /（°）	15
额定载人数 / 人	20		
整备质量 /kg	4650	最小离地间隙 /mm	270
柴油机型号	1006-6FB	制动形式	湿式轮边制动
额定功率 /kW	65	制动距离 /m	≤8

在神东公司保德煤矿TY6/20型防爆客货胶轮车主要用于机电设备和建井材料、人员的运输。作为国内第一台成功应用的煤矿井下无轨胶轮车，为我国无轨辅助运输方式的快速发展奠定了技术基础。

5. 薄煤层铰接式运人车

如图11.10所示，该车型是为解决煤矿薄煤层中的人员运输问题而研制的，主要用于煤矿井下大巷和采区顺槽中的人员运输。采用铰接式车体，后机架与客厢为一体结构，在满足人员乘坐空间的前提下，实现了整车高度不大于1.6m的要求，扩展了无轨胶轮车的使用范围。主要技术参数见表11.5。

图11.10　薄煤层铰接式运人车

表 11.5　薄煤层铰接式运人车主要技术参数

参数	数值	参数	数值
外形尺寸（$L\times W\times H$）/mm	7300×1880×1595	转向方式	铰接转向
驱动方式	前轮驱动	最小转弯半径 /m	6.5
额定载人数 / 人	20	最大爬坡度 /（°）	12
整备质量 /kg	6400	最小离地间隙 /mm	220
额定功率 /kW	65	制动形式	湿式轮边制动
最高车速 /（km/h）	33	制动距离 /m	≤8

11.1.4　应用实例

神东公司保德煤矿采用平硐开拓，辅运大巷、集中辅运巷为水泥路面，平均坡度 6°，最大 9°，其他为连采掘进巷道，有凹凸路面，运输条件较差，最远运行路程 25km。该矿全部使用太原研究院生产的人员运输车辆，圆满完成了连采队和综采队的人员和货物运输任务，满足了生产运输需求，实现了矿井的安全生产。

兖矿济宁三号煤矿是我国第一家采用无轨胶轮车作为辅助运输方式的立井矿井。辅助运输大巷坡度不大于 7°。该矿结合立井特点和现场条件，按照“有轨与无轨结合、无轨运输为主”的原则，在运送人员等方面已取代有轨运输。该矿使用太原研究院生产的人员运输车辆，可直接进出罐笼上下井，运送人员与材料，中间环节少，运输效率高，大大减轻了工人劳动强度。

宁煤羊场湾煤矿为低瓦斯矿井，平硐开拓，辅助运输全部采用无轨胶轮车，井口坡道长 3.5km，坡度 7°，局部不大于 12°，辅助运输距离 10km。该矿使用太原研究院生产的人员运输车，安全高效地完成了人员运输任务，使用情况良好。

11.2　材料运输车

材料运输车是运送材料、矸石以及中小型设备的车辆，机动灵活，装卸方便，速度快捷，载重能力大，爬坡能力强（最大可达 14°），可实现从地面（平硐或斜井开拓时）至采区工作面不经转载的直达运输。使用时，车辆在井口或井底车场装载后把物料或设备运输到工作面或卸料点，可自行完成卸料或靠其他设备辅助卸料。

按载重划分有 3t、5t、8t、10t 和 12t 等车型。按结构形式划分有铰接式和整体式。按工作装置划分有自卸式和平推式。

11.2.1　适用条件

材料运输车适用于平硐、斜井或立井开拓的矿井，底板条件较好，连续运行坡道的倾角不大于 6°，局部不大于 14°，实现从地面到工作面的直达运输，不需转载，用于煤矿井下顺槽内锚杆、锚索、铁丝网、水管、小型设备和配件的运输，煤矿井下矸石、煤渣、混凝土等的运输以及煤矿井下中部槽、移变、机头、电机等设备及配件的物料运输。

11.2.2　技术特征

1. 电控单体泵式防爆柴油机

1）电控燃油喷射系统工作原理

电控单体泵通过与其制成一体的电磁阀（出油控制阀）配合工作，通过电磁阀直接控制柱塞泵腔内燃油压力的建立和泄流。柴油机工作时，ECU 控制单元将所收集到的柴油机传感器信息处理后，发出开启喷油指令，然后给电磁阀通电，控制阀杆闭合泄油回路，在回路中建立起高压，高压燃油通过高压油管进入喷油器，然后喷入气缸内燃烧室；当电磁阀电流断开时，控制阀杆在弹簧的作用下开通泄油油路，高压燃油迅速经回油孔泄压，停止喷油。

2）电控燃油喷射系统总体结构

电气控制系统方框图如图 11.11 所示。

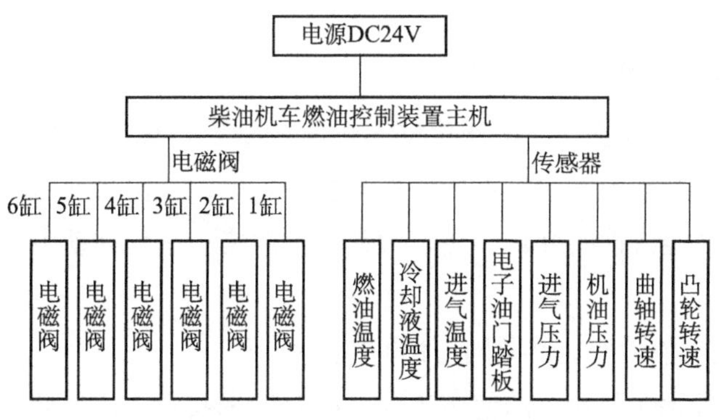

图 11.11　电气控制系统方框图

3）防爆柴油机运行状态实时监测记录平台

根据煤矿安全要求，防爆内燃机各单机设备以及由单机设备组成的内燃机车保护系统和燃油喷射控制系统均符合防爆要求。设备间、系统间的电气连接也必须符合防爆要求。具体来说就是“设备（系统）之间的电气连接本身符合防爆要求，并且这种连接不会破坏各设备（系统）自身的防爆性能。

4）单体泵工艺

单体泵是电喷系统高精度的高压泵油元件，其阀杆偶件既要高频率运动，又要靠纯机械密封 160MPa 左右的柴油压力。因此，在加工过程中采用了全自动的配磨技术，在特种加工设备上，实现了生产线前、线后、在线检测，机械手自动上下料，以阀杆孔尺寸来加工阀杆外圆以保证配合间隙。

2. 液力机械传动

由于煤矿井下路面坡度大，路况恶劣，凹凸不平，有浮煤和积水，驾驶操纵胶轮车须经常换挡换向、起步及制动，采用液力机械传动的防爆胶轮车具有较好的自适应性，改善车辆的启动性能，易于换挡和操纵，提高车辆使用寿命。液力机械传动技术已经广泛应用于煤矿井下材料运输车。

液力机械传动系统一般由液力变矩器、动力换挡变速箱、前后传动轴、前后驱动桥及轮胎等部件组成。液力机械传动动力传输途径如图 11.12 所示。

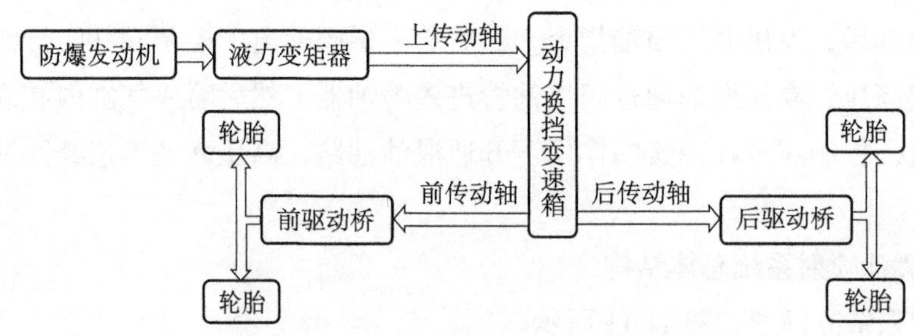

图 11.12 液力机械传动路径示意图

3. 液力机械传动的整车动力匹配

车辆的动力性、燃油经济性是评价整车性能的重要指标。防爆柴油机与液力变矩器的匹配研究是进行整车动力性和燃油经济性分析的基础，是优选动力系统和液力变矩器的基础。动力性与燃油经济性的好坏，在很大程度上取决于车辆的动力传动系统合理匹配的程度。

1）防爆发动机与液力变矩器共同工作的输入特征

根据防爆柴油机无轨胶轮车的使用工况，同时考虑共同工作区域中启动工况、转换工况和极限工况等特殊工况点的要求。

按照各工况点，在原始特征曲线的 $\lambda_B=f(i)$ 曲线上，找出对应的泵轮转矩系数 λ 的泵轮负荷抛物线。泵轮传递的扭矩：

$$M_B = \rho g \lambda_B {n_B}^2 D^5 \tag{11.2}$$

式中，M_B 为泵轮扭矩，N · m；ρ 为变矩器工作液的密度，kg/m^3；g 为重力加速度，m/s^2；λ_B 为泵轮扭矩系数，min^2/(m · r^2)；n_B 为泵轮转速，r/min；D 为液力变矩器的有效直径，m。

将发动机的净扭矩与液力变矩器的泵轮负荷抛物线，以相同的坐标比例绘制在同一图上，即可得到发动机与液力变矩器的共同工作输入特征曲线。发动机与变矩器共同工作输入特征曲线如图 11.13 所示。

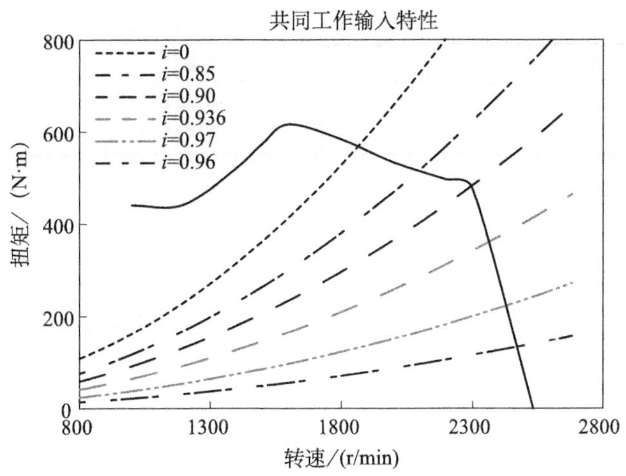

图 11.13　发动机与变矩器共同工作输入特征曲线

2）防爆发动机与液力变矩器共同工作的输出特征

依据输入特征输出的共同工作点（n_B，T_B）数据列表，以及各共同工作点对应变矩器速比 i 下的变矩比 K 和效率 η。根据公式 $n_T=in_B$、$T_T=KT_B$ 和 $g_{et}=g_e/\eta$，求共同工作输出特征数据，绘制共同工作的输出特征曲线，如图 11.14 所示。

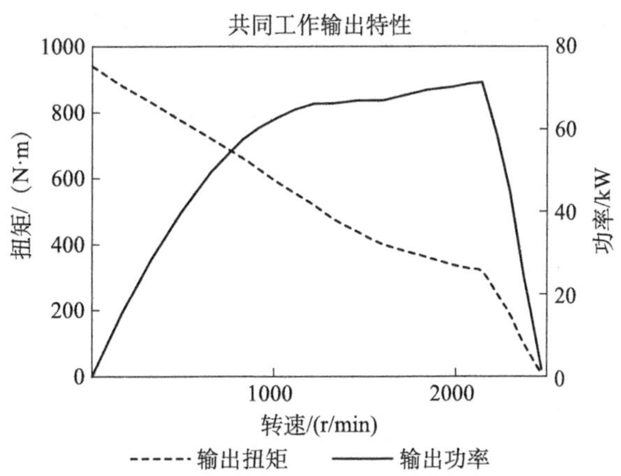

图 11.14　发动机与变矩器共同工作输出特征曲线

3）整车牵引及爬坡特征

依据防爆柴油机与液力变矩器共同工作的输出特征，输入整车各传动环节的速比、滚动半径及载荷等参数，见表 11.6。计算并绘制驱动力－行驶阻力平衡曲线，求解出各挡最大牵引力和最高车速，如图 11.15 所示。

表 11.6　某型车动力传动系统参数

参数	数值	参数	数值
空载车重 /kg	8000	传动效率	0.8
载重 /kg	5000	滚阻系数	0.03
驱动桥速比	14.769	Ⅰ挡速比	4.22

续表

参数	数值	参数	数值
变矩器偏置比	0.964	Ⅱ挡速比	1.85
滚动半径 /m	0.515	Ⅲ挡速比	1

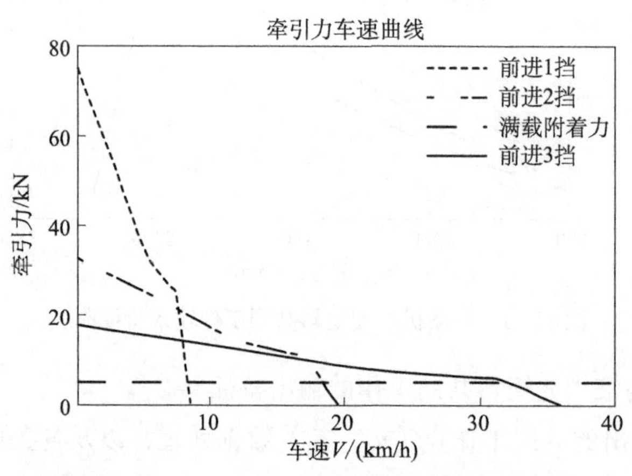

图 11.15 驱动力－行驶阻力平衡图

依据防爆柴油机无轨胶轮车驱动力－行驶阻力平衡图，计算并绘制出该车满载爬坡度曲线，可计算得出各挡的最大爬坡度及各种条件下的爬坡速度特征，如图 11.16 所示。

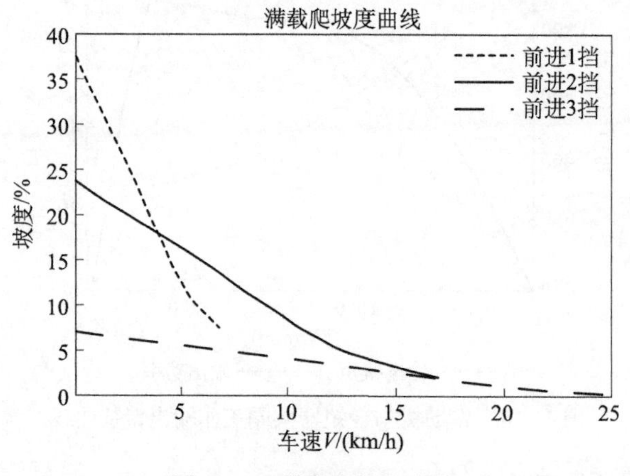

图 11.16 满载爬坡度曲线

通过上述整车动力匹配计算，可以详细掌握和查看整车各个环节及阶段的动力传动参数，确定整车的牵引特征、爬坡特征及速度特征等各项性能指标，并可通过调整和优化各传动环节的参数，得到最优的整车动力经济性能。

4. 机械调节排量控制方式的液压传动

变量泵作为整车的行走驱动系统，由于发动机的功率有限，车辆运行过程中既要适应重载爬坡时的大牵引力性能，又要获得车辆空载时在平路上的速度性能，就必须根据发动机的转速实时的调整变量泵的排量。传统车辆的发动机调速是通过调整油门的大小来实现的，如果在此过程中还要不断调整泵的排量来匹配发动机的功率输出，整车的操控性能将变得很差，同时对驾驶人员的技术水平要求很高。

为解决这种复杂的操控问题，同时最大限度满足车辆的各项性能，在车辆行驶过程中，通过拉线设定油门的大小，使发动机固定工作在最大扭矩点与最大功率点之间的一个转速上，司机在驾驶过程中，根据不同的路况，手动调整变量泵的排量，实现了变量泵与发动机的匹配，从而达到换挡的效果。

发动机飞轮通过联轴器与两个变量液压泵串接在一起，变量液压泵直接驱动两侧的液压马达。两个液压马达直接插入各自减速器的输入端，减速器的输出端通过链轮、链条分别带动两侧的车轮转动，从而驱动整车行走。

经过动力性匹配计算及动态仿真，选择合理的参数，确定合适功率的发动机及相关的泵、马达，使发动机的燃油经济性、动力性达到最佳，液压泵、液压马达不论在高速挡还是低速挡均工作在有效区域内，使整车的动力性达到了最佳。

5. 铰接转向系统

转向系统作为铰接式车辆的一个重要组成部分，性能的好坏直接关系到整车运行的安全性。为此，对转向过程的力学分析及整车静态转向阻力矩、转向机构的合理性布置进行研究。

1）转向过程的力学分析及转向阻力矩的确定

采用理论建模的方法，进行了转向运动学及动力学分析，得出了整车在满载状态下的转向阻力矩计算方法。

铰接转向的结构特点是车架不是一个整体，而是由前后两个或几个单独的车架组成，通过液压油缸作用使前后车架相对偏转来达到转向目的。铰接式车辆以其转弯半径小、在松软地面上曲线行驶时仍能获得较大的牵引力等优点，非常适合在环境较差的条件下使用。

通过对前后机架的质量及重心位置、前后车轮轴中心距铰接中心的距离、前轮轮距、油缸与机架铰接点的位置和转向角等物理量的计算和优化，再根据车辆本身的结构局限性确定约束条件，经过优化计算得出最优结构尺寸。

2）转向机构的合理性布置

采用双油缸转向形式，分别布置在铰接中心的两侧，极限转向角为45°。在转向油缸布置过程中，不仅要考虑安装维护方便、与周围构件无干涉、活塞行程短等因素，同时也要求具有转向力矩大、转向力臂变化平稳的特点。以转向机构油泵功率的合理利用为原则，以转向油缸力臂差最小、油泵消耗功率最小为优化目标，通过建立转向机构数学模型，并建立转向力矩约束、几何尺寸边界约束、角度约束、系统压力约束、油缸结构约束等约束条件，最后采用混合函数法对各铰接点进行了优化设计。

6. 油气悬架装置

1）油气悬架原理

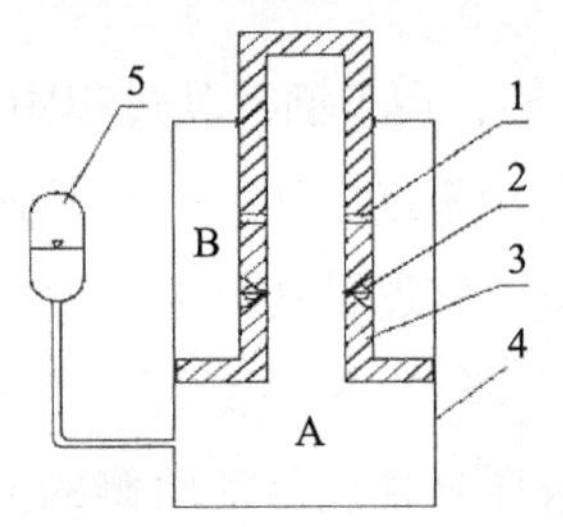

图 11.17　油气悬架结构简图

1. 阻尼孔；2. 单向阀；3. 活塞和活塞杆；4. 缸筒；5. 蓄能器

油气悬架是以油液传递压力，用惰性气体作为弹性介质，由蓄能器和具有减振器功能的悬架缸组成。悬架缸内部的阻尼孔、单向阀等代替了通常的减振器元件，构成的油气悬架集弹性元件和减振器功能于一体，形成一种独特的悬架系统。油气悬架结构简图如图 11.17 所示。

悬架油缸安装在车辆上后，向蓄能器内充满一定压力的惰性气体，通过压力源向悬架油缸内注满油液。悬架油缸在车身质量的作用下，形成静压平衡支撑。通常悬架油缸内形成的静压力要大于蓄能器内的初始充气压力，迫使蓄能器内的气体受到一定压缩，部分油液进入蓄能器内。

车辆行驶在不平路面，车架和车桥产生相对运动，悬架油缸的活塞杆和活塞组件相对于缸筒做往复运动。当悬架油缸处在压缩行程时（车桥与车架相互移近时），悬架油缸无杆腔 A 内的油液受到挤压，一部分油液进入蓄能器，进一步压缩蓄能器内的气体，起到缓冲作用；另一部分油液从无杆腔经过阻尼孔和单向阀进入有杆腔 B。此时，由于单向阀开启，阻尼力较小，便于充分发挥气体的弹性作用。这一过程相当于传统悬架系统中的弹簧作用。当悬架油缸处于伸张行程时（车桥与车架相互远离时），悬架油缸无杆腔 A 体积变大，油液压力降低。此时，单向阀关闭，油液仅通过阻尼孔从有杆腔 B 进入无杆腔 A，产生较大阻尼力，从而迅速衰减振动，这一过程相当于传统悬挂中的减振器作用。

2）油气悬架结构特征

油气悬架系统如图 11.18 所示。整个悬架系统由蓄能器、缸筒、活塞杆组件、阻尼阀四部分组成。与传统单气室油气悬架不同的是阻尼阀部分集成单向阀和节流阀于一体，布置在悬架油缸的外面，同时，用蓄能器作为专用气室。这种结构的优点在于，由于气室不在缸筒内部，缸筒变短，减小了油缸的连接尺寸；而且，由于阻尼阀布置在缸筒外面而不在活塞杆组件上，既减少了油缸的加工难度，又方便将阻尼阀设计成可调阻尼式，以满足不同路面行驶的需要。另外，通过增加部分液压控制阀，易于实现悬架油缸刚性闭锁和调整车身姿态的功能。

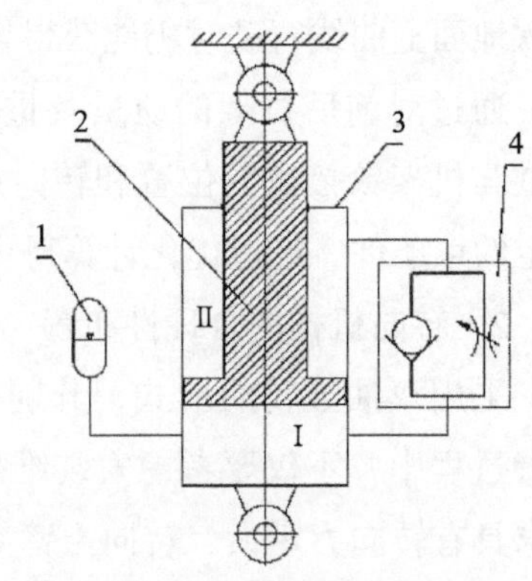

图 11.18　油气悬架结构简图

1. 蓄能器；2. 活塞杆组件；3. 缸筒；4. 阻尼阀

3）油气悬架的工作特性

油气悬架系统的功能与传统的被动悬架系统的功能是一致的，不同之处主要在于油气悬架系统利用了气体的非线性弹性特性和阻尼阀的非线性阻尼特性，使其表现出了变刚度和变阻尼特征。油气悬架系统在工作过程中刚度随振动幅值变化，阻尼随油液的流速变化，其实质上是一个复杂的非线性振动系统。油气悬架的变刚度变阻尼特性能够自动适应路面工况及车辆载荷的变化，使车辆的振动得到明显衰减。

11.2.3 技术参数

1. 3t 材料运输车

如图 11.19 所示，该车型适用于平硐、斜井开拓的矿井，要求巷道断面较大，底板条件较好，连续运行坡道的倾角不大于 6°，局部不大于 12°，巷道转弯半径不小于 8m。用于煤矿井下支护材料、铁丝网、锚杆、药卷、小型机电设备的运输。

图 11.19 3t 材料运输车

其结构特点：采用整体式底盘、机械传动，整车外形尺寸小，运行速度快，驾驶舒适，通过更换车厢可形成自卸车、材料车、洒水车等车型。其主要技术参数见表 11.7。

表 11.7 3t 材料运输车主要技术参数

参数	数值	参数	数值
外形尺寸（$L\times W\times H$）/mm	5700×1950×2050	转向方式	前轮转向
驱动方式	4×2 后轮驱动	最小转弯半径 /m	7.2
额定装载质量 /kg	3000	最大爬坡度 /（°）	12
整备质量 /kg	4500	最高车速 /（km/h）	45
柴油机型号	TY4100ZQFB（A）	货厢最大举升角 /（°）	45
额定功率 /kW	65	制动形式	湿式轮边制动

2. 顺槽材料运输车

该车型如图 11.20 所示。适用于平硐、斜井或立井开拓的矿井，尤其是罐笼尺寸较小的立井，可直接进出罐笼，实现从地面到工作面的直达运输，不需转载，用于煤矿井下顺槽内锚杆、锚索、铁丝网、水管、小型设备和配件的运输。

图 11.20 顺槽材料运输车

整车结构特点如下。

（1）采用焊接式整体机架，整车宽度只有 1.4m，机动灵活，六轮驱动，滑移转向，转弯半径小。

（2）双向驾驶，前进后退同挡同速。

（3）整车接地比压较小，通过性好，采用实心轮胎，耐切割耐磨损，使用寿命长。

（4）安全湿式的行车、紧急和驻车制动，安全可靠。

主要技术参数见表 11.8。

表 11.8 顺槽材料运输车主要技术参数

参数	数值	参数	数值
外形尺寸（$L \times W \times H$）/mm	4800×1400×1980	转向方式	滑移转向
驱动方式	6×6 全轮驱动	最小转弯半径 /m	4.5
额定装载质量 /kg	3000	最大爬坡度 /（°）	12
整备质量 /kg	6200	最高车速 /（km/h）	14
柴油机型号	TY4100QFB（A）	离地间隙 /mm	170
额定功率 /kW	45	制动形式	湿式轮边制动

3. 5t 四驱材料运输车

如图 11.21 所示。该车型采用液力机械传动，四轮驱动，爬坡能力强，适应井下恶劣路面，前后车架铰接转向，转弯半径小，机动灵活。采用后翻自卸式车厢，举升角度大、卸载性能好。采用侧向驾驶，前进后退操作方便。

图 11.21 5t 四驱材料运输车

主要技术参数见表 11.9。

表 11.9 5t 四驱材料运输车主要技术参数

参数	数值	参数	数值
外形尺寸（$L \times W \times H$）/mm	7250×1980×1990	转向方式	铰接转向
驱动方式	四轮驱动	最小转弯半径 /m	6.5
额定载重 /kg	5000	最大爬坡度 /（°）	14
整备质量 /kg	8500	最小离地间隙 /mm	220
额定功率 /kW	90	制动形式	湿式轮边制动
最高车速 /（km/h）	30	制动距离 /m	≤8

4. 8t 两驱材料运输车

该车型如图 11.22 所示。适用于平硐、斜井开拓的矿井和低矮巷道及薄煤层中，要求巷道宽度较大，底板条件较好，连续运行坡道的倾角不大于 6°，局部不大于 14°，巷道转弯半径不小于 7m。适用于煤矿井下中部槽、移变、机头、电机等设备及配件的物料运输。

图 11.22 8t 两驱材料运输车

该车型具有双向驾驶操纵功能，前进后退同挡同速，操纵简便灵活，装载高度低，便于设备的装卸，采用油气悬挂，驾驶舒适性好。主要技术参数见表 11.10。

表 11.10 8t 两驱材料运输车主要技术参数

参数	数值	参数	数值
外形尺寸（$L \times W \times H$）/mm	7800×2370×1850	转向方式	铰接转向
驱动方式	前轮驱动	最小转弯半径 /m	7.2
额定载重 /kg	8000	最大爬坡度 /（°）	12
整备质量 /kg	12000	最小离地间隙 /mm	280
额定功率 /kW	85	制动形式	湿式轮边制动
转速 /（r/min）	2200	制动距离 /m	≤8
最高车速 /（km/h）	26		

5. 10t 四驱材料运输车

该车型如图 11.23 所示。适用于平硐、斜井开拓的矿井，要求巷道断面较大，底板条件较好，连续运行坡道的倾角不大于 6°，局部不大于 14°，巷道转弯半径不小于 7m。主要用于煤矿井下矸石、沙土、煤渣、混凝土等的运输，一次运载量大，运输效率高。

图 11.23　10t 四驱材料运输车

10t 四驱材料运输车整车结构特点是：整车为前后车架铰接、后翻自卸式，举升角度大、卸载性能好，采用四轮驱动，驱动力大，爬坡性能和通过性能好，前后车架可解体，适用于立井下井使用。额定载重为 10t，运输效率高。主要技术参数见表 11.11。

表 11.11　10t 四驱材料运输车主要技术参数

参数	数值	参数	数值
驱动方式	四轮驱动	最小转弯半径 /m	6.5
额定载重量 /kg	10000	最大爬坡度 /（°）	14
整备质量 /kg	11000	最小离地间隙 /mm	280
额定功率 /kW	130	制动形式	湿式轮边制动
最高车速 /（km/h）	39	制动距离 /m	≤8

11.2.4　应用实例

神东公司使用太原研究院生产的整体式 3t 运料车 275 台，单台车平均每天运行约 5 趟（每天 3 班连续运行），往返时平均载重约 2t，年平均运输货物达 2600t。提高了井下辅助运输效率，为实现高产高效矿井提供了可靠的保障，取得了显著的经济效益和社会效益。

神东保德煤矿为实行车辆专业化服务的矿井，年生产能力 1000 万 t，为平硐式开拓。辅运大巷、集中辅运巷为水泥路面，平均坡度为 6°，最大为 9°，其他为连采掘进巷道、凹凸不平路面，泥水较多，运输条件较差，最远路程为 25.3km。该矿使用铰接式 5t 四驱运料车，主要运输散料、出渣和石子等，每班平均运行 4 趟，单趟平均载荷为 4t，三班连续使用，使用效果良好。

晋煤赵庄煤矿年生产能力 600 万 t，为斜井式开拓。井下各主要辅助运输大巷沿煤层开拓，井下辅助运输采用无轨胶轮车运输，巷道底板混凝土硬化，最大坡度不大于 5°。在地面将各种设备通过副斜井用提升绞车运到井底车场，在换装站，材料和设备被装运到胶轮车上，由胶轮车运到各工作面。小型材料及配件设备由胶轮车直接进出罐笼，下井运到工作面。该矿使用太原研究院生产的 5t 车、8t 车以及 3t 顺槽车，运输混凝土、矸石、支护材料及设备，提高了劳动效率，减轻了工人劳动强度，满足了生产需求，取得了良好的经济效益。

郭家河煤矿使用太原研究院生产的 WC8E(B) 型防爆无轨胶轮车 10 余台，主要用于运输散料和小型设备。该矿井筒辅运大巷倾角 6°，长度 4km，最大坡度 10°，单台平均每天下井运行 9 次，每趟往返约 8km，往返平均载重 6t，每天 3 班连续运行，运行效果良好，圆满地完成了该矿的辅助运输任务。

安家岭井工一矿是平硐开拓矿井，采用无轨胶轮车作为辅助运输。副斜井坡度 8°，长约 1000m，弯道较多，运输距离 7km，其中有一坡度 16.5°、长 20m 的上坡。该矿使用太原研究院生产的整体式 3t 材料车、3t 顺槽车、铰接式 5t 自卸车和铰接式 8t 自卸车约 40 辆，用于井下材料、混凝土和设备的运输。

霍宝干河煤矿年生产能力 210 万 t，采用立井开拓，罐笼内部尺寸（长 × 宽 × 高）为 4.5m×1.67m×2.8m；大巷为矩形断面，宽 × 高为 4.2m×3.5m，坡道角度 7°～8°，距离为 2000m，路面硬化。该矿每天的日常辅助运输工作使用太原研究院生产的 3t 顺槽车来完成。每班下井人数为 300 人左右，每日 3 班，每天下井人数 900 人左右，材料为锚杆、锚索、减速器和电机等。

11.3 支架搬运车

支架搬运车是以防爆柴油机为动力，前后机架铰接结构，液力机械传动和液压驱动，用于煤矿井下搬运液压支架和一些重型设备的车辆，是实现工作面快速搬家的有效设备。具有载重能力大、运行速度快、机动灵活、爬坡度大等优点，可以实现不转载运输，节约大量辅助运输人员，提高运输效率，满足综采工作面不同种类和吨位液压支架及其他综采设备的“点到点”无转接快速搬家的需要。

按照工作机构的不同有铲板式搬运车和框架式搬运车两种类型。

11.3.1 适用条件

铲板式搬运车主要是为煤矿井下综采工作面搬家而设计的，最大承载能力 55t。作为搬家的主要设备，用于将支架拖拽或摆放到工作面。另外，该车也作为长距离运输重物的主要设备，包括联合搬运采煤机、刮板机、胶带机机头、破碎机、移变、泵站等大件设备。

铲板式搬运车的主要特点是前、后机架铰接式，液力传动，4×4 前后轮驱动，后桥配有摆动架，横向摆动 7°；轮边采用弹簧制动液压释放安全型制动器和 NO-SPIN 防滑自锁差速器的重型驱动桥，具有车速快、承载能力大、装卸方便的特点。

框架式搬运车主要用于综采工作面液压支架的搬运，最大承载能力 80t，采用封底铲板结构，既可用于液压支架的运输，也可作为普通运输车运送物料，是井下综采工作面搬家作业的主要设备。配置料斗，还可作为一般井下多功能运输车使用。具有载重能力大、车速快、效率高的特点。

11.3.2 技术特征

1. 防爆柴油机水冷式冷却装置

1）防爆柴油机水冷式排气歧管

防爆水冷式排气歧管采用夹层水套进行冷却，以降低表面和尾气的温度，满足矿用防爆柴油机通用技术条件的要求。具有内部水套孔壁厚薄，冷热交变负荷大，工况恶劣的特点，是防爆柴油机的关键部件。由于管壁与尾气和冷却水之间相接触，所以管壁上的流场、温度场和热条件都是不均匀的。

（1）水冷式排气歧管的热固耦合。水冷排气管中的尾气和冷却水的流动为三维稳态黏性不可压缩流体的湍流流动。在对包含三维不可压缩紊流流动的固流耦合稳态传热问题进行分析时，对于固体的导热计算遵循傅里叶定律，并同时求解流体的连续方程、能量方程以及紊流方程。

（2）水冷式排气歧管的设计。根据流体软件的分析结果，结合原排气歧管的结构特点，取消了原排气歧管中的膨胀箱，并将原排气歧管中直角转向整改为圆弧平滑过渡，增加其流线性。并加入隔板，将各排气支路隔开，减小各支路的相互影响。

2）防爆柴油机双循环水冷却系统

为满足煤矿井下大功率防爆柴油机的冷却要求，研制开发了一种双循环系统，不但可以满足大功率防爆柴油机的冷却要求，而且也不影响防爆柴油机的动力性和经济性，该技术已经应用在 TY6V132ZLQFB 型防爆柴油机上。

该冷却系统由水泵、散热器、防爆风扇、冷却水套、节温器、水冷排气管和水冷增压器等组成。

防爆柴油机双循环冷却系统由内、外两个独立循环系统组成。其中，内循环是防爆柴油机本体的冷却系统，主要是冷却防爆柴油机本体，可保证其正常工作；外循环是冷却增压器和排气防爆系统，可保证水冷增压器、水冷排气歧管和排气管等防爆装置在许可的温度范围内工作。

2. 发动机与液压传动的优化匹配策略

通过“转速－排量－扭矩”液压负载自适应反馈控制技术，将发动机外特征与驱动系统特征参数合理匹配，使柴油发动机能够始终工作在经济油耗区。

1）液控自调排量液压传动

支架搬运车液压系统由泵站、行走马达、提升油缸、转向油缸、夹紧油缸、液压油散热器等组成。两台闭式牵引变量主泵作为液压动力，驱动四个行走变量马达，构成闭式回路。

（1）合适的发动机负荷率。发动机的控制目标为低油耗、较高的功率利用率，液压传动系统的控制目标为高效率、且使发动机满负荷率，各控制目标的核心最终归结为合适的发动机负荷率。支架搬运车行走系统的自动控制装置由全程式调速发动机、DA+HA 控制的变量泵和 HD 控制的马达组成，可以实现极限载荷和理想油耗工作点的调节。

（2）极限载荷调节。行走系统是通过 DA 控制阀按照一定的条件来限制发动机的载荷。发动机上装有油门气缸，用来控制发动机的油门，使发动机与负载相适应。油门极限位置通过喷油泵上的一个行程调节杆来调节，在这个极限位置，发动机达到其最大输出扭矩极限，由于该扭矩值为发动机的最大输出扭矩，因此将其称为“极限载荷调节”。如果负载扭矩继续升高，由于速度控制装置不能再通过增大油门来平衡扭矩升高所产生的矛盾，所以，发动机的转速下降，变量泵的控制压力降低，泵的排量也随之变小，直至泵的扭矩重新与发动机的最大输出扭矩相适应为止。

2）电控自调排量液压传动

纯液控的发动机自动控制的液压传动系统，只能实现泵与发动机的近似匹配，发动机的功率利用率较低，同时难以实现某些特殊的控制要求，因此需要借助先进的电液控制技术实现二者的精确匹配，改善发动机的尾气排放。

采用防爆电控的发动机自动控制的液压传动系统后，能够实现车辆超速保护、防熄火保护、智能制动系统和辅助显示等功能。

3. 车载式 U 形液压绞车装置

支架搬运车的液压绞车是液压支架铲装过程中最为关键的部件之一。液压绞车绳力的大小、绳速的快慢直接影响搬运车铲装液压支架的能力及效率。液压绞车由输入装置（低速大扭矩马达 + 行星轮减速过渡盘）、齿轮减速箱、卷缆机构及缆绳组成。液压绞车通过螺栓紧固方式，固定于支架搬运车动臂腔体内。

该绞车以铲板式搬运车液压系统为动力源，通过集回转减速器、POSI-STOP 型反拖自锁装置于一体的驱动控制单元将动力传递给侧向布置传动减速箱，用小半径滚筒卷扬超高相对分子质量聚乙烯 + 芳纶材料的缆绳代替传统钢丝绳实现工作输出，解决了钢丝绳不能应用于较小曲力半径滚筒上的问题和使用安全性问题。通过液压试验台和传动试验台对该绞车进行各种持续负载工况的测功平台试验，以获得绞车的各种技术参数，从而验证绞车结构、设计的合理性和绞车各部位的热平衡。实现了设备和物料的自动装卸和固定，提高了装卸效率和重载运行的稳定性。

支架搬运车动臂内腔空间有限，液压绞车只能采用输入输出同侧平行布置方式，输入装置通过侧置减速箱将动力传递至卷缆机构，实现缆绳的牵引。在输入装置、卷缆机构外形尺寸均确定的情况下，通过调整侧置减速箱结构来实现绞车的改进设计，满足支架搬运车的铲装需求。

现有的绞车一级齿轮传动箱有两种形式，分别为二轴式一级齿轮箱和三轴式一级齿轮箱。

二轴式齿轮箱的两轴分别为输入轴和输出轴，输入轴连接输入装置，输出轴连接卷缆机构的卷筒，在输入装置及卷筒的外围直径均较大的前提下，为保证输入装置及卷筒能够合理布置，齿轮箱两齿轮的中心距必须足够大。输入齿轮确定的情况下，较大中心距必然导致较大速比，同时输出轮的齿顶圆直径往往较大，使得绞车在动臂内腔布置困难。

三轴式齿轮箱是在二轴式齿轮箱的基础上，增加中间轴。中间轴齿轮分别与输入齿轮及输出齿轮相啮合，如图 11.24 所示。该三轴式齿轮箱输入轴、中间轴及输出轴均布置于同一平面，中间轴齿轮属于过渡轮，齿轮箱的速比仍然为输出轴齿轮与输入轴齿轮的齿数比，这种布置方式与二轴式齿轮箱相比，优点在于不加大输出齿轮直径的条件下，加大了输入齿轮与输出齿轮的中心距，并且中间轴的受力较为合理。

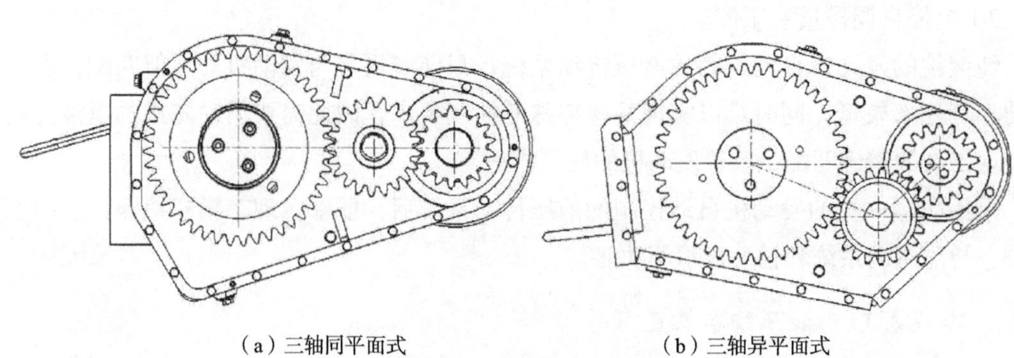

（a）三轴同平面式　　（b）三轴异平面式

图 11.24　三轴式齿轮箱布置

为提高液压绞车的绳力，同时又不影响绞车的空间整体紧凑性，在增加输出齿轮齿数的同时，将齿轮箱三轴布置于相异平面内，将中间轴下移，同时将输入轴内移，这样，使得绞车具备了较大的绳力，而且使得绞车的空间整体布置更加合理紧凑，能够满足支架搬运车的铲装需要。

4. 铲板式搬运车整车重心和配重合理分配

铲板式搬运车主要通过前置铲板铲装综采设备，而煤矿井下巷道空间狭小，对作业车辆的外形尺寸和机动性能提出了较高的要求。因此，对车辆的总体设计也提出了特定的要求，车辆各系统元部件应在规定的尺寸空间内合理布置，并合理分配车辆机架结构质量，在保证整车结构强度的同时，获得较高的车辆载重自重比，又能使得车辆重载及空载时的重心位于允许的安全区域内。

理论及实践表明，具备较高载重自重比的车辆在使用过程中能够减少能源消耗，降低生产成本。吨位级别越大的车辆，其载重自重比的影响效应越大。在载重一定的条件下，车辆的载重自重比决定于其自重。然而，铲板式搬运车属于前端承载式车辆，在搬运设备时，需要足够的后部质量才能保证重载时整车重心处于安全区域，但后部质量的加大又将导致车辆空载时重心过于靠后的问题。因此，合理控制、分配整车质量是车辆设计的重点。现有铲板式搬运车的载重自重比见表 11.12。

表 11.12　铲板式搬运车的载重自重比

车型	载重 /t	自重 /t	载重自重比
25 吨级	25	28～29	0.86～0.89
35 吨级	35	37～38	0.92～0.95
40 吨级	40	42～45	0.89～0.95
55 吨级	55	50～52	0.92～0.96

考虑到以上因素，铲板车在优化整车配重分配时，摒弃了传统铲板类车辆机架两侧增加配重侧板的方法，将其等效质量置于机架最后，这样，既降低了整车机架质量，又提高了车辆的载重自重比，如图 11.25 所示。

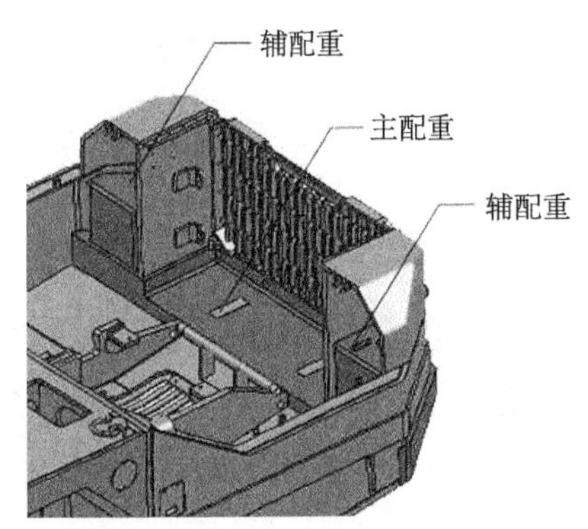

图 11.25　优化后方案

同时，也需对发动机、散热器、补水箱、柴油箱、变速箱等部件的布置进行优化，使得后机架的有效质量集中在整车后半部分，在保证车辆重心位于合理区域的同时，有效降低整车自重，使得车辆载重自重比达到 1.1 以上。车辆空载、重载时的重心安全区域验证如图 11.26、图 11.27 所示。

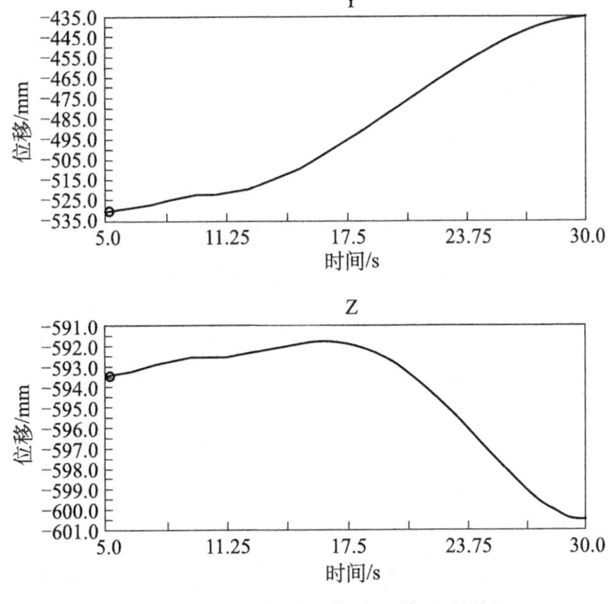

图 11.26　空载时整车重心位置变化

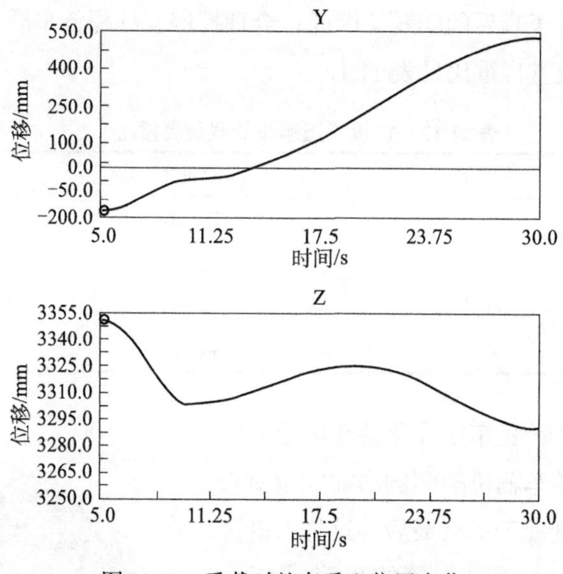

图 11.27 重载时整车重心位置变化

由整车重心变化状态及范围计算得到，整车重载状态时倾翻，临界条件为下 24° 坡；空载状态时倾翻，临界条件为上 52° 坡。由此可得，整车在 14° 坡度上运行时，性能稳定。整车重心变化范围如图 11.28 所示。

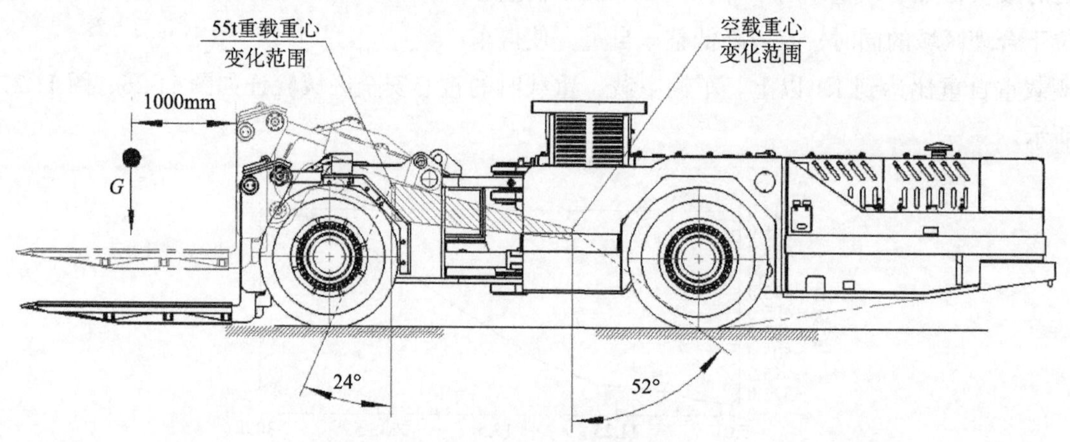

图 11.28 整车重心变化范围

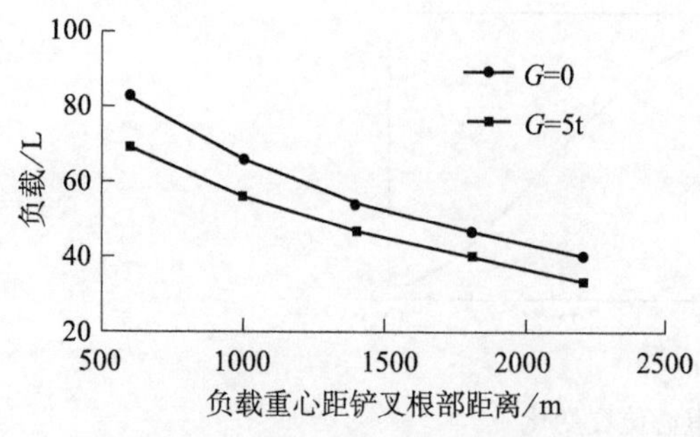

图 11.29 55t 级铲板式搬运车承载能力

以 55t 级铲板式搬运车为例，整车配重设计完成后，通过计算负载随着负载重心到铲板根部距离的关系，得到铲板式搬运车承载能力（图 11.29），图中 G 为后轮载荷。由图可知：当后轮载荷为 5t 时，在距铲叉根部 600mm 处，理论上按力臂计算，负载可达 70t。当后桥载荷为零（即后桥与地面处于临界接触状态）时，理论上按力臂计算，负载可达到82t。

5. 六轮全驱车辆承载均衡性

为了适应煤矿井下巷道空间狭窄的工况条件，在整车结构设计时，采用了转向灵活、转弯半径小、机动性能好的两段式中央铰接转向结构和三自由度车辆柔性多轮自平衡结构，即前后机架横向回转铰接和后框架两侧对称的纵向摆动臂相结合，两组交叉的销轴联合作用组成自适应路面调节机构，使整车6个承载轮胎始终可靠着地，从而较好地适应了复杂工况条件的要求，提高了车辆行驶的平顺性，解决了煤矿井下恶劣路况条件下的重载车辆运输平稳性问题，如图11.30所示。

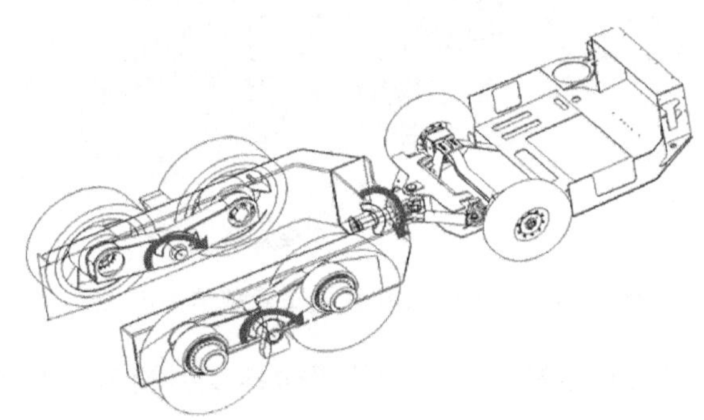

图11.30　框架式支架搬运车铰接结构示意图

6. 静液压传动六轮全驱控制

采用了静液压传动六轮全驱动控制技术，可实现车辆四/六驱动的自动切换，既保证了整车的牵引动力性能，又保证了整车在平整路面的较高的车速，提高了发动机的功率利用率。

7. 重型液压支架安全装卸装置

结合井下不同搬运工况要求，研制了两种液压支架装卸装置：U形封底式重型液压支架安全装卸装置和车载链轮连杆式快速装卸装置和固定装置，实现了液压支架的快速装卸，保证了运输可靠性。

（1）车载链轮连杆式快速装卸装置和固定装置包括提升油缸、提升臂、链轮、提升链等，提升油缸通过提升臂驱动链轮转动，提升链安装在链轮上，当车辆装载液压支架时，车辆倒车至液压支架两侧适合位置，通过提升链将液压支架四个吊装孔钩住，操作提升油缸将支架吊装至合适位置即可进入运输状态，如图11.31所示。

该装置的研制主要是为了适应不同提升位置的液压支架。通过调整圆环链与链轮的啮合，可方便实现提升距离的改变，可以适应不同的液压支架，改变了以往只能通过去除或增加链环数量来改变长度的做法，极大地提高了支架装卸效率。提升过程中，提升力矩变化小，举升力平稳，系统压力变化平缓，冲击较小。

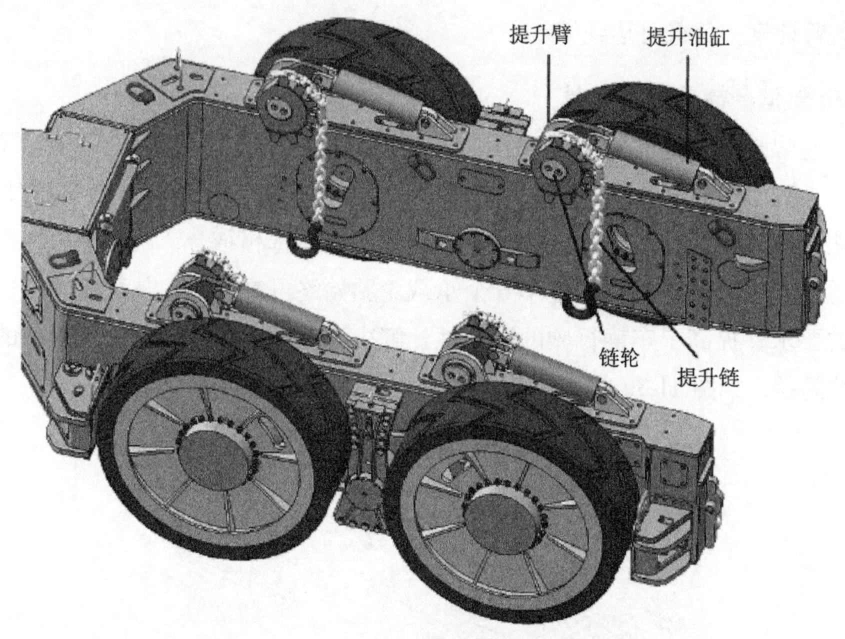

图 11.31　框架式支架搬运车承载结构示意图

（2）U 形封底式重型液压支架安全装卸装置包括牵引绞车、推移机构、封底铲板、提升机构等四部分。封底铲板相对 U 形框架前端铰接，封底铲板末端两侧对称安装有两条提升链，提升链通过提升机构可实现铲板的端头升降功能，U 形框架前端安装有两组推移机构，两组推移机构中间机架上安装有牵引绞车。当车辆装载液压支架时，首先通过提升机构将封底铲板末端下放至地面，牵引绞车链钩伸出将液压支架钩住并拖拽至封底铲板上，操作提升机构使封底铲板抬起至运输状态。当车辆卸载液压支架时，先通过提升机构将封底铲板连同液压支架下放至地面，从液压支架上取下绞车链钩，操作推移机构将液压支架推出封底铲板即可完成液压支架的卸载过程（图 11.32）。该装卸装置使后机架受力均匀，支架运输过程中平稳可靠，无冲击，且可一机多用，除了可运输液压支架外，还可运输散料及满足尺寸、质量要求的其他设备。

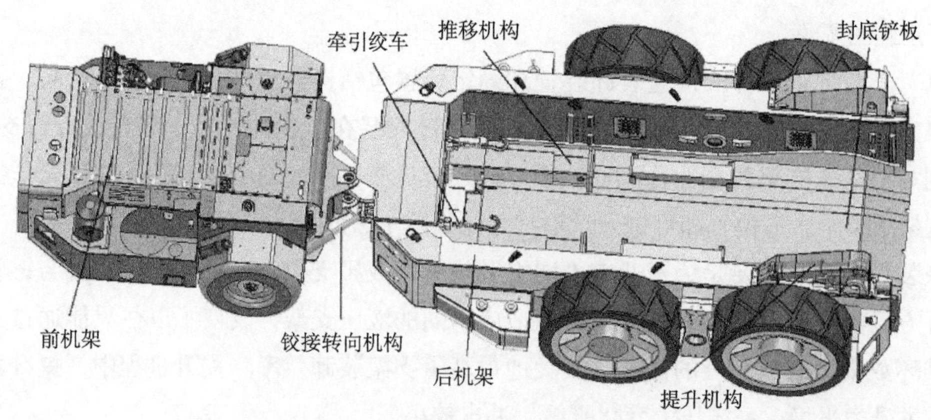

图 11.32　框架式支架搬运车封底承载结构示意图

11.3.3　技术参数

1. WC25E 型铲板式搬运车

WC25E 型铲板式搬运车如图 11.33 所示。主要技术参数见表 11.13。外形尺寸如图 11.34 所示。

图 11.33　WC25E 型铲板式搬运车

表 11.13　WC25E 型铲板式搬运车主要技术参数

参数	数值	参数	数值
载重 /kg	25000	驱动方式	液力机械驱动
爬坡能力 /（°）	14	前进 / 后退挡位	前进 3 挡、后退 3 挡
空载速度 /（km/h）	0～19.6	驱动轮数量 / 个	4
满载速度 /（km/h）	0～18.8	制动轮数量 / 个	4
自重 /kg	28000	制动形式	全封闭湿式安全型制动
发动机形式	增压水冷柴油发动机	制动方式	液压释放，弹簧制动
功率 /kW	200	轮胎类型	充填轮胎
启动方式	气启动	转弯半径 /mm	2875（内）、5920（外）

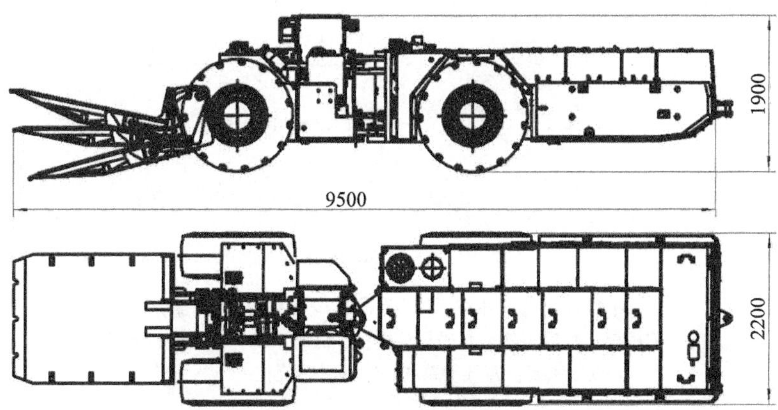

图 11.34　WC25E 型铲板式搬运车外形尺寸（单位：mm）

2. WC40E 型铲板式搬运车

WC40E 型铲板式搬运车如图 11.35 所示。

图 11.35　WC40E 型铲板式搬运车

该车采用双举升油缸和双倾翻油缸，用来完成整车的搬运功能；配备 1 台 18t 牵引能力的液压绞车，用来拖动重物；机架采用前后铰接，双液压油缸转向，转弯角度达到 42°；车上配备独立驾驶室，可以双向驾驶，更方便井下作业使用；采用弹簧制动液压释放安全型轮边制动器，保证安全；后桥采用带摆动架的驱动桥，以适应不平的井下路面，增加附着力，提高整车通过性能；车辆配备了大功率的发动机，动力更充足，并安装了安全电保护系统，对车辆的运行状况实时检测，并对故障进行报警及停机；车辆铰接点及销轴处采用自动润滑系统，通过电磁阀对各个润滑点进行定期注入黄油，以保证整车各结构能正常运行。整车结构组成如图 11.36 所示，主要技术参数见表 11.14。

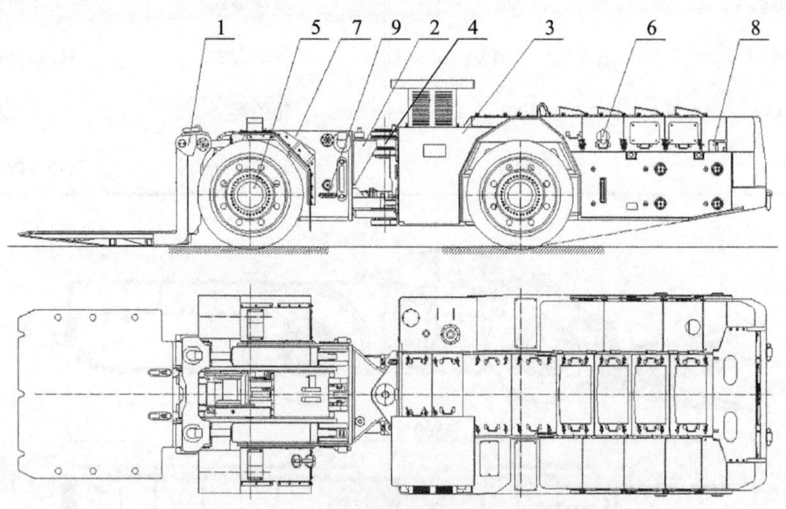

图 11.36　WC40E 型铲板式搬运车整车结构组成

1. 前机架；2. 后机架；3. 操作机构；4. 传动系统；5. 发动机系统；6. 液压系统；7. 气动系统；8. 润滑系统；9. 电气系统

表 11.14 WC40E 型铲板式搬运车主要技术参数

参数	数值	参数	数值
载重 /kg	40000	驱动方式	液力机械驱动
爬坡能力 /（°）	14	前进 / 后退挡位	前进 4 挡、后退 4 挡
空载速度 /（km/h）	0～22	驱动轮数量 / 个	4
满载速度 /（km/h）	0～21	制动轮数量 / 个	4
自重 /kg	43000	制动形式	全封闭湿式多盘制动器
防爆发动机形式	增压水冷柴油发动机	制动方式	液压释放，弹簧制动
功率 /kW	260	轮胎类型	前轮实心，后轮充填
启动方式	气启动	转弯半径 /mm	3695（内）、6950（外）

3. WC40Y 型框架式搬运车

WC40Y 型框架式搬运车（图 11.37）主要由前机架、拖车（含料斗）、转向机构、提升夹紧机构、发动机总成、锁杆组件、液压系统、气动系统、电气系统等部件构成。前机架是整车动力承载单元，承载整套发动机系统、液压泵站、液压油箱、储水箱、电气系统、气动系统等部件；后机架主要用于装载液压支架，装卸支架采用连杆式提升臂带动提升链钩挂支架，实现支架的装卸，同时配备夹紧装置，在支架运输时，可保证支架平稳运输。整车结构如图 11.38 所示；外形尺寸如图 11.39 所示；主要技术参数见表 11.15。

图 11.37 WC40Y 型框架式搬运车

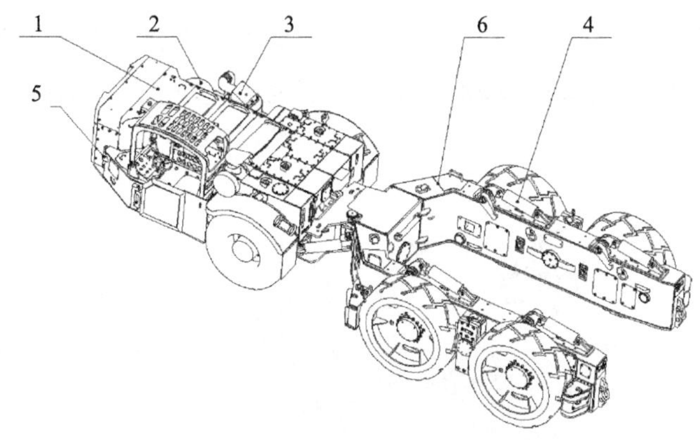

图 11.38 WC40Y 型框架式搬运车整车结构组成

1. 前机架；2. 液压气动系统；3. 发动机动力总成；4. 支架提升机构；5. 电气系统；6. 后机架

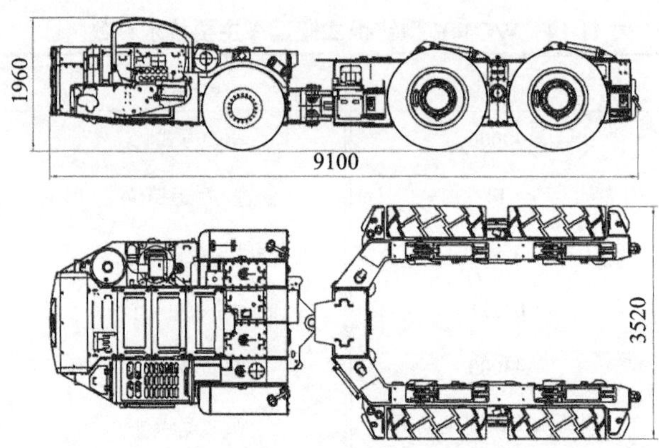

图 11.39　WC40Y 型框架式搬运车外形尺寸（单位：mm）

表 11.15　WC40Y 型框架式搬运车主要技术参数

参数	数值	参数	数值
载重 /kg	40000	启动方式	气启动
纵向爬坡能力 /（°）	12	驱动方式	静液压驱动
空载最高速度 /（km/h）	24	前进后退挡位	无级调速
满载最高速度 /（km/h）	12	适应支架类型	1.75m 和 1.5m
自重 /kg	26000	驱动轮数量	4
发动机形式	增压水冷柴油发动机	制动形式	液压被压制动 + 湿式制动
功率 /kW	200	转弯半径 /mm	2600（内）6600（外）

4. WC80Y 型框架式搬运车

WC80Y 型框架式搬运车如图 11.40 所示。整车主要由前机架组件、拖车组件、转向机构、工作装置、发动机总成、液压系统、气动系统、电气系统、发动机保护装置等部件构成，如图 11.41 所示。

前机架承载着动力源，后机架主要由封底底板、铲板、液压绞车、推料装置等机构组成。该车采用液压绞车牵引方式装架，用推移油缸卸架，克服了框架式支架搬运车在挂钩、卸钩时工人需钻入框架内的弊端，增加了生产的安全性。外形尺寸如图 11.42 所示；主要技术参数见表 11.16。

图 11.40　WC80Y 型框架式搬运车

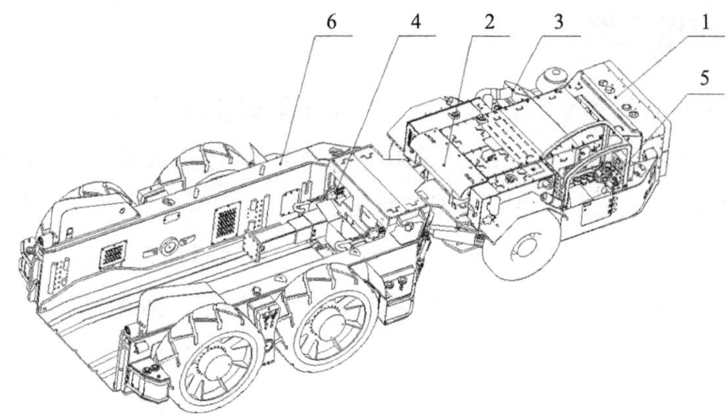

图 11.41　WC80Y 型框架式搬运车整车结构组成

1. 前机架；2. 液压气动系统；3. 发动机系统；4. 后机架；5. 电气系统；6. 支架装卸机构

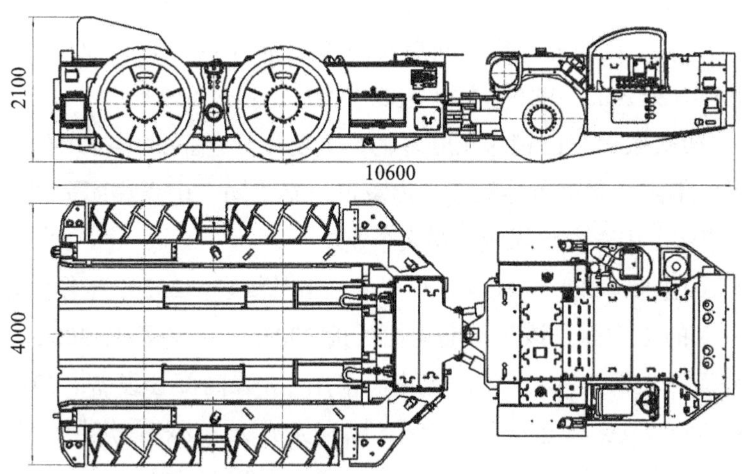

图 11.42　WC80Y 型框架式搬运车外形尺寸（单位：mm）

表 11.16　WC80Y 型框架式搬运车主要技术参数

参数	数值	参数	数值
载重 /kg	80000	启动方式	气启动
适应支架类型	中心距≤2.05m	驱动方式	静液压驱动
框架内宽 /mm	2026	前进后退挡位	无级调速
纵向爬坡能力 /（°）	10	驱动轮数量 / 个	6
空载最高速度 /（km/h）	15	制动轮数量 / 个	4
满载最高速度 /（km/h）	10	制动形式	液压被压制动＋湿式多盘制动器
自重 /kg	46500	制动方式	液压释放，弹簧制动
最大接地比压 /MPa	0.98（满载）	转弯半径 /mm	4500（内） 9200（外）
防爆发动机形式	增压水冷柴油发动机	离地间隙 /mm	220
功率 /kW	260	最大不可拆卸尺寸	4124×2752×1333
		外形尺寸（$L\times W\times H$）/mm	6121×3496×1655

11.3.4 应用实例

WC25E 型铲板式搬运车在神华神东、神华宁夏煤业集团、霍州煤电（竖井）、晋兴煤业、中煤煤业分公司、兖矿集团济三煤矿（竖井）、天地王坡矿、万利金烽矿、陕西南梁矿、鄂尔多斯大泰矿、陕北韩家湾矿等矿使用。

2007 年 12 月～2008 年 3 月，WC25E 型铲板式搬运车在大柳塔矿、活鸡兔井、补连塔矿、石圪台矿、上湾等煤矿进行了工业性试验。试验期间，搬运电瓶、移动变电站、皮带架、乳化液泵等设备 3840t，运行总里程 2400km，圆满完成了 6 个工作面的设备搬家作业。

WC40E 型铲板式搬运车于 2015 年 4～6 月参与了华晋焦煤王家岭煤矿 20109 工作面、韩咀煤矿 1202 工作面、崖坪煤矿 11201 工作面的安装和回撤工作。王家岭煤矿主要辅助运输大巷由副平硐和 2 号煤集中辅助运输巷组成。其中，副平硐长 12.7km，最长斜坡 3000m（2.2°），最大坡度 5.5°（271m）；2 号煤集中辅助运输巷长 5.1km，最大坡度 8°（110m），最长斜坡 610m（3°）。工作面安装期间单程运输距离长约 16km。期间开机运行总时间 527h，运行总里程约 911km，井下摆放、拖拽支架总重超过 6000t。

WC40Y 型框架式搬运车已销售 120 多辆，主要用户包括神华神东公司、神华宁夏煤业、山西西山煤电集团、北京鲁能煤业、内蒙古伊泰集团、中煤集团平朔煤业、山西霍州煤电、山西阳煤集团、山东兖州煤业等煤炭企业。

WC80Y 型支架搬运车成功应用于陕煤集团红柳林煤矿。25202 工作面是红柳林煤矿一次性开采高度最大的工作面。该工作面走向长度 3005m，工作面长 300m，煤层平均厚度 6.8m。为提高采面煤炭回收率，25202 工作面采用 7m 采高配套设备。2011 年 8 月，太原研究院两台 WC80Y 型支架搬运车历时 20d，顺利完成 25202 特厚煤层综采工作面的 7.2m 液压支架的入井搬运任务，共搬运 7.2m 液压支架 150 架（其中，82.1t 支架 2 架、75.7t 支架 4 架、73.7t 支架 4 架、69.8t 支架 140 架），高度均为 3.25～7.2m，总里程 1601km，日最高搬运 11 架、单车最高 6 架。

主要用户有陕西煤业化工集团、神华神东公司、山西潞安集团等。

11.4 专用车辆

在煤矿生产中，专用车辆是区别于人员运输和材料运输车辆之外的生产运输设备。通常该类设备的功能针对性较强、特点鲜明，在煤矿生产中占有重要的地位，特别是在大中型现代化无轨辅助运输矿井中更是不可或缺。

国内煤矿井下专用车辆起步于 20 世纪末。随着无轨辅助运输系统在大中型煤矿的应用，带动了煤矿井下专用车辆的发展，国内厂家开始从事该领域的研究，先后推出了煤矿井下多功能铲运车、防爆柴油机混凝土搅拌车、轮式防爆装载车、防爆洒水车、防爆柴油机吸污车等专用车辆。

多功能铲运车具有多种可以快速更换的工作装置，可以高效率完成井下设备及物料的铲装（运）、叉装（运）作业，完成底板平整、高空作业等多项任务，具有“一机多能”的功能。混凝土搅拌运输车是专用于煤矿井下混凝土运输的车辆，能够解决混凝土易离析、硬化等问题。防爆装载车用于煤矿井下散装物料的装载、清理巷道浮煤和排矸等作业。防爆洒水车用于清除煤矿井下大巷路面的煤尘以及巷道两侧的粉尘，解决煤矿粉尘污染问题。吸污车用于对煤矿井下水仓内淤积的固体颗粒物及煤泥进行清理，并将污泥快速运送到地面，具有清理和运送两种功能，能够高效地解决井下淤泥清理问题。

11.4.1　适用条件

多功能铲运车是用于煤矿井下的一种矮车身、中央铰接、前端装载的集装、运、卸联合功能于一体的作业设备，主要用于井下刮板输送机中部槽、皮带、刮板链等物料的运输，也可以进行电缆、水管、风筒、金属网、钢梁的架设、巷道的修整铲平等作业。按负载能力有 4t、7t、10t 和 15t 等系列产品，在国内矿井得到了广泛应用。

混凝土搅拌运输车能够适应井下巷道和地面搅拌站间的长距离运输，适用于巷道宽度大于 2900mm，高度大于 2700mm，长距坡度小于 6°，局部坡度小于 14° 的环境中使用。具有车速快、容积大、爬坡能力强、转弯半径小、机动适应性强等优点。

防爆装载车适用于巷道宽度大于 3350mm，高度大于 2850mm，长距坡度小于 6°，局部坡度小于 14°，具有爆炸性气体（甲烷）的环境中使用。具有结构紧凑、操作方便、转弯半径小、重载爬坡能力强、污染轻、效率高等特点。

防爆洒水车和吸污车主要用于煤矿井下大巷及两侧的灭尘及煤矿井下水仓内淤泥的清理和运输。

11.4.2　技术特征

1. 铲运车快换工作机构

铲运车工作机构是铲、装、卸物料的装置，快换工作机构是在原有单一工作机构的基础上，通过快换增加工作机构种类，以扩充铲运车的功能，是提高铲运车单机开机率，降低用户的设备购置成本的一种新的结构方式。快换工作机构可分为快换装置和工作机构两大部分，快换装置主要解决车体和工作机构之间的连接匹配，在短时间内实现两种或多种工作机构之间的更换；工作机构即为实现车辆功能的执行装置，种类繁多，包括铲斗、铲叉、起吊装置、作业平台等，通过各种工作机构完成车辆铲、叉、运等各项工作任务。

1）工作机构设计

根据井下装载、铲叉、举升、卷放等各种作业需要，适应多种任务作业，就需要根据各任务特点研制各种高效的工作机构，并且必须实现快速更换。多种快换装置如图 11.43 所示。

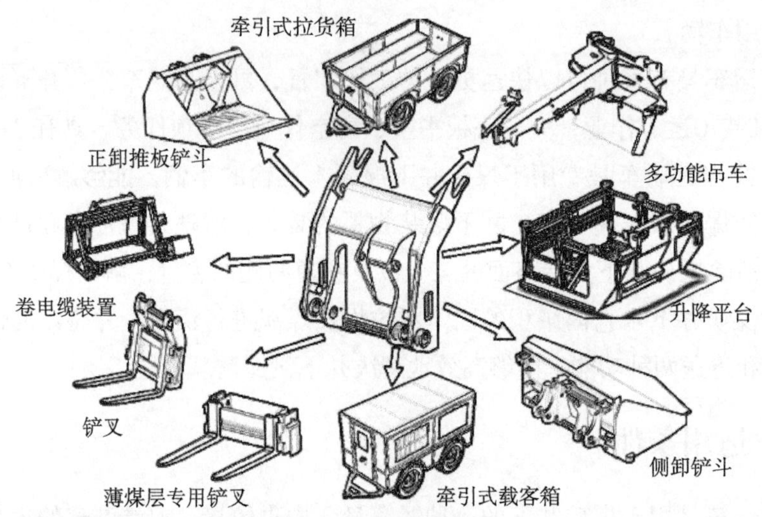

图 11.43　多种快换装置

（1）铲斗、侧卸铲斗、铲叉、薄煤层铲叉。为了适应巷道高度，需要在较低的举升高度下满足卸料要求，采用“油缸推卸技术”开发适合煤矿井下作业特点的专用铲斗，在铲斗保持水平的情况下通过二级油缸推动推板将物料快速干净卸下；侧卸铲斗通过改变铲斗卸料方向，实现皮带运输和散煤运输的无缝结合；高强度铲叉，实现对井下设备的快速叉运；薄煤层专用铲叉在满足使用要求的基础上，降低铲叉高度，专为薄煤层设计。

（2）皮带卷筒。采用液压驱动方式，开发皮带电缆卷筒装置，解决井下皮带和电缆的铺设、回收问题，减轻人工作业的劳动强度和提高作业安全性。

（3）起吊装置。采用液压驱动单臂牵引方式开发可靠灵活的起吊装置，解决煤矿井下工字梁架设的操作性难题，设计回转压链锁紧装置，解决工字梁的固定和精确位置定位难题。

（4）货箱、客箱。利用货箱、客箱前后的牵引三脚架与铲运车前部或尾部快速搭接，实现双向拉人、载货，解决井下随车人员、工具的运输问题。

（5）升降平台。利用液压举升、支撑油缸，实现平台水平升降，解决井下电缆架设及巷道高空作业问题。

2）快换工作机构工作过程

快换工作机构利用叉形架挑接自锁技术，实现各种工作机构与机体的快速连接，以达到稳定可靠工作的目的。当车辆需要更换工作机构时，能够在井下实现单人短时操作。快换装置更换叉架过程如图 11.44 所示。

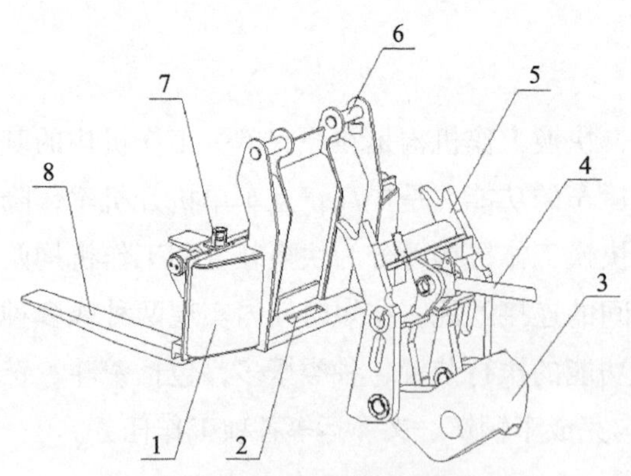

图 11.44　快换装置更换叉架过程

1. 叉架体；2. 叉架插销孔；3. 大臂；4. 翻转油缸；5. 快换装置；6. 叉架支撑销；7. 货叉限位销；8. 货叉

将胶轮车开至叉架体 1 的正前方，将

大臂 3 降下，将动作先导手柄将翻转油缸伸出，快换装置 5 前倾，车体缓慢前行，微调使快换装置 5 连接架体插窝处插到叉架 1 的支撑销 6 上，通过叉架支撑销旁的定位块，可使叉架体 1 与快换装置 5 对中，再将翻转油缸 4 收回，快换装置 5 后倾，此时在重力作用下，两者贴合，插销板与叉架的插销孔 2 对齐，动作先导手柄，使锁紧油缸伸出，即将叉形架锁死，完成连接，整个更换过程操作简单。

2. 铲运车重心优化分配

由于煤矿井下运行环境相对复杂，铲运车的作业稳定性直接影响煤矿的生产安全。铲运车稳定性既是设计时的参考指标，也是使用环境的适应指标，在铲运车设计时必须对其稳定性进行详细分析和计算。运用三维软件建立铲运车虚拟样机，通过运动学分析软件模拟铲运车在工作循环过程中重心变化进行实时计算，并绘制成曲线。将曲线结果运用平面几何分析法对铲运车在静载状态和多种复杂路面行走、作业的恶劣状态下的稳定性进行分析和计算，根据结果对铲运车的布置结构和重心位置进行合理分配。

采用三维建模软件对铲运车进行虚拟建模，赋予质量后导入运动学分析软件。为了能够精确地仿真出该铲运车在工作过程中的重心变化情况，在运动分析软件中将各个部件的坐标叠加，确定工作装置在某个位置时的重心坐标。并利用举升油缸、倾翻油缸的运动模拟出工作机构铲取、举升、卸载、收斗的一个工作循环。

通过运动分析系统对工作循环过程进行连续、多次重心位置的自动计算，得出重心的运动轨迹并绘成曲线，分别如图 11.45、图 11.46 所示。

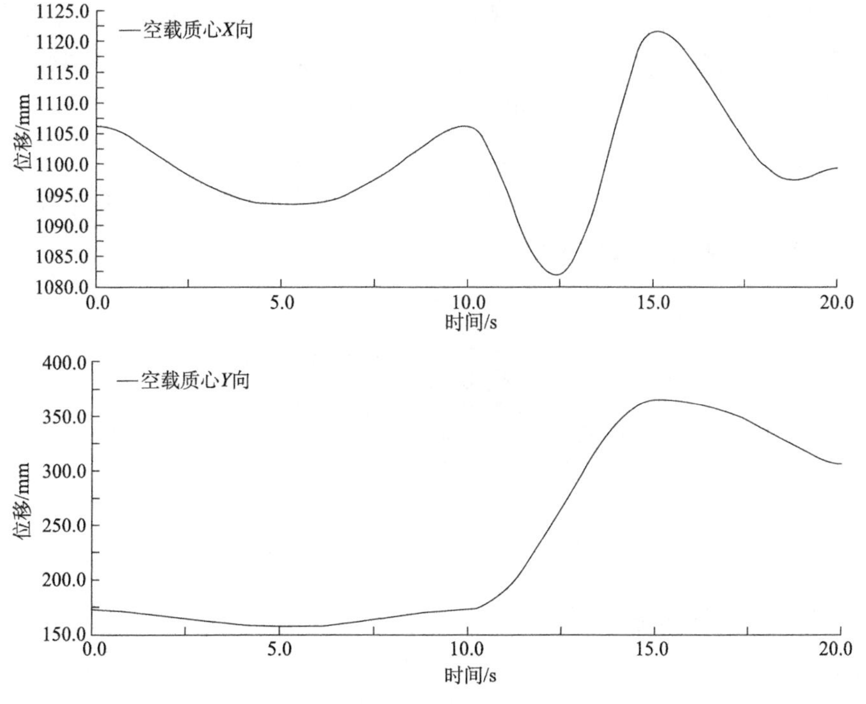

图 11.45　空载时重心 X、Y 方向变化曲线

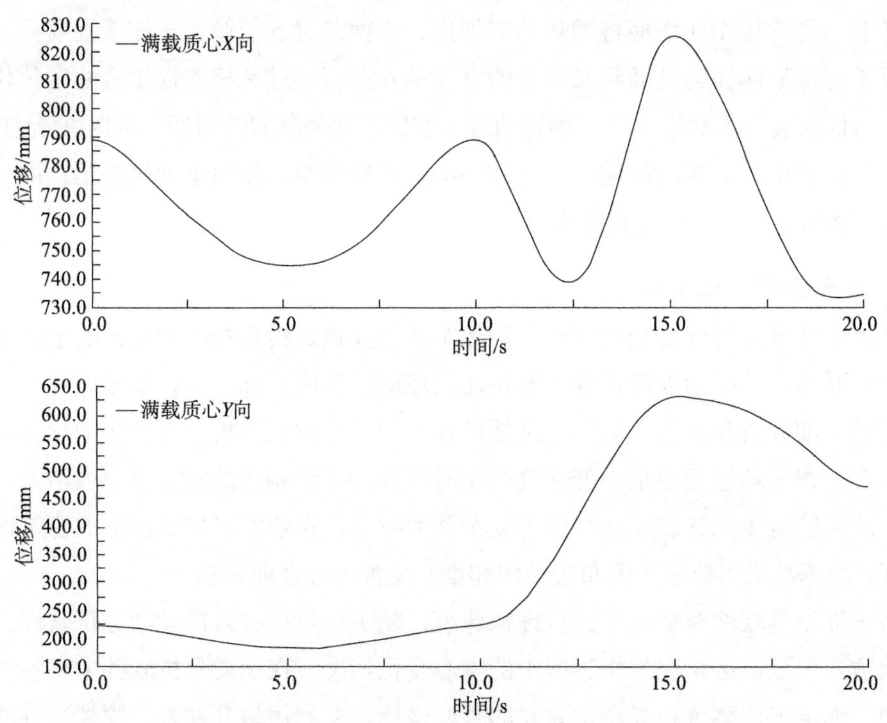

图 11.46　满载时重心 X、Y 方向变化曲线

将得出的重心变化曲线相对于坐标系确定到铲运车车身，如图 11.47 所示。A 区域为满载状态下铲运车前部工作机构完成包括铲取、举升、卸载、收斗的一个工作循环时，重心相对于车身的变化范围。区域 B 为空载状态下铲运车前部工作机构完成一个工作循环时，重心相对于车身的变化范围。可以通过几何关系看出空载稳定性优于重载情况，重载重心位置相对于前、后轮形成的最小失稳角度为 θ。因此，可以得出结论：理想状态下，满载车辆可以在小于 θ 的纵向坡道上正常作业（不包括侧卸）。

铲运车在煤矿井下需要面对各种复杂路况，最影响车辆稳定性的恶劣工况为车辆在横向坡道上转弯并将机构举升至最外时侧卸。

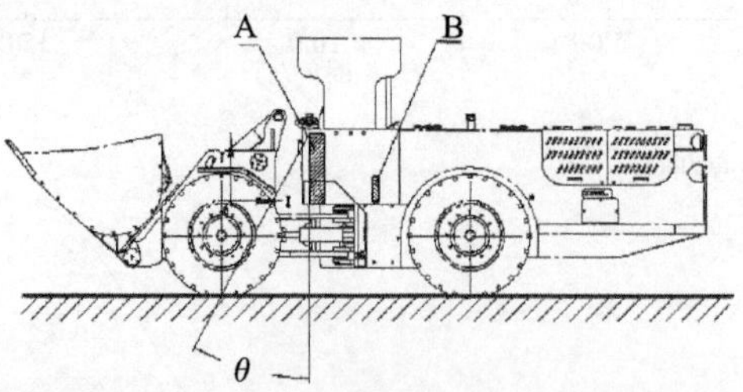

图 11.47　X、Y 方向重心在车辆上变化范围

3. 混凝土搅拌车技术特征

1）可旋操控单元

为了给驾驶员提供开阔的视野和舒适的环境，该车设计了旋转操控单元。该操控单元

配备了两套可切换油门控制和制动控制系统，方便了旋转操作的切换。操控单元可以根据作业需求进行旋转，方向盘、搅拌罐控制手柄和换挡换向手柄固定于操控单元上，有效解决了座椅旋转后进行操作的有效性和方便性。旋转操控单元满足驾驶员的操作舒适性和开阔的视野。车辆在运输过程中，驾驶员正向驾驶；装料卸料时，驾驶员侧向驾驶。方向盘和控制手柄固定在操作架组件上，同换挡手柄安装板、座椅一同安装在旋转底座组件上。两套制动踏板和油门踏板，实现 90° 旋转后的油门和制动控制，利用旋转固定杆对旋转座椅进行固定。

2）水平布置全密封搅拌罐

为了适应煤矿井下巷道尺寸和充填率要求，对搅拌罐水平密封布置。搅拌罐叶片采用变螺距、变叶片螺旋高度的多头螺旋线全新排列方式，使混凝土的搅拌、出料更加的均匀、快速、干净。进、出料口独立式设计，罐体顶部双口加料，尾口出料，加料方便快捷，出料迅速。进料口采用锥形橡胶密封，顶盖压架高度可调，通过锁杆固定，旋转丝杠压紧密封。考虑到不同混凝土的坍落度不同，单进料口一次性加料无法满足 80% 的填充率，设计了 2 个进料口，不必旋转罐体，一次性加料达到填充率至 80%。

3）下置式摆动机构

该车传动系统采用紧凑的 HR 布置方式，驱动桥的上方空间较小。为了解决该难题，设计了一种全新的带摆动梁的下置摆动架结构，带摆动梁的下置摆动架结构类似驱动桥自带摆动梁结构，不但增加车辆运输过程中的横向稳定性，也可改善车辆的通过性能。考虑各种动态特性和惯性特性，对整车在不同的恶劣工况下做动力学仿真分析，得出摆架的受力，并增加安全系数，通过有限元计算对摆架强度作出校核。

11.4.3　技术参数

1. WJ-4FB 型防爆柴油铲运车

WJ-4FB 型防爆柴油铲运车结构组成如图 11.48 所示。

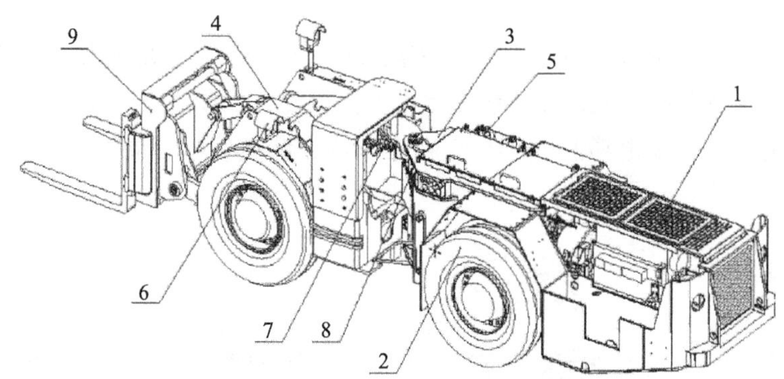

图 11.48　WJ-4FB 型防爆柴油铲运车结构

1. 动力系统；2. 行走系统；3. 机架；4. 连杆运动机构；5. 液压系统；6. 电气系统；7. 驾驶操作系统；8. 气动系统；9. 工作机构

主要技术参数见表 11.17。

表 11.17 WJ-4FB 型防爆柴油铲运车主要技术参数

参数	数值	参数	数值
载重 /kg	4000	驱动方式	液力机械驱动
纵向爬坡能力 /（°）	14	前进 / 后退挡位	前进 4 挡、后退 4 挡
空载速度 /（km/h）	0～24	驱动轮数量 / 个	4
满载速度 /（km/h）	0～23	制动轮数量 / 个	4
自重 /kg	14000	制动形式	全封闭湿式安全型制动
发动机形式	自然吸气柴油发动机	制动方式	液压释放，弹簧制动
功率 /kW	65	轮胎类型	充填轮胎
启动方式	气启动	转弯半径 /mm	2635（内）；5245（外）

2. WJ-10FB 防爆柴油铲运车

WJ-10FB 型防爆柴油铲运车主要由工作机构、前机架、后机架、操作系统、传动系统、发动机装配、压系统、润滑系统、电气系统等部分组成，如图 11.49 所示。

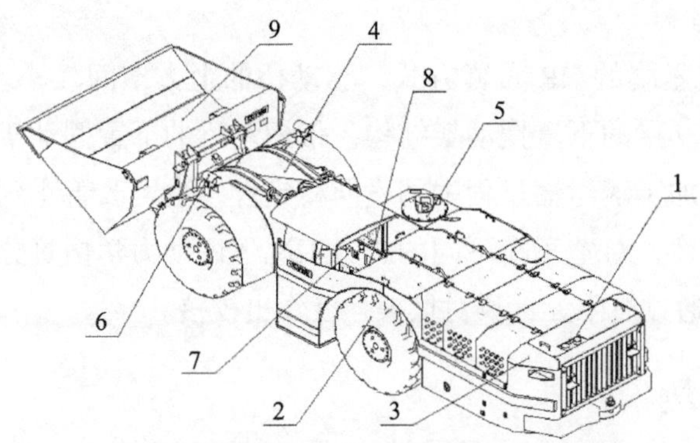

图 11.49 WJ-10FB 型防爆柴油铲运车结构

1. 动力系统；2. 行走系统；3. 机架；4. 连杆运动机构；5. 液压系统；
6. 电气系统；7. 驾驶操作系统；8. 气动系统；9. 快换工作机构

根据煤矿井下作业需求，通过快速功能单元换装机构，可装配矿井专用的铲斗、铲叉、悬臂式起重机、升降平台、破碎锤和卷皮带等工作机构，如图 11.50 所示。用 1 台设备就可实现叉装、铲运、皮带及电缆收放、高空高架作业、巷道修整、局部调运和路面破碎等多种机械化作业。

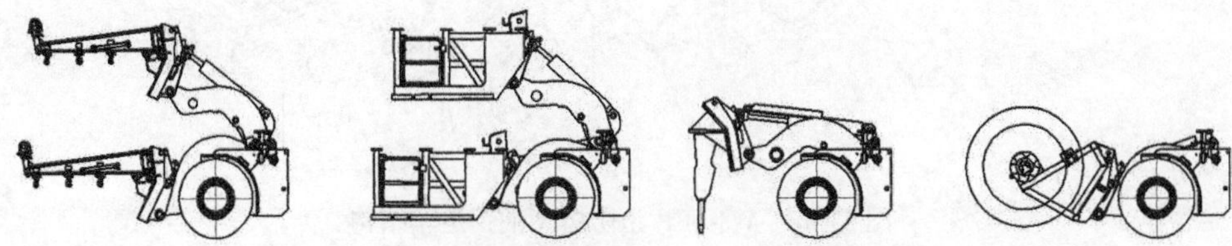

图 11.50 WJ-10FB 型防爆柴油铲运车多功能工作机构

主要技术参数见表 11.18。

表 11.18　WJ-10FB 型防爆柴油铲运车主要技术参数

参数	数值	参数	数值
载重 /kg	10000	驱动方式	液力机械驱动
纵向爬坡能力 /（°）	14	前进 / 后退挡位	前进 4 挡、后退 4 挡
空载速度 /（km/h）	0～24	驱动轮数量 / 个	4
满载速度 /（km/h）	0～23	制动轮数量 / 个	4
自重 /kg	21000	制动形式	全封闭湿式安全型制动
发动机形式	涡轮增压发动机	制动方式	液压释放，弹簧制动
功率 /kW	200	轮胎类型	充填轮胎
启动方式	气启动	转弯半径 /mm	3100（内）；6300（外）

3. 防爆柴油机混凝土搅拌运输车

防爆柴油机混凝土搅拌运输车主要由动力系统、行走系统、工作机构、液压系统、气动系统、电气系统六部分组成。整体结构如图 11.51 所示；主要技术参数见表 11.19。

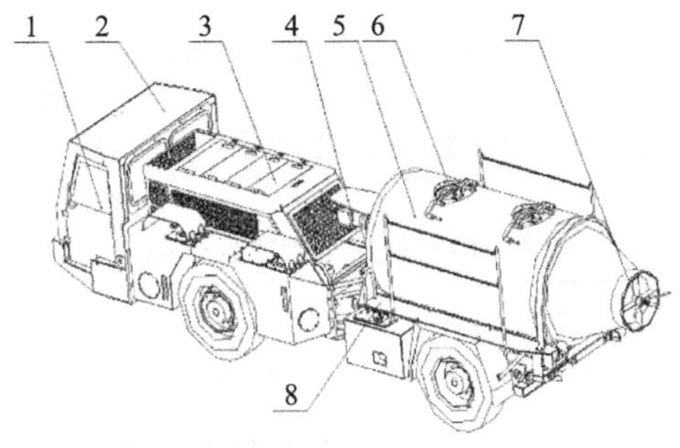

图 11.51　防爆柴油机混凝土搅拌运输车整体结构

1. 驾驶操作；2. 独立驾驶室；3. 前机架；4. 搅拌驱动装置；5. 搅拌罐；6. 进料口；7. 出料口；8. 多功能承载平台

表 11.19　防爆柴油机混凝土搅拌运输车主要技术参数

参数	数值	参数	数值
搅拌容积 /m^3	5	混凝土装载量 /m^3	4
纵向爬坡能力 /（°）	14	罐体填充率 /%	80
横向坡 /（°）	7	驱动轮数量 / 个	4
空载速度 /（km/h）	0～30	制动轮数量 / 个	4
满载速度 /（km/h）	0～29	最大牵引力 /kN	160
自重 /kg	12000	铰接转向角度 /（°）	左右各 40
防爆发动机型号	TY6114ZLQFB（A）	制动形式	湿式安全型制动
功率 /kW	130	制动距离 /m	≤8
启动方式	气启动	制动方式	液压释放，弹簧制动
驱动方式	液力机械	前进 / 后退挡位	4

4. 轮胎式防爆装载车

轮胎式防爆装载车主要由动力系统、行走系统、工作机构、液压系统、气动系统、电气系统六部分组成。整体结构如图 11.52 所示；主要技术参数见表 11.20。

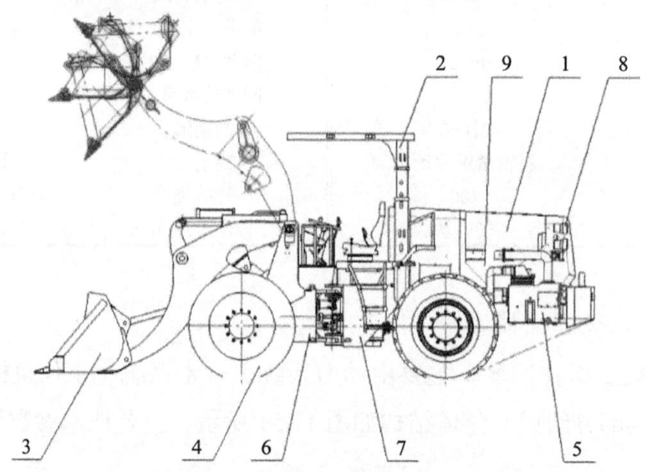

图 11.52 轮胎式防爆装载车基本结构

1. 发动机罩；2. 升降顶棚；3. 工作机构；4. 传动系统；5. 防爆柴油机系统
6. 前车架；7. 后车架；8. 电气系统；9. 气动系统

表 11.20 轮胎式防爆装载车主要技术参数

参数	数值	参数	数值
额定斗容 /m³	1.7	额定载荷 /kg	3000
纵向爬坡能力 /（°）	14	破碎锤钎杆直接 /mm	85
横向坡 /（°）	7	驱动轮数量 / 个	4
空载速度 /（km/h）	0～28	制动轮数量 / 个	4
满载速度 /（km/h）	0～24	最大牵引力 /kN	≥80
自重 /kg	10000	铰接转向角度 /（°）	左右各 40
防爆发动机型号	TY6110QFB	制动形式	湿式轮边制动
功率 /kW	75	制动距离 /m	≤8
启动方式	气启动	最小离地间隙 /mm	350
驱动方式	液力机械	前进 / 后退挡位	4/2

5. 防爆洒水车

防爆洒水车主要由动力系统、行走系统、工作系统、液压系统、气动系统、电气系统等部分组成。整车结构如图 11.53 所示；工作系统布置如图 11.54 所示；整车主要技术参数见表 11.21。

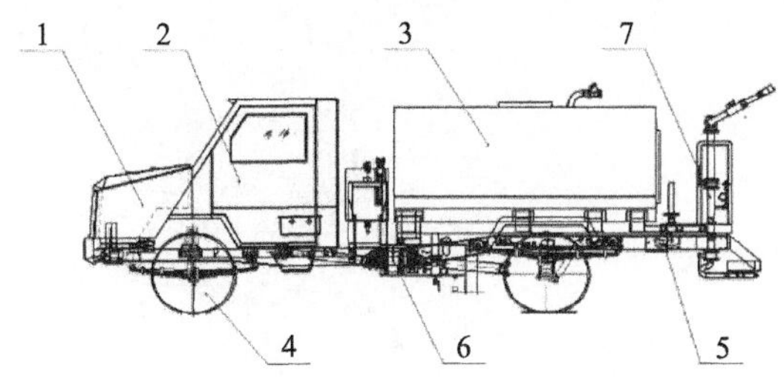

图 11.53　防爆洒水车结构

1. 动力系统；2. 驾驶操作系统；3. 储水罐；4. 行走系统；5. 电气系统；6. 液压系统；7. 喷雾装置

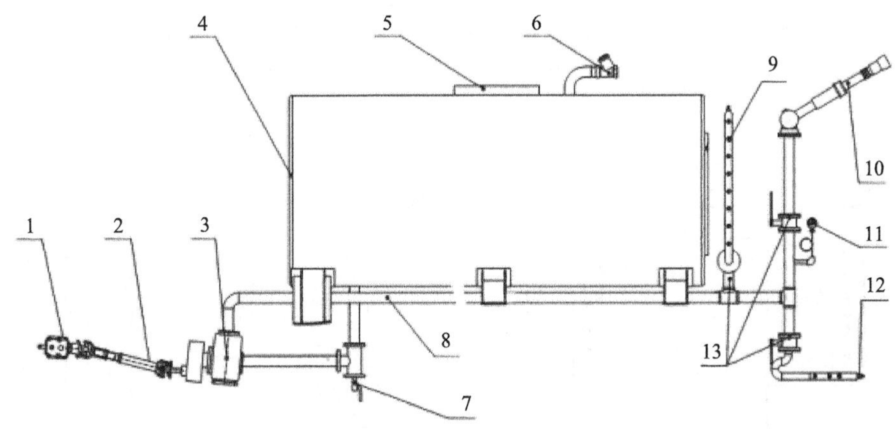

图 11.54　防爆洒水车工作系统布置图

1. 取力口；2. 传动轴；3. 水泵；4. 储水罐；5. 清洗口；6. 注水口；7. 自溢阀；
8. 水管；9. 侧喷雾；10. 高喷枪；11. 压力表；12. 后喷雾；13. 球阀

表 11.21　防爆洒水车主要技术参数

参数	数值	参数	数值
额定储水量 /m^3	4	转向方式	前轮转向
纵向爬坡能力 /（°）	14	驱动轮数量 / 个	2（后轮驱动）
横向坡 /（°）	7	制动形式	湿式轮边制动
空载速度 /（km/h）	0～29	制动轮数量 / 个	4
满载速度 /（km/h）	0～28	最大牵引力 /kN	24
自重 /kg	4200	制动距离 /m	≤8
防爆发动机型号	TY4100ZQFB（A）	最小离地间隙 /mm	200
功率 /kW	65	启动方式	气启动
驱动方式	机械变速换挡	前进 / 后退挡位	3/1

6. 防爆柴油机吸污车

防爆柴油机吸污车主要由动力系统、行走系统、工作系统、液压系统、气动系统、电气系统等部分组成。整车结构如图 11.55 所示；吸污原理见图 11.56 所示。主要技术参数见表 11.22。

5
8
1
6
2
3
4
7

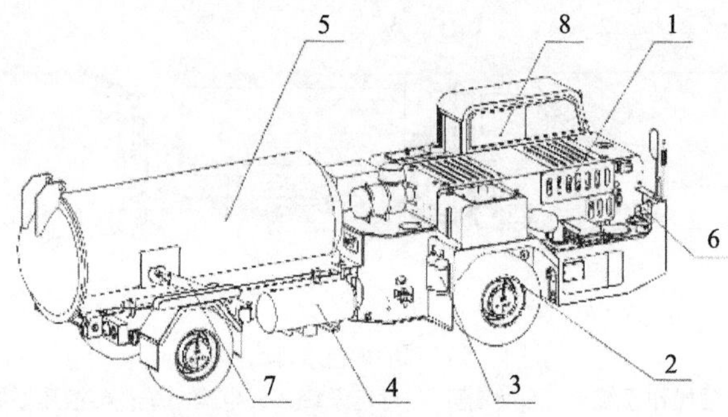

图 11.55　防爆柴油机吸污车结构

1. 动力系统；2. 行走系统；3. 火灾监测灭火系统；4. 气动系统；5. 吸污系统；
6. 电气系统；7. 液压系统；8. 驾驶操作系统

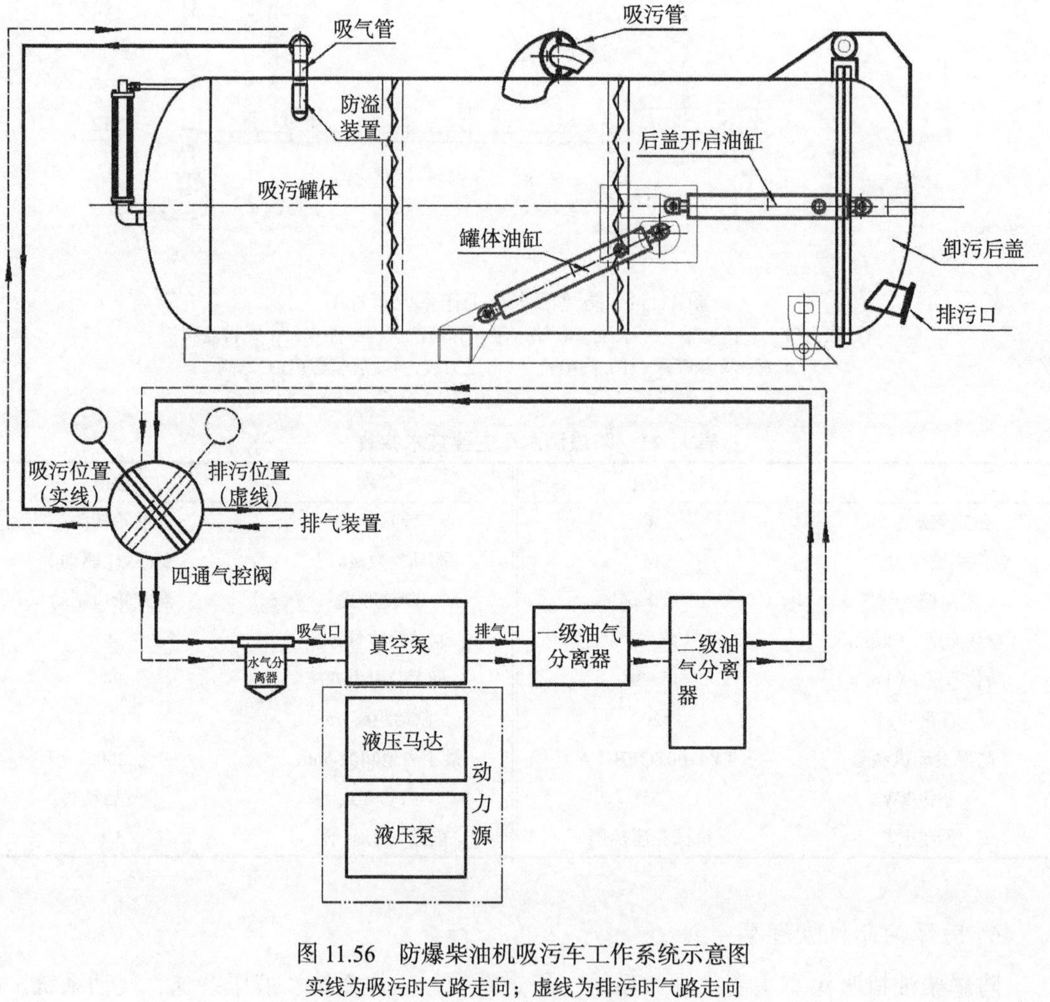

吸气管
吸污管
防溢
装置
后盖开启油缸
吸污罐体
罐体油缸
卸污后盖
排污口
吸污位置
（实线）
排污位置
（虚线）
排气装置
四通气控阀
吸气口
真空泵
排气口
一级油气
分离器
二级油
气分离
器
水气分
离器
液压马达
液压泵
动
力
源

图 11.56　防爆柴油机吸污车工作系统示意图

实线为吸污时气路走向；虚线为排污时气路走向

表 11.22　防爆柴油机吸污车主要技术参数

参数	数值	参数	数值
额定吸污容量 /m^3	3.5	吸污方式	负压吸入
吸入物最大直径 /mm	80	真空泵功率 /kW	4
纵向爬坡能力 /（°）	14	驱动轮数量 / 个	4×4
空载速度 /（km/h）	0～32	制动形式	湿式轮边制动
满载速度 /（km/h）	0～30	制动距离 /m	≤8
自重 kg	9500	最小离地间隙 /mm	230
功率 /kW	90	启动方式	气启动
驱动方式	机械变速换挡	前进 / 后退挡位	3/3

11.4.4　应用实例

JC5A 型防爆柴油机混凝土搅拌运输车于 2011 年 12 月～2012 年 5 月在王家岭煤矿使用过程中，完成辅运大巷、20104 工作面、20105 工作面等路面硬化所需的混凝土共计约 3100m^3，实现路面硬化约 2600m，共运行约 26 800km。

2009 年 7 月，WJ-10FB 型防爆柴油铲运车在神华宁煤集团建井公司使用，完成了宁煤集团红柳煤矿、枣泉煤矿、羊场湾煤矿等综采工作面的设备搬家、安装作业。行驶总里程约 1500km，共铲运溜槽、皮带、油料等物资总重量约 2000t。

红柳煤矿巷道运输距离长约 4000m，倾角 10°，局部路段达 14°，且该工作面正处于建设状态，巷道路面硬化约 1/4，底板条件差，粉尘大。WJ-10FB 型防爆柴油铲运车完成了 105 个溜槽和 16 卷皮带下井搬运工作，并运送了大量的油料、材料、大件等。

枣泉煤矿运输距离约 2500m，巷道路面基本没有硬化，要求 15 天内必须将长约 270m 的综采工作面安装完毕，WJ-10FB 型防爆柴油铲运车平均每天工作 16h 以上，共铲运了 130 余个溜槽，未出现大的故障和任何非易损零部件的损坏，并提前 2 天完成了全部溜槽的铲运以及其他大件的搬运、安装工作。

防爆洒水车主要用于煤矿井下巷道灭尘，保证井下人员健康。太原研究院研制的防爆洒水车先后用于神东煤炭、榆林神华、同煤集团、山西晋神能源、晋兴能源、神华宁夏煤业、陕西永陇能源、北联电能源、山西西山晋兴能源等矿区，累计生产销售 50 多台，为用户带来了良好的经济效益。

11.5　无轨辅助运输系统配套工艺

随着我国煤矿开采规模的扩大、开采强度的增加、运输距离的加长，机械化程度较高的无轨辅助运输车辆的使用已成为保证高生产率和维持合理费用的重要手段。井下无轨胶轮车作为一种高效的运输设备，对矿井安全生产、简化辅助运输工艺、减人增效起到了极其重要的作用。为了充分发挥无轨胶轮运输设备的效能，研究无轨辅助运输系统配套工艺是非常必要的。

本节以 AQ1064《煤矿用防爆柴油机无轨胶轮车安全使用规范》为基础，从系统角度统筹考虑无轨辅助运输所涉及的巷道适用条件、巷道通风设计、车辆调度、无轨辅助运输工艺的设计等方面，对无轨辅助运输方式在矿井的应用进行了阐述。

11.5.1 矿井运行条件

无轨辅助运输车辆有其适用条件，对工作巷道的断面尺寸、底板硬化标准、巷道坡度都有相应的要求。

1. 巷道断面

1）辅运大巷的设计

无轨辅运大巷服务于整个开采水平的人员、矸石、材料、设备的运输，其断面尺寸必须满足车辆运行的安全间距。

车辆单向行驶的巷道，巷道净宽应满足车辆两侧至巷道壁附着物突出部分或排水沟的间距不小于 0.5m。车辆双向行驶的巷道，巷道净宽应满足两车错车间距不小于 0.5m。巷道净高的要求为车辆最高点至巷道顶板吊挂物的间距不小于 0.5m。

在运输巷的一侧，从巷道道碴面起 1.6m 的高度内，必须留有宽 1m 以上的人行道。已有巷道人行道的宽度不符合上述要求时，必须在巷道的一侧设置躲避硐，2 个躲避硐之间的距离不得超过 40m。

2）辅运顺槽断面的设计

无轨辅运顺槽断面需满足无轨胶轮车运行的最小安全距离。顺槽巷道的断面布置如图 11.57 所示。

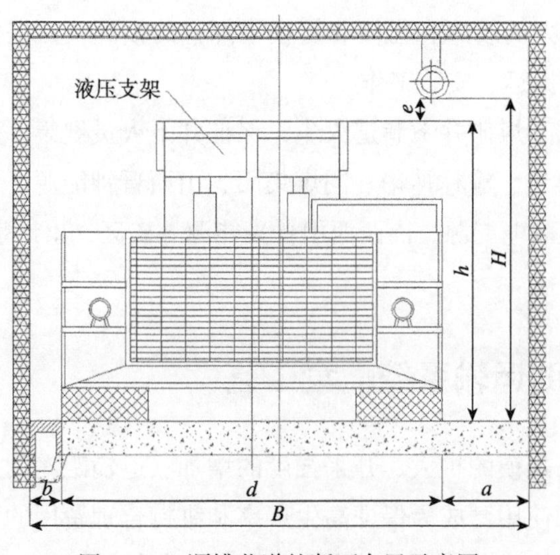

图 11.57 顺槽巷道的断面布置示意图

2. 巷道要求

1）路面要求

路面硬化是无轨辅助运输车辆能否成功使用的关键，一般底板硬度 f 不小于 4，并要保持干燥、平整，不得有大的凸起物和凹坑。在辅助运输大巷和采区主要巷道最好采用强度为 C30 的混凝土铺设，厚度 300mm；综采工作面搬家通道、顺槽等路面可采用 C20 混凝土铺设，厚度 150～200mm。

若局部巷道底鼓严重，可不硬化，而用石子或三七灰土垫起来，车行至该路段时，缓慢通过，一旦路面车辙过深，影响车辆行驶时，要立即进行修整。也可在地面局部铺设钢板，并进行防滑处理，以抵抗底鼓带来的不便。

2）坡度要求

一般来说，胶轮车的经济运行坡度在 6° 以下，即只有在 6° 以下才能充分体现出无轨辅助运输的效率，而当坡度超过 6° 时，连续爬坡的能力就会受到一定的限制。另外，为防止车辆的倾翻，对巷道的横向坡度也有一定的要求，一般不大于 7°。不同巷道坡度下连续纵坡长度的适应性曲线如图 11.58 所示。

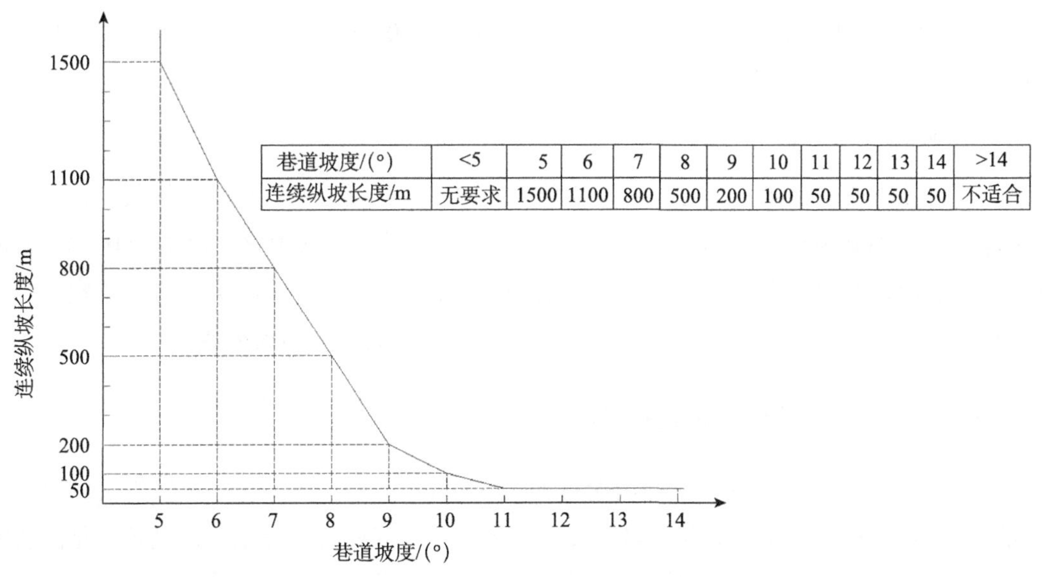

巷道坡度/(°)	<5	5	6	7	8	9	10	11	12	13	14	>14
连续纵坡长度/m	无要求	1500	1100	800	500	200	100	50	50	50	50	不适合

图 11.58　不同巷道坡度下连续纵坡长度的适应性曲线

3）巷道变坡处圆角设计

无轨辅助运输车辆在井下运行时，会遇到巷道局部坡度突变（即路面的起伏）的情况，此时需要对路面变坡处设置足够大的圆角，以便车辆能够安全通过。

4）巷道交叉点设计

为使车辆在岔道口能够自如的转弯，主巷和岔巷侧应适当加宽 500mm 左右。加宽范围可依据主巷和岔巷夹角大小来确定，从两巷道中心线交点起算的加宽段长度见表 11.23。

表 11.23 不同岔巷夹角的加宽段长度

岔巷与主巷夹角 θ/(°)	90	75	60	45
加宽段长度 L/mm	9500	8500	7500	6500

曲线连接时巷道中心线曲线半径 R 宜采用 5m，也可用直线连接。巷道交叉点加宽如图 11.59 所示。

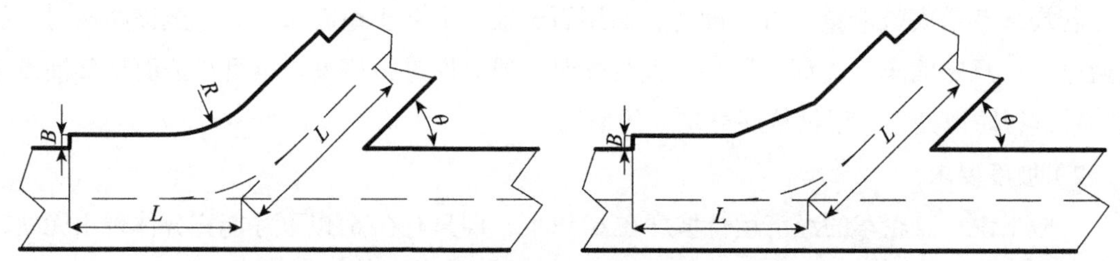

图 11.59 无轨辅运巷道交岔点加宽示意图

R 为曲线半径（mm）；θ 为岔巷夹角（°）；B 为巷道加宽值（mm）；L 为从巷道中心线交点起算的加宽段长度（mm）

5）巷道转弯处抹角的设计

无轨胶轮车在转弯时，车身最外侧与巷道壁需留有 0.5m 的安全间距，并且要满足车身内侧与转弯抹角圆弧段间距不得小于 0.5m。

3. 相关硐室和设施

矿井的无轨辅助运输系统通常配备各种车辆硐室，包括检修、存放、换装、掉头、错车硐室等。各硐室地面必须采用强度为 C20～30 的混凝土全部硬化，厚度 200～300mm，地面保持干燥，坡度不大于 3‰，有良好的照明，支护良好不得有露头的锚杆锚索，深度超过 6m 时，必须强制通风或采用调节风窗，硐室内应配备相应的灭火器材。

11.5.2 综采工作面设备回撤工艺

综采工作面搬家是需要多方面配合的系统工程，主要体现在搬运工艺和搬运设备上（如辅助运输设备等），如何制定合理的搬运工艺，并合理配套和适用搬运设备，是能否实现工作面快速搬运、安全提效的关键。因此必须根据科学的回撤工艺技术，采用合适的综采工作面快速搬运无轨运输装备对工作面液压支架、刮板运输机、采煤机、转载机、破碎机、移变列车等设备进行“面到面”的快速搬迁。

1. 综采工作面设备搬家工艺

液压支架的安全回撤工艺应根据矿井的地质条件、瓦斯含量、搬运设备、人员配置等情况，确定不同的技术方案。目前常用的回撤工艺可分为单通道回撤工艺和辅巷多通道多点回撤工艺两种。

单通道回撤工艺是在综采工作面终采线处，预先掘出一条垂直于上下两巷道的回撤通道，形成综采工作面设备的单通道回撤系统。单通道回撤工艺通常适用于地质条件不允许开拓回撤通道与回撤辅巷的情况下。该回撤工艺巷道掘进量小、施工简单、设备购置量少、成本较低，主要适用于顶板条件较差和高瓦斯矿井。

在我国内蒙古鄂尔多斯地区和陕西榆林地区，矿井瓦斯含量低，顶板整体性好，不易坍塌，而且巷道掘进采用连续采煤机及后配套设备进行双巷掘进，效率高、掘进速度快，巷道掘进本身就可获得很高的经济效益。因此，辅巷多通道回撤工艺就应运而生。

辅巷多通道回撤工艺是在综采工作面终采线处提前掘出两条通道，即回撤通道和回撤辅巷，通过多条联巷沟通，形成辅巷多通道回撤系统。该回撤工艺巷道掘进量大、设备采购量大，但与单通道回撤工艺相比，效率与速度实现了成倍增长。

2. 综采工作面设备回撤支护方式

1）采用回撤专用支架的中间架的撤架支护方式

辅巷多通道回撤工艺可配合使用掩护支架（目前主要用的有三台、四台、五台）。图 11.60 为三台掩护支架回撤布置方式，三角区掩护支架和回撤端头支架将回撤区与冒落区更有效地隔离开来，并可在多点进行支架回撤。回撤顺序为：支架搬运车将支架从左右两侧撤出，然后从就近的联巷到达回撤辅巷，运出工作面。特别是采用了新设计的端头特殊掩护支架对端头顶板实施有效支撑，为回撤人员提供了安全保障。三角区支架的特殊功能可代替回撤人员的打木垛工序，既保证了回撤人员的安全又节约了大量的木材。

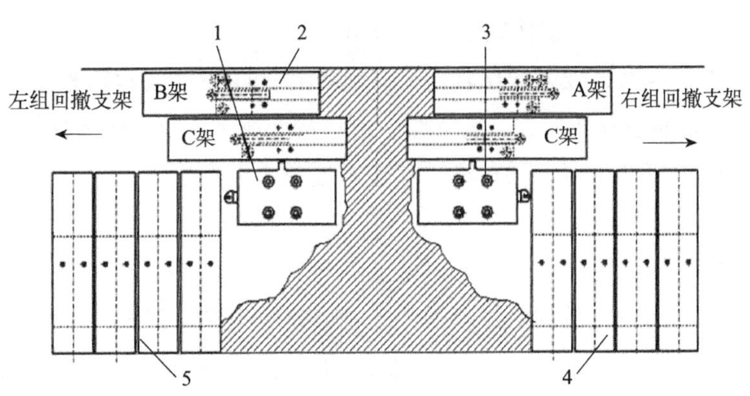

图 11.60　回撤支架布置示意图

1. ZZ9000/20/40B 型三角区掩护支架；2. 回撤端头支架（A、B、C）；
3. ZZ9000/20/40A 型三角区掩护支架；4. 工作面综采支架；5. 工作面综采支架

2）采用回撤专用支架的三角区撤架支护方式

综采工作面支架回撤后就会在工作面端头形成一个三角区无支护空间。ZZ9000/20/40 型回撤端头三角区掩护支架用于搬家工作面端头三角区顶板支护，代替之前在三角区部位支护的部分木垛和圆木，与端头回撤掩护支架配合使用，有效防止顶板冒落，为回撤设备和工作人员提供安全作业空间，实现了端头三角区顶板机械化支护。

11.5.3 无轨辅助运输设备配套

1. 设备选型

煤矿地质条件千差万别，即使在适合胶轮车使用的各大矿井，车型的选择也会有很大的区别。一般来说，车型的选择主要由矿井的开拓方式、巷道条件、车型用途、大型设备的尺寸、质量以及采取的辅助运输工艺等确定。

1）矿井的开拓方式

若采用立井开拓，则副井提升罐笼是无轨胶轮车上下井的唯一通道，胶轮车的选型必须满足罐笼的尺寸、提升能力的要求。车辆外形尺寸（或最大解体尺寸）和整机质量（或最大解体质量）是车辆选型的必要条件之一。

若采用斜井开拓，胶轮车的车辆外形尺寸（或最大解体尺寸）和整机质量（或最大解体质量）必须满足斜井断面、提升绞车的最大提升能力的要求。

若采用平硐或斜硐开拓，对胶轮车的选型没有太大的限制，绝大部分车辆均可使用，主要依据运输速度和效率选型。

2）巷道条件

依据巷道断面尺寸选择外形尺寸相适应的车辆。车辆在运行过程中距巷道两侧附着物突出部分、距顶板吊挂物突出部分均应不小于 0.5m。车辆会车时，两车之间的安全距离应不小于 0.5m。

依据井下巷道转弯的多少和转弯半径的大小来选择铰接式车辆还是整体式车辆。一般铰接式车辆转弯半径 3～6m，整体式车辆 6～8m。

巷道底板较差，湿滑，坡度起伏较多时，可选用四轮驱动或六轮驱动类车辆，驱动能力强，适应性好。底板硬化较好，坡度平缓，可选用两驱类车辆，经济性好，速度快。

巷道顶板较低时可选用薄煤层车辆，巷道宽度较小或在皮带巷时，可选用整车宽度较窄的车辆。

3）车辆用途

依据一次性所需运输人员的数量可选用 5～30 座运人车；依据一次性所需运输物料的质量可选用 3～12t 运料车；对于 6m 或 9m 长的水管等大长物件的运输可选用 5t 或 8t 加长平板车运输；依据所需完成的特殊工作如：洒水灭尘、混凝土运输、卷皮带电缆、铲装运等，可选用洒水车、混凝土罐车、多功能型车辆；井下指挥、救急、抢险可选用指挥车。

4）大型设备的尺寸、质量

依据采煤机搬运方式即拆分为几部分，每部分的质量和外形尺寸，选择 25～40t 铲板式搬运车或采煤机搬运车，依据综采支架的质量、外形尺寸和搬运方式，选择 25～40t 铲板式搬运车或 30～80t 框架式支架车，依据回撤通道或切眼的断面尺寸、中部槽的质量等，选择 4～15t 叉运车搬运，依据刮板机头机尾、转载机头机尾、胶带机头机尾、动力列车的不可拆解质量选择 25～40t 铲板式搬运车。

2. 设备数量配置

无轨辅助运输设备数量配置主要考虑因素：现产量、设计产量，回采面、掘进面、开拓面数量，每天每班下井人员人数、物料数量，每年的搬家次数，要求的搬家时间等。

我国煤矿的地质条件千差万别，决定了胶轮车的选型和数量配置在不同的矿井差别较大。即使产量、开拓方式相似，车型和数量也可能大不相同。

3. 搬家配套车辆

对于不同的综采设备应使用配套的专用搬运车辆，以最大限度地发挥设备效能，提高搬家效率。

1）采煤机的搬运

采煤机是综采工作面单机吨位最大的设备，也是搬运最困难的设备。采煤机的搬运，可将采煤机前后摇臂拆掉，采用两台铲板式搬运车将采煤机及其下面的 5 节溜槽从头、尾两点整体抬出工作面并直接转移到新工作面的方式。已拆卸的摇臂采用铲板式搬运车铲运到新工作面。

2）液压支架的搬运

液压支架是综采工作面数量多，单重大的设备，其搬运速度直接影响到整个工作面的搬家效率。采用快速搬家工艺所需的配套支架搬运设备主要有 3 种。

（1）铲板式搬运车。铲板式搬运车是以铲板为承载单元，装卸灵活，不仅可以搬运支架，而且可以搬运其他物料，属于多功能车类，由于机身长、自重大、重心高，所以运行稳定性较低。主要用于支架短距离运输和摆放。根据液压支架质量的不同，目前主要有载重 25t、35t、40t 和 55t 等载重级别的车辆。动力源有以柴油机和以蓄电池为动力两种车型。

（2）“U”形框架式搬运车。“U”形框架式搬运车以带四轮驱动的“U”形框架作为支架承载单元，采用四套起吊装置将支架直接悬挂并用夹紧机构固定，具有自重轻、重心低、运行平稳、装卸方便快捷、转运速度快、井下适应性好的优点，是目前主要支架搬运设备，特别适合于长距离搬运作业。根据液压支架重量的不同，目前主要有载重 30t、40t、50t、55t 和 80t 级等载重级别的车辆。

（3）框架平板拖车式支架搬运车。平板拖车式支架搬运车结合了铲板式和“U”形框架式支架搬运车的特点，由牵引车和拖车组成。该车的优点是在牵引车前端配置了能够方便拆卸的铲板装置，在不搬运支架的情况下，可以作为搬运其他设备的多功能车辆使用。其缺点是车型较长，结构为三段式铰接，倒车转向困难，需要在行车路线上进行合理布置。

3）刮板输送机的搬运

刮板输送机的撤出方式为首先将机头机尾拆解，然后采用较大吨位的铲板式支架搬运车分别铲运到新工作面。中部槽的搬运受到停采线附近顶板支护方式的局限。目前停采线附近顶板大多采用多单体支柱配合钢梁或垛式支架支护方式，因此撤中部槽的车辆应充分考虑到支护设备的影响，外形尺寸应尽量小型化，满足移动灵活、方便、适应性强的要求。因此，中部槽需要配备专用的小吨位的防爆叉车在工作面进行转运，再由大吨位铲运车或专用的中部槽平板运输车来进行长距离运输。目前主要有载重 4t、7t、10t 和 15t 等载重级别的多功能铲运车。

4）移变、泵站、破碎机、胶带机、皮带、电缆等设备的搬运

移变、泵站、破碎机、胶带机等综采工作设备数量较少，可由铲板式支架搬运车或多功能铲叉车进行运输。皮带和电缆可采用多功能铲运车所配备的车载专用卷皮带和卷电缆机构进行卷绕后由铲运车运输。

基于上述分析，针对综采工作面设备情况，工作面快速搬家采用的配套设备见表 11.24。

表 11.24　综采工作面的快速搬家设备

设备用途	类型级别	数量 / 台
液压支架搬运	40t、55t 和 80t 级框架式支架搬运车	2
	25t、40t 和 55t 级铲板式搬运车	2
采煤机搬运	40t 级铲板式支架搬运车	
刮板机搬运	40t 级铲板式支架搬运车	
	4t 级防爆叉车	1
	10t 级多功能铲运车	2
	8t 级防爆平板中部槽运输车	2
移动变电站、泵站、破碎机、带式输送机等	40t 级铲板式支架搬运车	
	10t 级多功能铲运车	
	防爆运输车	5

11.5.4 应用实例

大柳塔煤矿 52 煤三盘区 52306 工作面采用辅巷多通道回撤工艺。采用多台回撤专用支架控制顶板，缩小了空顶面积，降低了作业人员的劳动强度，节省了支护材料，提高了支架回撤速度，取得了较好的效果。

1. 可伸缩带式输送机的拆除和回撤

把皮带一接头开至皮带头夹皮带装置附近，用夹皮带装置夹住皮带，把接头处的穿条抽出，然后用卷皮带装置夹住皮带，一边松皮带张紧绞车，一边用卷皮带装置卷皮带；每卷完一卷，把皮带退出后，再用夹带装置夹住皮带继续退皮带，直到把整个皮带退完为止。之后，切断胶带机开关电源并闭锁，拆开负荷侧电缆，拆除各部管路及监测线路并且做好标记，解体卸载滚筒，卸载架子；然后把紧带绞车钢丝绳的固定端拆开，把钢丝绳收回到紧带绞车滚筒上，解体驱动装置、传动装置、卸载装置、储带装置、卷带装置、夹带装置、

张紧装置。主被动滚筒、大架，储带架子、冷却系统、软启动、电路系统等，用绞车和防爆叉车拉出至装车点装车，由皮带尾向头撤退中间架、边梁、防倒卡子、及上下托辊整齐装入防爆车运到地面，皮带自移尾拆分三节用40t铲板车从运输顺槽运出。

2. 转载机、破碎机的拆除和回撤

先将转载机刮板部分拆除，把连接链的连接环拆开，开动转载机并且用绞车配合，将连接链放在皮带上或巷道中，依次对每对两根链做好标记，通过防爆运料车运出，之后，及时切断转载机开关电源并闭锁，拆开负荷侧电缆，拆除转载机上部的电缆，拆开转载机电缆夹、挡煤板，盖板，解体破碎机后部溜槽及转载机尾，解体破碎机电机和转载机电机减速机，解体转载机过桥部溜槽，最后解体转载机头及机头架，依次用绞车配合防爆叉车将设备全部铲运到装车点装车，运到地面料场。

3. 采煤机的拆除和回撤

先将采煤机开至溜尾，将前后滚筒摇臂与机身的连接销拆开，把前后滚筒与摇臂整体分离，之后将电源切断，将采煤机主机体与相连部分的中部槽整体由两台铲板车抬运出。

4. 工作面前、后部输送机的拆除和回撤

输送机拆除前，要将溜槽内的浮煤、杂物全部清除干净，刮板提前拆除，将溜槽上面的连接环拆开，一边用马达松链，一边用绞车配合往出拉链，当吐完一节链时，必须将余链固定，防止倒退，继续重复开始吐链的工序，直到把链全部吐完为止，将工作面输送机链全部退出，之后切断输送机开关电源并闭锁，拆开负荷侧电缆，然后开始解体电机减速机偶合体、头、尾、拆开各溜槽之间对口连接件，之后拆两溜槽之间的齿条销及齿条、电缆槽夹板。导向销子和电缆槽，用回柱绞车依次拉到工作面装车点。

5. 设备列车的拆除和回撤

将移动变电站、液压泵站、开关和集中控制设备的连接装置拆开，拆除各部电缆及控制线路并且做好标记，将列车上的托电缆装置进行编码拆解出井，移动变电站用铲板式支架搬运车整体经工作面从辅运顺槽运出。泵站和其他设备列车用防爆运输车从回风顺槽搬出。

6. 支架的回撤

该工作面共有152台ZY18000/32/70型液压支架；181台ZZ18000/25.5/50垛式支架。工作面支架回撤顺序为76号、75号、77号液压支架；74号、73号和78号、79号液压支架；72～5号与80～147号液压支架、4～1号与148～152号端头支架的回撤。工作面支架前端对应的垛式支架依次撤出。

（本章主要执笔人：马建民，王治伟，柳玉龙，王庆祥，王晓，刘德宁，陈贤忠，潘成杰）

第 12 章 防爆蓄电池无轨运输车辆

防爆蓄电池无轨运输车辆是以防爆蓄电池为动力的辅助运输车辆，具有零排放、低噪声等特点，可以解决内燃机车的污染问题。另外，煤矿辅助运输相对公路运输具有距离短、循环往复作业、充电点容易组织等优势，在实施上更有优势。因此，发展清洁高效的防爆蓄电池车辆将是煤矿无轨辅助运输的一个重要方向。

国外煤矿广泛使用防爆蓄电池车辆，美国煤矿大量使用防爆铅酸蓄电池的电动无轨运输车辆，总用量超过 1 万台。使用量最大的为采用 128V 的煤矿特殊型铅酸蓄电池铲车，也生产了大量的各种矿用蓄电池轻型车辆，其中包括电动运人和客货两用车型，载重最大的井下车辆是 MAC-12 型运人车，最高时速 19.2km/h，最多承载 13 人，满载质量 3.4t，电池使用 96V 铅酸电池串联供电。

20 世纪 80 年代初，我国引进了国外防爆蓄电池车辆，用于煤矿生产的辅助运输。2000 年，国内也开始研发防爆蓄电池车辆，5t 运料车及 18 座人车在平朔井工一矿、同煤塔山矿进行工业性试验；矿用防爆锂离子蓄电池无轨胶轮车在神东进行工业性试验；铅酸蓄电池铲板式搬运车在神东矿区得到了成功应用。

根据我国煤矿对无轨辅助运输系统的安全、高效、清洁提出的要求，开展了以防爆蓄电池为动力的无轨辅助运输装备的研究，相关课题“矿用防爆高比能量蓄电池动力技术的研究”被列入国家高技术研究发展计划（“863”计划）。

防爆蓄电池车辆交流变频调速技术、矿用车载式数据采集、故障诊断及监控系统等核心技术取得突破，对我国研发煤矿井下防爆蓄电池车辆起到了积极促进作用，对井下环境改善、节能减排，实现煤炭的清洁高效开采有着重要意义。

本章主要介绍煤科总院太原研究院研制的 WX35J 型防爆铅酸蓄电池铲板式搬运车、WJX-10FB 型防爆铅酸蓄电池铲运车、WLR-19 型防爆锂离子蓄电池胶轮车和 WLR-9 型防爆锂离子蓄电池胶轮车的适用条件、技术特征和主要技术参数。

12.1 WX35J 型防爆铅酸蓄电池铲板式搬运车

12.1.1 适用条件

WX35J 型防爆铅酸蓄电池铲板式搬运车主要用于煤矿井下综采工作面搬家运输支架，

最大承载能力为35t。作为搬家的主要设备，用于将支架拖拽或摆放到工作面。采用935Ah、264V 铅酸动力蓄电池，大大缓解了工作面空气质量。另外，该车型也是长距离运输重物的主要设备，包括联合搬运采煤机、刮板机、胶带机机头、破碎机、移变、泵站等大件设备。适应巷道断面（宽 × 高）3.8m×1.9m、坡度 ±14°，属重型铲板式搬运车。如图 12.1 所示。

图 12.1　WX35J 型铲板式搬运车

12.1.2　技术特征

1. 防爆低压 DC/AC 变频技术

采用了适合井下特种车辆用低电压、大电流的矿用逆变交流变频调速系统，既能保证空载车速，又能在过载工况下减小控制器发热量，充分利用变频调速系统较宽的调速范围满足煤矿井下复杂多变的运行工况。

防爆低压 DC/AC 变频技术通常用于防爆蓄电池车辆的变频牵引系统，能够驱动普通交流变频电机，其结构也适用于驱动永磁电机等特种电机。通过转矩矢量变频牵引控制、大电流功率器件驱动和隔爆外壳散热等相关技术的试验和研究，将各种工作条件下车载变频器运行温度都控制在工作范围内，消除发热对变频技术的影响，保证变频器的可靠运行，是防爆重型蓄电池车辆牵引技术的关键技术。通过主程序对子程序进行有机调用，各功能模块成为一个紧密联系的整体，共同构成变频器的控制系统。

2. 快速装卸电池装置

用于井下的铅酸蓄电池车辆存在蓄电池体积大、质量大、安装和拆卸不便等问题。为了快速装卸电池，设计了一种托架装置，通过提升油缸实现电池的提升和落下，达到快速安装和拆卸的目的。此外，利用电池与地面的摩擦力和油缸的作用，使整车后轮离开地面，可达到检修和更换轮胎的目的。分别如图 12.2、图 12.3、图 12.4 所示。

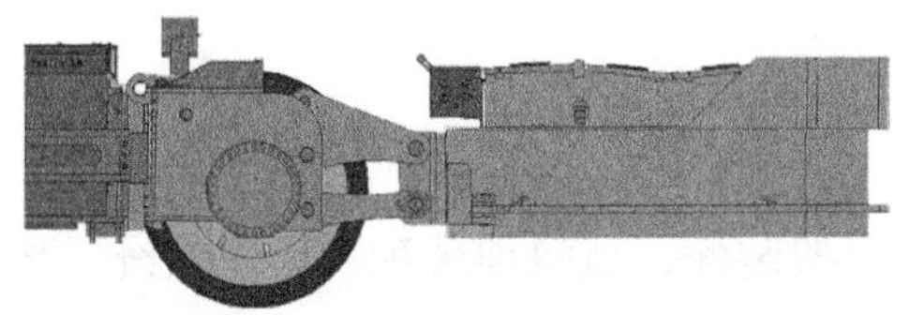

图 12.2　更换蓄电池车身位置示意图

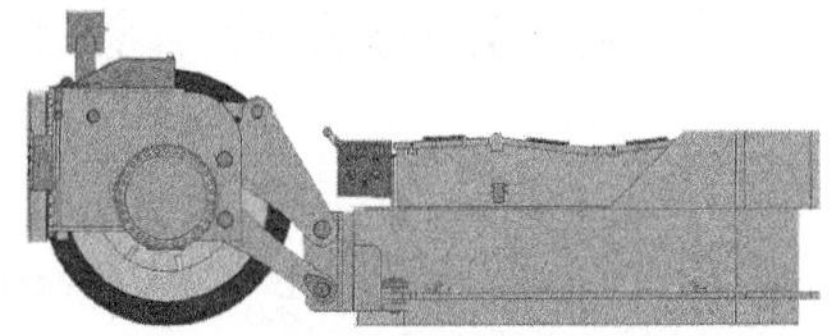

图 12.3　运行状态车身位置示意图

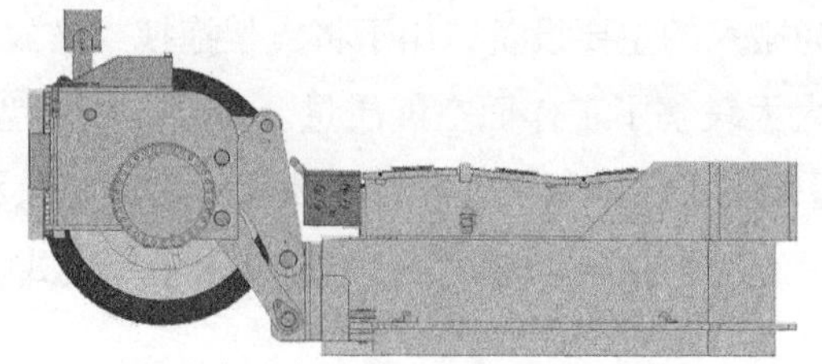

图 12.4 更换轮胎车身位置示意图

3. 三段式结构的合理分配

WX35J 型铲板式搬运车载重 35t，其载重部位在整车前端的铲板部位，且与车辆自重基本相同，造成车辆在空载和满载时重心位置变化很大。为了保证整车在满载时的运行稳定性，蓄电池布置在车辆尾部作为配重，但如果蓄电池质量太大，对中央铰接机构连接强度的要求也大大增加，这必然会增加中央铰接部件的外形尺寸及材料制造成本，且整车电量消耗及轮胎磨损等问题势必出现，整车经济性下降明显。但是如果蓄电池质量过小，既无法保证车辆续航能力，又不能保证整车满载时的运行稳定性，降低整车运载能力。

根据整车载荷需求和对以上各因素的综合分析，在保证车辆续航能力、足够的车辆配重、整车运行稳定性的前提下，整车采用了三段式结构。

整车布局在力学平衡计算的同时，需要考虑以下几点：

（1）蓄电池重量对整车稳定性的影响。合理控制蓄电池质量可使整车运行，尤其是重载更平稳。

（2）蓄电池质量对机架结构可靠性的影响。尤其是重载工况对机架各连接处的冲击对其可靠性有较大影响，合理配置蓄电池质量，可以保证机架的使用寿命。

（3）蓄电池对整车尺寸和质量的影响。这些都是影响整车井下巷道适应性的重要因素。

4. 双电机驱动技术

WX35J 型铲板式搬运车采用双电机驱动，如果前、后电机不同步运转会产生寄生功率，降低整车效率，对蓄电池的能量不能高效利用。因此，双牵引电机驱动系统的同步控制及整车控制器是整个控制装置的核心。

整车控制器实现对整车运行的协调控制，包括对加速踏板、制动踏板等信号的采集及对电机控制器发出控制指令。同时，整车控制器对车辆实时运行的实时参数进行采集，并通过显示器显示。

12.1.3 结构组成及技术参数

1. 整车结构组成

该车型主要由工作机构、前机架装配、中机架装配、后机架装配、操作系统、传动系统、电气系统、液压系统及润滑系统等组成。

（1）采用双举升油缸和双倾翻油缸，可实现整车的搬运功能。

（2）采用防爆低压大转矩 DC/AC 牵引逆变器。

（3）采用前、中、后铰接机架，双液压油缸转向，转弯角度达 42°。中、后机架采用回转轴承铰接，以适应不平整的井下路面，增加附着力，提高整车通过性能。

（4）配备独立驾驶室，可以双向驾驶，方便井下作业。

（5）设置一部 160kN 牵引能力的液压绞车，用于拖动重物。

（6）使用弹簧制动液压释放的安全型轮边制动器，保证车辆行驶安全。

2. 结构特点

采用前、中、后三段机架机架铰接形式，电力机械传动，4×4 前后轮驱动。整车采用弹簧制动液压释放安全型制动器和 NO-SPIN 防滑自锁差速器的重型驱动桥，具有承载能力大、运行稳定性高、装卸方便、操作简单、检修方便的特点。整车总体结构如图 12.5 所示。

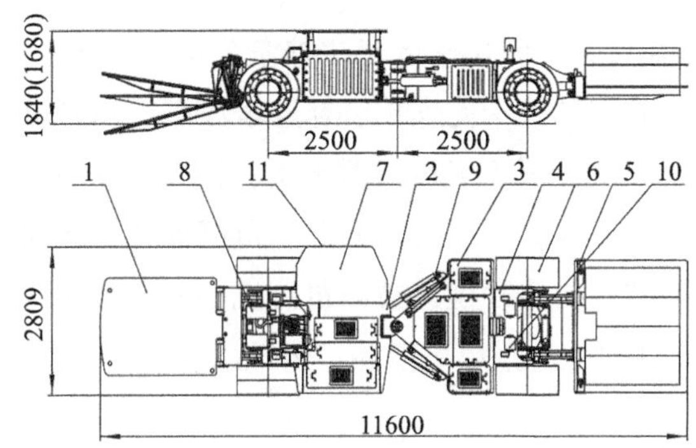

图 12.5　WX35J 型铲板式搬运车外形尺寸（单位：mm）

1. 载荷提升机构装配；2. 前机架装配；3. 中机架装配；4. 后机架装配；5. 电池提升装配；6. 传动系统；7. 操作装配；8. 液压系统；9. 润滑系统；10. 电气系统；11. 铭牌

3. 技术参数

主要技术参数见表 12.1。

表 12.1　WX35J 型铲板式搬运车主要技术参数

参数	数值
整车整备质量 /kg	37000
最大装载质量 /kg	35000（距离铲叉面 600mm）
最大牵引力 /kN	196
最大总质量 /kg	72000
轴距 /mm	5000
轮距 /mm	2034
外形尺寸（$L\times W\times H$）/mm	11600×2809×1840

续表

参数	数值
最小离地间隙 /mm	310
最小转弯半径 /mm	（内侧）4730；（外侧）7950
最高车速 /（km/h）	（空载）6.2；（满载）6
最大爬坡度 /（°）	14
制动形式	弹簧制动液压释放多盘湿式制动
电池容量 /（kW・h）	247
供电电压 /V	DC264

12.1.4 应用实例

WX35J 型防爆铅酸蓄电池铲板式搬运车在神东公司生产服务中心使用，自 2015 年 1 月至今，先后在石圪台煤矿、乌兰木伦煤矿、补连塔煤矿、锦界煤矿和哈拉沟煤矿搬家使用。在石圪台煤矿煤矿使用主要用于工作面拆机头、垛架和安装支架；在乌兰木伦煤矿使用主要用于搬运摇臂升井、下井，搬运机头升井、机尾框架、转载机头升井；在补连塔煤矿使用主要用于下井运输转载机头，搬运破碎机、机尾框架和摇臂升井；在锦界煤矿使用主要与进口 650 型铲板车共同运送采煤机下井，运送过渡槽下井，在工作面安装支架。

12.2 WJX-10FB 型防爆铅酸蓄电池铲运车

12.2.1 适用条件

WJX-10FB 型防爆铅酸蓄电池铲运车作为连续采煤机后配套主要设备之一，主要用于前进式采煤、房柱式采煤等煤矿短壁开采工作面中，或是矿井边角煤回收、残采煤回收、“三下”采煤等不能布置长壁开采或地质构造不适合布置长壁开采的工作面，也可用于顺槽或联巷中。其作用是清理巷道中的浮煤、运输煤炭、搬运机电设备和物料、拖拽机车及其他设备等任务，能较好地发挥连续采煤机的回采能力，较大幅度地提高生产效率，减轻工人的劳动强度。

12.2.2 技术特征

1）通过曲柄升降机构实现工作机构的垂直升降

通过一组举升油缸和一组倾翻油缸相互配合动作，驾驶室内由十字手柄控制。当铲叉需要平端机电部件垂直起降时，可实现同时操作两组油缸。由于曲柄机构和铲斗同时动作，两处铰接点增大了工作机构承载能力以及铲取力。

2）后驱动桥通过摆架结构实现机架与地面的适应性

因铲运车工作场地多为凹凸不平的煤矿井下工作面底板，当 4 个轮胎不能同时与地面接触时，其驱动力将与理论值相差较多，因此保证无论何时都能实现真正的四轮驱动，需要从车辆的结构方面进行考虑。后驱动桥与车架之间采用摆架结构，使得驱动桥与车架之间具有 ±7° 的摆角，即可满足车辆适应于底板横向倾角 7° 的要求。

3）通过直交逆变交流变频调速，实现铲运车无级连续调速

低电压 DC/AC 变频调速技术充分利用变频调速系统较宽的调速范围满足煤矿井下复杂多变的运行工况。铲运车在井下运行时通常需要较大的启动力矩和快速反应能力，清理浮煤时还需要较大的堵转力矩，要求变频调速系统以及变频电机能够实现低速大转矩的特性。同时变频器与电机的合理匹配将大大提高整个电气系统的效率，提高能量的利用率。

4）变频调速实现宽范围无级变速

矿用逆变交流变频调速系统主要包括逆变变频器和交流变频电机，使用直流供电将弱磁扩速技术融入逆变变频器矢量控制策略，既能保证空载车速，又能在过载工况下减小控制器发热量，充分利用变频调速系统较宽的调速范围和交流电机免维护优点，满足煤矿井下恶劣复杂的运行工况需要。

通过对电机参数的自动检测和自动辨识，并根据带载试验结果精确匹配变频器和电机参数，调整算法中的控制参数，从而建立准确的电机矢量控制模型，精确控制转矩电流和励磁电流，充分利用电机过载能力，使其转矩得到有效的发挥，所特有优化矢量控制技术在同一速度同样电流下，可以输出更高的转矩，在输出相同扭矩的条件下，电流约比同类变频器小 10% 左右，最高效率超过 98%，发热损耗降低 20%，防爆电源箱可以采用自然冷却方式。

12.2.3　结构组成及技术参数

WJX-10FB 型防爆蓄电池铲运车主要由动力源、工作机构、操纵系统、动力传动系统、液压系统、电气系统、制动系统、机架、覆盖件总成等部分组成。如图 12.6 所示。

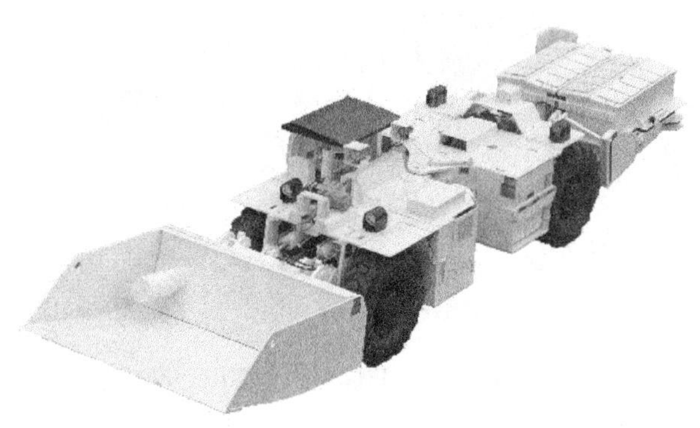

图 12.6　WJX-10FB 型防爆蓄电池铲运车

主要技术参数见表 12.2。

表 12.2 WJX-10FB 型防爆蓄电池铲运车主要技术参数

参数	数值	参数	数值
驾驶操纵	横向驾驶	铲斗容量 /m^3	3.28
装载质量 /kg	10000	最大铲取力 /kN	108
整车整备质量 /kg	25600（配装铲斗）	最大静制动力 /N	178000
最大总质量 /kg	35600（配装铲斗）	铲斗推卸料时间 /s	≤30
轴距 /mm	3877	倾翻载荷 /t	20
轮距 /mm	1697	最大爬坡度 /（°）	12（干硬路面）
外形尺寸 /mm	全长 9800	车体转向角度 /（°）	40
	总宽 2600（配装铲斗）	最小通过能力半径 /mm	7350（外）/4130（内）
	总高 2345（1945)	最大牵引力 /kN	83
最小离地间隙 /mm	335	液压油箱容量 /L	280
车速 /（km/h）	0～8 空载 / 满载	液压系统额定压力 /MPa	18

12.2.4 应用实例

WJX-10FB 型防爆铅酸蓄电池铲运车 2015 年 5 月～2016 年 8 月在神东公司榆家梁煤矿 52 号的 52209、52309、52107 三个工作面使用，共计工作 481h，行驶 622km，共计清理浮煤约 2141t，搬运材料约 249 次。

12.3 WLR-19 型防爆锂离子蓄电池胶轮车

12.3.1 适用条件

WLR-19 型防爆锂离子蓄电池胶轮车是以锂离子蓄电池为动力，清洁、高效、无污染，是煤矿井下人员运输的理想设备。适用于煤矿井下人员的运输，实现矿井生产人员、设备和物料等的运输需求，以及在瓦斯浓度高、缺氧等恶劣环境下进行抢险救灾工作（图 12.7）。

图 12.7 WLR-19 型防爆锂离子蓄电池胶轮车

12.3.2　技术特征

1. 磷酸铁锂电池安全性分析

1）电池内部结构

矿用纯电动防爆车选用能量型磷酸铁锂电池作为纯电动汽车的驱动电池，其主要原因是磷酸铁锂电池在各类锂离子电池中具有不可比拟的优点：循环寿命相对较长、发热量较低、热稳定性好以及良好的环境安全性。如磷酸铁锂在1000℃下不释放氧气的特征，相比钴酸锂、锰酸锂、三元材料的300～500℃释放氧气的表现要稳定。其内部结构如图12.8所示。

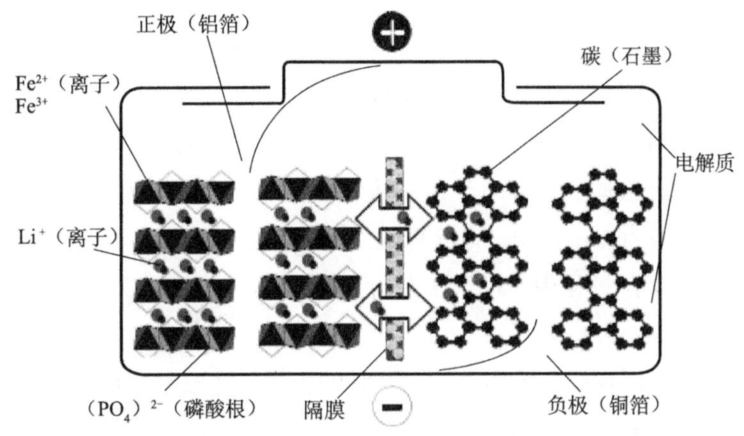

图12.8　磷酸铁锂电池内部结构

磷酸铁锂电池在充放电过程中，正极由斜方晶系$LiFePO_4$转变为六方晶系的$FePO_4$，因$LiFePO_4$和$FePO_4$在200℃以下都以固熔体形式共存，电池在充、放电过程中无明显两相转折点，使得磷酸铁锂电池的充放电电压平台长且平稳。此外，充电完成后正极$FePO_4$的体积相比$LiFePO_4$仅减少6.81%，仅为铅酸蓄电池体积变化的7%左右，而充电过程中碳负极体积轻微膨胀，起到了调节体积变化、支撑内部结构的作用。上述原因使得磷酸铁锂电池具有较好的电压平台和较长的使用寿命；充、放电过程中具有良好的循环稳定性和较长的循环使用寿命。

2）磷酸铁锂电池不安全行为发生机制

原则上，磷酸铁锂电池在正常使用条件下是安全的，但人们更关注的是在误用或者滥用条件下的安全问题。从根本上说，磷酸铁锂电池的安全问题是由电池内热的问题造成的。除因电池设计问题外，使用过程中的过充、过放等滥用情况，使得电池本身产生的热不能够迅速释放出去，电池温度不断升高，持续上升的温度间接地加剧了电池内部的化学反应，产生的热量急剧增加，最终导致电池热失控，直至发生冒烟、起火甚至爆炸等安全事故。

从磷酸铁锂电池本身的内部结构和工作原理分析，该类电池内热发生变化的因素有：

（1）电池工作时发生化学反应产生的可逆热，来自电化学反应，大小与物质的熵变化有关。

（2）电池本身因欧姆内阻和极化而形成的不可逆热。

（3）电解液与电极材料之间发生化学反应。

热失控是导致电池发生不安全行为的根本原因，但是否发生，与电池的产热速率、产热量、热传导速度、环境温度与湿度等密切相关，因此，电池安全性是一个概率问题。

2. 主动均衡技术的电池管理系统

为了实现整车功率与能量等级，矿用车辆需要将大批量的单体电池串并联成组使用。通常是将电压为 3.2V、容量为 100Ah 单体串联形成电池箱，2～3 个电池箱串联或者并联形成整车动力源。单体电池使用时，配合防过充、过放、过流装置等措施，安全性能够得到保证。单体电池组合使用后其安全性变得更加复杂，比单体电池更容易发生过充和过放现象，且不易发现。因各单体电池本身不一致性，以及连续充放电循环形成的差异，会使某些单体电池的容量加速衰减，串联电池组的容量由单体电池的最小容量决定，因此这些差异将使电池组的使用寿命缩短，安全风险增大。其主要原因有：

（1）各单体电池生产过程中，由于工艺等原因的不同使得同批次电池的容量、内阻等存在差异。

（2）各单体电池本身自放电率不同，长时间的积累，造成电池容量存在差异。

（3）使用过程中，温度、电路板的差异，导致电池容量的不平衡。

为减小这种不均衡对锂离子电池组的影响，在电池成组中都会设计 BMS 对单体电池状态进行监测和管理，实现总压采集、单体电压采集，温度采集，电流采集，绝缘监测、风扇控制、加热控制、能量均衡、远程监控、容量管理、充电管理，配电管理等功能。电池组的充放电过程目前采用均衡控制的方法，当前能量均衡主要分为主动均衡与被动均衡，主动均衡成为当前主流技术，原理如图 12.9 所示。

采用主动均衡技术的电池管理系统，提高约 25% 的动力电池组使用寿命，延长 20% 左右的续航里程。

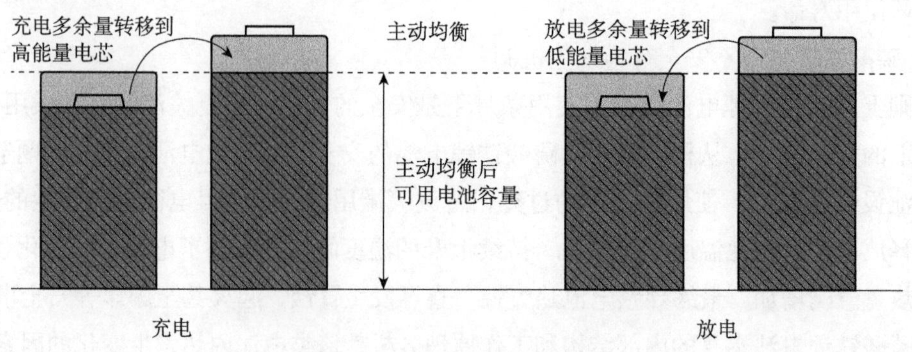

图 12.9　主动均衡原理图

由于当前锂离子电池的均衡方案中，基本上是以电池组的电压来判断电池的容量，是一种电压均衡的方式，电压检测的准确性和精度及漏电流的大小，直接影响电池组的一致性。

3. 动力总成控制系统拓扑结构

动力总成控制系统包含多个控制器节点，基于一主多从的交互控制机制，设计的动力总成控制系统结构如图 12.10 所示。

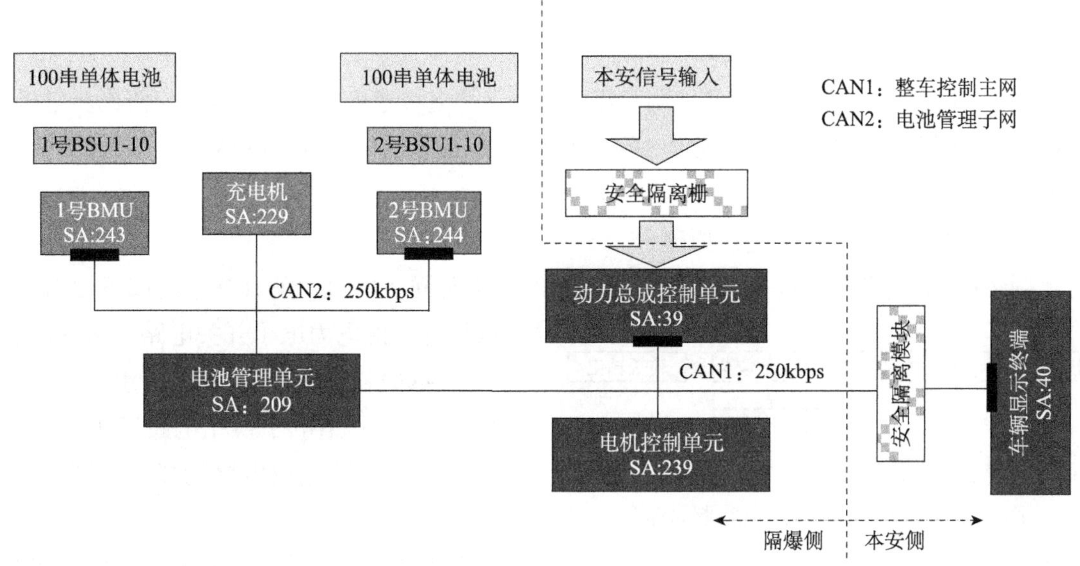

图 12.10　动力总成控制系统结构

动力总成控制单元作为系统主节点，接收各种信号输入，并对其他节点统一调度和管理。输入信号全部为本安输入，包括钥匙状态、加速踏板开度、制动踏板开度、灯光状态、瓦斯浓度及储能器压力等信号，经隔离电路处理后进入动力总成控制单元（非本安器件）。

电池管理单元作为动力总成控制主网和电池组系统子网的中间环节，主要负责电池组系统信息的选择性上传和主网信息的选择性下发，且信息的上传和下发通过独立 CAN 口进行，实现了控制主网和电池子网的隔离，使得主网总线负载率由 47% 下降至 29% 左右。

车辆显示终端主要负责系统信息的实时显示，显示参数大多从主网接收，少数信息为本地计算结果，显示器几乎不向主网外发信息，且本身为本安电路，由通信隔离电路实现与主网的隔离。

电机驱动单元从主网接收来自动力总成控制单元的控制指令，对驱动电机进行启、停以及出力和转速大小的控制，同时向主网反馈其自身状态信息。

电池系统子网由电池管理单元、隔爆电池箱主板（BMU）、隔爆电池箱采集板（BSU）以及充电机构成。采集板主要负责单箱电池单体温度、电压的采集以及单体间电量的均衡，主板负责整箱总压总流检测、SOC 估计、高压接通与断开控制、绝缘检测、采集信息汇总、均衡控制、充电管理等，并向电池管理单元上传本地信息。

4. 整车控制系统

整车运行状态定义包括动力总成控制单元状态定义、电机驱动单元状态定义以及电池管理单元状态定义。状态定义必须做到不重不漏，否则出现一个状态在控制程序中无处对应或多处对应，将导致车辆失控。动力总成控制单元正常运行的流程为：上电唤醒－待机－预充－驱动使能（含空挡使能、前进使能、后退使能），在点火状态下，任何时候出现严重系统故障，都将进入故障截止状态。

5. 防爆永磁变频电机及控制器

永磁变频电机主要分为永磁无刷直流电机（又称方波永磁电机）和永磁交流同步电机，结构大同小异，控制其结构也完全一致。区别主要在于电机位置传感器形式、电机 PWM 控制方式。

1）防爆永磁变频无刷电机原理

永磁无刷直流电机是一种自控变频的梯形波永磁同步电机，就其基本组成机构而言，可以认为是由电力电子开关电路、永磁同步电动机和磁极位置检测电路三者组成的“电动机系统”，其中电子换相电路又由功率逆变器电路和脉冲生成电路构成。如图 12.11 所示。

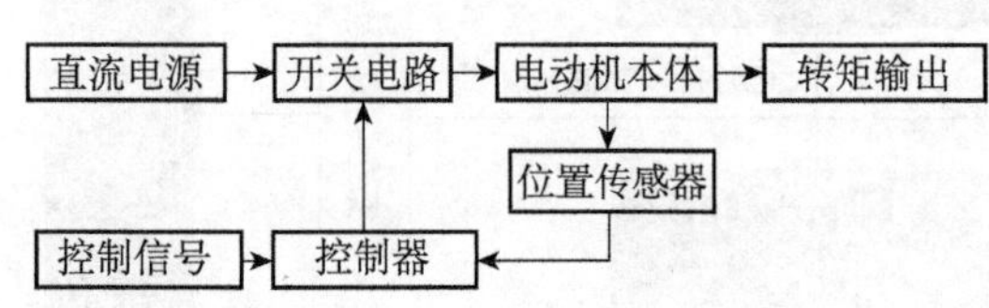

图 12.11　永磁无刷直流电机控制原理图

电机转子由输出轴、永磁体、固定架等组成，定子由定子铁芯、定子绕组、温度传感器等组成。电机上安装有霍尔位置传感器，检测电机内部磁极和绕组的位置关系，通过 IGBT 控制换向。

永磁无刷直流电动机转子位置检测分为有位置传感器和无位置传感器两类。其中，有位置传感器又分为霍尔原件内置定子、霍尔原件外部可调、旋转变压器、光电编码器等形式。无位置传感器根据电机感应磁场方向等参数，测算定子位置，通常误差较大，在恒定转速、负荷场合，如风机和水泵等，应用较多。由于其低速下测量精度较差，无法满足车辆启动过程大电流、小转速的要求，因此无法应用到车辆牵引场合。有位置传感器除霍尔原件内置定子这种方式外，其他几种方式都可以在定转子加工成型后，通过后天调整保证测量精度。后天可调方式可以保证在低速大转矩下，电流精确的换向，损耗小，效率高，其中霍尔原件外部可调方式更具有结构简单、性能可靠的特点。

2）防爆永磁盘型电机及控制器

通过设计优化防爆永磁盘型电机及其控制器，达到体积小、质量轻、效率高的特点，提高了电机反电动势，减少了电机定子电流，减少发热，设计出自然冷却电机，并提高了防爆蓄电池轻型车辆的行驶里程以及工作效率。

12.3.3　技术参数

该车主要由特殊底盘、防爆电机及驱动控制装置、带有防爆离合器的机械传动、全液压制动系统、盘式湿式制动器、防爆电气系统、全封闭式车身等组成，如图 12.12 所示。

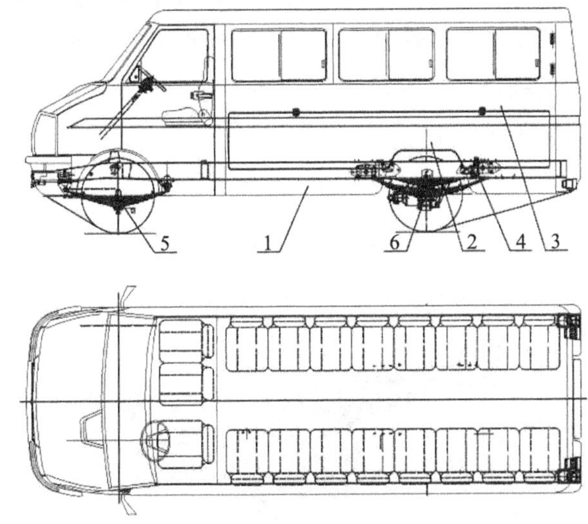

图 12.12　WLR-19 型防爆锂离子蓄电池胶轮车外形尺寸

1. 传动系统；2. 液压系统；3. 电气系统；4. 特殊底盘；5. 前轮制动器总成；6. 后轮制动器总成

整车主要技术参数见表 12.3。

表 12.3　WLR-19 防爆锂离子蓄电池车主要技术参数

参数	数值	参数	数值
整车整备质量 /kg	6000	最高车速 /（km/h）	40
额定承载人数 / 人	19（含驾驶员）	续航里程 /km	90（空载，20km/h，水平干硬路面）
最大牵引力 /kN	17	防爆电机型号	ZWBQ55（320）矿用隔爆型无刷直流牵引电动机
轴距 /mm	3308	额定功率 /kW	55
外形尺寸（$L\times W\times H$）/mm	6000×2000×2350	额定扭矩 /（N · m）	230/2500r/min
最小离地间隙 /mm	≥180	形式	磷酸铁锂
最小转弯半径 /mm	（外侧）7500	单体容量 /Ah	100
工作制动方式	液压制动弹簧释放（多盘湿式制动器）	额定电压 /V	320
制动距离 /mm	≤8000	充电时间 /h	快充模式≤1、慢充模式≤4
监控项目	车辆状态参数、电机驱动系统参数、电池管理单元参数、灯光和信号系统状态	保护系统	电池电量≤5% 电压≤2.5V 电阻≤10MΩ 电机温度≥150℃ 电机控制器故障 储能系统压力≤2MPa

12.4 WLR-9 型防爆锂离子电动皮卡车

12.4.1 适用条件

WLR-9 型防爆锂离子电动皮卡车是一种轻型防爆纯电动车辆，额定承载 9 人，主要用于煤矿井下运输工作人员及设备检修等。该车以防爆锂电池为动力源，防爆电机为驱动装置，整车质量轻，续驶里程长，能够解决煤矿井下车辆高噪声、高污染、高油耗的问题，改善井下作业环境。外形如图 12.13 所示。

图 12.13 WLR-9 型防爆锂离子电动皮卡车

12.4.2 技术特征

1. 整车轻量化和节能装置

在保证结构强度的前提下，选用防爆圆筒形电源箱结构，减轻电池组自身质量，也减轻整车电池固定和支撑件质量。通过采用计算机虚拟样机排布技术，优化结构形式、仿真分析并结合实验手段，对底盘、各种电器件的支撑件等机械结构进行轻量化设计，以达到减小整车质量的目的。且采用防爆 22kW 永磁盘型电机，电机质量仅有 130kg，远小于普通径向电机质量，再配合开发的直驱电动车桥，整体传动系统紧凑、高效。

液压系统液压泵站负责给蓄能器充液，确保蓄能器内油液压力始终保持在一定范围，时刻满足车辆具备一定制动次数的要求。电机无需经常处于工作状态，避免了电机带动油泵空转带来的能量损耗，节能效果显著。液压泵站如图 12.14 所示。

2. 电驱动车辆专用车桥

为提高传动效率，开发了专用后驱车桥，如图 12.15 所示。电机与车桥之间通过减速器直接固定在一起，减速器为三级直齿传动，电机动力通过减速器直接传递给车桥，有效提高了传动效率。根据湿式制动器及轮辋的接口形式和连接尺寸，对车桥两端半轴和轴管接口做了专门设计，保证从电机到轮胎整条传动路线都实现无缝连接，并对电机的悬臂结构进行优化，在电机与桥管之间增加支撑架，提高电机在竖直方向上的支撑力，减小传动

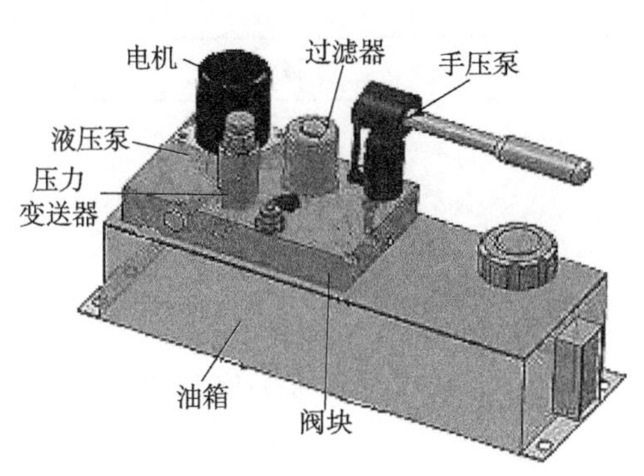

图 12.14　独立电机恒压泵站

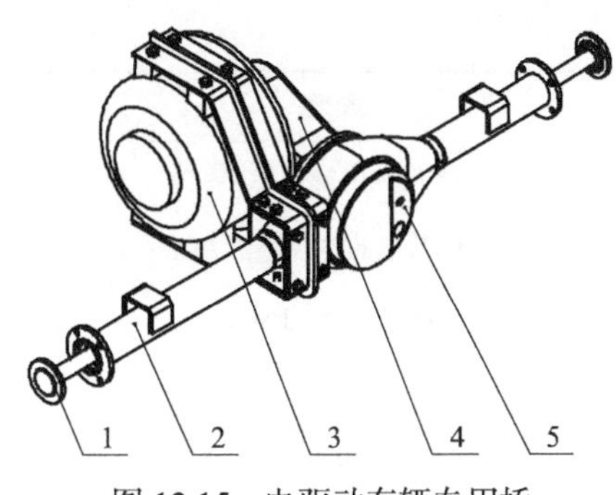

图 12.15　电驱动车辆专用桥
1. 后桥半轴；2. 后桥壳体；3. 驱动电机；
4. 减速器；5. 后桥主减速器总成

变形，保证传动部件可靠工作。驱动桥的承载能力、输入扭矩、输入转速以及与湿式制动器的匹配关系都经过了严密的计算和可靠性分析，完全满足整车驱动性能和制动性能要求。

驱动桥主要技术参数见表 12.4。

表 12.4　驱动桥主要技术参数

参数	数值
额定桥荷 /kg	2500
额定输入功率 /kW	25
额定转速 /（r/min）	2000
最高转速 /（r/min）	4000
额定传动比	14.13
短时输入转矩过载 /［（N・m）/5min］	290
短时输入转速过载 /［（r/min）/1h］	4000

12.4.3　结构形式及技术参数

WLR-9 型防爆锂离子电动皮卡车整车主要由动力传动系统（包括电动机、驱动桥、轮胎）、液压系统和电气系统组成。主要技术参数见表 12.5。

表 12.5　WLR-9 型防爆锂离子电动皮卡车主要技术参数

参数	数值
外形尺寸（$L\times W\times H$）/mm	5120×1830×2130
轴距 /mm	2950
整车整备质量 /kg	3100
电机额定功率 /kW	22
电机驱动方式	永磁同步
蓄电池形式	防爆锂离子蓄电池

续表

参数	数值
蓄电池电源电压 /V	DC384
单体蓄电池电源容量 /Ah	60
最高车速 /（km/h）	35
续驶里程 /km	100（水平干硬路面）
充电时间 /h	≤5（标准）；≤1.5（快速）
乘员人数 / 人	9
最大爬坡度 /（°）	14

（本章主要执笔人：袁晓明，石岚，任志勇，赵海兴，周峰涛，郝志军，任肖利，李昕，周德华）

第 13 章 矿井提升电控设备

矿井提升系统作为煤矿生产系统中的关键大型固定机电设备，承担着提升煤炭、升降设备、运输人员的任务。矿井提升电控系统作为提升系统的控制中枢，其性能及安全可靠性是保障矿井安全稳定运行的关键。

矿井提升电控系统包括工艺控制、调速传动、高低压配电、上位机监控四部分。电控系统对提升工艺、监控系统、故障保护系统等进行控制，同时对调速传动部分进行控制，使提升机电机按计算机行程速度控制器所产生的给定速度运行，控制提升机按工艺要求完成不同负载条件下启动、加速、等速、减速、爬行及停车等过程。

现代化矿井开采要求提升系统能够高速、高效、可靠连续运行，只有提升机电控系统采用计算机自动化控制技术、网络通信技术、高性能电气传动技术等高新技术，才能提高矿井提升系统设备的智能技术水平，保障矿井提升的安全高效生产。

煤炭科学研究总院储装技术研究分院从 20 世纪 80 年代开始从事煤矿提升机电控系统设备的研究、产品开发与技术服务，在追踪、引进、消化国内外提升机电控先进技术基础上，自主开发了全数字交、直流提升机电控系统，可实现对提升系统运行性能的最优化以及智能化控制。电控系统设备已在冀中能源、中煤能源、皖北煤电、陕西煤业、神华宁煤等多个大型煤矿企业推广应用。

本章介绍提升机电控系统工艺控制、位置控制、电磁兼容性、故障诊断等方面的关键技术，并根据提升机电控系统调速形式的不同对提升机电控系统设备进行分类介绍。

13.1 全数字交流提升机电控系统

随着大功率电力电子器件的发展及交流变频技术的成熟，目前提升机电控系统传动部分多采用交流变频调速。煤炭科学研究总院储装技术研究分院集成开发了 TKSJZB 系列三电平交直交变频大功率交流提升机电控系统、TKSJJB 系列大功率交交变频提升机电控系统、TKSGB 系列高压变频大功率交流提升机电控系统、TKSDB 系列低压变频交流提升机电控系统。

13.1.1 适用范围

TKS 系列全数字交流提升机电控系统设备，主要与主立井、副立井、斜井交流异步电动机拖动（或大功率同步电动机拖动）提升机配套使用，提升机的操作控制和交直交变频调速传动控制均采用全数字计算机控制，既可与新安装的交流提升机配套使用，也适用于对老式交流提升机电控系统进行技术改造，实现节能降耗的目的。

13.1.2 技术特征

1. 提升机电控系统变频调速技术

1）三电平交直交变频调速

采用大功率三电平交直交变频调速控制装置，可实现四象限运行。同步电动机励磁全数字 6 脉动三相全桥晶闸管整流控制方式。结构简单，可靠性高，频率可调范围宽。功率因数高，高次谐波少。变频器可将电动机发出的电能向电网回馈，节能效果显著，智能诊断系统网络拓扑图如图 13.1 所示。

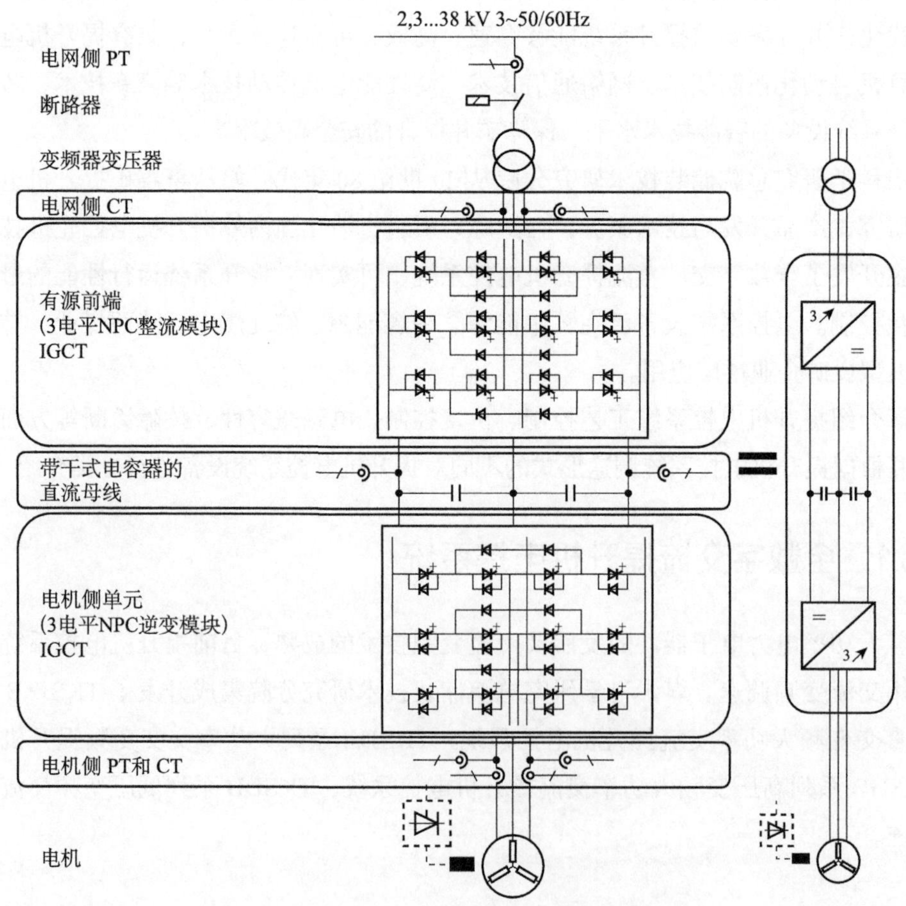

图 13.1 提升系统远程智能诊断系统网络拓扑图

整流单元将变压器的二次侧交流电压整流为直流电压，在直流母线处有储能电容，用于能量存储保证直流回路的电压稳定。根据电动机的运行模式（电动、制动），整流单元分别从电网获取能量或向电网注入能量来实现能量的双向流动；整流单元采用矢量控制策略，通过选择适当的触发模式，使变压器电流与线电压具有相同的相位，使系统的功率因数为 1。

二极管嵌位式三电平变频器拓扑结构有以下优点：

（1）无需复杂的变压器，直接实现高电压、大功率，可以降低装置的体积和成本。

（2）背靠背结构可以进行双边 PWM 控制，实现电机四象限调速运行。

（3）由于每个臂上中间主开关管的导通时间远大于外侧功率开关管的导通时间，因此可以根据实际情况选择不同额定电流的功率开关管，进一步降低成本，提高管子的利用率。

2）交交变频调速

提升机交交变频调速电气传动系统采用可控硅整流回馈，主电机通常是交流同步电动机，电压等级一般在 1.5kV 及以下。目前国内交交变频采用双绕组电机的较多，可以实现类似于直流串联 12 脉动的效果，即在一个绕组的供电系统出现问题时，可以实现全载半速运行。

交交变频主要有以下特点：

（1）高过载能力。

（2）非常简单的触发单元。

（3）高效率（无直流环节）。

（4）非常简单的电路和机械结构。

（5）非常坚固并可靠维护简单。

（6）在低频（速）段也有大电流输出。

交交变频产生的谐波较大，需加装谐波治理设备，交交变频系统功率因数较低，加之一般采用交交变频电气传动的提升机功率都较大，所以需要考虑无功补偿设备。

3）单元串联多电平高压变频调速

单元串联多电平高压变频器采用交－直－交直接高压（高－高）方式，主电路开关元件为 IGBT。高压变频器采用功率单元串联，叠波升压，充分利用常压变频器的成熟技术，因而具有很高的可靠性。

功率单元利用 IGBT 进行同步整流，同步整流控制器实时检测单元电网输入电压，利用锁相控制技术得到电网输入电压相位，控制整流逆变开关管所构成的相位与电网电压的相位差，便可控制电功率在电网与功率单元之间的流向。逆变相位超前，功率单元将电能回馈给电网，反之电功率由电网注入功率单元。电功率大小与相位差成正比。电功率的大小及流向由单元电压决定，就同步整流而言，整流侧相当于一个稳压电源，与电功率大小及方向相对应的电网与逆变相位差由单元电压与单元整定值之间的偏差通过 PID 调节生成。

单元串联脉宽调制叠波输出，相输出 Y 接，中性点悬浮，得到可变频三相高压电源，6kV 系列每相 6 个单元，大大削弱了输出谐波含量，输出波形几近完美的正弦波驱动电机。

2. 基于三闭环的准确位置控制

矿井提升机是驱动提升容器在两定点间进行往复运行的机械设备，提升电控系统实质上是一个位置控制系统，提升控制的最终目的是控制负载设备按照要求的速度和位置可靠运行，而实现这一目的的直接控制目标是电动机的转速，电动机的转速决定了滚筒的运行速度，因此电动机传动装置运行给定信号的准确可靠就十分关键。提升机电控系统在 PLC 中实现运行给定信号的行程、速度、转矩三重闭环控制，使系统能严格按照设定曲线运行，停车位置准确，以保证提升机运行给定信号的安全可靠。

如图 13.2 所示，在 PLC 应用程序中通过运算可以生成按照位置原则产生的速度给定曲线，根据给定的位置和位置编码器（编码器 1）反馈回的实际位置构成位置闭环，并对速度给定曲线进行动态修正，同时通过位置控制器计算出速度控制器的给定信号。位置控制器是比例控制器，可以使实际位置精确跟随设定位置，实现了真正的位置闭环，使提升机达到精确停车的要求。

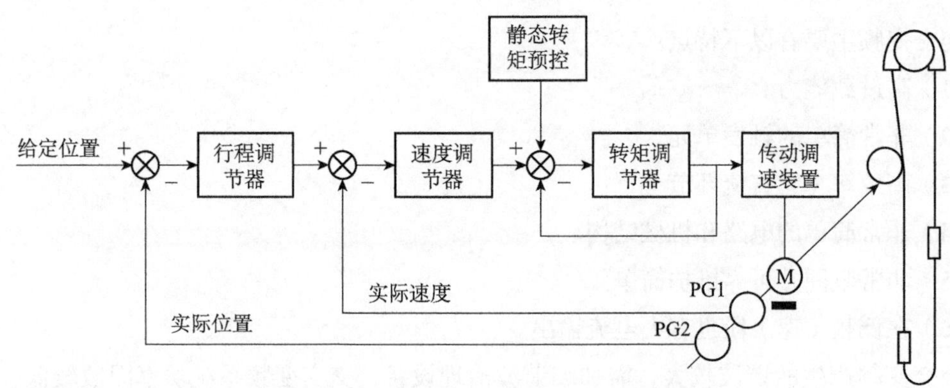

图 13.2　提升机行程、速度、转矩三重闭环控制框图

速度控制器是比例积分控制器，由位置控制器给出的速度给定信号与速度编码器（编码器 2）实际反馈速度进行比较，经过比例积分控制器的调节输出力矩给定值用于控制变频传动装置，使实际速度能够快速跟随给定速度运行，同时在速度控制器中通过引入加速度导数实现了 S 形曲线控制，可以实现提升机的平滑加速，减小了对机械装备及钢丝绳的冲击。

速度控制器的转矩设定值在控制变频传动装置的实际输出转矩时，还需要增加预控制转矩，预控制转矩主要在启动时和加减速时提供，可以有效减小或消除没有预置转矩时的倒车现象，使提升机快速平稳地启动，并减小了加减速时电机实际速度对速度给定值的跟随滞后，减小或消除了加减速段结束时的速度超调，从而提高了安全性和效率。主井提升时由于载荷为常量，因此可以预置相对固定转矩。

3. 双通道冗余安全监视和控制

为实现冗余安全监视和控制，在提升机自动化智能控制系统中采用两套 PLC 自动化系统组成，即系统 A 和系统 B。系统 A 实现提升机控制和安全监视功能，系统 B 实现安全监视功能，这样就组成了一套提升机控制和双通道冗余的安全监视系统，如图 13.3 所示。

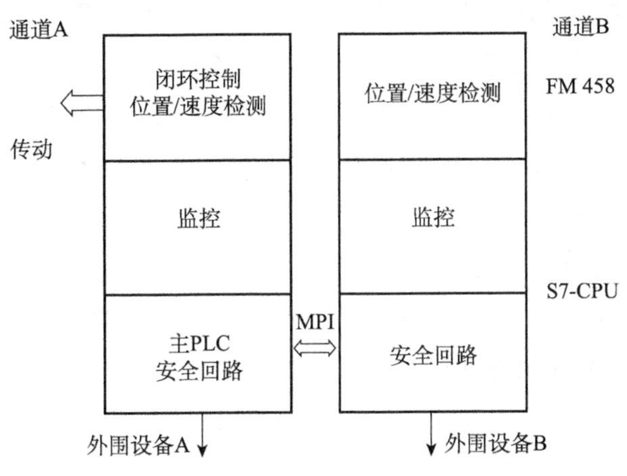

图 13.3　双通道冗余安全监视和控制

提升系统中所有与安全有关的重要外部设备信号（如井筒开关、轴编码器等）分别进入主控、监控系统构成双安全回路独立进行判断，并采用多样性技术避免同一性故障的发生，这样任意一个系统发现故障都经各 PLC 内部相应的控制程序处理后，分别控制相应的输出继电器动作，再将接点串联，控制执行回路动作，可以有效避免单 PLC 安全回路可能发生的信号误采集、自身运算错误等故障发生，使系统在发生故障时确保安全。监控系统主要监视速度、行程、运行方向、传感器、外围辅机设备等各种类型的故障。对过卷、电源故障、调速装置故障等重故障应纳入安全监控回路，同时也直接构成继电器安全回路，以构成多重安全保护。

根据故障性质和危及安全及工作状态的程度，共分为以下四类故障：一类故障为发出声光报警，系统立即实施安全制动，抱闸停车；二类故障为发出声光报警，系统立即实施电气制动，按电气制动减速度减速，当速度降低到 1m/s 时，实施安全制动，抱闸停车；三类故障为发出声光报警，允许一次提升循环结束后再停车，并进行闭锁不允许下一次开车；四类故障为只进行声光报警。

提升电控系统采用工业控制计算机和通信组件及配套的 WinCC 监控软件构成上位计算机监视系统，接收提升主控系统的信号和事件，显示各系统的过程图形、趋势曲线、数据记录和报表、故障诊断与分析，可通过上位计算机监视系统在线对系统进行故障查询、参数设定，实现对提升运行和设备运行的状态进行监视，并进行状态和参数的存储记忆、显示、打印，以方便使用维护及故障诊断。

4. 基于现场总线的信息化集散控制

提升机电控系统中主要包括工艺控制系统、传动系统、上位机系统、信号系统、高压配电系统、低压配电系统、液压制动系统、润滑系统、变压器等，这些子系统在提升机运行中各自承担不同的工作任务，提升机电控系统中各子系统和主控系统相互独立容易形成信息孤岛，使得上位机监控能力低，不利于故障诊断和检测。采用以现场总线为核心的集散控制系统，可以减少常规控制系统中的控制线路连接，在提高安全性和可靠性的同时，增加了网络扩展接口。同时通过网络获取的各种诊断信息能够反馈到煤矿各个管理层，以便管理人员及时做出反应，预防故障的发生，减少维护时间和费用。

基于 Profibus 现场总线的集散提升机电控系统如图 13.4 所示，可解决目前提升机电控系统中存在的分散控制导致集约控制能力差、信息传输受限、信息采集不完全不能共享、系统可靠性低、维护量大等一系列问题，在节约成本的同时降低系统故障率和维护费用，在拓展信息量的同时提高控制的有效性和稳定性。

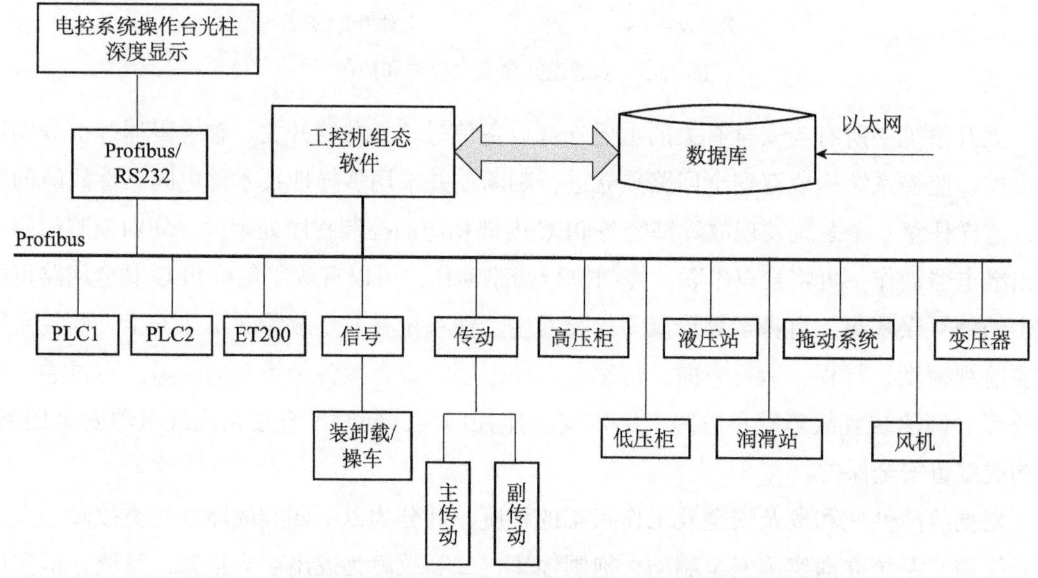

图 13.4 基于现场总线的分布式提升机控制系统的架构

该电控系统与同类系统相比，具有以下几个特点：

（1）高可靠性。通过以现场总线通信的方式，减少了物理链路的数量，降低了受电气线路干扰的可能性，无故障运行时间长，且系统的维护快速简便。

（2）高安全性。通过采取硬件的抗干扰措施和软件的通信“握手”机制，提高了控制的安全性。一方面通信链路中断后，系统能够及时采取应急措施，实施安全抱闸停车，另一方面让管理人员能够尽快发现通信中断情况并及时处理。

（3）较强的实时性。系统对信息的传输及时，采集信息量大，能够及时跟踪被监控对象历史和当前状况，有利于故障的诊断。

（4）丰富的系统功能。分布式控制系统不仅能够提供Profibus通信接口，还提供Modbus、工业以太网以及RS232接口协议，对各种外部系统的数据进行记录且保存历史数据，还能够为全矿信息化建设提供数字接口，满足分布式控制的需要。

基于现场总线的集散控制系统通过高效的通信方式，充足的通信数据量，适用于故障的快速分析诊断，能帮助技术人员指导现场操作人员快速准确地查找故障，分析或改进系统中的薄弱环节，提高提升机现场的运行效率。

5. 远程智能故障诊断和运行监控

由于提升系统在煤矿中处于重要位置，担负着煤炭、人员、物料等运输工作，为此对安全和故障处理提出了极高的要求。提升机自动化智能控制系统采用互联网技术和信息技术，建立矿井提升设备数据库、故障诊断和预测专家知识库，通过VPN（虚拟专用网络）实现现场系统设备与远程终端网络互联，可对提升系统运行状态进行远程监控和故障智能诊断，从而建立起提升系统设备互联网保障服务体系，如图13.5所示。

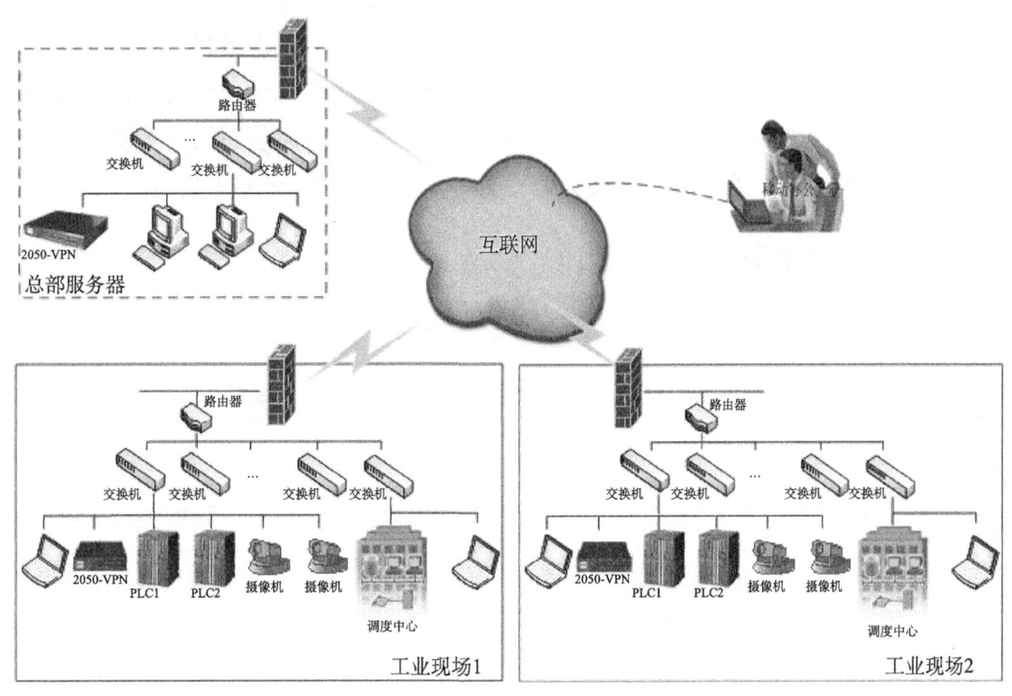

图13.5　提升系统远程智能诊断系统网络拓扑图

1）数据采集及专家知识库

现场服务器负责对提升系统的现场运行数据进行采集和分析，并建立提升设备数据库为系统诊断提供依据。开发的专家知识库软件以故障事件为基本元素，构建故障诊断与预测业务模型，其主要业务功能包括：故障相关测量数据的监测、故障检测算法配置、故障事件逻辑关系定义和构建、故障信息的自动记录与统计分析、基于规则和统计信息的故障推理、故障案例的记录与管理和故障案例的检索等。

2）远程智能诊断

提升机自动化智能控制系统采用互联网技术和信息技术，通过 VPN（虚拟专用网络）实现现场系统设备与远程终端网络互联，可将位于异地的现场设备快速虚拟到维护工程师的身边，对设备现场进行配置、诊断、升级等维护操作，实现了生产现场的远程虚拟场景，可使提升系统的维护效率极大的提高，从而建立起提升系统设备互联网保障服务体系。

3）设备健康管理

提升系统远程智能诊断及健康管理系统实时全面的采集与分析现场设备运行数据，根据各种数据分析结果，可以提前预警可能发生的故障、元件损坏等，从而对现场设备提出维护建议；同时在提升系统现有设备故障信息、备件更换信息、监测数据及点检信息的基础上，系统可根据历史故障信息和备件使用情况，自动生成提升系统运行情况报表并协助制定系统维护方案，实现系统的预防性维护，实现对系统设备的健康管理。

远程智能故障诊断系统可以向提升机用户提供各种故障诊断与分析功能，根据用户需要可提供远程诊断功能。现场发生故障时远程智能故障诊断系统可以对故障进行在线分析并给出故障处理建议，现场技术人员可据此采取相应处理措施，如故障仍无法解决，现场技术人员可申请由工程师进行远程在线诊断，工程师可在具备上网条件的场所通过编程器登录远程智能故障诊断系统，经系统安全认证后，及时对提升系统进行远程诊断，在线帮助排查故障和参数修改，缩短故障查找和处理时间，确保系统高效稳定运行。

13.1.3 技术参数

TKS 系列全数字交流提升机电控系统主要技术参数见表 13.1。

表 13.1 TKS 系列全数字交流提升机电控系统主要技术参数

参数	数值
三电平交直交变频装置电压等级 /V	3150～3300
三电平交直交变频装置容量 /（mV · A）	7、9、11
交交变频装置电压等级 /V	3160
交交变频装置容量 /（kV · A）	2500～8000
高压变频装置电压等级 /kV	6、10
高压变频装置容量 /（kV · A）	315～8000
低压变频装置电压等级 /V	380、660
低压变频装置容量 /（kV · A）	90～1500
适配交流异步电动机容量 /kW	75～6000
适配交流同步电动机容量 /kW	250～6000
调速范围	100：1
行程测量范围 /m	0.00～1999.99
速度测量范围 /（m/s）	0.00～19.99
行程分辨率 /m	±0.01
速度分辨率 /（m/s）	±0.01

13.1.4 应用实例

梧桐庄矿 2 号主井提升机电机功率 4200kW，提升速度 13.43m/s。2014 年梧桐庄煤矿与储装系统事业部合作，采用全数字交直交变频大功率交流提升机电控系统设备进行技术改造。

2014 年 10 月梧桐庄矿 2 号主井提升机电控系统安装调试完毕后投入使用并取得很好的使用效果：

1）运行速度和装载量的提高，大幅提高主井提升能力

原系统最高运行速度只能达到 7m/s，提升载荷 20t，改造后的系统运行速度可提高到 10m/s，运行时间减少，提升载荷达到 25t，与原有电控系统相比提高提升能力约 100 万 t，为企业创造了良好的经济效益。

2）位置控制精度提高

采用提升系统行程、速度、转矩多闭环位置准确控制技术，具有平稳过渡的 S 曲线防冲击，使系统能严格按照设定曲线平稳运行，停车位置准确，控制精度可达到 0.01m。

3）系统可维护性提高，维护费用降低

系统改造后建立远程诊断系统，实现对系统的远程维护，提高了系统可维护性，减小了故障查找和处理时间，电控设备月平均故障时间缩短，对主井提煤时间影响减小，确保提升系统安全可靠连续运行。

13.2 全数字直流提升机电控系统

提升机电控系统直流传动可逆调速方案具有调速连续、机械冲击小、低速转矩大等特点，在矿井提升应用较为广泛，天地科技储装系统事业部集成开发了 TKSZ 系列全数字直流提升机电控系统。

13.2.1 适用范围

TKSZ 系列全数字直流提升机电控系统设备为单绳、多绳矿井直流提升机配套设计，可与主立井、副立井、斜井直流提升机配套使用，操作控制和直流传动控制均采用全数字计算机控制，既可与新安装的直流提升机配套使用，也适用于对直流发电机—电动机拖动的直流提升机电控系统及模拟控制的直流提升机电控系统进行技术改造。

13.2.2 技术特征

1. 全数字直流传动调速技术

直流电气传动多采用磁场恒定、电枢换向的形式，可控硅装置整流，速度、电流双闭环控制，电枢整流采用反并联三相整流桥，即有两组可控硅桥，正、反向运行均可以整流，

也可以实现重物下放状态下的发电回馈制动。

直流传动调速控制设备和与其配套的直流电机、电枢整流变压器、励磁整流变压器、直流快开、电抗器等主回路设备构成磁场恒定电枢可逆 6 脉动运行直流传动调速控制系统；或电枢可逆串联 12 脉动的直流传动调速控制系统，可实现故障状态下的 6 脉动全载半速运行，如图 13.6 所示。或并联 12 脉动传动方式的直流传动调速控制系统，可实现故障状态下的 6 脉动全速半载运行，如图 13.7 所示。

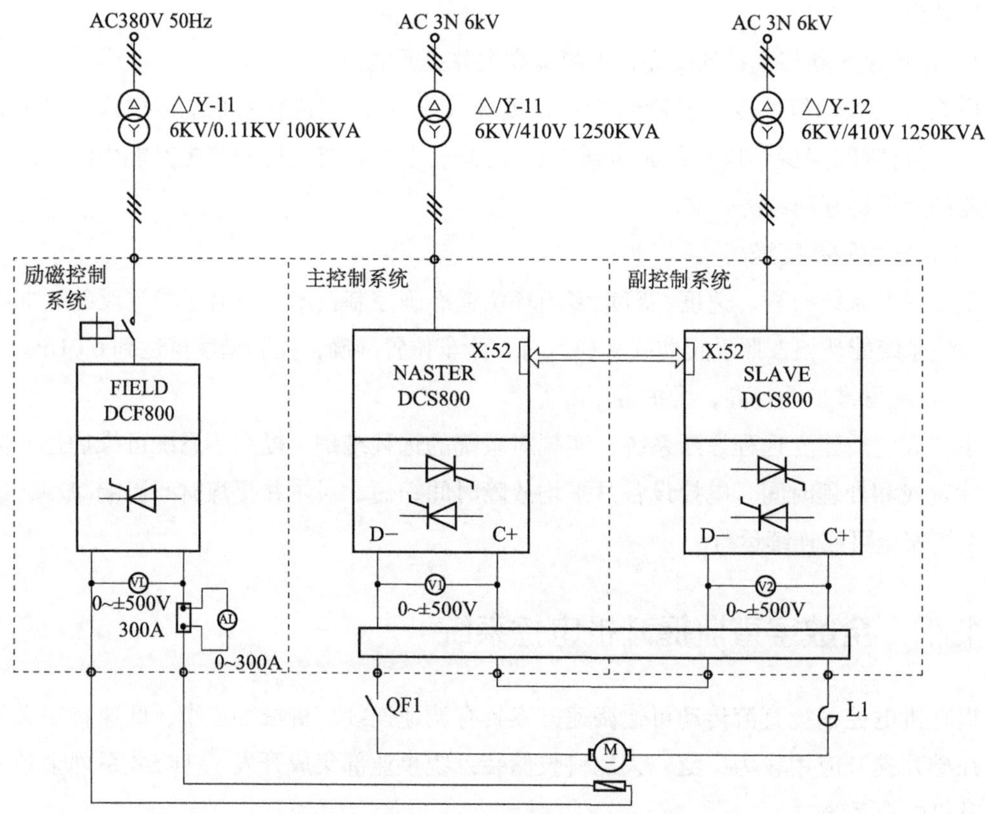

图 13.6　串联 12 脉动直流电气传动主回路图

传动系统核心为全数字直流传动调速控制装置，具有很高的智能水平和优良的静、动态性能，可靠性高，调试维护方便，其主要功能和特点：

（1）采用高速微处理器和高精度 A/D 与 D/A 芯片，具有快速信号处理能力，调节与运算精度高。

（2）电枢电流、励磁电流、速度自动调节控制，保证优良的控制性能。

（3）具有电流自适应和速度自适应功能，可自动优化系统参数，保证系统良好的稳定性和精度。

（4）具有多种故障自诊断及故障按顺序记忆与故障性质的记忆功能，便于维护及故障排除。

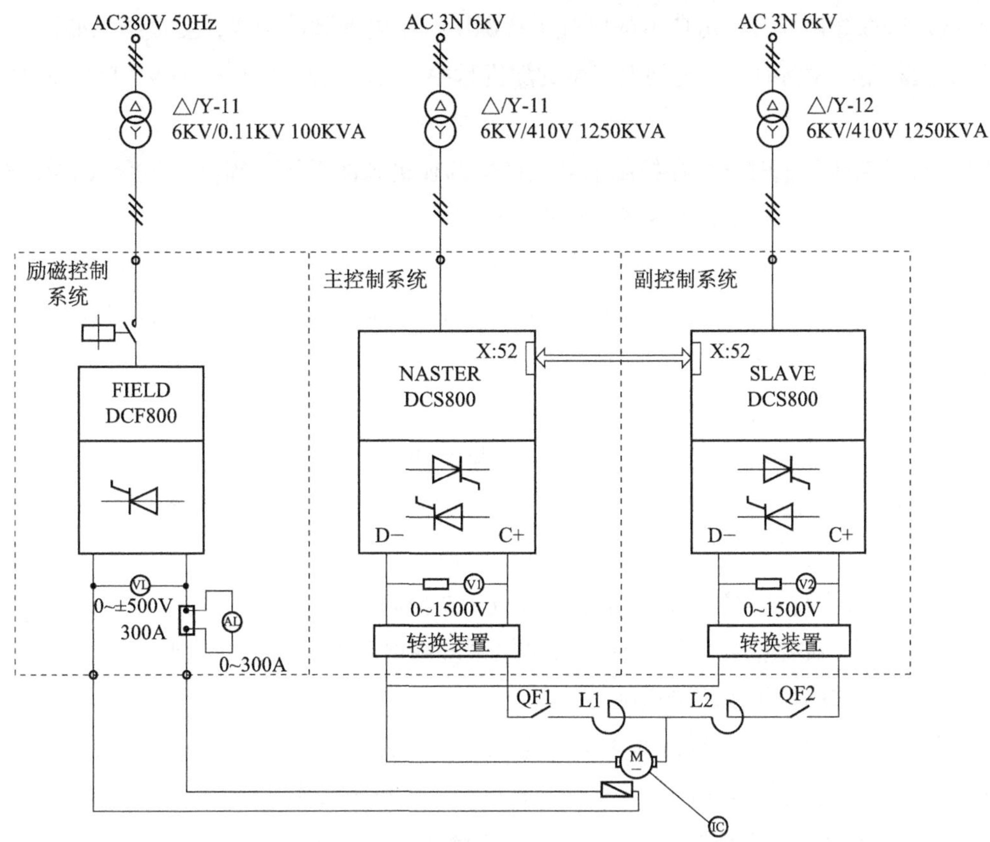

图 13.7 并联 12 脉动直流电气传动主回路图

（5）系统具有多种通信接口，以及良好的人机对话及全屏幕显示软件控制结构。

（6）预设速度基准值、电流限幅值等参数，并可限制加减速过程的冲击。

（7）能够抑制机电共振，且具有多种补偿功能。

直流调速系统调速性能好、范围宽，易于平滑调节和启停控制。

2. 电控系统抗干扰技术

煤矿工业现场电磁环境比较恶劣，电网噪声、谐波噪声等电气干扰十分严重，提升设备是煤矿安全生产的重要组成部分，提升机电控系统作为提升设备控制核心，在这种电磁环境下要正常工作须具有良好的电磁兼容性以提高安全可靠性，要对电控系统电磁环境及主要干扰形式进行分析，并研究相应抗干扰解决措施以保障煤矿提升系统的安全可靠运行。

1）提升系统全自动化智能控制系统电磁环境分析

提升机电控系统作为煤矿生产的重要设备，长期工作在煤矿复杂的生产环境中，因此，PLC 作为提升机电控系统的核心控制单元，其所受的外部噪声干扰主要来自于脉冲干扰。

低压供电线路发生脉冲噪声的主要原因是：通断电力负载用电设备；熔断器熔断；断开感性负载（如接触器、继电器、变压器、电磁阀、电动机等）；雷电；投入容性负载。经现场测试，获取煤矿提升机房典型的电气干扰源所产生电网脉冲干扰，测量结果如下：

（1）通断用电设备时，在电网上产生的随机脉冲干扰。幅值为 10^3～10^4V，时间为 10^{-1}～10^{-3}s。

（2）断开感性负载时直接在控制电器上产生的随机脉冲干扰。幅值为 10^2～10^3V，时间为 10^{-3}～10^{-8}s，上升前沿和最小脉宽均小于 0.1μs。

在提升机电控系统中继电器线圈、接触器线圈、电磁阀等感性负载使用比较多，快速瞬变脉冲群干扰的产因是在断开（或接通）感性负载过程中，负载储存的能量和分布电容所形成的谐振现象，当线圈断电时，产生的瞬变电压峰值是额定值的 20～30 倍，甚至更高，其脉冲功率足以损坏半导体器件，且含有大量的谐波，可通过导线间的分布电容、绝缘电阻侵入电控系统 PLC 的逻辑控制系统，引起误动作。

除上述脉冲干扰源外，提升机电控系统中的噪声干扰信号还包括变频器产生的谐波干扰、信号传输线上的噪声干扰、直接侵入 PLC 的辐射干扰、PLC 系统本身产生的干扰等。

2）提升系统全自动化智能控制系统主要抗干扰措施

（1）脉冲干扰抑制措施。根据提升机电控系统内电磁脉冲干扰的特点，必须按照干扰抑制原则实施相应的抗干扰防治措施。

抑制瞬发源：在感性负载两端加装放电网络：①并联压敏电阻；②并联续流二极管；③并联 RC 支路。通过综合使用上述几种方式可使脉冲电压减小到最小值。

切断或衰减瞬发脉冲通路：在电控系统中切断或衰减电磁干扰耦合途径中最重要的是消除瞬发脉冲干扰传导的耦合途径。下面就几种去耦措施进行分析：①减少耦合公共阻抗。电控系统采用继电器、光电偶合器、隔离变压器等隔离信号相关的电流回路，实现电路的电位隔离；②减小耦合电容。各单元之间距离尽量大，导线尽量短，并尽量避免平行走线；直流数字信号线和模拟信号线必须与交流电源线分开布置在布线槽内；低电平信号线和电源线分别安排在不同电缆槽内；以使干扰源与受扰对象之间的耦合部分（特别是电线电缆）的布置可使耦合电容尽量小；③减小耦合互感。按上述减小耦合电容方式布线外，可采取结构性措施，采用双绞合线以缩小电流回路所围成的面积，使干扰信号及耦合的干扰信号大部分互相抵消；④衰减共模、串模干扰信号。采用防共模干扰的滤波器，滤波器在电源线和地间构成通路，以把干扰电流引入大地。

此外，提升系统传动部分选用的变频器输入侧需串联电抗器，输出侧加装滤波器，以使变频器的谐波含量满足国家相关标准，功率因数可达到 0.95 以上。

（2）接地抗干扰措施。主回路接地：为提高系统的抗干扰能力，系统要直接接地（接 PE)，一般不采用浮地。特别是变频器和机组共用一个地时，接地线有必要通过接地汇流排来实现可靠接地。变频器的接地导线要粗，同时在可能的范围内做到尽量短，避免变频器产生的漏电流常对太远的接地点造成接地端子上的电位不稳定。接地的导线要按照电气设备技术基准所规定的导线线径规格要求。

控制线和通信线屏蔽接地：变频器与上位机通信控制时，使用双绞线或屏蔽电缆。在通信速率低于100kHz时，选用单点接地。接地方式应根据传输信号的波长来判别，以传输信号波长 λ 的1/4为界，当传输线长度小于 $\lambda/4$ 时，采用单点接地；长度大于 $\lambda/4$ 时，由于屏蔽层也能充当被动天线，所以应当采用多点接地。

传感器信号的屏蔽接地：在采用变频器调速的高精度控制系统中，为了提高抗干扰能力，传感器信号线均采用屏蔽线，且屏蔽线在传感器内部与传感器壳体接在一起。

模拟信号屏蔽层接地：采用模拟信号来控制变频器的频率/转速系统时，信号的传送采用双绞线和双绞线的屏蔽线。数字地与模拟地的引脚分别相连，避免之间存在共同回路。

3. 基于模糊控制的提升系统制动与调速智能协调控制技术

制动系统和调速系统是矿井提升机控制系统中最重要的组成部分。目前在提升机控制中，制动系统和调速系统相对独立工作，即制动时调速系统不再输出力矩或不制动时调速系统才输出转矩进行调速，因而出现松闸开车时溜车、停车抱闸溜车、停车憋闸等问题，对提升系统产生很大的冲击，影响提升机的安全高效、平稳准确的运行。为此，需在制动系统与调速系统之间建立智能协调控制机制，实现提升机平稳准确运行。

1）提升系统制动和调速的工况分析

提升机制动系统和调速系统的协调控制首先要实现提升机在各种工况下开车时，保证松闸时提升容器重载不会突然下落；其次是要实现制动停车时提升机从爬行速度到停车时没有机械冲击，减少对设备的机械损害及提高停车的准确度，同时也不会因为制动力过大而对提升电机产生附加负荷。

目前矿井提升机的自动控制方式在开车时多采用延时敞闸的办法，即在提升机启动时先不完全松开制动闸，待电机电流达到某一数值后，也就是电机已经出力后，再松开制动闸，从而达到防止提升容器重载侧下坠的现象发生。而停车时则在爬行速度到停车位时电机传动部分不再输出力矩而依靠闸来直接抱死。采用上述方式开车存在一定缺陷，因为矿井提升机是一个复杂的机电系统，提升机的制动系统除了液压系统本身是一个复杂的力学体系外，各种电磁阀、电液比例阀同样也存在电磁过渡过程，对于同样的给定信号，并不能保证产生同样的制动效果。因此，如果在提升机开车、停车时采用恒定制动力给定的办法，不能保证实现制动系统和调速系统的协调控制。

由于常规的提升机制动系统和调速系统的调节控制器工作时是按事先设计好的控制参数和控制手段对制动系统进行控制的，但被控对象具有不确定性，故很难在提升机系统不同的运行状态都实现与调速系统相协调。

2）提升系统制动与调速智能协调控制策略

为了能够适用矿井提升机的工况变化和系统的其他不确定因素，对提升机制动系统和调速系统的协调控制，寻求采用模糊控制器来进行控制，实现各种工况下提升机的平稳启动、停车，减少提升机的机械冲击和电气冲击，提高整个提升机电控系统的性能和安全可靠性。

经过对提升机系统的分析，为了实现制动系统与调速系统的协调控制，可把提升机电机的电枢电流信号作为一个输入变量，以每次提升机的提升载荷为另一个输入变量输入前面设计好的模糊控制器中，利用模糊推理器按模糊规则推出在该条件下应该的制动闸松闸速度。将此信号输入到一个常规的控制器中，对制动系统进行控制，改变制动系统输出的制动力。提升机在这个制动力和电机转矩以及提升载荷重力的共同作用下开始启动。随着电机输出转矩的逐渐增大，同时逐渐减小制动力，使提升容器平稳的加速开车，最终达到制动系统和调速系统之间的协调控制。采用的提升机制动系统与调速系统模糊控制策略框图，如图 13.8 所示。

由于在这里模糊控制器的隶属度函数和控制规则是按照操作人员的经验进行编制的，与实际情况不一定完全符合。为了保证模糊控制器控制的可靠性，采用了两个修正因子 α 与 β。参数 α 与 β 的改变相当于改变隶属度函数和控制规则，这种模糊控制器就可以适用各种不同的情况，实现制动系统与调速系统的协调控制。

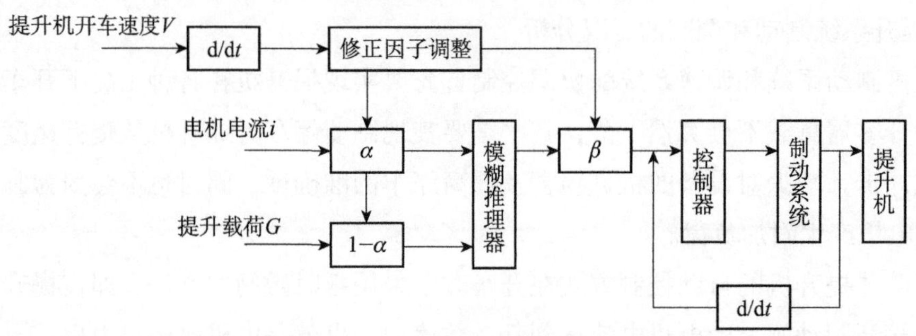

图 13.8　协调控制策略框图

整个模糊系统由传动部分和制动部分组成，协调部分由 PLC 完成。系统软件主要实现对传感器传来的各种信号如提升载荷大小、电机电流大小、制动系统压力大小等模拟量的采集、处理等工作，并对所采集的参量按照控制算法计算后输出用于控制。

提升电机的电机电流信号引入到制动系统的控制中，使开车时的制动力变化与提升载荷和电机电流关联起来，通过模糊控制的方式分析控制过程并参与提升机控制，实现了对提升机制动系统与调速系统的协调控制。

13.2.3　技术参数

TKSZ 系列全数字直流提升机电控系统主要技术参数见表 13.2。

表 13.2 TKSZ 系列全数字直流提升机电控系统主要技术参数

参数	数值
直流装置电压等级 /V	−1000～1000
直流装置输出电流 /A	−5000～5000
适配直流电动机容量 /kW	0～5000
调速范围	100：1
行程测量范围 /m	0.00～1999.99
速度测量范围 /（m/s）	0.00～19.99
行程分辨率 /m	±0.01
速度分辨率 /（m/s）	±0.01
可编程序控制器	配置多台 PLC，根据需要配置输入输出

13.2.4 应用实例

冀中能源东庞煤矿主井担负矿井原煤的提升任务，提升机电机功率 2100kW，提升速度 10m/s。冀中能源东庞煤矿主井提升机电控系统采用储装系统自动化事业部提供的全数字直流提升机电控系统设备。

2013 年 12 月，东庞矿主井全数字直流提升机电控系统安装调试完毕后投入使用并取得很好的使用效果，系统运行安全高效、稳定可靠，安全保护动作可靠，运行参数及工况符合要求，调速平稳，控制性能良好，能够满足生产需要；电控系统采用全数字直流传动，节能效果显著；电控系统单次提运时间缩短，效率提高。

（本章主要执笔人：刘辉，孙祖明，李建华，高宇，朱震）

第14章 快速定量装车系统

早期煤炭外运多采用体积式、轨道衡等装车方式，存在装载不准、效率低、不环保等问题，随着煤炭需求量的增长，原有装车方式无法满足煤炭外运装车需求。20世纪70年代末，快速定量装车技术问世，该技术具有装载准、效率高、绿色环保、维护成本低等优势，逐渐获得了世界范围内物料装载领域的认可。

煤科总院储装技术研究分院从90年代开始，通过引进、消化、吸收国外先进技术理念，先后自主研发了煤炭铁路、公路快速定量装车系统，并在国内各大矿区煤矿成功应用，使得我国煤矿的外运装车站的技术水平跻身国际先进行列。

本章主要介绍煤炭铁路快速定量装车系统、煤炭公路快速定量装车系统及非煤散装物料快速定量装车系统的组成及关键技术，重点分析快速定量装车系统的准确称重技术、布料平车技术、物料流动分析技术、储料仓体优化技术等，为大宗散装物料快速定量装车系统的发展与应用提供技术支撑。

14.1 煤炭铁路快速定量装车系统

我国大部分煤炭产区分布在北方，而主要煤炭用户集中在南方及海外，产销矛盾决定了在煤炭生产中必须经过装车外运这一关键步骤。而铁路运输因其在我国国民经济和在综合运输网络中具有其他运输方式难以替代的巨大作用，故也成为快速定量装车系统的首选。

为了提高铁路运输的装车效率，20世纪80年代大同矿务局燕子山煤矿装车站和山西省地方铁路局落里湾集运站分别引进美国PEBCO和REMSEY公司的快速定量装车系统；1996年神华集团神东公司大柳塔环线装车站引进美国KSS公司的快速定量装车系统；1999年和2000年上湾、大柳塔环线内环和榆家梁装车站分别引进南非TCS公司和美国KSS公司3套快速定量装车系统，满足了神东公司煤炭外运每年增长千万吨的装车需求。

2001年，煤科总院储装技术研究分院对快速定量装车技术进行消化吸收，并开始自主研发，完成了煤炭铁路快速定量装车站的设计和系统集成，并在多个矿区进行了推广应用。如图14.1所示。

图 14.1 煤炭铁路快速定量装车系统

14.1.1 应用范围

煤炭铁路快速定量装车系统主要应用于煤炭铁路运输过程的全自动快速定量装车，装车能力 5000～8000t/h，装车精度平均误差小于 0.1%。该系统基于大型料斗秤的工作原理，预先在定量仓中按车皮标重装载，通过闸门和卸料溜槽控制，向行进中的火车车厢快速卸载，实现一次连续动态行进中的快速准确装车。相对于简易装车站以及使用装载机装车的集装站，快速装车站具有自动化程度高、装车速度快、精度高、环保性能优等特点。

煤炭铁路快速定量装车系统主要由大型钢结构、装车机械设备、称重系统、液压系统、配电系统、控制系统组成，如图 14.2 所示。

缓冲仓的目的是存储一定量的煤炭，以确保在正常情况下有足够的煤炭用于装车，从而避免煤炭输送机频繁启动；称重仓用于快速准确定量需要装车的质量；装车机械设备用于控制装车煤流；液压系统为各种机械设备提供动力；电控系统用于装车站中所有设备监测和自动控制；自动润滑系统为装车机械设备提供润滑，提高设备的使用寿命；软件系统用于判断发出各种控制指令，调节装车精度，监测各设备的运行状态，记录存储装车记录和报警信息。

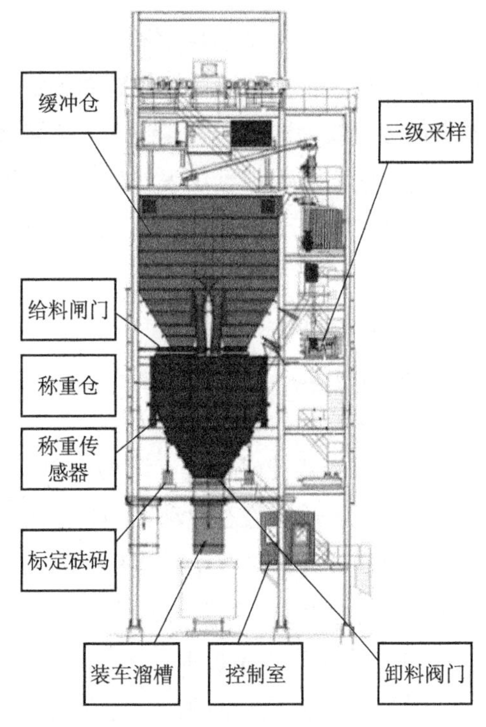

图 14.2 快速定量装车站系统组成

14.1.2 技术特征

1. 定量装车准确称重技术

1）装车站称重系统的组成

称重系统是保证快速定量装车精度的关键部分，它主要由称重料斗、称重传感器、称重仪表和砝码校验装置等组成，如图 14.3 所示。

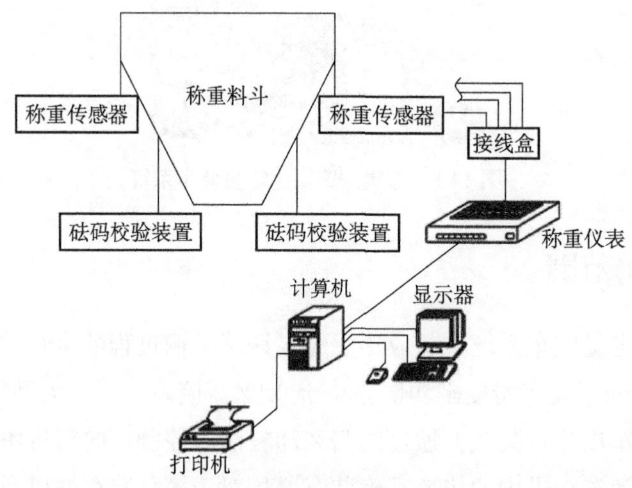

图 14.3 装车站称重系统组成

装车之前，根据列车车厢容量将物料放入称重料斗内，料斗下设有 4 个称重传感器，物料装在料斗里，其质量使传感器弹性体发生变形，输出与质量成正比的电信号。传感器输出信号经放大器放大后，输入 V/F 转换器进行 A/D 转换，转换后的信号直接送入称重仪表中，其数字量由称重仪表处理，一方面称重仪表显示出瞬时物重，另一方面其输出数字量进入 PLC 进行称重比较，开启和关闭加料口等一系列的称重定值控制，实现对料斗煤量的精确称量。

2）计量精度控制技术

装车站工况复杂，工作频繁、承受冲击载荷大，但要求称重精度高、可靠性高，因此称重传感器对计量精度影响较大。

电阻应变式传感器具有结构简单、体积小、使用方便、性能稳定、可靠、灵敏度高、动态响应快、适合静态及动态测量、测量精度高等优点。因此，称重传感器选用电阻应变式传感器。此外，装车站料斗称入料时，受不均匀的冲击载荷，易产生水平侧移，选用双剪切梁式传感器实现安全可靠称量。

3）配仓精度控制技术

缓冲仓底部有 8 个闸门，定量仓底部有两个闸门，每个闸门的开关位置都装有接近开关，通过这些开关将闸门的状态信息反馈给 PLC 处理器，处理器根据这些信息，按配仓控制策略给相关的电磁阀输出信号，电磁阀动作驱动液压油缸，从而打开或关闭闸门实现装车自动控制。

在配仓过程中，为了在缩短配仓时间的同时提高配仓精度，结合物料流量特性采用四段式配仓控制策略，如图 14.4 所示。

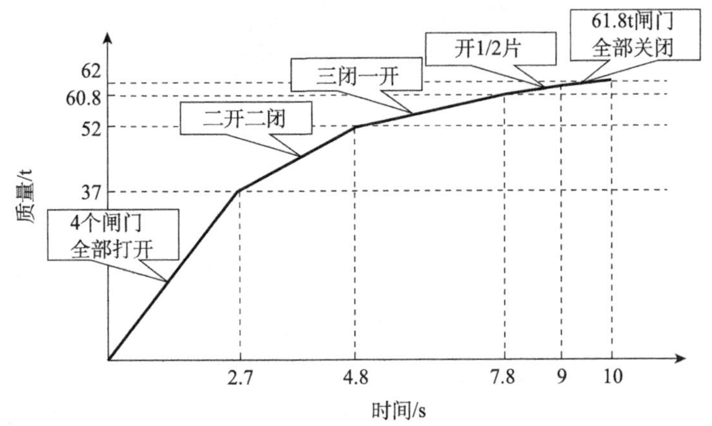

图 14.4 煤炭铁路装车系统配仓控制策略

在配仓初始阶段，缓冲仓所有闸门全部打开，采用最大流量配仓提高配仓速度；当定量仓的煤量达到二次仪表里第一个参数设定值时，其中 4 个闸门关闭降低流量有利于控制配仓精度，当达到第二个参数设定值时，再关闭 3 个闸门实现定量仓的精配，当达到第三个参数设定值时，最后一个闸门关闭，配煤完成。

列车到位后，定量仓闸门开启将定重物料卸入火车车厢完成火车定量装车。在定量仓煤放空之后，卸料闸门自动关闭，开始下一节车的配煤，与此同时，列车向前行驶通过两车厢之间的空当距离，当下一节车厢到达装载位置时，配料完成可进行再次装车；如此循环便实现了连续定量自动装车。

2. 仓体优化设计技术

仓体是快速定量装车系统的关键设备，而强度是仓体正常工作必须满足的最基本的要求。为使仓体的设计经济合理，避免强度的浪费或不足，采用有限元法对仓体结构进行力学强度分析。

首先进行几何建模，由于实体模型比较复杂，如果整个料斗采用实体网格划分，生成的有限元模型是非常庞大的，因此采用中性面抽取的办法，用中性面来代替复杂的实体模型。随后进行网格划分，料斗由于生产工艺以及部件连接的需要，存在大量的工艺孔，这些小孔对有限元分析的结果影响不大，但是却大大地增加了有限元模型的复杂性，降低了求解的精度，为求解的方便对料斗的结构进行几何清理，清理对分析结果影响不大的工艺孔和定位孔。料斗模型的网格划分采用的是大小为 100mm 的四边形单元，对于局部复杂的区域，采用三角形单元与四边形单元相结合的方法。最后对料斗模型根据实际工作条件进行约束及施加载荷，约束 4 个支腿 x、y、z 共 3 个方向的平动自由度以及绕 x、z 轴的旋转自由度。模型、划分后的网格及施加约束后的料斗如图 14.5 所示。

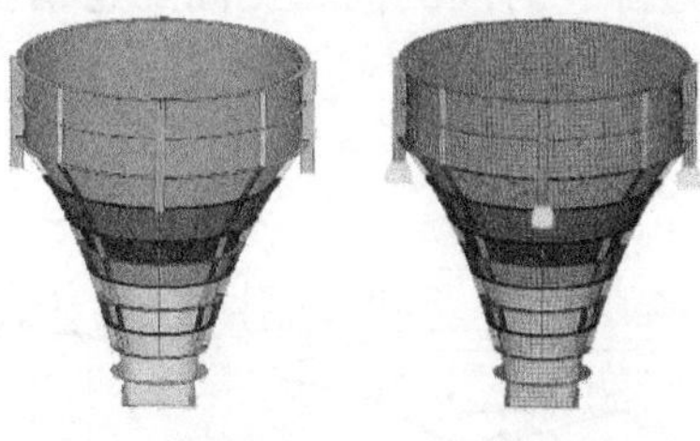

（a）几何模型　　（b）网格划分结果

图 14.5　料斗的中性面几何模型及网格划分

把得到的有限元模型导入软件中进行求解。为减轻料斗自重，对外壁、内衬及筋板厚度作为研究对象，分别进行计算，根据计算结果确定最终的厚度。整个法兰和立筋对料斗起到了很好的加强作用，料斗受力良好，应力和应变如图 14.6 所示。最大应力发生在传感器支腿和下部闸门连接体上、最大应变位于卸料口附近，均有足够的安全余量。

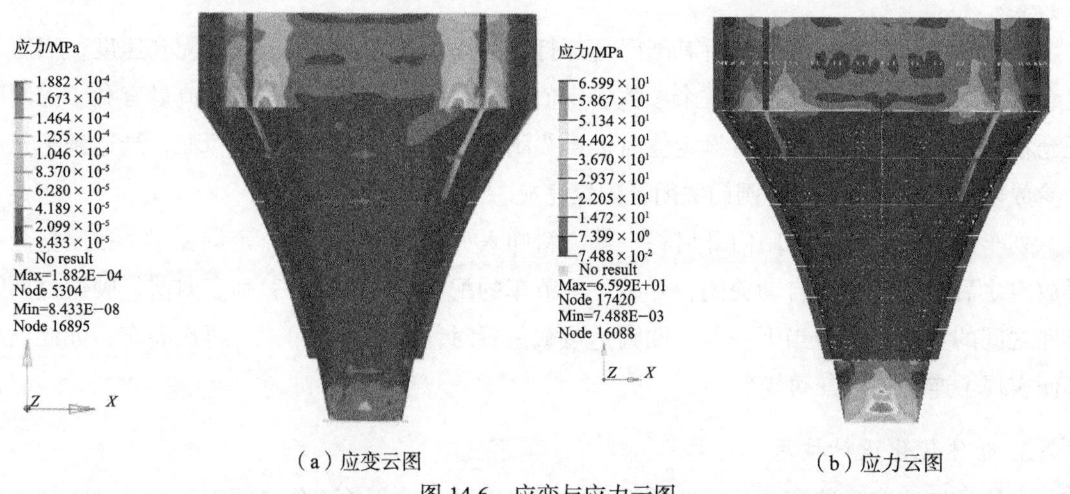

（a）应变云图　　（b）应力云图

图 14.6　应变与应力云图

由于双曲线圆形料斗复杂，制造较为困难，在实际加工中，采用多节圆台来拟合双曲线。设计时在圆台接缝处设置连接法兰，法兰解决了料斗分段对接处的连接问题，还削弱了焊缝的应力集中，减轻了料斗的变形并使强度得到了加强。

3. 自动喷洒压实技术

随着铁路和环保部门加强考核、煤矿生产企业装车标准化的实施，对装车质量提出了更高的要求。整平压实系统能够提高装车效率、降低煤炭列车周转周期；增加低密度煤种的装载容重，降低煤炭列车的使用成本并提高煤炭生产企业的装运能力。装车效率和装车能力的共同提高给煤炭企业带来效益。针对铁路外运中出现的问题，结合客户需求，开发了整平压实系统，整平压实增加了敞车内散煤的密实度，通过有效的压实显著地改善散煤表面层的强度和刚度，提高了运输稳定性，几乎可以消除沉陷，整平压实后煤炭列车不仅满足装车规范，而且高度统一、匀称美观。压实后减少了煤炭顶部的表面积，降低了封尘剂的用量，消除了固化层在运输过程中的沉陷和龟裂现象，降低了生产成本，提高了煤炭生产企业的经济效益。

1）自动喷洒工艺及装置

喷洒工艺过程如下：在制液车间的混合搅拌等环节，将制好的溶液储存至储液罐，待装列车进站时，启动喷淋系统，对车皮进行喷淋。作业流程如图 14.7 所示。

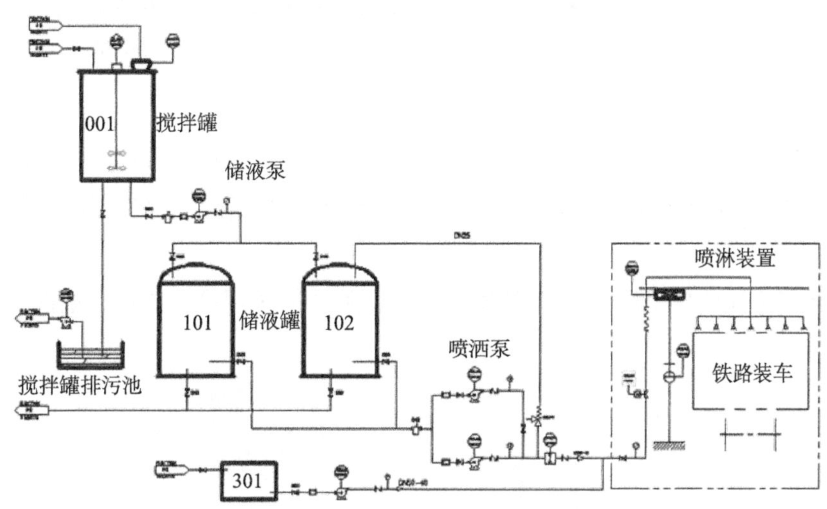

图 14.7　喷洒系统作业流程工艺图

防冻液喷洒将溶液快速、均匀地喷洒到火车、汽车车厢内的五个内表面上，抑尘剂将溶液均匀喷洒在装好的车皮顶部，其喷洒流量及速度可调节，车辆处在停车和运行两种状态下均可喷洒。

控制系统可实现在装车站控制室进行控制，实现自动喷洒，喷洒装置为旋转升降式，不装车时平行于铁路，装车时垂直于铁路，置于车厢上方，可调节最佳高度后进行喷洒，系统高度的调节分为手动和自动两种，并设置就地控制箱。

喷洒装置主要由机架大臂、喷头升降装置、总成旋转部分、电机等组成。此部分是整个喷洒设备的执行部分，可完成现场包括机架位置、喷头自动高度调整等整个喷洒动作。现场工作如图 14.8 所示。

2）整平压实工艺及装置

对于不同车型的装载，考虑的密度、粒度的不同，可采用二级压实机构：首先用凸块压轮实现初压整平、然后用光轮实现终压压实。

压轮质量由钢材筒体和砂腔内的配重砂组成。为适应不同的车型，砂腔在筒体两侧对称布置，在后续使用过程中可通过可拆卸的加沙口实现配重砂的装入或卸出，从而调整压轮的线载荷。

(a) 装车前喷洒效果

(b) 装车后喷洒效果

图 14.8 喷洒系统现场

光面轮主要由筒体、加砂腔及固定轴组成，在筒体两侧设有可拆卸的护缘，防止压实过程中压轮两侧的煤落下车帮。筒体两侧主轴用于与摆臂支架上的轴承座连接，如图 14.9 所示。

凸块轮在光面轮的外部加入了凸块固定座，凸块之间采用螺栓连接，如图 14.10 所示。

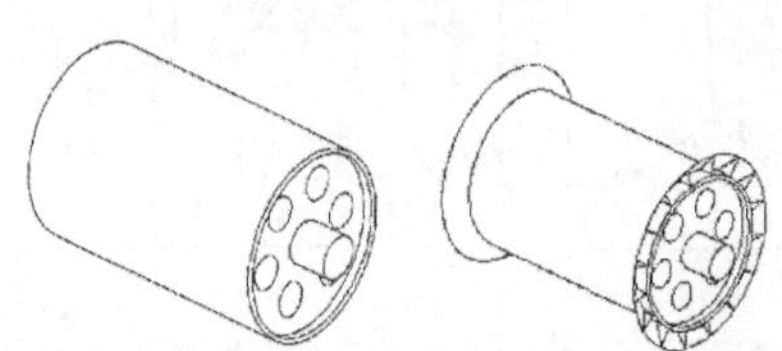

图 14.9 光面轮结构及组成

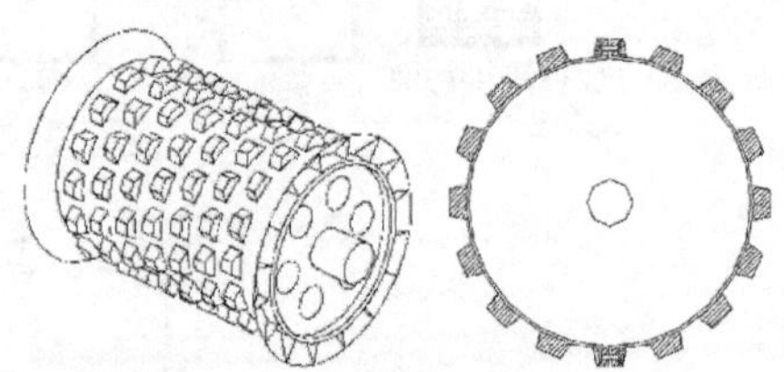

图 14.10 凸块轮结构及组成

经过二级压实，压实深度范围为 0～400mm，滚筒压实过程可控制，根据实际的要求调整高度。压实系统及压实效果如图 14.11 所示。

(a) 工业性试验现场 (b) 凸块轮压实效果

图 14.11 李家塔工业性试验现场及压实效果

14.1.3 技术参数

煤炭铁路快速定量装车系统主要技术参数见表 14.1。

表 14.1 煤炭铁路快速定量装车系统主要技术参数

参数	数值
装车能力 /（t/h）	5000～8000
缓冲仓缓冲能力 /t	≤1000
称量范围 /t	≤100
计量方式	定量计量
装车精度 /%	0.1
铁路线形式	贯通式、环绕、吊头式
牵引方式	各类机车、调车绞车等
牵引速度 /（km/h）	0.4～2.0
适用车型	现有各类在用车型
控制方式	自动 / 半自动 / 手动
结构形式	单线单称重仓快速定量装车 双线双称重仓快速定量装车 双线单称重仓快速定量装车 双称重仓快速定量装车 混凝土筒仓式快速定量装车
断面尺寸	按客户需求
装车溜槽	水平移动垂直伸缩装车溜槽 可摆动伸缩式装车溜槽 环保型除尘装车溜槽
防护等级	通用防护
工作环境 /℃	最高 55，最低 -50
平均无故障时间 /a	5

14.1.4 应用实例

2004 年 9 月，自主研发的煤炭铁路快速定量装车系统首次在甘肃华亭煤矿安装调试；2005 年 7 月，铁路快速定量装车系统在山西晋城王坡煤矿首次成功装车，装车能力达到 5000t/h，装车精度平均误差小于 0.1%，实现了火车全自动快速定量装车；2006 年，铁路快速定量装车系统应用于千万吨级的神华宁煤羊场湾煤矿装车站。目前，煤炭铁路快速定量装车系统已在山西、内蒙古、陕西、甘肃、宁夏等地成功应用 60 余套。

14.2 煤炭汽车快速定量装车系统

由于受到地理条件的限制，许多西部地区的大型矿井开采的煤炭很难有条件建设铁路实现煤炭外运，只能通过汽车将煤炭运到较近的集运站，完成煤炭大批量外运。

图 14.12　煤炭汽车快速定量装车系统

为了适应日益增长的汽车快速定量装车需求，煤科总院储装技术研究分院在 2010 年研制了首套汽车快速定量装车系统，装车能力达 2000～2500t/h、装车精度平均误差小于 0.1%，实现了汽车全自动快速定量装车，国产化的汽车快速定量装车系统首次应用在李家塔煤矿和郭家河煤矿，如图 14.12 所示。

14.2.1　应用范围

煤炭汽车快速定量装车系统主要应用于煤炭公路运输汽车全自动快速定量装车过程中，装车能力 2000～2500t/h，装车精度平均误差小于 0.1%。该系统与铁路快速定量装车系统的工作原理和系统组成基本相同，主要工艺流程如图 14.13 所示。

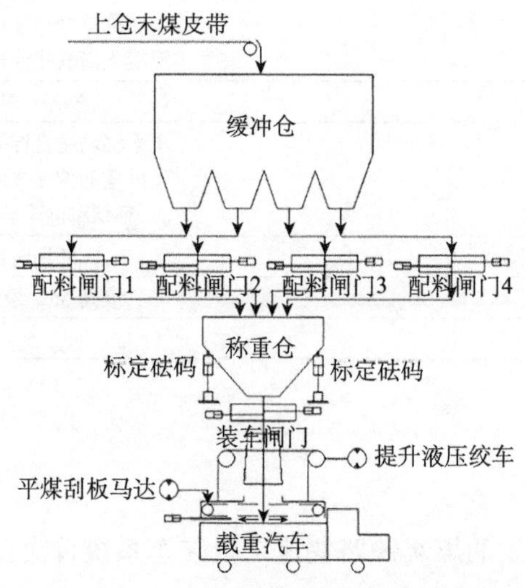

图 14.13　汽车快速定量装车系统工艺流程

当待装汽车到达装车站下方时，启动初始静态计算软件，确定煤量，开启仓下面的配料平板闸门，将煤放至称重仓中，由安装在称重仓的称重传感器实时测量，当达到预定煤量时，关闭缓冲仓下面的配料闸门，实现静态精确称重，确定车厢就位后，开启装车闸门，物料通过称重仓下的垂直伸缩溜槽装入车厢，同时启动平煤刮板将煤刮平，形成梯形堆积。装完第一辆车后，关闭闸门；与此同时，缓冲仓下面的双翼滑动式液压无尘平板闸门自动打开进行第二次配料称重循环作业，定量完毕，排队中的汽车空车车辆已进入到装车位置，打开称重仓下双翼滑动式液压无尘平板闸门，装载第二辆汽车车厢，如此连续循环作业，可有效减少煤炭汽车装车时间，提高装车精度和效率，降低人工成本。

14.2.2　技术特征

1. 适应多种车型的环保布料平车技术

煤炭汽车快速定量装车系统在进行汽车装车时面对的车型较为复杂。根据《中华人民共和国机动车登记办法》规定，载货汽车可分为重型、中型、轻型、微型四个种类。具体车型参数是：车长不小于 6m、总质量不小于 12000kg 的载货汽车为重型载货汽车；车长不小于 6m、总质量不小于 4500kg 且小于 12000kg 的载货汽车为中型载货汽车；车长小于 6m、总质量小于 4500kg 的载货汽车为轻型载货汽车；车长不大于 3.5m、载重不大于 750kg 的载货汽车为微型载货汽车。为了适应不同种类车型的自动装车，在原有铁路快速定量装车系统的基础上，研发了适用于汽车装车的布料平车系统。

装车平车系统由平煤刮板、伸缩溜槽、提升绞车等组成，如图 14.14 所示。该系统自动化程度高，操作简单，安全可靠。其特点是：①采用双马达驱动，装运能力强，年装运能力在 700 万 t 以上；②装车速度快，以四驱车计，通过时间小于 90s；③装车精度高，装车精度为 0.1% 以内；④能适应所有货运车型，环保卫生，运行及维护成本低。有效消除了煤外溢及人为平车可能引起的安全事故。

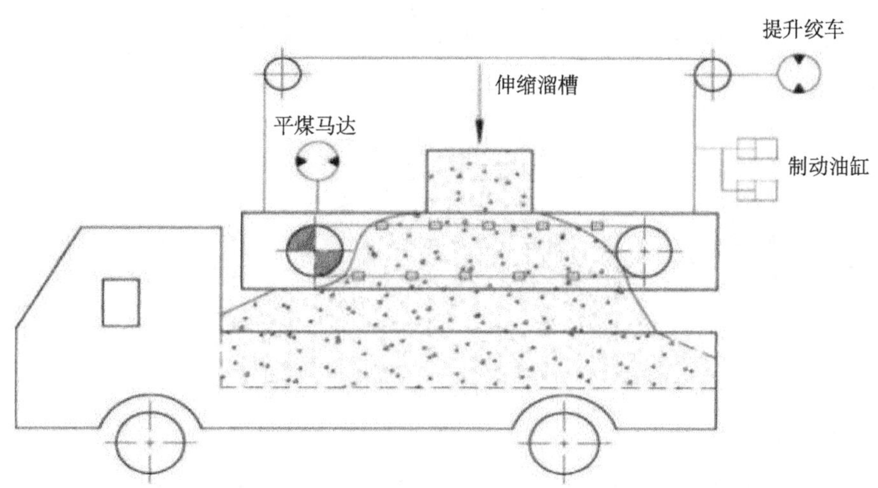

图 14.14　汽车快速定量装车平车系统组成

布料平车装置的具体参数见表 14.2。

表 14.2　布料平车装置技术参数

参数	数值
通过能力 /（t/h）	5800
驱动功率 /kW	45
6 轴车装车时间 /min	<2
提升速度 /（m/min)	10
刮煤速度 /（m/s)	0.85
工作压力 /MPa	12

2. 基于信息融合的智能汽车调度技术

由于汽车快速定量装车站附近停留的待装车辆较多且车型不同，车辆所装煤种及所属客户和物流公司也各不相同，这对汽车快速定量装车系统的管理和控制提出了更高要求。为此，针对汽车快速定量装车需根据每辆车的具体属性完成配煤、装车的个性化特点，提出了基于信息融合的智能汽车调度技术，通过对装车车辆的数字化信息的提取和使用，实现汽车装车过程的智能化和自动化。如图 14.15 所示。

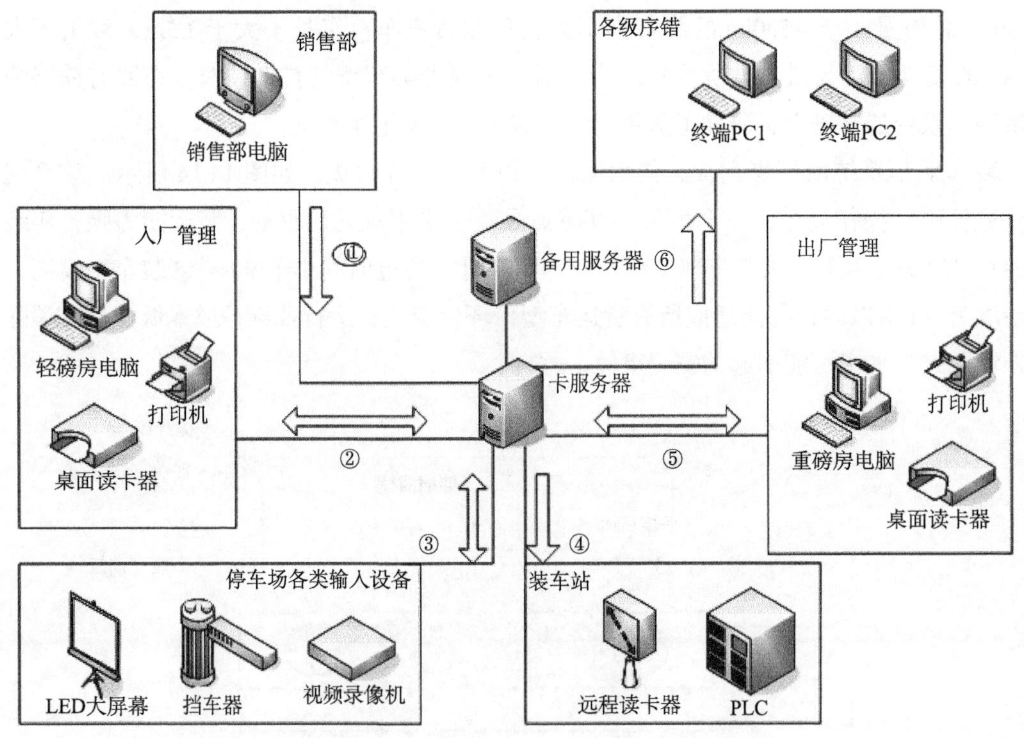

图 14.15 基于信息融合的智能汽车调度技术

1）系统架构

基于信息融合的智能汽车调度技术以快速定量装车系统数据库为基础，拓展和融合信息，形成通用信息平台，并将其应用至汽车装运管控过程中。

系统架构如图 14.16 所示。在装车过程中产生的数据统一由信息平台进行传递，实现无纸化操作，避免人为因素造成的错误，提高效率；车辆出入场过程中的信息采集由自动化设备实现，并与通用信息平台直接进行数据交换，以在生产和结算过程中直接调用匹配数据实现自动化作业。生产过程所需的运销数据也通过通用信息平台获得，并在生产完成后将运销数据系统所需信息及时通过通用信息平台下发。此外，以生产数据信息的融合为基础，实现装车流程控制、汽车调度和管理以及数据发布等其他功能，从而形成具备信息融合的管控一体化煤炭装运系统。

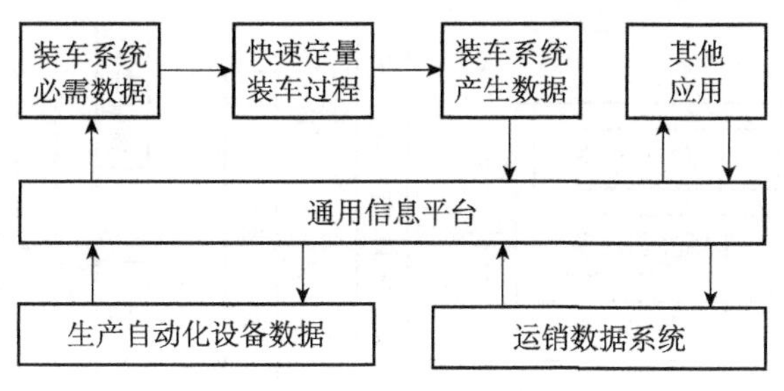

图 14.16 系统架构

2）系统数据信息融合

（1）汽车快速定量装车数据信息。煤炭汽车装运的管控是建立在装车过程数据基础上的。根据装车流程的概念数据模型（图 14.17），装车过程所涉及的数据主要分为两个部分：一部分是图中虚线框内的数据，是汽车快速定量装车系统自动化生产过程所涉及的数据，是核心部分；另一部分是虚线框外的数据，为运销数据，其围绕核心数据部分，或是为装车提供数据基础，或是在装车完成后对装车数据进行统计、加工后得出，继而完成运销结算任务。

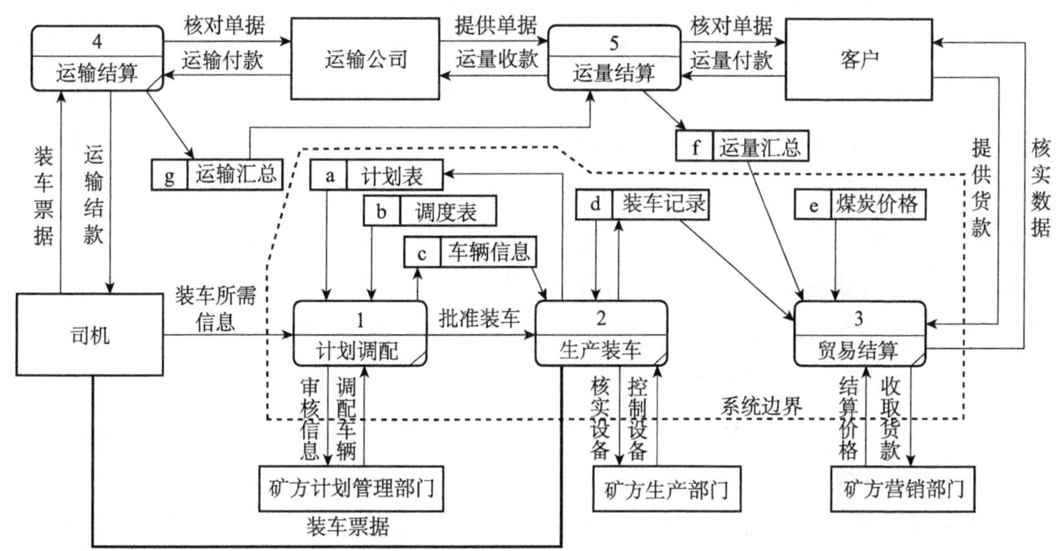

图 14.17 装车流程概念数据模型

（2）数据信息融合过程。对于实体部分的数据，利用信息融合实现全自动化的获取，并对数据进行提取、加工和发送，为每个自动化节点提供数据基础，为全自动装车过程提供数据支撑，完成车辆的调度和管控。生产数据信息融合框架如图 14.18 所示。

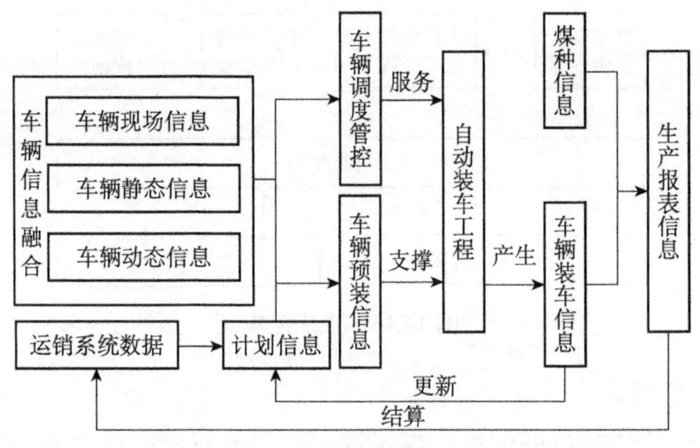

图 14.18 生产数据信息融合框架

计划信息实体主要通过对运销系统数据进行提炼和加工得到，利用运销系统中与服务客户签订的合同可以查询到未来运销的煤量总额，利用此数据控制装车时的装车煤种，保证不超过总额数的装车配额。

对于车辆预装信息实体，其一部分属性由计划信息获得，另一部分涉及车辆信息的数据则必须通过多数据融合得到。车辆信息首先拥有静态数据信息，主要储存车辆本身的信息，例如车牌、车型、载重等；其次是动态信息，包含变化频率较高的数据，如所服务的客户；最后是自动化设备提取的信息，主要是对车辆在现场的信息进行提取、记录，包括入场时间、入场提取的车牌、信息提取地点等。将 3 个部分信息进行融合，实现数据比对，保证装车车辆以及匹配煤种的正确性，并加工运算得到系统所需要的数据信息。

车辆装车信息实体通过车辆预装信息和定量装车过程中自动化数据（如称重数据）的比对提取得到，并迅速反馈和更新计划数据。煤种信息是一个相对固定的静态信息，将其与车辆装车信息结合可以得到生产报表信息。此信息可以作为运销系统结算的依据。

3）信息融合下装运管控的具体应用

利用基于信息融合的智能汽车调度技术，汽车快速定量装车将实现全自动的流程控制，保证非人工干预环境下以最快速度完成汽车定量装车，如图 14.19 所示。

具体流程如下：①装载车辆开至入场处，利用车牌识别装置提取车牌信息，将信息存入车辆管理信息数据库中。②将车辆信息数据与运销系统下的计划信息数据进行匹配，符合要求的车辆进行排队，并将装车所需信息（包括车牌、标载、装车状态、装车识别号等）下发至运销系统数据库。③将计划信息与车辆预装信息进行比对加工后，向快速定量装车系统数据库发送待装车辆的预装信息。④待装车辆开至快速定量装车系统候车区，轮到本车时，开至快速定量装车系统待装车位，提取车牌信息，将提取到的车辆信息与快速定量装车系统数据库中的数据进行比对，提取相对应的车辆预装信息。⑤系统根据提取的预装信息开始配煤、装车过程，并把最终的装车数据（包括净质量、偏差等）保存至装车信息。⑥将运销系统数据库与快速定量装车系统数据库中的实际装车信息、煤种信息进行数据融

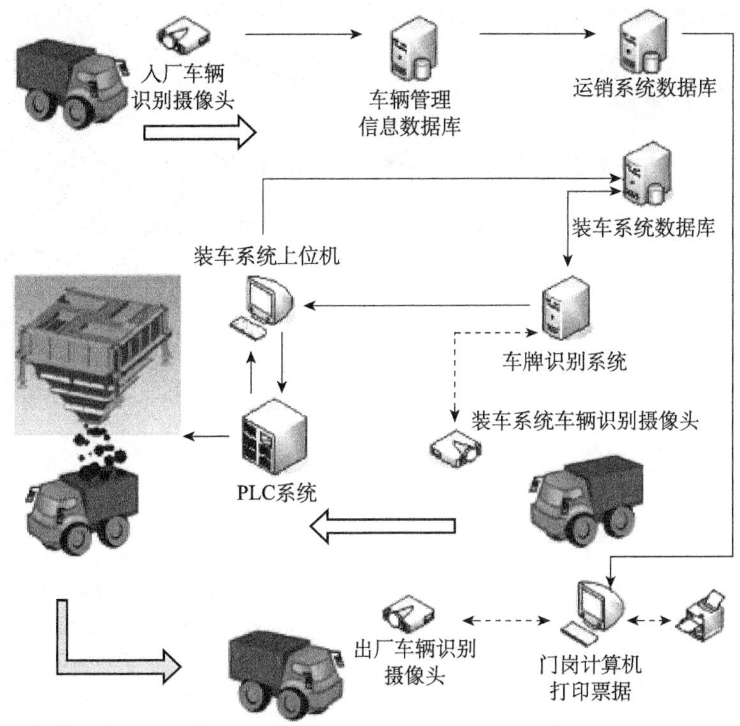

图 14.19 全自动化控制的装车流程

合，得到实际的结算信息。⑦装载车辆开至出场处，通过车牌识别装置提取车牌信息，从数据库中找到车辆装车信息，并打印结算凭证后离矿。

车辆调度管理流程平面图如图 14.20 所示，车辆在装车前首先进行车辆信息预处理，处理过程中从计划信息中得到车辆所装煤种，并结合车辆信息，系统自动将车辆安排至其所对应煤种等待时间最短的停车区通道进行排队。系统自动监测快速定量装车系统状况。轮到此车时，对应通道道闸开启，LED 显示屏指示至对应装车通道。在利用车牌识别装置确认车辆信息后，车辆进入其对应的快速定量装车系统完成装车。在完成车辆离场信息处理后，车辆离开场区。

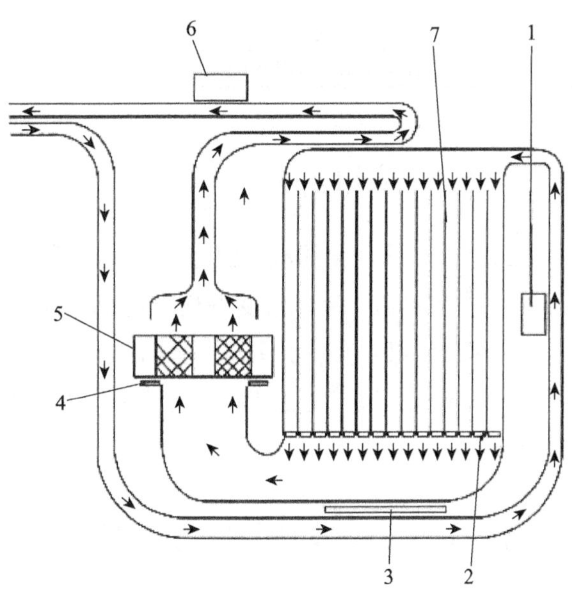

图 14.20 汽车调度管理平面图

1. 车辆信息预处理；2. 拦车道闸；3. LED 信息显示屏；4. 车牌识别装置；5. 快速定量装车系统；6. 车辆离场信息处理；7. 多通道停车区；→ 车辆行进方向

该技术的应用可以有效调度车辆，避免车辆聚集通道造成拥堵，以及车辆装错煤种造成卸煤、重装等一系列问题，保证了汽车快速定量装车系统的高效运行。

14.2.3 技术参数

煤炭汽车快速定量装车系统主要技术参数见表 14.3。

表 14.3 煤炭汽车快速定量装车系统主要技术参数

参数	数值
装车能力 / (t/h)	2000～2500
缓冲仓缓冲能力 /t	≤200
称量范围 /t	≤100
计量方式	定量计量减量计量
装车精度 /%	0.1
适用车型	现有各类在用车型
控制方式	自动 / 半自动 / 手动
结构形式	单线单称重仓快速定量装车 双线双称重仓快速定量装车 双称重仓快速定量装车 混凝土筒仓式快速定量装车
断面尺寸	根据客户需求
装车装备	拖车式装车装置 板式可平车布料装置 垂直伸缩装车溜槽 可摆动带料流控制装车溜槽 环保型除尘装车溜槽
防护等级	通用防护
工作环境 /℃	最高 55，最低 -50
平均无故障时间 /a	5

14.2.4 应用实例

2010 年，国产化的汽车快速定量装车系统首次应用在李家塔煤矿和郭家河煤矿。装车能力达到 2500t/h、装车精度平均误差小于 0.1%，实现了汽车全自动快速定量装车。2014 年，在小纪汗煤矿实现了多通道协同汽车快速定量装车，满足了千万吨级的汽车装车需求。目前，煤炭汽车快速定量装车系统已在山西、内蒙古、陕西、甘肃、宁夏等地成功应用 50 余套。

14.3 非煤散装物料快速定量装车系统

借鉴煤炭快速定量装车的成功经验，针对剥离岩土、硫磺、铁精粉及散粮等非煤散装物料的流动特性和工艺要求，研发了非煤散装物料快速定量装车系统，解决了非煤散装物料的快速定量装车问题，并在大型港口、物流园等物料集散中心成功应用。

14.3.1　应用范围

非煤散装物料快速定量装车系统是在借鉴煤炭快速定量装车系统的基础上，结合物料的流动特性及工艺特征，实现非煤散装物料的快速定量装车。该系统可应用在剥岩土、硫黄、铁精粉及散粮等大宗散料的装车外运，装车能力达到2000～5000t/h，装车精度平均误差小于0.1%。如图14.21所示。

图 14.21　硫黄快速定量装车系统

14.3.2　技术特征

1. 适应岩土物料装车的料仓抗冲击技术

与煤炭快速定量装车不同，在面对大粒度、强冲击的岩土、矿石物料装车时，需要优化仓体结构，提高仓体的抗冲击性和耐磨性。装车站缓冲仓和定量仓所受到的冲击主要来自固体块状物料颗粒，在一定的冲击速度下，大块颗粒与仓体表面会发生碰撞使材料表面形成损伤，经过连续不断地冲击，仓体的强度等性能会随之下降。

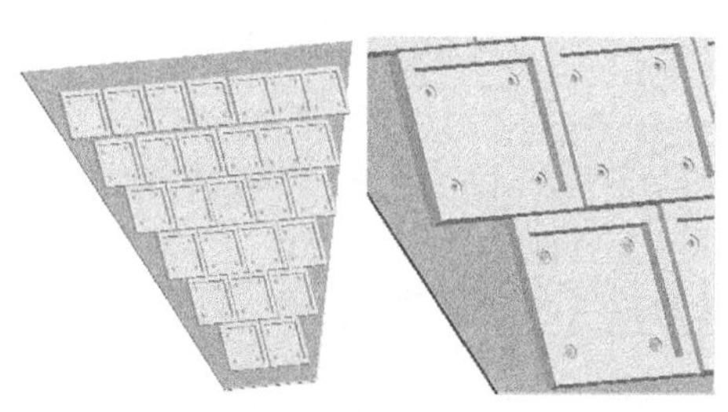

(a) 抗冲击结构　　(b) 局部放大

图 14.22　料仓壁板抗冲击结构

由于岩石颗粒的尺寸不可改变，冲击速度和下降高度有关，所以应尽量减小岩石的下降高度，快速定量装车站的缓冲仓一般都很高，深仓可达几十米，岩石的下降速度很大，不论是对底部闸门还是仓壁的冲击力都很大。所以应增加缓冲装置，减缓下降速度。为此，在常规的装车站仓体壁板结构基础上增加可分离式高强度耐磨钢板缓冲层，如图14.22所示。具体结构是，在料仓内设置加固高强度耐磨板，高强度耐磨板的材料为铸造锰钢板Mn13或Cr13。钢板尺寸为500mm×500mm，钢板边缘厚度80mm，中间是方形凹坑，中间厚度为30mm，板上铸造沉头螺栓孔，同时仓壁上配打孔，用沉头螺栓连接的方式将高强耐磨板连接在仓壁上，依次拼排布满料仓仓壁。锥形仓的边缘焊接厚度30mm或50mm的三角形或梯形耐磨板，以堵住角落防止挂料。板上铸造凹坑，物料填充压实后，积存在凹坑中的物料将保护沉头螺栓和高强耐磨板不会直接面对料流的冲击，所以其维修周期将大幅增长。该结构在唐山司曹矿石装车站中得到了使用，有效解决了料仓的耐磨抗冲击问题。

2. 适应散粮物料装车的主动平车技术

为解决由于大豆、玉米和小麦等散粮密度低造成铁路运输的亏吨问题，散粮定量装车采用“散装＋码包”的装车工艺达到标载吨位并符合《铁路货物装载加固规则》。如图14.23

所示，整个过程敞车由人工拆解、拨车机牵引、所有工位操作时车皮不动，装车时首先由人工清理车皮、铺内胆、再牵引至装车楼完成定量装车和主动平车，随后人工铺内网、机器人码包，最后由人工盖篷布。

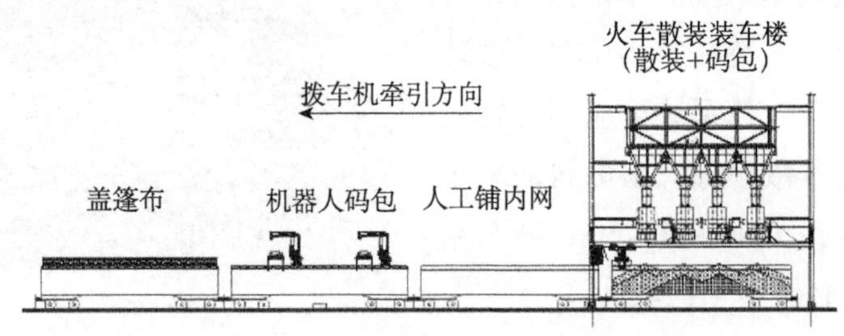

图 14.23　散粮快速定量装车系统的组成

考虑粮食散装采用通用敞车的作业要求并兼顾粮食专用车的潜在运力，散粮定量装车系统按 4 个装载口位置设有 4 个落料溜管，装载后车厢内会形成 4 个料堆。为降低平车难度，避免料脊区域物料平车时溢出车厢，对 A～D 的 4 个落料溜管采取“分步装载”的控制策略，通过称重计量准确控制每个落料口的装载量，实现装载完成后车厢前后不偏载、料堆高度基本一致，如图 14.24 所示。

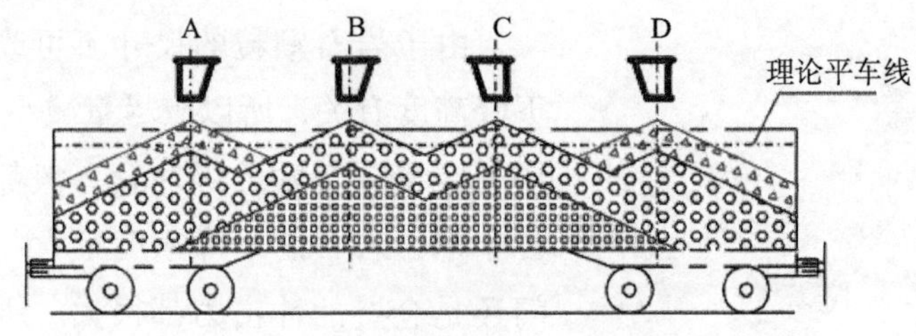

图 14.24　散粮快速定量装车效果

装载策略解决了铁路运输的偏载问题并降低了平车难度，但物料堆积形成的峰谷远不能满足自动化码包作业的要求。为达到码包需要的平整度，采用人工作业时需要的人员数量和时间不能满足整条装车线的效率要求，为此研发适应散粮物料装车的主动式平车器。如图 14.25 所示。

主动式平车器采用电机驱动，分别设有行走电机和平料升降电机，平车器的行走定位和平料深度均通过激光测距仪检测反馈，所有电机和传感器的电缆通过拖拽小车实现与平车器的同步运动。行走轨道与框架结构连接，平车器沿轨道往复行走，行走速度通过变频器控制，初次平料时慢速运行，二次平料时快速运行，二次往返完成平料作业过程。平车器的平料板采用耙式结构，耙板运行时物料沿耙齿间的缝隙向后流动，平车阻力小，平车效率高，平料后车厢内物料基本平整，有效解决了平料次数与平整效果的矛盾。

主动式平车器自 2014 年 4 月在日照港散粮快速定量装车系统投入使用以来，解决了车厢两端墙处物料的空缺问题，车厢内的耙齿状沟槽物料基本平整，平车效果不需人工即可

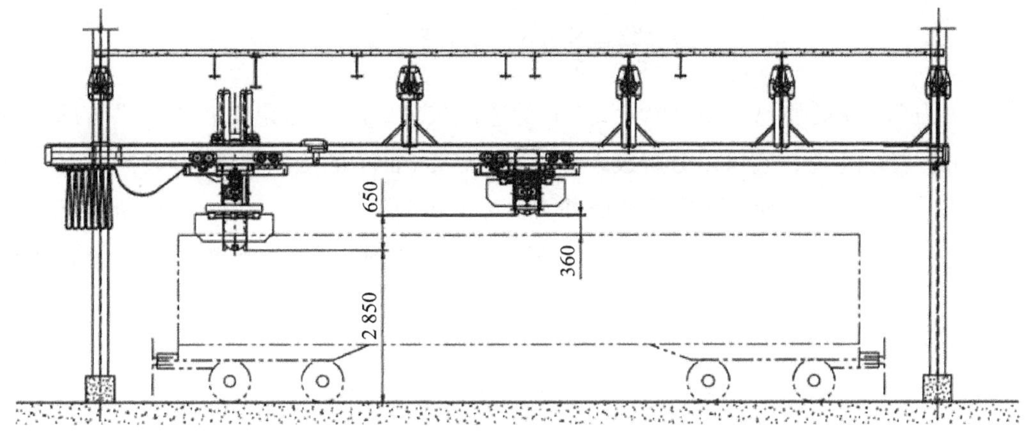

图 14.25　主动式平车器安装示意图（单位：mm）

进行铺内网、码包作业。平均平车时间由 8 人作业时的 5min 缩短为 1 人作业的 2.5min，提高了装车效率（图 14.26）。

图 14.26　主动式平车器现场使用情况

3. 基于散料流动性分析的装车速度控制技术

大宗散装物料的流动特性各不相同，为保证物料装车速度可控，需要对物料的流动特性进行分析，掌握其流动规律。由于散装物料在装车站卸载装车过程中呈现出散体特征，其物理性质介于固体和液体之间，从单个颗粒的角度来说，它是固体，而多个颗粒形成的集合体又显示出流体的性态，具有流动性，能在一定范围内保持其形状。因此，在进行物料流动性分析时可采用离散单元法。

离散单元法（discrete element method，DEM）是 20 世纪 70 年代由 Cundall 教授提出的。它的基本原理是将散体看作具有一定形状和质量的离散质元集合，根据牛顿第二定律建立每个质元的运动方程，利用动态松弛法迭代求解，从而获得散体的整体运动性态。当各个质元之间的平均不平衡力趋于零时，散体呈现出稳定堆积状态。其本构方程如下：

$$M_i \frac{\mathrm{d}v_i}{\mathrm{d}t} = \sum f_{ji}^{\mathrm{c}} + f_i^{\mathrm{e}} + b_i \tag{14.1}$$

$$I_i \frac{\mathrm{d}\omega_i}{\mathrm{d}t} = \sum f_{ji}^{\mathrm{cs}} r_{ij} + M_i^{\theta} + M_i^{\mathrm{e}} \tag{14.2}$$

式中，M_i 为单元 i 的质量；v_i 为单元 i 质心的速度矢量；f_{ji}^{c} 为与单元 i “接触”的某单元 j 对单元 i 的“接触力”，它可以分解成 i 与 j 间接触线（面）的法向力 f_{ji}^{cn} 和切向力 f_{ji}^{cs} 之和，即 $f_{ji}^{\mathrm{c}}=f_{ji}^{\mathrm{cn}}+f_{ji}^{\mathrm{cs}}$；$f_i^{\mathrm{e}}$ 为单元 i 所受的其他外力；b_i 为单元 i 的体力；I_i 为单元 i 的转动惯量；ω_i 为单元 i 的角速度；r_{ij} 为单元 j 作用于单元 j 的作用点到 j 形心的距离；M_i^{θ} 为旋转弹簧产生的力矩；M_i^{e} 为外力矩。

1）物料流动性建模

以离散单元法为理论基础，利用离散元建模工具进行装车站物料卸载装车流动性分析的具体流程如图 14.27 所示。

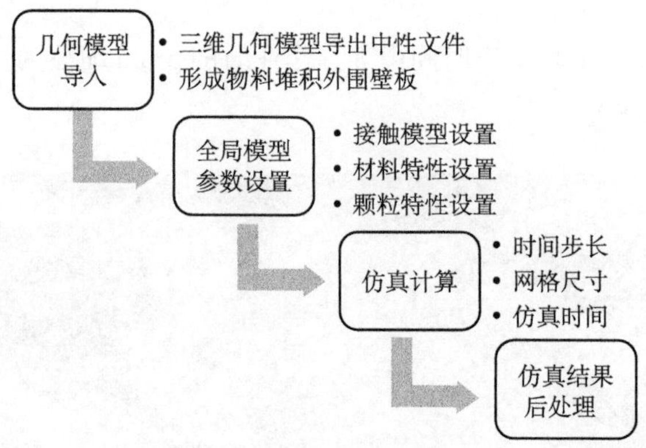

图 14.27　物料流动性分析流程

（1）对装车站储料仓本体结构进行简化，将卸载装车过程中与物料发生接触的壁面提取出来，形成物料流动性分析时的外围壁板，并将其转换成中性几何文件。

（2）根据储料仓壁板材料属性设置墙板的摩擦系数、泊松比和剪切模量等参数，利用离散元程序在储料仓内生成颗粒，颗粒的粒径大小，物性参数以及分布规律需要根据装车物料特征进行设定。颗粒之间的接触模型通常采用 Hertz-Mindlin 无滑动接触模型。

（3）在完成储料仓内的颗粒生成之后，利用离散元计算工具对物料流动模型进行求解计算，其中计算时间步长应满足瑞利时步的 20%～30%；邻居搜索网格尺寸应控制网格单元总数目小于 10 万个；在完成卸载装车之后停止计算，并将结果导入后处理软件中进行数据整理。

2）物料装车时间预测

为保证在车体内长范围将物料装载完毕，敞车的装车时间除与物料流动性有关外，还与敞车运行速度有密切的关系。在实际装车过程中，受来料皮带给料能力和缓冲仓容积的限制，装车过程中必须遵循“车等料”的原则，将车速限制在一定的范围内，理想状态下装车速度 Q_{C} 与皮带给料能力 Q_{B} 相等。

在确定车厢移动速度的基础上，分析物料流动特性对装车时间的影响，主要过程如下：

（1）对装载系统进行简化，将物料装载系统简化为称重仓、闸门＋溜槽、敞车三个部分。将称重仓卸载和溜槽装车过程中与物料发生接触的壁面提取出来，形成物料流动性分析时的外围壁板，并将其转换成中性几何文件。溜槽装车时，称重仓下闸门打开，物料经过溜槽进入车厢，与车周围挡板接触后稳定堆积到车厢中，完成敞车的装载过程。

（2）根据敞车车体材料属性设置四周壁板和底板的摩擦系数、泊松比和剪切模量等参数，利用离散元程序在给称重仓内生成颗粒，颗粒的粒径大小，物性参数以及分布规律根据需要装载的物料特征进行设定（以剥岩土物料为例）。为简化计算，颗粒形状采用球状的刚性离散元，颗粒之间的接触模型通常采用 Hertz-Mindlin 无滑动接触模型。

（3）在完成称重仓内的颗粒生成之后，利用离散元计算工具对物料流动模型进行求解计算，其中计算时间步长应满足瑞利时步的 20%～30%；邻居搜索网格尺寸应控制网格单元总数目小于 10 万个；在完成敞车装载之后停止计算，并将结果导入后处理软件中进行数据整理。

通过软件提供的统计工具，分别得出已装入车内质量，仓内和溜槽中剩余的物料质量。装载过程及载重随时间的变化如图 14.28 所示。

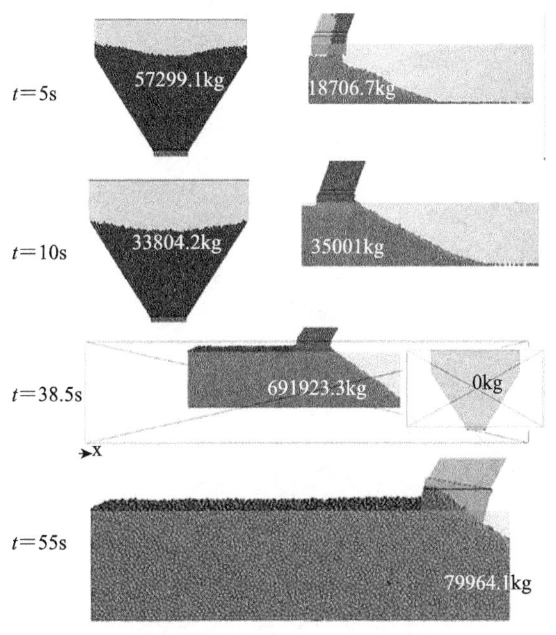

图 14.28　物料流动性分析结果

从图 14.28 可看出，在最初的 10s 内，料流没有充满溜槽；当物料堆到车顶与溜槽相连的部位时，料流在溜槽内逐渐堆积，堆高至称重仓下口，只有当敞车移动时才能继续；到 38.5s 时，称重仓内物料卸空；剩余的物料向敞车内装载直至卸空。

在工业现场装车过程中按相同的时间间隔对称重仪表测量值进行读取和记录，从而求得装载速度的变化率。对应时间称重仓内的仿真结果与称重仪表读数对比见表 14.4。

表 14.4 计算结果与称重仪表读数比较

比较项	项目	时间 /s		
		5	10	38.5
仿真	统计值 /kg	57299	33804	0
	装载中 /kg	22701	46196	80000
仪表	仪表值 /kg	62800	39950	0
	装载中 /kg	17200	40050	80000

按 1s 的时间间隔对称重仓内的仿真结果与称重仪表读数进行对比，可看出整个装车过程中物料流量的变化，如图 14.29（a）所示。

进一步对称重仓读数的变化率进行分析：在开始阶段称重仓内的物料通过溜槽快速向敞车中装载，速度接近 17 000t/h，随后的装载速度显著降低，平均值约 5000t/h，如图 14.29（b）所示。利用基于散料流动性分析的装车流量预测技术可以有效地分析不同类型散体物料在装车过程中的流动特性，为设计人员改进装车系统结构设计，提高装车效率提供参考依据。

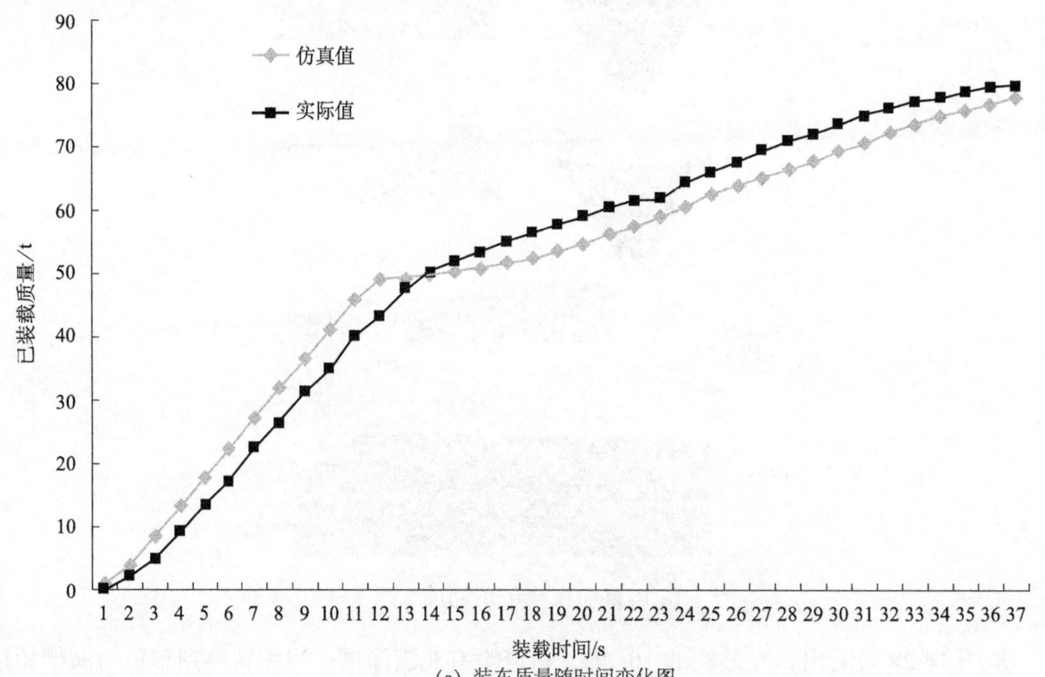

(a) 装车质量随时间变化图

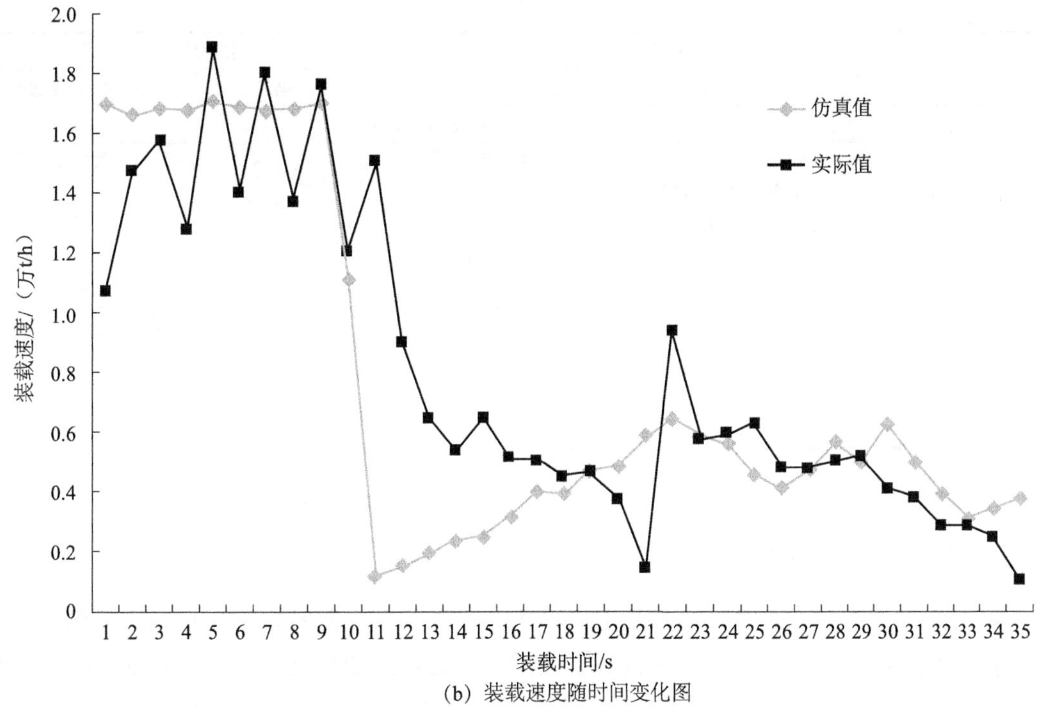

（b）装载速度随时间变化图

图 14.29 装车质量和速度对比

14.3.3 技术参数

非煤散装物料快速定量装车系统主要技术参数见表 14.5。

表 14.5 非煤散装物料快速定量装车系统主要技术参数

参数	铁路装车		公路装车	
	矿石、剥岩土	危险品散装物料	矿石、剥岩土	危险品散装物料
装车能力 /（t/h）	5000	≤2000	3000	≤2000
缓冲仓缓冲能力 /t	≤1000	≤200	≤1000	≤200
称量范围 /t	≤100	≤50	≤100	≤50
计量方式	定量计量，减量计量			
装车精度 /%	0.1			
适用车型	现有各类在用车型	满足特色车型或集装箱	现有各类在用车型	满足特色车型或集装箱
控制方式	自动 / 半自动 / 手动			
结构形式	单线单称重仓快速定量装车 双线双称重仓快速定量装车 双称重仓快速定量装车 混凝土筒仓式快速定量装车	单线单称重仓快速定量装车 双线双称重仓快速定量装车 双称重仓快速定量装车	单线单称重仓快速定量装车 双线双称重仓快速定量装车 双称重仓快速定量装车 混凝土筒仓式快速定量装车	单线单称重仓快速定量装车 双线双称重仓快速定量装车 双称重仓快速定量装车

续表

参数	铁路装车		公路装车	
	矿石、剥岩土	危险品散装物料	矿石、剥岩土	危险品散装物料
断面尺寸	根据客户需求			
装车装备	拖车式装车装置 板式可平车布料装置 环保型除尘装车溜槽	拖车式装车装置 环保型除尘装车 溜槽 可摆动带料流 控制装车溜槽	拖车式装车装置 板式可平车布料装置 环保型除尘 装车溜槽	拖车式装车装置 环保型除尘装车 溜槽 可摆动带料流 控制装车溜槽
防护等级	通用防护	满足易燃易爆防 护要求	通用防护	满足易燃易爆防护 要求
工作环境 /℃	最高 55，最低 -50			
平均无故障时间 /a	3			

14.3.4 应用实例

2009 年，为解决大粒度、高硬度、强冲击特性的剥岩土物料快速定量装车的难题，研制了剥岩土高效环保快速定量装车系统。采用对开式弧形配料闸门、带布料闸门的装车溜槽，并在仓体内敷设格栅式耐磨衬板，有效解决了配料卡阻、装车偏载及仓体磨损等问题，装车能力 6000t/h，单节车厢装车时间小于 42s。该产品已成功应用于唐山司家营铁矿。

2010 年，为解决可燃、易爆、遇水有腐蚀性、易产生静电特性的散堆固体颗粒硫黄物料安全快速定量装车的难题，研制了硫黄集装箱快速定量装车系统。采用微雾降尘和水浴式除尘系统等，解决了危险等级为 21 区粉尘防爆区域的安全问题；PLC 选用 1oo2D 二取一带自诊断系统，控制系统增加冗余配置，实现了控制系统的安全等级为 SIL3、可用率大于 99.99%。该产品已成功应用于国内外最大的普光气田散装硫黄项目。

2012 年，为解决高水分铁精粉等难流物料的快速定量装车难题，研制了铁精粉快速定量装车系统。通过对开式弧形配料闸门、带布料闸门的装车溜槽以及双曲线料斗秤的技术研发，解决了铁精粉粘仓堵料问题，装车能力达到 5000t/h，单节车厢装车时间小于 50s。该产品已成功应用于太钢集团袁家村铁矿项目。

2013 年，为解决高粉尘、无污染、防破碎的散粮物料快速定量装车难题，研制了散粮快速定量装车系统。采用高分子无污染的耐磨缓冲衬板解决污染及防破碎问题，集成了柔性垂直伸缩式装车溜管适应敞车码包和粮食专用车辆全散装的工艺要求，采用主动式平车设备，缩短作业时间 50%，提高了装车效率。该产品已成功应用于日照港裕廊码头石臼港区改造项目。

（本章主要执笔人：王洪磊，尚仕波，申婕，王磊，武徽）

第四篇　短壁采煤装备

短壁机械化开采通常以连续采煤机为主采设备，用于回收煤柱及不规则块段等煤炭资源，提高矿井资源回收率。我国短壁机械化开采方法主要是旺格维利采煤法。该方法全面统筹短壁工作面采掘、锚护、运输、防护、通风除尘、供电供水等工艺工序，成套装备包括连续采煤机、支护设备、运输设备、防护设备、辅助设备 5 类。此外，还有部分煤矿利用连续采煤机截割宽度大的优势，进行煤巷掘进，大幅提高了煤巷的掘进速度。

国外采用短壁机械化开采的国家主要有美国、南非和澳大利亚等。据不完全统计，每年有超过 350Mt 的煤炭产量由短壁装备开采。美国是最先采用短壁机械化开采技术的国家。20 世纪 20 年代，美国在房柱式开采中就已开始使用截煤机、钻车、装煤机和多种运输设备，这种配套称为“普通房柱式开采”。在较长一段时间里，这种开采方法的采煤量占美国井工开采的 70% 以上。2011 年，全美井工产量为 3.34 亿 t，其中短壁开采产量为 1.64 亿 t，占井工开采煤炭总产量的 49%。南非目前煤炭年产规模为 2.5 亿 t 左右，60% 是井工开采，92% 的井工产量来自短壁开采。澳大利亚煤层赋存较浅，煤层倾角一般不超过 10°，适合应用连续采煤机短壁开采。1958 年，澳大利亚在传统房柱式采煤法的基础上，发展出旺格维利采煤法，并逐渐推广应用。目前澳大利亚 15% 的煤炭产量为短壁机械化开采。

1948 年，美国 JOY 公司在蟹爪式装煤机的基础上，加装链传动的横滚筒截割机构，研制成连续采煤机，自问世以来，已经历了三代产品的更迭，现在的第三代连续采煤机集破煤、装运、行走及辅助功能于一体。20 世纪 80 年代，美国的 FLETCHER、JOY 等几家公司研制出刮板式和可弯曲胶带机式的连续运输系统，作为连续采煤机的后配套运煤设备，提高了工作面的采煤效率。1987 年，首台履带行走式液压支架由 Voest Alpine Mining and Tunneling 公司试制成功，1988 年开始在美国及澳大利亚得到推广应用，使短壁机械化开采技术逐渐成熟。连续采煤机短壁开采后配套设备除连续运输系统和履带行走式液压支架外，还有美国 DBT 公司生产的 CHC818Un-A 型运煤车、488GLBC 铲车、1030 给料破碎机，FLETCHER 公司生产的 HDDR-AC 型锚杆钻车，JOY 公司生产的 10SC32 系列梭车和澳大利亚 HYDRAMATIC 公司生产的 ARO-40-RELMB 系列四臂锚杆钻车等。

煤科总院太原研究院从 20 世纪 80 年代开始连续采煤机短壁机械化开采技术及配套装备的研发，先后研制成功 XZ 系列履带行走式液压支架、LY 系列连续运输系统、CMM 系列锚杆钻车、GP 系列履带式转载破碎机、SC 系列梭车、CLX3 型铲车等短壁开采配套设备。2008 年，太原研究院研制成功国内首台连续采煤机——EML340-26/45 型连续采煤机，标志着太原研究院具备生产短壁开采成套装备的能力。

国内神华集团、中煤集团、陕煤化集团、山西焦煤、兖矿集团等 10 余家煤炭企业已采用短壁开采技术。随着工艺和设备的不断完善，短壁开采将与长壁综采相互补充，在机械化采煤领域发挥重要作用。

本篇重点介绍太原研究院在短壁机械化开采领域具有代表性的科技成果，主要包括短壁采煤设备、支护设备和运输设备。

第 15 章 短壁采煤设备

短壁开采在回采过程中需要掘进大量巷道，连续采煤机具有采掘合一的特点，集破煤、装煤和运煤功能于一体，能实现巷道的快速掘进和煤柱的快速回收。太原研究院 2008 年研制成功我国首台连续采煤机，目前已形成系列产品，采高范围覆盖 1.8～5.5m。本章对各型号连续采煤机的适用条件、技术参数、技术特征和应用实例进行阐述。

15.1 中厚煤层连续采煤机

针对我国煤层厚度变化大，中厚煤层分布广泛的特点，太原研究院研制了系列中厚煤层连续采煤机，能够满足我国大部分中厚煤层煤巷快速掘进及短壁回采需求。本节重点介绍 EML340-26/45 和 EML340-18/35 两种型号的中厚煤层连续采煤机。

15.1.1 EML340-26/45 型连续采煤机

EML340-26/45 型连续采煤机是太原研究院研制的我国第一台连续采煤机，如图 15.1 所示。

图 15.1 EML340-26/45 型连续采煤机

1. 适用条件

该机型可经济切割单向抗压强度不大于 40MPa 的煤岩，适用于煤层厚度 2.6～4.6m、坡度不大于 ±17°、顶板较好、允许一定空顶距、矩形全煤巷道的掘进和采煤作业。

2. 技术参数

EML340-26/45 型连续采煤机主要技术参数见表 15.1。

表 15.1 EML340-26/45 型连续采煤机主要技术参数

参数	数值
外形尺寸（$L\times W\times H$）/m	11.3×3.3×2.05
切割高度 /m	2.6～4.6
适应巷道宽度 /m	4.5～6.0
生产能力 /（t/min）	15～27
行走速度 /（m/min）	0～18
机重 /t	62
总功率 /kW	597
截割功率 /kW	340
最小地隙 /mm	305
最大倾角 /（°）	±17
接地比压 /MPa	0.19
滚筒卧底 /mm	205

3. 技术特征

1）履带式行走系统采用交流变频调速技术

EML340-26/45 型连续采煤机履带行走系统采用 1140V 交流变频调速技术，具有调速范围广、启动转矩大、过载能力强、功能保护全等优点。

2）采用双电机横轴式截割装置，具有抗过载和冲击的机械保护装置

EML340-26/45 型连续采煤机采用双电机横轴式截割装置，在满足整机的生产能力和使用可靠性的同时，还适应井下有限空间；截割机构除采用电气系统保护外，还采用了抗过载和冲击的双重机械保护技术，在低速重载、强冲击振动工况条件下具有较强的过载保护功能。

3）采用先进的机载湿式除尘技术，净化工作面环境

EML340-26/45 型连续采煤机采用机载集尘装置，除配有外喷雾降尘系统外，还有一套湿式除尘系统，对工作面含尘气流实行强制性吸出，可配合工作面压入式通风组成集尘系统，能够切实有效地保障工作人员的健康安全。

4）整机采用自动工况检测和故障诊断及其显示技术

EML340-26/45 型连续采煤机配备了工况检测和故障诊断系统，具有监控电流、电压、电机功率、油温油位油压等的自动监测、存储、显示、报警及故障提示等功能。具备全面

的故障自诊断功能，系统不仅可以检测到故障，还可以显示出故障的类型及位置。

5）整机采用模块化设计

整机采用模块化设计，在满足可靠性的同时，可以根据据巷道规格进行不同程度拆解，便于运输、装拆与维护，适应不同煤矿的井下运输需要。

4. 应用实例

1）EML340-26/45 型连续采煤机 2009 年在神东公司乌兰木伦矿 1^{-2} 煤 61205 旺采面、61204 旺采面和南集中辅运巷旺采面回采。1^{-2} 煤煤层厚度变化较大，在回采区域内煤层平均厚度为 3.8m，煤层顶板为无伪顶，直接顶为粉砂质泥岩，直接底为泥质粉砂岩，岩性均较稳定。在 192 天生产期间内，累计产煤 48.5 万 t。煤柱回收方式如图 15.2 所示。

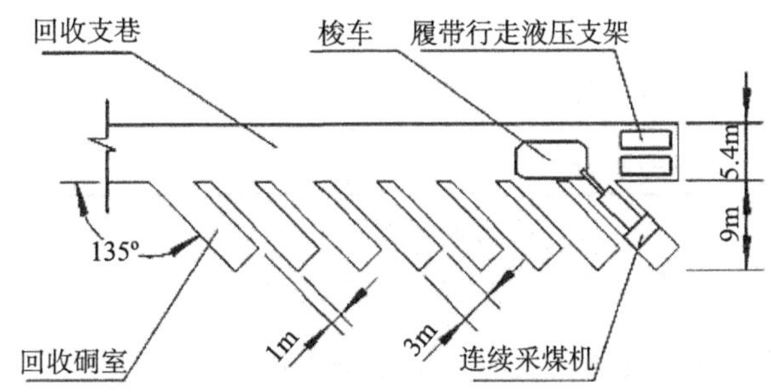

图 15.2 乌兰木伦矿旺采支巷回收布置示意图

2）2008 年 5 月 3 日开始在大柳塔煤矿活鸡兔井 $21^{上}$308 跳采回撤通道进行掘进工作，5 月 14 日停采，并于 6 月 8 日～10 月 8 日转入大柳塔矿活鸡兔井 $21^{上}$310、311 运输巷巷道掘进，其中 310 运输巷巷道规格为 5m×3.1m，311 运输巷巷道规格为 5m×3.3m。期间累计掘进 4405m，班最高进尺 35m，日最高进尺 64m，月最高进尺 1355m（神东矿区 2008 年连采队月平均进尺 1024m）。

15.1.2 EML340-18/35 型连续采煤机

针对部分煤矿企业主采煤层厚度中等偏下，矿井采用立井提升且巷道断面较小的实际，太原研究院 2009 年研制了 EML340-18/35 型连续采煤机。

1. 适用条件

该型连续采煤机可经济切割单向抗压强度不大于 40MPa 的煤岩，适应煤层厚度 1.80～3.50m、坡度不大于 ±17°，顶板较好，允许一定空顶距，矩形全煤巷道的掘进和采煤作业。

2. 技术参数

EML340-18/35 型连续采煤机主要技术参数见表 15.2。

表 15.2 EML340-18/35 型连续采煤机主要技术参数

参数	数值
外形尺寸（$L \times W \times H$）/m	11.3×3.3×1.6
切割高度 /m	1.8～3.5
适应巷道宽度 /m	4.5～6.0
生产能力 /（t/min）	13～23
行走速度 /（m/min）	0～18
机重 /t	60
总功率 /kW	597
截割功率 /kW	340
最小地隙 /mm	305
最大倾角 /（°）	±17
接地比压 /MPa	0.18
滚筒卧底 /mm	205

3. 技术特征

1）整机结构紧凑、机动灵活，适应于中厚偏下煤层

为提高整机井下条件适应性，整机高度降低至 1.6m，各功能模块进行小型化设计，截割臂、铲板等大型结构件根据中小矿井的规格进行了分体设计，保证设备能够适应大部分矿井的运输条件，且安装简单，性能可靠。设备外形尺寸减小，增强整机井下通过性，整机调动机动灵活。

2）轻型机载高效湿式除尘系统，除尘效果好

整机配备轻型机载高效湿式除尘系统，除配有外喷雾降尘系统外，还有一套湿式除尘装置，对工作面含尘气流实行强制性吸出，可配合工作面压入式通风组成集尘系统。工作面环境更为清洁，除尘效率更高，能够切实有效地保障工作人员的健康和安全。

4. 应用实例

2016 年 4 月 EML340-18/35 型连续采煤机在朝源煤矿 $2^{-2上}$202 旺采面回收煤炭，旺采工作面布置在 $2^{-2上}$煤层中，该煤层厚度变化不大，在回采区域内煤层平均厚度为 2.0m，煤层顶板无伪顶，直接顶为粉砂质泥岩，直接底为泥质粉砂质，岩性均较稳定。煤柱采用双翼单刀后退式回采，平均月产原煤 4 万 t。

15.2 厚煤层连续采煤机

针对煤层赋存厚、巷道断面大的矿井，太原研究院 2014 年研制出厚煤层连续采煤机，实现了 5.5m 厚煤层一次采全高。本节主要介绍 EML340-33/55 型连续采煤机。

1. 适用条件

该型连续采煤机可经济切割单向抗压强度不大于40MPa的煤岩，适应煤层厚度3.30～5.50m、坡度不大于±17°、顶板较好、允许一定空顶距、矩形全煤巷道的掘进和采煤作业。

2. 技术参数

EML340-33/55型连续采煤机主要参数见表15.3。

表15.3　EML340-33/55型连续采煤机主要技术参数

参数	数值
外形尺寸（$L \times W \times H$）/m	11.3×3.3×2.4
切割高度 /m	3.3～5.5
适应巷道宽度 /m	4.5～6.0
生产能力 /（t/min）	15～27
行走速度 /（m/min）	0～18
机重 /t	65
总功率 /kW	597
截割功率 /kW	340
最小地隙 /mm	305
最大倾角 /（°）	±17
接地比压 /MPa	0.19
滚筒卧底 /mm	205

3. 技术特征

1）整机截割范围大，出煤效率高

整机最大采高5.5 m，一次截割范围大，增加资源回收率，提高出煤效率，可在端帮开采，边角煤回收、旺格维利开采等非常规开采领域广泛应用。

2）采掘高度自动识别、截割精准，巷道成型质量高

整机最大采高5.5 m，截割高度人工观察难度大。采掘高度自动识别系统，能够识别判断设备瞬态截割高度，精度高、误差小。大幅度降低人工截割操作难度，提高巷道成型质量标准化程度。

4. 应用实例

EML340-33/55型连续采煤机于2015年4月1日～8月31日在张家峁煤矿用于房柱式采煤，日出煤量达2500t，月达7万t。

张家峁煤矿5^{-2}北部采区短壁工作面六采区，工作面布置在5^{-2}煤内，5^{-2}煤在本工作面赋存稳定，煤层倾角1°～2°，厚度变化幅度较小，煤层平均厚度5.1m，煤层结构简单。煤岩黑色，块状，以暗煤为主，亮煤次之，垂直节理、裂隙发育，裂隙均被方解石充填。煤层直接顶为泥岩，平均厚为13.08m，基本顶为粉砂岩，平均厚为20.17m，直接底为粉砂

岩，厚度为 1.0m。地质构造简单。

采区均由区段主运输巷、辅助运输巷和若干条回采支巷组成。区段运输巷为东西向布置，两翼支巷与运输巷夹角为 60°，两翼回采硐室与支巷夹角为 45°，所有巷道及硐室均沿煤层底板布置，如图 15.3 所示。

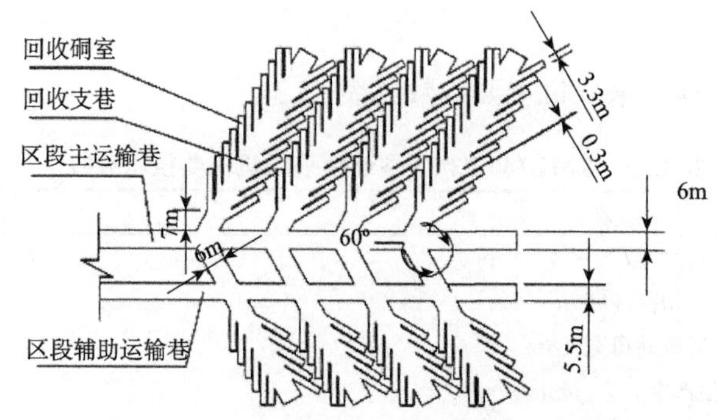

图 15.3　张家峁旺采工作面布置示意图

旺格维利煤柱回收方式有单翼和双翼两种形式。张家峁煤矿短壁工作面采用双翼后退式回采，如图 15.4 所示。

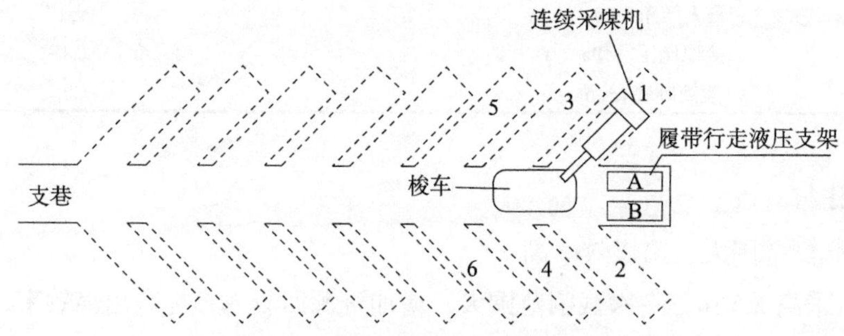

图 15.4　张家峁双翼后退式回采示意图

巷道掘进过程中，区段巷道锚网索联合支护，支巷（煤房）一般只采用锚杆支护。支巷回采过程中，采用履带行走液压支架支护顶板。连续采煤机每采一个采硐，履带行走式液压支架交叉迈步向前移动一个步距。为便于连续采煤机进刀回采，每相邻两个采硐间留设 0.3m 的煤墙，临时支护顶板。

（本章主要执笔人：宋明江，杨勤，王静，康鹏，梁大海）

第16章 短壁支护设备

短壁工作面支护设备主要包括锚杆钻车和履带行走式液压支架。锚杆钻车是高效机械化快速支护设备，与连续采煤机交叉平行作业；履带行走式液压支架是短壁开采临时支护设备，跟随连续采煤机工作，对顶板及时支护，为采煤设备及人员提供安全的作业空间，确保工作面安全生产。目前，由太原研究院研制的两种设备已形成系列化，能够满足不同断面和工况的短壁支护要求。

本章主要对锚杆钻车和履带行走式液压支架备的适用条件、技术参数、技术特征和应用情况进行介绍。

16.1 锚杆钻车

锚杆钻车主要用于巷道锚杆支护施工，是煤矿短壁开采和多巷掘进的重要配套设备。图16.1所示为煤矿用四臂液压锚杆钻车。

图16.1 煤矿用四臂液压锚杆钻车

1. 适用条件

锚杆钻车主要适用于顶板较好、允许一定空顶距、煤层倾角小于16°、采高范围为1.8～5.1m的矩形全煤巷道支护作业。

2. 技术参数

CMM煤矿用锚杆钻车已形成系列产品，包括CMM4-20、CMM4-25、CMM5-25和CMM8-25型等。CMM系列产品主要技术参数见表16.1。

表 16.1 CMM 系列煤矿用液压锚杆钻车主要技术参数

参数	型号			
	CMM4-20	CMM4-25	CMM5-25	CMM8-25
外形尺寸（$L\times W\times H$）/m	7.23×3.3×1.65	6.48×3.4×2.3	6.6×3.4×2.3	6.73×3.4×2.7
适应巷道高度 /mm	1800～3800	2600～5100	2600～5100	2900～5100
适应巷道宽度 /mm	4500～6000	4500～6000	5000～6000	4500～6000
装机功率 /kW	110	110	150	180
整机重 /t	38	41	44	50
钻架数量 / 个	4	4	5	8
钻杆进给长度 /mm	1860	2600	2600	2600
行走速度 /（m/min）	0～20	0～20	0～25	0～20
最大爬坡度 /（°）	±16	±16	±16	±16
适应岩石硬度 /MPa	≤70	≤70	≤70	≤70

太原研究院还研制了大支护断面的 CMM2-25 型煤矿用液压锚杆钻车。该设备既可作为主要支护设备，完成整个巷道断面的锚杆支护作业，也可作为辅助支护设备，用于安装顶板及侧帮锚杆，同时兼顾施工锚索。主要技术参数见表 16.2。

表 16.2 CMM2-25 型煤矿用液压锚杆钻车主要技术参数

参数	数值
外形尺寸（$L\times W\times H$）/m	5.5×1.4×2.22
适应巷道宽度 /mm	4000～6000
适应巷道高度 /mm	2500～4500
装机功率 /kW	55
整机重 /t	16
钻架数量 / 个	2
钻杆进给长度 /mm	2600
行走速度 /（m/min）	最大 20
最大爬坡度 /（°）	±16
适应岩石硬度 /MPa	≤70
最大件外形尺寸（$L\times W\times H$）/m	2.4×1.4×1.27
最大不可拆卸质量 /t	4.2

3. 技术特征

1）机载多个钻机高效同步平行作业技术

机载多台钻机可同步平行作业，也可单独工作；多个钻机布置方式必须保证 1～2 名司机在互不干扰的情况下有序操作，即“一人多机”操作，从而保证巷道支护效率和支护质量。整机采用液压动力自动分配和自动负载反馈技术，每个钻机的动力由变量泵站系统合流后提供，每个钻机是一个独立的工作单元，配备独立的操控系统，保证各钻机工作的独立性和可靠性。

2）两级油缸——链条倍增推进机构

锚钻系统是锚杆钻车支护工作的执行机构，能够实现自动钻孔、装药卷、装锚杆、搅拌、锚杆紧固等一系列动作。为解决钻机一次钻孔问题，采用两级油缸和链传动驱动的倍增推进机构，解决了由于顶板高度限制而钻机原始体积不能太大情况下的钻孔深度问题，实现“一次成孔”。

3）钳形钻杆夹持器

为解决高速旋转推进的钻杆突然受顶板较大阻力弯曲伤人的难题，研制了钳形钻杆夹持器。钻杆夹持器安装在钻机顶端，由两根对称的油缸组成，半圆形夹持头与活塞杆焊接为一体，工作时两油缸活塞杆同时伸出并合在一起形成圆孔，将钻杆夹持住，钻杆可自由转动但弯曲挠度受限，避免了钻杆飞出伤人事故发生。

4）真空三级干式除尘技术

锚杆钻车配有多个独立回路组成的机载除尘系统，每个回路对应一个钻机。采用干式机械除尘机构，在设备上搭载有多级串联的不同形式的除尘器，通过多级分离、落尘、过滤形式，使钻孔所产生的粉尘落在固定的容器中，从而达到除尘目的。除尘箱与动力装置集成一体，除尘系统集成使得管路缩短，布置简化，降低风量和风压沿程损失，提高除尘效率。除尘箱的集成，使得多级除尘的粉尘也全部集成在底盖上，能一次性对所有除尘进行清理，油缸自动控制清灰。

5）电缆自动收放技术

锚杆钻车采用机载电缆自动收放技术，在整车行走过程中做到“车走自动放缆、车退自动收缆”，降低了人工收放电缆的劳动强度，提高了工作的安全性。电缆自动收放装置包括防爆电缆滚筒和双螺旋排缆器等。

6）履带行走减速器内置技术

锚杆钻车采用履带行走内置减速器，使履带减速器的驱动力方向与履带链中心线走向方向重合，彻底解决了跑偏问题。同时加大了离地间隙和履带宽度，加大了导向轮，在履带架和履带链之间采用了无支重轮支撑方式，将有支重轮的线接触变为面接触，提高了履带板使用寿命，改善了整机的通过能力。

4. 应用实例

CMM 系列锚杆钻车是太原研究院根据我国煤矿使用条件推出的系列化产品。在神东、伊泰、晋神、陕煤等矿区推广应用 80 余台，受到用户的好评，现已替代进口设备，并出口到加拿大、老挝等国家。

CMM4-20 型锚杆钻车于 2009 年 4 月 27 日在神东公司乌兰木伦煤矿连采一队进行工业性试验。试验在 61205 旺格维利采面、61204 旺格维利采面和南集中辅运巷旺格维利采面进行，其同属 1^{-2} 煤二盘区，煤层结构简单，为半暗－半亮型煤，煤层厚度变化较大，厚度 2.7～7.0m。煤层直接顶板为灰砂质泥岩，水平层理，泥质胶结；直接底为灰色泥质粉砂岩，泥质粉砂状结构，层状构造。设有大中型构造，但有冲刷带。南集中辅运巷地质构造复杂、顶板易破碎，且顶板为全岩顶板，采取短支并挂网加密锚杆联合支护。工作面支巷断面 5/5.4m×3.8m，联巷断面 5m×3.8m。2009 年 5 月 3 日～8 月 17 日井下工业性试验期间，锚杆钻车共安装锚杆 10492 根，其中，8 月 10 日安装 300 根，创造了日最高纪录，8 月 2 日零点班安装锚杆 150 根，创造了班最高纪录。

16.2 履带行走式液压支架

履带行走式液压支架是短壁机械化开采工作面自移式支护设备，用于短壁房柱式、“三下”压煤、煤矿边角煤及不规则块段等开采中实施机械化支护。如图 16.2 所示。

图 16.2 履带行走式液压支架

1. 适用条件

短壁机械化开采用履带行走式液压支架适用于工作面基本顶较为坚硬、直接顶稳定的顶板条件，开采方式为单翼或双翼开采。

2. 技术参数

ZX 系列履带行走式液压支架主要技术参数见表 16.3。

表 16.3 ZX 系列履带行走式液压支架主要技术参数

参数	型号		
	ZX7000/17/30	ZX7000/24.5/46	ZX7000/25.5/50
外形尺寸（L×W×H）/mm	5447×2470×1700	5936×2430×2450	5905×2430×2550
泵站功率 /kW	90	90	90
工作阻力 /kN	7000（P=35.36MPa）	7000（P=35.36MPa）	7000（P=35.36MPa）
支撑高度 /mm	1700～3000	2450～4600	2550～5000
行走速度 /（m/min）	0～25.0	0～25.0	0～25.0

3. 技术特征

1）掩护梁采用四连杆机构

四连杆机构掩护梁的前连杆铰接点采用负角度设计，保证了设备合理的重心位置，同时减少了支架整体的外露量，缓解了工作面顶板垮落的岩石对支架的冲击。

2）恒功率调速液压系统

履带行走式液压支架采用由比例阀与变量泵组成的恒功率调速液压系统，可根据不同的负载，自动调节流量和压力，实现了无级调速、液压元件软启动，克服了系统冲击，提高了液压系统的可靠性。

3）远距离操控

采用模拟量摇杆、开关量摇杆和按键进行组合的多样化操作的遥控装置，降低了误操作，实现了灵活、简便、正确操作。

4）采用模拟量方式精确控制比例电磁阀，保证支架行走准确性

为了避免设备起停瞬间对液压系统的冲击，同时适应不同工况的行走要求，研制了以比例放大器为核心的电液控制系统。本系统主要采用矿用隔爆型比例电磁阀和比例放大器，通过模拟量对支架的行走马达进行比例控制，实现了支架行走的遥控无级变速。两条履带采用完全相同的两套独立传动系统，可以分别进行比例控制，根本性地解决了行走支架跑偏问题。

5）采用负载敏感液压控制技术

采用负载敏感液压控制技术，通过负载敏感比例阀将不同负载的压力随时传递给恒功率变量柱塞泵，柱塞泵再根据执行元件的负载大小来控制系统流量及压力的输出，从而控制执行元件的运动速度，保证随时对支架的行走速度及行走方向进行及时调整，解决了行走速度慢，灵活性差，行走跑偏等问题。

4. 应用实例

ZX7000/24.5/46 型履带行走式液压支架在神东矿区进行短壁回采时配套使用，选用 4 台行走支架支撑顶板，分两组布置，其中两组布置在支巷内，另外两组布置在相邻两条支巷间的联巷内。行走支架采用循环迈步式跟进工作面回采移动。采用双翼完全垮落短壁回采工艺，由行走支架支护顶板，使工作面顶板有规律完全垮落，随采随冒，大大减轻了工作面顶板的压力，确保了操作人员和设备的安全。此外，使用行走支架还可以减少保护煤柱的留设，大幅提高煤炭回收率。使用了行走支架后使工作面的煤炭回采率提高了 12.6%，取得了良好效果。

（本章主要执笔人：刘金生，杨敬伟，叶竹刚，王文华，王威）

第 17 章
短壁运输设备

短壁运输设备主要有梭车、转载破碎机、铲车、连续运输系统等设备。本章对梭车、履带式转载破碎机、防爆胶轮铲车、履带刮板式连续运输系统的适用条件、技术参数、技术特征和应用情况进行阐述。

17.1 梭车

梭车（图 17.1）主要应用于连续采煤机与给料破碎机之间，往返运行，进行煤炭的短距运输转载。

图 17.1　梭车

1. 适用条件

梭车适合煤层厚度 1.8m 以上的近水平煤层巷道，要求底板中等稳定，遇水不易软化。

2. 技术参数

太原研究院研制的梭车有 SC10/182、SC15/182 两种型号，主要技术参数见表 17.1。

表 17.1　SC10/182 型梭车与 SC15/182 型梭车主要技术参数比较

参数	车型	
	SC10/182	SC15/182
外形尺寸（$L\times W\times H$）/mm	9140×2890×1530	9140×3100×1530
机重 /t	24	24.5
安全载荷 /t	10	15

续表

<table>
<tr><td colspan="2" rowspan="2">参数</td><td colspan="3">车型</td></tr>
<tr><td>SC10/182</td><td colspan="2">SC15/182</td></tr>
<tr><td colspan="2">总功率 /kW</td><td>182</td><td colspan="2">182</td></tr>
<tr><td colspan="2">离地间隙 /mm</td><td>不小于 265</td><td colspan="2">不小于 265</td></tr>
<tr><td colspan="2">最大不可拆卸件质量 /t</td><td>7</td><td colspan="2">7.5</td></tr>
<tr><td colspan="2">爬坡角度 /（°）</td><td>9</td><td colspan="2">9</td></tr>
<tr><td colspan="2">卸煤时间 /s</td><td>空载 45～60</td><td colspan="2">空载 45～60</td></tr>
<tr><td colspan="2" rowspan="2">行走速度 /（km/h）</td><td>空载 9.5</td><td colspan="2">空载 9.5</td></tr>
<tr><td>满载 8.2</td><td colspan="2">满载 8.2</td></tr>
<tr><td>最大不可拆卸件尺寸
（$L\times W\times H$）/mm</td><td>分体主机架</td><td>4200×1500×1200</td><td rowspan="3">最大不可拆卸件质量 /t</td><td>2.4</td></tr>
<tr><td rowspan="2">—</td><td>分体前机架</td><td>3000×2000×1200</td><td>2.4</td></tr>
<tr><td>卸料部机架</td><td>4060×1970×1060</td><td>1.8</td></tr>
</table>

3. 技术特征

1）行走驱动应用先进的交流变频技术

采用 1140V 直接输入，整流管整流，省去变压器或可控硅整流装置，使系统结构简单，体积小，价格低；每个逆变半桥 1 个 IGBT 功率器件，电气结构简单，并易于维护；过载能力强，瞬时过流达 250%，保证高的启动转矩；保护功能齐全：过载、过热、低电压保护和 IGBT 基本保护，并具有电流快速自动抑制能力，确保在加速过程中和冲击性负载下不发生过流，不跳脱；交流输入串三相电抗器和直流母线串直流电抗器，提高功率因数和抑制高次谐波。此外，采用独有的 PWM 优化调制方法，大大降低了谐波电压；采用光纤传输驱动信号，使控制回路与主回路电气隔离，提高了主回路高压电路的抗干扰能力。

2）空间多连杆全轮转向机构

井下巷道窄，转弯半径小，而梭车运行时经常需要改变运行方向。为此，梭车采用空间多连杆全轮转向机构，转弯半径小。具有结构紧凑、质量轻、工作稳定、能缓冲地面冲击、动作灵敏、启动平稳等优点。

3）车载蜗轮蜗杆输送减速器

由于整车卸料端空间小，通常采用的锥齿轮结构不能满足要求。为此，开发了具有传动比大、结构紧凑、体积小、节省空间等优点的专用蜗轮蜗杆输送减速器；同时，采用特殊蜗轮材料，提高了耐磨性。

4）高速自动卷电缆系统

梭车运行速度快，工作环境恶劣，对自动卷电缆系统要求很高。在收缆和放缆时，控制阀工作压力的稳定性决定着电缆的收放效果；同时，凸轮槽的轨迹决定着排缆机构排缆的精确性。为此，开发了高速卷电缆装置，保证了电缆收放平稳自如，提高了整车可靠性。

5）轮边行星齿轮减速器

由于井下巷道条件的限制，要求运输设备必须具有转向自如、灵活的特性，采用普通的轮边减速器，无法满足既要装载能力大又要转弯半径小的苛刻要求。新型轮边减速器可传动、大角度转向，承载能力强。

6）输送机构采用变频驱动技术

梭车输送属重载启动，启动冲击大且启停频繁，采用变频驱动技术可以明显提高电机启动转矩，降低启动电流，有效提高电机使用寿命，且启动时间可调，有效缓解了输送传动系统的冲击载荷。

4. 应用实例

自 SC15/182 型梭车研制成功以来，已在榆神、晋城、平朔矿区得到广泛应用，使用效果良好。

榆神矿区金鸡滩煤矿采用 EML340-26/45 型连续采煤机，配套 SC15/182 型梭车，在 108 工作面回风巷中进行双巷掘进。2015 年 5 月～12 月，SC15/182 型梭车累计转运近 2 万次，20 余万 t 原煤，最高日运量 2500t。

17.2 履带式转载破碎机

履带式转载破碎机（图 17.2）主要作用是将梭车卸入破碎机中的大块煤破碎，并将煤炭均匀地转运至带式输送机，满足运输要求。

图 17.2 履带式转载破碎机

1. 适用条件

底板稳固、平整、无积水、坡度小于 6° 的近水平煤层，巷道宽度要求大于 4m。

PZL460/150A 型适用于通过高度 1.3m 以上、工作高度 1.4m 以上的薄煤层短壁开采；PZL460/150B 型适用于通过高度 2.3m 以上、工作高度 2.2m 以上的短壁开采。PZL460/150B 型机架为分体式，各部分长度 5m 左右，高度小于 1.4m，宽度小于 3.5m，满足立井罐笼升降。

2. 技术参数

履带式转载破碎机主要技术参数见表 17.2。

表 17.2　履带式转载破碎机主要技术参数

参数	机型	
	PZL460/150A	PZL460/150B
料斗容积 /m^3	4.5	6.5
输送能力 / （t/h）	460	460
刮板链形式	双边链（48A 套筒滚子链）	双边链（48A 套筒滚子链）
破碎能力 / （t/h）	460	460
破碎电机功率 /kW	75	75
破碎煤岩单向抗压强度 /MPa	≤40	≤40
破碎粒度 /mm	100	100，160
行走速度 / （m/min）	15.32	15.32
履带对地面压强 /MPa	0.167	0.167
泵站电机功率 /kW	75	75
最大外形尺寸（$L \times W \times H$）/mm	10000×3766×1200	9984×3755×2221， 卸料架长 5138，受料架长 4829
机重 /t	28	29

3. 技术特征

1）机身高度、机身宽度、行走地隙、卸载高度和破碎粒度同时可调

对煤层和巷道的适应性强。履带架通过连接耳座和油缸与机架相连，机架上安装连接耳座的螺栓孔在高度方向上有几排，连接耳座往机架上安装时可以选择不同高度的螺栓孔，从而决定机身高度。通过改变连接耳座的安装位置和油缸行程，即可改变机身高度、行走地隙和卸载高度。

受料斗和护尾架是整机最宽的地方，它们是靠螺栓连接在机架上的，通过更换不同宽度的受料斗和护尾架，即可改变机身宽度。

机架上有不同高度的破碎轴安装孔，选择不同高度的孔安装破碎轴，破碎粒度可调。

2）破碎形式为齿盘式，截齿优化布置，提高破碎能力，降低能耗

履带式转载破碎机的来料是连续采煤机截割下来的煤，块度不大，根据配套要求和来料情况，采用了齿盘式破碎形式，即在破碎轴上焊有破碎盘，盘的边缘焊上齿座，并安装镐形截齿。为保证煤流空间，焊接了 5 个破碎盘，每个破碎盘上装有 6 把截齿，共 30 把截齿螺旋均布在一个圆周上，保证每一时刻仅有 1 把截齿破煤，使轴受力均匀，冲击载荷小。

3）破碎机构采用剪切销和速度传感器双重保护，安全可靠

破碎机构受冲击载荷大，采用剪切销和速度传感器双重保护，一旦过载，剪切销断裂，机械传动脱开，破碎轴转速下降，低于 75r/min 时，电气保护停机。另外，破碎电机和减速

器之间采用轮胎联轴器，也起到了过载保护作用。

4）输送机构采用套筒滚子链牵引，运行平稳，且在降低机身高度的同时可提高卸载高度

煤矿井下刮板输送机多采用矿用高强度圆环链作为牵引构件，这种链条允许链环在各个方向相互转动，适用于有垂直和水平弯曲等多方向弯曲要求的综采工作面的运输。履带式转载破碎机是短距离、无弯曲的直线运输，所以选用套筒滚子链作为牵引构件更为合理。因为在链轮直径一定时，套筒滚子链与链轮啮合齿数比圆环链与链轮啮合齿数多，链轮的齿数越多，链条运行越平稳。此外，滚子链高度低，链轮小，在降低机身高度的同时提高卸载高度。

5）运用电气闭锁技术，实现设备自身及配套设备的顺序启动

履带式转载破碎机的控制分为手动和自动两种模式。在自动模式下，必须先启动破碎部，才可以启动输送部，保证设备正常破碎和运输；手动模式是在设备调试和检修时采用的，破碎和输送不受启动顺序限制。

履带式转载破碎机工作时与带式输送机搭接在一起，将煤破碎转载到带式输送机上，所以在带式输送机上安装转速传感器，在检测到带式输送机启动后，才可以启动履带式转载破碎机。

6）具有自动启、停功能，既节能又减少输送部件的磨损

履带式转载破碎机的来料是靠梭车运送过来的，一辆梭车卸完煤离开，到下一辆梭车开过来卸料，中间是有一段时间间隔的，此时破碎机上的煤经常是已经卸完，刮板链在空运转。为防止不必要的耗电和磨损，在梭车上安装发射机，破碎机上安装接收机。当梭车离破碎机 10m 远时，破碎机接收到梭车发出的信号，自动报警启动，破碎机运行 3min（此时间根据梭车卸料所需时间而设定，可以修改）后，运输部自动停机。如果几分钟后梭车还没有过来，破碎部也将自动停机。

4. 应用实例

履带式转载破碎机自 2002 年研制成功至今，在神东、万利、晋神、榆林、亿利、伊泰等矿区已推广应用 130 余台。2002 年，在神东公司上湾煤矿，PZL460/150B 型履带式转载破碎机与连续采煤机、运煤车、锚杆机、铲车和带式输送机配套使用，最高日产量达 5500t，最高月产量 15 万 t。

17.3 防爆胶轮铲车

防爆胶轮铲车［图 17.3（a）］和防爆铅酸蓄电池铲车［图 17.3（b）］可用于清理巷道中的浮煤、运输煤炭、搬运机电设备和物料、拖拽机车及其他设备等任务。

(a) CLX3型防爆胶轮铲车

(b) WJX-10FB型防爆铅酸蓄电池铲车

图 17.3　矿用防爆胶轮铲车

1. 适用条件

适应煤层顶板中等稳定、底板稳固、平整、无积水、煤层倾角小于 5° 的近水平煤层，巷道局部坡度不大于 10°。

2. 技术参数

两种型号铲车的主要技术参数比较见表 17.3。

表 17.3　CLX3 型防爆胶轮铲车与 WJX-10FB 型防爆铅酸蓄电池铲车主要技术参数比较

参数	车型	
	CLX3 型防爆胶轮铲车	WJX-10FB 型防爆铅酸蓄电池铲车
外形尺寸（$L\times W\times H$）/mm	8600×2900×1645（1747）	9800×2900×1645（1945）
整车质量 /t	19.1	25.6
空载车速 /（km/h）	7.5	7.5
满载车速 /（km/h）	5	5
最大爬坡度 /（°）	10（有限距离）	10（有限距离）
额定装载质量 /kg	5000	10000
转弯半径 /mm	3730（内），7180（外）	4130（内），7350（外）
轴距 /mm	3625	3877
轮距 /mm	2135	1668
驱动方式	4×4	4×4
离地间隙 /mm	160	335

3. 技术特征

1）采用前后铰接结构，整车结构紧凑

前后机架采用高强度钢板框架结构设计，刚性好，耐冲击，使用寿命长；运行时转弯半径小，铰接盘采用高强度交叉推力轴承，液压油缸转向操纵，转动灵活，承载能力大。

2）IGBT 直流调速

通过 IGBT 直流调速，可使铲车的运行速度连续调节，消除了有级换挡时的振动，大大减小了减速器、传动轴和轮毂的冲击载荷，从而提高了铲车的可靠性。

3）使用车载蓄电池组为动力源

蓄电池装在铲车尾部，行走灵活，机动性和适应性强，行走距离不受限制，且噪声小、无污染；为保证车辆满载时前轮有足够的牵引力，必须保证其附着系数。因此当铲斗负载为 5t 时，车辆后部应有相应的配重，实现前、后驱动桥牵引力平衡。

4）蓄电池组采用液压起落架搬动，方便快捷

因铲车配备有两组蓄电池，一组装于铲车上供电，另一组充电备用。当需要更换蓄电池时，通过车辆自带的液压起落架升降和车辆移动，无需借助外界的任何提升设备即可实现蓄电池快速更换。

5）采用双制动系统

制动系统包括两套制动装置，即工作制动和驻车制动。工作制动也叫行车制动，由内置于驱动桥的湿式摩擦盘制动器来实现，其工作原理为液压制动弹簧释放。铲车在行车过程中尤其在下坡行车时需要足够的制动力矩停车。驻车制动安装在减速器输出轴一侧，由一个独立的干式钳盘制动器来实现制动，其工作原理为弹簧制动液压释放。

6）铲斗和蓄电池抬升高度高，便于行走和搬运材料

铲斗最大抬升高度可达 1206mm，车辆前行接近角 23° 38′；蓄电池最大抬升高度 468mm，车辆离去角 14° 52′。车辆适应凹凸路面行驶，通过能力强，特别适合煤矿井下工作面清理底板浮煤工作。

4. 应用实例

CLX3 型防爆胶轮铲车于 2007 年 6 月 1 日开始在酸刺沟煤矿进行工业性试验。试验地点为 1103 回风巷、1105 运输巷道掘进工作面。掘进作业为双巷掘进，以垂直于大巷向南方向掘进两条巷道。煤层底板标高 600～949m，巷道长度 3600m，两条巷道中对中为 35m，总工程量 9720m。底板岩性为泥岩（属于软岩，遇水膨胀变软）、砂质泥土岩，局部为粗粒砂岩。煤层在掘进范围起伏不大，煤层倾角较小，属近水平煤层。掘进范围内构造属简单类型的倾向北西西的单斜构造，倾角小于 10°。煤的普氏硬度系数为 4～5。巷道布置形式为平硐 2290m，斜硐 1029m，角度 16°。经过 6 个月，共出煤 72 664t，掘进长度 3000m。

17.4 履带刮板式连续运输系统

履带刮板式连续运输系统（图 17.4）是连续采煤机常用后配套运输设备之一。具有破碎、运输、转载、自移、伸缩、弯曲等功能，与连续采煤机和带式输送机配套使用，组成短壁综合机械化煤炭开采中的连续运输配套方式。

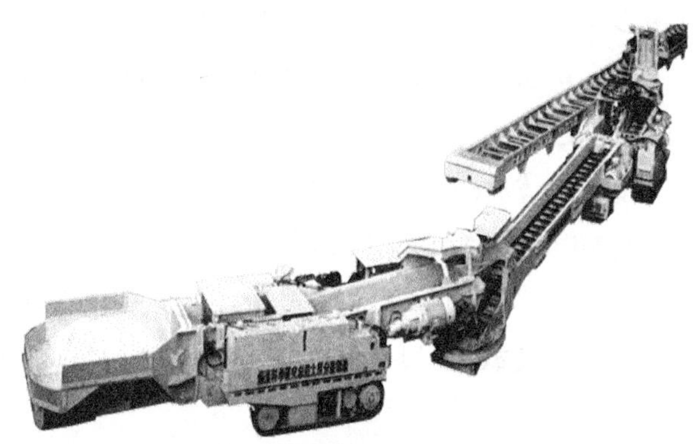

图 17.4 履带刮板式连续运输系统

1. 适用条件

煤层赋存条件要求底板应稳固、平整、无积水，煤层倾角为小于 8° 的近水平煤层，局部坡度不大于 12°。巷道宽度 5.5～6m（标准型），4.5m 以上（重叠式）；巷道高度为 2.5～4.5m（标准型），3.3m 以上（重叠式）。

2. 技术参数

履带刮板式连续运输系统产品主要有 3 个型号，主要技术参数见表 17.4。

表 17.4 履带刮板式连续运输系统主要技术参数比较

参数	机型		
	LY1500/865-10	LY2000/980-10	CLY2000/980-10
运输能力 /（t/h）	1500	2000	2000
破碎能力 /（t/h）	1500	2000	2000
行走速度 /（m/min）	0～16	0～16	0～16
适应巷道坡度 /（°）	±8	±8	±8
装机功率 /kW	865	980	980
供电电压 /V	1140	1140	1140
整机长度 /m	99～106	99～106	98～104
破碎粒度 /mm	200，300	200，300	200，300
总重 /t	260	266	261.7
适应巷道宽度 /m	5.5～6	5.5～6	4.5
配套胶带机带宽 /mm	1000，1200	1000，1200	1000

3. 技术特征

1）可长距离行走、多方向转弯且接地比压小

连续运输系统各行走单元采用履带行走机构，行走机构采用马达驱动，牵引力大，接地比压小，可无级调速。各单元相互之间通过球形滑动轴承及连接销铰接成一整体，可以长距离行走、多方向转弯，可随连续采煤机同时前进或后退，满足连采作业的随动和长距离调动。连续运输系统由多个单元组成，每个行走单元各由一名司机驾驶，启停时间、速度快慢不可能绝对同步。为在前进或后退时能有效地移动机器，跨骑式转载机与行走式转载机之间留有一定的滑行缓冲行程。

2）实现煤炭从受料、破碎、转载的连续运输

以给料破碎机为首车的连续运输系统行走灵活，且给料破碎机装有一定容积的受料部、盘式截齿破碎机构和刮板输送机，可跟随连续采煤机，接受并仓储其卸下的物料，物料经破碎机构破碎后，由刮板输送机转载至其后的单元，物料依次经过每个单元后连续运输至巷道带式输送机上。

3）结构紧凑，运转平稳

刮板输送机采用套筒滚子链，锻造合金刮板，降低了机身高度，刮板链运转平稳，拆装方便；运输槽中底板采用高强度耐磨板，使用寿命长。履带行走采用无支重轮形式，降低了整机高度，履带板采用整体合金钢铸造，强度和耐磨性满足使用要求。

4）电控系统技术先进，保护齐全

电气系统采用可编程控制器（PLC) 作为核心控制单元，各单元间通信方便可靠，实现了各单元自动顺序启停，并具有运行状态及故障原因的中文液晶显示，控制技术先进，系统可靠，保护齐全，操作方便，故障率低。

4. 应用实例

首套 LY1500/865-10 型履带刮板式连续运输系统与 12CM15-10D 型连续采煤机配套，于 2002 年 4 月 1 日～6 月 30 日在神东公司哈拉沟煤矿进行了工业性试验，共出煤 28 万 t，最高日产达 7000t。至 2003 年 4 月，原煤年产量达到 154 万 t，最高日产超过 9000t；第二套连续运输系统在榆家梁煤矿使用，年产量达到 206 万 t。

2003 年，神东公司引进了 12CM27 连续采煤机，配套 LY2000/980-10 型履带刮板式连续运输系统，提高了生产能力。2004 年 1 月创造了月产 25.4 万 t 的世界纪录。

2005 年，在神东公司补连塔煤矿应用 CLY2000/980-10 型重叠式连续运输系统与 JOY 公司 12CM15-15DDVG 型掘锚机配套，完成了 31301（西）主运输巷 3200m 的单巷道掘进，创下了月掘进进尺单巷平均 800m、最高 914m 的纪录。

（本章主要执笔人：张小峰，郭治富，姜翎燕，石岚，马凯）

第五篇　综采工作面智能控制技术与装备

智能开采是指通过采掘环境的智能感知、采掘装备的智能调控、采掘作业的自主巡航，由采掘装备独立完成的回采作业过程。智能开采是在机械化开采、自动化开采基础上，信息化与工业化深度融合的煤炭开采技术变革。智能化无人开采具有3项技术内涵：采掘设备具有智能化的自主采掘作业能力；实时获取和更新采掘工艺数据，包括地质条件、煤岩变化、设备方位、开采工序等；能根据开采条件变化自动调控采掘过程。目前，我国已经实现了煤矿开采的自动化，煤矿开采的智能化还处于初级阶段。煤科总院智能控制技术研究分院联合其他有关单位，提出了“无人操作、有人巡视”的智能化无人开采生产模式，攻克了综采成套装备感知、信息传输、动态决策、协调执行、高可靠性等关键技术，研制出具有自主知识产权的综采成套装备智能系统，实现了综采成套装备巷道及地面控制的智能化无人开采，技术和实际应用效果达到了国际领先水平。

该项技术的核心主要是在智能化采煤生产过程中以采煤机记忆截割为主，人工远程干预为辅；以液压支架跟随采煤机自动动作为主，人工远程干预为辅；以综采运输设备集中自动化控制为主，就地控制为辅；以综采设备智能感知为主，视频监控为辅，即“以工作面自动控制为主，监控中心远程干预为辅”的工作智能化生产工作模式，实现“无人跟机作业，有人安全值守”的开采理念，在采煤过程中做到采场无人，工人只在综采工作面自动化监控中心通过显示器观察工作面的情况，通过语音通信进行调度、联络，通过操作台远程操控工作面上的相应设备，实现在监控中心对所有综采设备进行远程控制。地面调度指挥中心对综采设备的远程监控将综采工作面采煤机、液压支架、刮板输送机、泵站及供电系统等有机结合起来，实现了在地面调度指挥中心对综采工作面设备的远程监测、操作以及各种数据的实时显示等，为地面生产、管理人员提供实时的井下工作面生产及安全信息。通过在陕煤化集团黄陵一矿1001工作面的应用，该系统在国内外首次实现了地面一键启停自动化采煤和工作面内“无人操作、有人巡视”的智能化开采模式下的常态运行，将采煤队每班人员由11人减到3人，生产效率提高了25%以上，实现了安全生产“零”事故，被评为2014年煤炭行业企业十大新闻之一，同时获中国煤炭学会2014年六大技术创新成果之一。国家安全生产监督管理总局和国家煤矿安全监察局联合印发了该矿智能化无人开采技术经验材料的通知。目前，我国煤矿综采工作面装备正在从自动化向智能化迈进，还处于工业智能化的初级阶段。

本篇共2章，分别介绍整个回采工作面的智能控制技术和装备，主要包括综采工作面单机控制装备、工作面智能化控制装备以及设备故障诊断系统；单机智能控制装备，主要包括采煤机控制、液压支架智能控制、刮板输送机转载机破碎机智能控制、泵站智能控制、开关智能控制；综采工作面综合智能控制，以及综采工作面智能控制装备的三个典型应用案例，包括黄陵一号煤矿、阳泉新元煤矿和神木红柳林煤矿；综采设备故障诊断系统，主要包括采煤机故障诊断系统，液压支架故障诊断系统，刮板输送机、转载机、破碎机故障诊断系统，泵站智能故障诊断系统，综采工作面智能故障诊断系统和大数据分析。

第 18 章

单机智能控制

本章重点介绍综采工作面单机智能控制系统结构组成、工作原理、功能性能参数、关键技术和智能控制的关键技术，单机设备的结构组成、工作原理及其性能参数，综采工作面单机设备取得的智能控制关键技术及其创新成果等。

18.1 采煤机智能控制

18.1.1 采煤机智能控制系统组成及其功能特点

智能化采煤机是为了适应综采工作面自动化开采技术的发展，满足煤矿高产高效需求而研发的新一代双滚筒采煤机。其电控系统是采用了 CAN 总线和 DSP 控制技术的新一代分布嵌入式控制系统。

1. 采煤机智能控制系统电气系统基本组成

采煤机整机系统如图 18.1 所示，总共可以分为 10 个部分：左滚筒、破碎机、左摇臂、左牵引箱、左行走箱、中间（控制）箱、右行走箱、右牵引箱、右摇臂和右滚筒。采煤机智能控制系统主要位于中间（控制）箱内，中间（控制）箱为一个抽屉式采煤机电气箱体，

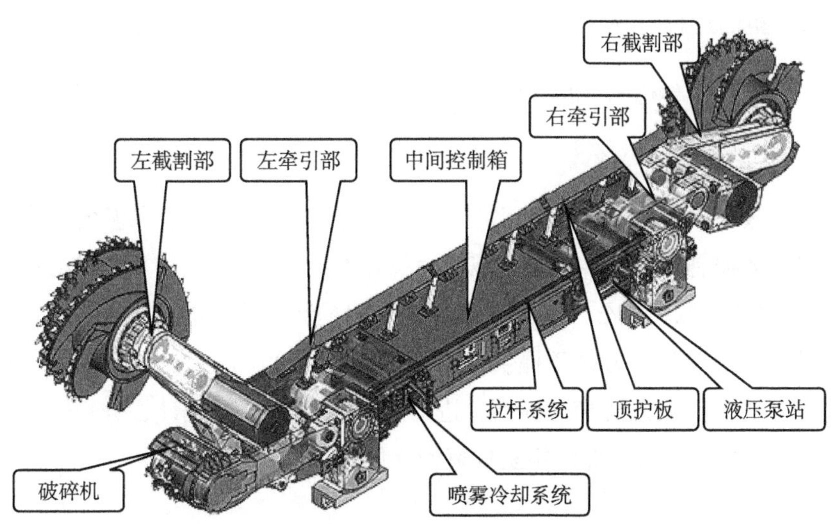

图 18.1　采煤机系统结构

中间（控制）箱按照电气功能又被分割为六大腔体：变压器腔、高压腔、计算机控制腔和变频器腔接线腔，腔体之间的接线通过接线腔进行交互。采煤机智能控制系统除了在中间（控制）箱内部外，在中间（控制）箱外部还有分线盒、端头站、遥控器、瓦斯检测仪、检测站、传感器系统等部件。

2. 采煤机智能控制系统功能特点

采煤机智能控制系统（简称 TDECS 系统）的电气原理如图 18.2 所示。采煤机的智能控制系统的核心问题是滚筒采高控制、行走位置控制、与配套设备的协同运行控制、采煤机自身工况及故障监测。主要是以具有高适应性与可靠性的机载防爆监控计算机系统为技术基础，进一步通过融合煤岩界面自动识别技术、采煤机运行过程中三维动态精确定位技术、远程监控所需的高可靠宽带移动通信技术、采煤机与液压支护、运输系统设备间的协调控制干涉和碰撞预测技术、采煤机工况检测与故障诊断预警技术等，完成采煤机智能控制。

上海研究院自主研发的 TDECS 系统具有如下功能特点：

（1）其控制模块核心采用先进的 DSP 与 ARM 处理器，集成度极高，计算处理能力强大。

（2）控制系统之间采用多核多总线分布式结构，主要采用高可靠 CAN 总线互联，结构简洁，易于维护，配置灵活。

（3）TDECS 系统具备多传感器检测，有效实现采煤机在工作面的姿态检测和位置定位。

（4）TDECS 系统具备多工艺段的端头工艺自动循环的记忆截割功能。

（5）TDECS 系统具备顺槽远程双向通信功能，有效解决采煤机的信息孤岛问题。

（6）TDECS 系统利用顺槽载波通信和顺槽显示箱 TCP/IP 接口，实现了顺槽集控中心对于工作面采煤机的远程自动化监控，以及工作面多设备之间的协同配合。

18.1.2 采煤机智能控制的关键技术

1. 采煤机的机载控制计算机

上海研究院根据机载计算机系统需要长期工作在振动、粉尘、潮湿的恶劣工况，开发出以 DSP 或 ARM 控制器为硬件核心、以实时操作系统（RTOS）为软件核心的专用控制模块，通过 CAN 总线互联构成分布式架构采煤机专用控制系统，能够为采煤机提供基本的操作接口，逻辑及反馈控制，为设备提供基本的负荷、温度、压力流量等监测保护，还可向操作员提供丰富的图形化人机交互界面，进行在线式传感数据统计、分析，甚至扩展处理视频、音频及雷达数据，与外部网络实现宽带连接。

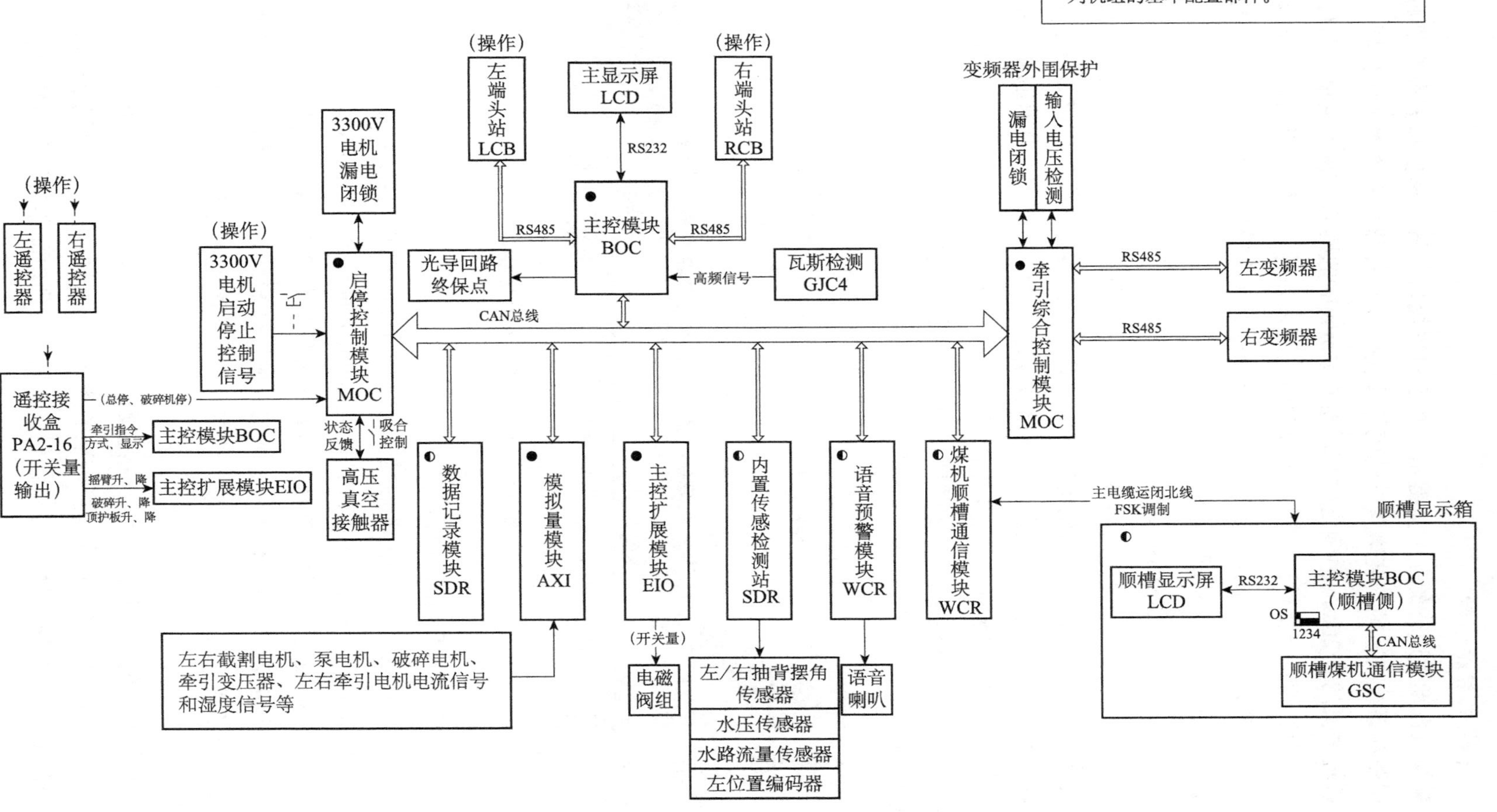

图 18.2　采煤机控制系统电气原理框图

2. 采煤机智能感知

采煤机自动化运行的一个关键基础在于对采煤机位置、速度和姿态的精确控制。通过在牵引驱动系统高速轴安装增量型编码器或在低速轴安装多圈绝对型编码器，可实现相对于刮板输送机的 ±20mm 精确定位与低至 0.01m/min 的测速。在煤层赋存条件复杂多变的工作面实现连续自动化推进运行、正确调整控制采高时，需要采煤机相对于煤层而非相对于刮板输送机进行三维空间动态定位与姿态测量，实现精确达 25mm 范围内的采高修正和 50mm 范围内的工作面对齐调直控制。

上海研究院自主研发的端头传感检测站提供丰富的本安接口与机器上多种状态检测传感器连接，主要包括采煤机摇臂的倾角传感器、采煤机的位置传感器、电缆张力传感器、振动传感器、压力传感器、温度传感器等。针对这些传感器提供相应的信号处理，保护状态计算，将计算处理的结果通过 CAN 总线发送到电控系统的其他模块显示和执行。端头检测站可外置工作，安装在离传感器集中部位最近的地方，最后的数据采用抗干扰能力强的数字模式传输到主控系统，减少传感器弱信号的长距离传输，采煤机自适应传感器布置如图 18.3 所示。

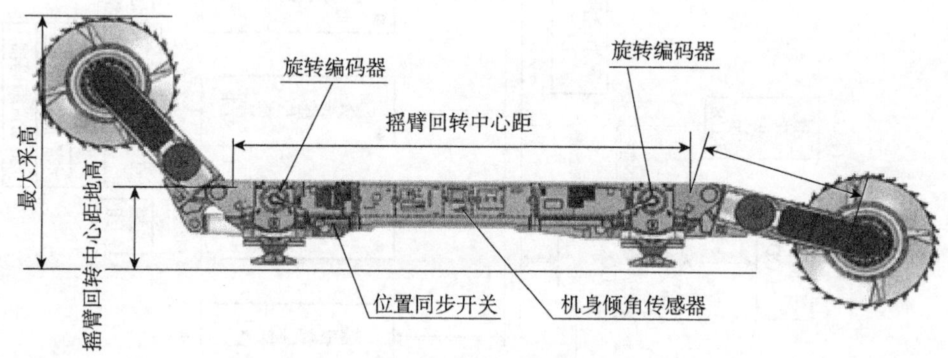

图 18.3 采煤机自适应传感器布置

3. 采煤机截割与行走自动控制

采煤机的运行控制中最重要的是采高控制和行走方向、速度与位置控制。采高控制自动化是采煤机真正实现自动化运行的关键点和最大难点之一。TDECS 采煤机记忆截割系统是上海研究院研发的自动调高系统。该系统可与上海研究院标准版的采煤机 ARM 电控系统配套，提升采煤机的自动化水平、增强其操控性能，减轻煤机司机的劳动强度，提高生产效率。记忆截割系统由配套的端头传感检测站、截割控制模块、记忆截割软件包等几部分组成。

采煤机配置的记忆截割模块，在配套的左右滚筒采高传感器系统、煤机工作面位置监测系统完好且经过适当位置和精度校准的条件下，与机载控制计算机结合可实现一个完整工作面割煤过程的采高记忆学习，将相关数据保存到内部非易失存储器中。在司机的控制下，采煤机控制系统可根据已经记忆的完整截割循环数据，进行无需司机干预的自动截割操作。手动操作模式和记忆截割自动操作模式的切换，可以通过采煤机无线电遥控发射机的特殊组合按钮操作完成，也可在顺槽集控计算机上进行设置。在记忆截割自动操作模式下，允许从当前激活任意的手动控制调整截割高度、牵引速度。

如图 18.4 所示，当采煤机对工作面环境学习之后，工人可以选择采煤机进入自动截割状态，采煤机在工作面 30%～70% 的中间区域属于直线行走。需要特别说明的是，采煤机在机头、机尾处，可以根据客户要求或工作面环境的变化来定制端头采煤机工艺，如工艺要求次序、扫底次数、扫底区域长度、斜切进刀区域长度、端头区域速度限制、端头区域位置限制、摇臂高度限制等，都可以现场配置，从而将自动割煤过程划分为若干个工艺阶段来执行，图中分为 11 个阶段，每个阶段由采煤机位置来标识，图中有 A～M 个采煤机位置节点。如果没有固定工艺条件，客户还可以选择自由曲线模式。

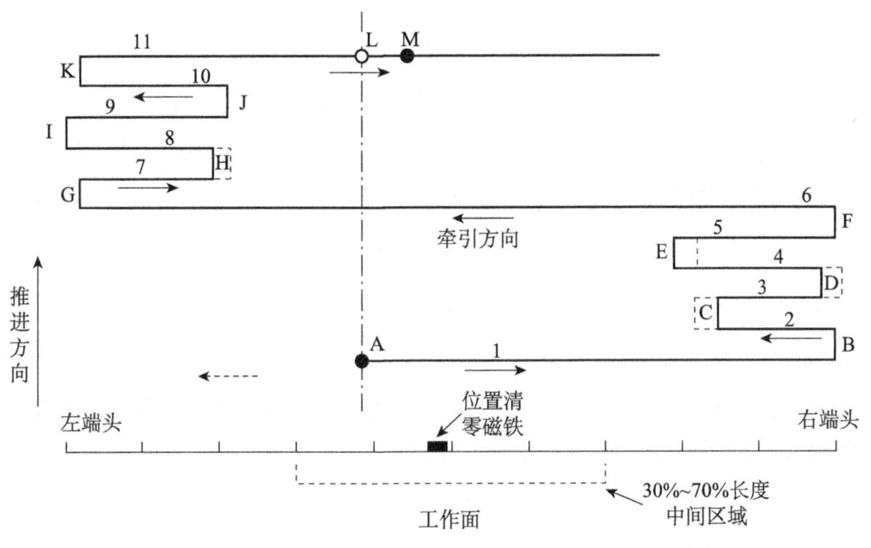

图 18.4　采煤机自动运行示意图

4. 采煤机通信网络

改善工作劳动环境，尽可能将操作人员从危险、粉尘及行走困难的工作面开切眼向安全、舒适地方转移，在巷道控制台甚至地面调度中心对采煤机运行进行远程监控，关键在于采煤机与巷道设备间稳定可靠的实时数据通信。采煤机对外通信属于较为特殊的地下移动通信。20 世纪 90 年代末，国外率先利用控制芯线加音频调制解调器或通过高压动力线载波方式（图 18.5），实现了采煤机到巷道的数据通信，特点是可靠性较高，但速率低（一般 19.2kbit/s）。该技术在许多新进口采煤机上继续沿用。上海研究院在 2005 年开始研发采煤机专用控制芯线中频调制通信系统，先后实现 56kbit/s 半双工、120kbit/s 的非对称全双工 FSK 调制通信及 2Mbit/s 的半双工通信。该技术无需专用电缆、抗干扰能力较强、可靠性较高。近年来，随着采煤机机载视频监视、机载探测雷达数据远程分析等需求的增长，导致通信带宽的需求剧增，通常 2～4 路机载压缩视频需要 2～30Mbit/s 带宽，实时传送机载雷达扫描数据则需要高达 70Mbit/s 带宽，这使得能够提供高带宽的光纤通信、无线局域网技术被迅速用于采煤机与巷道设备间的监控通信。但光纤通信在工作面应用存在安装要求高、维护不便的问题，而无线局域网技术在工作面则存在可靠性与适应性较差、需要布置大量接入 AP 等问题，这些技术在工作面应用还需继续发展完善。

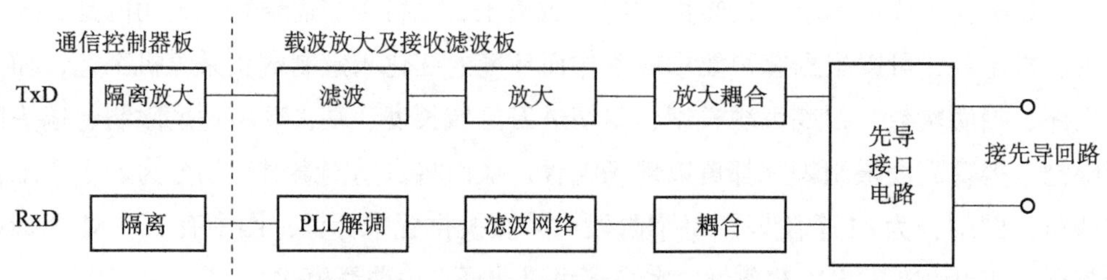

图 18.5　采煤机载波接收滤波模块结构框图

在采煤机至巷道底层通信支持下，巷道设备列车上的防爆计算机可通过专用协议或通用 TCP/IP、UDP 等传输控制协议，实时获取机载控制计算机中工况数据以及机载摄像装置输出的视频数据流，实现采煤机运行工况数据及截割视频全面监视。通过设立巷道通信网关、交换机及 OPC 数据服务器等，将采煤机运行工况数据传至矿井综合数据网，进而传至 Internet 网络，实现了对井下运行采煤机的异地远程 Web 监视。

5. 采煤机与其他设备间协同自动化控制

工作面正常回采需要采煤机、液压支架、刮板输送机等设备紧密配合、协调运行，工作面自动化要求采煤机实现与液压支架、运输系统自动协调运行。通过采用编码器位置检测或红外发射器定位，将采煤机行走位置、速度信息实时发送到支架电液控制系统，实现自动跟机推移刮板输送机并移架；利用支架电液控制系统输出的移架与推移刮板输送机的位置状态信息，自动调节采煤机的截割速度；采用双频雷达探测技术实现截割滚筒与支架顶梁干涉预警。

工作面整体高效自动化运行，要求采煤机割煤速度根据工作面输送机系统负荷状态进行自适应调节控制，尽可能提高系统生产能力。根据实时采集的刮板输送机与带式输送机工作负荷，按照欠载、满载、异常过载、压死等不同状态对应的控制模型，在运输系统负荷低时以一定斜率提高采煤机行走速度；负荷偏高时降低速度，有片帮等造成运输系统压死时立即停止采煤机牵引。由于该反馈调节系统为含有大滞后环节非连续性闭环系统，常规 PID 调节算法效果不佳，一般采取具有一定参数自适应的预测调节控制或模式化调节。

18.1.3　采煤机故障诊断系统

为减少非计划停机停产，故障停机后尽量缩短故障诊断与处理时间，需要发展设备的故障诊断与早期预警技术。国内外先进采煤机均已实现控制系统自身控制模块、通信连接及多数传感器异常故障的在线监测与人性化的故障查找处理提示。在可靠的底层通信技术的支持下，可将采煤机全部运行工况数据传输到地面监控计算机，对设备状态进行详细分析与评估，实现远程故障诊断，也可从地面计算机向采煤机下载软件更新或修改配置数据，实现远程维护。采煤机故障诊断系统主要包括两个部分：在线故障诊断系统和离线故障诊断系统。

1. 采煤机在线故障诊断系统

采煤机在线故障诊断系统有采煤机模块诊断系统、采煤机电机诊断系统和采煤机变频器诊断系统。

1）采煤机模块诊断系统

煤科总院上海研究院自主研发的采煤机电控系统 TDECS，采用先进的 ARM 和 DSP 作为主控制器，用 CAN 总线为基础架构，实现分布式控制系统。这种 CAN 总线式的分布式系统级联简单，信息量大，为采煤机的故障诊断提供了强大的物理通道。采煤机模块的诊断主要依靠采煤机的人机界面（HMI Human MachineInterface）。

采煤机有 5 种操作方式：机身面板、端头站、遥控器、顺槽远方控制。当操作出现异常时，可以通过人机界面进行操作故障自诊断。

采煤机的模块发生通信故障时，在显示界面会有明显的指示，同时会生成相应的历史报警。

2）采煤机电机诊断系统

三相异步电动机（尤其是鼠笼式异步电动机）以其结构简单、价格低廉、运行可靠而在传动领域占有极其重要的地位。异步电动机常见的故障有定子故障、转子故障、轴承故障和漏电故障。常见的定子故障诊断方法有：局部放电监测、电流高次谐波和平衡检测、磁通检测、基于对称分量法的定子电流负序分量检测等。

异步电动机故障诊断的关键在于选择有效的信号处理技术，从强干扰信号中提取故障特征量。因此，电动机故障的有效可靠诊断必须依赖于先进的信号处理技术。如何在现有故障信号测量设备和技术的基础上，对测量到的信号进行有效的分析处理，从而提取出明显的故障特征信息，建立相应的故障征兆信息，是当前故障诊断中需要着重解决的问题。图 18.6 所示为采煤机振动频谱分析。

若电机发生漏电故障，最容易检测到的是零序电流的增大和电网各相对地绝缘电阻的下降。若在三相电网中附加一个独立的直流电源，使之作用于三相电网与大地之间，在三相对地的绝缘电阻上将有直流电流流通。该电流的大小直接反映了电网对地绝缘电阻的变化，有效检测和利用该直流电流，就可以构成附加直流检测式漏电保护。

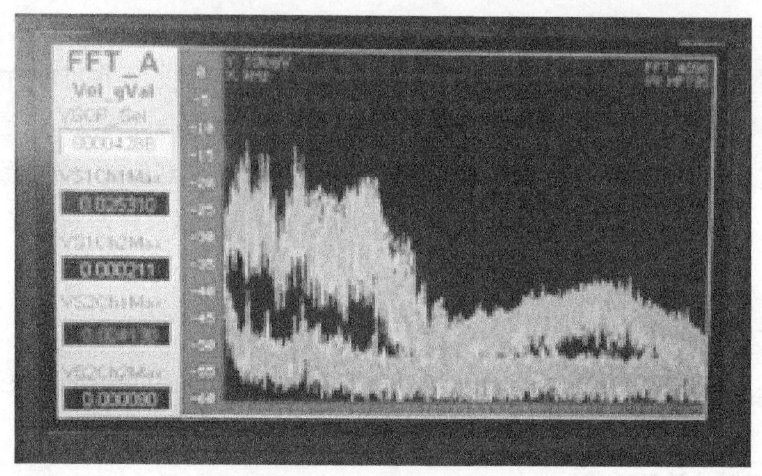

图 18.6 采煤机振动频谱分析

3）采煤机变频器诊断系统

TDECS 系统中牵引控制模块通过两个独立的 RS485 串口与两台牵引变频器实时通信，支持系统中其他控制模块通过 CAN 总线对牵引调速系统的控制，获取变频系统当前的状态信息。变频器在检测出故障时，在变频器的操作盘和人机界面上同时显示出来。

2. 采煤机离线故障诊断系统

电牵引采煤机的离线故障智能诊断系统实质上就是一个专家系统。它具有相关领域中专家水平的解题能力，能运用领域专家多年积累的实践经验和专门知识，模拟人类专家思维过程，求解所需解决的问题。

1）离线故障诊断系统的一般结构

电牵引采煤机的离线故障智能诊断系统的体系结构采用了知识库与推理机分离的构造原理，这样在知识库逐步丰富的过程中，可以使得不用调整新的推理程序，因此系统具有良好的灵活性和可扩充性。专家系统具有获取知识的能力，目前应用较多的是采用建立知识编辑器的方法，通过知识编辑器专家系统将知识工程师或领域专家的知识“吸收”进来，建立起知识库。

2）故障诊断知识的获取

电牵引采煤机的故障诊断知识包括领域专家启发性知识和结构原理性的知识两部分。前者主要来源于专家的诊断实践经验，对采煤机故障机理的分析、总结、积累，属于前面所说的浅知识；后者主要来源于采煤机的系统结构原理图和随机配备的使用说明书等资料，这类知识属于前面所说的深知识。

3）采煤机故障树的模块化

故障树是一种树状逻辑因果关系图。它用规定的事件、逻辑门和其他符号描述系统中各事件之间的关系，通过故障树能够将采煤机故障的各种原因和部件因素联系起来。因此，利用故障树对采煤机各种故障类型进行分析，能够清晰地得出采煤机故障诊断知识，对于建立采煤机故障诊断知识库有极大的方便和快捷。

电牵引采煤机故障模式多种多样，发生故障的原因通常较为复杂。一个简单的故障模式可能由产品结构、材料性能、制造可靠性、使用维护性等因素引起，这样，可能对应一条或多条原因，同时，不同的故障模式下原因有可能部分相同；另外，一个故障模式的发生还可能导致其他故障模式的发生，互相影响的结果使得诊断十分困难。

因电牵引采煤机是一个集电气、机械、液压于一体的复杂系统，为避免在对采煤机出现的各类故障进行建树时有所遗漏，因此在实际应用中，将采煤机系统划分为几个子系统及子系统下一级的机构组成，分别对各子系统及机构进行建树，有利于知识的系统性和全面性。电牵引采煤机故障树的模块组成框图如图 18.7 所示。

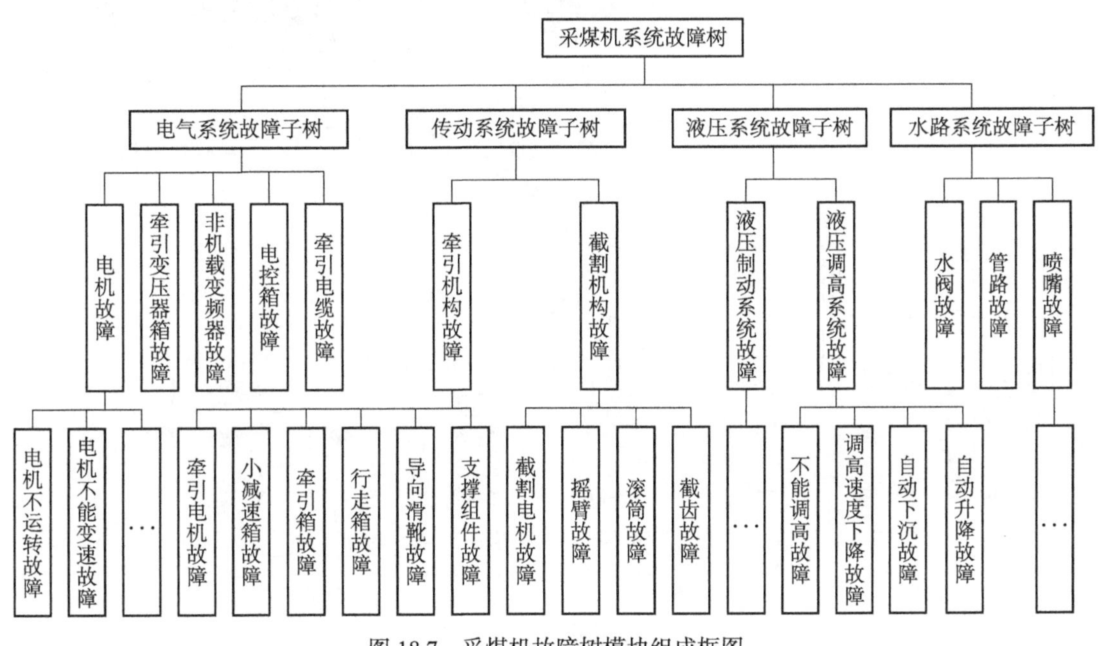

图 18.7 采煤机故障树模块组成框图

18.2 液压支架智能控制

综采工作面为一个可以迁移狭长的采场，在这个采场中，由液压支架支护，为采场生产设备和操作人员提供安全的作业空间，并负责工作面设备及采场的迁移。液压支架智能控制系统以电液控制技术为基础，通过电液换向阀将电信号转换成液压信号，实现液压支架的依据程序的自动控制。液压支架智能控制围绕感知、传输、控制技术，进行液压支架与工作面的设备、环境、工艺、流程等多维度耦合控制技术研究。在液压支架电液控制技术基础上，进一步增加通过对液压支架自身姿态、位置以及工作面设备、环境、工艺、流程、位姿的感知，提升液压支架执行机构的控制精度，进行液压支架与采煤机、刮板输送机设备之间的相互融合，进行液压支架的围岩耦合，实现液压支架的智能控制功能。以下介绍煤科总院智能控制技术研究分院研制的 SAC 型液压支架智能控制系统。

18.2.1 液压支架智能控制系统

1. 液压支架智能控制系统组成

液压支架智能控制系统是综采工作面自动化控制系统的基础，主要由感知、控制、执行等部件构成，由支架控制器、驱动器、压力传感器、行程传感器、采煤机位置传感器、偶合器、信号转换器、电源箱、连接电缆、电液换向阀组（电磁先导阀 + 主阀）、顺槽监控主机、远程操作装置和地面监控中心服务器等组成（图 18.8）。

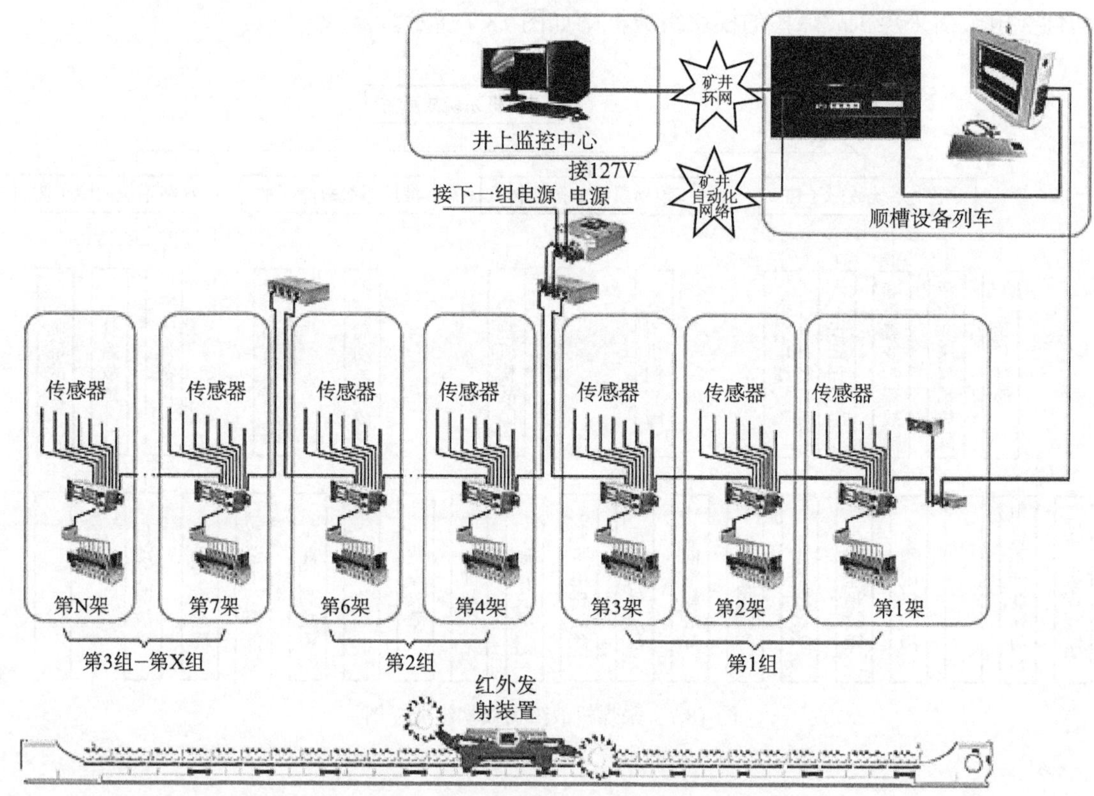

图 18.8　液压支架智能控制系统配置

工作面每台液压支架上配置一套支架控制单元，支架控制器为支架控制单元核心控制部件，支架控制单元包括支架控制器、电磁驱动器，在推移千斤顶上安装有行程传感器，用于检测支架推移行程，在立柱上安装有压力传感器，用于检测支架顶板压力，在采煤机上安装有红外发射器，在每台液压支架上安装有红外接收器，用于检测采煤机所处的位置和运行方向。

2. 液压支架智能控制系统工作原理

液压支架智能控制系统通过在液压支架上布置大量的感知元件，对液压支架运行工况进行实时在线检测，实现液压支架与采煤机、刮板输送机、泵站的耦合控制，实现液压支架对工作面的围岩耦合。

支架控制器是液压支架智能控制系统的核心部件，支架控制器内置计算机系统，在支架控制器上设置有总线和邻架线两个通道的通信链路，支架控制器可以接收来自邻架和远程终端设备发出的指令，通过其内置的计算机控制程序进行解析，向本架驱动器发出支架动作控制指令，驱动器导通对应的电磁先导阀，将电信号转换成液压信号，并通过主阀将液压信号放大，推动油缸动作，从而实现对液压支架的控制。在液压支架动作过程中，通过检测相关传感部件，以确定停止油缸动作的时机。

为了满足现场安装使用与维修需求，支架控制器可以将人机交互组件和驱动组件单独分离出来，形成了人机界面、驱动器等多种结构形式。早期煤科总院太原研究院研制的JKT1 型和 YLT 型的支架控制器（图 18.9），采用直接驱动电磁先导阀的控制模式。

煤科总院智能控制技术研究分院开发的SAC型液压支架智能控制系统，其中ZDYZ型系列支架控制器，如图 18.10 所示。具有适合于薄煤层使用的一体化控制器，适用于中厚煤层使用的 16 功能控制器、20 功能控制器 + 人机界面（图 18.11）和适应大采高、放顶煤使用的 26 功能控制器 + 驱动器（图 18.12）等多种形式。前两种形式控制器直接驱动电磁先导阀进行控制，26 功能控制器既可直接驱动 16 功能 8 组电磁先导阀，也可带电磁驱动器驱动 26 功能 13 组电磁先导阀。

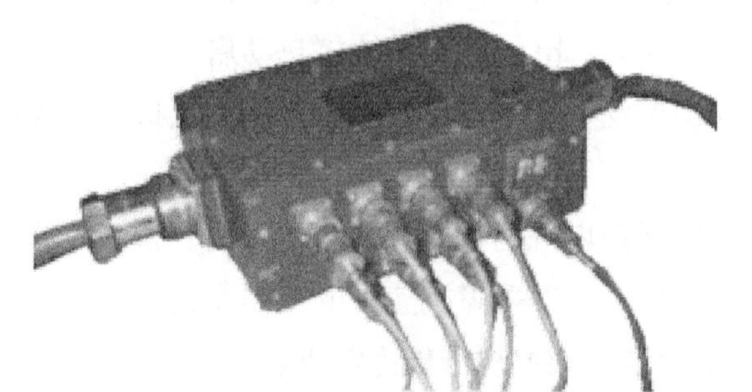

图 18.9　YLT 型支架控制器

图 18.10　ZDYZ 型一体化控制器

（a）20功能支架控制器

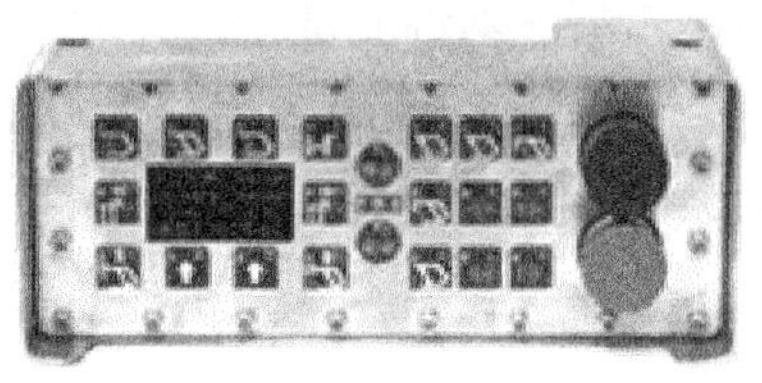

（b）人机界面

图 18.11　SAC-C 型 20 功能支架控制器 + 人机界面

(a) 26功能支架控制器

(b) 电磁驱动器

图 18.12 ZDYZ 型 26 功能支架控制器 + 电磁驱动器

3. 液压支架智能控制系统功能

1）液压支架智能控制系统基本功能

液压支架电液控制系统具有本架单动作程序控制功能，可以实现本架推溜动作的程序控制；具有邻架单动作控制功能，可以实现单动作连锁控制；具有单架程序控制功能，可以实现单架自动移架程序控制；具有成组控制功能，可以实现成组支架的护帮板收 / 伸动作控制、成组支架自动化移架控制，程序支架推溜动作控制。具有急停、闭锁、停止等安全操作功能。具有顺槽监控中心和地面的远程操作控制功能。

2）液压支架智能控制系统智能控制功能

（1）智能补压控制。通过在液压支架立柱上安装压力传感器，可以实时检测液压支架对工作面顶板的支撑压力，当液压支架立柱油缸由于密封件损坏、液压阀损坏等问题出现泄漏，导致液压支架对工作面顶板支撑压力不足时，电液控制系统将自动启动支架升柱功能，使液压支架对工作面顶板支撑压力达到预先设定的初撑力，确保工作面顶板的支撑压力，从而实现工作面围岩智能耦合。

（2）液压支架跟机控制。液压支架可以根据采煤机位置，依据采煤工艺，自动完成工作面液压支架的收伸护帮板、移架、推溜等动作，随着采煤机速度的不断变化，液压支架将会自动调节跟机移架支架同时动作的数量，并提出泵站供液能力需求。

3）远程遥控与集中控制功能

（1）液压支架遥控。通过将无线通信方式接入到支架控制器中，使用支架遥控器进行液压支架的动作控制，进行人员定位与安全管理技术研究，针对全向天线垂直能量分布实现基于 RSSI 定位智能识别，对操作人员进行自主定位，将操作人员所在支架进行软件闭锁，在方便操作的同时，确保操作人员的安全性能，遥控方式特别适合薄煤层和大采高场合使用。

（2）液压支架远程集中控制。将工作面液压支架控制系统数据、视频、语音信息集中传输到大巷监控中心或地面调度室的计算机上，依据支架监控系统数据画面，视频画面，并通过建立液压支架模型和工作面相关设备、矿井环境模型，将工作面数据汇集，驱动三维仿真模型，实现工作面的在线模拟仿真，操作人员可以从不同的视角观察工作面设备的运行状况，并通过远程操作装置，对液压支架自动化动作进行远程干预控制，如图 18.13 所示。

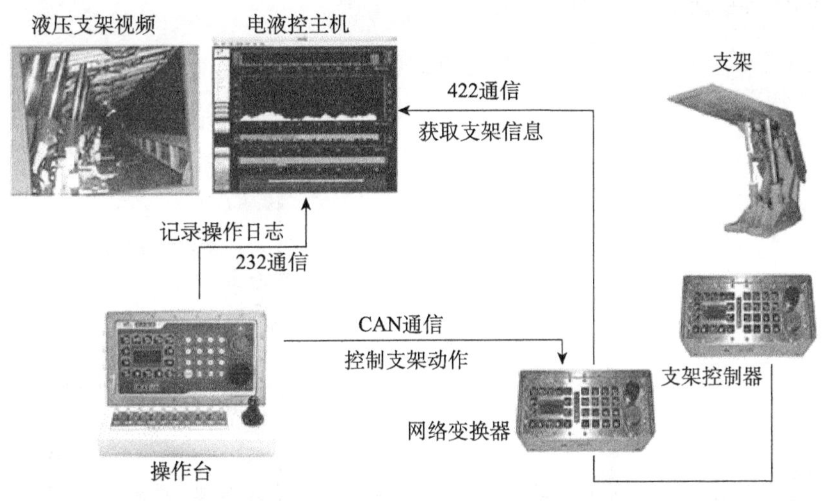

图 18.13　工作面液压支架远程控制系统

18.2.2　液压支架智能控制关键技术

液压支架智能控制系统实现液压支架智能感知、数据汇集、大数据分析、控制模型与反馈控制，通过对运行工况环境的分析与学习，使设备具有自主学习能力，提高设备的自适应性能。

液压支架智能控制系统增加的传感器包括一级护帮板围岩耦合行程传感器和压力传感器，三级护帮板动作感知接近传感器，监测支架顶板压力的立柱压力传感器，监测采煤机运行位置及方向的红外线接收器，顶梁姿态检测角度传感器，掩护梁、前连杆、支架底座分别配置角度传感器，配置人员定位无线收发器，在主管路上配置压力传感器，工作面配支架高度测量仪（激光测距仪）；执行单元包括电液控换向阀等。支架智能控制单元配置如图 18.14 所示。

1. 液压支架的支架姿态智能化控制

1）液压支架姿态控制及其防倾倒智能化控制

在液压支架的底座、顶梁、掩护梁、前连杆等结构上安装倾角传感器（图 18.15），可以准确地描绘液压支架的姿态，可以实现液压支架运行姿态的在线检测。对于大采高液压支架来说，随着采高的加大，质量加大，重心加高，其稳定性较普通液压支架差，更容易发生倾倒等问题。通过液压支架重心计算模型，可以得到液压支架在各种姿态下的重心轨迹曲线，支架的重心位置越低，液压支架所处的状态就越稳定，在液压支架护顶等相关约束条件下，在液压支架控制程序中建立自我学习决策能力，可以实现液压支架防倾倒的智能控制功能。当液压支架在某种姿态下重心偏离稳定区域时，将自动启动保护模式，使液压支架自动控制到与其姿态最接近稳定区域的一种姿态，确保液压支架的安全性，防止液压支架发生倾倒等事故。

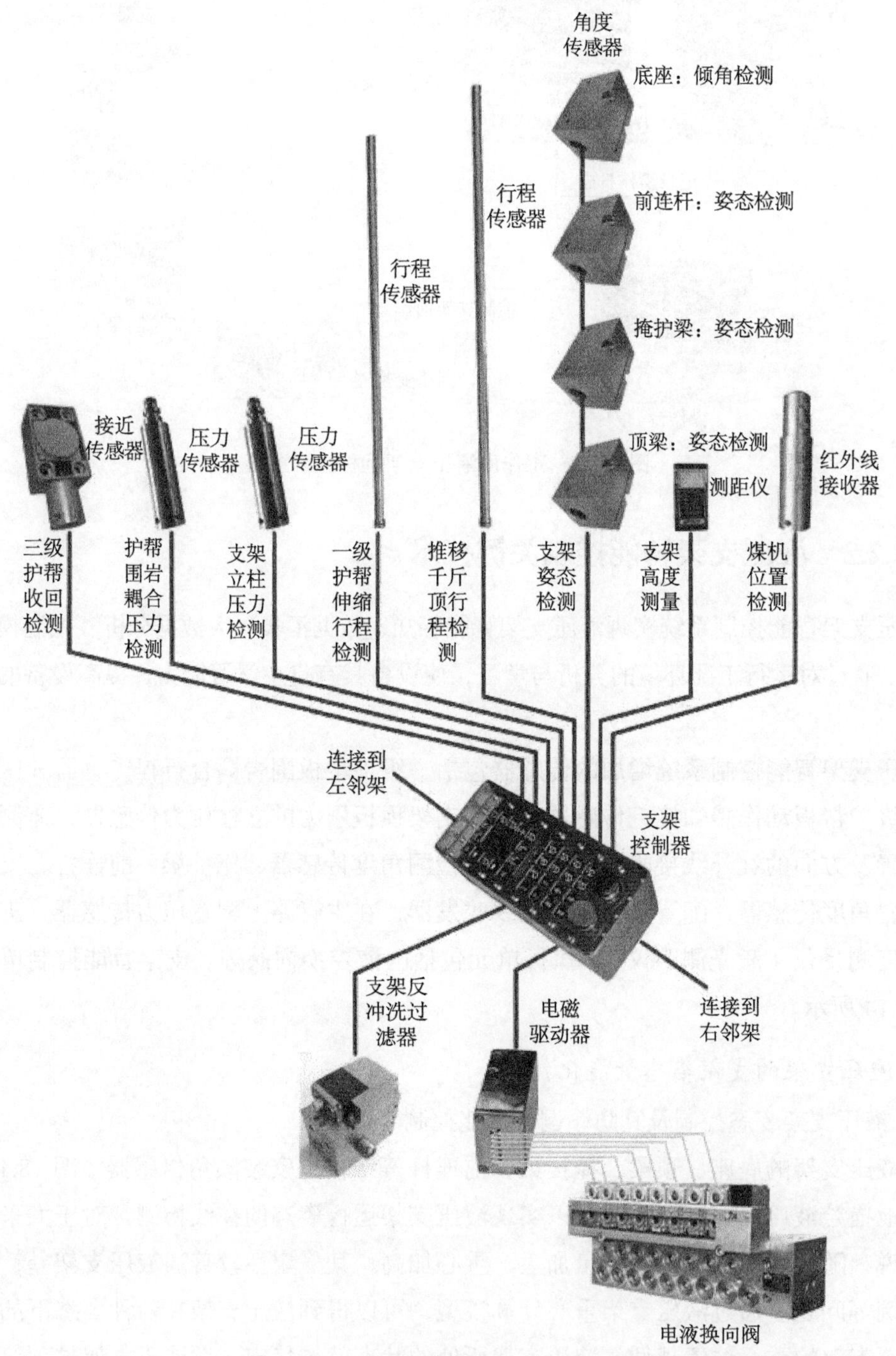

图 18.14　支架智能控制单元配置

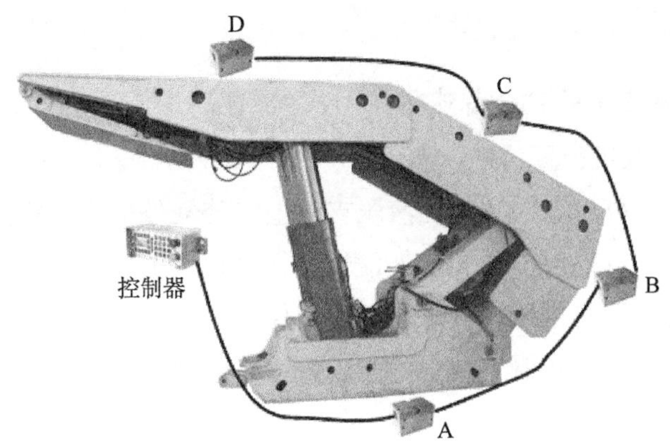

图 18.15 液压支架姿态检测倾角传感器安装示意图

2）液压支架护帮板姿态控制及其围岩耦合智能控制

在液压支架的一级护帮板上安装行程传感器，通过控制一级护帮板行程，防止片帮煤垮落到支架内。同时在液压支架跟机收回护帮板的过程中，多架的护帮板可以逐次收回（图 18.16），以提高护帮板的收回速度，确保液压支架护帮板收回动作与采煤机速度相匹配。同时，三级护帮板上安装接近传感器，当三级护帮板完全收回到位时，发出检测信号，防止护帮板结构件未收到位造成的结构件干涉碰撞损坏。

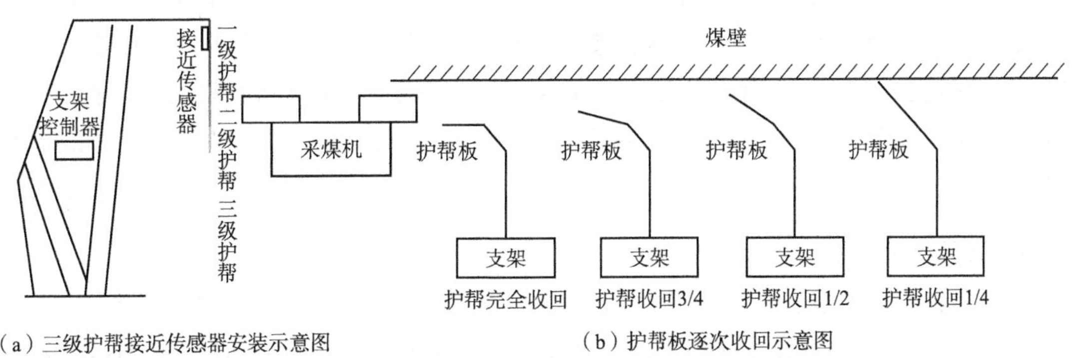

（a）三级护帮接近传感器安装示意图　（b）护帮板逐次收回示意图

图 18.16 护帮板姿态控制示意图

在液压支架的一级护帮板上安装压力传感器，通过控制一级护帮板顶在煤壁上的支撑压力，实现护帮板对煤壁的主动支撑，当对煤壁的支撑压力不足时，将自动开启补压功能，以保证液压支架护帮板对煤壁达到有效的支撑力，与液压支架立柱的自动补压功能可以共同完成对工作面顶板和煤壁的有效管理，从而实现液压支架的围岩智能耦合。同时，还可以防止在液压支架在护帮板收回后有大块煤垮落砸坏立柱油缸或卡在支架与电缆槽之间造成支架无法推移等事故。

2. 矿压分析与工作面周期来压智能预报

通过将工作面推进过程中的压力数据进行数据清洗、筛选、分析，找出工作面顶板压力变化的内在规律，对工作面支护质量支护效果进行评价，对工作面周期来压进行智能预报的研究探索。

3. 液压支架与采煤机的耦合智能化控制技术

1）获取精准的采煤机位置信息

在采煤机上安装红外发射装置，在液压支架上安装红外接收装置，通过对工作面液压支架上接收到采煤机上红外发射装置红外信号进行分析，确定采煤机在工作面的位置，实现工作面采煤机定位，同时也可以将采煤机智能控制系统的采煤机位置参数通过自动化综合系统传输到液压支架智能控制系统中，实现采煤机位置的冗余检测，提高采煤机位置的可靠性。

2）液压支架与采煤机几何位置耦合：防碰撞智能控制

在采煤机前滚筒割煤方向上的液压支架必须及时地收回护帮板，否则采煤机前滚筒将与液压支架的护帮板发生碰撞，液压支架将采煤机前方护帮板收回信息及时报送采煤机控制系统，当采煤机前方的液压支架护帮板未收回时，应立即停止采煤机向前行走。

3）液压支架与采煤机控制功能耦合：智能跟机控制

按照采煤工艺，依据采煤机位置，液压支架在采煤机前端完成自动收护帮板控制，在采煤机后端进行自动移架控制。移架后，自动完成支架推溜控制。为了提高跟机自动化的可靠性与稳定性，采用“机架协同”方式实现跟机自动化控制，即采煤机与液压支架相互关联、相互约束、相互控制，液压支架依据采煤机位置进行控制，采煤机依据液压支架动作完成情况控制采煤机割煤，如其条件未达成将设备挂起，处于等待阶段，等条件具备后再执行下一步的工作，从而提高设备成套化自动化的自适应能力，使其生产过程效率最大化。

4. 液压支架与泵站系统的耦合智能化控制技术

在工作面主管路上安装压力传感器，对液压支架供液系统状态进行感知，对供液系统运行情况进行评价，并可以依据工作面液压支架动作需求，对泵站系统及时提出供液需求，以确保液压支架动作快速准确。如图 18.17 所示，当提高采煤机速度时，跟机过程中需要更多的液压支架同时动作才能保证跟机移架护顶，同时在泵站供液系统能力保持不变时，将使工作面的压力衰减，从而会影响工作面液压支架的移架速度。因此，依据液压支架跟机速度的要求，液压支架电液控制系统向泵站控制系统提出了液压支架同时动作数量的供液需求，泵站控制系统应根据该需求，决定开启泵站的数量，从而保证工作面液压支架在多架同时动作时能够在规定的时间内完成支架的推移动作，实现液压支架与泵站供液系统的智能调度。

5. 液压支架与刮板输送机系统的耦合智能化控制

液压支架在推溜动作时，会将刮板输送机和煤壁之间散落的煤块装载到刮板输送机上，增加了刮板输送机的负荷。因此，液压支架推溜动作需要依据刮板输送机的负荷进行智能控制，当刮板输送机负荷达到规定的阈值时，电液控制系统将液压支架推溜动作挂起，当其负荷小于规定阈值时，再次启动推溜动作，从而实现液压支架与刮板输送机的智能耦合控制。

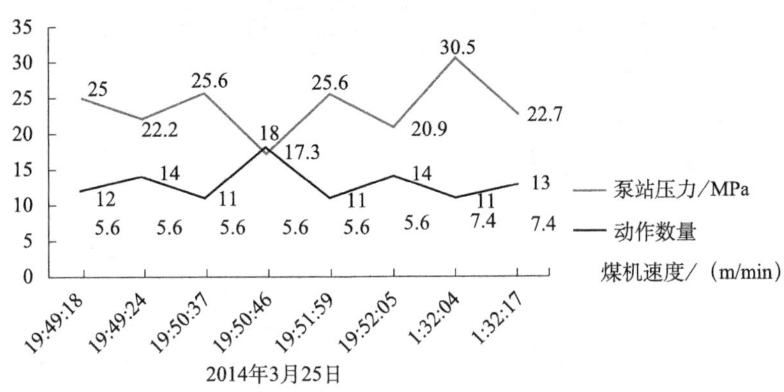

图 18.17　支架动作与工作面压力的关系

18.2.3　液压支架智能控制装备

1. 控制单元

1）支架控制器

支架控制器是支架电液控制系统的核心部件。支架控制器主要用来进行支架的动作、传感器数据采集和数据通信，由工作面支架控制器使用连接器互连形成工作面支架通信网络系统，实现工作面数据传输。支架控制器直接驱动电磁先导阀或通过电磁驱动器驱动电磁先导阀进行液压支架的动作控制，通过编制支架控制器中的计算机程序可以实现液压支架的各种自动化控制功能。

（1）工作原理。

控制器是以 ARM 为核心计算机系统，配置有存储单元，包括程序存储器和数据存储器及保存参数的非易失的铁电存储器；配置有人机交互单元，包括操作键盘，显示器，蜂鸣器、急停、闭锁按钮等；配置有传感信号输入单元，可以接入数字信号、模拟信号和开关信号等；配置有通信单元，具有与左右相邻支架连接的点对点的邻架通信回路，还具有成组通信、广播方式的总线通信回路；另外，还配置有输出单元，具有功率型输出能力，可以直接驱动电磁先导阀动作。支架控制器原理如图 18.18 所示。

（2）技术参数及性能指标。

额定工作电压 /VDC：12

工作电流 /mA：≤640

通信接口：3 路

模拟量输入信号：8 通道输入

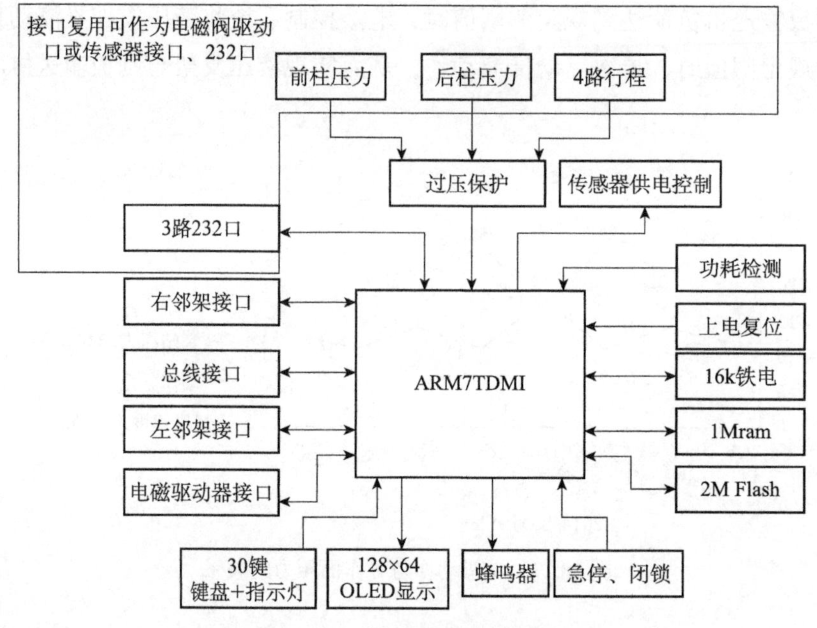

图 18.18　支架控制器原理框图

数字量输入：4 路串口通信

电磁驱动能力：直接驱动 16 路，配驱动器时 26 路

CPU：ARM7

键盘：32 个

（3）主要功能。

本架单一动作程序控制；

左右邻架单一动作和顺序程序控制；

双向多架成组控制，包括成组自动移架控制，成组收 / 伸护帮板控制，成组推溜控制；

全工作面跟机自动控制；

支架远程控制，包括支架遥控和在顺槽监控中心远程控制支架动作；

自动补压控制。

2）电磁驱动器

驱动器是电气驱动部件，通过接受支架控制器发出的控制指令，驱动对应的电磁先导阀动作。

（1）工作原理。

电磁驱动器是通过对接收支架控制器发过来的动作控制指令进行解析，驱动对应的电磁先导阀回路进行液压支架的动作控制。电磁驱动电路需要将控制信号放大，输出具有功率型的控制信号。

（2）技术参数及其性能指标。

电压 /VDC：12

电流 /mA：不大于 640

CAN 通信端口：1 路

CAN 通信端口的传输方式：无主式、半双工、单极性、CAN

CAN 通信端口的传输速率 /（kbit/s）：33.3

CAN 通信端口的最大传输距离 /m：50

CAN 通信端口通信信号电压峰值 /V：3～5.5

RS232 通信端口：1 路

26 路电平信号 /V；低电平≤0.5；高电平≥9

3）电液换向阀组

电液换向阀组集成了电磁铁、先导阀和主阀，通过电磁先导阀将电信号转化为液压信号，然后通过主阀将信号放大驱动液压油缸进行动作。

技术参数及性能指标如下。

工作压力 /MPa：40

流量 /（L/min）：350

功能数：8～24

2. 感知单元

1）压力传感器

压力传感器在液压支架智能控制系统中主要主要用来检测立柱或主管路上的承载压力。压力传感器外壳由不锈钢制成，内置感应电路，并使用环氧树脂密封，压力传感器的外壳防护等级可达 IP68。

2）行程传感器

行程传感器在液压支架智能控制系统中主要用于反馈支架推移、拉溜工作状态的元部件，为支架控制器提供控制动作的依据。

3）倾角传感器

倾角传感器在液压支架智能控制系统中主要用于检测液压支架的姿态，倾角传感器采用重力加速度计为核心部件，实现双轴倾角测量。

4）采煤机位置检测传感器

红外传感器在液压支架智能控制系统中主要用于检测采煤机位置，在采煤机上安装红外发射器，在液压支架上安装红外接收器，当采煤机割煤运行时，不同液压支架上收到采煤机上的红外发射器发出的红外信号，由此来判断采煤机在工作面上的位置。

18.2.4　液压支架故障诊断系统

液压支架故障诊断系统主要是针对指液压支架控制系统及其配套传感器的健康诊断与

故障报警，液压支架故障诊断系统体系结构如图 18.19 所示。液压支架故障主要包括液压支架、液压系统和电控系统故障，液压支架的故障包括立柱泄漏，液压支架的结构件损坏，液压支架的迁移、支护故障；控制系统故障诊断，主要是指检查控制系统中的传感和执行器是否发生了故障，液压系统包括管路、阀组堵塞、供液压力流量不足、液压元部件故障等；电控系统包括电控操作机构故障，传感器故障，执行机构故障等。

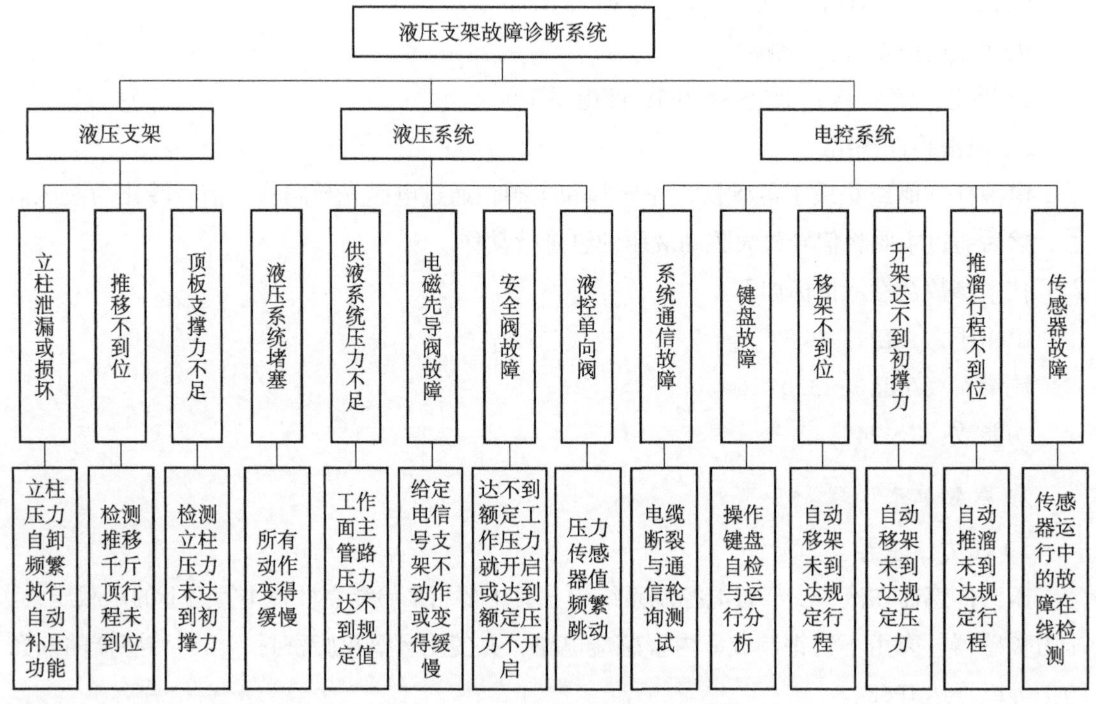

图 18.19　液压支架故障诊断体系

液压支架的基本职能是为工作面提供一个可迁移的安全可靠的采煤作业空间，因此液压支架对顶板的支撑强度和设备迁移的控制精度是定位液压支架故障的重要依据，液压支架千斤顶立柱泄漏、结构件干涉是液压支架的主要故障，可以通过立柱压力、推移行程和接近传感器状态的分析来确定液压支架的故障。

1. 液压系统故障诊断技术

液压系统故障主要包括液压元件、管路、供液系统等故障，液压元件的故障主要包括液控单向阀故障、安全阀故障、电液换向阀组故障等。

1）液控单向阀故障诊断

可以通过压力传感器或高精度压力检测仪对立柱千斤顶产生的脉冲压力的变化情况分析判定液控单向阀故障或失效，液控单向阀不应产生频繁的压力冲击，这样会导致压力传感器损坏，导致安全阀频繁开启，缩短了安全阀的使用寿命。

2）安全阀故障诊断

可以依据安全阀卸载时与立柱千斤顶的压力值来判定安全阀的工作状态。当立柱压力值大于安全阀开启压力时，安全阀还未卸载，或安全阀卸载，立柱压力值小于卸载压力时，都是安全阀的故障征兆，可以通过立柱的压力传感器数据和安全阀开启记录来判定安全阀的故障状态。

3）电液换向阀组故障诊断

可以依据电液换向阀组在执行动作过程中的表征现象来判定其工作状态，可以依据系统压力、完成指定动作时间来判定电液换向阀组的健康状态。当电液换向阀组出现堵塞、电液先导阀出现卡别，电磁铁顶杆间隙发生变化时，会造成电磁先导阀的故障或性能下降，可以通过液压支架动作控制是否采用电控操作来判定电磁先导阀是否工作正常。

4）供液系统故障诊断

通过主管路上安装压力传感器，来判定液压支架供液状况是否属于正常，通过泵站压力与主管路压力对比分析确定液压管路是否堵塞、是否有爆管等故障，液压系统供液能力是否满足液压支架动作需求。通过高压过滤站进回液压差来判定液压系统的污染度。

2. 电控系统故障诊断技术

1）电控键盘操作输入单元故障诊断

通过检查支架控制器操作键盘记录与电磁换向阀组动作执行情况，判定支架控制器的操作键盘是否失效。

2）通信系统故障诊断技术

通过定时触发通信链路检测令牌命令，及时发现通信电缆故障，将故障信息发布到全工作面并报送到监控中心计算机上进行显示。对工作面定时报送数据进行统计，与预期的通信命令数量进行比对，确定液压支架智能控制系统通信系统的畅通率。

3）驱动电路检测技术

通过对加载到电磁阀上的工作电压和工作电流的在线检测，判定电磁铁是否存在电流泄漏，导致电磁铁吸力下降，无法打开电磁先导阀。

4）传感器故障诊断技术

（1）传感器超量程。通过对传感器数据采集电路采样值的范围判定，对于超出量程范围的确定传感器处于故障状态。

（2）传感器不稳定。通过对液压支架工作状态与传感器采集数值的分析来判定传感器的工作状态，当液压支架不动作时，传感器数据采集数字应该在给定的波动范围内。

（3）传感器不准确。传感器零点漂移，或传感器调定电路器件参数变化都会导致传感器测量不准确。在到达油缸的端头时，传感器数字应归零位，否则采集的传感器数字存在一定的偏移。

5）液压支架程序控制动作故障诊断技术

在液压支架执行程序控制的自动移架和自动推溜时，如果未能达到预期的控制目标，则进行相应的故障报警。

（1）升柱压力达不到初撑力。

（2）移架不到位。

（3）推溜达不到规定的行程。

18.3 刮板输送机、转载机、破碎机智能控制

18.3.1 刮板输送机（转载机、破碎机）智能控制技术特点

刮板输送机智能控制系统具有轻载启停时间短、重载启停时间长、刮板链张紧力启动时自动张紧、停机时自动释放、重载时刮板链速高、轻载时刮板链速低、无论设备载荷轻重均保持各电动机的功率平衡、专家系统实时对关键元部件的健康状况进行监测、诊断、预警和控制等功能。

（1）启动平稳。能根据负载大小自动调整启动时长，启动时间0～1800s可调；链条加速度小于$0.02m/s^2$。

（2）满足重载启动要求，零速下转矩达2倍额定转矩。

（3）运行中链速能自动调整，根据空载、轻载和满载等输送机运量的变化，智能地调节刮板的运行速度，速度变化范围不小于30%。

（4）具有机头尾电机动态功率平衡功能，不平衡度小于2%。

（5）在设备长时间停机时能自动松链、释放应力，实现刮板链条的自动保护。

（6）低速检修模式速度可按需要调整，并可对电机的输出转矩进行限制。

（7）能够对设备关键零部件的运行状态实时进行监测、记录及分析判断。

18.3.2 刮板输送机（转载机、破碎机）智能控制

刮板输送机智能控制系统严格按照国家及行业相关标准设计制造。该系统由工控机和PLC组件构成智能控制和基础控制的核心，双重主从控制器结构采用标准RS485及DP-DP工业通信方式，具备各类信号采集接口、本地和远程控制接口、运行监控显示器。主控器通过采集变频器的运行数据、煤量信息等，实现对刮板输送机的智能控制，能够对刮板输送机进行启停控制、机头头尾动态功率协调控制、根据煤量信息自动调速控制，并同时与采煤机、转载机和皮带机实现双向协同控制，能实时记录刮板机运行时传动部件的状态数据，显示刮板输送系统运行的实时状态信息，进行数据监控和分析，并提供故障的描述和解决方案等。

1. 智能启动

启动采用分阶段控制方法，即启动之初采用预张紧控制策略，通过对机头、机尾电机的分别控制，张紧输送机底部的链条；在底部链条张紧之后机头、机尾电机才会同时启动运行，防止机头堆链、跳链，避免机尾卡链、磨槽沿，并限制启动时作用在刮板链上的载荷，保护链条。

启动完成后，先在设定的较高速段运行一定时间，清理滞留在溜槽中的浮煤，之后进入设定的低速过渡运行状态，刮板输送机带载后，根据负载和系统运行状况实现智能自动调速。

2. 链条自动保护

为避免停机时刮板链一直处于张紧状态，产生弹性变形，增加刮板链疲劳，设置链条自动保护模式，即停机时能自动松链，释放应力。当刮板输送机接到启动指令时，开启机尾自动伸缩装置，将刮板链张紧到合适的预紧力，进入到工作模式状态。

采用电液控自动伸缩机尾，通过远程控制。控制系统具有独立的 CPU，采用磁致位移传感器控制油缸行程，利用可调式节流阀保证伸缩缸动作平缓。保护系统借助自身的工业 DP 总线接口，作为一个子系统分站接入到工作面成套运输设备智能集控系统中，实时监测并提取链条张紧力数据，并接受上级控制系统的运行指令。

3. 功率协调

可根据刮板机的负载情况，自动分配机头和机尾的驱动功率，使机头尾电机随负载的变化准确自动平衡分配功率，重载运行时采用功率相等控制，不平衡度小于 2%，防止电机出力不均造成使用寿命缩短。

采用机头尾电机独立控制方式，始终保证机尾上链不过紧，减轻对槽帮上沿压力，减少对槽帮的磨损。

功率协调可以使得头部和尾部的多台电机间随负载变化准确地分配扭矩，不会使得一台电机过多或者过少承担负载。

4. 基于煤量的刮板链智能调速

采用多参数混合逻辑控制方式进行煤量检测与智能调速。在设备运转时能够具有煤量多了就加速，煤量少了就减速，空载时低速运行的功能。减少回转次数，降低磨损量，延长设备使用寿命。

调速策略采用分级调速，避免因负载波动而频繁调速，根据负载–转速曲线将负载分区，根据负载所在区域选择运行速度。智能调速原理如图 18.20 所示。

控制系统综合以下多路信息，按照权重关系、优先级及影响度进行综合计算做出调速指令。

（1）在设置激光扫描雷达，采用激光 - 时间飞行原理，非接触式检测的方式，对通过的煤量进行检测计量积算分析。

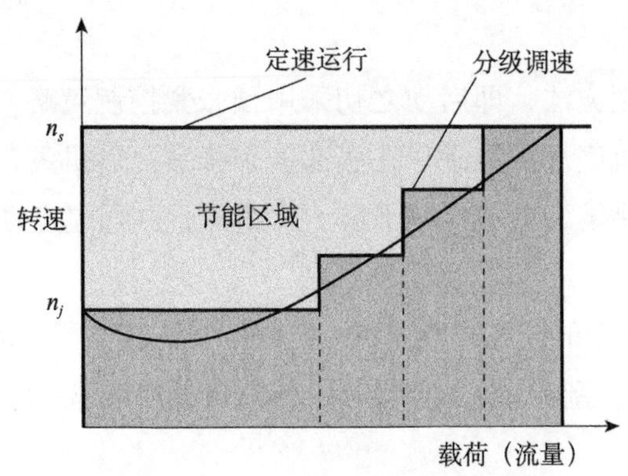

图 18.20 刮板链智能调速原理图

（2）通过对电机输出力矩的检测，判断刮板输送机上煤量的增减。

（3）根据工作面煤层的参数，结合采煤机的位置、牵引速度、截割电流等判断输送机的装载量（采煤机提供必要的信息）。

5. 低速检修

在检修模式下对刮板输送机的速度按需要设置调整，并对电机输出转矩进行限制，防止故障条件下事故的扩大，最大限度地保护设备和人员。

6. 监测与专家系统

智能控制系统具有独特的建模、强大的组态、专业的分析、丰富的界面，通过对刮板输送机的运行时间、运输距离、运输量等数据进行记录，对设备的主要参数、设备故障、运行温度及负荷等关键数据进行分析，建立完善的数据库。自动生成设备运行记录、设备故障记录、开机率和负荷率记录、产量记录，多画面显示系统及设备工况，通过多周期数据积累指导设备维修，也可作为远程专家故障诊断的依据。

7. 双向协同作业控制

采煤机、刮板输送机、转载机和皮带机之间预留信息互通接口，下一级设备（依次为采煤机、刮板输送机、转载机和皮带机）可以根据前级设备的工况（运行状态、向下级传递的物料的量）调整自身运输能力，做到各级工作能力的匹配。

8. 断链监测控制

由断链监测传感器和控制器组成，在靠近刮板输送机机头尾位置的偏转槽上设置安装传感器，实时探测下链道的刮板链，其信号通过监测箱传递给控制系统。当检测到断链通过时，控制器向集控系统发出异常信号，进行链条预警，必要时紧急停机，作为智能刮板机子系统与集控系统一起完成链条断链的监测与保护。同时，双链断链可由电机扭矩变化直接测出，并紧急停机。

9. 远程监控功能

具有标准 MODBUS 总线接口，满足刮板输送机与矿井自动化系统的通讯需求，可将整个驱动系统的数据上传至地面调度室。还可通过远程访问查看设备运行状态，观察数据运行情况，需要时做提前预防工作。确保刮板输送机在出现故障时能够立即停车。

10. 显示功能

系统设计全面直观的中文大屏显示功能，实时显示刮板输送机的运行状态。能够存储 3 个月的故障信息，对于每个故障都有对应的故障描述。运行状态能够方便导出。

18.3.3 刮板输送机、转载机、破碎机故障诊断系统

从设备维护的角度来说，刮板输送机传动部的核心是减速器。研究其减速器的在线故障诊断技术可以进一步提高减速器的使用寿命和可靠性，减少煤矿井下设备的维护时间；从矿井自动化建设的方面来说，实现刮板输送机传动部的监测和在线故障诊断可为实现整机系统自动控制打下坚实的基础，而实现自动控制的目标就是要在最大限度地提高生产效率的同时，减少井下作业人员。

1. 故障诊断系统技术特点

刮板输送成套装备在线专家故障诊断系统的技术特点：

（1）采用在线铁谱监测技术对刮板机减速器润滑油油质进行实时分析监测。上位机通过以太网络控制减速器内的传感器工作，完成在线铁谱图像的采集，并通过网络将铁谱图像传送回上位机；采用图像处理技术处理在线铁谱图像，提取 IPCA（相对磨粒含量）、RWR（相对磨损率）、RWS（相对磨损烈度）等参数，用于反映油液中磨粒的产生情况。另外，还可以据此进一步分析给出磨粒的面积、尺寸等几何参数分布；采用数据库技术，设计人机交互界面实现数据的查询、删除等维护操作。

（2）通过理论计算和试验结合的方法获得刮板机链轮轴组和减速器在实际运行过程中振动和噪声的频谱数据库；建立刮板输送机减速器故障诊断专家系统的知识库，构建推理机制，以嵌入式系统为载体实现在线专家故障诊断功能。该技术为刮板输送机综合故障诊断及关键零部件使用寿命预估打下了基础。

2. 刮板输送机故障诊断

故障诊断系统实现功能包括减速器润滑油中金属磨屑含量在线监测、减速器高速轴与低速轴的轴承振动监测与诊断，刮板输送机其他常规运行状态参数的监测、预警预报、查询功能、离线数据分析、数据管理、远程 Web 浏览等部分。

（1）振动在线监测与诊断。该系统通过对减速器高速轴和低速轴的轴承振动信号监测，获取设备运行状态信息。对获取的振动信息进行分析处理，从而得到轴承振动状态趋势图、

轴承振动时域波形、振动特征参数值、轴承运行状态诊断信息。

（2）独特的故障定量分析和智能诊断功能。利用先进的信号识别与表征技术，内嵌基于时域、频域、滤波解调故障特征提取技术以及故障定量与智能诊断算法，定量诊断故障损伤部位与严重程度，将振动监测信息智能地转化为预测性机械状态报警，克服传统故障诊断对专业技术人员的过分依赖。

（3）系统能给出轴承振动等综合信息，向用户提供全方位的轴承运行信息，实时振动信号的监测数值，及时向用户提供轴承运行状态，以便采取相应的措施。

（4）诊断报告自动生成。通过选取故障数据，系统自动给出诊断分析结果与诊断报告。

18.4 泵站智能控制

泵站系统是综采工作面必不可少的重要装备，为工作面液压支架动作和采煤机喷雾降尘提供液压动力，是整个综采工作面液压系统的心脏。综采工作面生产效率的提高，要求支架动作速度和支护能力必须满足要求，乳化液泵站作为工作面供液的动力源，其输出压力的准确性、稳定性和响应的快速性对工作面的高效运行起着关键的作用。为了满足乳化液泵站大流量、高稳定性、快速响应的需求，对乳化液泵站的智能控制技术与装备提出了更高的要求，乳化液泵站智能化控制是综采工作面实现智能化、无人化的重要环节。

煤科总院智能控制技术研究分院作为国内最早成功研发综采泵站控制系统的单位，配合公司三大产品线之一研发的 SAP 综采智能泵站系统，已经成功销售了 100 余套，在泵站系统及其控制技术和装备方面具有国内领先水平，建立了基于工作面用液需求的智能供液控制决策系统。

18.4.1 泵站智能控制系统组成及工作原理

SAP 型控制泵站系统是集泵站、电磁卸载自动控制、泵站智能控制、变频控制、多级过滤、乳化液自动配比、系统运行状态记录与上传于一体的自动化设备，同时也是一套完整的综采工作面供液系统解决方案。为了能够实现 SAP 泵站系统的智能化运行，煤科总院智能控制技术研究分院自主研制了两套不同控制方式的泵站控制系统：基于 PLC 的集中式控制系统和基于泵站控制器的集中分布式控制系统。两套泵站控制系统均能够实现如下功能：①具有在顺槽控制中心对泵站的集中自动控制功能；②实现乳化液泵站电磁卸荷控制：乳化液泵站兼具电控、液控两种卸载功能，提高系统的可靠性和稳定性，降低系统压力波动，实现乳化液泵的空载启、停；③实现乳化液泵站变频调速和电磁卸荷智能联动，提高泵的有效利用率，降低不必要的功率损耗和磨损；实现系统压力波动的最小化、系统瞬间供液最大化；实现工作面恒压供液；④具有泵组曲轴箱的油温和油压保护；⑤液压管路爆管停机保护（如压力 5s 内系统压力突降 10MPa 时，时间和压力均可设置）；⑥泵站控制系统有防吸空保护（乳化液箱液位达到设定最低液位时自动停机并报警显示）；⑦配置有多种类别的传感器，实现泵站的状态预警与保护；⑧具备功能完善的液压系统清洁度保障体系，实现对高压乳化液、工作面回液的多级高精度过滤；⑨实现液位检测、自动补液（水）、乳化液自动配比功能；⑩将智能供液系统的运行信息及时传输到工作面集控中心，并通过计算机网络实现共享，实现生产管理的信息化；⑪安全卸压功能，在维修及拆卸液压管线时，能够将系统静压卸掉，以保证操作人员安全。

1. 基于PLC的集中式泵站控制系统

集中控制式泵站智能控制系统主要由矿用隔爆兼本安型可编程控制柜、矿用本质安全型操作台、矿用隔爆兼本质安全型交流变频器、监控主机、矿用本质安全型变送接线盒、各类传感器及控制电缆组成。集成供液系统的所有传感器信号、操作信号和设备反馈信号都汇集到可编程逻辑控制柜中集中处理，进而实现对系统各执行元件的集中控制，系统架构如图 18.21 所示。

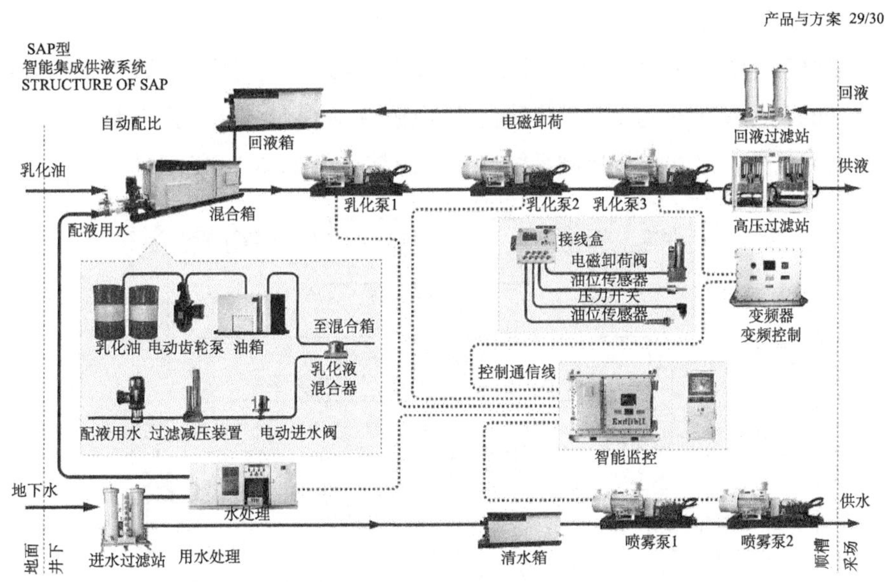

图 18.21　基于 PLC 的集中式泵站控制系统架构

2. 基于泵站控制器的集中分布式泵站控制系统

集中控制式泵站智能控制系统方案采用以 ARM7 嵌入式处理器为平台的泵站控制器作为核心控制设备。每台泵站、液箱都配有独立泵站控制器，每个控制器只负责处理所控制设备的运行信息、决定受控设备的动作。操作台作为上位机，负责向各控制器发送宏观控制指令、协调各控制器之间的关系。操作台、控制器之间通过通信方式传递指令、交换数据，如图 18.22 所示。

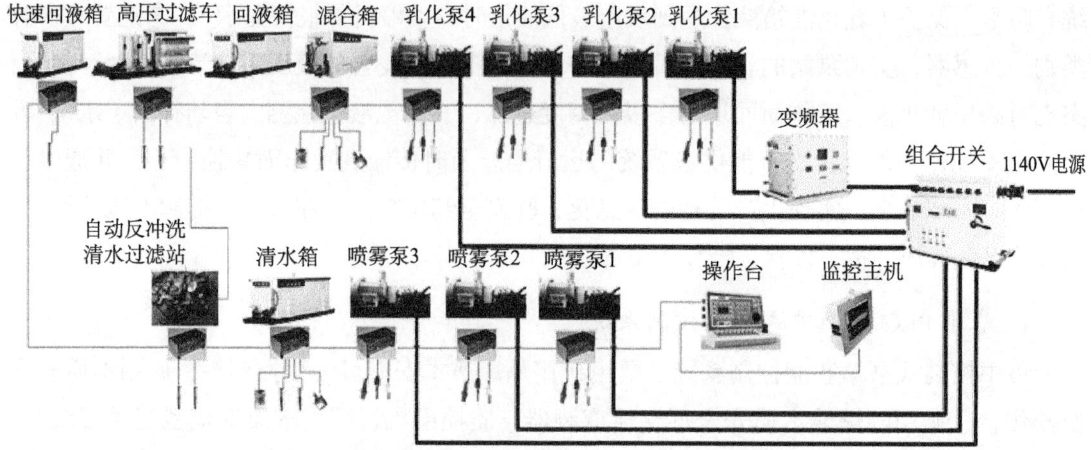

图 18.22 基于泵站控制器的集中分布式控制系统架构

18.4.2 泵站智能控制关键技术

1. 智能控制技术建模

SAP 型泵站智能控制系统开发了以压力、流量、液位、浓度等参数为感知条件，以工作面按需供液的智能供液模型为决策依据、以电磁卸荷和变频技术为控制手段，以高压大流量泵站为执行元件的泵站智能控制系统，系统总体框架如图 18.23 所示。

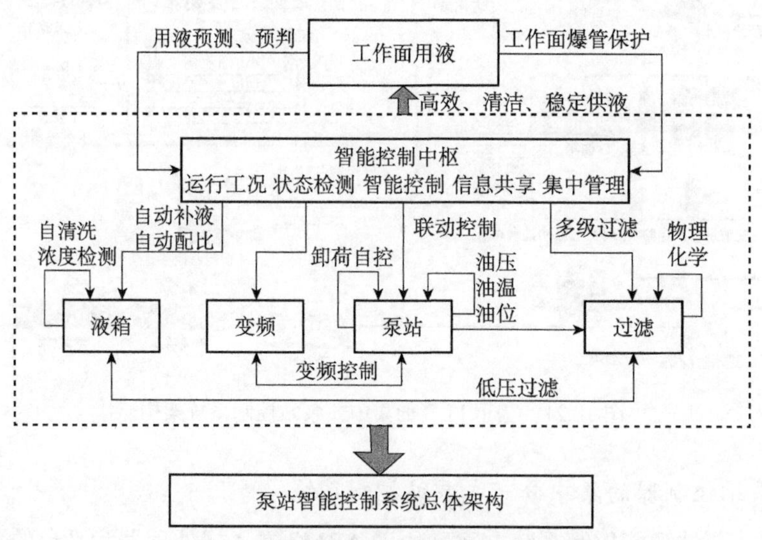

图 18.23 SAP 泵站智能控制系统总体架构

SAP 泵站智能控制系统最核心的部分是工作面按需供液的智能供液模型。该模型是以综采工作面液压系统的执行机构——液压支架的工作状态为需求终端，建立在以液压支架设计参数、采煤机牵引速度等为边界条件，以液压支架移设流量需求函数为依据，以执行元件快速响应为特征的基础上的，建立在通过与电液控制系统的互联互通，从而达到预知预判，通过变频和电磁卸荷控制等手段，保证供液流量与需求相匹配的基础上的。

在综采工作面开采过程中，液压支架的移架速度应大于采煤机的截煤牵引速度。移架速度主要取决于泵站系统的供液流量 Q_b'，而 Q_b' 应该大于液压支架流量需求 Q_b。

液压支架流量需求函数 Q_b 可以用下式表示：

$$Q_b \geqslant k_1 k_2 (\sum Q_i) \frac{V_q}{A} \times 10^{-3} \tag{18.1}$$

式中，k_1 为移架数量；k_2 为为泵站到支架管路泄漏损失系数，一般取 1.1～1.3；ΣQ_i 为单架支架所有立柱和千斤顶完成全部动作所需的乳化液体积，cm^3；V_q 为采煤机工作牵引速度，m/min；A 为液压支架中心距，m。

煤科总院智能控制技术研究分院 SAP 型泵站智能控制系统可以与 SAC 型液压支架电液控制系统实现无缝对接，实现信息的互联互通，液压支架电液控制系统在执行动作功能之前，将控制信息传达给集成供液系统，实现工作面用液需求的预知预判和及时响应，如图 18.24 所示。SAP 型泵站智能控制系统在获得流量需求函数 Q_b 后，通过变流量恒压反馈算法，转化为变频和电磁卸荷的耦合控制，从而满足供液流量 $Q_b' \geqslant Q_b$ 的要求。

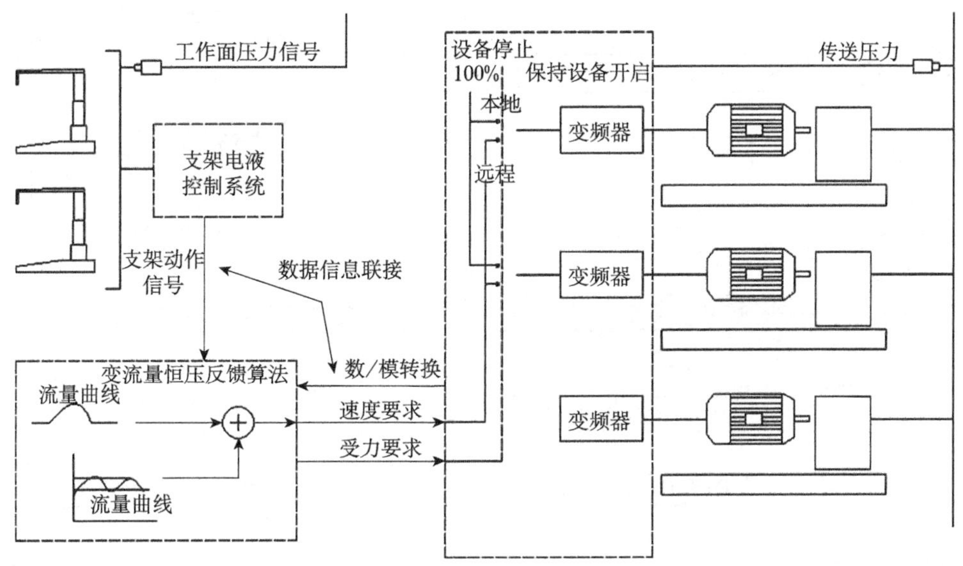

图 18.24 泵站智能控制系统与液压支架电液控制系统的耦合控制

2. 变频与电磁卸荷联动智能控制

智能控制系统和电磁卸荷阀的结合使用实现了多泵站的智能联动，通过设置主、次、辅、备多泵站编组和不同泵站不同调定压力设置，实现多泵站的智能联动和功率匹配，系统根据压力检测和电磁卸荷阀状态智能判断工作面用液情况，并通过主泵变频调速达到变流量控制，从而实现多泵站基于负载的智能启停和卸载，有效控制泵站系统时间，发挥各泵站最大效率；SAP 泵站空载过程中，功率损耗为泵站额定功率的 30% 左右，有效地利用不同泵站不同压力，控制不同泵站处于合理的卸荷时间，可以大大降低功率损耗，同时结合用液判断，及时实现泵站备用泵站和富余泵站的停机，降低工作面用电损耗。联动控制程序流程如图 18.25 所示。

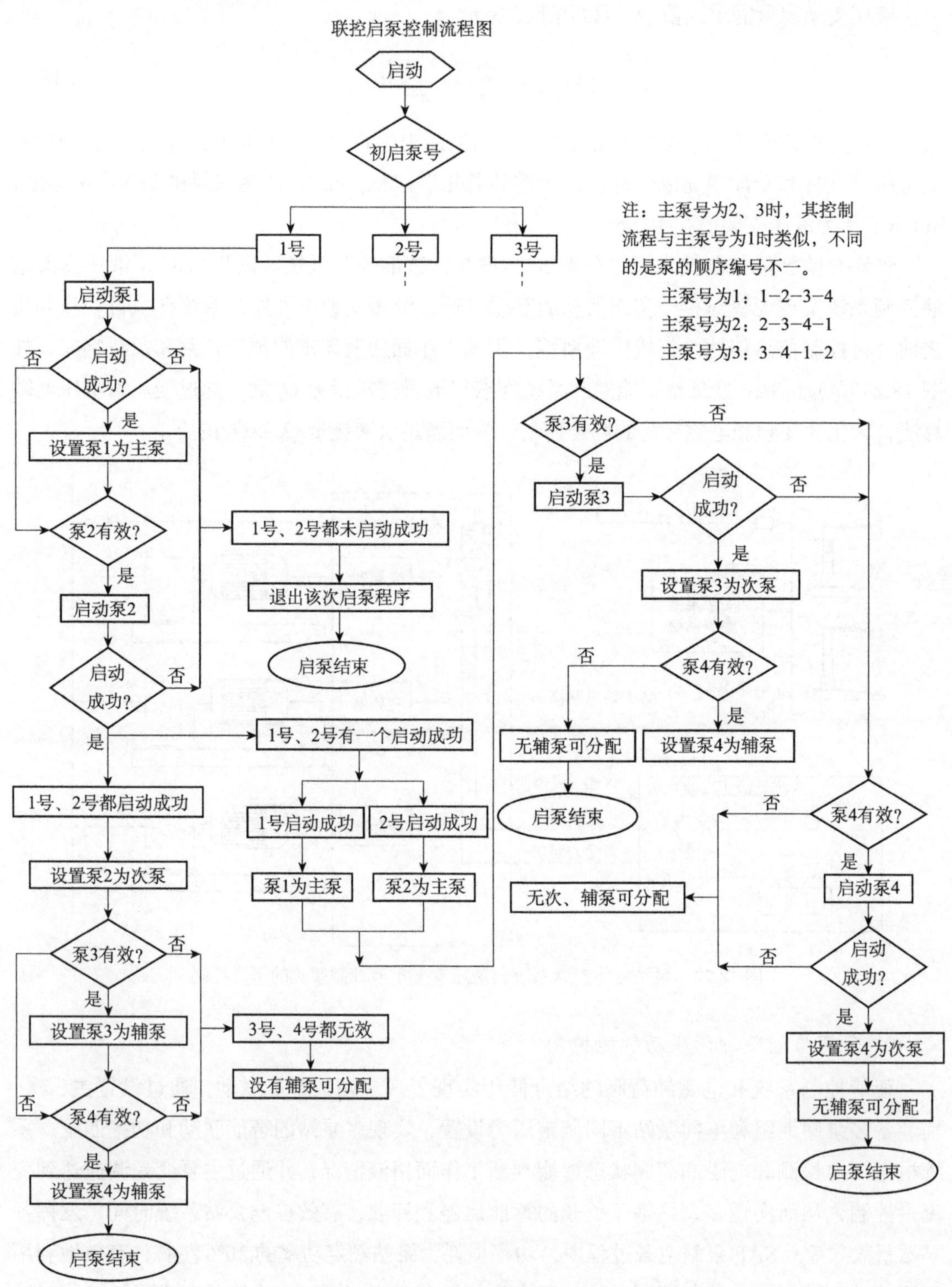

图 18.25　泵站联控启泵控制流程

3. 乳化液智能配比控制

在乳化液智能配比控制逻辑方面，通过对乳化液浓度的实时监测，当乳化液浓度不满足用液质量要求时，通过乳化液自动配比器和校正机构，自动调整乳化油和水的配比参数，达到液箱内乳化液浓度的动态平衡过程。乳化液智能配比控制核心设备是乳化液自动配比器和高精度浓度传感器。在进水环节增加过滤、稳压措施，确保自动配比系统的稳定、可靠。针对水压较高且波动不大的矿井，在乳化液自动配比系统中加入过滤减压装置。在稳定水压的同时对自动配比用水进行高精度过滤，保证乳化液配比用水的清洁、稳定。针对井下水压过低或水压波动大的矿井，使用增压泵为乳化液自动配比系统供水。由于增压泵从喷雾水箱内取水且该增压泵只给乳化液混合器一个设备供水，乳化液混合器能够得到非常稳定的供水压力；清水进入乳化液自动配比器之前还要经过高精度加水过滤器过滤，保证了乳化液配比用水的清洁。

4. 工作面爆管保护智能控制

煤矿综采工作面液压系统一旦出现故障，如安全阀喷液、液压管路破裂和设备危及工作人员安全时，需要立刻瞬间停泵。现有技术中采用的都是由泵站工作人员现场拉闸停电，由于处理时间长，液压和电网冲击大，特别是管路和储能器中的高压液体由于没有卸压，仍然会发生二次事故，严重危害安全生产。为了解决供液系统技术难题，SAP 泵站控制系统独创以关储卸压阀为核心的工作面爆管保护控制技术。该技术以主管路流量、压力传感器的实施监测信号为基准，当主管路流量、压力同时迅速降低时，监控主机通过电信号，以电磁先导控制技术为手段，控制关储卸压阀，从而实现关储、卸压和停泵可以在瞬间完成，从而避免了故障的延续与扩大，确保安全生产，实现泵站的失压保护和安全停机，同时也避免了管路振动和储能器中能量的损耗，达到了节能的效果。

5. 泵站供电及越级保护智能控制技术

泵站在启动过程瞬间，启动电流一般是额定电流 4～7 倍。为了防止启动瞬间，泵站通过电磁卸荷技术，使泵站实现空载启动，从而降低启动电流，减小对工作面供电系统的冲击。在工作面生产过程中，泵站智能控制系统通过工作面反馈的信息，如果监测到工作面设备故障，出现紧急情况，集控中心根据事先预定的原则，对供电系统实施越级保护。

18.4.3 泵站智能控制系统

1. PLC 控制柜

集中控制式泵站控制系统采用基于 PLC 可编程逻辑控制柜作为核心控制设备。该控制柜的控制对象是泵站系统，能够采集泵站系统的油压、油位等开关量信号，也能采集油温、出口压力等模拟量信号，并将这些采集到的信号与设定值进行比较，如果采集到的值超限（大于设定的上限值或是小于设定的下限值），则控制柜会发出相关的控制信号，对泵站系统进行保护，以达到对设备或是对操作人员的保护。控制柜内部采用 PLC 为控制核心，并组合了相关的数字量采集模块与模拟量采集模块，完成对输入信号的采集，以及输出模块完成对泵站的启停控制、泵站卸荷阀的控制，以实现对整个泵站的控制。

2. 泵站控制器

泵站控制器是分布式泵站控制系统的核心部件。泵站控制器主要用来进行泵站的启停控制、传感器数据采集和数据通信，由供液工作面泵站控制器使用连接器互连形成通信网络系统，实现集成供液系统数据传输。

泵站控制器为泵站自动控制单元系统的核心环节，它配上另外两个基本环节 - 检测环节（如传感器）和执行环节（如电磁阀、声光报警器和组合开关等），构成了完备的控制单元。全工作面的泵站系统要自动协调联控。这是通过每一泵站的控制器组成网络来实现的，每一台控制器是联在控制网络上的一个节点机。控制器之间要进行数据通信来传输信息和命令，以达到自动协调联合控制的目的。泵站控制器采用 ARM7CPU 为核心，通过按键电路、显示电路、采集电路和执行电路实现相应的功能。

18.4.4 泵站智能故障诊断系统

泵站智能故障诊断系统是基于“主动监控与自动防护相结合”的思路，建立的系统层面和各级子系统层面相结合多级监测诊断体系，系统架构如图 18.26 所示。多级监测诊断体系中的系统层面重点监测压力、流量、污染度、乳化液浓度等状态参量，各级子系统根据自身特点，实行多参量动态在线监测。泵站子系统重点监测常规运行状态参量、振动噪声和油液污染等参量；乳化液配比子系统根据功能需求，将对水质、乳化油油位、乳化液液位、进水压力、乳化液浓度等参量进行监测；多级过滤子系统，则根据各级过滤系统的

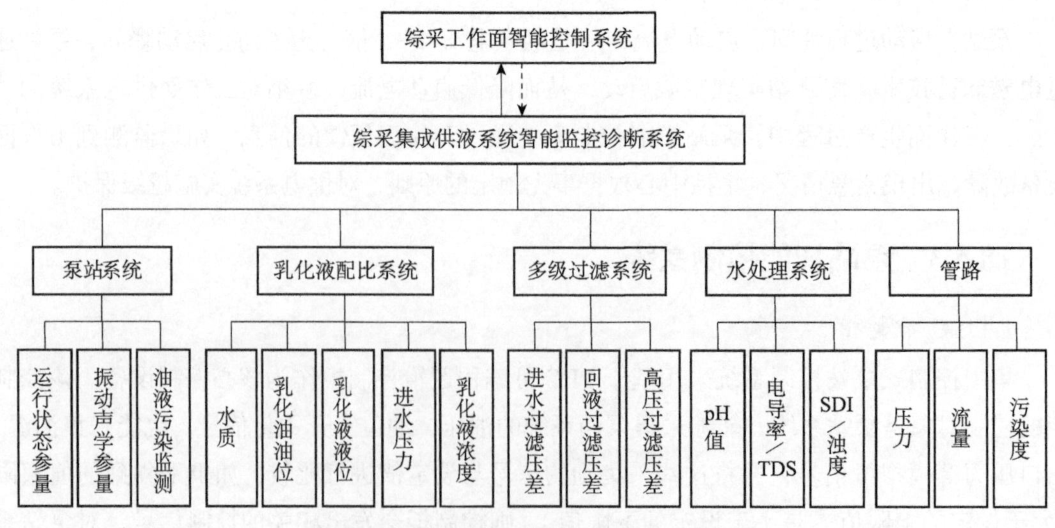

图 18.26 泵站系统监测诊断系统的总体架构

进出口压差监测，达到滤芯纳污量和自动反冲洗报警的目的；为特殊恶劣水质的矿区配备的水处理子系统，将对 pH 值、电导率 /TDS、SDI/ 浊度等方面进行监测，从而保证处理后的水质满足乳化液配比的要求。

泵站作为综采液压系统的心脏，其健康的运行状态，是综采工作面安全、高产、高效生产的必要保障。泵站本身是集机、电、液于一体的复杂系统，潜在故障点多，故障模式多样化，因此依靠常规的状态参量监测，无法准确的预防或诊断。随着计算机技术、信号处理技术、数据传输技术的发展，多参量、多通道信息融合的在线监测技术，是泵站综合性、智能化监测诊断的发展方向。

1. 故障模式识别与处理

SAP 型泵站控制系统增加一套传感器监测单元，通过将泵站系统的油温、油位、油压、系统压力、液位传感器等信号接入到核心控制模块，实时检测泵站系统运行状态，通过监控主机的逻辑判断，在泵站系统运行状态出现异常时，以声光、动态显示为手段进行预警，在地面与井下同时提示工人与管理人员进行系统维护，当设备运行状态达到系统故障临界值时，系统瞬间停机保护泵站系统并告知故障信息与解决方案，以避免故障的延续与扩大，确保安全生产，从而减少设备不必要的损失。

2. 常规运行状态参量在线监测技术

泵站常规运行状态参量的在线监测技术，是综采泵站系统监测诊断系统关键技术。泵站的运行状态参量主要包括减速箱内油液的油温、油压和油位，泵站进口压力，泵站出口压力、流量及吸液箱内液温等。

3. 振动噪声在线监测诊断技术

泵站系统包含了电机高速旋转运动、曲轴低速重载旋转运动、连杆 – 滑块 – 柱塞机构往复运动、吸排液阀非线性运动等一系列复杂的运动模式。振动噪声在线监测是被广泛应用的综合故障诊断分析方法，是分析复杂系统故障的有效手段。煤科总院智能控制技术研究分院与国内高校合作，采用该单位研制的 IFB-IV 振动在线分析系统，对泵站旋转结构的时域和频域进行分析，如轴承、齿轮等从而获得典型故障模式。

4. 油液在线监控技术

油液监测技术作为机械故障诊断的关键方法之一，被广泛应用。油液监测通过对润滑油的污染度、磨损颗粒以及润滑油的理化性能进行监测分析，作为判定或预测设备运行状态或潜在故障的判定依据。

泵站减速传动系统作为供液系统的核心动力部件，曲柄滑动轴承、滑块 – 滑块孔摩擦副、齿轮传动副等方面的磨损在所难免，对油液磨损颗粒的监测，是判断泵站传动系统健康状态最关键和最有效的手段。煤科总院智能控制技术研究分院和专业公司合作，采用了基于“激光光阻法”原理的 KLD 型油液污染度检测传感器，达到对减速箱内油液磨损颗粒在线监测和报警。该项技术可精确反映油液中颗粒数量与尺寸，通过程序控制可准确换算相应标准及结果。

5. 供液质量保障系统

1）乳化液自动配比子系统

乳化液是综采泵站系统的工作介质，一般由 5% 的乳化油和 95% 的水混合而成。乳化液的浓度直接影响综采液压系统各部分的性能、使用寿命及生产成本，因此乳化液浓度的在线监测技术，是保证集成供液系统乳化液自动配比功能的重要环节，也是保证综采液压系统可靠运行的先决条件。煤科总院智能控制技术研究分院研制了基于折光法和密度法两种传感器高精度传感器，并应用于 SAP 泵站系统。其中折光法是基于乳化液浓度对于光线的衰减程度，对可见光透光或折射程度，以及对光线的衰减率或传输速率的影响来反映浓度的变化；密度法则是通过监测乳化液密度来测算乳化液的浓度。当乳化液浓度不满足系统要求时，监控主机将会报警提醒，并通过 SAP 泵站控制系统的智能配比模块对乳化液浓度进行校正。

2）乳化液清洁度保障子系统

提高乳化液的清洁度对于保证液压系统各元部件的可靠性，提高综采液压系统效率具有重要意义。多级过滤体系作为综采集成供液系统清洁度保证的重要组成部分，通常由进水洗过滤器、高压过滤站、回液过滤器等过滤元部件组成。为了防止滤芯的堵塞，过滤元部件普遍具有自动反冲洗功能，而对过滤系统纳污度的监测，为自动反冲洗提供判定依据，延长滤芯使用寿命。煤科总院智能控制技术研究分院 SAP 泵站控制系统采用压差监测法，即通过监测过滤系统进液和出液压力差值，对过滤系统中污染度进行在线监测，并通过反冲洗过滤器对过滤系统的污染物进行反冲洗。

3）水处理子系统

煤科总院智能控制技术研究分院的 TMROJ 型水处理系统，主要对运行过程中压力、水温、流量、电导、产水量、pH 值等数据进行实时在线检测，从而对乳化液用水质量进行监测和诊断。水处理子系统的在线监测和故障诊断主要依靠高精端传感器的应用，例如 TMROJ 型水处理系统配备 Broadley-James 水质分析传感器，能够分析液箱矿井水的 pH 值和含氧量等影响乳化液配比浓度和腐蚀性的因素。

18.5 供配电智能控制

煤矿智能电网主要包括智能用电系统和设备、智能电网供电设备、智能电网业务应用系统三大部分，并以综合知识、统一信息、复合通信等方面的技术支持，实现煤矿电力流、信息流、业务流的高度一体化。智能电网用电设备和配电设备是智能电网系统的物质载体，是实现智能电网的物质基础，技术支撑体系是指先进的通信、信息、控制等应用技术，是实现智能的基础；智能应用体系是保障电网安全、经济、高效运行，最大效率地利用能源和资源，为煤矿用户提供增值服务。

煤矿井下大量使用供配电及驱动设备，有馈电开关、电磁启动器、多回路电磁启动器、移动变电站、动力中心、软启动器、变频器等。这些用电设备和配电设备设备除变压器外都称为开关（包括移动变电站、动力中心高低压侧开关）。目前开关普遍采用了基于分布式总线的嵌入式监测控制系统，实现开关信号采集、故障检测、保护跳闸、合分闸控制、远方通信联网、人机对话、主回路调压、主回路调频、保护计量参数动态监视和自学习等功能的智能化控制，显著地提高了矿用开关的技术水平，使之成为具备遥测、遥信、遥控、遥调、遥视等功能的网络化供配电装备，初步具备了煤矿井下智能电网和煤矿井下供电物联网建设的基础。

18.5.1　供配电智能控制系统工作原理

供配电智能控制采用基于 CAN 总线的分布式多主实时智能控制系统，由中央控制器、综保控制器、先导模块、远控模块、运行模块、温度模块、漏电模块和人机操作界面等组成。各模块间采用高速 CAN 总线连接，控制系统架构如图 18.27 所示。

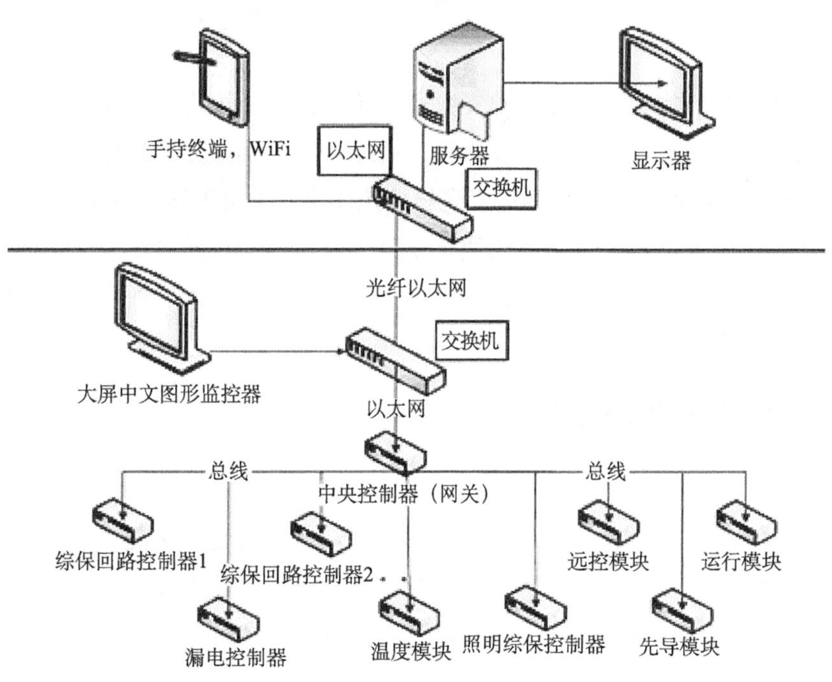

图 18.27　供配电智能控制系统架构

（1）人机操作界面显示组合开关参数配置、状态，通过以太网与中央控制器进行数据交换，包含 10M/100M 以太网接口、RS485 和 RS232 接口、USB 主 / 从口。采用键盘或鼠标操作实现人机对话，设置各回路相关参数及单机单速、单机双速、双机双速等逻辑控制方式，自动检查各回路试验功能，本机控制各回路启停，显示各回路监控数据、操作提示、报警日志等。

（2）中央控制器接收和处理各个模块上传的数据，自动控制各回路正常启停。通过 Modbus TCP 协议与人机操作界面交换数据，显示开关状态和参数设置，接收和处理先导远控信号和逻辑控制信号，实现先导远控线控制、通信控制、双速控制、顺序控制、双速顺序混合控制等。对外作为 RS485/CAN/ 以太网服务器，为其他设备或网络提供开放的通用协议数据。

（3）综保控制器接收和执行中央控制器的设置及命令，回路参数及状态监控上传，完成回路的各种保护和试验，如漏电闭锁、漏电保护、高压绝缘检测、过载、短路、缺相、欠压、过压、粘连等保护和空载、短路、漏电等模拟试验，每个回路设置一个。

（4）先导远控模块检测和识别外部先导远控信号，及时上传各个先导检测通道的状态。先导远控检测通道集中放置，通过通信上传每个通道的状态。网关从每个通道上传的状态数据中解析出启停命令，通过软件映射的方式控制每个回路启停。

（5）运行模块采集各路综保控制器上传数据，解析各个回路运行状态，驱动相应继电器，提供各回路对外输出节点。

（6）漏电模块监视各动力回路零序电流和电压，集中进行幅值、相位等比较，实现漏电监视和选漏保护。

分布式总线控制结构中，各保护单元强弱电标准化、一体化、大幅减少生产配线和故障点，每回路综保控制器独立运行，操作性、可靠性、互换性强。先导模块、远控模块的模块化设计使每个回路的控制线集中进入先导远控模块，再由先导远控模块通过 CAN 总线给各回路发出控制指令。运行信号的模块化使每个回路的运行反馈信号集中从运行模块输出，不再从每个驱动单元出线，大幅减少内部控制线数量，极大方便生产和维护工作，也提高了开关的可靠性。

18.5.2 煤矿智能电网功能

1. 远程监控

接收和执行系统监控中心，远程调度中心以及本地自动化系统发出的控制指令，经安全校正后能自动完成符合现场运行方式的设备控制功能；自动生成不同主接线和不同运行方式下的典型操作流程（操作票）功能；具备系统急停，各种系统保护软件投退功能；实现井下变电所及井下区域监控中心站无人值守管理。

2. 电网状态评估计与处理

实现数据自动识别与处理，支持对电网状态估计的应用需求，可完善煤矿电网整理规划，实时对供电系统进行体检，查找薄弱环节，提供关键负荷可靠性评估、供电故障影响评估、供电经济型评估，整定计保护配置合理性检查以及治理方案等。

3. 能效分析与管理

分析矿井电能的供给、消耗和使用效率，分析提高性能并实施相应的控制方案，实施设备启、停时序优化、负载分配调节等措施，结合班组用电效率考核，实现矿井供电的精细化管理。

4. 防误操作与应急操作

具备防止任何电气误操作闭锁功能，实现自动防止误操作逻辑判断；通过系统配置各类应急操作逻辑控制模块，实现安全应急操作，如用电设备远端复电、重要设备一键复电等。

5. 源端维护

井下数字化变电所作为数据采集的源端，提供各种可自描述的配置参数，维护时在变电所内采用统一配置工具进行配置，生成标准配置文件，包括设备配置参数、电网主接线图，网络拓扑结构等参数及数据模型，系统后台可自动获取井下设备的配置文件并导入到自身数据库系统中，可在设备更换、维修后，在系统后台直接将相应的配置文件下载至相关设备，提高设备维护的快捷性、安全性和准确性。

1）智能报警及分析决策

建立设备故障信息逻辑和模型，在线实时分析、推理，自动提交故障分析报告并给出事故处理预案，为人工分析提供基础数据信息，同时能够提供相应的辅助决策支持、控制实施方案和应对预案。

2）其他辅助功能

与视频监控系统联动，在设备操控、事故处理时与监控系统实现联动，实现设备远程视频巡检以及远程视频指导工作功能；与语音广播系统联动，实现井下语音对讲通信，非法入侵时自动语音告警。

18.5.3 供配电智能控制技术

供配电智能控制系统的矿用供配电装置采用基于 CAN 总线的分布式多主实时智能控制系统，实现开关信号采集、故障检测、保护跳闸、合分闸控制、远方通信联网、人机对话、主回路调压、主回路调频、保护计量参数动态监视和自学习等功能的智能化控制。采用的关键技术如下。

1. 数据采集

综保控制器的数据采集系统采用 DSP+ARM 的模式，主控芯片选用 Cortex-M3 为内核的微处理器，采集处理核心计量芯片采用多功能高精度的 DSP+AD 合成芯片 IC3 和多功能高精度的 DSP 测量芯片 IC1，分别采集处理开关的三相电压信号、三相电流信号和零序电压、零序电流等模拟信号，获得电压和电流的有效值、有功功率、无功功率、频率、相位等信息。系统功能多样、外围扩展器件少、软件程序算法简单、测量精度高，硬件电路和软件设计简化、可靠性高。

2. 过流保护

开关采用三段式过流保护，包括短路瞬动保护、短路短延时保护和过载保护。根据不同工况，选择不同的反时限类型，动作值符合标准 MT 111—2011《矿用防爆型低压交流真空电磁启动器》(以下简称煤标)的要求，根据电机冷却曲线，设置不同的过载恢复时间。短路故障纵向具有一定的选择性，反时限过载保护适用范围广，避免了频繁启动。

过载保护采用反时限算法，其相关的国家标准、煤炭行业标准要求如表 18.1 和图 18.28 所示。

表 18.1　不同曲线的过载动作时间

过载电流倍数	一般反时限 /s	非常反时限 /s	极度反时限 /s	长反时限 /s	煤标
1.05	∞	∞	∞	∞	∞
1.2	38.3	67.5	181.8	600.0	(300，1200)
1.5	17.2	27.0	64.0	240.0	(60，180)
2	10.0	13.5	26.7	120.0	
6	3.8	2.7	2.3	24.0	[8，16]

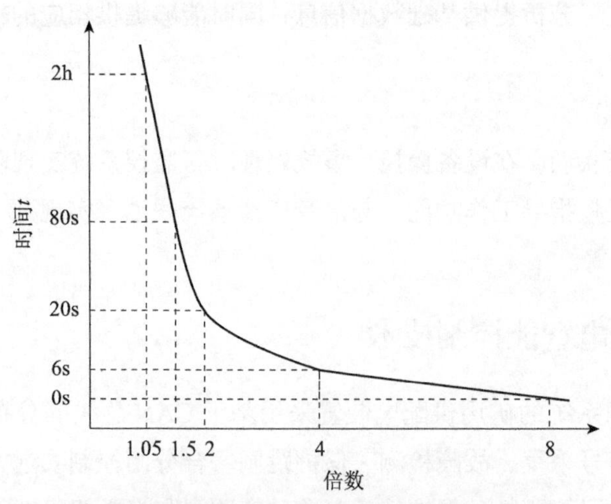

图 18.28　煤炭行业标准过载反时限曲线

采用了分段反时限建模法，将图 18.28 按横坐标方向分为起始段、中段、末段三段。首先建立中段特性曲线，通过列举法选择一部分典型参数点反代入求出一个满足所有参数点的常数值 a 与 b。具体数学表达式为：

$$t=\frac{a}{I/I_{\mathrm{B}}-b} \tag{18.2}$$

式中，t 为过载反时限时间；I/I_{B} 为电机过载倍数。

在建立的中间一部分特性曲线公式基础上，通过大量试验数据验证，得到起始段和末段比例因子 K_{s} 和 K_{e}，通过两个不同比例因数 K_{s} 和 K_{e} 调节曲线的弯曲程度，以满足反时限特性曲线的起始段和末段的要求。具体数学表达式为：

$$t=\frac{K_{\mathrm{s}}\cdot a}{I/I_{\mathrm{B}}-b} \tag{18.3}$$

$$t=\frac{K_{\mathrm{e}}\cdot a}{I/I_{\mathrm{B}}-b} \tag{18.4}$$

通过式（18.3）和式（18.4）建立一个完整的过载反时限特性曲线，软件设计时，每个扫描周期 t 根据过载的倍数计算出过载的时间，对每个周期时间进行累加，达到标准要求动作值时，判断为过载故障。

考虑电机在实际运行过程中，过载倍数是一个变化值，过载倍数不同，电机发热也不同，所以每个扫描周期得到的时间值不能进行简单的累加，而要进行归一化处理。

电机处在断续过载运行工况下，即一段时间过载，一段时间正常，若没有达到标准要求的过载时间，则过载保护不能动作，电机随即处在散热状态。在这种情况下，过载反时限建模及相应的软件编程不能只考虑热量累加，还要考虑热量释放。电机热量释放是一个很复杂的过程，本例通过大量的试验，得到实验数据，建立了电机热量释放函数，从而满足了电机在这种工况下的保护要求。并且通过人机对话设置不同的散热比例，可以避免电机发生频繁启动、频繁过载等现象。

3. 故障滤波

芯片内置 1k×16bit 缓冲区，提供同步采样数据缓冲功能，该功能能够同时将 7 路的 ADC 同步采样数据存储在 16kbit 的缓冲区中。根据寄存器的配置结果，同步采样数据功根据外部输入信号频率实现每周期固定 64 点数据采集。第一次启动自动同步采样功能时，将同步采样功能关闭，再发发送命令，启动自动同步采样功能。同步采样数据功能的启动为单次有效，每次开启同步采样数据功能前，必须先停止上一次的采集，然后再次开启。启动同步采样功能后，可实时获取采样数据。

启动同步采样数据缓冲功能，将故障时电流、电压信号波形记录下来，缓冲过程无需干预，程序执行效率更高。

4. 通信

内部中央控制器与人机操作界面之间通过以太网进行数据交换，采用 Modbus TCP 协议。人机操作界面作为主站，中央控制器作为服务器，建立变量表，赋予变量相应的地址，在人机操作界面中，将显示图元与变量地址建立连接，实现人机操作界面和中央控制器之间的数据交换。

中央控制器作为智能化数据集散和控制中心，对外提供 RS485、CAN 和以太网接口，通过通用协议或者定制协议，监控内部各个回路的实时运行数据、各个数字量输入点的状态，远程控制接触器分合闸，远程修改各个回路的保护参数，调整组合开关整体运行方案等。其中 RS485 总线支持 RTU 从站协议，CAN 总线可接受协议定制，以太网支持 Modbus TCP/UDP 协议，RS485 和 CAN 的通信端口地址和波特率可调，可以很方便地接入全矿井数字化系统，实现遥测、遥信、遥控、遥调、遥视“五遥”功能。

（1）遥测。通过通信可以获得组合开关内部每个回路的运行电流、电压、漏电阻值、功率、功率因数、温度等信息。

（2）遥信。通过通信可以获得组合开关内部每个回路的运行状态、隔离开关的位置、闭锁和急停按钮等开关量的状态。

（3）遥控。中央控制器可以接受并执行远程控制命令，控制接触器分合闸。

（4）遥调。中央控制器可接受并保存远程发来的有效参数，进而用这些参数通过内部 CAN 总线通信，调整每个回路的额定电流、电流电压互感器变比、回路间逻辑组合状态、每个回路的保护动作值如过欠压动作时间、漏电闭锁投入时间等，更改各种保护功能的投切状态。

（5）遥视。开关附近可安装摄像头及 IP 电话进行遥视、遥信。

5. 监测控制

开关每回路输出 0.5～630A 电流自动调档，终端设置主回路电流，无需更换电流互感器或保护器，宽负载运行和堵转保护。

采用多判据，准确判断接触器、断路器粘连故障，监测控制组合。

（本章主要执笔人：牛剑峰，刘振坚，马柯峰，李然，李瑞）

第19章

综采工作面综合智能控制

综采工作面由采煤机、液压支架、刮板输送机、转载机、破碎机、泵站及供电系统等组成。在煤炭生产过程中，采煤机实施的破煤、落煤与装煤和液压支架推溜动作都会增加刮板输送机的承载负荷。液压支架的移架速度会对采煤机截割速度产生限制，泵站的供液能力又对液压支架的推移速度产生影响，因此，综采工作面单机设备在发挥着各自职能的同时又是相互关联、相互影响和相互依存的，必须使回采工作面单机设备相互匹配、协调作业才能实现回采工作面的安全、高效、智能生产。

本章介绍煤科总院智能控制技术研究分院研制的 SAM 型综采工作面综合智能控制系统的基本工作原理、控制模型、控制流程和自动化系统解决方案，对 SAM 型综采工作面自动化系统关键技术与装备进行了详细的介绍，对综采自动化系统智能化系统功能及其应用进行了详细的讲解，并介绍了综采工作面智能控制系统应用实例。

19.1 综采工作面综合智能自动控制系统组成及其工作原理

综采工作面综合智能控制系统是由传输、数据集中存储处理、远程遥控及视频监视等部件组成，图 19.1 所示为综采自动化集成控制系统。综采工作面综合智能控制系统是由综合接入器、网络交换机、路由器、隔爆计算机、远程操作台，云台摄像仪等组成。

综采工作面为一个可以迁移狭长的采场，在这个采场中有工作面的“大三机”(采煤机、液压支架、刮板输送机)通过在采场的破煤、落煤、装煤和运煤等一系列活动完成工作面的产煤过程，如图 19.2 所示。在工作面煤炭生产过程中受生产设备、采煤工艺、地质条件等环境因素的影响，同时在生产过程中也作用于各种环境因素，改变着生产环境条件，如割煤过程中会增加瓦斯浓度等。

综采工作面综合智能控制系统工作原理如图 19.3 所示，采煤机骑在刮板输送机上以刮板输送机为轨道进行割煤，液压支架与刮板输送机互为支点进行液压支架和刮板输送机设备的迁移，从而实现工作面设备与作业空间场的迁移，在液压支架进行推溜时，把刮板输送机推至煤帮，将垮落在刮板输送机与煤壁之间的煤块装载到刮板输送机上。因此，工作面单机设备与设备之间、设备与环境之间相互作用、相互影响，应将工作面的生产设备、生产工艺、生产环境应作为一个整体考虑，通过工作面设备的相互连接、相互协调、相互配合、相互作用来共同完成整个采煤过程控制。

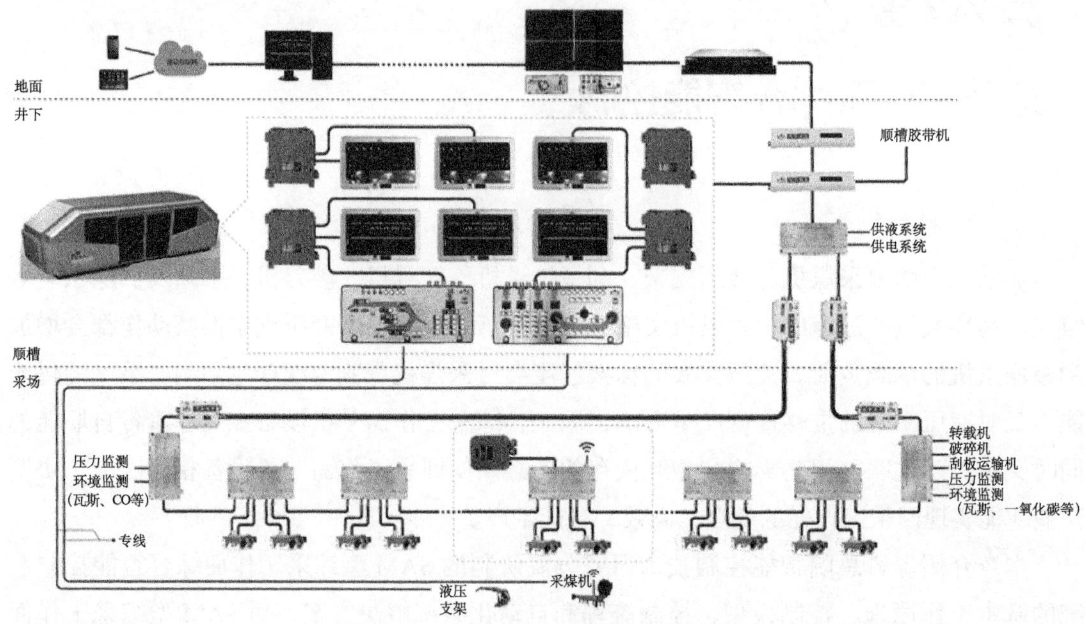

图 19.1　综采工作面综采智能控制系统

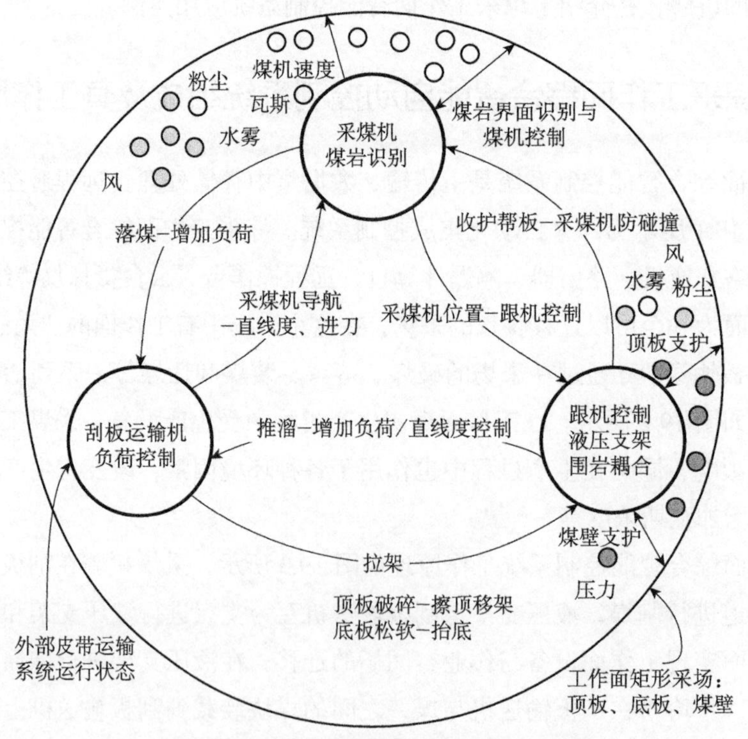

图 19.2　综采工作面相关因素关联示意图

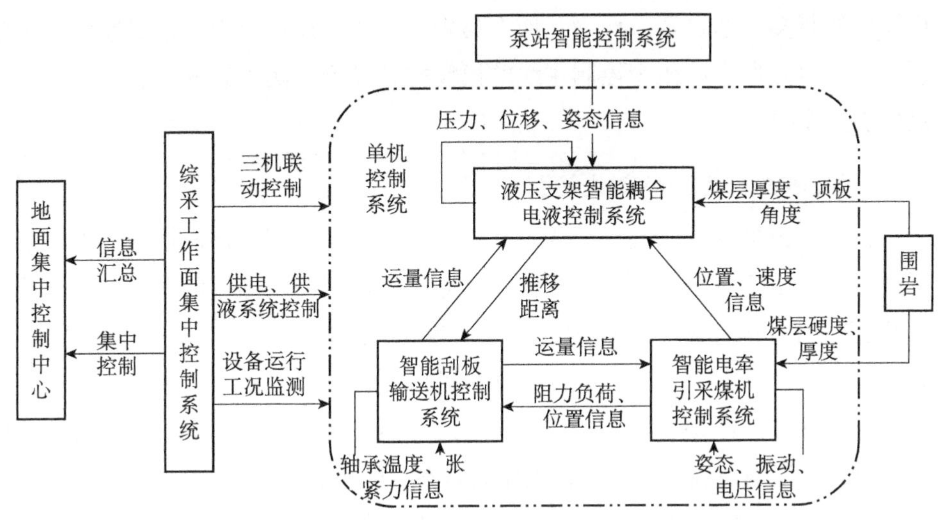

图 19.3　综采工作面综合智能控制系统工作原理图

综采工作面综合智能控制系统是由综合接入器将综采工作面单机设备信号通过高速以太网传送到上顺槽的监控中心的隔爆计算机上进行数据的汇集，通过生产流程、采煤工艺、设备功能性能将单机设备关联起来，构建智能控制模型，使综采工作面控制系统具备学习的能力，能够实现工作面设备与设备、设备与环境、设备与采煤工艺的有机融合，实现工作面设备的综合智能控制。

19.2　综采工作面综合智能控制关键技术

1. 以煤流负荷参数为主线的智能控制

将综采工作面作为整体出煤系统来管理，将以出煤量进行整体控制，以煤流负荷平衡为依据进行的智能控制。依据刮板输送机电流负荷参数，自动调节采煤机割煤速度，实现采煤机割煤装煤和液压支架推溜装煤与运输系统能力参数相互匹配与自适应控制。

2. 以空间参数为主线的智能控制

在采煤机割煤过程中，处于采煤机前滚筒前方的液压支架应及时收回护帮板，否则将使采煤机与液压支架部件发生碰撞，造成设备损坏事故，为此，在液压支架护帮板上安装接近传感器，以判定液压支架护帮板是否收回，以保证工作面设备在空间场中不会发生干涉现象。

3. 以环境参数为主线的智能控制

在工作面生产过程中，粉尘、瓦斯、矿压等影响工作面生产安全的因素在不断发生着变化。为了工作面安全生产，工作面生产过程中必须依据这些环境因素的变化来进行设备的控制。在工作面出煤过程中，采煤机速度越快，产生的瓦斯浓度越高，但割煤速度越慢，带来的矿压问题越多。通过对工作面瓦斯、粉尘、通风、顶板压力、采煤速度等多维度的综合分析，建立以瓦斯、矿压为控制主线的模糊控制模型，实现以安全、高效产煤为主要目标的最佳决策控制。

4. 以工作面姿态为主线的智能控制

由于工作面是由多台液压支架组成，每台液压支架是以刮板输送机为单点约束的浮动的离散系统，同时由于液压支架与刮板输送机连接的销耳间隙导致的误差积累，使工作面生产过程中无法有效的保证工作面的直线度。为此，通过在液压支架上安装找直传感器，可以实现工作面液压支架的实时自动找直，也可以使用在采煤机上安装陀螺仪，自动描绘出采煤机的运行轨迹，或是通过在工作面上安装的摄像仪，在液压支架或刮板输送机上设定标识，通过视频图像识别的方式进行工作面姿态智能控制。

1）精细化控制。工作面一方面要求快速移架高产高效，采用直驱动快速供液控制技术，提高液压支架的动作响应速度。FHD500/31.5 型大流量电液控换向阀有 2 个 DN25 进液口，有 5 个 DN25 工作口，与具有快速回液功能的 1000L/min 大流量立柱液控单向阀及大流量倒拉推移单向阀配合，可满足支架快速移架的需求。由于液压系统采用大流量阀控制，以及电磁阀的滞时因素，电液换向阀动作延时缓冲时间长，导致液压支架的控制精度下降，这主要体现在液压支架在推移过程中，液压支架与刮板输送机之间销耳间隙对工作面直线度产生一定的影响，同时在工作面进行调直时容易产生过冲。在进行移架、推溜、工作面找直调整时采用节流方式降低推移动作速度，以便精确地控制单位时间内推移动作的行程，建立高效快速精准的液压支架控制伺服系统，实现工作面找直的精细化控制。

2）直线度控制。由于工作面的液压支架是由刮板输送机为约束点的浮动系统，架与架之间存在间隙，容易造成支架移架，支架与刮板输送机之间有销耳连接的间隙，单个支架的离散控制将导致工作面系统控制精度无法保证，在液压支架移架过程中会由于上串下滑，支架歪斜，行程传感器误差累计等因素，造成连续多刀割煤后工作面支架不齐，不能够满足工作面“三直两平”的要求。实现工作面的直线度控制有实时在线控制和离线控制两种方式，其中实时在线调直方式可以采用找直传感器，通过横向测距，以完成支架移架动作后的支架为定位目标，实现液压支架的实时在线对位找直（图 19.4）。这种方法实时性好，不会有误差累计的问题。离线的方式是描绘出直线度偏移情况，在事后进行调直补偿的方式，可以通过在采煤机上安装惯性导航系统，将采煤机割煤过程中的运行轨迹描绘出来，也就是将工作面刮板运行姿态，然后通过液压支架进行定量补差控制，从而实现工作面直线度控制，该方法已在转龙湾矿井下运行并达到良好的运行效果。

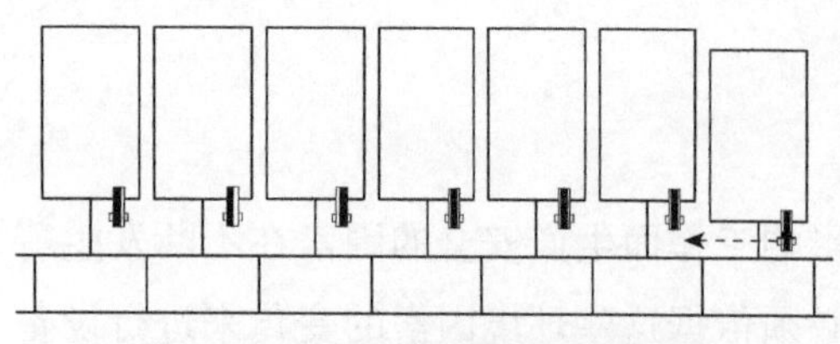

图 19.4 工作面直线度控制原理图

5. 设备自适应控制

综采工作面设备能力的发挥在很大程度上受运行环境条件的限制。为此，综合智能控制系统将依据不同的环境条件，根据相关设备的历史数据分析，增加自学习能力，液压支架电液控制系统能够实现对运行控制参数的自动调节，使其能够在液压系统堵塞、供液压力下降等条件下仍然能够使液压支架推移控制质量达标，从而实现液压支架自适应智能控制。根据在同等条件（包括采煤机速度、泵站供液压力、顶底板条件）下完成液压支架推移速度，判断当前的自动跟机移架、推溜质量是否达标，如果发生偏移将自动化修改参数，直到调整的参数能够满足要求。

6. 视频智能监视

1）工作面视频系统控制

综采工作面视频系统是实现无人化工作面的关键技术。应用此技术可实现对无人工作面的液压支架和采煤机等设备进行实时监测，在工作面液压支架跟随采煤机自动控制的过程中，对由于工作面顶底板条件不好导致移架不到的情况下，顺槽通过视频系统观察采用远程操作台进行远程集中控制，从而实现工作面液压支架、采煤机等设备的远程集中遥控，实现液压支架跟随采煤机自动控制为主导，采煤机以记忆割煤为主，以人工远程干预控制为辅助的煤矿综采无人化工作面开采模式。

（1）视频功能。当液压支架实现采煤机跟机自动化控制功能时，受到工作面顶底板条件等周围复杂环境因素的制约，需要进行单个液压支架的调整。因此，必须有液压支架移动过程中完整的视频信息，才能实现无人化工作面液压支架的远程控制。

（2）数字网络高清视频系统。数字高清视频系统，即基于以太网的压缩高清视频应用网络传输结合摄像仪的 IP 地址的视频系统。

2）视频系统智能化功能

（1）摄像仪智能清洗。通过图像识别模型智能识别视频摄像仪污染度，当摄像仪镜头被污染时，自动启动自清洗装置，对摄像仪进行清洗。

（2）目标智能追踪。可以依据采煤机位置、移动中的液压支架位置，自动调节云台摄像仪镜头角度，实现采煤机视频追踪和液压支架运动过程中的全程视频监视。

（3）视频全景拼接。通过工作面上布置的摄像仪捕捉到的采煤机视频信号，进一步得到具有重合区域的视频关键帧，从中通过获取采煤机的特征点，进而将采煤机的多组视频信息通过图像全景拼接技术将视频拼接出来，形成采煤机的全景图像和视频。如图 19.5 所示，通过 4 个正像摄像头图像拼接出完整的采煤机，摄像头之间视野画面内具有具备重叠区域，当采煤机在运动时，从四个摄像头中同时得到四个视频画面，根据四个视频画面中的重叠区域进行两两图像拼接（即摄像头 1 画面和摄像头 2 画面拼接，摄像头 2 画面和摄像头 3 画面进行拼接，摄像头 3 画面和摄像头 4 画面进行拼接，最后统一坐标变换，将得到的 3 个子拼接结果图融合成最终的一个全景图），从而得到采煤机的全景图像并实时显示。

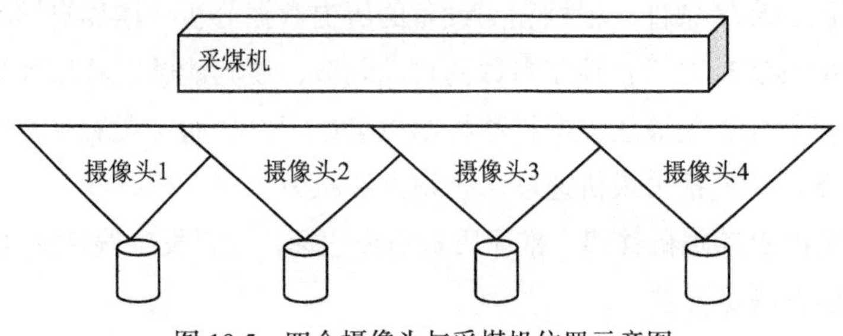

图 19.5　四个摄像头与采煤机位置示意图

7. 以工作面设备自动控制为主，人工远程干预为辅的智能控制

1）数据通信

综合接入器为综采工作面有线、无线通信信号接入传输装置，可以通过综合接入器将不同设备，不同接口的数据通过以太网高速传输链路传送到上顺槽监控中心进行集中处理。

2）工作面三维虚拟现实

通过构建综采工作面设备和场景的三维模型并进行渲染形成三维动画，如图 19.6 所示。通过综采工作面设备运行数据支撑三维模型的运动，可以通过不同的视角观察工作面设备的运行状态，观察设备之间的相互空间位置关系。

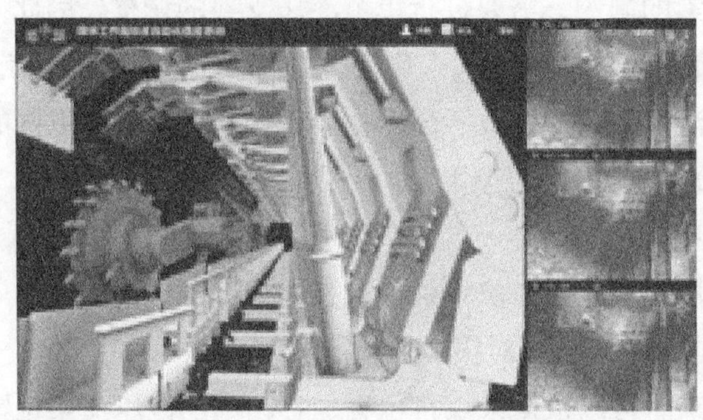

图 19.6　工作面三维虚拟现实

3）远程集控与一键启停智能控制

（1）工作面远程控制与一键启停控制模型。综采自动化系统受到工作面自然地质环境的影响，是一种在三维环境复杂约束条件下建立起来的工作面控制规划模型，如图 19.7 所示。

综采工作面综合智能控制系统首创了可视化远程干预型智能化采煤控制技术，创新了工作面内“1 人巡视、无人操作”的采煤模式。建立模型引入三维地理信息系统，精确描绘当前的三维采场空间，当工作面开采和推进时，能够实时更新三维空间数据；采用高精

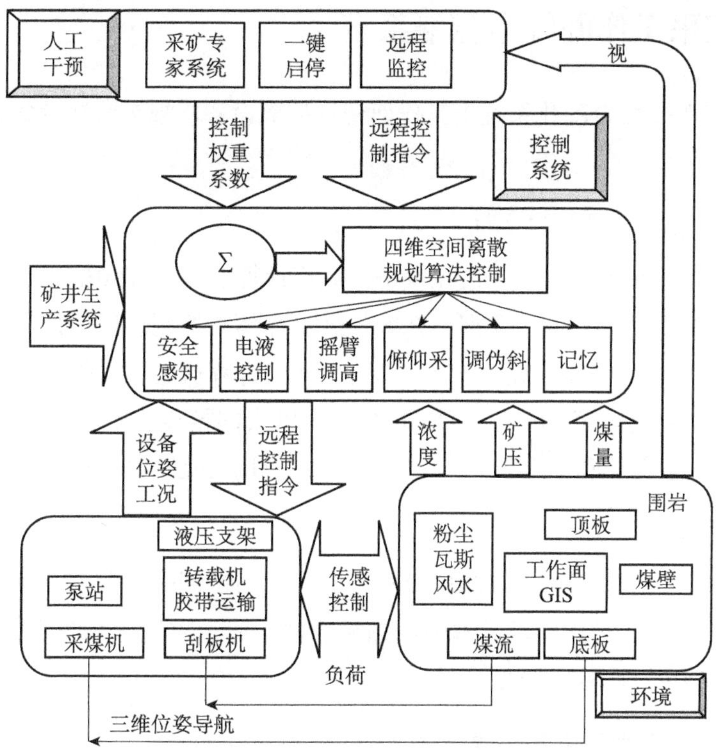

图 19.7　工作面远程控制与一键启停控制模型

度三维导航技术，实时测量采煤机在三维采场空间模型的姿态和位置，按照记忆截割事先设定的动作参数，实现采煤机闭环运动和精准割煤；研发了安全感知、摇臂调高、俯仰采和调伪斜等产品技术，通过研制的国内首套综采成套装备智能系统，确保智能化工作面的连续推进。为解决当采场地质环境发生较大变化时，现有传感控制精度不能满足自动化要求的问题，创新性地引入了人机协同规避了工作面环境和围岩的非线性扰动，通过融合高清视频的增强现实清晰成像技术，结合依据经验所建立的采矿专家知识库进行辅助决策，对采煤过程进行远程人工实时干预，实现了综采工作面智能开采的新模式。

（2）远程（顺槽、地面）工作面设备运行控制。根据集控中心的信息依据，利用远程控制台实现对各设备的远程在线控制和集中调度，可以实现刮板输送机、转载机和破碎机的顺序启停控制，实现工作面设备的一键启停控制。

“一键启停”功能实现了综采工作面主要设备，包括泵站、采煤机、刮板机、液压支架等的顺序联锁启动和停止控制。“一键启”功能实现工作面所有综采设备的自动化启动，启动顺序为：泵站启动→带式输送机启动→破碎机启动→转载机启动→刮板输送机启动→采煤机启动（上电）→采煤机记忆割煤程序启动→液压支架跟随采煤机自动控制程序启动。“一键停”功能实现工作面所有综采设备的自动停止，停止顺序为：液压支架动作停止→采煤机停机→刮板输送机停机→转载机停机→破碎机停机→带式输送机停机。

19.3 综采工作面综合智能系统

SAM 型综采工作面自动化系统由工作面信息传输设备、视频监视设备和远程集中监控设备等组成。

1. 矿用隔爆兼本安型监控主机

矿用计算机为工作面远程集中监控设备，矿用计算机布置在顺槽监控中心，主要用来对液压支架智能控制系统大容量数据、视频信息的存储与控制。矿用计算机设计在隔爆外壳内，可以放置多个计算机单元，每个计算机单元由计算机主板、接口隔离板、UPS 电源和一系列通信接口组成，接口主要有 USB 接口、以太网接口、RS232 接口、RS422 接口，计算机单元具有掉电保护和上电软启动等功能。一个计算机服务器可以配置多个显示器。

2. 矿用本质安全型显示器

矿用本质安全型显示器布置在顺槽监控中心，作为矿用隔爆兼本安型监控主机的显示设备来使用。矿用本质安全型显示器为液晶显示器，通过矿用光缆与主机进行通信连接。一个计算机服务器可以配置多个显示器。

3. 矿用本质安全型综采综合接入器

矿用本质安全型综采综合接入器为工作面信息传输设备，主要用来将工作面的传感器数据、设备动作数据、设备状态数据和视频数据接入，并传输到顺槽监控中心，实现各设备的汇集与高速传输，提供了一条高速的数据信息传输通道，传输通道带宽可达百兆。

4. 矿用本质安全型光电转换器

矿用本质安全型光电转换器为工作面信息传输设备，主要用于工作面信息传输介质的光电转换，井下自动化系统通信经常涉及长距离以太网通信，由于普通以太网线缆通常情况下最大传输距离仅有 100m，需要进行长距离通信时，适合采用光电转换器将 RJ45 接口以太网电缆信号转换为光纤通信。

5. 矿用本质安全型路由交换机

矿用本质安全型路由交换机为工作面信息传输设备，主要实现工业以太网的三层路由功能，使得划分过 VLAN 的局域网内各子网之间仍具备线速交换的能力。同时该产品还作为工作面以太环网接入矿井以太环网的关键设备。该产品具备体积小、质量轻、防护等级高、可靠性高的特点。

6. 矿用本质安全型摄像仪

矿用本质安全型摄像仪为工作面视频监视设备，主要用于视频摄像，采集工作面或顺槽视频信息，压缩编码，并打包成 IP 报文的形式发布到以太网上，供显示器解码显示。该产品结构小巧，质量轻，具有安装布置灵活、低照度、高分辨率、可靠性等特点。其小巧的结构使得其可以安装在薄煤层工作面上。

7. 矿用本安型操作台

矿用本安型操作台为综采工作面集中控制设备，主要用于在顺槽监控中心对工作面设备进行远程操作，可以远程控制液压支架、采煤机和刮板输送机等设备。远程操作台键位布局符合人体工学原理，操作方便，接口丰富，可交互性强。本安型操作台可以作为井下主控计算机的模拟键盘，操作台将按键操作进行归纳、分类，并通过按键、旋钮等硬件形式设置，可以进行直观操作。作为操作输入的源端，本安型操作台将操作内容转化为RS232 通信数据中相关数据点位报送给具有控制核心的集控主机，集控主机通过对操作台相关操作处理，最后实现对综采设备的远程操作。

19.4　综采工作面智能控制系统故障诊断系统和大数据分析

综采工作面智能控制系统故障诊断是在回采工作面各单机系统故障诊断系统的基础上，将各单机系统信息集成，综合监控，视频监视，以煤矿环境安全、运输系统能力、采煤工艺、自动化控制等为主线，将各单机系统贯穿起来，形成一个回采工作面综合智能故障诊断系统，实现了综合智能控制系统的运行状态、环境参数、传感器信号检测与故障征兆发现、故障诊断与故障报警，以感知部件、控制部件监测画面、声光语音报警为手段，方便人员检查排除设备故障。代替了人工耳听、手摸、手控等检测方式，提高了综采设备的可靠性与安全性。

19.4.1　综采工作面智能故障诊断技术体系

综采工作面智能故障诊断系统重点研究影响综采工作面出煤的关键因素，以提升综采成套装备开机率为目标，研究单机设备主体职能，研究单机设备间相互关联、相互约束、相互依存的关键因素。综采工作面智能故障诊断技术体系如图 19.8 所示。

19.4.2　综采工作面智能通信系统故障诊断技术

工作面运行数据是利用大数据技术解决综采工作面智能控制系统故障诊断技术的基础，将综采工作面设备运行数据汇集，数据链路通信的可靠性是关键，有效辨识通信系统传输性能，保证传输数据的安全性和完整性，建立有效的传输检测机制，定时对通信系统传输质量进行评价，例如，可以将一天的定时报送数据进行计算，将集控中心接收到的定时数据总量与其对比，计算出系统丢包率和畅通率。

综采设备信息应保持其完整性，应确保各设备数据有一个统一的基准时间，并定期对各设备时钟进行校准，确保各设备记录数据时间的一致性，避免因系统阻塞的时延，造成传输数据时间基准的偏移，为后台进行设备大数据分析提供保障。

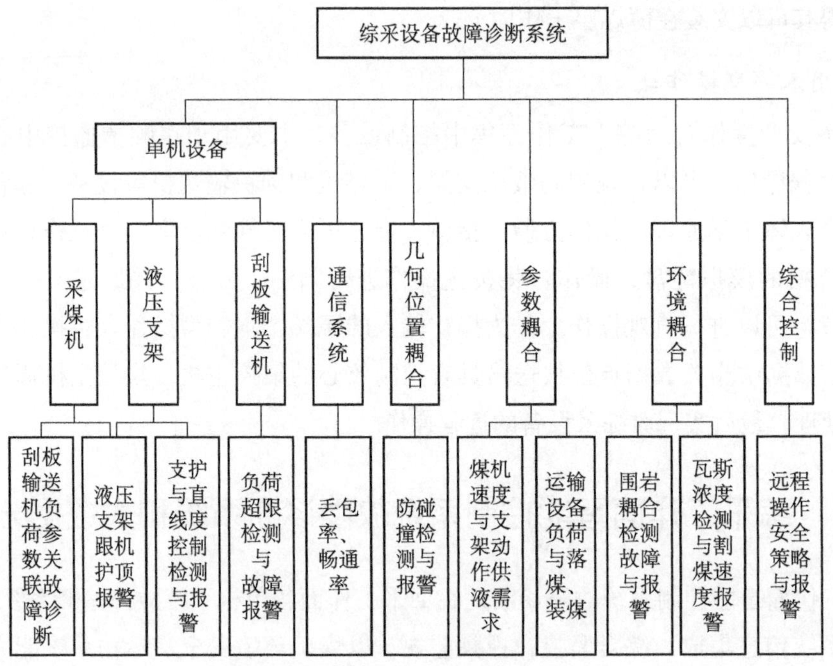

图 19.8　综采装备故障诊断系统体系

19.4.3　综采工作面设备几何位置耦合控制故障诊断技术

综采工作面设备相互关联、相互约束共同完成工作面采煤，在采煤机割煤过程中，应检测采煤机前滚筒处的液压支架是否收回护帮板，防止液压支架与采煤机发生干涉碰撞，当液压支架护帮板收回感应传感器检测到护帮板未收回，或传感器故障时对采煤机实施闭锁控制。液压支架通过推移动作实现了对工作面的迁移，精确的推溜控制可以使刮板输送机具有较好的运行姿态，延长了刮板输送机使用寿命，因此进行推溜精确控制的行程传感器的故障诊断尤为重要。

19.4.4　综采工作面设备参数耦合控制故障诊断技术

按照煤流负荷参数进行采煤机割煤、落煤、装煤与液压支架推溜装煤控制，刮板输送机的负荷参数尤为重要，可以通过大数据分析，找出采煤机割煤速度、推溜与刮板输送机负荷的关系曲线，当刮板输送机超负荷作业时进行故障报警，自动干预采煤机和液压支架的相关操作。

采煤机速度决定了液压支架动作数量，同时也对供液系统提出了需求，当这种关系不能相适应时，综采工作面智能系统将报警，限制采煤机的割煤速度。

19.4.5 综采工作面设备环境耦合控制故障诊断技术

（1）瓦斯浓度与生产过程关联分析与控制。瓦斯聚集与工作面割煤暴露的煤矿表面积，与矿压、与通风等多种因素相关，通过将工作面采煤机割煤速度、工作面矿压分布和工作面通风检测进行综合分析，找出与瓦斯浓度的相关关系，并进行工作面采煤机割煤时的智能控制，即将工作面瓦斯浓度传感器值传送到采煤机控制系统，当工作面瓦斯浓度超出限定阈值时，进行瓦斯超限预警，并对采煤机割煤速度加以限制。

（2）将工作面压力数据通过大数据分析，找出周期来压时的显性特征，构建数学模型，进行周期来压的预测预报。

19.5 应用实例

SAM 型工作面一体化控制技术与装备自 2010 年研制成功以来，分别在神华集团神东矿区、宁煤矿区、新疆矿区、中煤平朔、阳煤集团、陕煤化集团、冀中峰峰矿区、兖矿集团、淮南矿业、淄矿集团等 10 多个矿区 40 余个煤矿得到推广应用，覆盖了内蒙古、陕西、宁夏、山西、河北、安徽、山东、新疆等 8 个省（自治区），获得了用户的广泛好评。国家发改委能源局 2016 年 6 月 1 日提出了“2030 年我国实现智能化开采，重点矿区基本实现工作面无人化”目标，作为智能化、无人化开采的基础平台，SAM 型工作面一体化控制系统是实现我国煤矿开采技术转型升级的重要手段。

该套装备为不同地质条件的煤矿用户提供了不同的解决方案，如为薄及较薄煤层用户提供了可视化远程人工干预的开采模式，为厚及特厚煤层用户提供了大采高综采设备智能化控制解决方案，为高瓦斯、大倾角工作面提供了多种不同的采煤工艺以适应地质条件的变化，实现了煤矿综采工作面的少人化开采，甚至实现了地面远程控制开采。以下介绍陕煤集团黄陵一号井、阳煤集团新元煤矿、陕煤集团红柳林矿综采智能控制系统应用情况。

19.5.1 陕煤集团黄陵一号应用情况

陕西陕煤黄陵矿业有限公司一号煤矿于 2014 年在十盘区首采 1001 工作面顺利安装并调试成功了一套 SAM 型综采工作面一体化控制系统，是 SAM 型工作面一体化控制技术与装备成功应用的典范。

1. 基本情况

陕西黄陵矿区主采煤层厚度基本都在 2m 以上，由于 0.8～1.8m 厚的煤层厚度变化大，现有的设备难以适应，造成这部分资源长期未开采。但薄煤层综采存在工作面空间低狭、操作人员多、跟机作业难、劳动强度大等问题，而且生产环境恶劣，容易造成生产安全事故，引发职业病。

一号煤矿 1001 工作面倾斜长度 235m，走向长度进风为 2271m，回风 2291m，采高为 1.1～2.3m，可采储量 107 万 t。其中进风顺槽（皮带巷）侧的煤层厚度极不平稳，有大约 500m 范围内的煤层厚度为 1.1～1.6m。

（1）工作面配套设备。

电液控液压支架：161 架（实际安装 160 架）

中部支架：ZY6800/11.5/24D 型掩护式（实际安装 151 架）

过渡支架：ZYG6800/14/29D 型 3 架

端头支架：ZYT6800/14/32D 型 6 架

刮板输送机：SGZ800/1050 型刮板输送机 1 部（235m）

采煤机：MG2×200/925-AWD 型电牵引采煤机 1 部

（2）顺槽设备。

SZZ800/250 型转载机 1 部

PCM200 型锤式破碎机 1 部

ZY2700 型胶带自移装置 1 部

ZY1100 型转载机自移装置 1 部

DSJ120/100/4×315 型带式输送机 1 部

BRW400/31.5 型乳化液泵站：3 泵 2 箱

BPW400/16 型喷雾泵站：3 泵 2 箱

SAC 电液控制系统 1 套

SAP 集成供液控制系统 1 套

SAM 工作面一体化控制系统 1 套

KTC101 语音通信系统 1 套

2. 使用情况及特点

生产作业方式实行“三・八”制，一班检修，两班生产。目前 1001 综采工作面使用采场无人化技术后，整个采场仅需一名巡检工，两名井上或井下监控中心操作员即可实现整个工作面的开采生产，采场人员配置如表 19.1 所示。

表 19.1 采场人员配置

岗位名称	传统开采 / 人	无人化开采 / 人	备注
液压支架工	5	0	
采煤机司机	3	1	进行工作面巡检
输送机司机	1	0	
电工	1	0	
泵站司机	1	0	
其他	0	2	井上或井下监控中心操作员
总计	11	3	

3. 工作面智能化控制系统主要功能

1）工作面生产安全管理

（1）实现了矿压数据实时监测分析与工作面顶板管理。矿压监测分析系统依托安装在支架上的 GDP60 型压力传感器采集支架双立柱矿压数据，经过井下电液控主机存储并通过数据上传系统传输到地面服务器记录、分析，生成曲线图表发布，掌握了工作面回采过程中的矿压分布规律。支架电液控和乳化液自动补液的应用，保证了支架能够具备足够的初撑力，支护质量显著提高，减轻了煤帮压力，减少了滚帮带来的安全隐患。

（2）瓦斯浓度与采煤机速度联动控制。通过在工作面机尾处安装瓦斯传感器，将采集的瓦斯数据通过 F 型综合接入器以太网方式传输到监控中心电控主机软件显示，并和采煤机控制中心对接，实现采煤机速度动态连接，可以有效地减少生产过程中的瓦斯超限现象。

2）工作面设备的自动化控制

（1）实现采煤机的自动控制。通过采煤机记忆切割功能，实现了采煤机的自动化控制。根据工作面实际情况，采用了前滚筒割底煤、后滚筒割顶煤的采煤机 22 象限记忆截割开采工艺。通过提取采煤机行走数据，生成采煤机运行轨迹，割煤刀数、割煤时间、跟机状态等信息一目了然，如图 19.9 所示。

（2）实现液压支架全工作面跟机作业自动化。依据采煤机工艺，根据采煤机位置，实现了全工作面液压支架的自动化控制，包括液压支架的跟机喷雾、跟机移架和跟机推溜等功能，实现了转载机尾自移联动，实现了端头设备的自动化作业。

（3）实现工作面“三机”和顺槽胶带机软件集中控制。通过组态软件实现了对工作面刮板输送机、转载机、破碎机运行工况的动态监测。控制系统采用 KTC101 型通信装置配合视频监测设备，实现了对工作面“三机”和顺槽胶带机的集中控制。

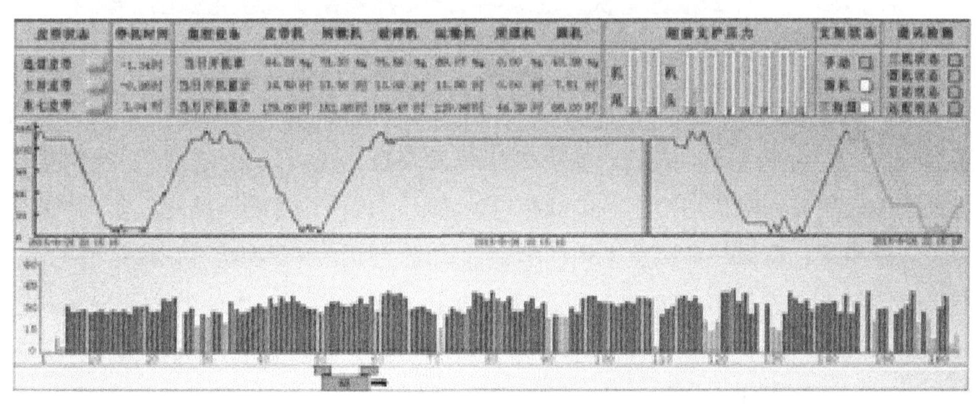

图 19.9　采煤机运行轨迹图

（4）实现远程配液站自动控制。实现远程配液、水处理系统的无人值守控制。远程配液系统由进水过滤站、软化水装置、供水加压泵、乳化液配比泵、远程供液泵、液箱、水箱、乳化液混合器及泵站控制装置组成。将配液设备由原来的设备列车处移至进风口配液站，缩短了近1300m的乳化液运输距离。在液箱液位低于设置值时，自动开启乳化液配比泵进行配液；水箱水位低于设置值时，自动开启供水加压泵；设备列车处液箱液位低于设置值时，自动开启远程供液泵与远端127V电动球阀。配液站自动化功能的实现，减少了用工，降低了劳动强度，保障了安全。

通过工作面液压支架动作时观察泵站压力的变化情况，分析液压支架动作对泵站压力的影响度来确定工作面液压支架动作时，供液系统的工作参数。

3）工作面设备远程控制

（1）状态监视。通过在集控室操作组态软件，可以对工作面设备的运行状态、运行参数等进行全面掌控，便于操作人员掌握工作面设备的运行情况。

（2）视频监视。通过在工作面安装的摄像仪，可以清晰地观察工作面设备的运行情况。实现了视频在线监视与视频全景拼接。图19.10所示为两台摄像仪的视频拼接效果图。

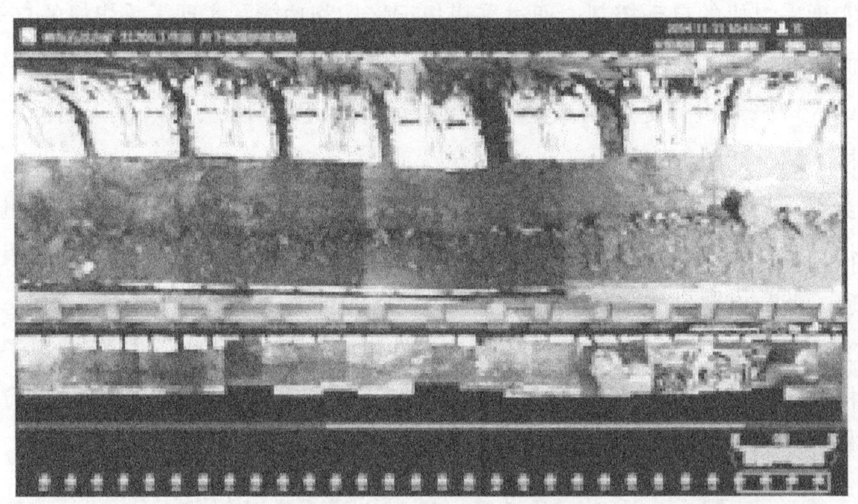

图19.10　视频拼接效果图

采用实时多路视频拼接方案，自动跟机切换视频进行拼接，达到始终一组多路相机追随着采煤机，同时看到完整采煤机及更多的工作面信息，也可以采用随机切换浏览视频拼接：可根据输入架号，随机切换到对应的相机位置，实现该位置的四路视频实时拼接效果。

通过全景拼接，可以快速浏览工作面的整体情况，如护帮支护状态，片帮情况等。

（3）远程控制。在调度室安装远程自动化控制装置，通过工作面的全覆盖实时监控视频，实现工作面采煤机、液压支架、刮板输送机、供液系统等设备的远程遥控，实现了在地面进行采煤作业常态化。

4. 应用效果

该项目2014年5月25日通过中国煤炭工业协会的鉴定，技术达到国际领先水平。被评为2014年度煤炭行业十大新闻之一、2014年度煤炭行业六大创新技术之首。2015年5

月 19 日，由国家安全生产监督管理总局、国家煤矿安全监察局组织的“全国煤矿自动化开采技术现场会”在陕西省陕煤化集团黄陵矿业公司胜利召开，着重介绍了煤炭智能化无人开采技术，并以此项目为示范工程向全国煤矿进行推广。

19.5.2　阳煤集团新元煤矿应用情况

阳煤集团新元煤矿于 2011 年在 10 盘区首采 3107 工作面顺利安装并调试成功了一套 SAM 型综采工作面智能控制系统，是 SAM 型工作面综合智能控制技术与装备成功在中厚煤层高瓦斯矿井应用的典范。

1. 基本情况

阳泉煤业新元公司 3107 综采自动化工作面沿 3# 煤布置，属中灰、低硫的优质贫、瘦煤，煤层软、瓦斯大、结构多、底板软、顶板压力大，平均煤厚 2.82m，平均倾角 3°，煤炭可采储量为 1432489t。3107 工作面可采走向长度 1591.4m，采长 240m，面积 381936m^2。

3107 综采自动化工作面主要采用煤科总院智能控制技术研究分院 SAC 型液压支架智能控制系统、SAP 智能集成供液系统、上海创立采煤机等设备，通过工业以太环网，将工作面所有设备信息进行整合集成，完成数据采集、传输、远程集中控制功能。并通过 WEB 服务，交换设备等与局域网进行数据交换和信息共享，为现场管理提供量化的、精准的管理依据，为设备的正常运行及故障诊断提供了科学的理论指导。

工作面综采设备配套情况：

液压支架——ZTZ25000/18/35 型 2 架超前支架

ZY6800-18/37 型 157 架基本架

ZZC8300/22/35 型 4 架沿空留巷支护

电控系统——煤科总院智能控制技术研究分院 SAC 型液压支架智能控制系统

采煤机——上海创力 MG400/930-W 型动力载波信息传输

转载机——SZZ-1000/400 箱式自移

运输机——SGZ-1000/1400（L=250m）

乳化液泵——BRW400/31.5 远距离集成供液

集中控制——煤科总院智能控制技术研究分院综采工作面综合智能控制系统、天津华宁 KTC101 型工作面通信系统、上海创力 CLX01 型采煤机顺槽监测监控系统

2. 使用情况及特点

生产作业方式实行三班制，一班检修，两班生产。3017 综采工作面使用采场无人化技术后，整个采场仅需 2 名支架工，2 名采煤机司机，输送机司机 1 名，井上或井下监控中心操作，1 名即可实现整个工作面的开采生产，采场人员配置如表 19.2 所示。

表 19.2 采场人员配置

岗位名称	传统开采 / 人	自动化开采 / 人	备注
液压支架工	6	1	
采煤机司机	3	2	
输送机司机	1	1	
电工	1	0	
泵站司机	1	0	
其他	0	1	井上或井下监控中心操作员
总计	12	5	

3. 工作面智能化控制系统主要功能

3107 综采自动化工作面与传统的综采工作面相比，通过先进的网络技术将工作面所有设备信息进行整合集成，将工作面不相关却又相互影响的设备进行数据集成，实现相互检测和控制，最大程度的发挥设备性能，提升设备运行可靠性，实现工作面设备的高度集成化。具体实现的功能有：

1）实现了液压支架全工作面跟机作业自动化

以 SAC 型液压支架电液控制系统为核心，依托采煤机红外线位置检测、每六个支架安装一个支架视频摄像仪监测、多种传感器等装置，工作面液压支架跟随采煤机行进方向自动执行降移升和喷雾作业，实现了支架跟机全工作面自动化。

2）实现了工作面“三机”和顺槽胶带机软件集中控制

通过组态软件实现了对工作面刮板运输机、转载机、破碎机运行工况的动态监测。控制系统采用 KTC101 型通信装置配合视频监测设备，实现了对工作面三机和顺槽胶带机的集中控制。

3）实现了远程配液站自动化

远程配液系统，由进水过滤站、软化水装置、供水加压泵、乳化液配比泵、远程供液泵、液箱、水箱、乳化液混合器及泵站控制装置组成，将配液设备由原来的设备列车处移至进风口配液站，缩短了近 1300m 的乳化液运输距离。在液箱液位低于设置值时，自动开启乳化液配比泵进行配液；水箱水位低于设置值时，自动开启供水加压泵；设备列车处液箱液位低于设置值时，自动开启远程供液泵与远端 127V 电动球阀。配液站的自动化功能实现减少了用工，降低了劳动强度，保障了安全。

4）实现了视频在线监测

在工作面、运输设备转载点共加装 29 套视频监控设备，实现了对整个综采作业区的全程实时视频监控、视频信息共享。地面综采组、集中调度指挥中心、阳煤集团公司可以同步看到井下的实时作业情况，及时了解生产动态，为调度指挥提供了决策依据。

5）实现了矿压数据实时监测分析

矿压监测分析系统依托安装在支架上的 GDP60 型压力传感器采集支架双立柱矿压数

据，经过井下电液控主机存储并通过数据上传系统传输到地面服务器记录、分析，生成曲线图表发布，掌握了工作面回采过程中的矿压分布规律。

6）实现了支护质量的显著提高

支架电液控和乳化液自动补液的应用，保证了支架能够具备足够的初撑力，支护质量显著提高，减轻了煤帮压力，减少了滚帮带来的安全隐患。

7）实现了全巷道语音通信

1600余米的顺槽和工作面分段装设了VOIP语音通信设备，实现了全线喊话，方便人员沟通。

8）瓦斯浓度与采煤机速度联动控制

通过在工作面机尾处安装瓦斯传感器，将采集的瓦斯数据通过F型综合接入器以太网方式传输到监控中心电控主机软件显示，并和采煤机控制中心对接，实现采煤机速度动态连接，可以有效地减少生产过程中的瓦斯超限现象。

9）采煤机远程控制和记忆切割

通过在集控室操作组态软件，结合视频数据，可以实现对工作面采煤机进行远程控制。

10）地面调度远程一键启停

地面调度指挥中心通过VOIP通信喊话设施与井下实时对话，配合视频监控系统，操控地面服务器安装的组态软件对井下皮带机、三机、泵站、采煤机实现一键启停。

4. 实现的数据挖掘及分析功能

1）采煤机运行轨迹数据分析

通过提取采煤机行走数据，生成采煤机运行轨迹，割煤刀数、割煤时间、跟机状态等信息一目了然。详细了解工作面各作业环节。为进一步优化作业工序，提高现场管理能力，提升生产效率，指导安全生产，提供了量化的数据依据。

2）乳化液供液系统数据分析

3107工作面采用双进双回的供液方式，为了探索研究自动跟机过程中乳化液泵站压力与工作面支架用液之间关系，在进液管沿线每隔十架支架加装压力传感器，实时监测进液管路沿线压力与泵站出口压力的变化。通过这些数据的分析，摸索供液流量、压力与管径的关系，保证工作面自动化跟机的连续性，为乳化液泵站供液管路的管径、长度等的选型匹配积累经验。

3）瓦斯浓度与采煤机、生产溜、转载机复合数据分析

3107工作面采用沿空留巷技术后，“Y”形通风系统瓦斯涌出量明显减小，解决了上隅角瓦斯积聚问题。总体分析得出，3107自动化工作面在生产班期间，工作面机尾瓦斯浓度平均值为0.43%，较新元公司报警值低0.27%；工作面回风瓦斯浓度平均值为0.41%，较新元公司报警值低0.19%。

3107 自动化工作面采煤机最高速度为 5.1 m/min。通过对一个圆班数据的分析，发现瓦斯浓度、采煤机开关电流、运输机前后高速电流、转载机高速电流都在合理范围之内。通过对以上关联参数进行分析，发现采煤机速度还有进一步提高的空间，可以提高工作面的生产效率，为生产管理提供了依据。

4）工作面矿压分析

3107 工作面矿压分析系统的数据依据为工作面共 164 架的立柱压力，历史数据储存在地面历史服务器，通过自动化软件平台的调用分析，自动生成矿压历史数据图表，该图表横坐标为时间，纵坐标为架号，以颜色变化为基准，将工作面一天的工作面压力变化情况反映出来，同时，根据压力数据的变化可以有效地将矿压数据与生产进度充分结合起来，也为工作面支架运行状态和周期来压情况提供理论依据。

5. 实施效果

3107工作面目前已经实现了跟机自动化、远程供配液、采煤机速度与瓦斯联动等功能，减员达 58%，同时工效提高 15.229t/ 工，提高幅度达 39.05%。通过在生产过程中进行摸索，实现这些功能与生产条件的和谐匹配，努力使这些功能实现常态化使用。同时，将工作面的管理经验转变为数字化的数据，对这些数据进行进一步的挖掘分析，如对工作面采煤机运行轨迹跟踪，液压支架跟机作业自动化、矿压分析、乳化液供液系统分析等进行研究探索，为现场管理提供量化的、精准的管理依据，为下一步综采自动化工作面的推广应用奠定基础。

19.5.3 陕煤红柳林煤矿应用情况

红柳林煤矿位于山西神木，该工作面走向长度 3058m，工作面长 354m，煤层平均厚度 7.23m，工作面可采储量煤炭回收率可达 97%。红柳林煤矿于 2011 年在 15205 工作面顺利安装并调试成功 SAC 型液压支架智能控制系统和 SAM 型综采工作面智能控制系统，是 SAM 型工作面智能控制技术与装备成功在大采高工作面应用的典范。红柳林项目是国家发改委、财政部、工信部联合下发的首批智能制造专项“煤炭综采成套装备智能系统”项目，该项目于 2011 年立项，2013 年通过工信部组织的项目验收。该项目是 SAM 型工作面综合智能控制技术与装备成功在大采高工作面应用的典范。

1. 基本情况

15205 综采自动化工作面主要采用煤科总院智能控制技术研究分院 SAC 型液压支架电液控制系统和 SAM 新综采工作面智能控制系统，采用了德国艾柯夫公司采煤机、天地奔牛公司刮板输送机和英国雷波公司的泵站控制系统，该系统融合了采煤机记忆割煤、液压支架跟机自动化、运输系统煤流负荷平衡、智能集成供液、远程集控等高新技术。该项目开发了多种工作面感知设备，工作面使用了上千只传感器，用来检测工作面设备运行姿态和作业工况及生产环境，构建了工作面工业以太网，首次实现了地面一键启停的工作面远程集控生产管理模式。

工作面综采设备配套情况：

液压支架——

ZYT18800/32.5/72D（A）型机头端头支架 1 架

ZYT18800/32.5/72D 型机头端头支架 3 架

ZYG18800/32.5/72 型机头过渡支架 1 架

ZY18800/32.5/72D 型中部支架 140 架

ZYG18800/32.5/72 型机尾过渡支架 1 架

ZYT18800/32.5/72D 型机尾端头支架 3 架

ZYT18800/32.5/72D（A）型机尾端头支架 1 架

控制系统——煤科总院智能控制技术研究分院 SAC 型支架智能控制系统

采煤机——SL1000

刮板输送机——SGZ1400/4500

转载机——SZZ1600/700

破碎机——PLM6000

乳化液泵——S500

集中控制——SAM 型综采工作面综合智能控制系统、艾柯夫采煤机远程集控中心系统，天津华宁 KTC101 型工作面通信系统。

2. 使用情况及特点

生产作业方式实行“三、八”制作业方式，两班半生产，半班检修。15205 综采工作面使用采场无人化技术后，整个采场仅需 2 名支架工、2 名采煤机司机、1 名输送机司机、1 名井上或井下监控中心操作员，即可实现整个工作面的开采生产，采场人员配置如表 19.3 所示。

表 19.3　采场人员配置

岗位名称	传统开采 / 人	自动化开采 / 人	备注
液压支架工	5	1	
采煤机司机	3	2	
输送机司机	1	1	
电工	1	0	
泵站司机	1	0	
其他	0	1	井上或井下监控中心操作员
总计	11	5	

3. 工作面智能化控制系统主要功能

（1）采煤机摇臂智能调高和记忆割煤自动控制。

（2）液压支架多级护帮智能控制。在护帮板上安装压力传感器、行程传感器，实现护帮板对煤壁的支撑管理和护帮板的智能姿态控制。在三级护帮板上安装接近传感器，实现液压支架与采煤机防碰撞智能控制。

（3）在综采工作面建立工业以太网主干高速通信网络，把工作面的视频信息、设备信息和感知信息汇集到监控中心进行集中管理。

（4）实现了全工作面液压支架跟机自动控制功能。

（5）在综采工作面全面布置本安型高清云台摄像仪，实现了综采工作面的视频监视和煤机动态视频追踪等功能。

（6）构建了煤矿井下生产设备和生产环境模型，实现使用设备运行数据支撑的工作面三维虚拟现实。

（7）实现了在地面调度室或进行顺槽监控中心对工作面设备远程控制和一键启停控制功能。

4. 实施效果

红柳林矿 15205 示范工作面于 2012 年 8～10 月安装综采设备，2012 年 11 月工作面正式投产，完成了工作面设备安装，至 2013 年 2 月进行了系统调试，2013 年 3 月正式示范应用。2014 年 5 月，中国煤炭工业协会在陕西神木县召开全国煤炭行业“两化”深度融合型智能矿山现场会，红柳林公司作为重要主会场之一，大采高智能化综采工作面建设经验得到了同行业的高度评价。通过以上新技术的应用及各先进系统的合理衔接，在实际生产过程中获得了较好的应用效果。红柳林矿大采高工作面通过传统方式开采每班需要 11 人，通过自动化技术的实施，工作面只需 5 人，开采作业人员减少了 60%，生产效率得到了极大的提高。

（本章主要执笔人：牛剑峰，王旭鸣，冯银辉）

第六篇　数字化矿山

数字化矿山是集信息数字化、生产过程虚拟化、管理控制一体化、决策处理集成化为一体，将采矿技术、自动控制技术、计算机技术、智能决策分析技术、3S技术（遥感系统、地理信息系统和全球定位系统）及生态技术高度结合的产物。可对矿山地质地貌、规划设计、安全生产、经营管理及矿区生态与复垦等进行全面数字化。利用信息技术、现代控制理论与自动化技术对矿山安全生产和运营的全生命周期过程进行动态详尽地描述与控制。保证矿山的绿色、安全和可持续发展。

我国数字化矿山研究从20世纪90年代开始，先后经历了单机控制系统、矿井综合自动化和数字化矿山，未来将向着遥控采矿、无人开采、智慧矿山发展。经过几十年发展，煤炭科学研究总院相继研制出包含安全、通信、生产过程控制、辅助运输等自动化、三维矿山到矿山安全生产和信息化管理软件在内的各类终端传感装置、监测监控系统、综合可视化平台等系列化数字化矿山产品，随着大型国有煤矿集约化管理及调度应用需求，2003年，煤炭科学研究总院常州研究院自主研发了国内首套煤矿综合自动化平台，实现了煤矿开采、监控的综合自动化，有效增加了煤矿的生产能力和监测监控水平，增强了煤矿的安全生产能力。煤科总院重庆研究院、北京研究院、沈阳研究院相继研发了煤矿综合自动化平台系统。

伴随着国家经济结构调整，势必要求煤炭企业通过科技手段，强化矿山数字化建设，将传统煤矿转型为“高产、高效、绿色、安全”的数字化矿井，提高企业竞争力，实现煤炭产业新发展。2007年煤科总院研制推广三维基础数字化矿山平台，先后承建潞安集团屯留煤矿、开滦集团钱家营煤业、冀中能源东庞矿、山西王坡煤矿、阳煤一矿、川煤集团花山矿等国内200多座矿山综合自动化或数字化矿山项目。随着信息化及自动化、物联网技术的不断发展及行业应用，数字化矿山在保障矿山本质安全、高效开采、绿色生态、高度集约化，实现矿井灾害综合防控、采矿自动智能化、安全监管全息可视、运营决策分析等方面起到积极作用，有力推动矿山开采向智能化、无人化迈进。

本篇重点介绍数字化矿山相关技术和煤科总院相关研究院在数字化矿山领域取得的科技成果及成果实践应用。

第 20 章 数字化矿山平台

数字矿山整体架构有多种模型，基本包含信息采集、集成和管理决策等层次和网络、数据、可视化平台，通过多种模型的有机结合，提出了多层次多平台的数字化矿山模型。

本章主要介绍数字矿山的网络、数据平台及三维可视化平台，网络平台包括矿山通信、数字矿山主干网与接入网、移动通信网络、网络协议及安全性等。数据平台包括数字描述规范、数据集成、管理技术及云数据中心等。数字矿山三维可视化平台技术包括 GIS、二维、三维可视化技术等。

20.1 网络传输平台技术

网络传输平台是数字矿山数据传输的物理基础，它可实现煤矿各个物理、逻辑系统的互联互通。适用于数字化矿山的骨干通信，有高速以太网、光无源网络、SDH 网络等，适合作为接入网络的有工业总线、无线网络等方式。数字化矿山目前的主要应用研究为矿用实时可靠传输协议及标准、矿井事件和时间共同驱动的工业以太网实时可靠传输技术。

20.1.1 矿井网络通信技术特殊性

矿井网络通信技术具有性能要求和环境双重特殊性。

1. 性能要求

矿井生产要求通信性能方面必须最少具备冗余性和实时性两个特性。

2. 环境特殊性

矿井通信环境不同于一般的工业生产环境，井下空气潮湿，相对湿度可达 90% 以上。尘埃和腐蚀性气体、液体也较为常见，矿井内还可能含有一些毒性和爆炸性气体。矿山作业动态变化使得井下巷道环境是动态变化的。动态的工作环境导致通信覆盖的需求及效果动态变化，且易导致无线电信号在物理环境中的传播特性随之发生变化。

不同种类的矿山所含矿物（煤矿、岩石、铁矿）不同、岩层结构也不相同。使得井下巷道壁围岩介质电磁特性（介电性、导电性）不同。最终导致井下无线通信传播特性各不相同。除了矿物类型，开矿的方式也导致了矿山的差异。这些差异对通信方式的选择、通信设备的安装、通信的覆盖效果也都起到了重要的作用。

矿井环境非常恶劣，用于一般环境的设备在井下可能会较快发生故障。矿山生产环境的特殊性对网络传输装置、设备和通信方式都提出了不同的要求。煤矿井下无线网络传输层装置、设备和通信方式在设计过程中，主要考虑安全性、抗干扰和保护、尺寸、坚固耐用及可靠性等因素。

20.1.2 数字矿山骨干通信网络技术

数字矿山实现了各个子系统间的互联互通，因此有大量的数据（如视频、音频、传感器数据等）在各个子系统之间及子系统与中心数据库之间流动。这种满足大量数据流动需求的网络，称为骨干网络。可用作矿井主干网的网络有：以太网、工业以太网、无源光网络、同步数字体系等。

1. 以太网

以太网采用带冲突检测的载波侦听多路访问机制，通过无源的介质，按广播方式传播信息。普通以太网中原则上难以满足工业控制实时性要求，在控制领域应用较少。

2. 工业以太网

工业以太网是专门为工业应用设计的以太网。通过各种协议转换接口，统一管理现场总线设备，为各种监测监控系统的传输提供高速通道，最大限度实现子系统的信息共享，便于系统的扩展。

工业以太网的拓扑结构有总线型、星型、环形、树形等。为增加工业以太网可靠性，除了设备本身可靠性外，增加设备热备份和路径冗余两种冗余技术。

3. 无源光网络

无源光网络（PON）是指在局端设备 OLT（Optical Line Terminal）和用户端设备 ONU（Optical Network Unit）之间通过无源光缆、光分 / 合路器等组成的光分配网络连接的网络，没有任何有源电子设备。

4. SDH 网络

SDH（Synchronous Digital Hierarchy，同步数字体系）是由终端复用器、分插复用器和数字交叉连接设备等组成的，可在光纤上进行同步信息传输、复用和交叉连接，并由统一网管系统操作的综合信息传送网络。

20 世纪末随着工业以太网技术 + 现场总线技术在地面工业领域的广泛应用，在解决了工业以太网交换机的矿用隔爆处理及现场总线技术的本安化处理等问题后，针对煤矿井下各种信息传输的实际需求，煤科总院常州研究院首先提出了冗余工业以太环网的方案，研制了具有自主知识产权的 KJJ58 矿用环网千兆以太网接入器，国内第一次将工业以太环网技术应用于煤矿井下，同期还开发了 KJJ31 型矿用环网百兆工业以太网接入器。模块本安化处理后先后研制了 KJJ32 矿用本安型环网接入器和 KJJ18 矿用本安型千兆环网接入器，为数字化矿山的主干网络建设提供了核心设备。

常州研究院还率先应用矿用无源光网络 GEPON 技术研制成功数字化矿山的井下骨干网络设备，该系统成本低，带宽可动态分配，组网灵活，易于扩展，适合于综合传输视频、数据、语音等信息，用作全矿井综合自动化系统的高速主干传输。

20.1.3 接入网络技术

在数字矿山系统，接入网络就是各子系统与主干网节点之间的传送实体。数字矿山的接入网可分为有线网络和无线网络两种，有线网络主要采用相对成熟稳定的工业总线，无线网络根据无线通信方式划分，包括自组网通信、漏泄通信、以空气为传输媒介的无线通信。

1. 工业总线

工业总线是以工厂内的测量和控制机器间的数字通信为主的网络，也称现场网络。其将传感器、各种操作终端和控制器间的通信及控制器之间的通信进行特化。这些机器间的主体配线是开 / 关、接点信号和模拟信号，通过通信的数字化，使时间分割、多重化、多点化成为可能，从而实现高性能化、高可靠化、保养简便化、节省配线（配线的共享）。

2. 漏泄通信

漏泄通信在需要无线信号接入的区域，配备特殊的用于感应通信的同轴或双芯电缆，漏缆外导体上有一系列的槽孔或隙缝，无线信号从这些槽孔或隙缝处向外传播，使用这种方式传播能够较好控制无线信号的衰减（衰减程度可小于自由空间），使电磁波沿电缆线纵向传播，增加了信息的传播范围。可用于传输语音、视频和数据信号。

3. 无线通信

以空气为传输媒介的无线通信网络在无线通信领域有广泛的、不可替代的作用。其强大的扩展功能、高速的传输速率、较大的信道容量，以及良好的发展前景，使其成为数字矿山传输网络的重要辅助工具。现在可应用于井下无线传输网络的相关技术有 Z-wave、ZigBee、IrDA、BlueTooth（蓝牙技术）、RFID（射频识别）、WiFi（无线保真）、CDMA、LTE 等系统及技术。

4. 自组网通信

自组网是一组带有无线收发装置的移动终端组成的一个多跳式的临时性自治通信系统，由于终端的无线通信覆盖范围的有限性，两个无法直接通信的用户终端可借助其他终端的分组转发进行数据通信。它可以在没有或不便利用现有的网络基础设施的情况下提供一种通信支撑环境，从而拓宽了移动通信网络的应用环境。

20.1.4 无线语音通信技术

井下无线移动通信的发展经历了感应无线通信、漏泄无线通信、中频无线通信、小灵通无线通信，CDMA 无线通信，WiFi 无线通信和 TD-SCDMA 无线通信等不同阶段。

1. 矿用 WiFi 无线通信系统

矿用 WiFi 无线通信系统是近年来应用较多的矿用无线通信系统之一，使用 2.4GHz 或 5.8GHz 频段，具有覆盖范围广、传输速度高、布网成本低等特点。

其技术优势是：采用标准工业以太网结构，系统可与矿井的安全监控、图像监控等系统共用一个传输通道，实现语音、数据、图像传输，减少线缆重复建设；采用标准 TCP/IP 协议，具有很强的网管能力；通过开放的 WiFi 协议，可方便接入任何符合 WiFi 协议标准的设备，实现无线数据传输。

2. 矿用 CDMA 无线通信系统

CDMA 即码分多址通信技术，其原理是基于扩频技术，以其容量大、频谱利用率高等诸多优点，成为第三代移动通信的核心技术。CDMA 是一种新型数字蜂窝技术，它利用数字传输方法，采用扩频通信技术，大幅度地提高了频率利用率，具有容量大、覆盖范围广、手机功耗小、话音质量高的突出优点。

其技术优势是：CDMA 无线通信系统采用了许多新技术，保证了大的覆盖范围，大的通信容量和高质量的话音；扩频技术，使语音编码先进，通话更清晰；功率控制技术，基站远近，保证通话效果一致；减少手机发射功率，绿色环保；语音激活技术，降低功耗，提高用户的传输速率；RAKE 信号接收技术，克服信号衰落；软切换技术，让 CDMA 用户通信不中断；可变速率声码器，提高链路平均利用率，改善话音质量。

3. 基于 Femtocell 基站的矿用无线通信系统

Femtocell 又可称为毫微微小区、家庭基站，是近年来根据 3G 发展和移动宽带化趋势推出的低功率、超小型化移动基站。它具有 1 个载波，发射功率为 10～100mW，覆盖半径为 50～200m，支持 4～6 个活动用户。

其技术优势是：系统采用全 IP 协议框架，井下 Femto 基站安装方便、配置灵活、即插即用；系统井下主干传输网络可采用煤矿现有的工业以太网络，可降低系统建设成本；终端可采用与公网同样的设备，具有价格优势；CDMA/TD-SCDMA/WCDMA 等均有相应的 Femto 基站。

4. 矿用 WCDMA 无线通信技术

WCDMA 是集 CDMA、FDMA 技术优势于一体、系统容量大、抗干扰能力强的移动通信技术。其发展空间较大，技术成熟性最佳，所呈现的先进的移动无线系统具有较高的扩频增益性。

其技术优势是：系统采用全IP协议框架，井下基站安装方便、配置灵活、即插即用；系统井下主干传输网络可采用煤矿现有的工业以太网络，可降低系统建设成本；世界上最成熟的3G技术、网络设备以及终端设备丰富的产业链支持，确保客户投资；支持高速数据业务。

5. 矿用TD-SCDMA无线通信系统

矿用TD-SCDMA系统组网方案采用3G网络主流方案——光纤拉远分布式基站技术，组网简单，满足煤炭专网在各种环境和地质条件下的组网要求；系统具有带宽高、距离远、更安全、建网灵活、高可靠性和安全性等特点，井下基站功耗低，工作电压范围宽，完全符合本质安全型的要求，满足煤炭安全生产的需要。

其技术优势是：频谱灵活性高，支持蜂窝网能力强；频谱利用率高，抗干扰能力强，系统容量大；适用于多种环境（如陆地、航空、海域）；设备成本低。

煤科总院常州研究院长期从事矿用通信技术及设备的研究，国内首次将CDMA、WiFi等无线通信技术研制应用于煤矿井下，先后研发了KT28型、KT28A型、KT130型等矿用CDMA、WiFi无线通信系统。重庆研究院、北京研究院、沈阳研究院等也先后研发了相关无线通信系统，为数字化矿山无线通信网络建设提供了多种网络设备、系统装备。为矿区井上与井下的无线语音、数据及图像传输提供了一个共用的系统平台，为生产调度、应急救援、安全监控与督察提供了良好的应用基础。

20.1.5 网络安全体系

随着信息系统对煤业集团在安全监控、企业经营等方面支撑作用的增强，不断增加的信息攻击频率与越来越苛刻的网络安全防护反应速度之间的矛盾日益激烈。矿山信息系统因病毒发作遭到来自内部和外部的攻击，甚至直接攻击服务器，极易导致网络系统瘫痪、敏感数据被窃取、煤矿生产状况得不到及时有效监测等，对数字矿山的生产安全监控造成极大威胁和严重影响。为此网络系统应建立必要的安全体系，及时有效地防范应对计算机犯罪和病毒，保证网络数据库的长期安全。

1. 网络安全体系结构

安全体系结构包括安全模型、安全策略、安全机制、安全服务等。网络安全模型是构建合理安全策略的前提，安全策略通过安全服务实现，安全服务则由安全机制完成。

OSI（Open Systems Interconnection，开放式系统互联）参考模型把网络协议从逻辑上分为7层，即物理层、链路层、网络层、传输层、会话层、表示层和应用层。一般的安全模型由主机安全、网络安全、组织安全和法律安全组成。比较典型的安全模型有PPDR（策略Policy、保护Protection、检测Detection、响应Response）模型、PDRR（防护

Protection、检测 Detection、响应 Response、恢复 Restore）模型、WPDRRC（预警 Warning、防护 Protection、检测 Detection、响应 Response、恢复 Restore、反击 Counterattack）模型、APPDRR（风险评估 Assessment、安全策略 Policy、系统防护 Protection、动态检测 Detection、实时响应 Reaction、灾难恢复 Restoration）模型等。

PPDR 模型包括风险分析、执行策略、系统实施、漏洞检测和实时响应等几个主要环节。PDRR 模型根据入侵事件发生的时序，分为防护、检测、响应和恢复 4 个环节。WPDRRC 模型在 PDRR 的基础上增加了预警和反击环节，WPDRRC 模型进一步补充了 PDRR 模型的时序性和动态性。APPDRR 模型将网络安全分为风险评估、安全策略、系统防护、动态检测、实时响应和灾难恢复六个环节。

2. 多层次防护策略

据矿用传输网络的安全问题以及安全过程，将矿用网络安全策略划分为安全风险管理策略和技术保障策略两个方面。

安全风险管理策略主要应用于组织层面，规范组织的信息安全制度，规范治理机制和治理结构，保证信息安全战略与组织业务目标一致。安全风险管理包括安全标准、安全策略、安全测评等。

安全风险技术保障策略主要围绕四个纵深防御技术领域来组织：保卫网络和基础设施，主要工作集中在保卫主干网络的可用性；保卫边界，对流入、流出边界的数据流进行有效的控制和监督，防止外来攻击和内部攻击；保卫计算环境，包括终端用户环境、系统应用程序的安全，根据数字矿山的实际情况，可以细分为：计算机终端安全、身份认证及应用访问控制、病毒防护、系统安全性检测、数据备份与恢复等几方面；支撑基础设施，为应用系统保障机制提供基础平台。

20.1.6 数据传输实时可靠传输协议

目前煤矿网络主要采用以环形工业以太网为核心，WiFi 和工业总线为分支的架构方式，实现全矿井数据通信网络的覆盖。随着工业以太网技术在煤矿生产中的进一步深入应用，实时性问题会日益突出。要实现基于以太网的网络化控制系统，实现数字矿山，首先必须解决工业以太网的实时性问题。

1. 工业以太网确定性实时传输改造

以太网确定性实时传输能力改造方法可以采用软件方法、硬件方法和软硬件结合方法。

软件方法通过采取程序设计的软件技术，在全双工交换式连接的普通以太网上实现周期性数据的确定性传输。采用这种方法实现的以太网确定性实时传输能力有限，对于程序执行过程中因代码执行时间的波动而引起的抖动不可避免，因而实时性能一般。但采用这种方法的工业以太网国际标准兼容性最好，完全兼容商用以太网硬件产品，构建成本最低，最容易实现。

硬件方法大都是采用链路访问调度技术，在以太网 MAC 之上增加一个链路访问调度实体，自动分时发送数据，实现了冲突避免，保证了周期数据的确定性传输。采用通过 LAS 技术实现以太网周期性数据确定性实时传输的国际标准构建的工业以太网，需要专门的具有 LAS 功能的接口电路，或专门的网桥，实现成本较高。但实时性能较好，性价比高，因此应用较多。

软硬件结合法，既对以太网介质访问控制协议加以改动，又全新设计物理实现电路，在这种专用软硬件的共同作用下，实现以太网的实时性传输。这时的以太网 MAC 层的工作过程基本上已经被改造的面目全非了，已不再是完全意义的 IEEE802.3 协议标准下的以太网。只剩下 MAC 帧结构还有下面的介质访问物理层还是以太网的特征。采用由此方法实现以太网周期性数据确定性传输的国际标准构建的工业以太网，成本最高，但实时性能最好。

2. 实时工业以太网的协议结构及调度原理

以太网是个基带传输的网络，以太网所采取的实时传输调度基本都是分时调度技术。按照调度技术与 ISO/IEC8802-3 和 TCP/IP 之间的关系，可将它们分为“在 TCP/IP 之上”、“在 Ethernet 之上”和“修改了 Ethernet”三大类。

（1）“在 TCP/IP 之上”的实时以太网，是指只是开发了基于 TCP/IP 的工业控制网络应用协议，而对 TCP/IP 和 Ethernet 协议及结构不做任何改变，直接将其软硬件（只在防震、防潮、防爆、耐温、耐腐等方面对芯片和物理接口作环境适应性处理）用于工业现场环境的工业以太网。

（2）“在 Ethernet 之上”的实时以太网，是指定义了基于 Ethernet 的硬件之上，也即 MAC 层之上的 MAC Control 协议，对 Ethernet 的硬件，以及 Ethernet 的 LLC 层，不作改变的以太网。

（3）“修改了 Ethernet”实时以太网，是对标准 Ethernet 的硬件和基础结构进行改变的以太网，它唯一保留的只是 ISO/IEC8802-3 的 MAC 帧的组成及结构。这类“修改了 Ethernet”的实时以太网，实现了总线形或环形的线式拓扑结构，为此它要求每个节点都要含有一个交换机电路。

3. 事件和时间共同驱动的实时传输协议

随矿山开采的进行，增加网络中节点的数量时常发生。此外，网络中节点信息数据的负荷也可能发生变化。因此，将工业以太网标准应用于煤矿生产环境构建现场控制网络时，应对其实时调度算法进行改进，使网络协议能够动态适应网络信息节点数量、信息数据负荷的变化，自适应调整时隙，并能正常实现调度，维持网络的运行并保持网络的性能不变。目前主流技术有：矿井微网段固定时隙分配策略、MEPA_SaSiS 分布式调度算法、矿井跨网段固定时隙分配策略、MEPA_SaSaS 分布式调度算法。

20.2 数据平台技术

数字化矿山需要实现数据矿山中各异构系统数据的互联互通，必须对数据编码规范、数据集成、数据中心资源利用等方面进行统一规范建设。本节通过对数据编码规范和矿山数据分类，保证了各系统数据的规范性，为数据集成打下基础。在数据编码规范的基础上，介绍矿山各类异构数据的抽取、建模、转换及数据加载的数据集成技术和数据集成后的存储备份、数据管理、虚拟化和云管理技术。

20.2.1 矿用编码规范

煤矿生产是一个复杂综合性工程，涉及地质地测空间固有数据，采掘机运通 、洗选、运销等生产过程类数据，安全监控、人员定位、矿压监测、瓦斯抽放、供水自救、调度通信等安全监测类数据以及人力资源、设备管理、物资管理、财务等日常经营管理类数据，造成矿山数据纵横交错、纷繁复杂。实现数字化矿山建设首要是了解矿山在安全监管、生产、运营、管理过程中所产生最基础、最根本的数据信息，将众多系统、数据集成到统一数字化矿山平台，实现数据信息的总体集成与业务综合应用，是数字化矿山建设的技术关键所在。因此数字矿山需要构建所有子系统所包含的系统数据模型，实现对矿井的各类数据信息进行梳理和规范化整理。

梳理和规范化整理主要包括数据分类和数据编码两部分。数据分类主要按照数据场景及业务模型实现各类系统数据的归类，编码规范主要按照物联网编码体系实现数据标准化定义，实现数据的快速检索与关联性查阅。

编码的方法主要有阿拉伯数字法、英文字母法、暗示法及混合法，主要应用于系统数据编码、基层单位编码、专业业务编码、各类煤矿子系统定义、系统型号编码和参数类型信息编码。

20.2.2 矿山数据分类

矿山数据按照业务领域及应用范畴将矿山数据分为矿山基础数据、监测监控数据、生产自动化数据和经营管理数据。

1. *矿山基础数据*

矿山基础数据包括煤矿基本信息、图文信息、地测系统信息和井巷系统信息。

2. *监测监控数据*

监测监控数据主要指各类监测监控系统采集的数据，包括安全监控系统、人员定位系统、紧急避险系统、通信联络系统、压风自救系统及供水施救系统等采集的数据。

3. 生产自动化数据

生产自动化数据主要指各自动化系统采集的数据，包括通风系统、供电系统、给排水系统、运输系统、提升系统、选煤系统、装车系统、综采工作面系统、掘进工作面系统等采集的数据。

4. 经营管理数据

经营管理数据主要指矿山各类经营管理系统所包含的数据，包括人力资源管理系统、物资供应管理系统、财务管理系统、机电设备管理系统、计划管理系统、生产调度管理系统、安全隐患管理系统、生产技术管理系统、运销管理系统等管理的数据。

20.2.3 数据集成中间件技术

数据集成是把不同来源、格式、特点性质的数据在逻辑上或物理上有机地集中，主要解决数据的分布性和异构性的问题，其前提是被集成应用必须公开数据结构，即必须公开表结构、表间关系、编码的含义等。在企业数据集成领域，已经有了很多成熟的框架可以利用，目前通常采用联邦式、基于中间件模型和数据仓库等方法来构造集成的系统，这些技术在不同的着重点和应用上解决数据共享和为企业提供决策支持。

1. 体系结构

数据集成中间件的主要功能构件有数据访问适配器、元数据、数据建模与管理和抽取、转换、加载和统一视图等主要功能构件组成，其中，加载构件是数据物理集成到目标数据库中的构件，统一视图是数据逻辑集成的构件。如图 20.1 所示。

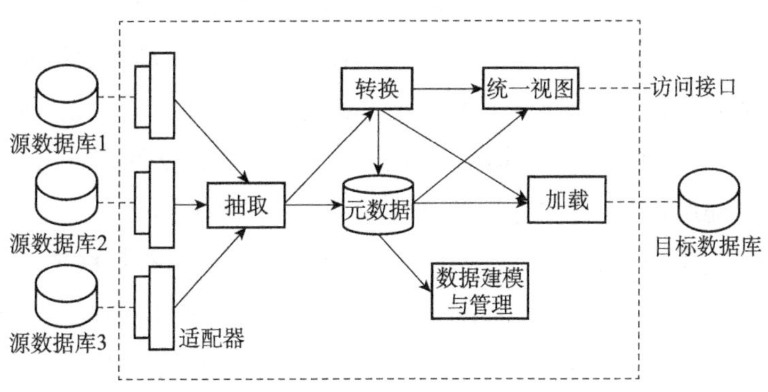

图 20.1　数据集成中间件体系结构图

2. 关键技术

数据集成中间件的关键技术包括数据抽取、转换、数据加载与统一视图、元数据和数据建模与管理技术。

1）数据抽取

基于中间件的数据抽取主要包括异构数据访问方法、数据库适配器和数据抽取等关键技术。

2）数据建模与管理

数据集成关键是对数据进行概念建模和在概念建模基础上的集成支持。建立数据概念模型对数据进行统一标示和编写目录，确定元数据模型。数据建模主要是针对抽取、转换过程中的模式、规则进行建模，形成元数据，以便数据集成中间件在抽取与访问时利用。

3）元数据

元数据是描述数据的数据。为了兼容和统一数据描述，数据集成中间件通过对各种数据库的元数据进行分析，定义各种数据库元数据与统一元数据之间的映射关系，以及统一元数据到具体数据库元数据之间的映射关系。

4）数据转换

数据转换是指从源数据中抽取的数据进行整理、拆分、汇总等处理，保证数据按要求装入目标数据库。数据转换是数据集成过程的核心环节，包括数据变换和实例层数据清洗两个步骤。变换指的是对数据的格式和语义按照元数据模型的定义进行统一转换；清洗指的是确保数据集中的所有数值是一致的和被正确记录的。数据变换可大致分为两类：字段水平的简单映射和复杂集成。字段水平的简单映射是数据中的一个字段被转移到目标数据字段中的过程。数据变换其他工作量是进行数据的复杂集成，它需要做更多的分析，包括通用标识符问题、目标元素的多个来源、计算数据、聚集数据、衍生数据等。

5）数据加载和统一视图

数据加载包括数据的实时加载和数据的发布、订阅技术。数据的实时加载，通过按照元数据的规则，将转换与过滤完的数据实时加载到目标数据库中。保证源数据和目标数据库的数据同步则是数据加载中的关键技术，特别是在分布式异步数据集成的环境下，减少数据传输过程中的冗余量，实现数据的同步的高效性和增量报送成为数据同步的目标。

数据发布技术，提供向消息代理或其他消息中间件的数据发布方法。数据发布配置，包括连接特性、传输质量特性和内容特性（主题特性）的配置。

统一视图是针对数据逻辑上的集成到一起而提供的数据虚拟加载技术，它不将数据物理的加载到目标数据库中，而是针对用户的请求，按照统一视图的规范，根据元数据的定义，对查询进行分解，并从源数据库中进行数据抽取和转换，形成满足数据访问请求的结果返回给对方。

20.2.4 数据存储备份技术

数据存储备份技术经过了直接外挂存储（DAS）、存储域网络（SAN）、网络附加存储（NAS）三个发展阶段。

1. 数据存储方式

数据按照存储方式可分为内置存储和外挂存储，内置存储主要指磁盘阵列等；外挂存储根据连接的方式分为：直连式存储和网络化存储；网络化存储根据传输协议又分为：网络附加存储和存储区域网络。

2. 数据备份方法及策略

数据备份是容灾的基础，是指为防止系统出现操作失误或系统故障导致数据丢失，而将全部或部分数据集合从应用主机的硬盘或阵列复制到其他的存储介质的过程。传统的数据备份主要是采用内置或外置的磁带机进行冷备份。但是这种方式只能防止操作失误等人为故障，而且其恢复时间也很长。随着技术的不断发展，数据的海量增加，不少的企业开始采用网络备份。网络备份一般通过专业的数据存储管理软件结合相应的硬件和存储设备来实现。

数据备份策略的选择，要统筹考虑需备份的总数据量、线路带宽、数据吞吐量、时间窗口以及对恢复时间的要求等因素。目前的备份策略主要有完全备份、增量备份和差异备份。完全备份是对整个系统包括系统文件和应用数据进行的完全备份，所需时间最长，但恢复时间最短，操作最方便，当系统中数据量不大时，采用完全备份最可靠；增量备份是指每次备份的数据只是相当于上一次备份（全或增或差）后增加的和修改过的数据；差异备份是每次备份的数据是相对于上一次完全备份之后新增加的和修改过的数据，这两种备份方式所需的备份介质和备份时间都较完全备份少，但是数据恢复麻烦。根据不同业务对数据备份的时间窗口和灾难恢复的要求，可以选择不同的备份方式，亦可以将这几种备份方式进行组合应用，以得到更好的备份效果。

20.2.5 数据管理和数据中心虚拟化、云管理技术

1. 数据管理技术

数据管理技术具体就是指人们对数据进行收集、组织、存储、加工、传播和利用的一系列活动的总和，经历了人工管理、文件管理、数据库管理三个阶段。每一阶段的发展以数据存储冗余不断减小、数据独立性不断增强、数据操作更加方便和简单为标志。

2. 数据中心虚拟化技术

随着矿山业务的不断增长，传统的“一个应用程序，一个服务器”的模式已经越来越制约着数据中心的发展，为了解决成本的增加及数据管理上的问题，越来越多的数据中心已经开始引入数据中心虚拟化技术，以便充分利用服务器、空间及人力资源。

虚拟化技术是指计算机相关模块在虚拟的基础上而不是真实的独立的物理硬件基础上运行，把有限的固定的资源根据不同需求进行重新规划以达到最大利用率，从而实现简化

管理、优化资源等目的。虚拟化以实现层次分类主要有：硬件虚拟化、操作系统虚拟化、应用程序虚拟化；以被应用领域来划分主要有：服务器虚拟化、存储虚拟化、应用虚拟化、平台虚拟化、桌面虚拟化。

虚拟化技术节约成本、节省空间、降低能耗、提高基础架构的利用率、提高稳定性、减少宕机事件、提高灵活性、提升管理效率。但虚拟化技术存在服务器蔓延的问题，并非适应所有的应用，排错过程复杂。

3. 云管理技术

为了支持云计算虚拟化、动态化、关联性、自动化的服务要求，整个云计算系统需要有一个统一的操作运行管理平台，能够对云服务进行端到端自动化部署，同时快速响应资源调度与业务变更的服务需求。

云计算运行管理有集中统一的云计算运行管理、双层式管理和三层式管理几种方式。

集中统一的云计算运行管理以统一集中的方式进行数据中心基础架构的运行管理，云的操作管理平台能够对计算、存储、网络进行整合，在用户操作平面上形成单一的界面，在逻辑结构、运行结构上很清晰，管理层次少。

双层式管理模型在类似集中统一的云计算运行管理模型的架构下，除了统一的运行管理平台，在计算、存储、网络各个系统中集成各自专业的管理系统。简化了统一运行管理平台的复杂度，又引入了传统成熟的运维管理方式，并分离了云计算的服务运营与基础架构管理，形成一个具有分工与协作的 IT 运行结构。

三层式管理的云管理平台运行在一个逻辑层面，向云计算用户提供服务界面、云服务供应操作，不直接管理和操作底层设备。中间层是基础资源操作管理层，接受来自上层的云服务调用，并转换为针对底层设备的配置操作，中间层同时作为专业化系统对基础设备执行运行、维护、监管等功能。最下层为基础设备层面，是计算、网络、存储等基础云计算资源连通运行形成的物理层，接收来自上层的指令而运行和提供服务。

20.3 三维可视化平台技术

三维可视化是利用计算机对大量数据进行处理，通过科学计算过程将数据转换成直观的图像和图像信息。

通过三维可视化技术，数字化矿山可实现在地形地貌绘制、监测监控、安全生产等过程中同计算机系统进行更丰富的人机互动。随着煤矿“两化融合”的推进和数字矿山的推广，三维可视化技术将在数字矿山建设中扮演更重要的角色。

20.3.1 矿井可视化技术

煤矿的生产工作环境比较特殊，大多数煤矿的作业现场深处井下，空间分布广阔、地质构造多变、工作场景视野受限、作业条件复杂，为及时了解矿山井下的人员、设备、灾害源及事故的发生发展过程，有必要利用可视化技术，将矿井巷道示意图、地测地形图、安全监控系统、人员定位系统、工业电视系统、综合自动化管控等各种信息，通过直观的视觉感官传递给工作人员，将井上、井下真实全貌（包含生产、设备运行状态）完整的、直观的展现出来，实现基于三维可视平台下的数字化矿山，提高煤矿安全生产调度指挥的效率，降低井下灾害发生的概率，提高抢险救灾的快速反应能力。因此，矿山可视化作为数字化矿山的主要内容之一，其应用具有非常重要的意义。

1. 矿山可视化基本技术

目前主要有 CAD 技术、矢量图、模拟图的矿山可视化应用。

2. 地理信息系统技术

地理信息系统（Geogrphic Information System，GIS）是一种专门用于采集、存储、管理、分析和表达空间数据的信息系统。它是在地理学、地图学、测量学、信息学、环境学、计算机科学和自动绘图技术等学科基础上发展起来的一门新兴的边缘学科，同时具有一定的结构和功能，构成了一个完整的系统。

二维 GIS 是把垂直方向的第三维信息简单抽象成一个单一属性值进行处理，用平面的信息展示立体空间的效果。目前，矿山使用的地理信息系统可以实现对矿山资源、生产、管理、销售与环境信息进行采集、存储、处理，通过建立的矿山数据库和 GIS 软件系统，可以实现对信息数据的查询检索、综合分析、动态预测和评价。

三维 GIS 是指能对空间地理现象进行真三维描述和分析的 GIS 系统，是布满整个三维空间的 GIS。其研究对象是通过空间坐标系内的三维空间坐标（x，y，z）进行定义，每一组三维空间坐标（x，y，z）表示一个独立的空间位置，在数据采集、数据模型、空间操作及分析算法、系统维护、界面设计等诸多方面比二维 GIS 复杂得多。从二维到三维虽然只增加了一个空间维度，但三维可以包含几乎所有的空间信息，突破常规二维表达的约束，以立体造型技术给用户展现地理空间现象，给人们带来更真实的感受。

在煤矿底板突水危险性预测中，可以利用 GIS 系统分析煤矿（矿区）地质、水文地质条件及突水资料的基础上，建立起能反映较多因素综合作用的突水模式，以帮助煤矿生产决策人员比较直观地对底板突水作出正确地判断。

3. 全景图像处理技术

全景图像处理技术将一组具有相关信息的、离散的、有一定重叠区域的图像，拼接成一幅大型的无缝宽视角、高分辨率或 360 度全方位全景图像，用全景图表示实景可代替 3D 场景建模和绘制，用来虚拟实际场景，被广泛地应用于全景图像的生成、增大图像分辨率、图像压缩、视频扩展等方面。

图像拼接技术是全景图像生成的关键技术，拼接算法的好坏直接影响全景图的真实感。

图像拼接技术的实现过程包括全景模型选择、图像采集、图像预处理、图像配准、图像缝合及全景展示浏览等步骤。

4. Web-GIS 系统

Web-GIS 是一种基于互联网技术标准、以互联网为平台的、采用分布式体系结构的 GIS 系统，具有更广泛的访问范围、更高的客户端通用性、良好的可扩展性等特点。Web-GIS 的实现技术主要有三种方法：① CGI 技术方法，即通用网关接口技术方法；② Plug-in 技术方法，即应用程序插件技术方法；③ ActiveX 控件和 DCOM 对象构件技术方法以及 CORBA/Java 技术方法。

20.3.2 三维模型建模技术

煤矿三维建模工作主要包括煤矿三维地质体建模、煤矿巷道和巷道内附属设施设备建模、煤矿地面环境建模三个部分。

1. 三维数据模型技术

三维数据模型是实现可视化算法的基础。常见的三维数据模型可分为面向实体的数据模型、拓扑关系数据模型和混合数据模型等几类。

1）面向实体的数据模型

模型以独立、完整、具有地理意义的实体为基本单位对地理空间进行表达。模型中每个对象不仅具有自己独立的属性，而且具有自己独立的行为和方法。该模型能够方便的构造用户需要的任何复杂地理实体，具有修改方便、查询和空间分析容易的优点。

2）拓扑关系数据模型

以拓扑关系为基础，并存储各个几何要素。其特点是以点、线、面之间的拓扑链接关系为中心，存储的坐标具有依赖关系。该模型的主要优点是数据结构紧凑、拓扑关系明晰，存储的拓扑关系可以有效提高系统在查询等方面的效率。

3）混合数据模型

模型将两种或两种以上的数据模型加以综合，形成一种新的一体化结构模型，通过各模型之间的取长补短，较大程度上避免了各种模型的不足。比较典型的是基于八叉树构造和四面体格网的混合模型，以及拓扑面向实体的三维矢量数据模型等。

2. 精细化地质体快速建模技术

地质体三维建模是在三维可视化环境下，基于钻孔、地质剖面图、地质平面图、勘探工程等地质数据，利用地质空间插值、矿山快速建模算法等技术，构建矿山地表模型、钻孔分布模型、地层模型、构造模型、岩体模型、蚀变带模型、矿床模型、矿体模型、块段模型、巷道模型、矿权模型、采空区模型、露采面模型、灾害应急模型等一系列模型，从而实现对地质体、地质现象、地质过程的再现和抽象。

3. 高仿真巷道与井下设施设备三维建模

巷道模型是绘制其他井下设施和设备三维模型的基础，在建模过程中可以按照信息系统中弧段节点的数据结构对巷道进行三维建模，在空间上，将巷道分为巷道中心线和巷道断面建模。

三维复杂模型的实时建模与动态显示是虚拟现实技术的基础。目前，三维复杂模型的实时建模与动态显示技术可以分为两类：一是基于几何模型的实时建模与动态显示；二是基于图像的实时建模与动态显示。

4. 煤矿地面环境建模

煤矿地面环境建模主要指矿区的工业广场表面地形地质建模。煤炭矿区的工业广场，所关心的是建筑物的外部形状，因此可以使用体形的外表面来表达实体的整体构形。地面环境建模的方法可以使用 3DMAX 建模和图像建模技术。

20.3.3　三维建模技术应用

三维建模技术主要应用地理空间坐标系，利用二三维地理信息和全景技术作为支撑工具，构建二三维与全景一体化的三维矿山可视化平台，将矿山地形地貌、地表设施、井巷工程、矿山地质等空间构造，在平台中真实再现，同时将矿山监测监控、生产自动化、风险预控、生产调度管理、地测管理等系统的实时动态监测监控数据、生产调度数据、设备基础信息、人员定位信息、管理信息等植入平台，构建能真实反映煤矿复杂生产环境和状态的实景三维数字矿山，实现动态监测监控、信息跟踪、多系统互联互动和数据融合分析，为矿井的日常监测监控、调度管理、突发事件处置提供全息可视化支撑。

三维可视化矿山平台实现了从上游矿井基础数据认知采集处理、中游二三维可视化展示分析，到下游信息发布共享和增值应用的全息过程覆盖，为数字化矿山建设提供从设计、运行、实时监测、过程控制到管理的一体化、一站式产品。

煤科总院北京研究院研发的煤矿数字矿山综合管理平台，实现了矿区地理信息三维可视化，可以将地下采空区、工作面、巷道在地面的逆投影。通过自动获取地测管理系统数据，实现了煤矿标志性岩层、主采煤层的地质可视化，包含煤层中的断层、陷落柱、瓦斯含量分布、煤层等高线等，进行地质体剖切，为井下采掘巷道布置提供决策支持，实现多系统联合监测、一张图监控、多系统互联互动、数据与场景融合，达到高效监测、自动定位报警地点、自动分析可能的报警原因。通过三维可视化平台，再现了综采放顶煤、煤流运输等工艺过程。通过实时动态采集多系统数据进行融合分析，结合井下实时监测数据与巷道空间拓扑的避灾线路，实现了实时动态规划与发布功能。

（本章主要执笔人：温良，韩安，沈毅，苟怡）

第21章 数字化矿山分层结构

数字化矿山主要由物理设备层、安全生产管控层及管理与决策分析层构成。物理设备层主要由各种传感器、控制器等底层设备及其相应的局部网络组成，用于采集和控制矿山现场的各种环境、工况和控制指令的执行；安全生产管控层以设备层的设备为对象进行安全管控，其主要包括各类自动化系统组态软件、监测监控系统以及自动化子系统。管理与决策分析层通过数据分析、挖掘形成数据仓库，将煤矿防治水分析、通风分析、瓦斯分析、设备故障分析、隐患分析、生产分析、物料分析、安全分析等整合在一个平台中，通过基于云平台的数据中心进行信息交互，实现分析智能化、报警智能化和管理智能化。

安全生产管控中心是数字化矿山建设的核心内容之一，也是底层设备管控层与上层应用与决策层之间的桥梁。数字化矿山的网络平台、数据平台的核心均设在安全生产管控中心，三维可视化平台的核心也在管控中心，除此之外，数字矿山对各子系统的监测监控、语音通信和视频监测也集中在管控中心。决策分析层运用数据处理、数据挖掘、信息融合等技术，对数字矿山的数据进行增值利用，是安全管控层的更高层次应用。

本章主要介绍数字化矿山的安全生产管控技术和决策管理分析技术，重点以数字矿山网络化的控制技术、管理决策层前瞻性分析为主。

21.1 安全生产管控技术

安全生产管控技术主要介绍数字矿山生产过程控制技术的主要分类和常用组态集控系统。分析管控中心技术及系统组成，形成一个完整的管控中心系统。对生产过程系统及监测、监控的生产过程优化及协同控制方法进行分析，使用集控平台进行全矿山各种系统的优化监控，最终实现生产过程优化及协调控制。

21.1.1 管控技术分类

1. 单机控制

单机控制是指使用控制器对单台设备进行监测和控制，常见的单台设备包括：胶带机、压风机、排水泵等。主要控制器是单机控制的核心设备，工业领域常用的控制器有：单片机、DSP、PLC、其他嵌入式系统等。

典型的胶带机单机控制系统主要由监控主机、急停闭锁、扩音电话、总线式I/O、专用控制器、终端、传感器等组成。监控主机实现胶带机系统的逻辑处理和协调控制、人机交互，与工业以太网及其他设备的对接；沿线的急停闭锁、扩音电话、总线式I/O等设备利用现场总线技术，通过一根多芯总线电缆连接，实现设备间的通信、沿线的急停闭锁、语音对讲与扩播、设备接入与扩展；专用控制器实现胶带机特定设备的监测与控制，如张紧小车、给煤机、自动闸等，并具有智能的调节控制功能，使系统形成局部的分布式控制系统，提高系统的响应能力。单机电控设备布置如图21.1所示。

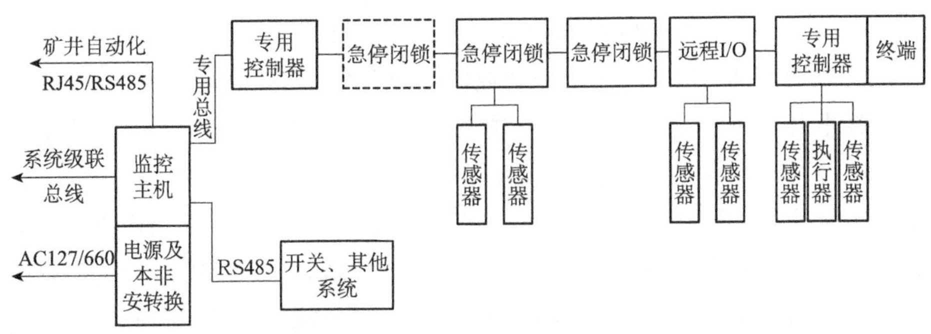

图21.1　单机电控设备布置图

1983年煤科总院常州研究院研制出我国煤矿第一套胶带运输控制系统，经过多次改进升级，增加了功能和适用范围，提高产品性能和可靠性，融入矿井网络及其他系统，形成现有的矿井生产过程控制系统，实现单一工作面胶带机控制的同时，将矿井生产过程自动化作为目标，联合矿井多个系统，实现矿井生产过程自动控制和节能降耗运行。

2. 单系统监测控制

单机控制是用单个控制器对单个对象进行控制，而实际应用中往往存在多个功能相同或相似的对象，这时就需要建立系统级的检测控制。例如，在矿山的胶带机输送系统就由多条胶带机组成，包括顺槽皮带、大巷皮带、主运皮带等，它们分布区域不同，功能相似，上下游皮带之间有一定的连锁关系。

单系统监测控制由集中控制单元、单机控制单元、公用控制单元组成。内部通信一般使用工业用现场总线。

3. 远程集中控制系统

远程集中控制系统是指多个不同的单机控制和单系统监控集成到一个统一的网络上，构成一个分布式监控系统。集控系统通过相关通信网络从区域监控系统进行数据采集，利用相关软件进行管理、操作、监控，以达到集中管理的目的。

远程集控系统概括起来由集中管理部分、分散控制监视部分和通信部分组成。其中，集中管理部分又可以分为工程师站、操作站和管理计算机。工程师站是用来组态和维护，操作站则用于监视和操作，管理计算机用于全系统的信息管理和优化控制。分散控制监视部分按功能可分为控制站、监测站或现场控制站，它用于控制和监测。通信部分连接集散型控制系统的各个分步部分，完成数据、指令及其他信息的传递。

4. 基于组态的集控系统

使用系统软件设计生成目标应用系统的过程称为组态，相应地这种应用软件和生成的目标应用系统一道被称为“组态软件”。工业组态软件的主要功能包括监控现场设备，与现场采集、控制设备交换数据，处理数据报警及系统报警，存储历史数据及历史数据查询等。通用组态软件主要特点有：延续性和可扩充性、封装性和易用性、通用性。目前常用的组态软件有：InTouch、MCGS、iFIX、WinCC、EcHmi 和组态王等。

煤矿生产过程控制一般由综采工作面通信控制系统、胶带机电控系统、工业以太网、矿井生产集控平台等部分组成，辅以工业电视系统、电力监测系统、数字广播系统、故障诊断系统等，并利用多系统的信息共享与联动机制，实现矿井煤流主运输设备的分布控制和集中监控。矿井生产集控平台通过标准通信接口与协议，实现矿井生产煤流的集中监控和协调控制，利用多系统信息的联动，达到矿井生产控制的音视频联动、数据共享与分析；胶带机电控系统通过在现场安装的堆煤、纵撕、速度、烟雾、温度等传感器，利用现场总线传输技术和嵌入式控制技术，实现胶带机的工况检测、设备控制与保护；工作面通信控制系统利用现场总线、PLC 技术和语音扩播等技术，实现综采工作面刮板机、转载机、破碎机的控制与保护，实现综采工作面内部人员的语音对讲与预警语音扩播，提高工作面生产效率和安全；工业以太网利用网络实时交换与冗余技术，形成矿井信息高速传输通道，实现矿井多信息网络的融合，提高控制实时性和可靠性。

21.1.2 管控中心系统

管控中心是数字化矿山建设的重要组成部分，处于控制层核心地位，向下连接设备层，向上连接信息应用层。管控中心核心建设包括管控软件平台、专业操控平台 (服务器、工作台等)、数据展示平台、通信平台、音视频设备等。生产管控软件平台包括安全生产管控和三维可视化基础软件，以及定制开发的数字化矿山平台的功能应用；专业流程控制操作平台的定制，各专业集中控制工位实现各环节岗位操作员的日常办公和集中监控功能；数据展示平台为矿井管控人员的调度指挥提供直观、便捷的数据综合展示。管控中心示意图如图 21.2 所示。

管控中心关联基础类建设包括数据中心、中心机房、网络安全等。数据中心承担数字化矿山平台系统建设、数据采集、数据处理及信息发布功能；中心机房包括机房装修修饰、设备机柜、供电及 UPS 电源系统、空调新风系统，同时包括一体化中心机房的门禁系统、消防系统、视频监控系统及其报警建设与集成建设；数字化矿山系统应统筹制定网络安全策略，采用设备安全、网络安全、数据安全、联网安全等一系列软硬件安全措施，部署网

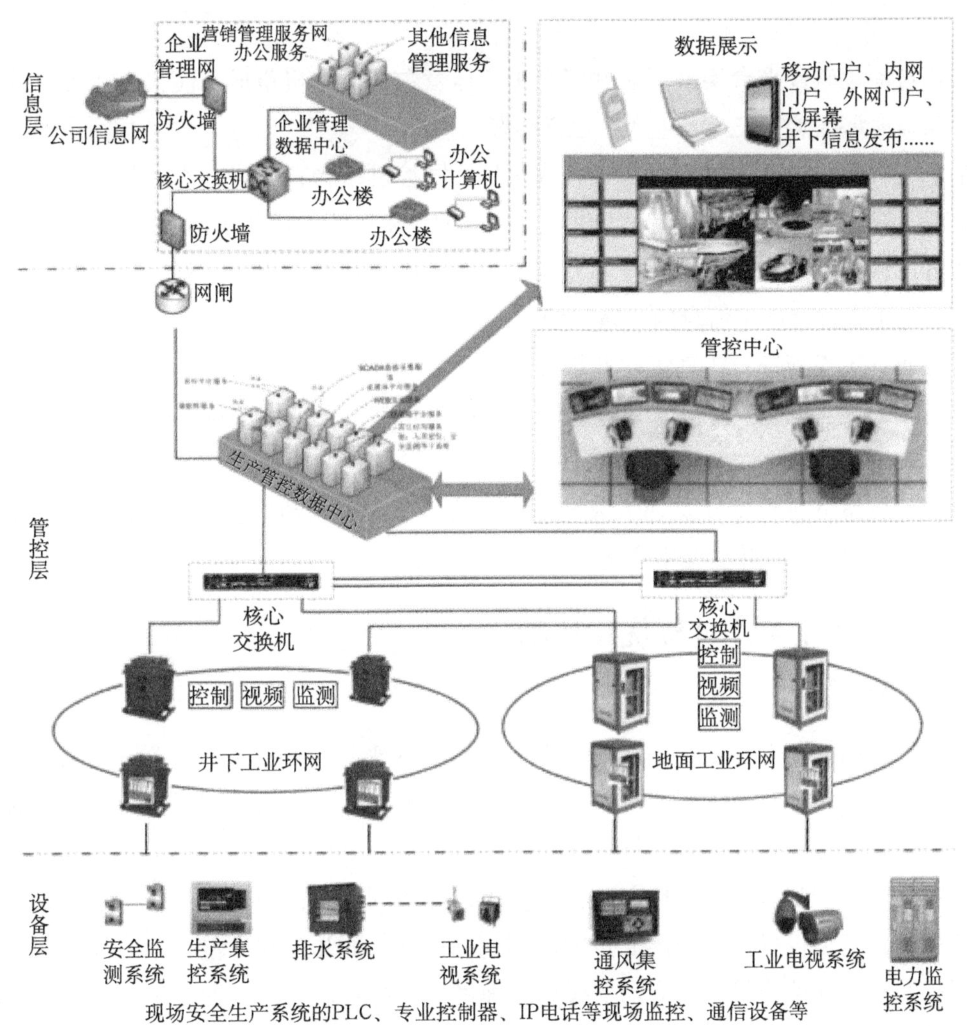

图 21.2　管控中心示意图

络安全系统，保证综合监控及自动化网络与所有子系统的安全，保证综合监控及自动化网络与企业信息网络的安全隔离。

管控中心将矿井各自动化子系统数据通过网络采集到统一平台，构建安全生产运营中心，实现对矿井各类安全、生产实时监控系统的数据采集、处理、存储、展示与综合分析，具有高度集成、综合应用、自动识别、预测预报、智能决策等优势。管控中心的建立，会形成了一套自动化子系统建设规范、基于物联网规则的数据编码规范，数据集成规范，为矿井数字化矿山建设过程中自动化系统的建设提供了通用技术指导与建设意见。从传感监测监控、控制技术等方面进行规范化，提升整体数字化矿山建设的可靠性及标准化。

建立数字矿山数据中心，形成了主数据中心、监测监控实时库、地理空间数据库、管理数据库、文档类数据库，为实现企业基础信息和业务权限管理、实时监测数据管理、空间数据管理、业务数据管理、文档数据管理，以及不同数据中心之间的数据关联提供共享机制。

综合自动化软件平台实现了矿井安全生产运营数据的有机集成，使得企业各级管理人员随时准确地掌握矿井安全、生产、运营动态。

基于生产作业工艺流程和生产过程优化的协同控制平台，配以远程图像与视频智能诊断，实现了对煤流工艺、通风流程、供电流程等的集中监测、优化协调控制。

通过可视化引擎与模型驱动技术，实现了矿山固有信息如地面广场、井下巷道、机电设备与安全生产过程动态信息的一体化融合。

通过业务流程管理，实现了矿井各级管理人员可根据自身角色及时获取相关决策信息并做出计划 / 指令调整，使得矿井各级管理人员各司其职、分工明确，快速准确完成所管事务。

建立了决策分析模型，实现了区域环境评估、多系统联动、安全等级评价、KPI 指标等决策分析主题，为矿井安全生产运营提供决策依据。

21.1.3 安全生产过程优化控制

1. 综采过程控制

综采工作面控制系统是自动化综采工作面的中枢神经，是综采工作面由机械化向自动化过渡的关键设备，其不仅要实现对单台设备的监测、控制，更要做好整个工作面的协调控制，提高综采工作面的效率和安全。

其主要协调控制有：采煤机、刮板机、支架的协调控制；刮板机负荷与采、放落煤量的协调控制；转运设备负荷与落煤量的协调控制；工作面瓦斯涌出量与采、放速度，风量的协调控制；乳化液流量、压力与支架移架速度的匹配控制；工作面漏顶与推进速度协调匹配控制等方面。

2. 主煤流运输过程控制

各工作面煤层至成品煤外运主运输过程依次经过工作面、大巷皮带、井底煤仓、主提升皮带、洗选和外运，之间存在着连续的或间断的煤流的闭锁关联关系，根据以工作面和煤仓之间的隔离，可以在整个主运输大流程中分成若干个小流程，随着采面的不断推进，慢慢地形成复杂的运行流程。

通信系统、视频监控、环境监测、人员监测及电力监控等安全保障系统为整个工艺过程的连续进行提供安全保障联动监测辅助。

3. 辅助运输过程控制

辅助运输业务线在地面控制中心设置辅助运输分控中心，面向运输队，该业务采用编码技术、物流监控技术及自动化监测监控技术，在地面辅助运输分控中心实现整个矿井材料、人员及矸石等运输过程的智能调度，对整个物流流转过程进行全过程监控。其主要实现辅助运输相关环节所有设备的运行参数远程实时监测与存储；通过分控中心实现对人员、物料、矸石等智能物流调度控制；实现辅助运输环节与相关安全保障系统的智能联动。

业务线包括：物资管运、轨道运输监控、绞车与提升机监控、架空乘人车监控等方面。

4. 供配电过程控制

供配电业务线的主要管控包括对井下变电所实施专人值守、故障上报处理以及对机电设备的定期检修等。这些业务线占用了大量的人力、物力、财力，极大限制了机电管理的效率。煤矿电力监控系统以供配电业务线的三大主要管控方式和安全管控方式为切入点，以信息化和自动化为主要驱动力，对供配电业务进行全面优化，打破机电管理的效率瓶颈，从而提升机电管理水平。

供配电业务线的过程控制主要包含：日常管理的远程集中优化、故障上报机制的网络化传输、机电设备管理的检修优化、安全管控优化等方面。

5. 安全保障过程控制

安全保障业务线在地面控制中心设置安全保障分控中心，面向通风队，该业务线在地面分控中心实现涉及煤矿安全监测监控所有相关部分的集中监测监控，并为煤矿安全生产过程提供安全保障辅助。

业务线主要包括：瓦斯监控、人员定位(精确定位)与智能灯房、水位监控、火灾束管监控、顶板压力监控、工业视频监控、信息发布、大型机电设备故障智能诊断等部分。

6. 生产辅助过程控制

生产辅助业务线在地面控制中心设置生产辅助控制分控中心，面向机电科，该业务线在地面分控中心实现涉及为煤矿生产实现辅助功能的自动化部分集中监测监控，与各系统实现联动控制。

生产辅助业务线主要包括：井下排水控制、压风机监控、制氮站监控、黄泥灌浆站监控、锅炉房集控、日常消防泵站监控等方面。

7. 动目标运维过程控制

动目标运维业务线以井下智能 PDA 为公共的终端应用平台，在地面设置应用服务器，利用全覆盖的无线网络传输，在基于安卓智能操作系统开发的应用 APP 上实现井上下移动岗位人员针对煤矿企业经营管理的综合应用。

业务线主要包括：隐患处理闭环管理、煤矿井下人员违章监察、菜单式巡检、煤矿安全生产质量标准化信息化、井下安全人员(瓦斯)巡检、煤矿设备点检管理、移动终端安全生产数据查询、班组岗位移动调度管理等方面。

煤科总院常州研究院、重庆研究院、北京研究院、沈阳研究院等在煤炭行业自动化技术领域，经过多年研制，形成了生产过程优化控制的各个自动化控制子系统及其监测控制、远程控制和组态集中控制系统，为实现煤矿生产管控提供了丰富的技术和设备、系统保障。

21.2 决策分析技术

决策分析层是运用数据处理、数据挖掘、信息融合等技术，对数字矿山的数据进行增值利用，是安全生产管控层的更高层次的应用。该层涉及煤炭企业生产、安全监测、生产调度、经营管理等所有环节。

21.2.1 煤矿监测监控系统数据挖掘分析

数字矿山数据采集系统可采集井下安全检测系统中大量的数据，如瓦斯、氧气、温度、粉尘等。井下监测监控数据都有一定的时效性，严格按照时间顺序排列。因此针对井下监测监控数据，使用时间序列数据挖掘方法发掘时序数据中潜在的有用的知识或信息，掌握其中的变化规律，可对未来监测数据的变化进行趋势预测。

1. 井下监测传感器误报警原因分类

通过对监测传感器误报警数据的统计和分析，我们可以对其误报警的原因进行分析。目前经常发生的传感器误报警类型主要有：传输线路造成监控系统误报警、误动作；监控系统分站、电源箱故障造成误报警、误动作；传感器本身性能不好造成误报警、误动作；电网供电质量差造成监控系统误报警、误动作；传输方式造成监控系统误报警、误动作；人为因素造成的监控系统误报警、误动作。

2. 监测监控系统伪数据的滤除技术

伪数据是指与现场实际情况不相符合的监测数据。伪数据出现的原因有动力电缆控制设备启动产生的浪涌干扰；井下电力变频器产生的干扰；大型电气设备附近的干扰；传感器和分站抗干扰能力差；传感器频率输出信号长距离传输后发生畸变；现场线路故障。

3. 监测点数据异常识别技术

数据挖掘技术可用于对监控系统在监测过程中产生的干扰数据进行异常数据识别，根据瓦斯涌出具有一定的连续性特点，采用时序序列数据分析方法，分析瓦斯监测数据的规律。并针对某一个地点进行分析，采用自回归移动回归模型等方法找到瓦斯涌出规律，从而识别监测数据是否为异常点。或者直接分析特定区域如工作面、掘进面位置瓦斯涌出规律。研究工作面瓦斯涌出量变化，根据采煤工艺不同，得到瓦斯涌出量的规律，采用模式识别的方法，建立隶属函数，采用模糊识别的方法判断数据是否异常。

煤矿生产过程中，矿井生产系统、通风系统及巷道布置、采煤工艺及工序、采掘工作面特定的区域的生产活动会对环境参数监测数据产生影响。

异常数据识别原则主要有：波动规律周期稳定性、数据异常时间的渐进性、同区域不同类型传感器之间的相关性、上下游监测点之间的可比性。

4. 时间序列数据挖掘与趋势预测

时间序列是指随时间变化的序列值或事件，时间序列数据库是指由随时间变化的序列值或事件组成的数据库。这些序列值或事件通常是在等时间间隔测得的。时间序列数据挖掘与一般的数据挖掘最大的区别在于其数据的有序性，是一个演化分析过程。利用时间序列数据挖掘方法，可以得到数据中蕴含的与时间相关的有用信息，实现知识的提取。根据当前时间序列数据挖掘的研究情况，时间序列数据挖掘可以一般性地定义为：基于一个或多个时间序列的数据挖掘，称为时间序列数据挖掘，它可以从时序中抽取时序内部的规律，用于时序的数值、周期、趋势分析和预测等。

21.2.2　生产能效分析

1. 煤矿系统的多指标效能分析

煤矿生产效能分析主要有多指标法和单调指标空间分析方法，在人为主观因素影响较小时，多指标法分析结果更为准确；在人为主观因素影响较大时，可根据系统的整体性、非线性、不确定性和开放性等特点，采用单调指标空间的分析方法。

2. 生产接续

矿井采掘衔接计划作为矿山信息系统的一个重要部分，它不仅能为我们提供可靠数据同时可以进行最优决策，从而简化了劳动，实现了以计算机为中心的自动化管理。使衔接安排这些以往的大工作量工作显得操作更加方便、快速、可靠，同时也能为计算机制图提供更准确的基础数据，自动进行绘图操作和决策显示，为真正实现矿山管理现代化奠定基础。

矿井采掘衔接系统中最为重要的就是图形的形成，矿山制图系统不仅是为矿山开采提供基本矿图，同时也是矿山地理信息系统中矿山数据采集、存储、分发的重要组成部分。所以矿图绘制系统的设计首先应该是基于 GIS 技术，其次还要考虑矿山空间信息的特点以建立专用于矿山制图的数据模型和数据结构。因此从我国煤矿空间信息化的实际需求出发，采用 GIS 理论和技术来设计矿井制图系统的架构，在空间数据库技术的支撑下，对海量地质空间数据进行有效的管理，能够更好地服务于煤矿的空间信息化建设。

21.2.3　设备故障分析

故障诊断就是对被诊断对象当前状态的识别和未来状态的估计，识别它是否正常。设备的状态变化是由其自身的状态特性决定的，因此故障诊断就是系统识别。识别的方法很多，常用的有：统计法、函数法、逻辑法、模糊法、灰色法、神经网络法。各个方法均包含 4 个部分，即信号测量、特征提取、标准特征建库、比较识别。

21.2.4 逃生救援辅助规划

逃生救援开发辅助规划，就是充分利用现代化的地理信息系统技术、计算机应用技术、通信与自动化技术及系统工程与模拟仿真技术，对突发性安全事故的预测、预报、预警、模拟、救援、调度、指挥等提供决策支持手段，做到及时准确、可视化地掌握现场灾情及其发展势态，从而快速制定减灾、救灾对策，迅速组织与实施救灾救援活动，以减轻人员伤亡、设备损毁和灾害损失。

1. 多参数联动的逃生救援辅助规划

建设完善的逃生救援开发辅助规划系统，需要三方面的技术保障：

1)数据层面的技术保障

需要全矿井的数据共享与集成管理，包括业务数据与空间数据的集成、采掘数据与地理数据的融合，并在三维集成平台之上实现数据可视化与信息互动，进而提供灾害数据的集成处理与融合分析，为事故的分析和未来预警提供支撑。

2)决策层面的技术保障

需要有完备的应急预案和备灾系统，矿难情况下能迅速、可靠地启用应急预案和备灾系统，并通过对现势数据的集成整合和历史数据快速回放和空间分析，依据专家知识库和经验模型库，迅速确定致灾因子和灾害类型，并快速评估灾情及其发展势态，制定应急响应对策与减灾救灾技术路线，进而形成应急调度与决策方案。

3) 通信层面的技术保障

要求矿山井下系统必须要有多渠道、多模式的通信平台，比如基于 Web 方式的协同办公系统、数字广播系统、无线通信终端、短信平台、视频会商系统等。同时对应急资源、电话中心、指挥中心加以统一管理，以便进行集成的现场调度与指挥。在常规通信设施因灾害被破坏的时候，应能及时启动应急通信系统，比如透地通信系统等。

2. 灾变环境逃生路线规划

逃生(避险)路线指井下人员从受灾地点及附近关联区域到安全避险场所的逃生线路。求解最佳逃生路线实质上是在保障安全条件下求解最短逃生时间。衡量逃生时间长短一般有两种方法，一种是根据人员在不同巷道环境下行走速度进行计算，得出逃生时间；另一种是根据不同的巷道环境对人员行走速度的影响，折合成一定的长度值附加在实际巷道长度中，用当量长度表示，并根据当量长度大小判断逃生时间长短。

选择避灾路线时，应首先分析各井巷在灾变时期是否适合人员通行。对于人员可以通行的井巷，则根据井巷条件估算通过所需的时间，在此基础上根据矿井井巷形成的网络情况，采用一定的算法选择井下人员的最佳避灾路线。国内通常可将逃生的井下巷道分为理想型逃生巷道、可行型逃生巷道和逃生型巷道三种类型。

21.2.5 基于多源数据的典型灾害危险性评价

1. 冲击地压危险性的评价

冲击地压的发生与否主要取决于煤岩体的冲击倾向性、开采区的应力水平、关键岩层的运动以及构造活化等因素的综合作用。而具有冲击倾向性的岩层是否发生冲击地压，则主要取决于冲击应力场机理、关键岩层运动机理、冲击性构造活化场机理等。

冲击地压具体评价时，首先采用岩层运动与矿山压力规律，结合工作面的开采条件，确定出冲击地压的潜在危险区，然后采用应力分析法、矿山压力与地质评价法、工程类比法等方法，对潜在危险区危险性进行评价。

2. 瓦斯灾害危险性分级评价

事故发生可能性和后果严重程度是表征风险的两大因素。因此在进行煤矿瓦斯灾害分级评价时，可通过对影响瓦斯灾害的各内因和外因的分析与综合，并将其定量化，把瓦斯灾害事故发生可能性与后果严重程度两者之间作为危险性分级评价的评定值。

考虑到煤矿生产是一个特殊的行业，它是集地质条件、采矿技术、生产装备、人员管理等诸多因素共存的庞大复杂系统，各影响因素权重的客观确定仍很困难，专家的主观判断更加贴近于煤矿安全的实际状况，因此采用基于专家判断的层次分析法确定各级指标的权重。指标主要有：自然因素指标、技术及装备因素指标、组织管理因素指标及经济因素指标。煤矿瓦斯灾害危险性分为：安全、基本安全、危险、高度危险、极度危险五级。

21.2.6 区域作业环境评估

1. 井下作业环境评估

井下作业环境是指工作面的空间范围内，对工人舒适度、工作效率和系统可靠性产生影响的有关因子的集合。井下作业环境是一个受限空间，在掘进、采矿、运输、充填等生产过程中，作业环境受到传统的爆破方法和大型的柴油铲运、钻凿设备所产生的粉尘、有害气体、噪声以及环境因素和气象条件等诸多要素的综合影响，可能引起人体健康的损害或导致职业病。因此有必要对井下作业环境空气质量进行综合评价。通过研究煤矿井下人环境系统及工效的影响，实现人与作业环境的最佳匹配，最大限度发挥人的潜能和可靠性。

2. 矿区生态环境评估

采矿作业给矿区的区域生态环境带来了多方面、不同程度的破坏，矿产开采引起的环境破坏，主要由以下三个过程引起：一是开采活动对土地的直接破坏；二是矿山开采过程中的废弃物 (如尾矿、矸石等) 需要大面积的堆置场地，从而导致对土地的过量占用和对堆置场原有生态系统的破坏；三是矿山废弃物中的酸性、碱性、毒性或重金属成分，通过径流和大气飘尘，对周围土地、水域和大气的破坏。

建立矿区生态环境评估、预警的理论和技术体系是矿区生态环境保护和污染治理工程的重要组成部分，通过该系统的建立，能够动态、综合地反映矿区的生态环境信息，对矿区的生态环境质量进行综合、全面的评价和预警，为矿区的生态环境保护工作提供决策依据。

21.2.7 矿山安全形势评估

煤矿生产系统是一个复杂的巨系统，其危险源是普遍存在的。为了实现系统安全，必须对系统存在的危险源进行辨识和控制。对危险源进行控制不仅应该从安全技术入手，而且必须从组织、管理等多方面进行考虑。煤矿目前安全评价分为三类：煤矿建设项目安全预评价、煤矿建设项目安全验收评价、煤矿安全现状评价。对于预评价和验收评价主要是在项目开工和竣工期进行的安全评价，而安全现状评价则主要是在煤矿项目生产期对其进行安全现状评价，对生产环节中人-机-物的安全程度进行定性和定量的描述，最终通过书面的形式给出安全评价等级。

煤矿安全生产决策分析是数字化矿山建设的重要内容，也是数字矿山深层次发展的趋势，目前煤科总院各研究院在数字化矿山的数据挖掘、信息融合等方面结合矿山安全生产技术进行了大量研究工作，在决策分析技术的各个方面取得一定的研究成果，将为数字化矿山建设持续不断地做出贡献。

21.3 数字化矿山实践

本章以山西天地王坡煤矿和阳煤一矿的数字矿山建设为例，介绍了王坡煤矿基于多层次多平台模型的数字矿山实践和阳煤一矿的数字化建设应用。

21.3.1 王坡矿数字化矿山实践

王坡煤矿数字矿山建设围绕提升企业“三个水平”(安全水平、自动化水平、管理水平)、提高企业核心竞争力的目标进行建设。具体目标是实现矿井固定区域生产现场的“无人值守，有人巡视”，移动区域生产现场的“少人值守，有人巡视”，提升矿井安全与生产管理信息化和决策科学化水平，达到管、控、监一体化及减员增效的目的。

1. 数字化矿山建设主要内容及目标

在兼顾煤矿已有的设备、设施及系统的基础上，按照数字矿山建设工程模型，建设千兆工业以太环网为传输主干网的统一网络平台、私有云数据平台、安全生产管控层、三维可视化平台等。

1）网络平台建设

王坡煤矿高速工业以太环网的建设遵循高速化、标准化、安全可靠、易扩充升级的原则进行设计，同时充分考虑煤矿总体规划和网络建设的现状，建设覆盖地面、井下的千兆工业以太环网，在核心层采用千兆工业以太网技术，通过千兆链路将各环网的交换设备链接到网络系统的核心层次，同时具备高冗余性能。

2）私有云数据平台中心建设

王坡煤矿目前有几十个监测监控、生产自动化、经营管理系统，而且随着企业信息化水平的逐步提升。后续还需建设众多的系统，需要采购服务器、存储设备、操作系统越来越多，且需要专业的人员进行管理，每部署一套系统，就需要增加一台服务器，一台服务器只为一套系统服务，服务器 CPU 内存等硬件资源的使用率可能 10% 都不到，造成了资源浪费。云计算管理技术可解决上述问题。私有云数据平台建设内容主要包括数据中心云一体机部署、网络设备部署、私有云平台软件部署调试，需要集成到安全生产管理平台、三维可视化平台中系统的数据采集。

3）安全生产管控层建设

在安全生产管控层中集成综采监控系统、带式输送机运输监控系统、供电监控系统、安全监控系统、人员定位系统、视频监控系统、无线通信系统，利用 ABB 的 800xA 软件平台及 EOW-x3 操作台构建煤流、电力分控中心，进行面向生产部门的专业管控。

系统集成方式有两种：一是 OPC 方式，包括：综采监控系统、环网监控系统；二是 ABB 的 VIP 协议，包括：安全监控系统、人员定位系统、无线通信系统、视频监控系统。

煤流分控中心建设在地面调度室，用以实现主煤流输送机的远程监测监控功能。分控中心主要由地面调度指挥平台及底层单机控制系统组成。

电力分控中心采用三层结构，主要由监控中心站、变电所监控站、终端开关等设备组成，在井下以电力监控站为核心，以千兆环网为通信平台，增加变电所门禁功能、视频联动功能、语音报警功能、环境闭锁功能，配合后台软件，将变电所的就地操作和供电信息管理完全转移至地面电力分控中心，实现井下变电所无人值守，充分发挥煤矿电力监控系统的“五遥四联动”功能，以提高井下电网的可靠性，大幅度提升供电管理的工作效率和信息化程度，缩短故障排除时间。

4）三维可视化平台建设

在三维可视化平台中实现矿区地理信息三维可视化、井上下三维可视化、矿山地质体三维可视化；集成安全监控系统、人员定位系统、视频监控系统、产量监控系统、瓦斯抽放系统、通信联络系统（WIFI 无线通信、井下电话、井下扩播系统）、综采监控系统、主通风机监控系统、副井提升监控系统、供电监控系统、带式输送机运输监控系统、洗煤厂监控系统，实现上述系统的数据和状态动态监测与三维可视化，并进行数据的增值利用。实现安全监测数据预警分析和各类风险信息跟踪，对矿山企业危险源、隐患、事故等信息的定位记录和管理；并在突发事件下为决策者提供全面的应急决策信息支持，最大程度降低发生事故的概率和减少事故所造成的损失。

2. 数字化矿山建设效果

王坡煤矿建设数字矿山后，通过井下高速工业环网，井下控制、监测信息传输实时、可靠；各专业分控中心系统的建设，提升了采、掘、机、运、通等系统的集中管控水平，实现减人增效、提高设备运转效率，节约能源；私有云数据中心建设，可进行大数据挖掘与分析，进行数据增值利用；三维可视化平台的建设，实现了矿区地理信息三维可视化、矿山地质体三维可视化、井上下三维可视化、安全生产可视化监测预警等，实现了矿山安全、高效生产。以下从减人增效、提升安全两方面进行分析。

1）减人增效

数字矿山的建设实现了生产过程的自动化，所产生的经济效益首先体现在减人增效、降低成本方面，最为突出的有生产、通风、机电、运输等专业，减少矿井机电设备的岗位工（操作司机），实现“有人巡检，无人值守”，由原来“坐岗”变成“巡岗”，减少部分人员。

2）提升安全

数字矿山建成后，实现在地面集中监测监控，建设井下作业人员数量，降低井下工作人员伤亡的可能性。在生产之前，根据勘探数据模拟真三维环境下的矿床和其地质、水文环境，并进行空间预测和不确定性分析，在此基础上进行开拓设计，再根据生产过程中信息进行动态调整，优化采掘设计，最大限度提升生产时的安全。实时监测矿山生产工况，及时发现危险信号，实时进行多因子综合分析和系统评估，当危险临近或发生意外事故时，可以立即进行预警、报警并自动提示相关的应急预案，最大限度减少人员伤亡和财产损失。

21.3.2 阳煤一矿数字化矿山应用

1. 数字化矿山建设主要内容及目标

阳煤一矿完善了矿井数据、语音、视频、控制的基础网络建设，将矿井各自动化子系统数据通过网络手段采集到统一的平台，完成了矿井综合自动化建设；构建了安全生产运营中心，实现了对矿井各类安全、生产实时监控系统的数据采集、处理、存储、展示与综合分析，并应用专业应用系统和专家分析决策模块，形成了阳煤一矿数字信息安全管控系统。

2. 数字化矿山建设效果

系统建设完成后，实现了“无人值守、综合巡检、调控分离”的运维管理新模式，对矿井安全生产管理方面带来较大的收益。主要表现在：

1）安全方面

对瓦斯巡检、环境监测、设备巡检、安全管理、员工培训等各类数据进行融合分析，推动了矿井在组织架构、实时监测、日常监管等各方面安全管控体系的建立，全方位杜绝事故的发生。

2）生产方面

实现了主要生产过程的自动化集控控制，优化控制流程，提升生产效率，减少了矿井机电设备的岗位工，实现“有人巡检，无人值守”。通过大型机电设备在线故障诊断，做到了设备故障信息的提前预测预知，有效保障了设备在线运转率及生产的有序性。

3）管理方面

通过网络、手持终端等方式及时将安全生产信息、日常办公业务进行推送提醒，提高办公效率，深化了无纸化办公。通过专业化管理，提高管理部门矿井生产的服务质量和管理水平；通过对在线设备运行数据及维修计划、产运销数据的统计分析、井下物流运输与物资采购消耗管理等企业经营管理数据与现场过程动态数据融合分析，提升了企业生产过程的精细化管理。

（本章主要执笔人：温良，贺耀宜，韩安）

白飞飞，王玉超，侯建涛，等 . 2016. 煤矿用浓缩液与橡胶相容性研究 . 煤炭科学技术，44（3）：106-111.

白复锌，王善功，姜顺鹏，等 . 2012. 浅谈数字化矿山建设整体架构思路 . 中国矿业，21（s1）：48-51.

曹勇 . 2010. 露天矿卡车、辅助车辆和人员之间的防撞预警系统 . 露天采矿技术，（1）：52-55.

常凯 . 2010. 煤矿用液压支架搬运车的选型探讨 . 煤矿机械，31（6）：72-74.

陈大伟，傅贵 . 2007. 基于行为科学的煤矿本质安全化管理方案 . 煤炭工程，（3）：89-91.

陈惠卿，杨华 . 2004. 水-乙二醇难燃液压液 . 煤矿机械，（12）：6-8.

陈丽卿 . 2005. 我国水-乙二醇难燃液压液产品的生产使用及标准化 . 润滑油，20（4）：55-60.

陈维民 . 2007. 以风险预控为基础的煤矿本质安全化管理 . 中国安全科学学报，17（7）：59.

陈贤忠 . 2011. 我国无轨胶轮车辅助运输的回顾与展望 . 煤矿机械，32（3）：3-5.

陈湘楚，鞠荣庆 . 1988. 矿井提升机维护与维修 . 北京：煤炭工业出版社 .

陈艳 . 2010. 聚醚聚氨酯密封件在液压支架上的应用 . 煤矿机械，31（2）：165-166.

晨春翔 . 2007. 我国煤矿绿色照明技术的发展探讨 . 煤炭科学技术，35（9）：10-14.

程承，胡雪莲 . 2002. 自适应型 WebGIS 构成模式初探 . 北京大学学报（自然科学版），38（1）：115-120.

程慧星，龚欣，郭晓镭，等 . 2005. 料仓中粉体流动数学模型分析 . 化学工程，33（3）：33-37，44.

程熠彪 . 2011. 矿用大功率变频控制系统电磁兼容技术研究 . 太原：太原理工大学 .

程玉军 . 2012. WC2 型顺槽用防爆胶轮车的设计研究 . 煤矿机械，33（4）：6-8.

楚依，张竞 . 2011. 大型煤炭建工集团管理信息系统 . 工矿自动化，37（8）：173-175.

丁永成 . 2013. 框架式支架搬运车静液压驱动系统的研究 . 煤矿机械，34（12）：111-112.

董黎芳 . 2012. 矿井提升机远程监测与故障诊断系统的设计与实现 . 煤矿综合自动化与机电技术 .

杜春宇，陈东科，杜翠凤，等 . 2008. 煤矿本质安全管理综合评价体系模型与应用 . 重庆大学学报：自然科学版，31（2）：197-201.

杜勇，韩勇，谢恩情 . 2008. 矿用水基液压液生物降解性能的试验研究 . 煤炭科学技术，36（8）：4-7.

樊贤勇 . 2008. 浅谈国内煤矿安全生产现状及致因分析 . 管理与财富，（11）：82-83.

冯银辉，黄曾华，李昊 . 2016. 互联网 + 综采自动化专家决策平台设计与应用 . 煤炭科学技术，44（7）：73-79.

傅贵，殷文韬，董继业 . 2013. 行为安全“2-4”模型及其在煤矿安全管理中的应用 . 煤炭学报，38（7）：1123-1129.

耿铭，卢国斌，王朕 . 2009. 数字化矿山三维仿真技术的研究 . 现代矿业，25（8）：57-59.

郭江涛，杨娟 . 2009. 煤矿综合自动化监控与数字化矿山建设 . 大众科技，（10）：94-95.

郭力，彭著良，胡建强，等 . 2009. 合成酯的理化性能 . 合成润滑材料，36（3）：28-33.

郭文娟 . 2013. 煤矿井下蓄电池无轨辅助运输车辆技术现状及发展趋势 . 中国煤炭，39（11）：82-85.

韩安 . 2013. 企业服务总线技术研究 . 工矿自动化，39（11）：50-53.

韩恒文，李勇 . 2010. ATF 的橡胶相容性评价方法与评定标准 . 润滑油与燃料，20（1）：6-10.

韩建国，杨汉宏，王继生，等 . 2012. 神华集团数字矿山建设研究. 工矿自动化，38（3）：11-14.

韩晓冰，田丰 . 2009. 数字化矿山中异构数据集成研究 . 煤炭科学技术，37（3）：91-93.

韩勇，杜勇，王玉超，等 . 2009. 环保型矿用浓缩液的研究与应用 . 煤炭科学技术，37（6）：119-122.

郝长春 . 2010. 支架搬运车的应用及发展趋势 . 煤矿机械，31（8）：3-5.

贺耀宜，武钰 . 2014. 数字化矿山建设中存在问题分析及对策 . 工矿自动化，40（11）：30-33.

侯兵 . 2006. LWC40T 支架搬运车液压系统分析 . 机械管理开发，（6）：57-58.

侯红伟 . 2007. 大型带式输送机制动与张紧装置的最优设置 . 煤矿机电，（6）：6-7，11.

侯红伟 . 2014. 输送带黏弹性模型分析 . 煤矿机电，（6）：1-3.

扈志成 . 2003. 国产无轨胶轮车在济宁三号煤矿的应用 . 中国煤炭，29（8）：41.

黄伟力，刘幸来 . 2013. 煤矿安全生产调度管理系统的设计与实现 . 煤炭工程，45（6）：125-127.

黄曾华 . 2016. 可视远程干预无人化开采技术研究 . 煤炭科学技术，44（10）：131-135，187.

霍羽，徐钊，郑红党 . 2010. 矩形隧道中的多波模传播特性 . 电波科学学报，12（6）：1225-1230.

季成健，王建军. 2011. 煤炭企业信息化与信息集成. 电脑知识与技术，7（6）：1452-1453.

贾二虎 . 2012. 煤矿井下重型车用防爆柴油机的研制 . 煤矿机械，33（11）：141-142.

江雪，何晓霞 . 2014. 云计算时代等级保护面临的挑战 . 计算机应用与软件，31（3）：292-294.

姜立群，徐皑冬，宋岩，等 . 2009. 高可用性工业以太网技术的研究与实现 . 计算机工程，35（11）：260-262.

蒋卫良 . 2001. 大型带式输送机差动变频无级调速可控软起动装置的应用探讨 . 煤矿机电，（5）：9-11.

蒋卫良 . 2008. 高可靠性带式输送、提升及控制 . 徐州：中国矿业大学出版社 .

井悦 . 2008. 煤矿安全生产信息化现状及发展方向 . 中国煤炭，34（5）：75-77.

鞠金峰，许家林，朱卫兵，等 . 2012. 7.0m 支架综采面矿压显现规律研究 . 采矿与安全工程学报，29（3）：344-350.

雷煌 .2008. 综采工作面快速搬家成套装备与技术的应用 . 煤炭科学技术，36（4）：1-3，80.

雷煌 . 2016. 矿用蓄电池动力铲车变频牵引系统研究 . 煤炭科学技术，44（S1）：86-89.

雷乃清，苏豪飞，葛小燕，等 . 2013. 基于模糊 PID 控制的矿井提升机智能系统研究 . 煤矿机电，（2）：8-9.

李白萍，赵安新，卢建军 . 2008. 数字化矿山体系结构模型 . 辽宁工程技术大学学报，27（6）：829-831.

李斌，陈铜宪 . 2013. 冯家塔煤矿综采工作面快速搬家工艺 . 陕西煤炭，32（1）：106-107.

李博，郑伟丽，周会超 . 2014. 一种矿用防爆无轨电动胶轮车设计 . 机械工程与自动化，（4）：84-86.

李崇坚 . 2010. 大功率交流电机变频调试技术的研究 . 电力电子，11（1）：11-16.

李昊，陈凯，张晞，等 . 2016. 综采工作面虚拟现实监控系统设计 . 工矿自动化，42（4）：15-18.

李建良，陆铮，贺耀宜 . 2015. 煤矿全息数字化矿山平台设计 . 工矿自动化，41（3）：57-61.

李建民，耿清友 . 2014. 开滦集团创建全息数字化矿山的构想 . 煤矿机电，（1）：55-59.

李建中 . 1999. 乳化液配制质量及其对液压支架工作性能的影响 . 煤炭学报，24（2）：181-183.

李健．2013. 基于数字化矿山的全息化应急管理系统研究．山西焦煤科技，37（9）：35-38，42.

李晋，王海先 . 2013. 论数字化矿山建设 . 煤炭经济研究，33（1）：63-65.

李雷军，尚占宁，路锦程，等 . 2002. 矿井提升机行程控制的研究和实现 . 电气传动自动化，24（5）：18-20.

李明华，范高贤 . 2006. 数字化视频监控系统在煤矿中的应用 . 工矿自动化，（2）：58-60.

李宁，张红涛 . 2013. 矿用特殊型铅酸蓄电池的充电技术 . 煤矿机械，34（5）：250-252.

李清泉 . 1998. 三维空间数据模型集成的概念框架 . 测绘学报，27（4）：326-330.

李然，贾琛，叶健，等 . 2016. 高压大流量乳化液泵站可靠性分析与研究 . 煤矿开采，21（5）：29-32.

李然 . 2013. 乳化液泵阀座拉升器疲劳裂纹扩展有限元分析 . 煤炭科学技术，41（5）: 104-107.

李然．2015. 矿用高压大流量乳化液泵站应用现状及发展趋势．煤炭科学技术，43（7）：93-96.

李然，王伟，苏哲 . 2014. 高压大流量乳化液泵滑动轴承热流体动力润滑仿真分析 . 煤炭学报，39（S2）：576-582.

李瑞金 . 2013. 基于 ARM 的蓄电池电机车变频调速控制系统的研究 . 淮南：安徽理工大学：85-88.

李森 . 2016. 乳化液浓度在线检测技术现状及前景分析 . 煤炭科学技术，44（3）：96-99.

李世平，王琪 . 2014. 数字化矿山初探 . 科技与企业，（9）：122.

李首滨 . 2011. 矿用乳化液泵站控制系统的现状及发展趋势 . 煤矿机械，32（6）: 3-4.

李首滨，韦文术，牛剑峰 . 2007. 液压支架电液控制及工作面自动化技术综述 . 煤炭科学技术，（11）：1-5.

李肖锋，邓华梅，袁海平 . 2008. 数字化矿山三维空间模型的建立与研究 . 现代矿业，24（12）：31-32.

李鑫，王坤，郭勇 . 2009. 基于工业以太网的三网合一在数字化矿山中的应用 . 中小企业管理与科技，（10）：279-280.

李学伟 . 2013. 煤矿液压支架用进口材质密封及其失效性分析 . 煤矿机械，34（6）：203-205.

李珍珍 . 2014. 无轨胶轮车辅助运输在斜沟煤矿的应用与发展 . 能源与节能，（6）：20-21.

梁玉杰 . 2008 工业环境中电源电磁兼容设计研究 . 上海：上海交通大学 .

廖高华，彭聪，马宏伟 . 2007. 数字化瓦斯监测报警系统的设计 . 工矿自动化，（4）：46-48.

林怀恭，聂瑞华，罗辉琼 ，等．2010. 基于 ESB 的共享数据中心的研究与实现计算机应用与软件．计算机应用及软件，27（5）：185-187.

刘冰 . 2008. 带中间驱动的长距离主斜井输送机驱动方式的研究 . 煤矿机械，29（12）：49-51.

刘德宁 . 2013. 矿用框架式支架搬运车动力性能计算分析 . 煤矿机械，34（11）：22-23.

刘海滨，李光荣，黄辉 . 2007. 煤矿本质安全特征及管理方法研究 . 中国安全科学学报，（47）：67-72，179.

刘辉，刘猛，倪文婧 . 2014. 基于故障安全型 PLC 快速装车控制系统的研究 . 电子世界，（12）：204.

刘吉夫，陈颙，陈棋福，等 . 2003. WebGIS 应用现状及发展趋势 . 地震，23（4）：10-12.

刘建平 . 2012. 矿用防爆柴油机标准分析与研究 . 中国个体防护装备，（4）：28-32.

刘鲤粽，杨叶，张德，等 .2011. 淮南矿区液压支架配液水质研究及使用建议 . 洁净煤技术，17（3）：86-88.

刘丽静 . 2011. 综合信息管理系统在煤炭生产集团中的应用 . 工矿自动化，37（10）：111-114.

刘梅云 . 2010. WJ-4FB 煤矿低矮型防爆柴油机铲运车 . 煤矿机械，31（3）：147-149.

刘清，牛剑峰，时统军 . 2015. 综采工作面矸石自动充填捣实控制系统设计 . 煤炭科学技术，43（11）：111-115.

刘庆华，张林 . 2013. 煤矿井下工作面运输装备的现状及发展前景 . 中国煤炭，39（10）：65-70.

刘欣科，赵忠辉，赵锐 . 2012. 冲击载荷作用下液压支架立柱动态特征研究 . 煤炭科学技术，40（12）：66-69.

刘学忠，李畔玲 . 2011. 快速定量装车系统在煤炭行业的应用 . 煤炭加工与综合利用，（1）：6-8，67.

刘艺平 . 2008. 煤矿用产品电磁兼容测试技术研究 . 北京：煤炭科学研究总院 .

刘迎灿 . 2012. 矿用电机车蓄电池系统使用现状分析及升级改造方向研究 . 煤炭工程，（10）：121-122.

刘忠，梅焕谋 .1995. 水溶性润滑添加剂的分子设计浅说 . 润滑与密封，（3）：31-35.

柳玉龙 . 2010. 液压传动在支架搬运车中的应用 . 煤矿机械，30（7）：177-179.

陆小泉 . 2016. 液压支架用乳化液热稳定性快速测定研究 . 煤炭科学技术，44（4）：110-113.

吕鹏飞，郭军 . 2009. 我国煤矿数字化矿山发展现状及关键技术探讨 . 工矿自动化，35（9）：16-20.

马小平．1999. 基于专家系统的提升机故障诊断系统 . 中国矿业大学学报，28（5）：419-501.

曼格 T，德雷泽尔 W. 2003. 润滑剂与润滑 . 北京：化学工业出版社 .

煤炭科学研究总院上海分院志编纂委员会 . 1998. 煤炭科学研究总院上海分院志 . 北京：煤炭工业出版社：65-69.

蒙鹏科 . 2010. 大采高综采工作面设备快速回撤的现场应用 . 神华科技，8（5）：28-31.

牛剑峰 . 2015. 综采工作面自动调斜与防滑控制系统研究 . 煤矿开采，20（2）：32-34，19.

牛剑峰．2015. 大型煤炭综采成套装备智能系统研究．煤矿机械，36（3）：64-66.

牛剑峰．2015. 综采工作面液压支架跟机自动化智能化控制系统研究．煤炭科学技术，43（12）：85-91.

牛剑峰．2015. 综采工作面直线度控制系统研究．工矿自动化，41（5）：5-8.

牛剑峰，白永胜 . 2017. 综采工作面监控中心计算机多机系统设计 . 煤矿机电，（2）：1-3，8.

潘正云 . 王安山，刘竞雄 . 2000. 提高提升机行程控制准确性的方法研究 . 煤炭工程，（1）：15-17.

庞义辉．2013. 龙王沟煤矿特厚煤层上行开采可行性分析．煤炭工程，（2）：8-10，13.

庞义辉 . 2014. 4–8m 缓倾斜中硬厚煤层开采方法选择 . 煤炭工程，46（10）：78-81.

庞义辉 . 2014. 凉水井矿中厚煤层年产 6Mt 工作面国产设备选型 . 煤炭工程，46（11）：4-7.

庞义辉 . 2017. 机采高度对顶煤冒放性与煤壁片帮影响分析 . 煤炭科学技术，45（6）：105-111.

庞义辉，郭继圣 . 2015. 三软煤层大采高孤岛工作面支架参数优化设计 . 煤炭工程，47（8）：60-63.

庞义辉，王国法 . 2017. 基于煤壁“拉裂–滑移”力学模型的支架护帮结构分析 . 煤炭学报，42（8）：1941-1950.

庞义辉，王国法 . 2017. 坚硬特厚煤层顶煤冒放结构及提高采出率技术 . 煤炭学报，42（4）：817-824.

庞义辉，刘新华，马英 . 2015. 千万吨矿井群综放智能化开采设备关键技术 . 煤炭科学技术，43（8）：97-101.

庞重军，王祖安 .2004. 表观油膜厚度法评定高水基液压液的润滑性 . 石油学报，20（5）：43-47.

彭强 . 2004. 复杂系统远程智能故障诊断技术研究 . 南京：南京理工大学 .

彭佑多，张永忠，刘德顺，等 . 2002. 矿井提升机的安全可靠性分析与设计 . 中国安全科学学报 . 12（6）：29-32.

齐玫 . 2013. 快速定量装车站料仓耐磨技术研究 . 煤炭技术，32（1）：22-23.

钱敏，穆丹丹 . 2008. 煤矿安全管理评价指标体系 . 采矿与安全工程学报，25（3）：375-378.

乔冰琴 . 2012. 煤炭物流物联网智能优化调度模型与算法研究 . 太原：太原理工大学 .

曲冰洁 . 2014. 基于物联网技术的煤矿智能物流的支撑器件与技术态势 . 电子元件与材料，33（5）：103-104.

任国兴 . 2006. 矿井提升机智能监控与故障诊断系统研究与实现 . 武汉：华中科技大学 .

任怀伟，王国法，范迅 . 2010. 基于有限元分析的支架箱型截面几何参数优化 . 煤炭学报，35（4）：680-685.

任志勇 . 2015. 煤矿用防爆指挥车的设计与开发 . 煤矿机械，36（2）：44-47.

尚仕波 . 2015. 散粮列车装载的物料流动性研究 . 粮食与饲料工业，12（4）：14-16.

申进杰 . 2009. WC25EJ 型铲板式支架搬运车的研制及应用 . 煤矿机械，30（3）：112-114.

申晋鹏 . 2012. 我国数字化矿山发展现状及存在问题研究 . 中国煤炭工业，（12）：54-55.

史元伟 . 2003. 采煤工作面围岩控制原理和技术（上）. 徐州：中国矿业大学出版社：305-314.

宋伟刚 . 2000. 散状物料带式输送机设计 . 沈阳：东北大学出版社 .

宋兴元 . 2013. 大型下运带式输送机驱动与制动技术研究 . 煤矿机械，34（12）：51-53.

孙国顺，张新，齐玫 . 2011. 快速定量装车站全自动控制系统研究 . 工矿自动化，（7）：65-67.

孙玉萍 . 2009. 金属卤化物灯在煤矿的应用与发展 . 煤炭技术，28（5）：157-158.

田成金 . 2016. 煤炭智能化开采模式和关键技术研究 . 工矿自动化，42（11）：28-32.

田金泽，郑亮，李志军，等 . 2006. 平朔矿区两硬特厚煤层综放工作面快速回撤工艺 . 煤炭科学技术，34（12）：50-52.

田立忠 . 2013. 矿井液压支架静密封漏液问题分析及解决办法 . 煤炭技术，32（8）：55-56.

汪韵秋 . 1995. 液压支架用乳化液机理的研究 . 煤炭学报，20（3）：334-336.

王爱兵，宋兴元，侯红伟 . 2009. 带式输送机正常停机过程的动力学行为仿真 . 煤炭科学技术，（12）：58-60，77.

王步康，金江，袁晓明，等 . 2015. 矿用电动无轨运输车辆发展现状与关键技术 . 煤炭科学技术，43（1）：74-76，133.

王春杰 . 2005. 大功率异步机转子变频调速系统及其控制策略研究 . 天津：天津大学 .

王凤林，王延斌 . 2009. 巷道三维建模算法与可视化技术研究 . 湖南科技大学学报（自然科学版），24（3）：91-94.

王光炳，韩东劲 . 2005. 差动液粘调速器的结构机理 . 流体传动与控制，（4）：29-32.

王国法 . 1995. 掩护式液压支架参数优化设计方法的研究 . 煤炭学报，20（增）:27-32.

王国法 . 1999. 液压支架技术 . 北京：煤炭工业出版社 .

王国法 . 2008. 高效综合机械化采煤成套装备技术 . 徐州：中国矿业大学出版社 .

王国法 . 2009. 薄煤层安全高效开采成套装备研发及应用 . 煤炭科学技术，37（9）:86-89.

王国法 . 2010. 液压支架技术体系研究与实践 . 煤炭学报，35（11）：1903-1908.

王国法 . 2010. 放顶煤液压支架与综采放顶煤技术 . 北京：煤炭工业出版社 .

王国法 . 2011. 高端液压支架关键技术研究与产业化进展 . 煤炭科学技术，39（4）：78-83.

王国法 . 2013. 煤矿综采自动化成套技术与装备创新和发展 . 煤炭科学技术，41（11）：1-5，9.

王国法 . 2013. 煤炭综合机械化开采技术与装备发展 . 煤炭科学技术，41（9）：44-48，90.

王国法 . 2014. 工作面支护与液压支架技术理论体系 . 煤炭学报，39（8）：1593-1601.

王国法 . 2014. 综采自动化智能化无人化成套技术与装备发展方向 . 煤炭科学技术，42（9）：30-34，39.

王国法，庞义辉 . 2014. 煤炭安全高效开采技术与装备发展 . 煤炭工程，46（10）：38-42.

王国法，庞义辉 . 2015. 液压支架与围岩耦合关系及应用 . 煤炭学报，40（1）：30-34.

王国法，庞义辉 . 2016. 基于支架与围岩耦合关系的支架适应性评价方法 . 煤炭学报，41（6）：1348-1353.

王国法，牛艳奇 . 2016. 超前液压支架与围岩耦合支护系统及其适应性研究 . 煤炭科学技术，44（9）：19-25.

王国法，李前，赵志礼，等 . 2011. 强矿压冲击工作面巷道冲击倾向性测试与超前支护系统研究. 山东科技大学学报（自然科学版），30（4）：1-9.

王国法，刘俊峰，任怀伟 . 2011. 大采高放顶煤液压支架围岩耦合三维动态优化设计 . 煤炭学报，36（1）：145-151.

王国法，庞义辉，刘俊峰 . 2012. 特厚煤层大采高综放开采机采高度的确定与影响 . 煤炭学报，37（11）：1777-1782.

王国法，吴兴利，庞义辉 . 2015. 千万吨矿井群安全高效可持续开发关键技术 . 煤炭工程，47（10）：1-4，8.

王国法，庞义辉，徐亚军，等 . 2016. 综采成套技术与装备系统集成 . 北京：煤炭工业出版社：523-524.

王国法，庞义辉，张传昌，等 . 2016. 超大采高智能化综采成套技术与装备研发及适应性研究 . 煤炭工程，48（9）：6-10.

王国法，庞义辉，李明忠，等 . 2017. 超大采高工作面液压支架与围岩耦合作用关系 . 煤炭学报，42（2）：518-526.

王海荣. 2010. 煤矿综合信息化系统总体设计思路. 山西科技，25（4）：8-9.

王虹. 2014. 综采工作面智能化关键技术研究现状与发展方向. 煤炭科学技术，42（1）：60-64.

王洪磊，宫健，王磊 . 2014. 快速定量装车站平板闸门强度分析 . 煤炭技术，33（10）：196-198.

王洪磊，申婕 . 2014. 快速定量装车系统物料卸载流动性分析 . 矿山机械，42（8）：127-130.

王金凤，翟雪琪，冯立杰 . 2014. 面向安全硬约束的煤矿生产物流效率优化研究 . 中国管理科学，22（7）：59-66.

王克光 . 2016. 井下多功能铲运机研制与应用 . 能源与节能，（3）：66-67，69.

王明普 . 2005. WC40 型支架搬运车的设计 . 煤矿机电，（4）：21-24.

王青，吴惠城，牛京考 . 2004. 数字矿山的功能内涵及系统构成 . 中国矿业，13（1）：7-10.

王世超 . 1993. 水基金属加工液的国内外现状及发展 . 润滑油，（1）：42-46.

王世杰，尹明德．2009. 柴油发动机防爆技术研究．机械工程与自动化，（3）：162-163.

王伟．2014. 泵站溢流阀模型的动态特性仿真及分析．制造业自动化，36（16）:100-102，106.

王吴宜．2012. 基于煤矿企业的矿山物联网应用技术研究．中国煤炭，38（2）：79-83.

王晓．2012. 防爆胶轮车用柴油机与传动系统的仿真分析．煤炭科学技术，40（8）：64-66.

王新．2008. 湿式制动器在防爆胶轮车中的应用分析．煤矿机械，29（12）：181-183.

王兴茹．2012. 带式输送机改向滚筒的有限元分析．矿山机械，40（4）：61-65.

王旭鸣．2015. 煤矿综采智能决策支持系统．煤矿机械，36（9）：263-265.

王亦青，项止武，刘振坚，等．2010. 采煤机位置监测智能节点设计煤矿机械．煤矿机械，31（12）：11-13.

王玉超，侯建涛，沈栋，等．2010. 矿用水-乙二醇难燃液压液的台架试验研究．煤炭科学技术，38（7）：96-99.

王玉超，沈栋，韩勇．2009. 环保型浓缩液在电液控制系统中的工业性试验研究．煤炭科学技术，37（8）：7-10.

王玉超．2012. 矿用水-乙二醇难燃液的研究与应用．煤炭科学技术，40（8）：80-83.

王玉超．2012. 煤矿井下用难燃液压传动介质综述．新材料产业，（11）：10-13.

王渊，韩安，晁晓菲．2012. 煤炭集团公司生产安全调度指挥管理平台的建设构思．工矿自动化，（3）：26-28.

王兆安，黄俊．2012. 电力电子技术．北京：机械工业出版社．

王治伟．2011. WC80EJ 支架搬运车在神东 7m 大采高工作面快速安装中的应用．煤矿机械，32（3）：176-178.

王治伟．2013. 特厚煤层大采高综放工作面设备安全快速回撤工艺．煤矿安全，44（5）：95-97.

王祖安．2001. 国产水-乙二醇难燃液在高压设备上的应用．石油商技，19（1）：16-18.

王祖安．2002. 绿色环保型水-乙二醇抗燃液．润滑油，17（2）：10-12.

韦文术，宋艳亮．2007. 矿用本安型电磁卸荷阀的研究．煤矿机械，28（10）：52-54.

魏文艳．2015. 综采工作面放顶煤自动控制系统．工矿自动化，41（7）：10-13.

魏永胜．2014. 防爆胶轮车在神东的应用与适用条件分析．煤炭技术，33（12）：295-297.

魏永勇．2011. 论数字化矿山工业数据平台的建立．科技创新导报，（7）：102.

吴德政．2014. 数字化矿山现状及发展展望．煤炭科学技术，42（9）：17-21.

吴立新，张瑞新，戚宜欣，等．2002. 三维地学模拟与虚拟矿山系统．测绘学报，31（1）：28-33.

吴立新，殷作如，钟亚平．2003. 再论数字矿山：特征、框架与关键技术．煤炭学报，28（2）：1-7.

吴立新，汪云甲，丁恩杰，等．2012. 三论数字矿山-借力物联网保障矿山安全与智能采矿．煤炭学报，37（3）：357-365.

吴小君，汪韶杰，李旗号，等．2013. 一种带湿式制动功能的轮边减速器设计与分析．机械工程与自动化，（4）：33-35.

吴晓春．2012. 数字化矿山建设研究．科技创新与应用，（26）：91.

吴义祥．2009. 煤矿安全生产信息化管理系统．工矿自动化，35（9）：90-92.

吴宇平，万春荣，姜长印，等．2002. 锂离子二次电池．北京：化学工业出版社．

席启明 .2016. 快速定量装车站敞车装载过程的时序研究 . 煤炭工程，48（7）：122-124.

谢恩情，翟晶，王玉超，等 . 2014. 无水全合成难燃液压液在齿轮泵液压泵站的应用研究 . 当代化工，43（5）：776-777.

谢恩情，赵昕楠，张云海，等 . 2013. 润滑油极压抗磨添加剂应用研究进展及方向 . 煤炭与化工，36（5）：25-27.

邢庆贵，袁华，孙国顺 . 2015. 煤炭快速定量装车站关键技术 . 煤矿机械，36（2）：6-8.

徐波，胡乃联，张培科 . 2008. 矿山管控一体化体系结构 . 金属矿山，388（10）：103-106.

徐亚军，王国法，任怀伟 . 2015. 液压支架与围岩刚度耦合理论与应用 . 煤炭学报，40（11）：2528-2533.

许海霞，王为民，姚元书，等 . 2004. 新型合成液压支架用浓缩液的研究 . 煤炭学报，（4）：487- 491.

许家林，鞠金峰 . 2011. 特大采高综采面关键层结构形态及其对矿压显现的影响 . 岩石力学与工程学报，30（8）：1547-1556.

闫军华，朱二莉，王姝. 2005. CORBA 在煤矿监控系统集成方面的应用，工矿自动化，（5）：54-56.

杨成龙，杜勇，王玉超 . 2010. 水基液压液与密封材料相容性试验研究 . 煤炭科学技术，38（11）：108-111.

杨建伟，黄玉四 . 2011. WC5R 煤矿用防爆柴油机无轨胶轮指挥车设计 . 专用汽车 .（3）：60-62，64.

杨军坤，王聪，王安山，等 . 2013. 矿井提升机行程控制的研究及设计 . 煤炭工程，45（5）：11-13.

杨玉亮，李永明，徐祝贺，等 . 2016. 特厚煤层大采高综放工作面重型设备综迁工艺 . 中国煤炭，42（4）：57-60.

杨振声 . 2013. WC8E（B）型矿用防爆柴油机无轨胶轮车的研制 . 煤矿机械，34（8）：160-162.

叶列平，林旭川，曲哲，等 . 2010. 基于广义结构刚度的构件重要性评价方法 . 建筑科学与工程学报，27（1）：1-6.

叶亚琴，左泽均，陈波 . 2006. 面试实体的空间数据模型 . 中国地质大学学报（地球科学版），31（5）：595-600.

尹静，光正国 . 2011. 刍议信息化数字化矿山 . 现代矿业，27（7）：136-137.

尹玉杰. 2013. 互联网系统中的煤矿数字化应用研究. 煤炭技术，32（9）：13-15.

于振涛 . 2010. 矿用液压支架搬运车辆结构设计与液压驱动系统性能研究 . 青岛：山东科技大学 .

余兆峰 . 2003. 井下巷道照明浅议 . 山西建筑，（5）：147-148.

袁晓明 . 2011. 煤矿车辆用蓄电池技术 . 工矿自动化，37（6）：26-28.

翟晶 . 2013. 新型煤矿井下用酯型难燃液压油的腐蚀与改性研究 . 煤矿开采，115（6）：23-25.

翟晶 . 2013. 液压支架用微乳液的制备与应用研究 . 煤炭科学技术，41（S2）：315-316.

战仕发 . 2006. 基于双 PLC 的提升机容错操作保护系统技术研究 . 青岛：山东科技大学 .

张锋，顾伟 . 2010. 物联网技术在煤矿物流信息化中的应用 . 中国矿业，19（8）：101-104.

张广军，席启明，张新，等. 2007. 煤矿铁路运输快速定量装车系统关键技术 // 煤科总院 50 周年院庆科技论文集 . 北京：煤炭工业出版社 .

张国栋，尹福 . 2012. 综采工作面液压支架安全回撤工艺研究 . 煤炭科学技术，40（8）：14-17.

张红岩，赵连刚 . 2007. 自动化、信息化和数字化矿山的创建与实施 . 煤炭技术，26（5）：1-2.
张继强 . 2012. 基于模糊专家系统的矿井提升机电控系统的故障诊断 . 西安：西安科技大学 .
张建光 . 2013. 无轨胶轮运输车的设备选型 . 山西科技，28（2）：134-135.
张建平，柴洪静. 2011. 数字化矿山综合调度指挥平台研究. 中国煤炭，37（10）：63-66.
张建平，柴洪静 . 2012. 数字化矿山建设的全域模型 . 煤矿开采，17（2）：1-4.
张建平，王珍，路聚堂 . 2012. 精细化煤矿安全管理体系研究与应用 . 煤矿安全，43（1）：190-192.
张杰 . 2012. 神华宁煤集团安全智能分析平台建设构想. 工矿自动化，38（9）：83-86.
张杰 . 2012. 物联网技术在神华宁煤集团数字化矿山建设中的应用研究 . 煤矿现代化，110（5）：60-63.
张久良，谢龙 . 2010. WC5 矮型防爆柴油机无轨胶轮车的设计 . 工矿自动化，36（9）：80-81.
张科学 . 2017. 构造与巨厚砾岩耦合条件下回采巷道冲击地压机制研究 . 岩石力学与工程学报，36（4）：1040.
张良，李首滨，黄曾华，等 . 2014. 煤矿综采工作面无人化开采的内涵与实现. 煤炭科学技术，42（9）：26-29.
张良，牛剑峰，代刚，等 . 2014. 综放工作面煤矸自动识别系统设计及应用 . 工矿自动化，40（9）：121-124.
张少波. 2009. 煤矿能耗现状分析及节能技术发展方向. 煤炭科学技术，37（5）：83-85，89.
张申，丁恩杰，赵小虎，等 . 2007. 数字矿山及其两大基础平台建设 . 煤炭学报，32（9）：997-1001.
张世洪 . 2010. 我国综采采煤机技术的创新研究 . 煤炭学报，35（11）：1898-1902.
张世洪，周常飞 . 2013. 薄煤层电牵引采煤机技术研究现状与发展趋势 . 煤矿机电，（1）：1-5.
张世男，曹如彦，扈志成，等 . 2013. WC40EJ 型铲板式支架车在济三煤矿的应用 . 装备制造技术，（10）：55-57.
张守宝，谢生荣，何富连 . 2010. 液压支架泄漏检测方法的分析与实践 . 煤炭学报，35（1）：145-148.
张铁岗，汪云甲，李钢 . 2001. 煤矿安全生产调度指挥信息系统及其应用 . 中国安全科学学报，11（1）：44.
张西良，张建，李萍萍，等 . 2008. 粉体物料流动性仿真分析 . 农业机械学报，39（8）：196-198.
张新 . 2008. 快速定量装车站钢结构优化设计研究 . 煤炭工程，2008（4）：23-25.
张学瑞 . 2016. 2. 5t 蓄电池立柱拆装机的设计 . 煤矿机电，（4）：105-107.
张彦禄 . 2006. 我国防爆无轨胶轮车辅助运输的应用与启示 . 煤炭工程，（6）：39-43.
张逸群 . 2014. 基于模糊控制的自动张紧绞车控制系统设计 . 矿山机械，（11）：51-54.
张银亮，刘俊峰，庞义辉，等 . 2011. 液压支架护帮机构防片帮效果分析 . 煤炭学报，36（4）：691-695.
张有狮. 2009. 浅析我国煤矿安全生产现状. 山西焦煤科技，（4）：43-46.
张宗红 . 2015. 数字化矿山技术在煤矿安全管理中的应用研究 . 内蒙古煤炭经济，（1）：32-34.
赵安新 . 2006. 数字化矿山及其关键技术应用与研究 . 西安：西安科技大学 .
赵立厂 . 2015. 露天矿山卡车防撞预警系统设计 . 工矿自动化，41（2）：100-102.
赵文涛，魏红格 . 2008. 矿业信息异构数据库集成模型的研究 . 工矿自动化，（6）：66-69.
赵小虎，张申，谭得健 . 2004. 基于矿山综合自动化的网络结构分析 . 煤炭科学技术，32（8）：15-18.
赵玉玲，孔令坡，谢恩情，等 . 2013. 微乳型液压支架用乳化油 HFAE10-5 的研制及应用 . 煤炭科学技术，

41（8）：266-267.

郑家宋，孟玮 . 2015. 基于物联网的煤矿智能仓储与物流运输管理系统设计与应用 . 工矿自动化，41（8）：108-112.

郑坤，刘修国，吴信才，等 . 2006. 顾及拓扑面向实体的三维矢量数据模型 . 吉林大学学报（地球科学版），26（3）：474-479.

中华人民共和国煤炭行业标准 . 2006. MT990-2006 矿用防爆柴油机通用技术条件 . 北京：煤炭工业出版社 .

周锋涛 . 2012. WC20R（B）型防爆胶轮车的研制及应用 . 煤矿机械，33（6）：161-162.

周锋涛 . 2016. WC3J（B）型防爆柴油机无轨胶轮车的研制 . 煤矿机电，（4）：31-34.

周开平，杨小凤 . 2013. WC30R 型防爆无轨胶轮车的研制及应用 . 煤矿机械，34（4）：180-182.

朱丙月 . 2009. 煤矿生产调度管理系统的现状及对策研究 . 煤矿现代化，（3）：124-124.

朱超，吴仲雄，张诗启．2010. 数字矿山的研究现状和发展趋势．现代矿业，26（2）：25-27.

朱立平 . 1997. 带式输送机滚筒卸载式中间驱动技术研究及设计计算 . 矿山机械，（12）：32-34.